Physik für Techniker

Von
Dr. Fritz Heywang
Professor an der Fachhochschule Nürnberg

Erwin Nücke
Studiendirektor in Dortmund

Jochen Timm
Studiendirektor in Hamburg

Walter Timm
Oberstudienrat in Hamburg

18. Auflage

Mit Versuchen, Aufgabenbeispielen
und zahlreichen, z. T. zweifarbigen Abbildungen

Handwerk und Technik

HT 1126

ISBN 3.582.0**1126.7**

Verlag Handwerk und Technik G. m. b. H., Lademannbogen 135, 2000 Hamburg 63 – 1986 –
Gesamtherstellung: Himmelheber, Hamburg

Vorwort

Das Buch führt den Lernenden, ausgehend von den Grundlagen, in einem systematisch aufgebauten Lehrgang in die Arbeitsweise und Begriffsbildung, in die Gesetze und Einheiten und in innere Zusammenhänge und Querverbindungen der Physik ein. Das Buch sucht durch seinen Aufbau, durch seine Text- und Bildgestaltung das Lernen zu erleichtern und zu physikalisch-logischem Denken und zum Erkennen von inneren Zusammenhängen anzuregen. Von den ersten Seiten an wird der sinnvolle Einsatz der mathematischen Hilfsmittel geübt und dadurch das Verständnis für die exakte, mathematische Behandlung naturwissenschaftlicher Probleme geweckt. Überall wird auf eine präzise Fachsprache Wert gelegt, um das sich entwickelnde Sprachbewußtsein der Studierenden auch von der Seite der Physik her günstig zu beeinflussen. So werden durch die Arbeit mit dem Buch gleichzeitig auch allgemeinbildende Bereiche gefördert.

Weil bei den Benutzern des Buches unterschiedliche Vorbildung vorausgesetzt werden muß, ist die Physik für Techniker in der vorliegenden Auflage noch mehr als bisher sowohl als Lehrbuch wie auch als Arbeitsbuch angelegt. Fast immer sind Gegebenheiten des täglichen Lebens als Ausgangspunkte für die Ableitung der physikalischen Sätze gewählt. Die Zahl der ausführlich beschriebenen Versuche wurde vermehrt und meist durch Fotos des Versuchsaufbaues erläutert. Durch klare und leicht verständliche Entwicklungen werden daraus die Lehrsätze abgeleitet. Eine stark vermehrte Anzahl von Aufgaben, von denen ein Teil als Musterbeispiele vollständig durchgerechnet ist, dient zur Einübung des Stoffes und zur Vertiefung des physikalischen Verständnisses. Die im Anhang aufgeführten Lösungen der Aufgaben ermöglichen es dem Lernenden, sein Können zu überprüfen. Dadurch wird es dem Benutzer des Buches ermöglicht, sich auch ohne äußere Hilfe selbst den Lehrstoff zu erarbeiten.

Die in den Lehrplänen für beruflich weiterbildende Schulen angegebenen Zielsetzungen werden erfüllt, und zwar so, daß die Möglichkeit zu weiterer Vertiefung oder zur Bildung von Schwerpunkten offen bleibt.

Die Verfasser

Inhalt

1 Mechanik fester Körper

4 Dynamik der Flüssigkeiten und Gase

5 Wärmelehre

6 Mechanische Schwingungen und Wellen

7 Optik

8 Elektrizitätslehre

1 Mechanik fester Körper

1.1 Physik – eine Naturwissenschaft

Die Physik ist die Naturwissenschaft, in der die Vorgänge der unbelebten Natur ohne Stoffumsetzungen beschrieben werden. Die Naturvorgänge können beobachtet, gemessen, gesetzmäßig erfaßt und damit mathematisch beschrieben werden.

Mit einer zweiten Naturwissenschaft zusammen, der Chemie, bildet die Physik die Grundlage der Technik. Ohne Kenntnis der physikalischen Gesetze ist weder ein Verständnis noch eine Weiterentwicklung der Technik möglich.

Hauptzweige der Naturwissenschaft	Biologie	Vorgänge in der belebten Natur
	Physik	Vorgänge in der unbelebten Natur ohne Stoffumsetzungen
	Chemie	Vorgänge in der unbelebten Natur mit Stoffumsetzungen
	Astronomie	Vorgänge in der Welt der Gestirne

Die Physik selbst ist in Teilgebiete gegliedert. Einen ersten Überblick über die Teilgebiete und deren Inhalte können Sie dem Inhaltsverzeichnis entnehmen.

Aufgaben

1. *Welche Teilgebiete gibt es innerhalb der Physik?*
2. *Beschreiben Sie die Inhalte der einzelnen Teilgebiete.*
3. *In welche drei Kapitel läßt sich das Teilgebiet Mechanik aufgliedern?*

1.2 Hinweise für physikalische und technische Erläuterungen, sowie für Berechnungen

1.2.1 Physikalische Größen

Alle physikalischen Vorgänge beruhen auf der Änderung von **physikalischen Größen.** Viele von ihnen, z. B. die Länge einer Strecke, der Inhalt einer Fläche, der Rauminhalt eines Körpers, die Masse, die Zeit, die Geschwindigkeit, die Kraft, die Temperatur und andere sind aus dem täglichen Leben bekannt. Für viele von ihnen, z. B. für Strecken, Zeiten, Massen oder Temperaturen wurden Maßeinheiten festgelegt und Meßhilfsmittel gefunden, so daß man sie leicht messen kann.

Die physikalischen Größen werden durch genormte **Formelzeichen** gekennzeichnet, die im Druck durch schräge (kursive) Buchstabentypen wiedergegeben werden, z. B. s = Strecke, t = Zeit, m = Masse. Zur Angabe der Maßeinheiten verwendet man **Kurzzeichen,** die zum

Unterschied von den Formelzeichen senkrecht gedruckt werden, z. B. m = Meter, s = Sekunde, t = Tonne.

Mit Hilfe von Formel- und Kurzzeichen läßt sich jede gemessene physikalische Größe rasch angeben, z. B. $s = 6$ m, $t = 15$ s, $m = 2$ kg. Dabei bedeutet die Aussage $s = 6$ m, daß die betreffende Strecke sechsmal so groß ist wie die Längeneinheit 1 m. Bei allen solchen Angaben steht links die physikalische Größe, dargestellt durch ihr Formelzeichen, rechts das Produkt aus dem gemessenen Zahlenwert und der zugehörigen Einheit.

Physikalische Größe = Zahlenwert · Einheit

1.2.2 Basisgrößen und Basiseinheiten

Eigentlich müßten alle physikalischen Größen durch ihre Eigenschaften gekennzeichnet und für jede eine Einheit und ein Meßverfahren festgelegt werden. Das stößt in manchen Fällen auf Schwierigkeiten, die sich durch die Verwendung von **Basisgrößen** vermeiden lassen.

Zwischen vielen physikalischen Größen bestehen Beziehungen. So kann man z. B. den Flächeninhalt A eines Rechtecks auf die Länge der Seiten a und b zurückführen. Ist z. B. $a = 6$ m und $b = 4$ m, so kann man schreiben:

$$A = a \cdot b = 6\,\mathrm{m} \cdot 4\,\mathrm{m} = 24\,\mathrm{m}^2$$

Diese Gleichung gestattet aber nicht nur den Flächeninhalt zu berechnen, sondern legt auch die Einheit m^2 der Fläche fest. Kennzeichnet man die Einheit einer physikalischen Größe durch das in eckige Klammern gesetzte Formelzeichen, so gilt hier:

$$[A] = [a] \cdot [b] = \mathrm{m} \cdot \mathrm{m} = \mathrm{m}^2$$

In ähnlicher Weise erhält man aus der Beziehung, daß die Geschwindigkeit sich als Quotient aus dem zurückgelegten Weg und der benötigten Zeit berechnet, als Einheit der Geschwindigkeit v:

$$[v] = \frac{[s]}{[t]} = \frac{\mathrm{m}}{\mathrm{s}}$$

Wenn also die Längeneinheit m und die Zeiteinheit s festgelegt sind, braucht man für den Flächeninhalt oder die Geschwindigkeit keine neuen Einheiten zu definieren.

Durch die genannten und andere Beziehungen war es möglich, alle physikalischen Größen auf wenige sog. **Basisgrößen** zurückzuführen. Als zweckmäßig erwies es sich, die folgenden sieben Größen als Basisgrößen zu wählen. Nur für sie müssen die Einheiten durch genaue Bestimmungen örtlich und zeitlich unveränderlich festgelegt werden.

Basisgrößen und ihre Einheiten	Länge	s	Meter	m
	Masse	m	Kilogramm	kg
	Zeit	t	Sekunde	s
	elektr. Strom	I	Ampere	A
	Temperatur	T	Kelvin	K
	Lichtstärke	I	Candela	cd
	Stoffmenge	n	Mol	mol

1.2.3 Abgeleitete Größen

Alle anderen physikalischen Größen, z. B. die Fläche oder die Geschwindigkeit, sind **abgeleitete Größen.** Ihre Einheiten brauchen nicht durch Definitionen festgelegt werden, sondern sie ergeben sich aus physikalischen Gleichungen als Zusammensetzungen aus den Basiseinheiten, z. B.:

Flächeninhalt $[A] = \mathrm{m}^2$

Rauminhalt $[V] = \mathrm{m}^3$

Geschwindigkeit $[v] = \frac{\mathrm{m}}{\mathrm{s}}$

1.2.4 Größengleichung

Gleichungen zwischen physikalischen Größen sind Größengleichungen. In ihnen werden – im Gegensatz zu den Zahlenwertgleichungen – für die Formelzeichen physikalische Größen (die in sich Zahlenwert und Einheit einschließen) eingesetzt. Berechnungen in der Physik und in der Technik werden meistens als Größengleichungen geschrieben.

1.2.5 Einheitengleichung

Physikalische Größen können mit unterschiedlichen Einheiten geschrieben werden. Z. B. die Geschwindigkeit mit m/s, m/min oder km/h. Die Umrechnung von einer Einheit in eine andere Einheit erfolgt mit Hilfe einer **Einheitengleichung.** Eine Einheitengleichung gibt also die zahlenmäßige Beziehung zwischen verschiedenen Einheiten an.

Beispiel $1\,\mathrm{N} = 1\frac{\mathrm{kg\,m}}{\mathrm{s}^2}$ $\quad 1\,\mathrm{m} = 100\,\mathrm{cm}$ $\quad 1\frac{\mathrm{m}}{\mathrm{s}} = \frac{1\,\mathrm{m}}{\frac{1}{60}\mathrm{min}} = 60\frac{\mathrm{m}}{\mathrm{min}}$

Die Einheitengleichung kann auch zur Kontrolle der Richtigkeit einer umgestellten Formel dienen. Dazu setzt man in die Größengleichung für die Größen die in Frage kommenden Einheiten ein, z. B: die Berechnung der Umfangsgeschwindigkeit eines Rades.

Größengleichung

$$v = d \cdot \pi \cdot n$$
$$v = 0{,}3\,\mathrm{m} \cdot \pi \cdot 300\frac{1}{\mathrm{min}}$$
$$\underline{v = 282{,}7\frac{\mathrm{m}}{\mathrm{min}}}$$

Einheitengleichung

$$[v] = [d] \cdot [n]$$
$$\frac{\mathrm{m}}{\mathrm{min}} = \mathrm{m} \cdot \frac{1}{\mathrm{min}}$$
$$\frac{\mathrm{m}}{\mathrm{min}} = \frac{\mathrm{m}}{\mathrm{min}}$$

Beachte: In Einheitengleichungen kommen nur Einheiten und deren Umrechnungszahlen vor.

1.2.6 Dezimale Teile und Vielfache von Einheiten

Dezimale Teile und Vielfache von Einheiten werden durch Vorsätze bez. Vorsatzzeichen gekennzeichnet.

Dezimale Teile	Vorsatz	Vorsatzzeichen
10^{-1}	Dezi	d
10^{-2}	Zenti	c
10^{-3}	Milli	m
10^{-6}	Mikro	μ
10^{-9}	Nano	n
10^{-12}	Piko	p
10^{-15}	Femto	f
10^{-18}	Atto	a

Dezimale Vielfache	Vorsatz	Vorsatzzeichen
10^{1}	Deka	da
10^{2}	Hekto	h
10^{3}	Kilo	k
10^{6}	Mega	M
10^{9}	Giga	G
10^{12}	Tera	T

1.3 Physikalische Größen und ihre Messung

1.3.1 Länge, Fläche, Volumen

Längeneinheiten und Längenmessung

Eine aus dem täglichen Leben bekannte physikalische Größe ist die Länge. Um sie messen zu können, müssen eine Einheit und ein Meßverfahren genau festgelegt werden. Die Einheit, das Meter (m), dient für alle Messungen von Längen, Breiten, Dicken, Höhen, Durchmessern usw. Es war früher durch die Entfernung der beiden Endmarken auf einem Urmeter festgelegt und entspricht fast genau dem 40millionsten Teil des Erdumfanges. Heute bezieht man es auf die Wellenlänge einer bestimmten Lichtart, die nach unseren heutigen Kenntnissen für alle Zeiten unverändert bleibt. Obwohl das Licht als Wellenerscheinung erst in 7.3 behandelt wird, sei hier die genaue Definition der Längeneinheit angeführt:

Die Längeneinheit 1 Meter ist das 1 650 763,73fache der Wellenlänge einer sich im Vakuum ausbreitenden Strahlung, die von einem bestimmten Nuklid des Elements Krypton ausgesandt werden kann.

Weil hierdurch die Längeneinheit genau festgelegt wurde, ist die Länge nach den Ausführungen in 1.2.2 eine Basisgröße und das Meter eine Basiseinheit.

In den englisch sprechenden Ländern wird noch die Einheit Zoll (engl. inch) (″) benutzt:

$$1 \text{ Zoll} = 1 \text{ inch} = 25{,}4 \text{ mm}$$

Als Meßgeräte benutzt man bei den Genauigkeitsanforderungen des täglichen Lebens: Bandmaß, Gliedermaßstab, Rollbandmaß, Zentimetereinteilung auf Zeichenlinealen; zum Messen kleiner Längen bei einer Ablesegenauigkeit bis zu 0,1 mm den Meßschieber und bei einer Ablesegenauigkeit bis zu 0,01 mm die Bügelmeßschraube.

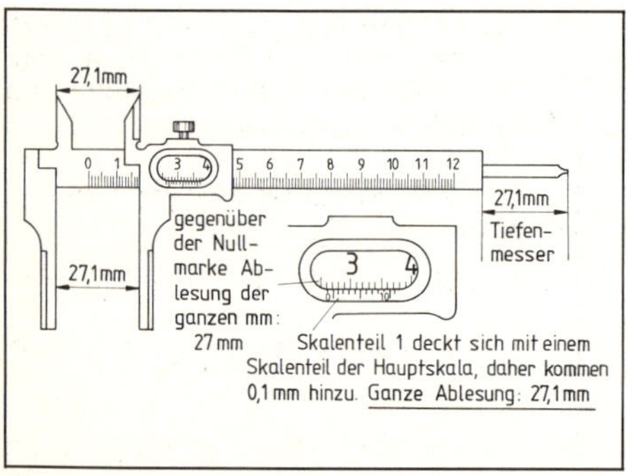

Abb. 1 Meßschieber

Der **Meßschieber** (Schieblehre, Abb.1) besitzt eine Hilfsteilung, den Nonius, bei dem 9 mm in 10 Teile eingeteilt sind. Daher beträgt der Abstand zweier Noniusteilstriche nur 0,9 mm. Die ganzen Millimeter liest man auf dem Hauptmaßstab gegenüber der Nullmarke des Nonius ab. Der Noniusstrich, der mit einer Marke der Hauptteilung übereinstimmt, gibt die Zehntelmillimeter an.

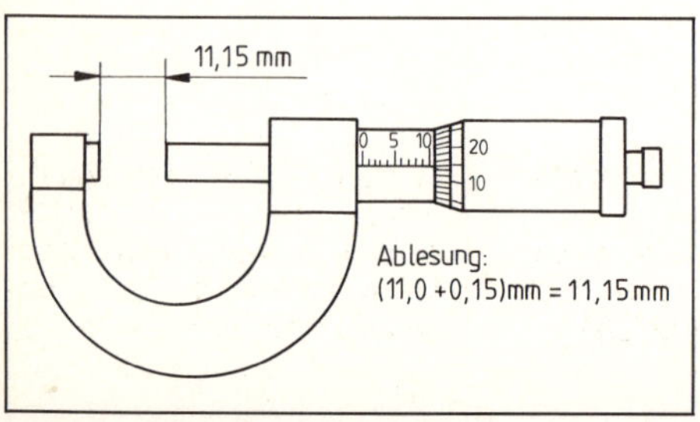

Abb. 2 Bügelmeßschraube

Bei der **Bügelmeßschraube** (Mikrometerschraube, Abb. 2) ergibt eine volle Umdrehung eine Verschiebung der Schraube um 0,5 mm. Bei einer fünfzigstel Umdrehung wird daher die Schraube um 0,01 mm in ihrer Achse verschoben. Die Bruchteile einer Umdrehung kann man an einer in 50 Intervalle eingeteilten Trommel ablesen.

Flächeneinheiten und Flächenmessung

Einfache Flächen lassen sich stets aus dem Produkt zweier gemessener Strecken berechnen. Man braucht daher für die Fläche keine neue Einheit definieren; ihre Einheit 1 m^2 ist das Quadrat der Längeneinheiten 1 m. Die Fläche ist daher keine Basisgröße, sondern eine **abgeleitete Größe** und das m^2 eine **abgeleitete Einheit.** Kleinere Einheiten sind: cm^2, mm^2.

Volumeneinheiten und Volumenmessung

Alle Körper nehmen einen Raum ein. Die zur Messung notwendigen Einheiten können ebenfalls von den Längeneinheiten abgeleitet werden, denn 1 m^3 ist der Rauminhalt eines Würfels von 1 m Kantenlänge.

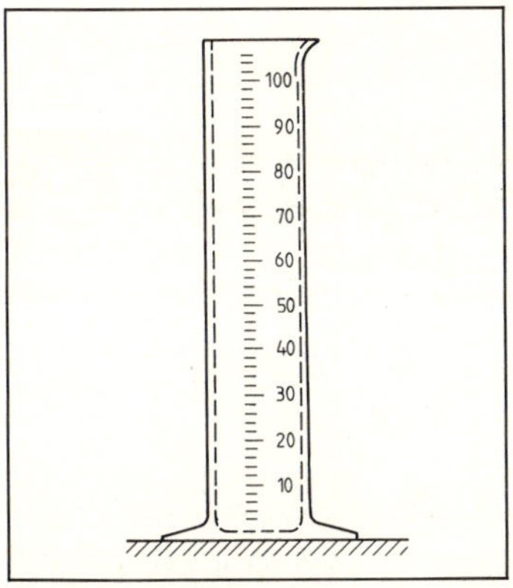

Abb. 3 Meßzylinder

Bei Flüssigkeiten kann man den Rauminhalt unmittelbar in geeichten Gefäßen, den Meßzylindern (Abb. 3), messen. Störend ist dabei, daß die meisten Flüssigkeiten, z. B. Wasser, am Rand höher stehen als in der Mitte. Mißt man an der tiefsten Stelle der Oberfläche, so kann man genau ablesen, ohne daß der Meßfehler zu groß wird. Die Größe des Meßzylinders muß sich nach der zu messenden Flüssigkeitsmenge richten: Für kleine Mengen nimmt man enge Zylinder, um den Einfluß von Ablesefehlern möglichst klein zu halten.

Das Volumen eines unregelmäßigen festen Körpers kann man – allerdings nur mit geringer Genauigkeit – aus dem Ansteigen der Flüssigkeitsoberfläche bestimmen, wenn man ihn in einen teilweise mit einer Flüssigkeit gefüllten Meßzylinder eintaucht (Abb. 4 und 5). Eine genauere Volumenmeßmethode wird in Nr. 2.2.2 behandelt.

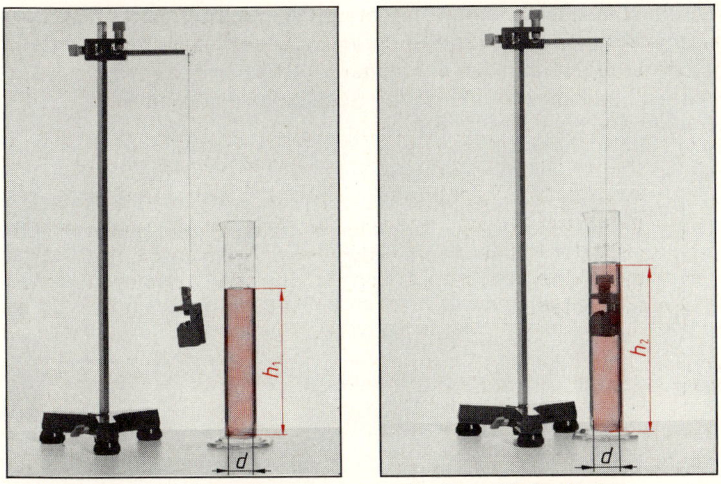

Abb. 4 und 5 Volumenbestimmung mit einem Meßzylinder

Beispiel

Ein mit Wasser gefüllter Standzylinder hat einen inneren Durchmesser $d = 30$ mm. Beim Eintauchen eines festen Körpers steigt der Wasserspiegel um $h = h_2 - h_1 = 38$ mm. Der Rauminhalt des Körpers soll berechnet werden.

Das verdrängte Wasservolumen beträgt:

$$V = A \cdot h = \frac{d^2 \pi}{4} \cdot (h_2 - h_1)$$

$$= \frac{3{,}0\,\text{cm} \cdot 3{,}0\,\text{cm} \cdot \pi}{4} \cdot 3{,}8\,\text{cm}$$

$$= \underline{\underline{26{,}9\,\text{cm}^3}}$$

Aufgaben

1. *Zur Messung des gleichen Körpers wie im Beispiel wird ein Standzylinder von 20 mm innerem Durchmesser benutzt. Um wieviel steigt nun der Wasserspiegel? Was läßt sich über die Meßgenauigkeit sagen?*

2. *Es soll der Rauminhalt eines Zucker- oder Steinsalzstückes bestimmt werden. Ist dies auch in einem Standzylinder möglich?*

3. *Wie kann der Rauminhalt von Mehl oder Zucker, also von pulverigen oder feinkörnigen Stoffen, bestimmt werden?*

1.3.2 Zeit

Die **zweite Basisgröße** der Mechanik ist die Zeit. Als Einheit für alle Zeitintervalle von nicht allzu großer Dauer verwendet man die Sekunde (s). Zur Festlegung dieser Einheit diente bis zum Jahr 1969 die Drehung der Erde um ihre Achse, die aufgrund langjähriger Beobachtungen als sehr gleichmäßig erkannt worden war. Erst in den letzten Jahren zeigten verbesserte Messungen, daß die Dauer der Erddrehung doch nicht ganz konstant ist und daß sie sich infolge der Reibung beim Wechsel der Gezeiten und durch den Aufprall von Meteoriten in sehr langen Zeiten um winzige Beträge verlangsamt. Deshalb wird jetzt die Sekunde auf die Periodendauer einer bestimmten Lichtschwingung bezogen, die nach unseren heutigen Kenntnissen für alle Zeiten als konstant betrachtet werden muß.

1 Sekunde ist das 9 192 631 770fache der Schwingungsdauer einer bestimmten von dem Element Cäsium ausgesandten Strahlung.

Als größere Einheiten werden die Minute (min) und die Stunde (h) verwendet, die jedoch nicht wie bei anderen Einheiten dezimale Vielfache der kleineren Einheit sind:

$$1\ \text{min} = 60\ \text{s} \qquad 1\ \text{h} = 60\ \text{min} = 3600\ \text{s}$$

Wenn man die dadurch bedingten, etwas ungünstigen Umrechnungen vermeiden möchte, muß man, soweit als möglich, alle Zeiten in Sekunden messen.

Fast immer dient zur Zeitmessung eine Uhr. Ihr Lauf wird bei Pendeluhren durch die gleichbleibende Dauer einer Pendelschwingung, bei Stand- und Taschenuhren durch eine Drehschwingung oder durch die Schwingung eines Quarzkristalls geregelt. Für längere Zeiten liefern gute Uhren eine für die Praxis ausreichende Genauigkeit.

Bei kürzeren Zeiten verwendet man Stoppuhren. Ihre Messungen werden leicht durch die ungleiche Reaktionsgeschwindigkeit des Messenden ungünstig beeinflußt. Deshalb sucht man die Zeitmessung von rasch ablaufenden Vorgängen durch diese selbst zu steuern, was jedoch meistens nur mit besonderen elektrischen Schaltungen möglich ist.

Aufgabe

Um die Schwingungsdauer eines Pendels zu bestimmen, stoppt ein Beobachter die Zeit von 20 Schwingungen, wobei am Anfang und am Ende eine Unsicherheit von je 0,1 s berücksichtigt werden muß. Welche Schwingungszeit ergibt sich aus einer Messung von 16,6 s? Mit welcher Unsicherheit ist das Ergebnis behaftet? Welchen Vorteil hat die Messung von 20 statt nur einer Schwingung?

1.3.3 Masse

Ebenso wichtig wie die äußeren Abmessungen und der Rauminhalt eines Körpers ist die in ihm enthaltene Substanz- oder **Materiemenge,** wofür man im täglichen Leben meist die Bezeichnungen „Menge" oder „Gewicht" verwendet. Bei allen Lebensmitteln, Brennstoffen und Rohstoffen der Wirtschaft kommt es auf die Menge der Materie an, damit sie den von ihnen gewünschten Zweck erfüllen. Der Materieinhalt einer Substanzmenge bleibt gleich, wenn von ihr nichts weggenommen und zu ihr nichts hinzugefügt wird, und zwar auch, wenn dabei ihre äußere Form oder ihr Rauminhalt verändert oder sie von einem Ort zu einem anderen gebracht wird. Ein Maß für den Materieinhalt muß deshalb bei diesen Veränderungen gleich bleiben.

Diesen Zweck erfüllt eine Größe, die man als **Masse** eines Körpers bezeichnet und als **dritte Basisgröße** eingeführt hat. Die Eigenschaften der Masse, die zu ihrer Definition und Messung verwendet werden, sollen erst in 1.5.1 genauer betrachtet werden. Vorläufig genügt es, festzuhalten, daß die Masse ein Maß für die in einem Körper enthaltene Materiemenge ist und die dafür geforderten Eigenschaften besitzt: Die Masse eines Körpers bleibt gleich, solange seine Materiemenge nicht verändert wird, insbesondere ist sie unabhängig vom Ort, an dem sich der Körper befindet. (Die Massenveränderung bei extrem großen Geschwindigkeiten braucht in diesem Buch nicht berücksichtigt zu werden.)

Die Basiseinheit der Masse 1 Kilogramm ist die Masse des Internationalen Kilogrammprototyps.

Dies ist ein in Paris aufbewahrter Platin-Iridium-Zylinder von 39 mm Durchmesser und 39 mm Höhe. Seine Masse stimmt überein mit der Masse, die bei 4 °C in 1 dm^3 Wasser enthalten ist. Das Kilogramm ist die einzige Basiseinheit des SI, deren Definition auf dem Vergleich mit einem Körper beruht und nicht auf einer Naturkonstanten.

Zur Bestimmung der Masse benutzt man meistens eine Balkenwaage (Nr. 1.8.1). Dazu wird der Körper auf eine Waagschale gelegt, während auf die andere Waagschale so viele geeichte Wägestücke kommen, bis die Waage spielt. Dann haben Körper und Wägestücke gleiche Masse.

1.3.4 Dichte

V

Wir bestimmen mit einer Balkenwaage die Masse mehrerer Würfel von je 1 cm^3 Rauminhalt. Die Würfel sind aus verschiedenem Material hergestellt.

Ergebnis
Die Masse von 1 cm^3 hat bei verschiedenen Stoffen verschiedene Werte.

Statt durch unmittelbares Auswiegen eines Würfels kann man dieses Ergebnis auch finden, indem man die Gesamtmasse eines Körpers durch seinen Rauminhalt dividiert. Bei verschiedenen, aber aus gleichem Material bestehenden Körpern erhält man immer den gleichen Quotienten, den man als die **Dichte** ϱ (lies rho) des betreffenden Materials bezeichnet.

$$\text{Dichte} = \frac{\text{Masse}}{\text{Volumen}}$$

$$\varrho = \frac{m}{V} \qquad [\varrho] = \frac{\text{g}}{\text{cm}^3}$$

Beispiel 1 Bei einem Ziegelstein von 24 cm Länge, 11,5 cm Breite und 7,1 cm Höhe wurde eine Masse von 3,1 kg festgestellt. Wie groß ist seine Dichte?

$$V = l \cdot b \cdot h = 24\,\text{cm} \cdot 11{,}5\,\text{cm} \cdot 7{,}1\,\text{cm} = 1960\,\text{cm}^3$$

$$\varrho = \frac{m}{V} = \frac{3100\,\text{g}}{1960\,\text{cm}^3} = 1{,}58\frac{\text{g}}{\text{cm}^3}$$

Da die Masse eines Körpers vom Ort unabhängig ist, gilt das gleiche auch von der Dichte. Daher ist die Dichte eine kennzeichnende Eigenschaft eines jeden Stoffes. Da bei 4 °C 1 dm^3 Wasser die Masse 1 kg besitzt, hat Wasser bei dieser Temperatur die Dichte $\varrho = 1\,\text{kg/dm}^3$.

Oft muß man zwischen der Dichte eines gleichartigen Stoffes ohne Luftzwischenräume, der Reindichte, und der Dichte von porigen oder aufgeschütteten Materialien, der Rohdichte oder Schüttdichte, unterscheiden.

Tabelle 1: Dichte in kg/dm³				
	Platin	21,5	Beton	2,2...2,4
	Blei	11,3	Ziegelmauerwerk	1,5...1,8
	Kupfer	8,9	Kunststoffe	1,0...1,8
	Messing	8,4...8,7	Eichenholz	0,8...0,9
	Stahl	7,8	Kiefernholz	0,5...0,6
	Grauguß	7,2	Quecksilber	13,6
	Zink	7,0	Öl	0,9
	Aluminium	2,7...2,8	Benzin	0,7
	Natursteine	2,4...2,8	Luft (Nr. 3.3.1)	0,0013
	Glas	2,5...2,7	Wasserstoff (Nr. 3.3.1)	0,0001
	Porzellan	2,3...2,5		

Tabelle 2: Schüttdichte bzw. Rohdichte in kg/dm³				
	Sand und Kies, trocken	1,4...1,6	Steinkohle	1,0
	Sand und Kies, feucht	1,6...1,8	Koks	0,6
			Koksasche	0,7
			Glaswolle	0,2...0,4

Sehr häufig kommt es vor, daß die Masse eines Körpers aus seinen Abmessungen berechnet werden soll. Dann bestimmt man zuerst den Rauminhalt, entnimmt einer Tabelle die Dichte des Stoffes und findet die Masse aus der Gleichung:

$$m = V \cdot \varrho$$

Beispiel 2 Berechnen Sie die Masse eines gleichschenkligen, scharfkantigen Winkelstahles (DIN 1022) mit dem in Abb. 1 gegebenen Querschnitt von der Länge $l = 2{,}2$ m.

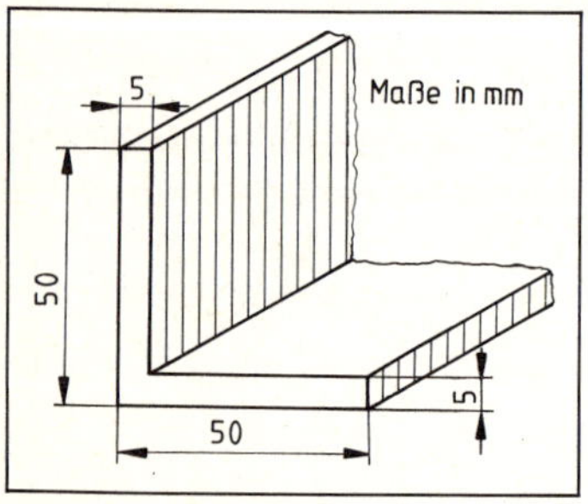

Abb. 1 Querschnitt eines Winkelstahles

$A = 0{,}5\,\text{dm} \cdot 0{,}05\,\text{dm} + 0{,}45\,\text{dm} \cdot 0{,}05\,\text{dm}$
$A = 0{,}0475\,\text{dm}^2$

Länge $l = 22\,\text{dm}$

Volumen nach der Formel für ein Prisma:
$V = A \cdot l = 0{,}0475\,\text{dm}^2 \cdot 22\,\text{dm}$
$V = 1{,}045\,\text{dm}^3$

Dichte von Stahl aus Tabelle 1:
$\varrho = 7{,}8\,\text{kg/dm}^3$

Masse $m = V \cdot \varrho = 1{,}045\,\text{dm}^3 \cdot 7{,}8\,\text{kg/dm}^3$
$m = \underline{8{,}15\,\text{kg}}$

Umgekehrt kann man auch das Volumen aus der Angabe der Masse und Dichte nach der umgestellten Formel: $V = m/\varrho$ berechnen.

Beispiel 3 Welche Grundfläche muß in einem Wohnhaus für die Lagerung des Wintervorrats von 6000 kg Koks vorgesehen werden? Die mittlere Schütthöhe soll 1,2 m betragen.

Schüttdichte aus Tabelle 2: $\varrho = 0{,}6\,\dfrac{\text{kg}}{\text{dm}^3}$

Volumen: $V = \dfrac{m}{\varrho} = \dfrac{6000\,\text{kg}}{0{,}6\,\text{kg/dm}^3} = 10000\,\text{dm}^3$

$V = 10\,\text{m}^3$

Bodenfläche: $A = \dfrac{V}{h} = \dfrac{10\,\text{m}^3}{1{,}2\,\text{m}} = \underline{8{,}3\,\text{m}^2}$

Aufgaben

1. *Berechnen Sie die Masse des Schnees auf einem Dach bei einer Schneehöhe von 25 cm (senkrecht zur Dachfläche gemessen) und einer Rohdichte des Schnees von 0,2 kg/dm³.*

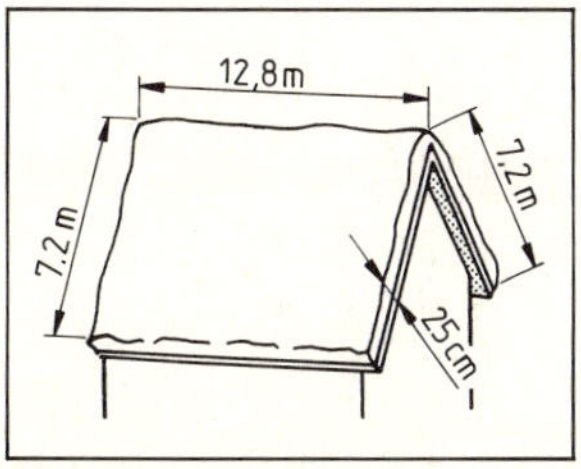

Abb. 2 Zu Aufg. 1

2. *Ein Lastkraftwagen hat eine Ladefähigkeit von $m = 4500$ kg. Bis zu welcher mittleren Höhe h darf seine Ladefläche von $l = 3{,}2$ m Länge und $b = 2$ m Breite mit Sand ($\varrho = 1{,}8$ kg/dm³) beladen werden?*

3. *Welche Masse hat eine zylindrische Achse von $l = 2{,}4$ m Länge und einem Durchmesser von $d = 11{,}6$ cm aus Stahl ($\varrho = 7{,}8$ kg/dm³)?*

4. *Ein Pyknometer wiegt leer 17,3 g, gefüllt mit Wasser 42,6 g und mit Petroleum 37,8 g. Berechnen Sie die Dichte des Petroleums (Abb. 3).*

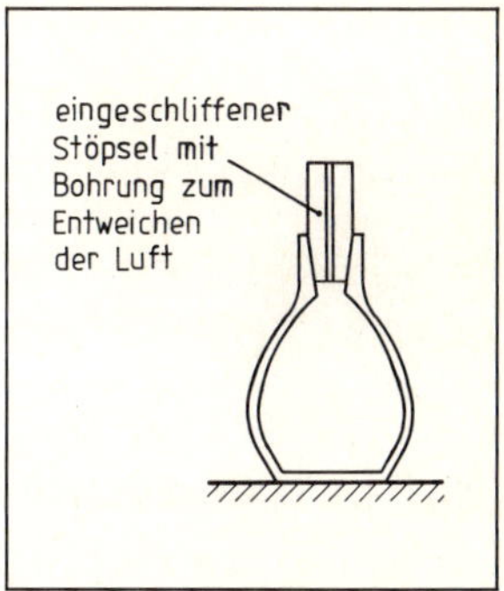

Abb. 3 Pyknometer

5. *Ändert sich die Dichte eines Gegenstandes während eines Weltraumfluges? (Antwort mit Begründung)*

1.4 Bewegungslehre

1.4.1 Gleichförmige, geradlinige Bewegung

Bewegt sich ein Körper so, daß er in g l e i c h e n Zeitabschnitten auf geradliniger Bahn g l e i c h e Strecken zurücklegt, so bezeichnet man seine Bewegungen als **gleichförmig.** Das Verhältnis zwischen dem zurückgelegten Weg und der benötigten Zeit ist seine Geschwindigkeit.

$$\text{Geschwindigkeit} = \frac{\text{Weg}}{\text{Zeit}}$$

$$v = \frac{s}{t} \qquad [v] = \frac{\text{m}}{\text{s}}$$

Hebt z. B. ein Kran eine Last gleichförmig in 15 s um 6 m, so erhält man die Hubgeschwindigkeit der Last:

$$v = \frac{6\,\text{m}}{15\,\text{s}} = 0{,}4\,\frac{\text{m}}{\text{s}}$$

Die Einheit der Geschwindigkeit ist, der Berechnungsweise entsprechend, der Quotient aus einer Längen- und einer Zeiteinheit. Meist verwendet man, wie bei dem obigen Beispiel, m/s, bei Fahrzeugen des Verkehrs aber auch oft km/h. Man kann die eine Einheit in die andere umrechnen. Legt z. B. ein Fahrzeug in 3 Stunden einen Weg von 135 km zurück, so findet man die Geschwindigkeit:

$$v = \frac{135\,\text{km}}{3\,\text{h}} = 45\,\frac{\text{km}}{\text{h}} \cdot \frac{1000\,\text{m/km}}{3600\,\text{s/h}} = \frac{45\,\text{m}}{3{,}6\,\text{s}} = 12{,}5\,\frac{\text{m}}{\text{s}}$$

Eine Umformung der benutzten Gleichung gibt die Möglichkeit, den zurückgelegten Weg aus der Geschwindigkeit und der Zeit zu berechnen.

$$\text{Weg} = \text{Geschwindigkeit} \cdot \text{Zeit}$$

$$s = v \cdot t \qquad [s] = \frac{\text{m}}{\text{s}} \cdot \text{s} = \text{m}$$

Nur selten erfolgt eine Bewegung genau gleichförmig. So wäre es z. B. nicht richtig, aus der Angabe „135 km in 3 Stunden“ zu schließen, daß das betreffende Fahrzeug auf der ganzen Strecke die Geschwindigkeit 45 km/h besaß. Je nach den Straßen- und Verkehrsverhältnissen war die Geschwindigkeit bisweilen größer oder kleiner. 45 km/h ist nur die Durchschnittsgeschwindigkeit oder die mittlere Geschwindigkeit $\bar{v}$. In den obigen Gleichungen ist bei solchen Bewegungen die mittlere Geschwindigkeit einzusetzen.

$$\bar{v} = \frac{s}{t} \qquad s = \bar{v} \cdot t$$

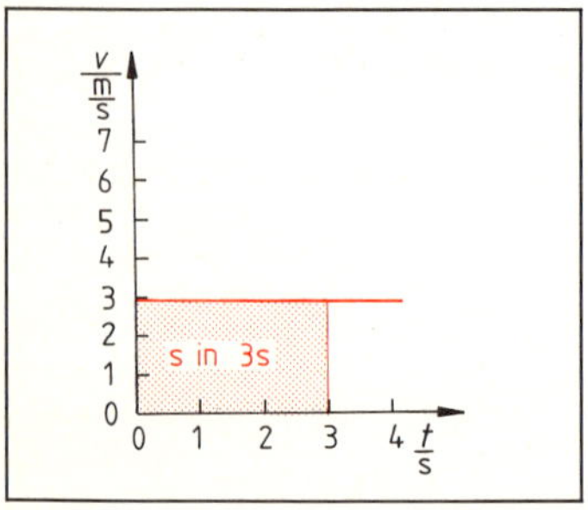

Abb. 1 Geschwindigkeit-Zeit-Diagramm bei gleichförmiger Bewegung

Die mittlere Geschwindigkeit wird aus der Gesamtstrecke und der Gesamtzeit errechnet.

Den Zusammenhang zwischen Weg, Geschwindigkeit und Zeit erkennt man sehr deutlich aus einer graphischen Darstellung, dem Geschwindigkeit-Zeit-Diagramm (v-t-**Diagramm**). Auf der waagerechten Achse werden die Zeit, nach oben die Geschwindigkeit angetragen. Ist diese gleichförmig, so wird sie im Diagramm durch eine Parallele zur Zeitachse dargestellt (Abb. 1). Entsprechend der Gleichung: Weg = Geschwindigkeit · Zeit wird der Weg durch die Fläche zwischen der Zeitachse und der die Geschwindigkeit kennzeichnenden Geraden dargestellt.

Das Produkt $v \cdot t$ entspricht im v-t-Diagramm der rot gerasterten Fläche: $A \triangleq s$

Beispiel 1

Ein Fahrzeug fährt die eine Weghälfte $s_1 = 8$ km mit $v_1 = 70$ km/h und die andere Hälfte $s_2 = 8$ km mit $v_2 = 40$ km/h. Wie groß ist die mittlere Geschwindigkeit?

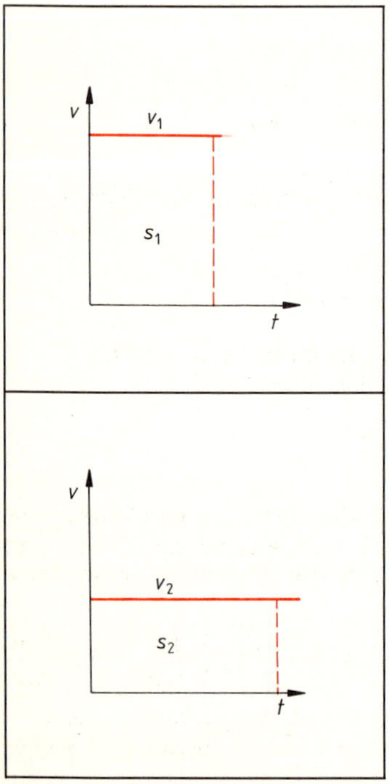

Abb. 2 Zu Beispiel 1

Es ist: $s_1 = s_2 = \frac{s_{ges}}{2}$

$$s_{ges} = s_1 + s_2 = 2 \cdot s_1$$

$$v_{ges} = \bar{v}$$

$$t_{ges} = t_1 + t_2$$

$$v_{ges} = \bar{v} = \frac{s_{ges}}{t_{ges}}$$

$$\bar{v} = \frac{s_{ges}}{t_1 + t_2}$$

$$\bar{v} = \frac{s_{ges}}{\frac{s_1}{v_1} + \frac{s_2}{v_2}} = \frac{s_{ges}}{\frac{s_1 v_2 + s_2 v_1}{v_1 \cdot v_2}} = \frac{2 s_1 \cdot v_1 \cdot v_2}{s_1 (v_1 + v_2)}$$

$$\bar{v} = \left(\frac{2 \cdot v_1 \cdot v_2}{v_1 + v_2}\right) = \frac{2 \cdot 70\,\text{km/h} \cdot 40\,\text{km/h}}{70\,\text{km/h} + 40\,\text{km/h}} = \underline{50{,}9\,\text{km/h}}$$

Beispiel 2

Ein Kfz-Motor hat einen Hub von 80 mm. Wie groß ist die mittlere Kolbengeschwindigkeit bei einer Drehzahl von 3800 U/min?

Weg des Kolbens bei einer Drehung der Kurbelwelle:

$$2 \cdot 80\,\text{mm} = 160\,\text{mm}$$

Weg des Kolbens in einer Minute:

$$s = 3800 \frac{1}{\text{min}} \cdot 160\,\text{mm} \cdot 1\,\text{min} = 608\,000\,\text{mm} = 608\,\text{m}$$

Mittlere Geschwindigkeit:

$$\bar{v} = \frac{608\,\text{m}}{60\,\text{s}} = \underline{10{,}13\,\text{m/s}}$$

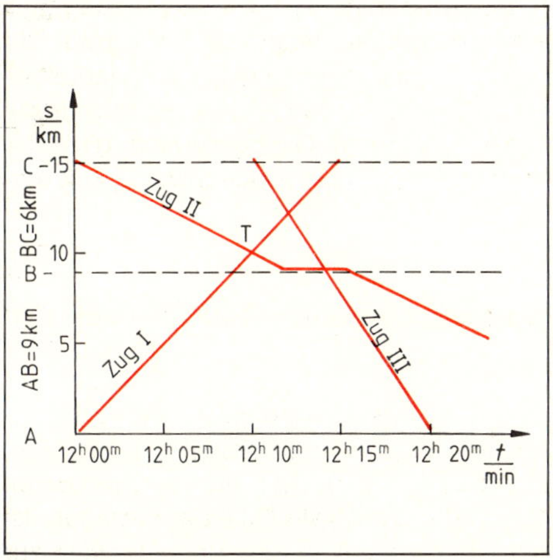

Abb. 3 Zu Beispiel 3

Beispiel 3

Berechnen Sie die Geschwindigkeiten der Züge I, II und III. Wann und wo treffen sich die Züge I und II. Wie viele Minuten muß Zug II in B warten, bis der Zug III ihn überholt?

Zug I fährt um 12^h00^m in A ab, durchfährt B ohne zu halten und kommt um 12^h15^m in C an.

Zug II verläßt C um 12^h00^m, erreicht B um 12^h12^m, wartet dort, bis ihn der Zug III überholt und fährt um 12^h15^m in Richtung nach A weiter.

Zug III fährt um 12^h10^m in C ab und kommt um 12^h20^m in A an.

Geschwindigkeit der Züge:

$$v_1 = \frac{s_{1C}}{t_{1C}} = \frac{15\,\text{km}}{15\,\text{min}} = 1{,}0\frac{\text{km}}{\text{min}} = 60\frac{\text{km}}{\text{h}}$$

$$v_2 = \frac{s_{2B}}{t_{2B}} = \frac{6\,\text{km}}{12\,\text{min}} = 0{,}5\frac{\text{km}}{\text{min}} = 30\frac{\text{km}}{\text{h}}$$

$$v_3 = \frac{s_{3A}}{t_{3A}} = \frac{15\,\text{km}}{10\,\text{min}} = 1{,}5\frac{\text{km}}{\text{min}} = 90\frac{\text{km}}{\text{h}}$$

Im Treffpunkt ist $t_1 = t_2 = t_T$ und $s_{1T} + s_{2T} = s_{ges} = 15\,\text{km}$

$$s_{1T} = v_1 t_T = 1\frac{\text{km}}{\text{min}} t_T \qquad s_{2T} = v_2 t_T = 0{,}5\frac{\text{km}}{\text{min}} \cdot t_T$$

$$s_{1T} + s_{2T} = v_1 t_T + v_2 t_T = s_{ges} \qquad (v_1 + v_2)\, t_T = s_{ges}$$

$$t_T = \frac{s_{ges}}{v_1 + v_2} = \frac{15\,\text{km}}{1\,\text{km/min} + 0{,}5\,\text{km/min}} = 10\,\text{min}$$

$$s_{1T} = v_1 t_T = 1\frac{\text{km}}{\text{min}} \cdot 10\,\text{min} = 10\,\text{km}$$

$$s_{2T} = v_2 t_T = 0{,}5\frac{\text{km}}{\text{min}} \cdot 10\,\text{min} = 5\,\text{km}$$

Die Züge I und II treffen sich um 12^h10^m an einem Ort, der 10 km von A und 5 km von C entfernt ist.
Ankunft des Zuges III in B.

$$t_{3B} = \frac{s_{3B}}{v_3} = \frac{6\,\text{km}}{1{,}5\,\text{km/min}} = 4\,\text{min} \qquad 12^h10^m + 4^m = 12^h14^m$$

Der Zug II muß von 12^h12^m bis 12^h14^m, also 2 Minuten, bis zur Überholung warten.
Alle Ergebnisse lassen sich unmittelbar aus dem Diagramm ablesen.

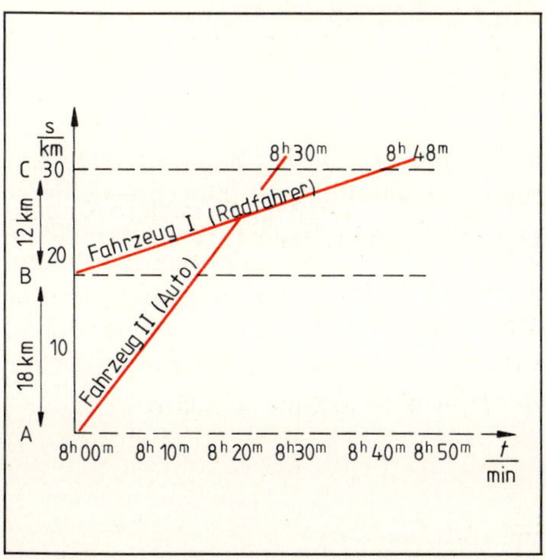

Beispiel 4

Um 8^h00^m verlassen ein Auto den Ort A und ein Radfahrer den Ort B in Richtung nach C, wo das Auto um 8^h30^m und der Radfahrer erst um 8^h48^m ankommen. Wann und wo überholt das Auto den Radfahrer?

Geschwindigkeit des Radfahrers: $v_1 = \frac{s_1}{t_1} = \frac{12\,\text{km}}{48\,\text{min}} = 0{,}25\frac{\text{km}}{\text{min}}$

Geschwindigkeit des Autos: $v_2 = \frac{s_2}{t_2} = \frac{30\,\text{km}}{30\,\text{min}} = 1\frac{\text{km}}{\text{min}}$

Abb. 4 Zu Beispiel 4

Bis zum Treffpunkt benötigen beide Fahrzeuge die gleiche Zeit $t_{1T} = t_{2T} = t_T$. Das Auto hat die Strecke AB $= \Delta s = 18$ km mehr zurückgelegt als der Radfahrer: $s_{2T} = s_{1T} + \Delta s$

$$s_{1T} = v_1 t_T \qquad s_{2T} = v_2 t_T$$

$$v_2 t_T = v_1 t_T + \Delta s \qquad (v_2 - v_1)\, t_T = \Delta s$$

$$t_T = \frac{\Delta s}{v_2 - v_1} = \frac{18\,\text{km}}{1\,\text{km/min} - 0{,}25\,\text{km/min}} = \frac{18\,\text{km}}{0{,}75\,\text{km/min}} = 24\,\text{min}$$

$$s_{1T} = v_1 t_T = 0{,}25\frac{\text{km}}{\text{min}} \cdot 24\,\text{min} = 6\,\text{km}$$

$$s_{2T} = v_2 t_T = 1\frac{\text{km}}{\text{min}} \cdot 24\,\text{min} = 24\,\text{km}$$

Das Auto überholt den Radfahrer um $8^h 24^m$ an einer Stelle, die 6 km von B und 24 km von A entfernt ist. Auch hier kann man alle Ergebnisse unmittelbar aus dem s-t-Diagramm ablesen.

Aufgaben

1. *Ein Personenkraftwagen benötigt für eine Strecke von 250 km 4¼ Stunden. Wie groß ist seine mittlere Geschwindigkeit in km/h und m/s?*

2. *Ein Frachtschiff legt durchschnittlich 14,5 Seemeilen (sm) je Stunde zurück. Welche Strecke (in sm und in km) fährt es in 6½ Tagen (1 sm = 1,852 km)?*

3. *Ein Auto fährt den 1. Teil ($s_1 = 20$ km) seines Weges mit $v_1 = 40$ km/h und den 2. Teil ($s_2 = 10$ km) mit der Geschwindigkeit $v_2 = 80$ km/h. Wie groß ist die mittlere Geschwindigkeit?*

4. *Ein Radfahrer fährt mit konstanter Geschwindigkeit $v_1 = 9$ km/h bergauf und dieselbe Strecke mit $v_2 = 36$ km/h zurück. Wie groß ist seine mittlere Geschwindigkeit?*

5. *Zwei Fahrzeuge fahren auf einer Strecke in entgegengesetzter Richtung. Sie beginnen ihre Fahrt zur gleichen Zeit. Fahrzeug I fährt von A nach B in 20 min. Fahrzeug II fährt von C nach A in 27 min.*
Die Strecke AB = 20 km
Die Strecke CA = 22 km
Zeichnen Sie ein s-t-Diagramm. Berechnen Sie, wann und nach welchen zurückgelegten Wegen sich die Fahrzeuge begegnen.

6. *Finden Sie eine mathematische Lösung nach der Geradengleichung in der analytischen Geometrie $y = mx + b$ für Beispiele 3 und 4 oder für Aufgabe 5.*

7. *Erläutern Sie die Formel $v_{ges} = \frac{s_{ges}}{t_{ges}}$ als möglichen Lösungsansatz für die Beispiele 3 und 4.*

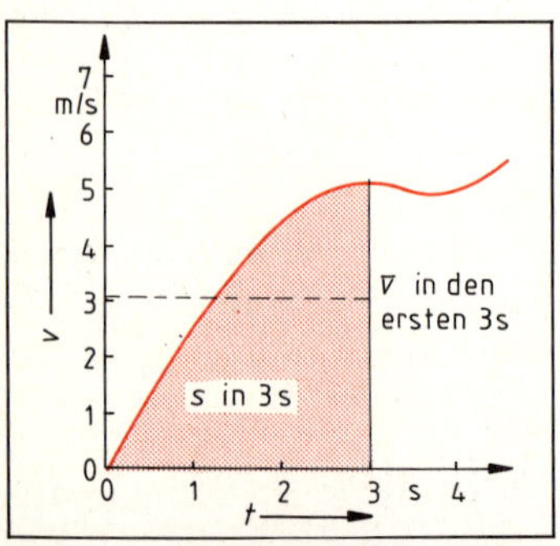

Abb. 1 Geschwindigkeit-Zeit-Diagramm bei veränderlicher Geschwindigkeit

1.4.2 Veränderliche Bewegung

Wechselt die Geschwindigkeit, so entsteht im v-t-Diagramm eine unregelmäßige Linie, die bei höherer Geschwindigkeit über, bei kleinerer Geschwindigkeit unter der Geraden der Durchschnittsgeschwindigkeit $\bar{v}$ verläuft (Abb. 1). Aber auch hier gilt die Beziehung, daß die Fläche zwischen Geschwindigkeitslinie und Zeitachse den Weg darstellt. Der Inhalt der unregelmäßigen Fläche unter der Linie der veränderlichen Geschwindigkeit muß ebenso groß sein wie der des Rechtecks bis zur Geraden der Durchschnittsgeschwindigkeit $\bar{v}$.

1.4.3 Gleichförmige Drehbewegung

Die Gleichungen der Nr. 1.4.1 gelten nicht bloß für eine geradlinige, sondern für jede Strecke, die mit gleichbleibender Geschwindigkeit zurückgelegt wird. Wenn ein Rad sich um eine Achse mit unveränderlicher Drehgeschwindigkeit dreht, so beschreibt jeder Punkt des Rades einen Kreis, den er mit gleichbleibender Geschwindigkeit durchläuft. Weil aber ein äußerer Punkt des Rades auf einem größeren Kreis umläuft als ein innerer Punkt, ist auch seine Geschwindigkeit größer. Das gleiche gilt bei jedem Gegenstand, der sich um seine Achse dreht: Die Bahngeschwindigkeit eines Punktes ist um so größer, je größer seine Entfernung von der Drehachse ist. Deshalb kann man bei einem umlaufenden Rad keine für alle Punkte gültige Geschwindigkeit angeben.

Alle Punkte eines umlaufenden Körpers führen in einer bestimmten Zeit die gleiche Zahl Umdrehungen aus. Deshalb kann man die **Drehfrequenz** n, nämlich den Quotienten aus der Zahl N der Umdrehungen und der dazu genötigten Zeit t als Maß für die Drehgeschwindigkeit verwenden: $n = N/t$.

Bei einer Umdrehung legt ein Punkt eine Kreisbahn $d \cdot \pi$ zurück. Bei N Umdrehungen ist dann der Weg $s = d \cdot \pi \cdot N$. Aus der Gleichung $v = s/t$ erhält man jetzt eine Beziehung zwischen der Umlaufgeschwindigkeit v und der Drehfrequenz n.

$$v = \frac{s}{t} = \frac{d \cdot \pi \cdot N}{t} = d \cdot \pi \cdot n$$

Meist wird n mit der Einheit „Umdrehungen in einer Minute“ (1/min) verwendet. Setzt man dann d in m ein, so ergibt sich v in m/min. Wünscht man jedoch v in m/s, so ist n durch eine Division mit 60 in die Drehzahl je Sekunde umzuformen und dann einzusetzen.

Die Umfangsgeschwindigkeit ist bei den Rädern eines Wagens gleich der Fahrgeschwindigkeit, bei den Rollen und der Seiltrommel eines Kranes ist sie gleich der Seilgeschwindigkeit. Dasselbe gilt für Riemengeschwindigkeit und Umfangsgeschwindigkeit einer Riemenscheibe, wobei allerdings wegen des „Riemenschlupfes“ eine kleine Abweichung eintreten kann. Auch die Schnittgeschwindigkeit einer Kreissäge oder bei einem in einer Drehbank eingespannten Werkstück stimmt mit der Umfangsgeschwindigkeit überein.

Statt der Drehfrequenz n verwendet man zur Angabe der Drehgeschwindigkeit auch die **Winkelgeschwindigkeit** ω (griech. Buchstabe Omega). Sie ist der Quotient aus der Umlaufgeschwindigkeit und dem Radius der Umlaufbahn:

$$\omega = \frac{v}{r} = \frac{2\,r\,\pi \cdot n}{r} = 2\,\pi \cdot n \qquad [\omega] = \frac{1}{\text{min}} \text{ oder } \frac{1}{\text{s}}$$

Da in der Gleichung der Radius durch Kürzen wegfällt, ist die Winkelgeschwindigkeit eines rotierenden Körpers von der Entfernung des Punktes von der Achse unabhängig.

Beispiel 1 Die Seiltrommel eines Kranes hat den Durchmesser $d = 18$ cm und die Drehfrequenz $n = 45$ U/min. Die Last hängt an einer losen Rolle. Berechnen Sie die Hubgeschwindigkeit in m/s.

Umlaufgeschwindigkeit $v = d \cdot \pi \cdot n$

$$v = 0{,}18 \cdot 3{,}14 \cdot 45 \frac{\text{m}}{\text{min}} = 25{,}45 \frac{\text{m}}{\text{min}} = \frac{25{,}45}{60} \frac{\text{m}}{\text{s}} = 0{,}424 \frac{\text{m}}{\text{s}}$$

$$\text{Hubgeschwindigkeit} = \frac{1}{2}\,\text{Seilgeschwindigkeit} = \frac{v}{2} = \underline{0{,}212 \frac{\text{m}}{\text{s}}}$$

Beispiel 2 Welche Drehfrequenz hat das Rad eines Fahrrades von 66 cm Durchmesser bei einer Geschwindigkeit von 18 km/h?

$$v = d \cdot \pi \cdot n$$

$$n = \frac{v}{d \cdot \pi}$$

$$\text{Geschwindigkeit: } v = 18\frac{\text{km}}{\text{h}} = \frac{18 \cdot 1000}{60}\,\frac{\text{m}}{\text{min}} = 300\frac{\text{m}}{\text{min}}$$

$$\text{Durchmesser: } d = 66\,\text{cm} = 0{,}66\,\text{m}$$

$$n = \frac{300}{0{,}66\pi}\,\frac{1}{\text{min}} = \underline{145\frac{1}{\text{min}}}$$

Die Drehfrequenz beträgt 145 je Minute.

Aufgaben

1. *Welche Umfangsgeschwindigkeit und welche Drehfrequenz hat das Hinterrad eines Kraftfahrzeugs, das mit einer Geschwindigkeit von 80 km/h fährt? Das Rad hat den Durchmesser d = 680 mm.*

2. *Die Keilriemenscheibe eines Motors (Durchmesser 120 mm) macht 4200 U/min. Wie groß ist die Winkelgeschwindigkeit, wie groß die Riemengeschwindigkeit?*

3. *Wie groß ist die Umfangsgeschwindigkeit eines Zahnradpaares, dessen kleines Rad bei einem mittleren Zahnflankendurchmesser (Teilkreisdurchmesser) von 66 mm mit 1480 U/min läuft? Der Teilkreisdurchmesser des zweiten Rades beträgt 110 mm. Wie groß sind dessen Drehfrequenz und das Übersetzungsverhältnis?*

4. *Wie viele Kurbelumdrehungen pro Minute muß ein Radfahrer machen, um mit einer Geschwindigkeit von 24 km/h zu fahren? (Durchmesser des Hinterrades = 71,1 cm)*
Übersetzungsverhältnis:

$$\frac{\text{Drehzahl der Tretkurbel}}{\text{Drehzahl des Hinterrades}} = \frac{1}{3{,}2}$$

5. *Die Umfangsgeschwindigkeit einer Schleifscheibe soll nicht größer als 30 m/s sein. Bei Verwendung der Schleifscheibe in einer Handbohrmaschine wird vom Hersteller eine maximale Drehzahl von 2250 1/min empfohlen. Welchen größten Durchmesser darf die Scheibe höchstens haben?*

6. *Mit welcher Geschwindigkeit wird ein Kühlwassertropfen von einem Fräser (⌀ 40 mm) weggeschleudert, wenn der Fräser 1200 Umdrehungen pro Minute macht?*

1.4.4 Gleichmäßig beschleunigte Bewegung

Nicht jede Bewegung erfolgt mit gleichbleibender Geschwindigkeit. Bei zunehmender Geschwindigkeit ist die Bewegung **beschleunigt,** bei abnehmender Geschwindigkeit **verzögert.** Das Kennzeichen einer nicht gleichförmigen Bewegung ist die **Beschleunigung** a. Darunter versteht man den Quotienten aus einer Geschwindigkeitsänderung $\Delta v = v_2 - v_1$ und der Zeit Δt, in der sie erfolgt.

$$\text{Beschleunigung} = \frac{\text{Geschwindigkeitsänderung}}{\text{Zeit}}$$

$$\boxed{a = \frac{\Delta v}{\Delta t}} \qquad \boxed{[a] = \frac{\text{m/s}}{\text{s}} = \frac{\text{m}}{\text{s}^2}}$$

Ist die Geschwindigkeitsänderung in gleichen Zeitintervallen gleich, so spricht man von einer gleichmäßig beschleunigten Bewegung.

Gleichmäßig beschleunigte Bewegung aus der Ruhe

Zur Untersuchung des Zusammenhangs zwischen Zeit, Weg, Geschwindigkeit und Beschleunigung bei einer beschleunigten Bewegung, die aus dem Ruhezustand beginnt, machen wir einen Versuch, bei dem ein Gleiter auf einer Luftkissenfahrbahn von einem Hängegewicht über einen Faden beschleunigt wird (Abb. 1 und 2).

V

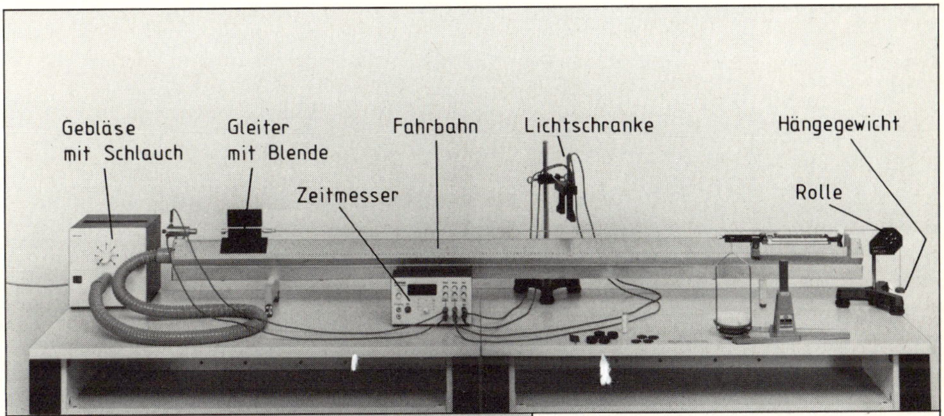

Abb. 1 Luftkissenfahrbahn

Eine Luftkissenfahrbahn besteht aus einem Vierkantrohr mit einem Querschnitt nach Abb. 2. Aus Düsen in den beiden oberen Seiten entströmt Luft, die von einem Gebläse ins Rohr geblasen wird. Dadurch bildet sich zwischen dem Rohr und dem Gleiter ein Luftkissen, auf dem dieser nahezu reibungslos gleiten kann. Mit einem Hängegewicht setzen wir ihn in Bewegung und messen die Zeit t, die der Gleiter vom Beginn der Bewegung für eine Strecke s bis zu einer Lichtschranke braucht, die an einer beliebigen Stelle der Bahn angebracht werden kann. Ein elektronisches Digitalzeitmeßgerät mißt genau die Zeit, bis die Lichtschranke von der am Gleiter angebrachten Blende unterbrochen wird. Auch die Geschwindigkeit an der Stelle der Lichtschranke kann man messen. Dazu schalten wir den Zeitmesser so, daß er die Zeitdifferenz Δt mißt, während der die Blende (Breite $\Delta s = 10\,\text{cm}$) die Lichtschranke unterbricht. Die Geschwindigkeit erhält man dann aus der Gleichung $v = \Delta s / \Delta t = 10\,\text{cm}/\Delta t$.

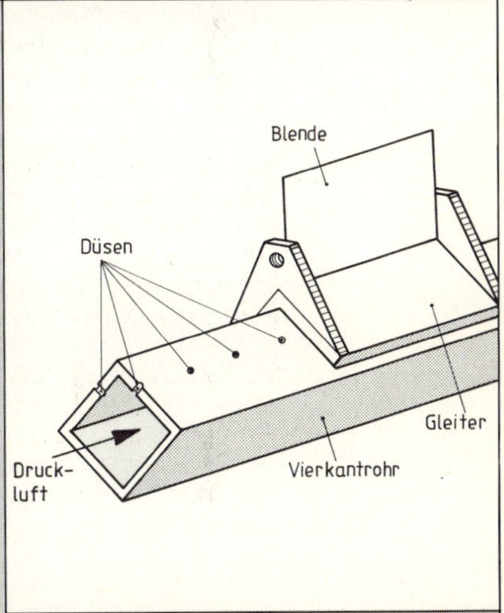

Abb. 2 Aufbau der Luftkissenfahrbahn

Wertetabelle und Diagramm

In der Tabelle sind in den ersten Spalten die Meßergebnisse für s, t und Δt eingetragen. In der folgenden Spalte steht die nach der Formel $v = 10\,\text{cm}/\Delta t$ berechnete Geschwindigkeit. Die nächste Spalte enthält den Quotienten v/t, dessen Bedeutung sich aus der folgenden Betrachtung ergibt.

s (cm)	t (s)	Δt (s)	$v = 10\,\text{cm}/\Delta t$ (cm/s)	$a = v/t$ (cm/s²)	$a/2 = s/t^2$ (cm/s²)
20	2,07	0,516	19,4	9,38	4,67
40	2,92	0,365	27,4	9,38	4,69
60	3,56	0,298	33,6	9,44	4,73
80	4,13	0,259	38,6	9,35	4,69

Trägt man in einem Diagramm (Abb. 3) v als Funktion von t auf, so liegen die Punkte nahezu auf einer Geraden durch den Nullpunkt. Der Quotient aus v und t ist daher konstant und stellt die Steigung $\Delta v / \Delta t$ der Geraden dar.

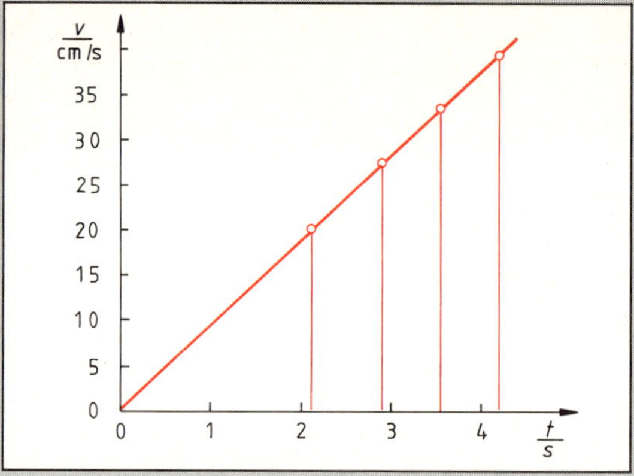

Abb. 3 v-t-Diagramm einer gleichmäßig beschleunigten Bewegung

Auswertung

Nach der am Anfang dieses Kapitels gegebenen Definition ist dies die Beschleunigung a der entstehenden Bewegung: $a = \Delta v / \Delta t$.

Aus den Messungen für 20 cm und 80 cm erkennt man, daß für den vierfachen Weg nur die doppelte Zeit benötigt wird, daß also bei diesen beiden Messungen s proportional zu t^2 ist. Wir bilden deshalb den Quotienten s/t^2 und tragen auch ihn in die Tabelle ein. Es ergibt sich ein konstanter Wert, der halb so groß ist, wie die oben gefundene Beschleunigung a.

Bei der entstehenden Bewegung ist die Beschleunigung konstant, es handelt sich also um eine **gleichmäßig beschleunigte Bewegung,** die aus der Ruhe beginnt. Aus den beiden durch den Versuch gefundenen Beziehungen $v = a \cdot t$ und $s/t^2 = a/2$ erhält man durch Umstellen die Gleichungen dieser Bewegung:

Ergebnis

$$v = a \cdot t \qquad s = \frac{a}{2} \cdot t^2$$

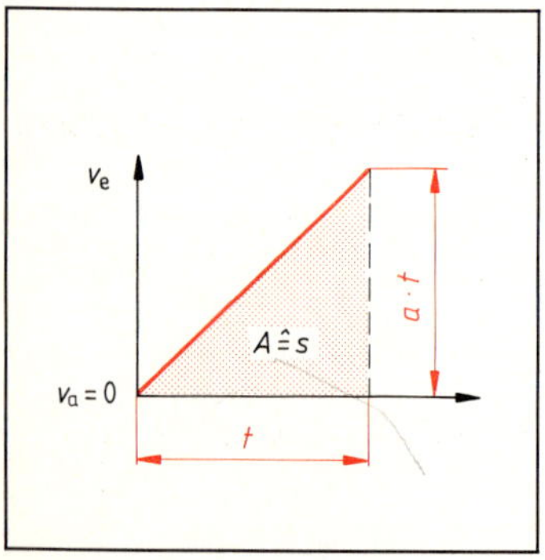

Abb. 4

Auch bei der gleichmäßig beschleunigten Bewegung zeigt das v-t-Diagramm deutlich den Zusammenhang zwischen Weg, Zeit und Geschwindigkeit. Zusammengehörige Werte von v und t liegen auf einer Geraden mit der konstanten Steigung $\frac{v}{t} = a$. Die Fläche unter der Geraden berechnet sich als Dreieck nach der Formel $A = \frac{1}{2} t \cdot a \cdot t = \frac{a}{2} t^2$. Sie entspricht also genau wie bei der gleichförmigen Bewegung dem zurückgelegten Weg.

$$A = \frac{1}{2} \cdot t \cdot a \cdot t = \frac{a}{2} t^2$$

$$s = \frac{a}{2} \cdot t^2 \quad \text{also} \quad A \triangleq A$$

oder $s = \dfrac{v_e \cdot t}{2}$ (v_e = Endgeschwindigkeit)

Erweitert man die Gleichung $s = \frac{a}{2} t^2$ mit $2a$,

so erhält man: $2 \cdot a \cdot s = a^2 \cdot t^2$

oder, weil $v = a \cdot t$ ist: $2 \cdot a \cdot s = v^2$

daraus folgt: $v = \sqrt{2 a s}$

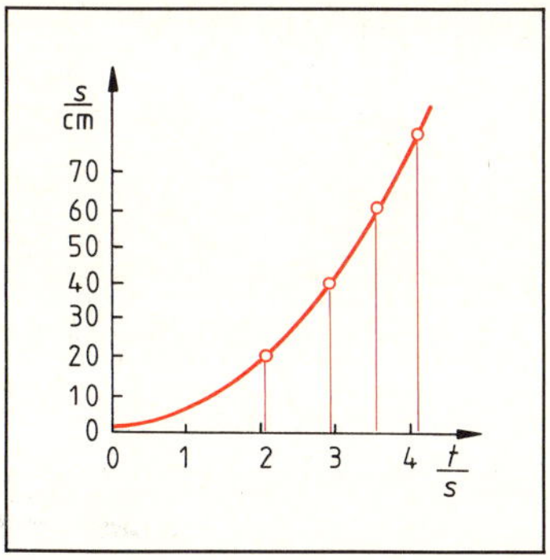

Diese Gleichung wird oft verwendet, wenn eine Beziehung zwischen dem Weg, der Geschwindigkeit und der Beschleunigung benötigt wird, die die Zeit nicht enthält. Trägt man im s-t-Diagramm der Abb. 4 zu den Zeiten den Weg nach oben an, so erhält man eine Kurve, die als Parabel bezeichnet wird. Da sich die Kurve nicht so leicht zeichnen läßt wie eine Gerade, verwendet man bei einer beschleunigten Bewegung meist das v-t-Diagramm.

Abb. 5 s-t-Diagramm einer gleichmäßig beschleunigten Bewegung

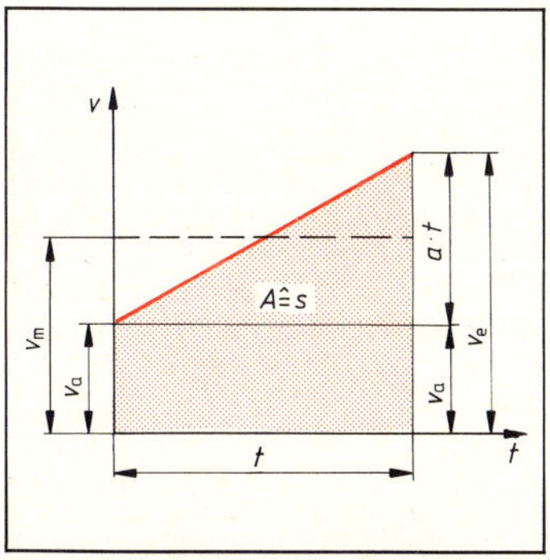

Abb. 6 Geschwindigkeit-Zeit-Diagramm einer gleichmäßig beschleunigten Bewegung mit der Anfangsgeschwindigkeit v_a

Gleichmäßig beschleunigte Bewegung mit Anfangsgeschwindigkeit v_a

Die bisher ermittelten Formeln gelten nur, wenn der Körper aus der Ruhe beschleunigt wird. Besitzt er schon die Anfangsgeschwindigkeit v_a, so addiert sich der Geschwindigkeitszuwachs $v = a \cdot t$ zur Anfangsgeschwindigkeit hinzu, und man erhält für die Endgeschwindigkeit v_e:

$$v_e = v_a + a \cdot t$$

In Abb. 6 ist das dazugehörige Geschwindigkeit-Zeit-Diagramm dargestellt. Die Geschwindigkeit-Zeit-Gerade geht nicht mehr durch den Achsenpunkt. Daher ist die den Weg kennzeichnende Fläche jetzt ein Trapez. Die Mittelparallele stellt die mittlere Geschwindigkeit v_m dar:

$$v_m = \frac{v_a + v_e}{2}$$

Da die Höhe des Trapezes der Zeit t entspricht, erhält man für den Weg:

$$s = \frac{v_a + v_e}{2} \cdot t$$

oder, wenn man die Trapezfläche in das untere Rechteck und das obere Dreieck zerlegt:

$$s = v_a \cdot t + \frac{a}{2} \cdot t^2$$

Stellt man die erste und die zweite Formel nach t um, so erhält man:

$$① \quad t = \frac{v_e - v_a}{a}$$

$$② \quad t = \frac{2 \cdot s}{v_a + v_e}$$

Setzt man: ① = ②

so ist $\frac{v_e - v_a}{a} = \frac{2 \cdot s}{v_a + v_e}$

$$2as = (v_e - v_a)(v_a + v_e) = v_e^2 - v_a^2$$

$$v_e = \sqrt{v_a^2 + 2as}$$

Für beschleunigte Bewegungen kann man folgende Übersicht aufstellen:

Beschleunigte Bewegung aus der Ruhe

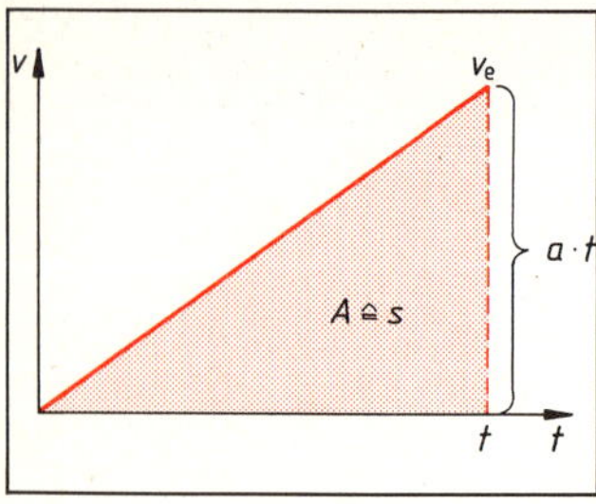	$v_e = a \cdot t$	$s = \frac{a}{2} t^2$ $s = \frac{v_e}{2} t$	$t = \frac{v_e}{a}$ $t = \frac{2s}{v_e}$	$v_e = \sqrt{2as}$

Beschleunigte Bewegung mit Anfangsgeschwindigkeit v_a

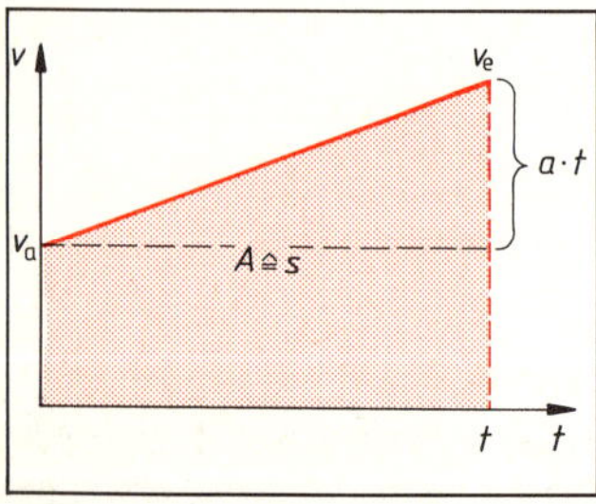	$v_e = v_a + a \cdot t$	$s = v_a \cdot t + \frac{a}{2} t^2$ $s = \frac{v_a + v_e}{2} \cdot t$	$t = \frac{v_e - v_a}{a}$ $t = \frac{2 \cdot s}{v_a + v_e}$	$v_e = \sqrt{v_a^2 + 2as}$

Aufgaben

1. *Wodurch unterscheiden sich die beiden Kästenreihen?*

2. *Warum ist der Inhalt des ersten Kastens eigentlich im zweiten enthalten?*

Beispiel 1

Ein Eisenbahnzug soll aus der Ruhe in 50 s auf eine Fahrgeschwindigkeit von 60 km/h gebracht werden. Wie groß ist die notwendige Beschleunigung, und wie weit fährt dabei der Zug?

$$v_e = 60\frac{\text{km}}{\text{h}} = \frac{60 \cdot 1000}{3600}\frac{\text{m}}{\text{s}} = 16{,}67\frac{\text{m}}{\text{s}}$$

$$a = \frac{v_e}{t} = \frac{16{,}67\ \text{m/s}}{50\ \text{s}} = \underline{0{,}33\frac{\text{m}}{\text{s}^2}}$$

$$s = \frac{v_a + v_e}{2} \cdot t = \frac{0 + 16{,}67\ \text{m/s}}{2} \cdot 50\ \text{s} = \frac{833{,}3}{2}\ \text{m} = \underline{416{,}7\ \text{m}}$$

Beispiel 2

Ein Auto durchfährt eine Kurve mit 20 km/h. Danach gibt der Fahrer Gas und erzeugt eine Beschleunigung von 1,5 m/s². Die Beschleunigung dauert 6 s. Welche Geschwindigkeit wird erreicht, und welche Strecke wird in dieser Zeit durchfahren?

$$v_a = 20\frac{\text{km}}{\text{h}} = \frac{20}{3{,}6}\frac{\text{m}}{\text{s}} = 5{,}55\frac{\text{m}}{\text{s}}$$

$$v_e = v_a + a \cdot t = 5{,}55\frac{\text{m}}{\text{s}} + 1{,}5\frac{\text{m}}{\text{s}^2} \cdot 6\ \text{s} = (5{,}55 + 9)\frac{\text{m}}{\text{s}} = 14{,}55\frac{\text{m}}{\text{s}}$$

$$v_e = 14{,}55 \cdot 3{,}6\frac{\text{km}}{\text{h}} = \underline{52{,}4\frac{\text{km}}{\text{h}}}$$

$$s = v_m \cdot t = \frac{v_a + v_e}{2} \cdot t = \frac{5{,}55 + 14{,}55}{2}\frac{\text{m}}{\text{s}} \cdot 6\ \text{s} = \frac{20{,}1 \cdot 6}{2}\ \text{m} = \underline{60{,}3\ \text{m}}$$

Aufgaben

3. *Ein Personenwagen wird in 14 s gleichmäßig aus der Ruhe bis zu einer Geschwindigkeit von 80 km/h beschleunigt. Skizzieren Sie das v-t-Diagramm. Berechnen Sie die Beschleunigung und den zum Anfahren erforderlichen Weg.*

4. *In wieviel Sekunden erreicht ein D-Zug nach dem Halten auf einer Station wieder seine normale Fahrgeschwindigkeit von 90 km/h, wenn er von der Lokomotive eine Beschleunigung von 0,5 m/s² erfährt? Wie lang ist seine Anfahrtstrecke?*

5. *Eine Straßenbahn, die schon die Geschwindigkeit 8 m/s besitzt, erfährt in 6 Sekunden eine Beschleunigung von 0,5 m/s². Welche Endgeschwindigkeit wird erreicht? Wie groß ist die Beschleunigungsstrecke?*

6. *Ein Radfahrer erreicht aus dem Stand nach 10 s eine Geschwindigkeit von 22 km/h. Wie groß ist die Anfahrstrecke, und mit welcher Beschleunigung durchfährt sie der Radfahrer?*

1.4.5 Gleichmäßig verzögerte Bewegung

Bei einer verzögerten Bewegung ist v_2 kleiner als v_1 und daher $\Delta v = v_2 - v_1$ negativ. Daher wird auch die Beschleunigung $a = \Delta v/\Delta t$ negativ. Um nicht mit negativen Beschleunigungen rechnen zu müssen, führt man ihren negativen Wert als **Verzögerung** $a' = -a$ ein, der bei einer verzögerten Bewegung positiv ist.

$$\text{Verzögerung} = \frac{\text{Geschwindigkeitsänderung}}{\text{Zeit}}$$

$$a' = -\frac{\Delta v}{\Delta t} \qquad [a'] = -\frac{\text{m/s}}{\text{s}} = -\frac{\text{m}}{\text{s}^2}$$

Die v-t-Diagramme für verzögerte Bewegungen sehen ähnlich aus, wie die für beschleunigte Bewegungen.

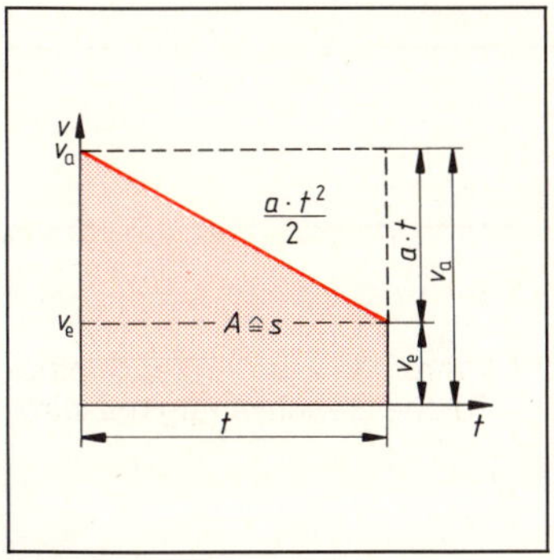

Abb. 1

a) Verzögerung bis zu einer Geschwindigkeit $v_e > 0$

Löst man die Gleichung $a' = \frac{v_a - v_e}{t}$ nach v_e auf, und berechnet man dann den Weg, so findet man

$$v_e = v_a - a' t$$

$$s = v_m t = \frac{v_a + v_e}{2} t$$

$$s = v_a t - \frac{a'}{2} t^2$$

Eine Formel für v_e ohne die Zeit t läßt sich analog zur entsprechenden Gleichung bei der beschleunigten Bewegung ableiten:

$$v_e = \sqrt{v_a^2 - 2a's}$$

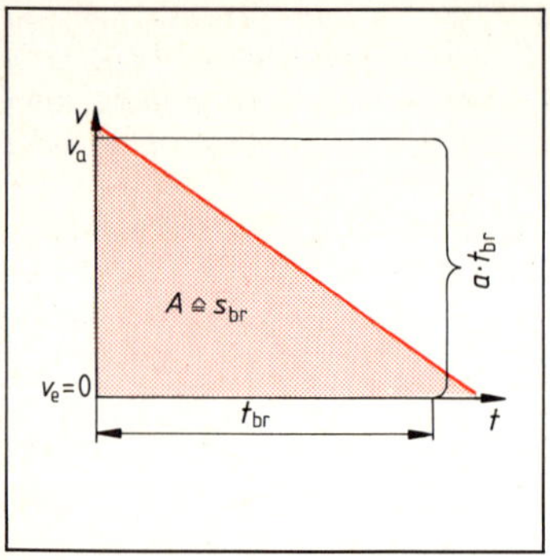

Abb. 2

b) Verzögerung bis zum Stillstand $v_e = 0$

Da in diesem Fall $v_e = 0$ ist, findet man aus der Gleichung der linken Spalte die Bremszeit t_{br}

$$0 = v_a - a' t \qquad \boxed{t_{br} = \frac{v_a}{a'}}$$

Der Bremsweg s_{br} ergibt sich aus der Formel für $v_e = 0$, die t nicht enthält:

$$0 = v_a^2 - 2a\, s_{br} \qquad \boxed{s_{br} = \frac{v_a^2}{2a'}}$$

Auch bei der gleichmäßig verzögerten Bewegung entspricht die Fläche A unter der Geraden dem zurückgelegten Weg s bzw. dem Bremsweg, denn aus der Formel für die Fläche eines Trapezes findet man:

$$A \triangleq s = \frac{v_e + v_a}{2} \cdot t$$

oder indem man von dem Rechteck $v_a t$ das Dreieck $\frac{1}{2} \cdot t \cdot a' t$ wegnimmt:

$$A \triangleq s = v_a t - \frac{a'}{2} t^2$$

Übersicht für die verzögerte Bewegung

Verzögerte Bewegung bis zum Stand $(v_e = 0)$

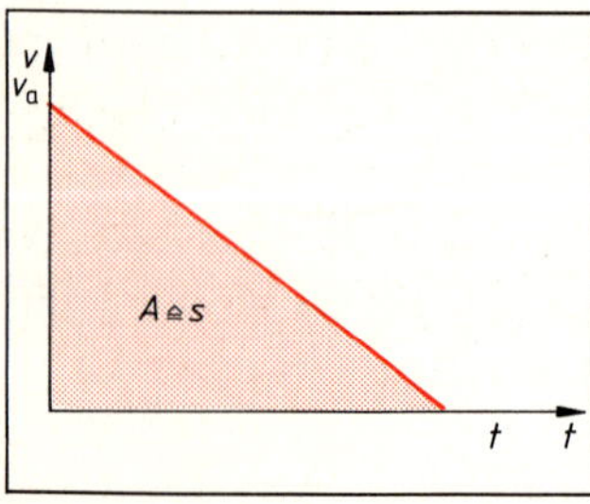	$v_e = 0$	$s = \frac{a'}{2} t^2$ $s = \frac{v_a}{2} t$	$t = \frac{v_a}{a'}$ $t = \frac{2s}{v_a}$	$v_e = 0$

Verzögerte Bewegung auf $v_e > 0$

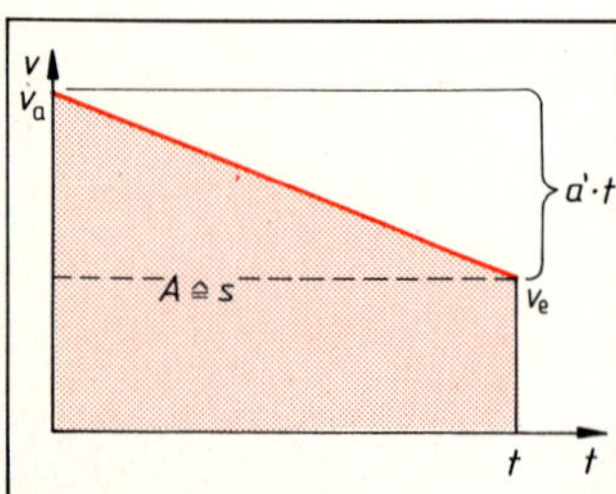	$v_e = v_a - a' \cdot t$	$s = v_a \cdot t - \frac{a'}{2} t^2$ $s = \frac{v_a + v_e}{2} \cdot t$	$t = \frac{v_a - v_e}{a'}$ $t = \frac{2 \cdot s}{v_a + v_e}$	$v_e = \sqrt{v_a^2 - 2a' s}$

Aufgaben

1. *Wodurch unterscheiden sich die beiden Kästenreihen?*

2. *Welcher Kasten kann für jede Bewegung gelten?*

3. *Wodurch unterscheiden sich die Formeln für Beschleunigung und für Verzögerung?*

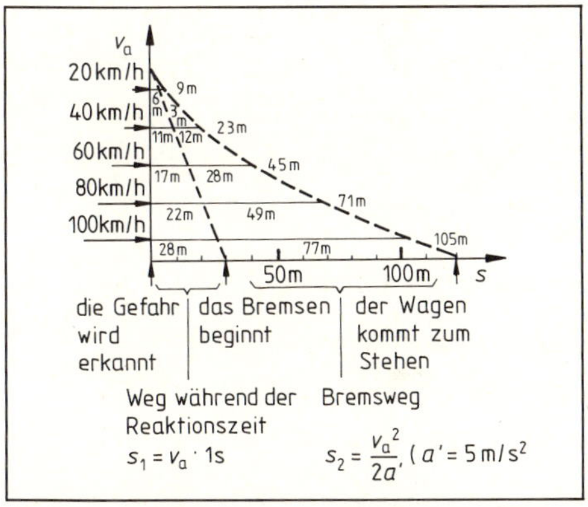

Abb. 3 Anhalteweg eines Autos

Der Bremsweg wird bei größerer Verzögerung kleiner; er wächst aber bei doppelter, dreifacher ... Anfangsgeschwindigkeit wegen des Quadrates auf das Vier-, Neunfache usw.

Abb. 3 veranschaulicht die Verhältnisse beim Anhalteweg eines Autos. Während der Reaktionszeit („Schrecksekunde") fährt der Wagen noch gleichförmig mit der Geschwindigkeit v_a. Der in 1 s zurückgelegte Weg ist dann $s_1 = v_a \cdot t = v_a \cdot 1\,\text{s}$. Die nachfolgende Bremsstrecke $s_2 = s_{br} = \dfrac{v_a^2}{2a'}$ wächst quadratisch mit der Geschwindigkeit. In der Abbildung wurde die Verzögerung $a' = 5\,\text{m/s}^2$ angenommen, so daß sich ergibt:

$$s_{br} = \frac{v_a^2}{10\,\text{m/s}^2}$$

Beispiel Welche Verzögerung müssen die Bremsen eines Autos hervorrufen, wenn es bei einer Geschwindigkeit von 50 km/h nach 15 m zum Stehen gebracht werden soll?

$$v_a = 50\frac{\text{km}}{\text{h}} = 13{,}9\frac{\text{m}}{\text{s}}$$

$$s = \frac{v_a^2}{2a'}$$

$$a' = \frac{v_a^2}{2s} = \frac{(13{,}9\,\text{m/s})^2}{30\,\text{m}} = \underline{6{,}43\,\text{m/s}^2}$$

Aufgaben

4. *Eine Straßenbahn fährt mit einer Geschwindigkeit von 45 km/h und braucht einen Bremsweg von 30 m. Berechnen Sie die Bremsverzögerung und die Bremszeit. Zeichnen Sie das v-t-Diagramm.*

5. *Welche Verzögerungszeit und welchen Bremsweg braucht ein Werkzeugschlitten, der aus einer Vorschubgeschwindigkeit $u = 300$ mm/min mit $a = 2\ m/s^2$ zum Stand verzögert wird?*

6. *Bei einer Verzögerung von $a' = 5{,}8\ \frac{m}{s^2}$ wird ein Fahrzeug in $t = 4$ s auf $v_e = 40\ \frac{km}{h}$ verzögert. Welche Geschwindigkeit v_a hatte es vorher? Wie lang ist der Bremsweg?*

7. *Vor einem Zusammenstoß wird ein Fahrzeug von $72\ \frac{km}{h}$ auf $30\ \frac{km}{h}$ verzögert. Der Bremsweg beträgt dabei 25 m. Berechnen Sie die Verzögerung und die Verzögerungszeit.*

1.4.6 Freier Fall, Erdbeschleunigung

V1

Beobachtung
Ein frei fallender Körper beschreibt eine beschleunigte Bewegung. Beobachtet man einen Stein, den man aus dem Fenster eines mehrstöckigen Hauses fallen läßt, so kann man den Anfang der Fallbewegung leicht mit dem Auge verfolgen. Wegen der rasch zunehmenden Geschwindigkeit wird das nach unten immer schwieriger. Da die Zeiten zu bestimmten Fallhöhen nur schwer genau bestimmt werden können, führt man einen Versuch aus, bei dem die Zeit automatisch mitgemessen wird.

Beschreibung

Eine Kugel wird von einem Elektromagneten gehalten. Durch Betätigung eines Morsetasters wird der Stromfluß im Magneten unterbrochen, und die Kugel wird frei gegeben. Gleichzeitig wird durch dieselbe Tasterbetätigung der Stromkreis der Stoppuhr geschlossen, und die Uhr läuft. Am Ende der Meßstrecke prallt die Kugel auf eine Kontaktplatte, die den Stromkreis der Uhr wieder öffnet.

Weil ein Zeitmeßfehler von 0,01 s das Ergebnis schon stark beeinflußt, wiederholen wir jeden Teilversuch dreimal und bilden aus den Zeitmessungen das Mittel.

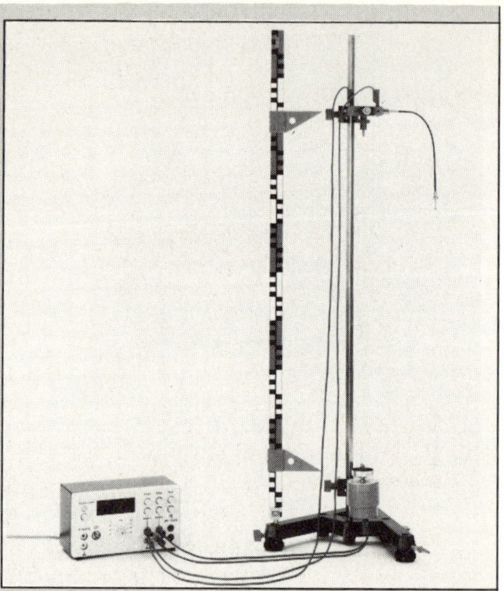

Abb. 1

Wertetabelle

Messung	1	2	3	4
Masse in g	13,4	3,7	13,4	3,7
h in m	0,75	0,75	0,5	0,5
t in s	0,38 0,39 0,39	0,39 0,40 0,39	0,31 0,32 0,32	0,32 0,32 0,33
Mittel t_m in s	0,387	0,393	0,317	0,323

Auswertung

Aus den Werten von h und t_m läßt sich jeweils die mittlere Geschwindigkeit berechnen:

$$v_m = \frac{h}{t_m}$$

v_m in m/s	1,94	1,91	1,58	1,55

Wenn wir annehmen, daß es sich hier beim freien Fall um eine gleichmäßig beschleunigte Bewegung handelt, läßt sich aus v_m die Endgeschwindigkeit v_e bestimmen:

$$v_m = \frac{v_a + v_e}{2}$$ und, weil $v_a = 0$ ist: $v_e = 2\,v_m$

v_e in m/s	3,88	3,82	3,16	3,10

Aus v_e und t_m erhält man nun die Beschleunigung a: $a = \frac{v_e}{t}$

a in m/s²	10,03	9,72	9,97	9,60

Alle vier Versuche liefern unabhängig von der Masse des fallenden Körpers und der Fallstrecke fast den gleichen Wert für die Beschleunigung. Die Abweichungen vom Mittelwert $v_m = \frac{39{,}32}{4}\frac{\text{m}}{\text{s}^2} = 9{,}83\,\frac{\text{m}}{\text{s}^2}$ sind die Folge von Versuchsungenauigkeiten.

Durch dieses Ergebnis wird die oben gemachte Annahme bestätigt, daß hier eine gleichförmig beschleunigte Bewegung vorliegt.

Ergebnis

Der freie Fall ist eine gleichmäßig beschleunigte Bewegung.

Der genaue Wert der **Erdbeschleunigung,** der sich aus sorgfältigen Messungen ergibt, ist etwas kleiner als das Mittel der Werte aus der letzten Spalte. Man bezeichnet ihn mit dem Buchstaben g.

$$g = 9{,}81\ \frac{\mathrm{m}}{\mathrm{s}^2}$$

Da die Erde nicht genau kugelförmig ist, wechselt der Wert der Fallbeschleunigung zwischen $9{,}78\ \frac{\mathrm{m}}{\mathrm{s}^2}$ am Äquator und $9{,}83\ \frac{\mathrm{m}}{\mathrm{s}^2}$ am Pol. Oft benutzt man den Näherungswert $g \approx 10\ \frac{\mathrm{m}}{\mathrm{s}^2}$.

V2

Beobachtung
Nicht jeder Körper fällt mit der gefundenen Fallbeschleunigung. Läßt man z. B. ein Blatt Papier fallen, so sinkt es nur langsam zu Boden, und jeder Luftzug ändert seinen Fallweg. Das Blatt Papier bietet der Luft eine große Angriffsfläche, so daß der Luftwiderstand einen großen Einfluß auf die Bewegung ausübt. Um einen vom Luftwiderstand unbeeinflußten Fall zu beobachten, machen wir folgenden Versuch:

Beschreibung
(Abb. 2): In einer etwa 1 m langen, weiten Glasröhre befinden sich einige Körper, z. B. eine Holzkugel und eine Flaumfeder. Bringt man die Röhre in senkrechte Lage, so fällt die Kugel rasch herunter, die Flaumfeder aber schwebt langsam hintennach. Pumpen wir jedoch die Röhre an einem angebrachten Ventil luftleer, und wiederholen wir den Versuch, so fallen Kugel und Feder nebeneinander rasch nach unten.

Ergebnis

Im luftleeren Raum fallen alle Körper mit gleicher Beschleunigung.

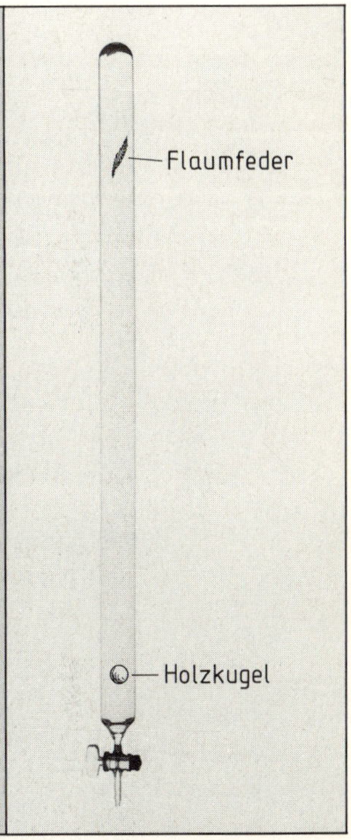

Abb. 2 Fallröhrenversuch

Die **Formeln des freien Falles** ergeben sich aus denen der gleichmäßig beschleunigten Bewegung, indem man bei allen Körpern die Beschleunigung a durch die Fallbeschleunigung g und den Weg s durch die Fallhöhe h ersetzt.

Der freie Fall

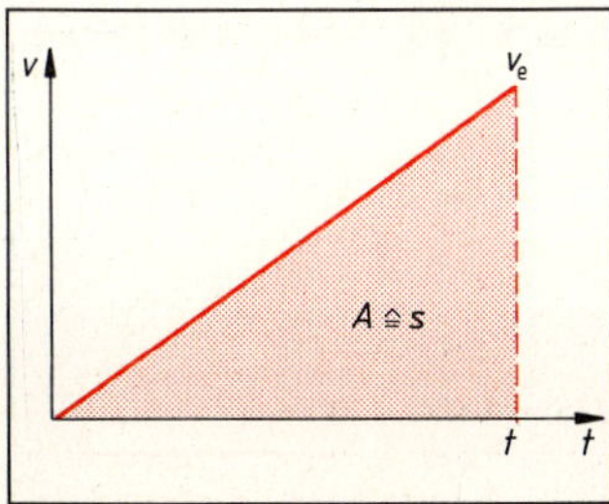

$v_e = g \cdot t$	$h = \frac{g}{2} t^2$ $h = \frac{v_e}{2} t$	$t = \frac{v_e}{g}$ $t = \frac{2h}{v_e}$	$v_e = \sqrt{2gh}$

Beispiel Aus welcher Höhe müßte ein Gegenstand herabstürzen, damit er die Fahrgeschwindigkeit 72 km/h eines Autos erreicht ($g \approx 10$ m/s²)?

$$v_e = 72\frac{\text{km}}{\text{h}} = \frac{72}{3{,}6}\frac{\text{m}}{\text{s}} = 20\frac{\text{m}}{\text{s}}$$

$$v_e^2 = 2 \cdot g \cdot h$$

Daraus: $h = \dfrac{v_e^2}{2g}$

$$h = \frac{(20\,\text{m/s})^2}{2 \cdot 10\,\text{m/s}^2} = \frac{400\,\text{m}^2\,\text{s}^2}{20\,\text{m}\,\text{s}^2} = \underline{20\,\text{m}}$$

Diese Höhe entspricht der Höhe eines siebenstöckigen Hauses.

Aufgaben

1. *Ein Stein fällt 4,5 Sekunden frei herab. Wie groß ist seine Geschwindigkeit beim Aufschlagen, und welche Höhe hat er durchfallen?*

2. *Ein Mauerstein fällt aus 16 m Höhe frei herab. Nach welcher Zeit und mit welcher Geschwindigkeit schlägt er auf?*

3. *Aus welcher Höhe muß der Bär einer Ramme herabfallen, wenn er beim Aufschlag eine Geschwindigkeit $v_e = 4{,}5$ m/s haben soll?*

4. *Der Brunnen einer hochgelegenen Burg hat bis zum Wasserspiegel eine Tiefe von 126 m. Welche Zeit vergeht, bis man den Aufschlag eines Steines hört, der vom Rande des Brunnens herunterfällt (Schallgeschwindigkeit 340 m/s)?*

1.4.7 Geschwindigkeit als Vektor

Die genaue Festlegung einer Geschwindigkeit verlangt neben der Angabe des Betrages (der physikalischen Größe) auch die Angabe der Richtung, in der sie wirkt.

Beispiel 1 $v = 50\,\frac{\text{km}}{\text{h}}$; Winkel gegen die x-Achse: $\alpha = 30°$

Alle physikalischen Größen, die erst durch Betrag und Richtung bestimmt sind, heißen **Vektoren.**

Nach dieser Festsetzung sind Geschwindigkeit, Beschleunigung und Weg Vektoren.
Ein Vektor kann graphisch durch einen Pfeil dargestellt werden:

Beispiel 2 Der **Betrag** wird unter Verwendung eines Zeichenmaßstabes durch die Länge des Pfeils gekennzeichnet, z. B. für eine Geschwindigkeit:
Maßstab: 1 cm ≙ 10 $\frac{\text{km}}{\text{h}}$

Die **Richtung** wird durch die Angabe des Winkels gegen der x-Achse und das Hinzufügen eines Pfeils gekennzeichnet.

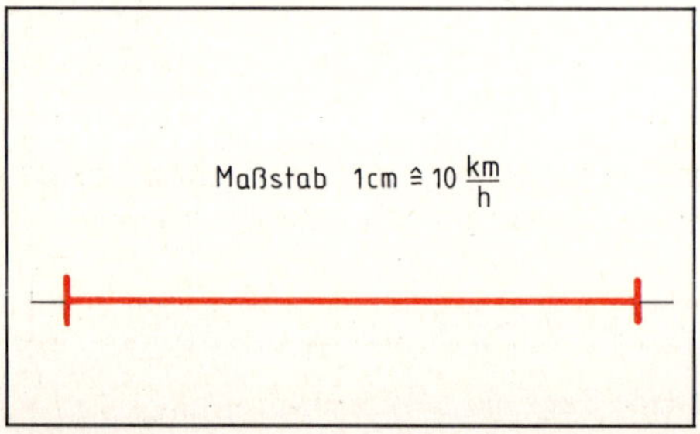

Abb. 1

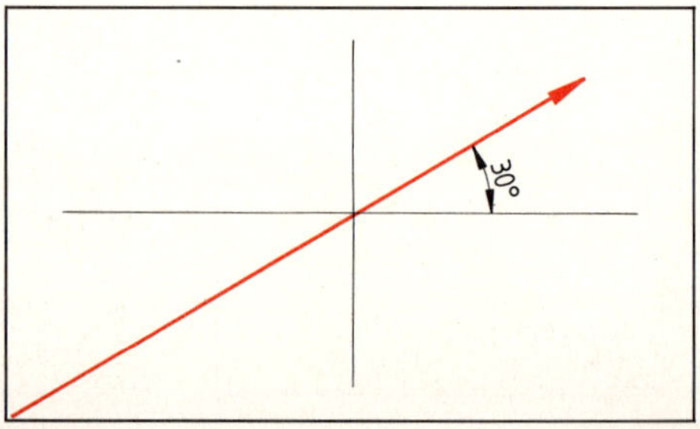

Abb. 2

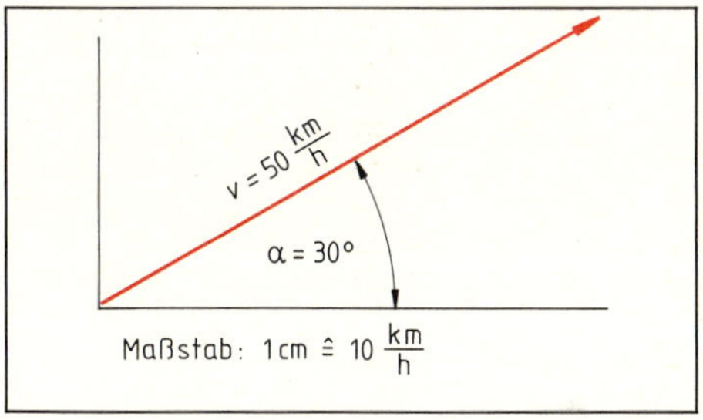

Zusammen ergibt sich die vollständige graphische Darstellung eines Vektors durch einen Pfeil, z. B.:

$$v = 50\,\frac{\text{km}}{\text{h}} \qquad \alpha = 30°$$

Abb. 3

1.4.8 Zusammengesetzte Geschwindigkeiten, Relativgeschwindigkeiten

Zusammengesetzte Geschwindigkeiten bestehen aus mehreren Geschwindigkeitsanteilen. Jeder Geschwindigkeitsanteil kann graphisch als Vektor dargestellt werden. Will man den Gesamtvektor v aus mehreren Teilvektoren v_1 und $v_2 \ldots v_n$ bestimmen, so muß man die Einzelvektoren v_1 bis v_n unter Berücksichtigung ihrer Beträge und ihrer Richtungen zusammenfügen.

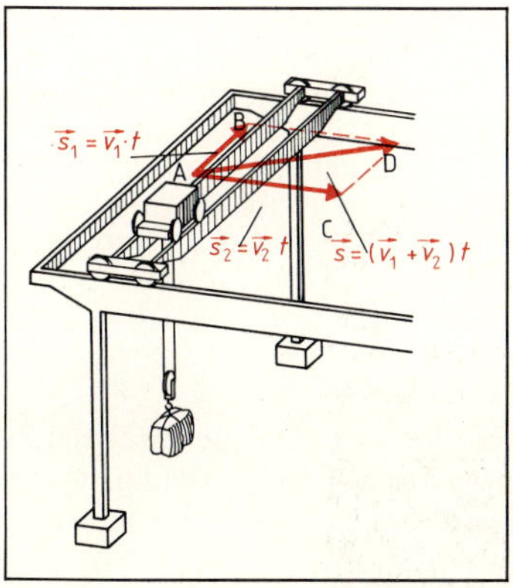

Beispiel 1

Wenn ein Kran (Abb. 1) eine Last vom Punkt A zum Punkt D befördern soll, so kann er auf verschiedenen Wegen zum Ziel kommen. Zwei besondere Möglichkeiten seien hervorgehoben:

a) Zuerst fährt nur die Kranbrücke mit v_1 bei ruhender Laufkatze und führt die Last nach C. Dann fährt die Laufkatze mit v_2, während die Kranbrücke in Ruhe bleibt, bis die Last in D ist.

b) Beide Bewegungen v_1 und v_2 werden gleichzeitig ausgeführt. Die Last schwebt längs einer schräglaufenden Linie direkt von A nach D.

Abb. 1 Zusammensetzung zweier Bewegungen bei einer Kranbrücke mit einer Laufkatze

Ein Körper kann gleichzeitig zwei Bewegungen ausführen, ohne daß sie sich gegenseitig beeinflussen. Er erreicht dabei denselben Punkt, an den er kommt, wenn er beide Bewegungen nacheinander ausführt. Dabei nimmt der Körper gleichzeitig zwei Geschwindigkeiten an, die zu einer Gesamtgeschwindigkeit zusammengefaßt werden können, wie es die folgende graphische Methode (allgemein für Vektoren) zeigt:

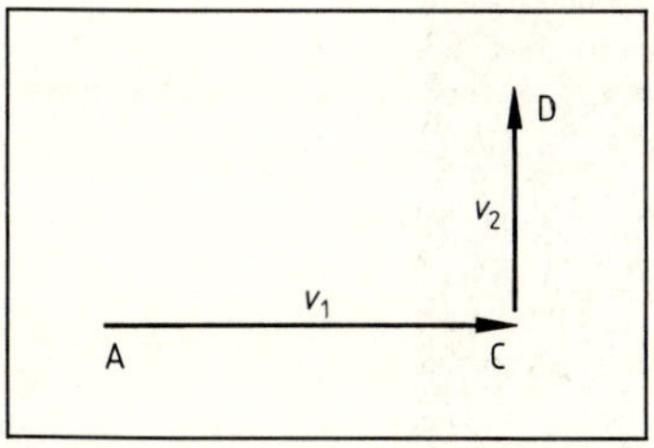

Abb. 1 a

Graphische Darstellung zu a)

Diese Darstellung zeigt, daß die Einzelvektoren aneinander gehängt werden können.

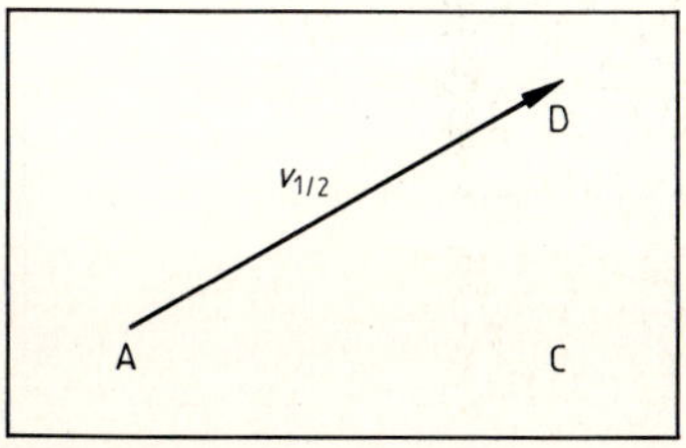

Abb. 1 b

Graphische Darstellung zu b)

Diese Darstellung zeigt die direkte Verbindung mittels eines Vektors von A nach D. Dies ist der resultierende Gesamtvektor.

Erfolgen zwei Geschwindigkeiten gleichzeitig, so erhält man die Gesamtgeschwindigkeit als Diagonale aus dem Parallelogramm, dessen Seiten von den Einzelgeschwindigkeiten gebildet werden.

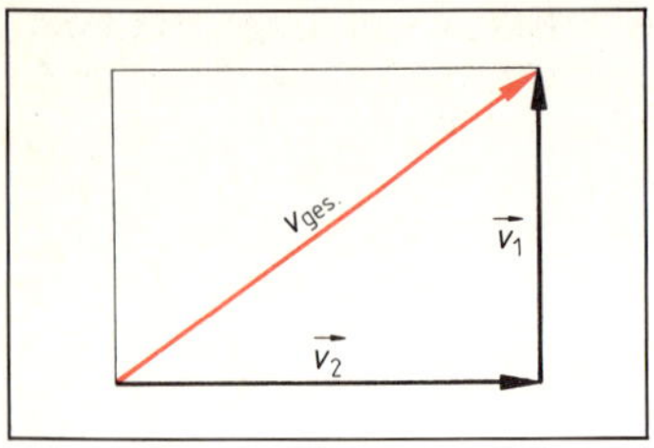

Abb. 1 c

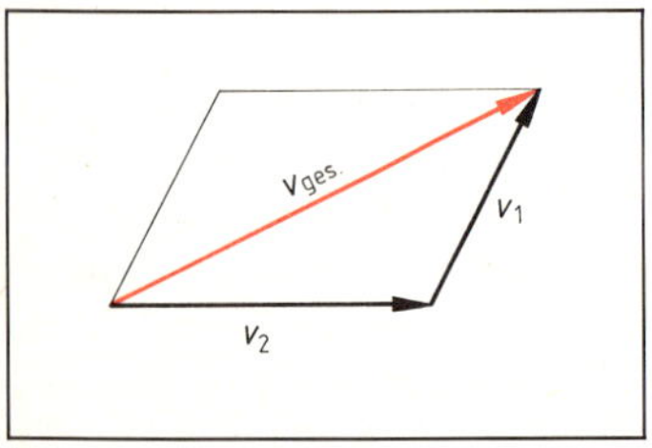

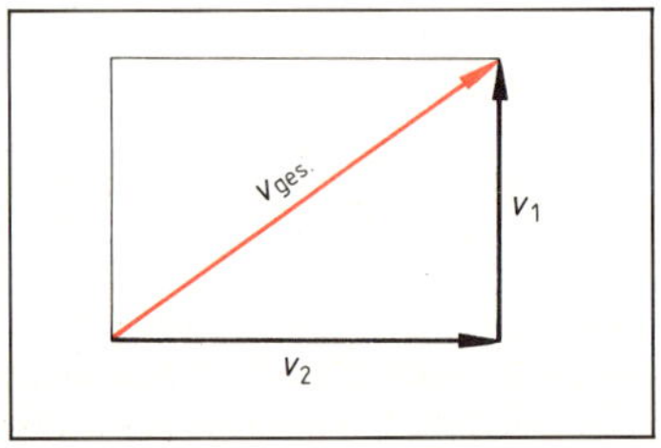

Wie Beispiel 1 zeigt, erfolgt die Zusammensetzung zweier Vektoren mit Hilfe eines Parallelogramms bzw., wenn sie einen rechten Winkel einschließen, mit einem Rechteck.

Abb. 1 d und 1 e

Beispiel 2

Ein anderes Beispiel für eine solche Zusammensetzung (Überlagerung) zweier Bewegungen findet man bei einem Ruderboot (Abb. 2). In die Abbildung ist das Parallelogramm der Geschwindigkeiten eingezeichnet, das die Gesamtgeschwindigkeit nach Größe und Richtung zeigt. Das Boot erreicht das jenseitige Ufer erst in einem Punkt, der im Vergleich zum Ausgangspunkt ein Stück flußabwärts liegt.

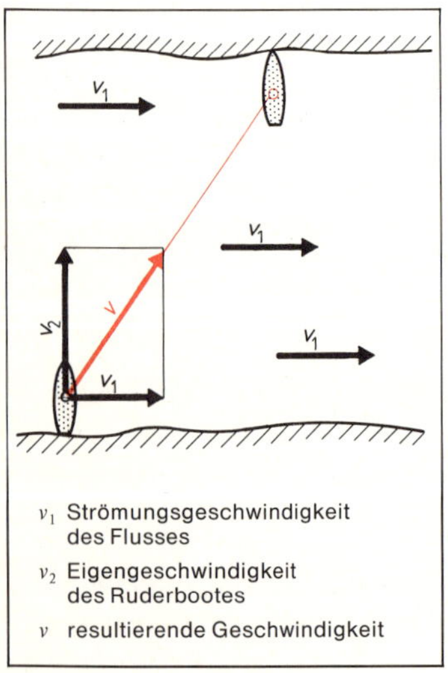

Abb. 2 Parallelogramm der Geschwindigkeiten bei einem Boot auf einem Fluß

Beide Beispiele betrachten die Zusammensetzung von **gleichförmigen** Bewegungen. Die angeführten Sätze bleiben aber auch richtig, wenn sich zwei beliebige Bewegungen überlagern.

Die Gesetzmäßigkeiten bei der Zusammensetzung von Geschwindigkeiten dienen auch dazu, um die Geschwindigkeit eines bewegten Körpers in bezug auf einen anderen bewegten Körper, die sog. **Relativgeschwindigkeit** beider Körper, zu bestimmen.

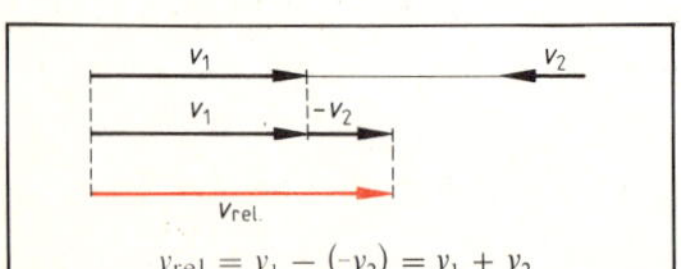

Abb. 3 Relativgeschwindigkeit zweier sich entgegen bewegender Körper

Bewegen sich zwei Fahrzeuge gegeneinander mit den Geschwindigkeiten v_1 und v_2, so nimmt ihre Entfernung mit der Summe der beiden Geschwindigkeiten ab. Sie nähern sich gegenseitig mit der Relativgeschwindigkeit $v_1 + v_2$. Um sie aus einer Zeichnung zu bestimmen, zeichnet man die Geschwindigkeit v_1 als Pfeil und fügt an sein Ende den in seiner Richtung umgekehrten Pfeil der Geschwindigkeit v_2 (Abb. 3) dazu.

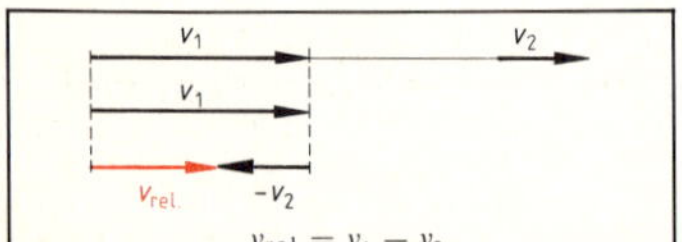

Abb. 4 Relativgeschwindigkeit zweier sich gleichsinnig bewegender Körper

Bei zwei sich in gleicher Richtung bewegenden Fahrzeugen ist die Relativgeschwindigkeit gleich der Differenz der beiden Geschwindigkeiten v_1 und v_2. Man erhält sie auch hier zeichnerisch, indem man an den Pfeil der Geschwindigkeit v_1 den umgekehrten Pfeil der Geschwindigkeit v_2 anfügt (Abb. 4).

Aufgabe

Ein Flugzeug gerät in eine Fallbö und sinkt beim Weiterfliegen mit der Sinkgeschwindigkeit 15 m/s bei einer Geradeausgeschwindigkeit von 420 km/h. Wie groß ist die wirkliche Geschwindigkeit des Flugzeugs? Bestimmen Sie durch Zeichnung den Winkel zwischen dem Weg des Flugzeugs und der Waagerechten.

1.4.9 Wurf

Von einem Wurf spricht man immer dann, wenn ein frei fallender Körper eine zusätzliche Geschwindigkeitskomponente hat. Der Körper besitzt dann gleichzeitig zwei Geschwindigkeitskomponenten, nämlich z. B. v_a und v_{Fall}. Aus Kapitel 1.4.8 ist bekannt, daß sich Geschwindigkeitskomponenten ungestört überlagern. Die Wurfhöhe wird mit h gekennzeichnet. Hierbei handelt es sich immer um die momentane Höhe, nicht um den zurückgelegten Weg. Auftretende Beschleunigungen oder Verzögerungen können nur von der Erdanziehung verursacht werden, da bei Vernachlässigung des Luftwiderstandes keine weitere Kraft auf den Körper einwirkt. Statt a oder a' steht immer g in den Formeln.

Senkrechter Wurf nach oben

Beim Wurf senkrecht nach oben sind die Geschwindigkeitsanteile v_a und v_{Fall} einander entgegengerichtet. Der Anteil von v_{Fall} nimmt ständig zu. Im Umkehrpunkt ist $v_a = v_{Fall}$. Danach ist v_{Fall} größer als v_a, d. h. der Körper fällt wieder nach unten. In der Rechnung wird v_e negativ.

Abb. 1 a

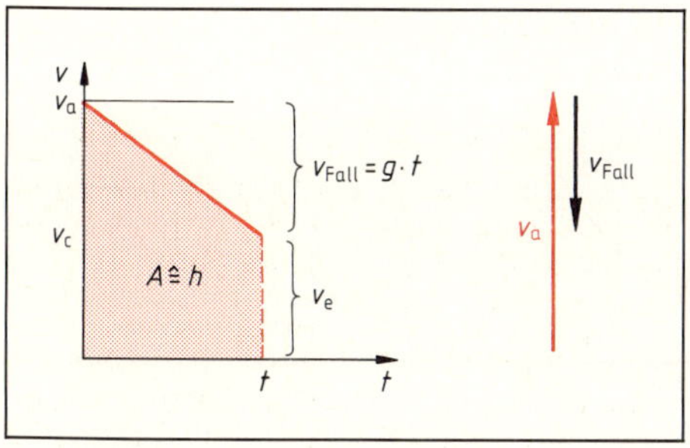

vor dem Umkehrpunkt

$$v_e = v_a - g \cdot t$$

$$h = v_a \cdot t - \frac{g}{2} t^2$$

$$v_e = \sqrt{v_a^2 - 2gh}$$

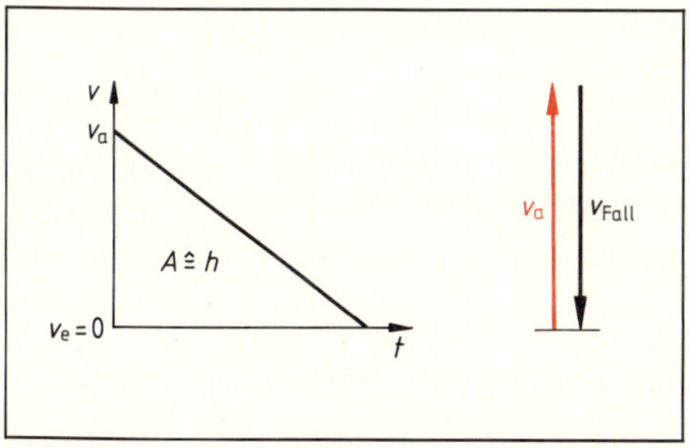

Abb. 1 b

im Umkehrpunkt

Die Zeit, nach der der Körper den höchsten Punkt erreicht, ist die Steigzeit t_{st}, und die erreichte Höhe ist die Steighöhe h_{st}. Im höchsten Punkt gilt: $v_e = 0$.

Dann folgen aus den nebenstehenden Gleichungen für v_e:

$$0 = v_a - g \cdot t_{st} \quad => t_{st} = \frac{v_a}{g}$$

$$0 = \sqrt{v_a^2 - 2gh_{st}} => h_{st} = \frac{v_a^2}{2g}$$

Fällt der Körper aus dieser Höhe $h_{st} = \frac{v_a^2}{2g}$ wieder herunter, so ist seine Endgeschwindigkeit bei seiner Rückkehr zum Ausgangspunkt:

$$v_e = \sqrt{2g \cdot h_{st}} = \sqrt{2g \cdot \frac{v_a^2}{2g}} = v_a$$

Die Aufschlaggeschwindigkeit ist also ebenso groß wie die Abwurfgeschwindigkeit.

Senkrechter Wurf nach unten

Beim senkrechten Wurf nach unten sind die Geschwindigkeitsanteile v_a und v_{Fall} gleichgerichtet.

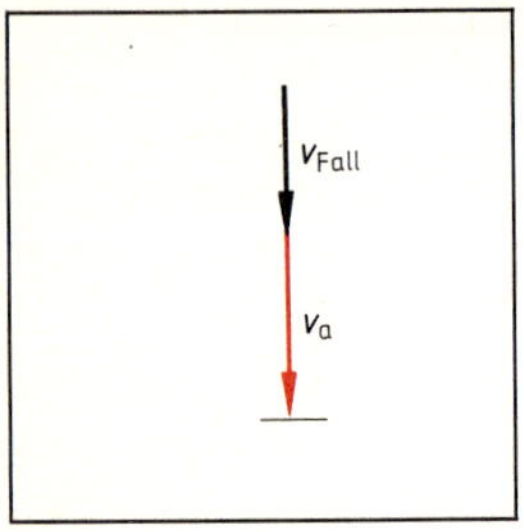

$$h = v_a \cdot t + \frac{g}{2} t^2$$

$$v_e = \sqrt{v_a^2 + 2gh}$$

Abb. 2 a

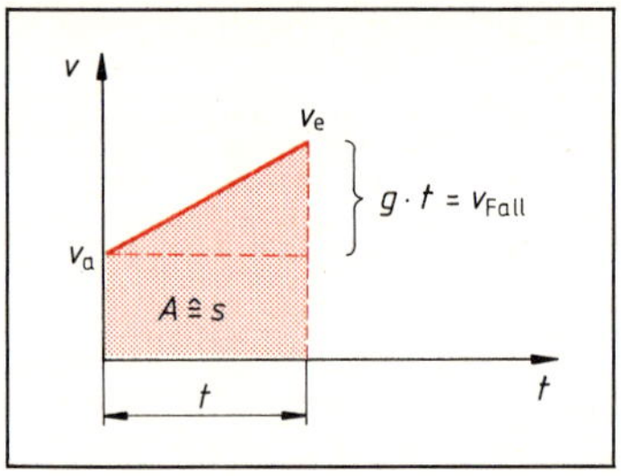

$$v_e = v_a + v_{Fall}$$

$$v_e = v_a + g \cdot t$$

Abb. 2 b

Übersicht: Senkrechter Wurf nach oben

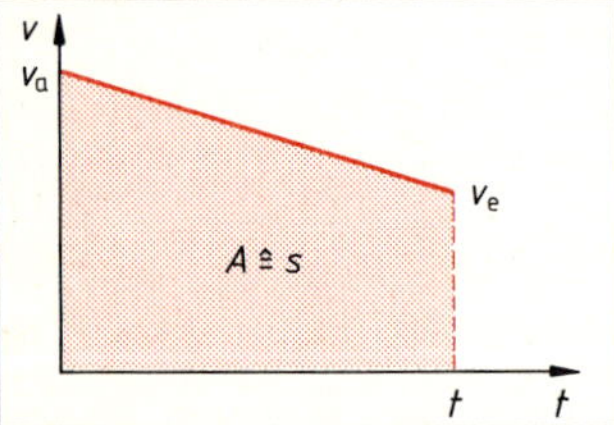	$v_e = v_a - g \cdot t$	$h = v_a \cdot t - \frac{g}{2} t^2$ $h = \frac{v_a + v_e}{2} \cdot t$	$t = \frac{v_a - v_e}{g}$ $t = \frac{2 \cdot h}{v_a + v_e}$	$v_e = \sqrt{v_a^2 - 2gh}$

Senkrechter Wurf nach oben bis zum Umkehrpunkt

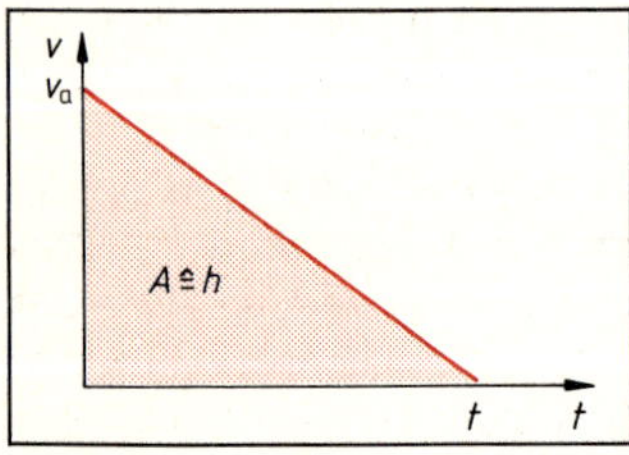	$v_e = 0$	$h_{st} = \frac{g}{2} t^2$ $h_{st} = \frac{v_a}{2} t$	$t_{st} = \frac{v_a}{g}$ $t_{st} = \frac{2 \cdot h_{st}}{v_a}$	$v_e = 0$

Senkrechter Wurf nach unten

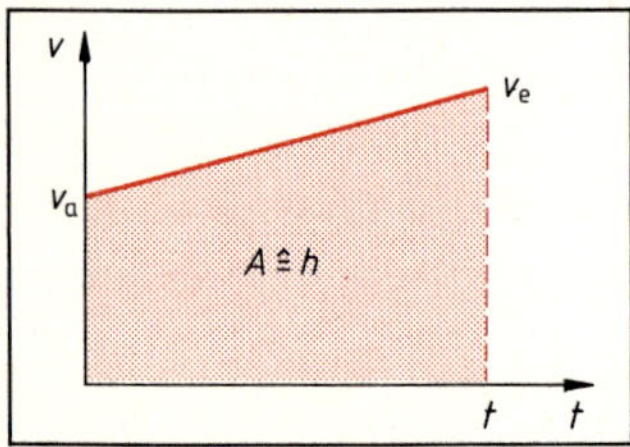	$v_e = v_a + g \cdot t$	$h = v_a \cdot t + \frac{g}{2} t^2$ $h = \frac{v_a + v_e}{2} \cdot t$	$t = \frac{v_e - v_a}{g}$ $t = \frac{2 \cdot h}{v_a + v_e}$	$v_e = \sqrt{v_a^2 + 2gh}$

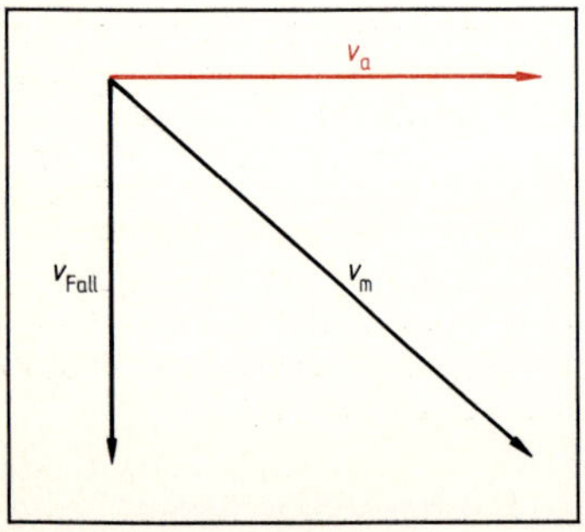

Waagerechter Wurf

Beim waagerechten Wurf stehen die Geschwindigkeitsanteile v_a und v_{Fall} senkrecht aufeinander. Die momentane Geschwindigkeit v_m für einen Punkt auf der Kurve wird mit Hilfe des Lehrsatzes vom Pythagoras errechnet: $v_m = \sqrt{v_a^2 + v_{Fall}^2}$

Infolge des mit der Zeit anwachsenden Anteils von v_{Fall} entsteht eine nach unten gekrümmte Bahn.

Abb. 3 Abwurf (waagerecht)

Schiefer Wurf

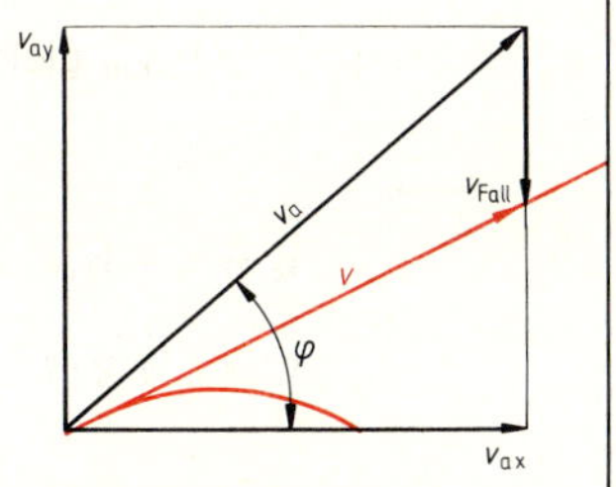

Beim schiefen Wurf bilden v_a und v_{Fall} einen beliebigen Winkel miteinander. Infolge des wachsenden Einflusses von v_{Fall} entsteht eine nach unten gekrümmte Bahn. Der schiefe Wurf liegt zwischen den Grenzen des senkrechten und des waagerechten Wurfs.

Die Variable ist allein v_{Fall} : $v_{Fall} = g \cdot t$. Die Zeit geht dabei als einzige Veränderliche in den Bewegungsvorgang Wurf ein. Die obige Skizze zeigt, wie sich die momentane Geschwindigkeit v aus der vektoriellen Addition der Einzelgeschwindigkeiten v_{ay}, v_{ax} und v_{Fall} ergibt.

Abb. 4 Geschwindigkeitskomponenten beim schiefen Wurf

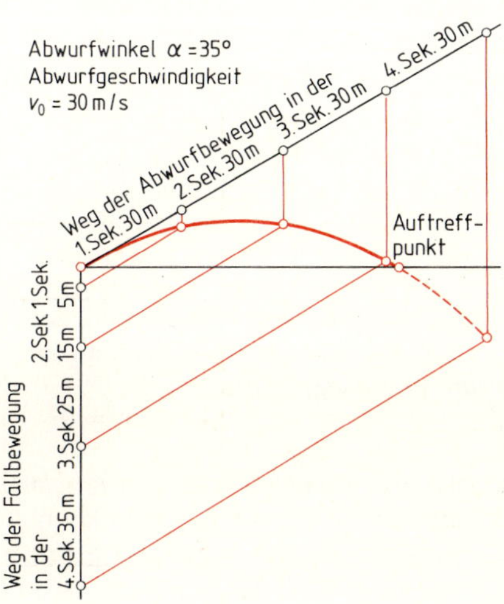

Abb. 5 Wegkurve beim schiefen Wurf

Nach dem Satz vom Parallelogramm der Wege kann man die Bahnpunkte nach 1, 2, 3 ... Sekunden konstruieren. Abb. 3 stellt die Bahnkurve für einen Wurf unter einem Winkel von 35° mit einer Anfangsgeschwindigkeit von 30 m/s dar. Vernachlässigt man den Luftwiderstand, so sind die Wege der gleichförmigen Bewegung in allen Sekunden 30 m. Die Wege infolge des Falls können nach der Formel $s = \frac{g}{2} t^2$ berechnet werden.

Verbindet man die erhaltenen Bahnpunkte durch eine möglichst gleichmäßig gekrümmte Kurve, so erhält man die Wurfbahn. Sie verläuft zuerst nach oben, wird flacher und führt nach einigen Sekunden (bei dem gewählten Beispiel nach etwas mehr als 3 Sekunden) wieder zur Ausgangshöhe zurück. Die Entfernung zwischen Abwurfplatz und Aufschlagpunkt heißt Wurfweite. Bei gleicher Höhe von Abwurf- und Aufschlagpunkt und unveränderter Anfangsgeschwindigkeit wächst sie bis zu einem Abwurfwinkel von 45°; bei noch größerem Winkel wird sie wieder kleiner. Dagegen wird die Wurfhöhe um so größer, je steiler der Wurf erfolgt.

Aufgaben

1. *Ein Stein wird mit der Anfangsgeschwindigkeit v_a = 16 m/s senkrecht in die Höhe geworfen. Wie groß sind die Steigzeit und die Steighöhe? Welche Zeit vergeht bis zum Aufschlag auf den Boden, der 2 m unter der abwerfenden Hand liegt?*

2. *Ein Stein wird senkrecht mit v_a = 20 m/s nach unten geworfen. Nach 22 m prallt er auf. Um wieviel ist er schneller als ein gleicher Stein, der aus derselben Höhe frei herabfällt?*

3. *Ein Stein fällt frei aus h = 20 m herab, ein zweiter Stein wird vom Boden aus senkrecht hochgeworfen. Beide Vorgänge laufen gleichzeitig ab. Mit welcher Geschwindigkeit muß der zweite Stein hochgeworfen werden, wenn er dem ersten genau nach 10 m begegnen soll?*

4. *Welche Formeln muß man wissen, wenn man alle acht Übersichten ableiten will? Welche Rolle spielen dabei die Diagramme?*

5. *Konstruieren Sie auf ähnliche Weise wie bei der Wegkurve beim schiefen Wurf die Bahnkurve für den horizontalen Wurf.*

6. *Welche Geschwindigkeiten setzen sich ungestört zusammen*
a) beim senkrechten Wurf,
b) beim waagerechten Wurf,
c) beim schiefen Wurf?
Machen Sie jeweils eine Skizze mit Geschwindigkeitsvektoren zu den Fragen a), b) und c).

1.5 Kräfte

1.5.1 Masse und Trägheitsgesetz

In 1.3.3 wurde die Masse als Maß für die Materiemenge eingeführt. Um sie zahlenmäßig angeben zu können, benötigt man außer der schon genannten Einheit 1 kg noch eine die Masse kennzeichnende und meßbare Eigenschaft einer Materiemenge.

Eine erste solche Eigenschaft ergibt sich aus dem Umstand, daß jede Materiemenge von der Erde angezogen wird und daher schwer ist. Wenn man diese Eigenschaft zur Kennzeichnung der Masse benützt, spricht man von der **schweren Masse** und erhält für sie die Aussage:

Die schwere Masse eines Körpers ist umso größer, je schwerer dieser ist. Sie ist also proportional zur Erdanziehungskraft (= Gewichtskraft 1.5.4), die auf den Körper wirkt.

Die folgenden Beobachtungen lassen eine zweite Eigenschaft der Materie erkennen, die man ebenfalls zur Kennzeichnung der Masse verwenden kann.

Wird eine Schüssel mit Wasser rasch in Bewegung versetzt, so fließt das Wasser am rückwärtigen Rand der Schüssel über. Bringt man dagegen die bewegte Schüssel plötzlich zum Stillstand, so läuft das Wasser vorne über. Beim raschen Anfahren eines Autos wird der Fahrgast nach hinten in den Sitz gepreßt. Umgekehrt fällt er nach vorne, wenn das Auto plötzlich bremst. Aus all diesen Beobachtungen erkennt man eine Grundeigenschaft jeder Masse, ihre Trägheit.

Trägheitsgesetz: Jede Masse hat das Bestreben, ihren Bewegungszustand beizubehalten, d. h. im Zustand der Ruhe ruhig zu bleiben und bei einer bestimmten Geschwindigkeit diese unverändert und geradlinig beizubehalten.

Die Änderung des Bewegungszustandes erfolgt also bei einem Körper nie von allein; dazu ist stets eine Ursache erforderlich. Diese Ursache ist eine Kraft. Ein Auto kann z. B. nur anfahren, wenn es von der Kraft des Motors angetrieben wird. Auch zur Erhöhung seiner Geschwindigkeit braucht es seine Antriebskraft, und eine Verzögerung ist nur durch die Kraft der Bremsen möglich. Da alle Änderungen des Bewegungszustandes mit einer Beschleunigung verbunden sind, gilt also der Satz:

Die Ursache einer jeden Geschwindigkeitsänderung ist eine Kraft.

Auch die Tatsache, daß jede Geschwindigkeitsänderung von einer Kraft verursacht werden muß, beruht auf der Trägheit einer Masse. Sie ist wie der Rauminhalt oder die Schwere eine Grundeigenschaft jeder Materie. Wenn man gerade diese Eigenschaft einer Materiemenge zur Kennzeichnung der Masse benützt, spricht man von ihrer **trägen Masse.**

Jeder Körper besitzt eine träge Masse, die allen Geschwindigkeitsänderungen einen Widerstand entgegensetzt.

Da die beiden Eigenschaften der Schwere und der Trägheit wesentlich verschieden sind, sind zunächst auch die mit ihrer Hilfe definierte schwere und die träge Masse zwei verschiedene physikalische Größen. In mehreren physikalischen Beziehungen treten gleichzeitig beide Arten der Masse auf. Beim freien Fall wird z. B. die träge Masse eines Körpers von der zur schweren Masse proportionalen Erdanziehungskraft beschleunigt, wobei am gleichen Ort immer die gleiche Beschleunigung $g = 9{,}81\ \mathrm{m/s^2}$ entsteht. Aus dieser Tatsache und anderen zum Teil mit größter Meßgenauigkeit kontrollierbaren Beziehungen ergibt sich, daß schwere und träge Masse zueinander proportional sind. Da für beide Massen die gleiche Einheit 1 kg gewählt wurde, ergibt sich bei einem Körper für die schwere und die träge Masse der gleiche Zahlenwert und die gleiche Einheit, so daß man zwischen beiden Massen nicht mehr zu unterscheiden braucht: $m_s = m_t = m$ und schlechthin von der Masse m sprechen kann.

Die Erkenntnis, daß sich ein Körper ohne Einwirkung einer Kraft geradlinig mit konstanter Geschwindigkeit bewegt, ist zunächst nicht selbstverständlich. Alle Bewegungen, die in der Natur vorkommen oder die der Mensch erzeugt, benötigen eine Antriebskraft. Jeder bewegte Gegenstand auf der Erde, der sich selbst überlassen wird, kommt nach kürzerer oder längerer Zeit zum Stillstand. Daher war man lange der Meinung, daß eine gleichförmige Bewegung nur unter dem Einfluß einer stetig wirkenden Kraft möglich sei. Erst Galilei erkannte den wahren Sachverhalt: Die Ursache der Geschwindigkeitsabnahme bei scheinbar kräftefreier Bewegung ist die Reibungskraft (Nr. 1.5.6). Die erforderliche Kraft dient zunächst zur Überwindung des Reibungswiderstandes. Wenn sie dazu eben ausreicht, wird die Bewegung kräftefrei und erfolgt gleichförmig.

Erklären Sie nach dem Trägheitsgesetz folgende **Beobachtungen:**

Beispiel 1

Eine Masse (Abb. 1) ist an einem dünnen Faden aufgehängt. Unten trägt sie einen ebenso dünnen Faden. Zieht man sachte an ihm mit zunehmender Kraft, so reißt der obere Faden, zieht man aber mit einem Ruck, reißt der untere Faden.

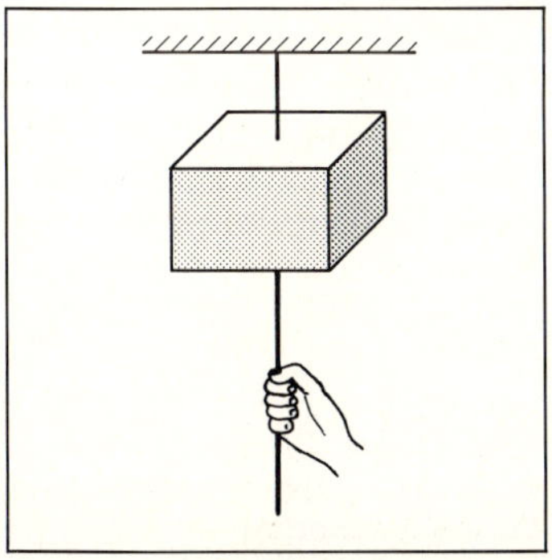

Abb. 1 Beobachtung zum Trägheitsgesetz

Beispiel 2

Eine Münze ist sorgfältig auf einem Blatt Papier aufgestellt (Abb. 2). Das Papier kann man wohl mit einem raschen Schlag unter der Münze herausziehen. Dies mißlingt aber stets, wenn man versucht, es mit noch so großer Sorgfalt langsam auszuführen.

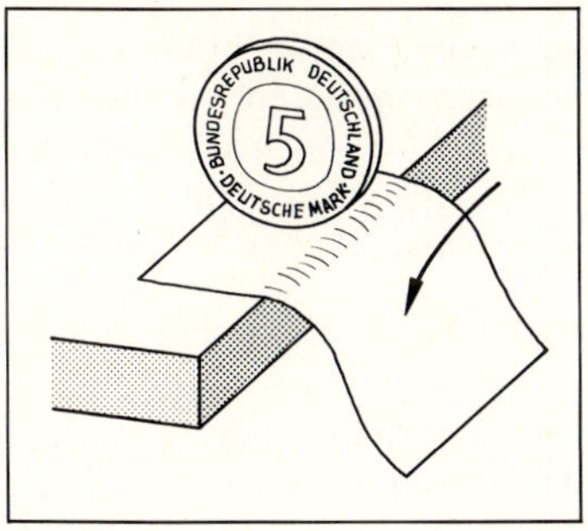

Abb. 2 Beobachtung zum Trägheitsgesetz

1.5.2 Grundeigenschaften einer Kraft

Aus dem täglichen Leben haben wir eine anschauliche Vorstellung, was eine Kraft ist. Wir können z. B. mit unserer Muskelkraft Gegenstände bewegen oder verformen. Ähnliche, aber stärkere Wirkungen erzeugt die Technik mit Maschinen; die größeren Wirkungen bezeichnen wir als die Folge größerer Kräfte. Stets kann auf das Auftreten einer Kraft nur aus ihren Wirkungen geschlossen werden. Deshalb ist es auch leicht einzusehen, daß man zur exakten Definition einer Kraft eine von ihr verursachte meßbare Wirkung heranzieht. Zwei solche Wirkungen sollen im folgenden genannt werden.

Im Zusammenhang mit dem Trägheitsgesetz wurde in 1.5.1 auch der Satz ausgesprochen, daß die Ursache einer jeden Beschleunigung eine Kraft ist.

Obwohl jede Beschleunigung eine Kraft als Ursache haben muß, ruft nicht jede Kraft eine Beschleunigung hervor. Sie entsteht nur, wenn eine Kraft an einem beweglichen Gegenstand angreift, während diese einen befestigten Gegenstand nicht in Bewegung versetzen kann. Bei einem solchen Gegenstand ruft die Kraft eine andere Wirkung hervor: sie ändert (elastisch oder plastisch) dessen äußere Form. Dies wird besonders deutlich, wenn der Gegenstand, wie z. B. eine Schraubenfeder, leicht seine Form ändern kann. Aber auch, wenn eine kleine Kraft an einem fest gebauten Körper angreift, tritt eine Verformung auf; sie ist dann nur so klein, daß sie erst mit empfindlichen Meßgeräten nachweisbar ist.

Da jede Kraft entweder bei einem beweglichen Körper eine Beschleunigung oder bei einem ortsfesten eine Formänderung hervorruft, gilt zur Kennzeichnung einer Kraft der folgende Satz:

Eine Kraft ist die Ursache einer Beschleunigung oder einer Formänderung.

1.5.3 Grundgesetz der Dynamik

Beispiel

Beobachtungen: Zwei Menschen können ein Auto rascher anschieben, ihm also eine größere Beschleunigung erteilen, als nur einer. Daß eine größere Kraft auf den gleichen Körper einwirkt, kann man an der größeren entstehenden Beschleunigung erkennen.

Beim freien Fall erfahren ein kleiner und ein größerer Stein dieselbe Beschleunigung $g = 9{,}81\,\frac{\text{m}}{\text{s}^2}$.

Die ursächliche Kraft ist in beiden Fällen die Gewichtskraft der Steine. – Um bei verschiedenen Körpern die gleiche Beschleunigung hervorzurufen, sind unterschiedliche Kräfte erforderlich, die um so größer sein müssen, je größer die Masse der Körper ist.

Nach dem Ergebnis von 1.5.1 ist stets eine Kraft die Ursache, wenn ein nicht befestigter Körper eine Beschleunigung erfährt. Nach den beiden Beobachtungen beurteilt man die Größe der verursachenden Kraft:

- nach der Größe der entstehenden Beschleunigung, wenn sie auf die gleiche Masse einwirkt,
- nach der Größe der bewegten Masse, wenn sie die gleiche Beschleunigung hervorruft.

Man bezeichnet eine Kraft als um so größer, je größer die Beschleunigung ist, die sie hervorruft, und je größer die Masse des Gegenstandes ist, den sie beschleunigt. Diese aus der Erfahrung entstandene Beurteilung einer Kraft benutzt man in der Physik, um sie als meßbare physikalische Größe zu definieren:

Eine Kraft, die einen Körper beschleunigt, ist bei gleicher Masse proportional zur entstehenden Beschleunigung und bei gleicher Beschleunigung proportional zur beschleunigten Masse.

Beide Aussagen lassen sich durch eine mathematische Beziehung zum Ausdruck bringen, wenn man sich des Proportionalitätszeichens $\sim$ bedient:

$$F \sim m \cdot a$$

Durch diese Beziehung ist die Kraft zurückgeführt auf die Basisgröße der Masse und auf die Beschleunigung, die sich mit Hilfe der Basisgrößen der Länge und der Zeit ausdrücken läßt. Deshalb braucht die Kraft nicht als eine weitere Basisgröße eingeführt zu werden, sondern sie läßt sich mit Hilfe dieser Beziehung als eine abgeleitete Größe definieren. Zu diesem Zweck muß man nur fordern, daß das Proportionalitätszeichen durch ein Gleichheitszeichen ersetzt wird. Wegen ihrer fundamentalen Bedeutung für den Zusammenhang zwischen den verursachenden Kräften und den entstehenden Bewegungen heißt die entstehende Gleichung das **Grundgesetz der Dynamik:**

$$F = m \cdot a$$

Durch diese Gleichung ist auch die Einheit der Kraft, die nach dem Entdecker des Grundgesetzes der Dynamik, Isaak **Newton**[1], den Namen Newton (N) trägt, festgelegt. Man erhält die Beziehung zwischen dieser Krafteinheit und den Basiseinheiten kg, m und s, indem man das Grundgesetz der Dynamik als Einheitengleichung schreibt:

Kraft = Masse · Beschleunigung

$$F = m \cdot a \qquad [F] = 1\,\mathrm{N} = 1\,\mathrm{kg}\frac{\mathrm{m}}{\mathrm{s}^2}$$

Eine Kraft hat die Größe 1 N, wenn sie bei einer Masse von 1 kg die Beschleunigung von $1\frac{\mathrm{m}}{\mathrm{s}^2}$ hervorruft.[2]

Das uns am nächsten liegende Beispiel einer Kraft ist unsere Muskelkraft. Mit ihr können wir Gegenstände unserer Umwelt beschleunigen oder Formänderungen hervorrufen. Für physikalische Versuche ist sie wenig geeignet, weil sie schwer zu messen ist und es bei der Wiederholung eines Versuchs kaum möglich ist, sie mit gleicher Größe und Richtung ein zweites Mal anzusetzen.

1.5.4 Gewichtskraft

Jeder Gegenstand und jede Materiemenge unserer Umwelt werden von der Erde angezogen. Die Größe dieser Erdanziehungskraft wird im täglichen Leben ebenso wie die Materiemenge als „Gewicht" bezeichnet. Um sie deutlicher als Kraft zu kennzeichnen, verwendet die Physik die Bezeichnung **Gewichtskraft** F_G. Sie ist im wesentlichen die von der Erdanziehung verursachte Kraft, die jeden Körper in Richtung zum Erdmittelpunkt zu ziehen sucht.

Wenn keine Unterlage oder Befestigung das Entstehen einer Bewegung verhindert, erzeugt die Gewichtskraft die Bewegung des freien Falls. Sie läuft bei allen Körpern mit der gleichen Beschleunigung $g = 9{,}81\ \mathrm{m/s^2}$ ab, wenn man den Einfluß des Luftwiderstandes vernachlässigen darf. Da dann die Gewichtskraft die Resultierende aller angreifenden Kräfte ist und stets die gleiche Beschleunigung g entsteht, geht in diesem Falle das Grundgesetz der Dynamik über in:

Gewichtskraft = Masse · Fallbeschleunigung

$$F_G = m\,g \qquad [F_G] = \mathrm{N}$$

Nach dieser Gleichung kann man die Gewichtskraft eines Körpers aus der Masse berechnen.

---

1 Isaak Newton, 1643 bis 1727, bedeutender englischer Naturforscher, s. S. 360.

2 Früher wurde meist das technische Einheitensystem mit der Krafteinheit 1 kp (Kilopond) verwendet. Da diese Einheit nicht ins SI gehört, soll sie nicht mehr verwendet werden. Wenn sie in älterer Literatur noch auftritt, kann man sie nach der folgenden Umrechnungsgleichung in die Einheit Newton N umrechnen: 1 kp = 9,81 N

Beispiel 1 Ein Stück Holz mit der Masse $m = 230\,\text{g} = 0{,}23\,\text{kg}$ hat die Gewichtskraft

$$F_G = m\,g = 0{,}23\,\text{kg} \cdot 9{,}81\frac{\text{m}}{\text{s}^2} = 2{,}26\,\text{kg}\frac{\text{m}}{\text{s}^2} = 2{,}26\,\text{N} \approx 2{,}3\,\text{N}$$

Ein Stein mit der Masse $m = 1{,}65\,\text{kg}$ hat die Gewichtskraft $F_G = 16{,}19\,\text{N}$
Ein Mensch mit der Masse $m = 70\,\text{kg}$ hat die Gewichtskraft $F_G = 687\,\text{N}$
Ein Auto mit der Masse $m = 1250\,\text{kg}$ hat die Gewichtskraft $F_G = 12263\,\text{N} = 12{,}3\,\text{kN}$

Obwohl die Gewichtskraft stets lotrecht nach unten gerichtet ist, kann man ihre Wirkungslinie mit Hilfe eines über eine Rolle geführten Fadens (Nr. 1.8.5) fast ohne Verlust in jede andere Richtung lenken. Da die Gewichtskraft sich außerdem sehr genau messen läßt, eignet sie sich gut für alle Versuche, in denen meßbare Kräfte benötigt werden.

Nach der Gleichung $F_G = m\,g$ ist die Gewichtskraft des gleichen Gegenstandes an verschiedenen Orten nicht gleich, sondern ändert sich mit dem Wert der Erdbeschleunigung (Abschn. 1.4.6). Die Gewichtskraft eines Körpers ist daher am Äquator um etwa 0,3 % kleiner, an den Polen um etwa 0,3 % größer als in Mitteleuropa.

Beispiel 2 Mit welcher Beschleunigung setzt sich ein Fahrstuhl (Eigenmasse $m_1 = 300$ kg), der von 8 Personen mit insgesamt $m_2 = 560$ kg besetzt ist, in Bewegung, wenn während des Anfahrens eine Kraft $F = 10\,000$ N nach oben zieht?

Beschleunigte Masse: $m = m_1 + m_2 = 300\,\text{kg} + 560\,\text{kg} = 860\,\text{kg}$

Gewichtskraft des besetzten Fahrstuhles: $F_G = (m_1 + m_2)\,g = 860\,\text{kg} \cdot 9{,}81\,\text{m/s}^2 = 8440\,\text{N}$

Beschleunigende Kraft: $F_b = F - F_G = 10000\,\text{N} - 8440\,\text{N} = 1560\,\text{N} = 1560\,\text{kg m/s}^2$

Beschleunigung: $a = \dfrac{F_b}{m} = \dfrac{1560\,\text{kg m/s}^2}{860\,\text{kg}} = \underline{1{,}814\dfrac{\text{m}}{\text{s}^2}}$

Beispiel 3 Mit welcher Kraft muß ein Auto ($m = 1200$ kg) bei einer Geschwindigkeit von 45 km/h gebremst werden, damit es in 25 m zum Stehen kommt?

Anfangsgeschwindigkeit: $v_a = 45\dfrac{\text{km}}{\text{h}} = \dfrac{45}{3{,}6}\dfrac{\text{m}}{\text{s}} = 12{,}5\dfrac{\text{m}}{\text{s}}$

Bremsweg: $s_{br} = \dfrac{v_a^2}{2\,a'}$ oder $a' = \dfrac{v_a^2}{2\,s_{br}} = \dfrac{12{,}5^2}{50}\dfrac{\text{m}^2/\text{s}^2}{\text{m}} = 3{,}125\dfrac{\text{m}}{\text{s}^2}$

Bremskraft: $F_{br} = m \cdot a' = 1200\,\text{kg} \cdot 3{,}125\dfrac{\text{m}}{\text{s}^2} = \underline{3750\,\text{N}} = \underline{3{,}75\,\text{kN}}$

Aufgaben

1. *Die Rakete des ersten Apollounternehmens besaß beim Start eine Masse von 2904 t. Wie groß mußte die Schubkraft der Verbrennungsgase sein, damit die Rakete ihren Start mit einer Beschleunigung von 40 m/s² beginnen konnte?*

2. *Ein Geschoß von 20 g Masse wird in einem Gewehrlauf von 65 cm Länge auf eine Mündungsgeschwindigkeit von 800 m/s beschleunigt. Berechnen Sie die mittlere Kraft der Verbrennungsgase.*

3. *Ein Pkw mit der Masse $m = 1{,}32$ t beschleunigt von $v_a = 60$ km/h auf $v_e = 85$ km/h in 9 s. Berechnen Sie die Kraft, die für den Beschleunigungsvorgang erforderlich ist.*

4. *Auf eine freifallende Ramme von $m = 200$ kg wirkt im oberen Punkt eine Beschleunigung $a = 8\,\text{m/s}^2$. Berechnen Sie die Kraft, die auf die Ramme einwirkt.*

1.5.5 Vektoreigenschaft und Darstellung einer Kraft

Die Wirkung einer Kraft ist nicht nur durch ihre Größe bestimmt; zwei gleich große Kräfte können am gleichen Körper verschiedene Wirkungen hervorrufen, wie das folgende Beispiel zeigt.

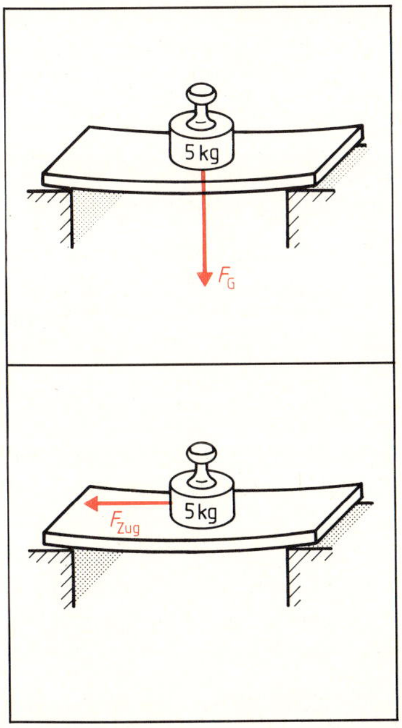

Beispiel 1

Wenn ein Körper auf einem Brett liegt, bewirkt die stets nach unten gerichtete Gewichtskraft eine Durchbiegung der Unterlage. Eine ebenso große horizontal wirkende Kraft erzeugt bei dem Körper eine beschleunigte Bewegung längs des Brettes.

Die genaue Festlegung einer Kraft verlangt daher neben der Angabe der Größe auch die Angabe der Richtung, in der sie wirkt. Daher ist die Kraft auch ein Vektor.

Angriffspunkt und Richtung legen die Wirkungslinie einer Kraft fest. Das folgende Beispiel läßt uns eine weitere Eigenschaft einer Kraft erkennen.

Beispiel 2

Ein Auto soll abgeschleppt werden. Die dazu nötige Kraft soll an der Stoßstange angreifen. An ihr läßt sich aber keine Zugmaschine anbringen. Deshalb befestigt man ein Seil und läßt die Zugkraft an seinem Ende angreifen. Größe und Richtung sind geblieben, aber der Angriffspunkt der Kraft wurde geändert. Die erreichte Wirkung ist die gleiche.

Man kann also den Angriffspunkt einer Kraft beliebig auf ihrer Wirkungslinie verschieben, ohne daß sich die Wirkung der Kraft ändert. Für die äußere Wirkung einer Kraft genügt es daher, ihre Größe, ihre Wirkungslinie und ihren Richtungssinn zu erkennen. Die Lage des Angriffspunktes auf der Wirkungslinie ist ohne Bedeutung, solange die inneren Wirkungen der Kraft (z. B. Beanspruchung des Körpers auf Zug oder Druck) nicht ins Auge gefaßt werden.

Eine Kraft ist durch Angabe ihrer Größe (Betrag),	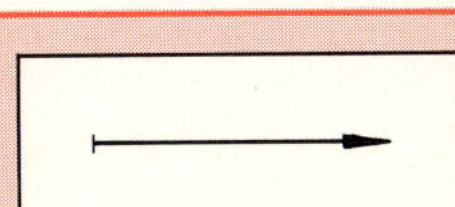	**Pfeillänge**
ihrer Wirkungslinie und	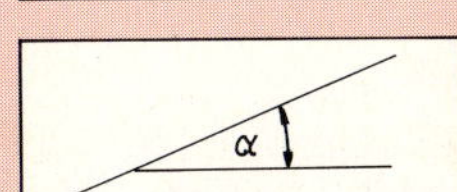	**Lage der Wirkungslinie**
ihres Richtungssinns bestimmt.	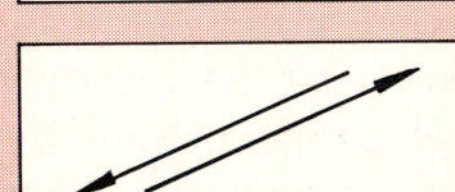	**Richtung der Pfeilspitze**

Die Vektoreigenschaft kann im Formelzeichen durch einen Pfeil kenntlich gemacht werden: $\vec{F}$

Darstellung einer Kraft

Oft will man Kräfte in Zeichnungen eintragen. Man benutzt dazu einen Pfeil, der in der Kraftrichtung eingezeichnet wird und dessen Länge die Größe der Kraft kennzeichnet. Dazu benötigt man einen **Kräftemaßstab,** z. B. 1 mm ≙ 5 N, wobei das Zeichen „≙" als „entspricht" gelesen wird. Das bedeutet, daß in der betreffenden Zeichnung die Strecke 1 mm eine Kraft von 5 N darstellt. Entsprechend bedeutet z. B. ein Pfeil von 24 mm Länge eine Kraft von 120 N, und eine Kraft von 380 N wird durch einen 76 mm langen Pfeil gekennzeichnet. Der Kräftemaßstab ist so zu wählen, daß den auftretenden Kräften, wenn möglich, Pfeile zwischen 1 cm und 10 cm Länge entsprechen.

Beispiel 3 Bei einem Kräftemaßstab: 1 mm ≙ 250 N soll eine Kraft von 11 500 N gezeichnet werden. Wie groß ist die Pfeillänge l? Es gilt die Verhältnisgleichung:

$$l : 1\,\text{mm} = 11\,500\,\text{N} : 250\,\text{N}$$

$$l = \frac{1\,\text{mm} \cdot 11\,500\,\text{N}}{250\,\text{N}} = \underline{\underline{46\,\text{mm}}}$$

Beispiel 4 In einer Zeichnung mit dem Kräftemaßstab: 1 mm ≙ 40 N ist eine Kraft F durch einen Pfeil von 35 mm Länge dargestellt. Wie groß ist die Kraft F?

$$F : 40\,\text{N} = 35\,\text{mm} : 1\,\text{mm}$$

$$F = \frac{40\,\text{N} \cdot 35\,\text{mm}}{1\,\text{mm}} = \underline{\underline{1400\,\text{N}}}$$

Beispiel 5 Die größte in einer Aufgabe vorkommende Kraft ist 14 500 N. Suchen Sie einen zweckmäßigen Kräftemaßstab, damit die Pfeillänge 8 cm nicht überschreitet.
Wenn die Pfeillänge genau 80 mm sein soll, gilt für die Kraft F, die 1 mm entspricht, die Verhältnisgleichung:

$$F : 14\,500\,\text{N} = 1\,\text{mm} : 80\,\text{mm}$$

$$F = \frac{14\,500\,\text{N} \cdot 1\,\text{mm}}{80\,\text{mm}} = \underline{\underline{181\,\text{N}}}$$

Wir wählen den zur Umrechnung einfacheren Kräftemaßstab: 1 mm ≙ 200 N, bei dem die Kraft 14 500 N etwas kleiner durch einen Pfeil von 72,5 mm Länge dargestellt wird.

1.5.6 Reibungskraft

Überläßt man einen Körper, der sich auf einer horizontalen Unterlage in Bewegung befindet, sich selbst, so kommt er nach einer gewissen Zeit zur Ruhe. Seine Verzögerung wird nach dem in Nr. 1.5.1 aufgestellten Grundsatz von einer Kraft verursacht, die entgegen der Bewegungsrichtung wirkt. Da der Körper nur mit der Unterlage in Berührung kommt, muß die Kraft beim „Reiben" an der Unterlage entstehen. Man bezeichnet sie daher als **Reibung** oder Reibungskraft. Man erhält erst dann eine Bewegung ohne Geschwindigkeitsabnahme, wenn man an dem Körper eine Kraft in der Bewegungsrichtung angreifen läßt, die gerade die hemmende Wirkung der Reibung aufhebt. Darauf beruht eine Methode, die Größe der Reibungskraft zu messen.

V1

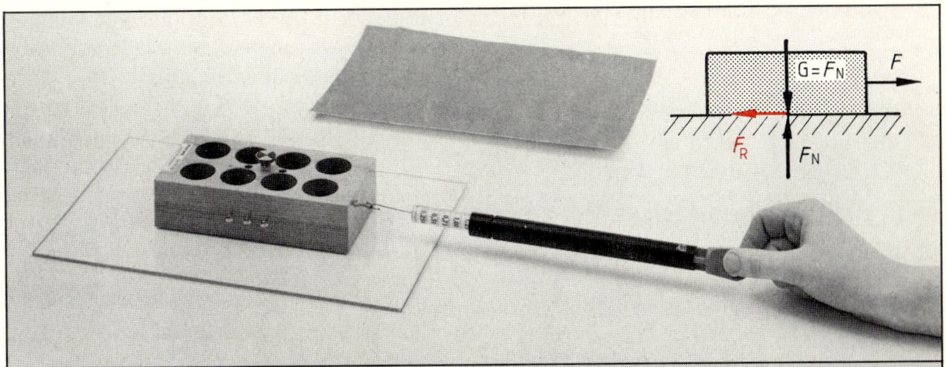

Abb. 1 Abhängigkeit der Reibungskraft von der Normalkraft

(Abb. 1): Der Kraftmesser wird so stark gezogen, daß der Holzklotz gerade mit gleichbleibender und bei jedem Einzelversuch auch mit möglichst gleich großer Geschwindigkeit bewegt wird. Zweckmäßig werden jedesmal mehrere Messungen durchgeführt und daraus der Mittelwert gebildet. Bei diesem ersten Reibungsversuch gleitet der Klotz (Masse $m_1 = 500$ g) über eine Glasplatte (in der Abb. etwas kurz dargestellt). In die Bohrungen des Klotzes lassen sich Zusatzmassen (z. B. $m_2 = 100$ g) einsetzen. Wegen der horizontalen Unterlage ist die senkrechte Belastung F_n gleich der Gewichtskraft: $F_{G1} = F_{n1} = m_1 \cdot g \approx 5$ N, $F_{G2} = F_{n2} \approx 1$ N. Dabei zeigt der Kraftmesser die Reibungskraft F_R an.

Wertetabelle

Senkrechte Belastung F_N (Normalkraft) in N	5	6	8	10
Reibungskraft F_R in N	1,2	1,4	1,8	2,3
$\frac{\text{Reibungskraft}}{\text{Normalkraft}}$ $\mu = \frac{F_R}{F_N}$	0,240	0,233	0,225	0,230

Ergebnis
Wird die **Normalkraft** F_n vergrößert, so wächst auch die Reibungskraft F_R, und zwar proportional; denn wird z. B. F_n verdoppelt, so wird auch F_R (nahezu) doppelt so groß. Der Quotient beider Kräfte bleibt im Rahmen der Versuchsgenauigkeit konstant; man bezeichnet ihn als Reibungszahl μ (sprich mü).

$$\text{Reibungszahl} = \frac{\text{Reibungskraft}}{\text{Normalkraft}}$$

$$\mu = \frac{F_R}{F_N} \qquad [\mu] = \frac{\text{N}}{\text{N}} = 1$$

Die **Reibungszahl** ist eine unbenannte Verhältniszahl.

Um die Reibungskraft bei bekannter Normalkraft zu berechnen, benutzt man die umgestellte Gleichung:

$$\text{Reibungskraft} = \text{Reibungszahl} \cdot \text{Normalkraft}$$

$$F_R = \mu \cdot F_N \qquad [F_R] = \text{N}$$

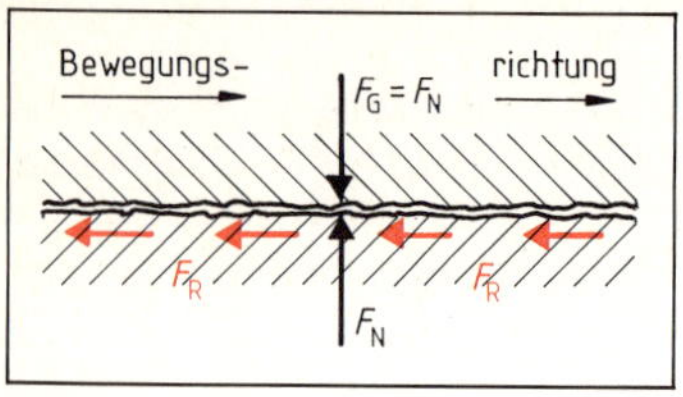

Abb. 2 Ursache der Reibung

Durch die senkrecht zur Berührungsfläche wirkende Normalkraft F_n werden die Körper aufeinander gepreßt. Die reibenden Flächen der Körper besitzen jedoch Unebenheiten. Selbst polierte Flächen sind nicht völlig eben, wie man bei genügender Vergrößerung erkennen kann. Die Reibung wird durch das Ineinandergreifen dieser Unebenheiten verursacht (Abb. 2). Dadurch kann ein ruhender Körper trotz angreifender Kräfte festgehalten werden. Eine schon vorhandene Bewegung wird stets gehemmt.

Die Reibungskraft ist immer der Bewegung entgegengesetzt gerichtet.

V2

Nun ziehen wir den Klotz über die Glasplatte, während er auf der schmalen Seite aufliegt. Die Reibungskraft ist nahezu die gleiche wie beim 1. Versuch.

Ergebnis
Die Reibungskraft ist von der Größe der Reibungsfläche unabhängig.

V3

Nun lassen wir den Klotz über eine Holzunterlage oder einen Streifen Schmirgelpapier gleiten. Jedesmal wird wie beim 1. Versuch der Wert der Reibungszahl μ ermittelt.

Ergebnis
Die Reibungszahl μ ist von den aufeinander gleitenden Werkstoffen abhängig. So ist sie für die Reibung von Holz auf Holz und noch mehr von Holz auf rauhem Schmirgelpapier größer als die von Holz auf Glas.

Vor Beginn einer Bewegung ist die sog. **Haftreibung** größer als die Reibung während der Bewegung. Ihre Reibungszahl μ_0 ist daher auch größer als die Reibungszahl μ bei der Bewegung: $\mu_0 > \mu$. Die Bewegungsgeschwindigkeit hat nur geringen Einfluß auf die Größe der Reibung.

Dagegen bedingt die **Beschaffenheit der Oberfläche** den Wert der Reibungszahl entscheidend. Bei glatten und polierten Oberflächen ist die Reibung geringer als bei rauhen. Man kann die Reibung noch mehr vermindern, wenn man die Flächen mit Schmiermitteln überzieht, z. B. bei Metallen mit Öl, Fetten oder Graphit, oder bei Holz mit Seife. Dabei bildet sich eine Schicht des Schmiermittels, die die Unebenheiten ausfüllt, so daß die Bewegung nicht mehr zwischen den reibenden Flächen, sondern zwischen den Schichten des Schmiermittels vonstatten geht.

Tabelle 1: Reibungszahlen

Stoffe	bei Haftreibung μ_0	bei gleitender Reibung μ trocken	bei gleitender Reibung μ geschmiert
Stahl auf Stahl	0,2 ... 0,3	0,1 ... 0,2	0,02 ... 0,06
Gleitlager (Stahlzapfen in Bronze)	–	–	0,02 ... 0,08
Stahl auf Holz	0,5	0,25 ... 0,5	0,02 ... 0,1
Holz auf Holz	0,5 ... 0,6	0,2 ... 0,4	–
Lederriemen auf Stahl	0,5 ... 0,6	0,3 ... 0,4	–
Gummi auf Asphalt (Auto)	0,9	0,8 ... 0,9	naß 0,3 ... 0,45
Mauerwerk auf Beton	1,0	0,7 ... 1,0	–
Bremsbeläge	0,6 ... 0,9	0,4 ... 0,56	–

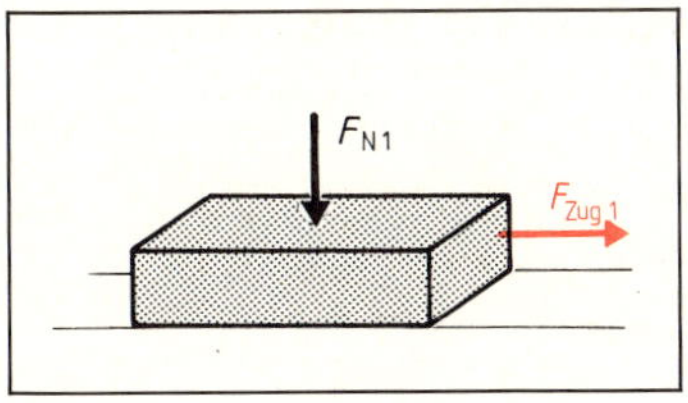

Abb. 1

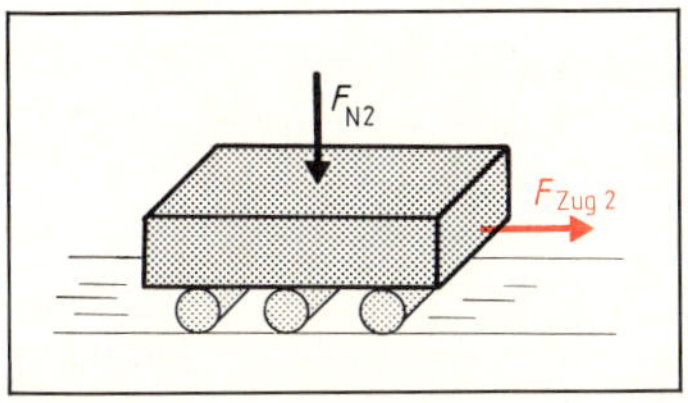

Abb. 2

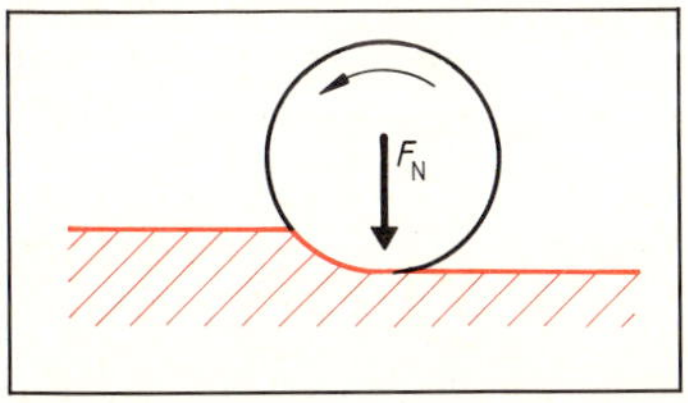

Abb. 3

Rollreibung

Noch kleiner wird die Reibung, wenn man die eine Fläche nicht über die andere hinweggleiten, sondern mit Walzen oder Rädern darüber r o l l e n läßt. Obwohl bei der gleitenden Reibung (Abb. 1) und bei der rollenden Bewegung (Abb. 2) die Normalkräfte F_{N1} und F_{N2} gleich sind, wird bei der Gleitreibung eine viel größere Zugkraft $F_{Zug\,1}$ benötigt als bei der rollenden Bewegung.

Obwohl $F_{N1} = F_{N2}$, ist $F_{Zug\,1} \gg F_{Zug\,2}$

Bei der Rollbewegung verursacht die Formänderung des Rollkörpers und der Unterlage, die durch die Normalkraft hervorgerufen werden, den Bewegungswiderstand. Obwohl dabei keine Reibung im oben beschriebenen Sinne mehr entsteht, zeigen Versuche, daß doch die Gleichung $F_R = \mu \cdot F_N$ gültig bleibt, wenn für μ die viel kleineren **Rollwiderstandszahlen** eingesetzt werden. Bei einem Kugellager läßt sich die Rollwiderstandszahl auf weniger als 0,001 vermindern. Deshalb versieht man alle Fahrzeuge mit Rädern und stattet alle wichtigen Lager einer Maschine mit Kugel- oder Rollenlagern aus.

Bei Straßenfahrzeugen setzt sich der Fahrwiderstand abgesehen vom Luftwiderstand, aus der rollenden Reibung der Räder auf der Straße und der Reibung in den Naben zusammen. Auch hier gilt die Gleichung $F_R = \mu_f \cdot F_N$. Dabei ist μ_f die **Fahrwiderstandszahl,** die beide Reibstellen berücksichtigt.

Tabelle 2: Fahrwiderstandszahlen μ_f	Fahrzeuge mit	μ_f	Fahrzeuge mit	μ_f
	Stahlreifen auf Erdweg	0,05 ... 0,1	Stahlreifen auf Asphalt	0,01 ... 0,02
	Stahlreifen auf Straße	0,03 ... 0,04	Gummireifen auf Asphalt	0,02 ... 0,03
	Stahlreifen auf Pflaster	0,02 ... 0,04	Stahlräder auf Schienen	0,003 ... 0,008

In Geräten und Maschinen ist die Reibung häufig eine störende Nebenerscheinung. Daher nützt die Technik alle Hilfsmittel aus, um sie zu vermindern. – Manchmal ist die Reibung jedoch unbedingt erforderlich: Ohne Reibung könnten wir beim Stehen und Gehen keinen Halt finden. Dies zeigt sich besonders deutlich, wenn bei Glatteis die Reibungszahl nur etwa den 6. Teil ihres sonstigen Wertes besitzt. Eine Lokomotive könnte ohne Reibung zwischen Rädern und Schienen auch mit der stärksten Maschine die Wagen nicht ziehen. Alle Fahrzeuge des Verkehrs werden durch Reibung gebremst. Gegenstände werden durch Reibung befestigt; so wird z. B. ein Nagel nur durch Reibung im Holz festgehalten. Auch der Maschinenbau macht sich beim Riemenantrieb, beim Reibtrieb oder bei Reibungskupplungen die Reibung zunutze. In besonderen Fällen sucht man die Reibung sogar zu erhöhen, z. B. durch Sandstreuen bei Glatteis, durch Profile bei Reifen und Schuhsohlen, durch Bremsbeläge bei Bremsbacken.

Beispiel Zwischen welchen Grenzen ändert sich die zur Bewegung der Laufkatze eines Kranes erforderliche Zugkraft, wenn die Gewichtskraft der Katze 2400 N und ihre Tragfähigkeit 35 000 N betragen? Die Fahrwiderstandszahl ist $\mu_f = 0{,}004$.

Bei unbelasteter Laufkatze: $F_{N1} = 2400\,\text{N}$

$$F_{R1} = \mu_f \cdot F_{N1} = 0{,}004 \cdot 2400\,\text{N} = \underline{9{,}6\,\text{N}}$$

Bei voll belasteter Laufkatze: $F_{N2} = 37\,400\,\text{N}$

$$F_{R2} = \mu_f \cdot F_{N2} = 0{,}004 \cdot 37\,400\,\text{N} \approx \underline{150\,\text{N}}$$

Aufgaben

1. *Welche Kraft ist bei einem Auto von der Gewichtskraft 24 000 N zur Überwindung der Reibung auf horizontaler Straße erforderlich a) beim Fahren mit gelöster Bremse ($\mu_f = 0{,}025$), b) wenn die Hinterräder, auf denen die halbe Gewichtskraft lastet, durch die angezogene Handbremse blockiert sind ($\mu_0 = 0{,}9$)?*

2. *Mit welcher Gesamtkraft drückt das Holz eines Balkens gegen den Schaft eines eingeschlagenen Nagels, wenn zum Herausziehen eine Kraft von 450 N erforderlich ist ($\mu = 0{,}5$)?*

3. *Eine Lokomotive (F_G = 800 000 N) soll sich selbst und einige Wagen von je 240 000 N mit gleichbleibender Geschwindigkeit auf horizontaler Strecke ziehen. Welches ist die größtmögliche Zugkraft der Lokomotive, wenn die Reibungszahl der Haftreibung 0,2 beträgt? Welches ist die höchste Wagenzahl, wenn 80 % der Zugkraft zum Anfahren und für Steigungen als Reserve bleiben sollen und die Fahrwiderstandszahl 0,003 beträgt?*

4. *Nennen Sie die Besonderheiten der Reibungskraft F_R.*

5. *Ein Quader (F_G = 700 N) soll bei einer Reibungszahl $\mu = 0{,}1$ von einer Kraft F verschoben werden, die mit der Horizontalen den Winkel $\alpha = 20°$ einschließt.*

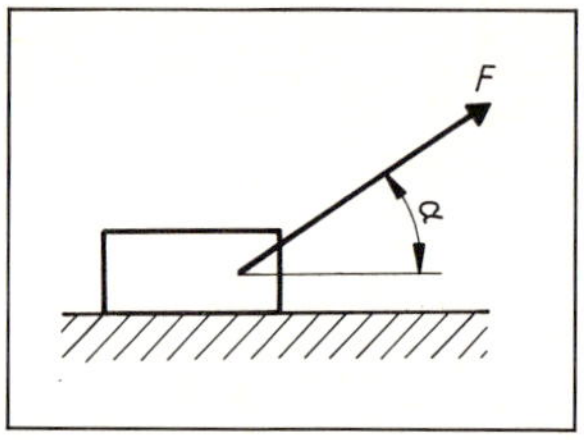

Berechnen Sie die Zugkraft F.

1.5.7 Gegenkraft und Gleichgewicht

Gegenkraft

Eine Kraft kann bei einem Körper, der sich in ihrer Wirkungsrichtung nicht bewegen läßt, nur eine Formänderung hervorrufen. Ist diese entstanden, so tritt wieder der Ruhezustand ein, obwohl die Kraft noch weiter wirkt. Die äußere Kraft (Aktionskraft) kann jetzt keine neue Wirkung mehr hervorrufen, weil eine von der Befestigung des Körpers ausgeübte **Gegenkraft** (Reaktionskraft) sie ausgleicht.

V1

(Abb. 1): Wir können die Gegenkraft deutlich spüren, wenn wir die erste Kraft mit der Hand ausüben: Drücken wir auf ein beiderseits unterstütztes Brett, so sucht es die von der Hand hervorgerufene Durchbiegung wieder rückgängig zu machen.

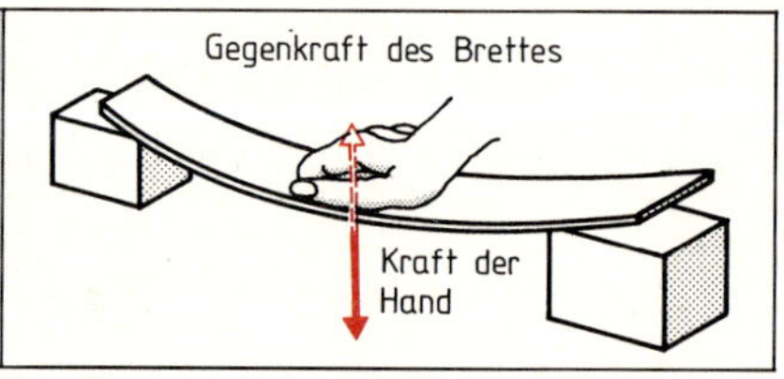

Abb. 1 Gegenkraft bei einem Brett

V2

(Abb. 2): Dehnen wir eine Feder, so sucht sie sich entgegen unserer dehnenden Kraft wieder zusammenzuziehen. Ein Kraftmesser zeigt also nicht nur die Kraft an, mit der seine Feder gedehnt wird, sondern auch die Kraft, mit der sie sich zusammenzuziehen sucht.

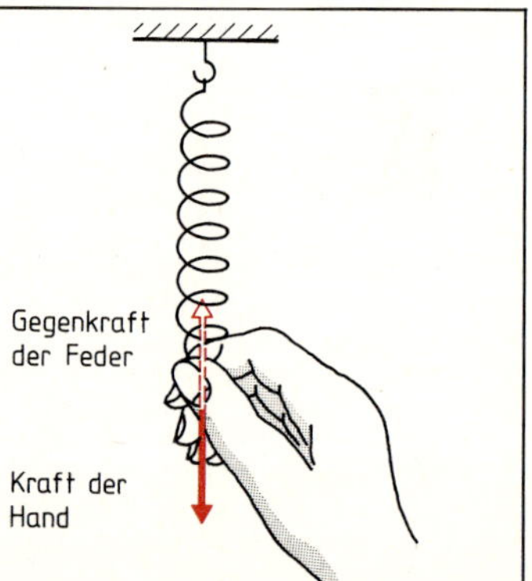

Abb. 2 Gegenkraft bei einer Feder

Die Gegenkraft (Reaktionskraft) ist stets ebenso groß, aber entgegengerichtet wie die ursprüngliche Kraft (Aktionskraft).

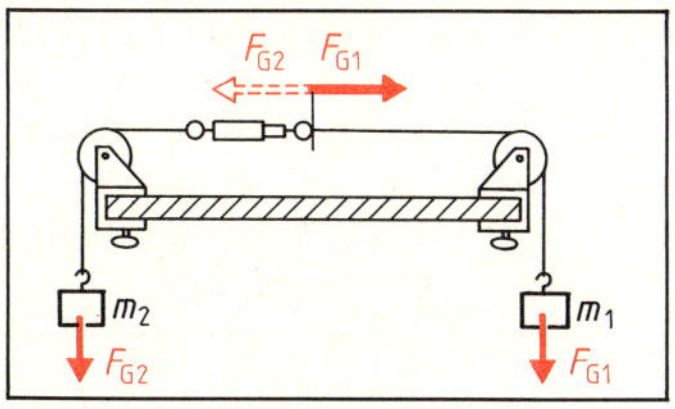

Abb. 3 Spannkraft in einem Faden, erzeugt von zwei Hängegewichten

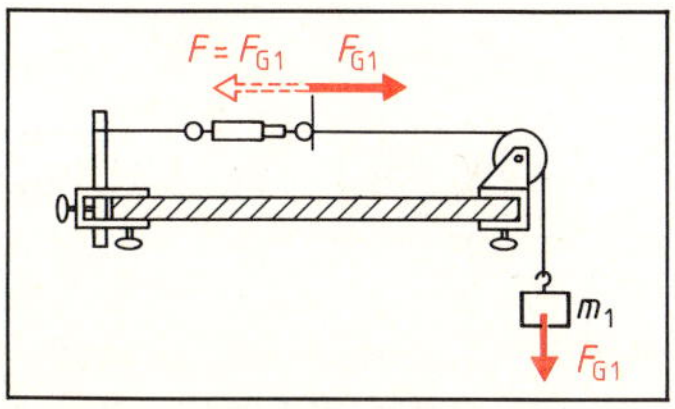

Abb. 4 Spannkraft in einem Faden, erzeugt von einem Hängegewicht und der Gegenkraft

Wird ein Körper festgehalten (statischer Fall), so entsteht die Gegenkraft an der Befestigungsstelle ganz von selbst. Eine Kraftwirkung der angreifenden Kraft ohne das Entstehen der Gegenkraft ist unmöglich. Deshalb ist der Faden in den beiden Abbildungen 3 und 4 gleich gespannt.

Im ersten Fall entstehen Kraft und Gegenkraft durch die beiden Hängegewichte. Im zweiten Fall ersetzt die bei der Befestigung an dem Stab von selbst entstehende Gegenkraft F das zweite Hängegewicht.

Gleichgewicht

Kraft und Gegenkraft besitzen gleiche Größe, entgegengesetzte Richtung und gleiche Wirkungslinie. Beide Kräfte erzeugen nur eine Formänderung, aber keine Änderung des Bewegungszustandes: Der Körper bleibt in Ruhe. Man sagt dann: Die Kräfte stehen im **Gleichgewicht.** Ähnliches gilt bei mehreren Kräften.

Erzeugen zwei oder mehrere Kräfte bei einem Körper keine Änderung des Bewegungszustandes, so stehen sie im Gleichgewicht.

Fast alle Körper unserer Umgebung befinden sich nicht deshalb in Ruhe, weil keine Kräfte auf sie einwirken, sondern weil alle an ihnen angreifenden Kräfte im Gleichgewicht stehen. Die Untersuchung der Kräfte und Gegenkräfte (bzw. der Drehmomente und Gegendrehmomente) im Ruhestand von Körpern ist die Aufgabe der **Statik** (Lehre vom Gleichgewicht).

Eine Gegenkraft kann man auch dann feststellen, wenn ein Körper nicht befestigt ist (dynamischer Fall), so daß als Folge der angreifenden Kraft eine beschleunigte Bewegung entsteht. Will man einen Gegenstand, z. B. einen Handwagen, beschleunigen, so merkt man deutlich einen Widerstand, obwohl der Wagen nicht festgehalten wird. In diesem Falle hat die Gegenkraft ihre Ursache in der Massenträgheit des Körpers, die sich jeder Beschleunigung widersetzt (Nr. 1.5.1). Sie wird als Trägheitswiderstand bezeichnet.

1.5.8 Mehrere in einem Punkt angreifende Kräfte

Parallele Kräfte

V1

(Abb. 1): Man läßt auf den Haken einer Federwaage in paralleler Richtung zwei Kräfte F_1 und F_2 wirken. Die Federwaage wird von einer Gesamtkraft, der Resultierenden F_r, gedehnt, die der Summe von F_1 und F_2 entspricht:

$$F_r = F_1 + F_2$$

Aus Gründen der räumlichen Anordnung können die Kräfte nicht ganz parallel angeordnet werden. Zur besseren Übersicht sind die Kräfte im Kräfteplan statt in einer Geraden nebeneinander gezeichnet.

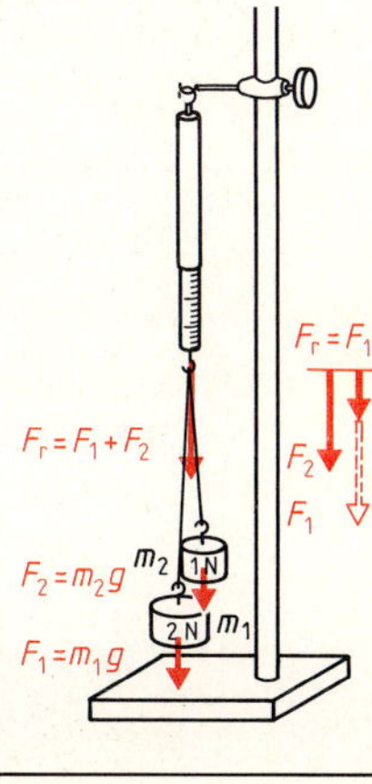

Abb. 1 Resultierende zweier gleichgerichteter Kräfte

V2

(Abb. 2): Ändert man die Anordnung, so daß die beiden Kräfte F_1 und F_2 entgegengerichtet sind, so zeigt die Federwaage eine Gesamtkraft F_r, die der Differenz von F_1 und F_2 entspricht:
$F_r = F_1 - F_2$

Die Gesamtheit mehrerer Kräfte bezeichnet man als ihre Resultierende (auch als Resultante oder Mittelkraft). Mit dieser Bezeichnung ergibt sich folgendes

Ergebnis

Greifen parallele Kräfte in einem Punkt an, so ist die Resultierende bei gleich gerichteten Kräften ihre Summe, bei entgegengesetzt gerichteten Kräften ihre Differenz.

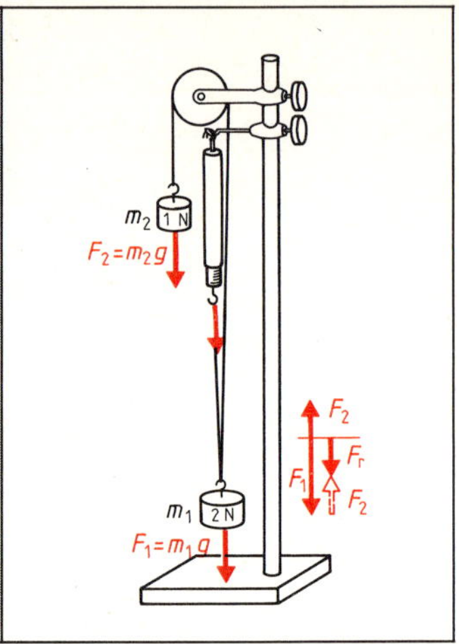

Abb. 2 Resultierende zweier entgegengesetzt gerichteter Kräfte

Da man den Angriffspunkt einer Kraft beliebig in ihrer Wirkungslinie verschieben kann, läßt sich das obige Ergebnis noch allgemeiner schreiben:

Greifen zwei oder mehrere Kräfte auf gleicher Wirkungslinie an, so ist die Resultierende bei gleich gerichteten Kräften ihre Summe, bei entgegengesetzt gerichteten Kräften ihre Differenz.

Aus diesem Satz folgt auch die Bedingung, unter der zwei Kräfte im Gleichgewicht stehen. Dann muß ihre Resultierende Null sein. Das ist aber nur möglich, wenn die beiden Kräfte gleich groß und entgegengesetzt gerichtet sind.

Nicht parallele Kräfte

V3

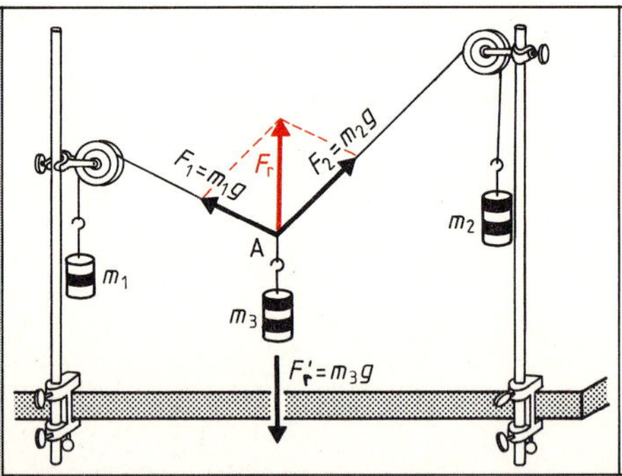

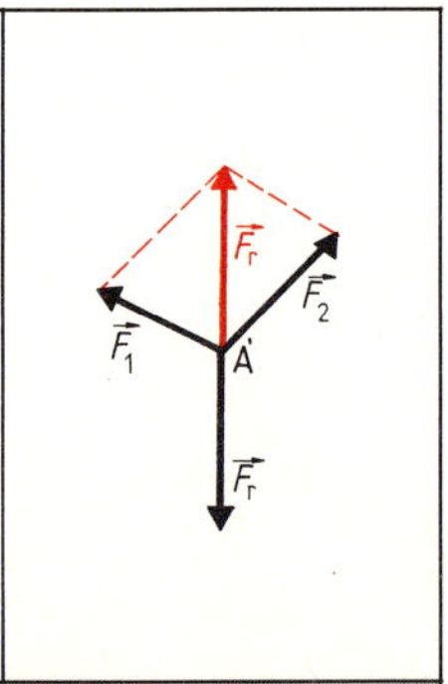

Abb. 3 Resultierende von nicht parallelen Kräften

(Abb. 3): Auf den Punkt A wirken schräg nach oben in verschiedenen Richtungen die Kräfte F_1 und F_2 und nach unten die Kraft F_r'. Die Größe der Kräfte ist durch die angehängten Gewichtsstücke bestimmt. Zeichnet man die Kräfte nach Nr. 1.5.5 als Pfeile, so erhält man einen einfachen geometrischen Zusammenhang. Da der Punkt A in Ruhe ist, muß die Resultierende von F_1 und F_2 entgegengesetzt gleich der nach unten gerichteten Kraft F_r' sein. Trägt man in der Zeichnung F_r in entgegengesetzter Richtung und gleicher Größe zu F_r' an, so kann man feststellen, daß – unter Vernachlässigung einiger Versuchsungenauigkeiten – die Pfeile F_1 und F_2 ein Parallelogramm bestimmen, in dem F_r die Diagonale ist.

Für die zeichnerische Bestimmung der Resultierenden zweier nicht paralleler Kräfte erhält man so den Satz vom **Parallelogramm der Kräfte:**

Die Resultierende von zwei an einem Punkt unter einem Winkel angreifenden Kräfte erhält man nach Größe und Richtung als Diagonale in dem durch die beiden Kräfte bestimmten Parallelogramm.

Mehrere nicht parallele Kräfte

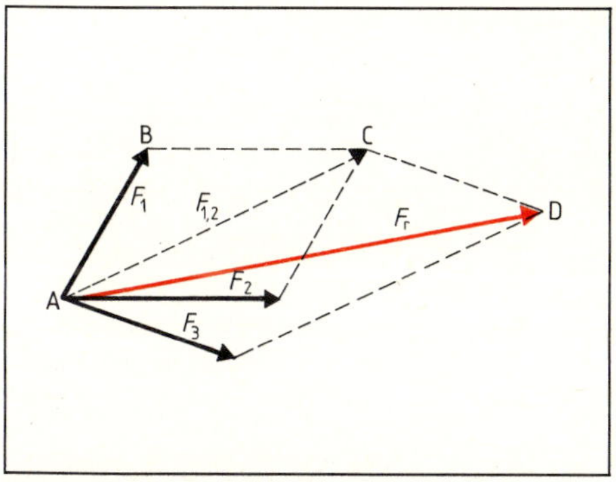

Abb. 4 Resultierende von drei Kräften

Greifen mehr als zwei Kräfte, z. B. F_1, F_2 und F_3, an einem Punkt an (Abb. 4), so findet man die Resultierende, indem man zuerst zwei Kräfte in einem ersten Parallelogramm zusammenfaßt und dann aus der so gefundenen Teilresultierenden $F_{1,2}$ und der dritten Kraft mit einem zweiten Parallelogramm die Gesamtresultierende bestimmt.

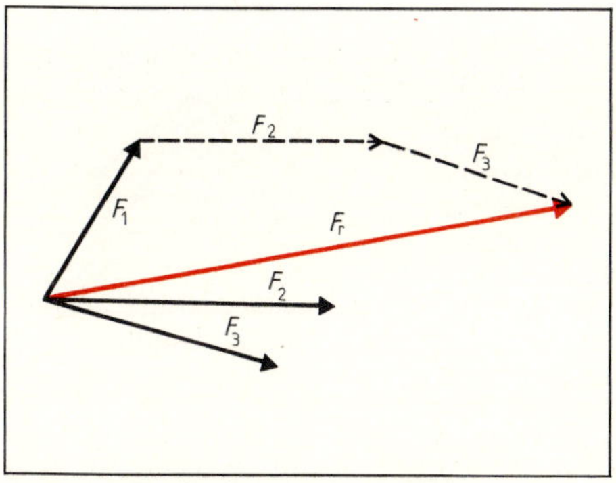

Abb. 5 Krafteck bei drei Kräften

Krafteck. Die Konstruktion wird einfacher und vor allem übersichtlicher, wenn man beachtet, daß der gestrichelte Linienzug, der vom Angriffspunkt A über B und C zum Endpunkt D der Resultierenden führt, sich aus den nach Größe und Richtung aneinandergesetzten, angreifenden Kräften zusammensetzt. Läßt man alle anderen Hilfslinien weg, so erhält man eine Figur, die man als **Krafteck** bezeichnet (Abb. 5).

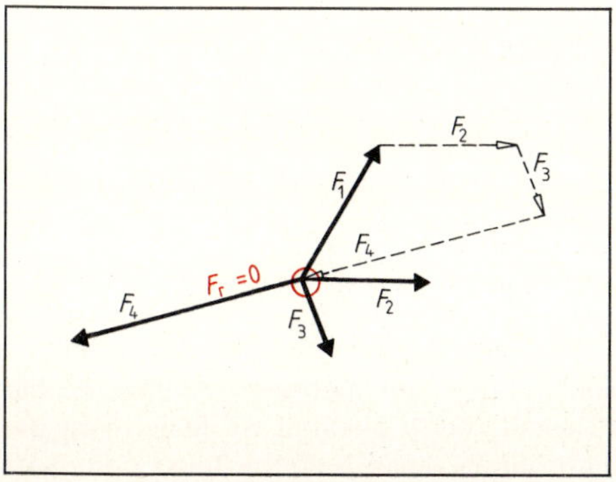

Abb. 6 Gleichgewicht bei vier Kräften

Die Resultierende mehrerer Kräfte erhält man, nachdem man alle Teilkräfte nach Größe und Richtung aneinandergefügt hat, als Verbindung des Angriffspunkts mit dem Endpunkt der letzten Kraft.

Soll bei mehreren Kräften Gleichgewicht herrschen, so muß die Resultierende Null sein. Daher muß dann bei der Konstruktion des Kraftecks der Endpunkt der letzten Kraft mit dem Angriffspunkt zusammenfallen (Abb. 6).

Bei Gleichgewicht ist das Krafteck geschlossen.

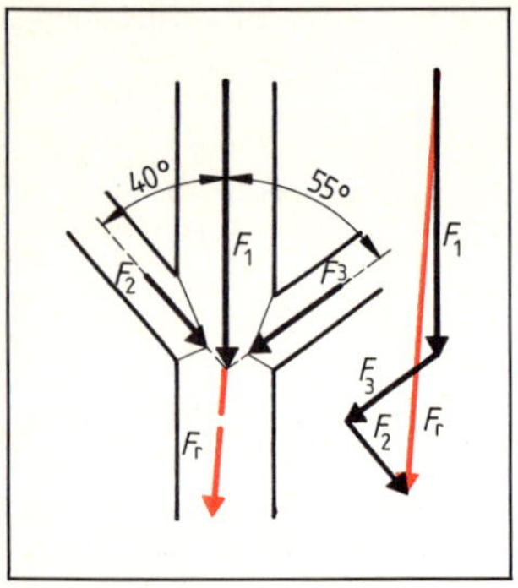

Abb. 7 Zum Beispiel

Beispiel

(Abb. 7): Die Säule eines Dachstuhles trägt eine Belastung von $F_1 = 36$ kN. Sie dient als Stütze für zwei Streben mit einer Druckkraft $F_2 = 12$ kN und 40° und einer Druckkraft $F_3 = 14{,}4$ kN unter 55° Neigung. Bestimmen Sie Größe und Richtung der Resultierenden.

Zuerst wird ein Kräftemaßstab gewählt, z. B. in Abb. 7 1 cm ≙ 10 kN. Werden dann F_1, F_2 und F_3 nach Größe und Richtung in ein Krafteck eingetragen, so ergibt sich für die Resultierende eine Pfeillänge von 5,3 cm. Ihre Größe erhält man dann aus:

$F_r : 10\,\text{kN} = 5{,}3\,\text{cm} : 1\,\text{cm} \qquad F_r = \underline{53\,\text{kN}}$

Der Winkel mit der Horizontalen beträgt 86°.

Aufgaben

1. *(Abb. 8): Bei der Kurve einer Straßenbahn sind drei Haltedrähte der Oberleitung an einem Haus im gleichen Punkt A verankert. Größe und Richtung der Zugkräfte sind aus der Abb. zu ersehen. Bestimmen Sie durch Zeichnung Größe und Richtung der in A wirksamen Gesamtkraft.*

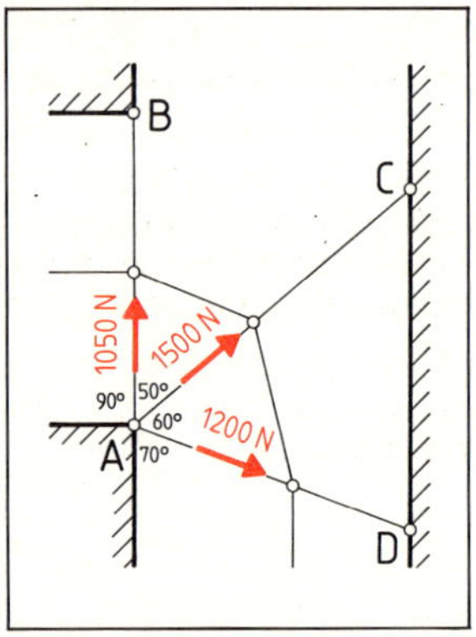

Abb. 8 Haltedrähte

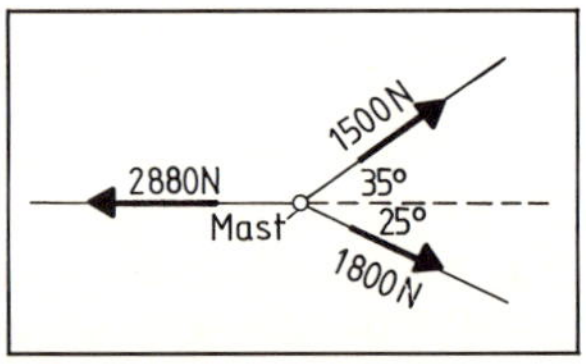

2. *(Abb. 9): An einem Leitungsmast verzweigen sich die ankommenden sechs Leitungsdrähte mit einer Spannkraft von je 480 N so, daß drei nach der einen Seite unter einem Winkel 35° mit einer Spannkraft von 500 N und die übrigen drei nach der anderen Seite unter einem Winkel 25° mit einer Spannkraft von je 600 N verlaufen. Bestimmen Sie durch Zeichnung die Größe der Resultierenden auf die Mastspitze.*

3. *An einem Brückenmast mit $h = 28$ m sind vier Trageseile befestigt. Die inneren tragen jeweils $F_2 = 15$ kN und die äußeren jeweils $F_1 = 10$ kN. Bestimmen Sie durch Zeichnung die Größe und Richtung der im Mast wirkenden Gesamtkraft.*

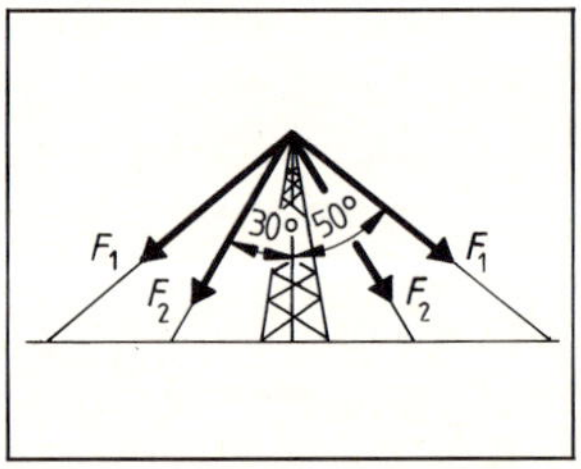

Abb. 10 Brückenmast

1.5.9 Zerlegung einer Kraft

Ebenso wichtig wie die Bestimmung der Resultierenden von mehreren Kräften ist die Bestimmung unbekannter Teilkräfte, wenn die Resultierende bekannt ist. Meist liegt die Richtung der gesuchten Teilkräfte fest; dann kann auch diese Aufgabe nach dem Satz vom Kräfteparallelogramm oder mit dem Krafteck gelöst werden.

V1

(Abb. 1): Die Kraft F_r wirkt auf zwei Federkraftmesser und zieht an ihnen mit den an den Skalen ablesbaren Kräften F_1 und F_2. Die Kräfte bilden auch hier ein Parallelogramm, von dem jedoch die Diagonale F_r bekannt ist, während von den Teilkräften im allgemeinen nur die Richtungen gegeben sind. Zieht man durch die Spitze der Resultierenden F_r Parallelen zu den Richtungen der Teilkräfte, so erhält man ihre Größe. – Auch das Krafteck kann man verwenden, indem man durch den Anfang und das Ende des Pfeiles der Kraft F_r Parallelen zu den gegebenen Richtungen zieht. Es ergibt sich ein geschlossenes Krafteck, dessen Seiten den Größen der Reaktionskräfte F_1' und F_2' entsprechen.

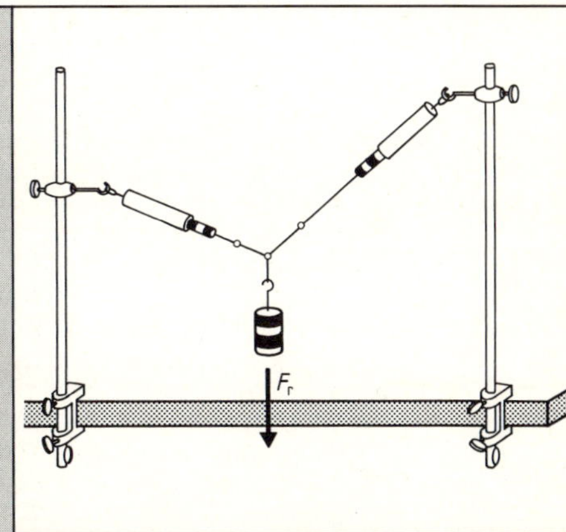

Abb. 1 Zerlegung einer Kraft

Ergebnis

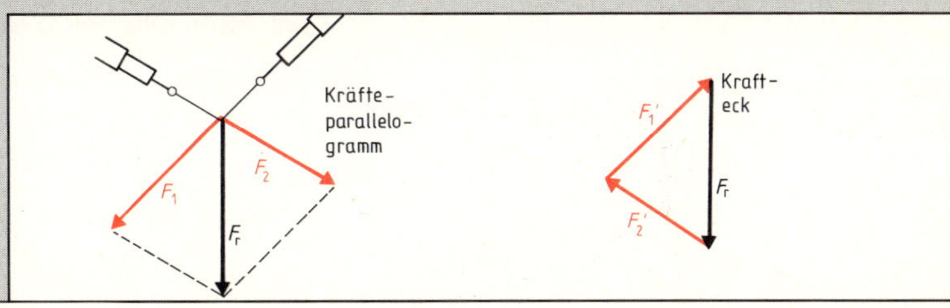

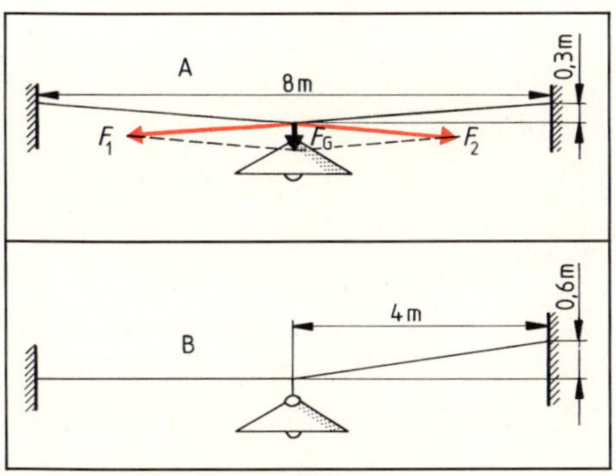

Abb. 2 Kräftezerlegung bei einer Straßenlampe (zu Beispiel 1)

Beispiel 1

Eine Straßenlampe mit der Gewichtskraft 120 N hängt in der Mitte über einer 8 m breiten Straße mit einem Durchgang von 30 cm an einem Drahtseil. Wie groß ist die Zugkraft im Drahtseil (Fall A)?

Man wähle als Längenmaßstab 1 cm ≙ 0,5 m und als Kräftemaßstab (damit die großen Teilkräfte nicht übers Zeichenblatt hinausgehen) 1 cm ≙ 200 N. Die Richtung der beiden Teilkräfte ist die des Drahtseils. Die Zugkraft ergibt sich zu <u>800 N.</u>

Wie groß sind die Zugkräfte, wenn die Aufhängung wie in Fall B geändert wird? In diesem Falle beträgt die horizontale Kraft $F_1 = 800$ N, die andere $F_2 =$ <u>810 N.</u>

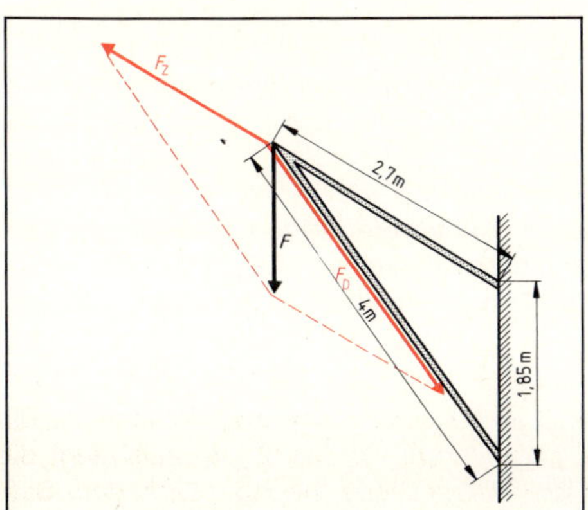

Beispiel 2

(Abb. 3): Bei einem Wandkran hat die Zugstange eine Länge von 2,7 m, die Strebe eine Länge von 4 m. Die Wandbefestigungen liegen in 1,85 m Entfernung übereinander. Welche Zug- und Druckkräfte ruft die Gewichtskraft $F_G = 30$ kN einer Last in den Stangen hervor?

Ein günstiger Längenmaßstab ist 1 cm ≙ 0,5 m, ein Kräftemaßstab 1 cm ≙ 10 kN. Die Richtung der beiden Teilkräfte ist die der Stangen. Man erhält als Zugkraft in der Zugstange: $F_Z = 44$ kN, als Druckkraft in der Strebe: $F_D = 65$ kN.

Abb. 3 Kräfte bei einem Wandkran (2. Beispiel)

Aufgaben

1. *Begründen Sie im Anschluß an Beispiel 1, warum das Tragseil einer Schwebebahn oder eines Sessellifts für eine Zugkraft berechnet sein muß, die ein Vielfaches der Gewichtskraft der aufgehängten Kabine oder der Sessel beträgt.*

2. *(Abb. 4): Eine Stehleiter steht auf geneigtem Boden. Wie verteilt sich die Gewichtskraft $F_G = 700$ N einer oben stehenden Person auf die beiden Leiterteile?*

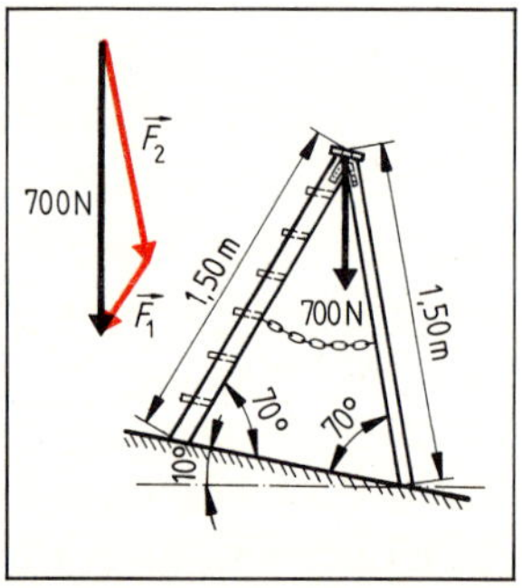

Abb. 4 Zu Aufgabe 2

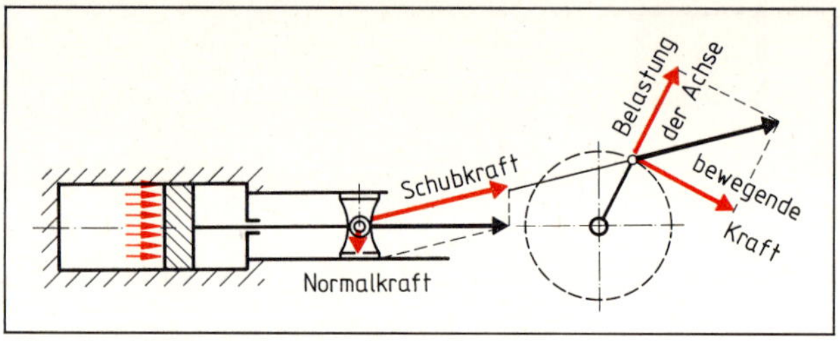

Abb. 5 Kräftezerlegung beim Vorgelege einer Kraftmaschine

3. *(Abb. 5): Untersuchen Sie die beiden Kräftezerlegungen bei der Umwandlung der Hin- und Herbewegung des Kolbens in die Drehbewegung des Kurbelarms einer Kraftmaschine.*

4. *(Abb. 6): Welche Kräfte entstehen in einem Seil, mit dem eine Kiste ($F_G = 750$ N) von einem Kran hochgezogen wird. Lösen Sie die Aufgabe sowohl durch eine Zeichnung als auch mit Hilfe des pythagoräischen Lehrsatzes durch Rechnung.*

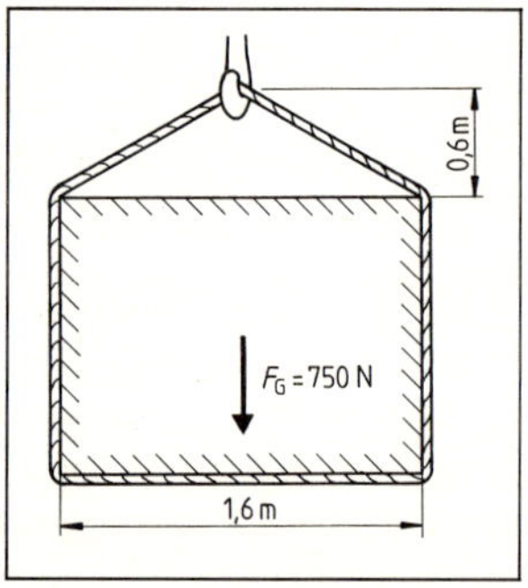

Abb. 6 Zu Aufgabe 4

1.5.10 Mehrere nicht in einem Punkt angreifende Kräfte

Zu zwei Kräften, die an verschiedenen Punkten eines Körpers angreifen, kann man die Resultierende durch Zeichnung finden, wenn man von dem Grundsatz Gebrauch macht, daß eine Kraft in ihrer Wirkungslinie beliebig verschoben werden darf (Nr. 1.5.5).

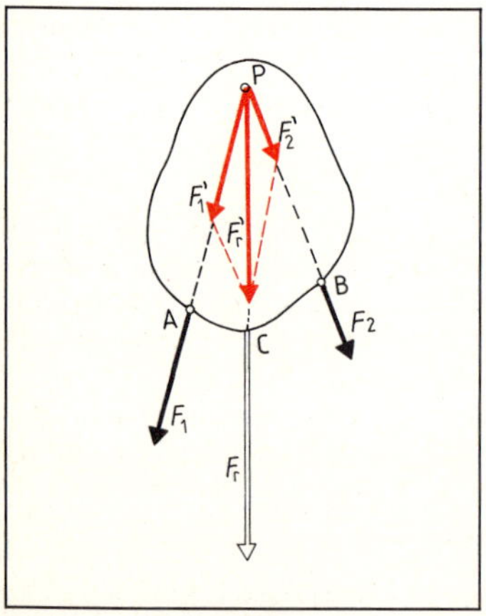

Abb. 1 Resultierende zweier nicht in einem Punkt angreifenden Kräfte

In Abb. 1 greift die Kraft F_1 in A, die Kraft F_2 in B an. Wir verlängern beide Wirkungslinien, bis sie in P zum Schnitt kommen. Von diesem Punkt tragen wir auf den Wirkungslinien die mit F_1 und F_2 gleichgroßen Kräfte F_1' und F_2' an. Nach dem Satz vom Kräfteparallelogramm kann man diese dann zu einer Resultierenden F_r' mit der Wirkungslinie PC zusammenfassen. Den Angriffspunkt der Resultierenden kann man nun ganz beliebig auf ihrer Wirkungslinie, z. B. in C selbst wählen, so daß F_r die Resultierende darstellt.

Nach diesem Verfahren lassen sich mehrere Kräfte mit verschiedenen Angriffspunkten nacheinander zusammenfassen, solange die Schnittpunkte ihrer Wirkungslinien auf dem Zeichenblatt liegen.

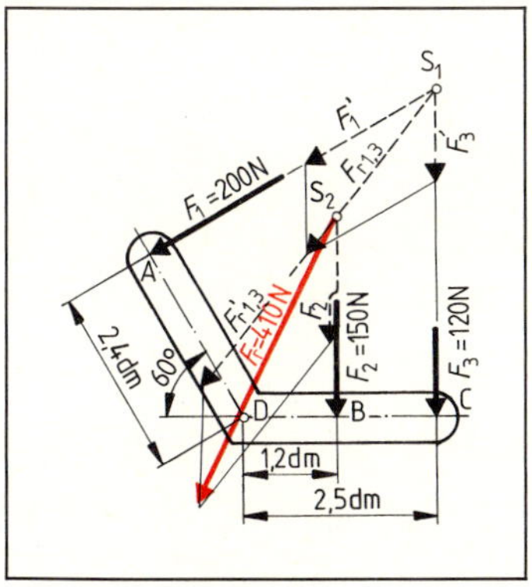

Abb. 2 Zu Beispiel

Beispiel

Ein Winkelhebel mit dem Drehpunkt D, an dem in den Punkten A, B und C die Kräfte $F_1 = 200$ N, $F_2 = 150$ N und $F_3 = 120$ N angreifen, befindet sich im Gleichgewicht. Bestimmen Sie durch Zeichnung die Größe der Resultierenden und ihre Wirkungslinie. (Sie muß durch den Punkt D gehen, da der Hebel sich sonst drehen würde und sich nicht im Gleichgewicht befinden könnte [Nr. 1.6.1]).

Man faßt zuerst im Schnittpunkt S_1 der Wirkungslinien von F_1 und F_3 diese beiden Kräfte zu einer Teilresultierenden von $F_{r1,3}$ zusammen. Diese verschiebt man längs ihrer Wirkungslinie nach dem Schnittpunkt S_2 mit der Wirkungslinie von F_2 und faßt sie dort mit der Kraft F_2 zusammen. Es ergibt sich die Resultierende $F_r = 410$ N, deren Wirkungslinie wirklich genau durch D geht.

1.5.11 Von der Beobachtung zum Gesetz – Arbeitsweise der Physik Federkraft und Hookesches Gesetz

Im folgenden Abschnitt soll der gesetzmäßige Zusammenhang zwischen der dehnenden Kraft und der entstehenden Dehnung bei einer Feder untersucht werden. Die Betrachtungen sollen aufzeigen, wie die Physik vorgeht, um einen solchen Zusammenhang zu finden.

Zuerst machen wir uns durch einige Beobachtungen mit dem Problem und den benötigten Geräten vertraut.

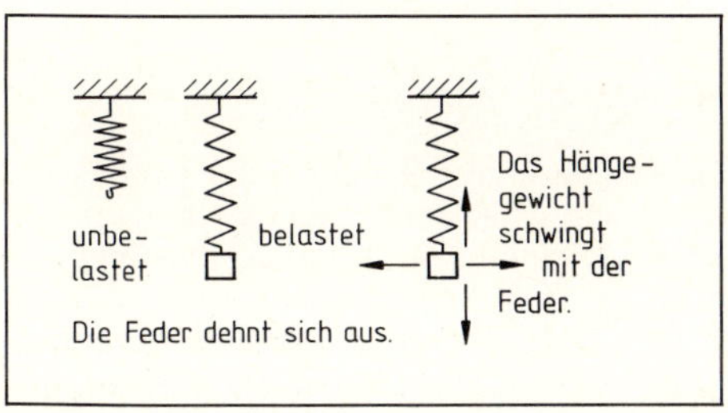

Abb. 1

Beobachtungen

Eine Feder wird an ihrem oberen Ende aufgehängt und unten mit einem Hängegewicht von der Masse m belastet. Wenn das Hängegewicht ungezielt freigegeben wird, kann man zwei Erscheinungen beobachten:

Die Feder dehnt sich aus.

Die Feder und das Hängegewicht schwingt in vertikaler oder seitlicher Richtung.

Bei willkürlichen Vorgängen überlagern sich oft mehrere Einzelvorgänge und machen eine genaue Untersuchung unmöglich. Deshalb muß man bei einem Versuch den Ablauf des Vorgangs so lenken, daß sich nur wenige, leicht meßbare Größen ändern. Dazu müssen meist einige Versuchsbedingungen vorgesehen werden.

V1

Versuchsbedingungen

Um die Dehnung genau untersuchen zu können, dürfen sich dieser keine Schwingungen überlagern. Deshalb ist bei den folgenden Beobachtungen und Messungen stets darauf zu achten, daß sich das Hängegewicht in Ruhe befindet.

Man beginnt nun mit qualitativen (nicht messenden) Vorversuchen und kann aus ihrem Ablauf eine Vermutung über den gesuchten Zusammenhang finden.

Vorversuch

Die Feder wird nun nacheinander mit Hängegewichten von verschiedenen Massen belastet und die entstehenden Dehnungen verglichen.

Masse	0	m_1	m_2
Gewichtskraft	0	F_{G1}	F_{G2}
Dehnung	0	Δs_1	Δs_2

Die Dehnung nimmt also mit wachsender Zugkraft zu. Aus einer Abschätzung der Dehnungen und einem Vergleich mit den zugehörigen Massen kann man die Vermutung gewinnen, daß ein mathematischer Zusammenhang besteht.

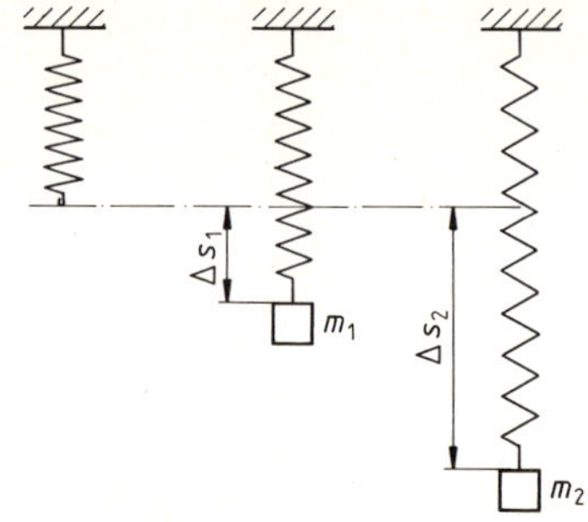

Abb. 2

Die **Vermutung** muß nun durch eine systematische Versuchsreihe nachgeprüft werden. Die dabei gemessenen Werte sind **quantitative Ergebnisse.** Man stellt sie am besten in einer **Tabelle** zusammen. Der **Versuchsaufbau** und die **Versuchsdurchführung** werden **genau beschrieben,** so daß der Versuch von anderen Physikern unter gleichen Bedingungen wiederholt werden kann.

Wichtig ist es, die durch die Benutzung eines bestimmten Meßgerätes gezogenen **Grenzen der Meßgenauigkeit** zu erkennen. Bei Rechnungen mit gemessenen Größen hat es keinen Sinn, beim Resultat eine größere Genauigkeit anzugeben, als sie durch die Genauigkeit der Ausgangsgröße festgelegt ist.

Beispiel Erhält eine Holzplatte, deren Länge mit einem nur ganze mm anzeigenden Maßstab zu 325 mm gemessen wurde, auf beiden Seiten eine Metallauflage von 0,65 mm Stärke, so kann man die Gesamtlänge nicht als 326,3 mm, sondern nur als 326 mm angeben, weil die Bruchteile des mm wegen der ungenauen ersten Längenangabe unsicher sind.

V2

Versuchsdurchführung
Nacheinander werden nun verschiedene Hängegewichte mit bekannten Massen angehängt. Sie bestehen aus einem Teller (20 g) und einer oder mehreren Auflagescheiben (je 50 g). Die Stellung des unteren Federendes wird an einer cm-Skala abgelesen.

Wertetabelle

Masse m in g	0	70	120	170	220
Gewichtskraft $F_G = mg$ in N	0	0,687	1,177	1,668	2,158
Skalenwert in cm	31,3	27,5	24,7	22,0	19,2

Aus dem ersten und den übrigen Werten der letzten Zeile berechnet man die Dehnungen.

Verlängerung Δs in cm	–	3,8	6,6	9,3	12,1

Wegen der Vermutung, daß F_G und Δs proportional sein könnten, bilden wir den Quotienten $F_G/\Delta s$:

$F_G/\Delta s$ in N/cm	–	0,181	0,179	0,180	0,178

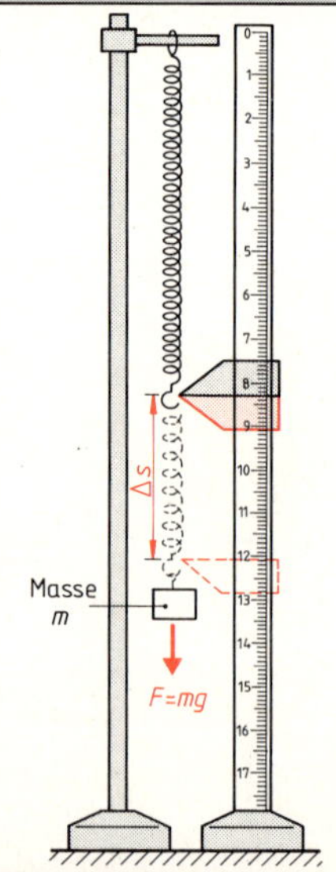

Abb. 3 Versuch zum Hookeschen Gesetz

Aus der Tabelle prüft man, ob sich die anfänglich gemachte Vermutung bestätigt oder nicht. Ist sie erfüllt, so kann man das Ergebnis als Gesetz schreiben und, wenn möglich, durch eine mathematische Formel zusammenfassen.

Auswertung und Ergebnis

Der Quotient $F_G/\Delta s$ hat von kleinen durch die Versuchsungenauigkeiten bedingten Abweichungen abgesehen, bei allen Teilversuchen den gleichen Wert, für den wir das Mittel berechnen:

$$D = \frac{0{,}718}{4}\frac{\text{N}}{\text{cm}} = 0{,}1795\frac{\text{N}}{\text{cm}} \approx 0{,}18\frac{\text{N}}{\text{cm}}$$

Unsere Vermutung hat sich also bestätigt:

Bei einer Feder sind Zugkraft und Verlängerung zueinander proportional.

$$\frac{F_G}{\Delta s} = D \qquad [D] = \frac{\text{N}}{\text{cm}}$$

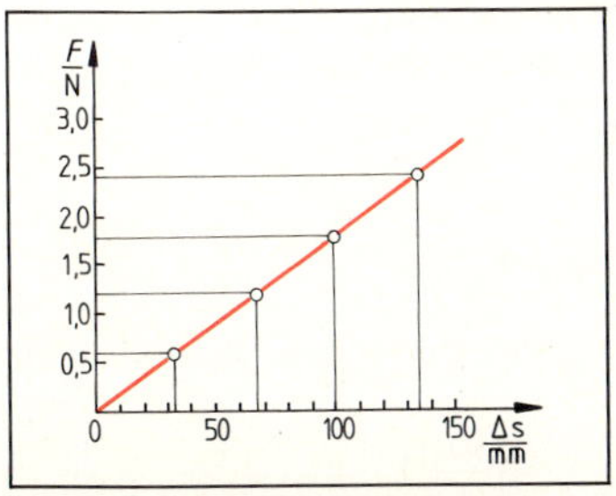

Abb. 4 Graphische Darstellung des Hookeschen Gesetzes
Die kleinen Abweichungen der Meßpunkte von der Geraden sind die Folge von Meßungenauigkeiten

Das gleiche Ergebnis kann man auch aus der zeichnerischen Darstellung des Zusammenhangs zwischen wirkender Kraft und Verlängerung ermitteln. Auf zwei senkrecht zueinander stehenden Achsen tragen wir waagerecht die Verlängerung und senkrecht die Kraft in einem gewählten Maßstab ab (Abb.). Von zusammengehörigen Werten für die Kraft F und die Verlängerung Δs gehen wir nach rechts bzw. nach oben und erhalten so eine Anzahl von Punkten, die den Zusammenhang beider Größen kennzeichnen. Im vorliegenden Fall liegen sie nahezu auf einer Geraden durch den Nullpunkt. Dies ist aber nur der Fall, wenn beide betrachtete Größen einander proportional sind.

Oft lassen sich Versuchsergebnisse durch eine Formel, einem physikalischen Gesetz, zusammenfassen.

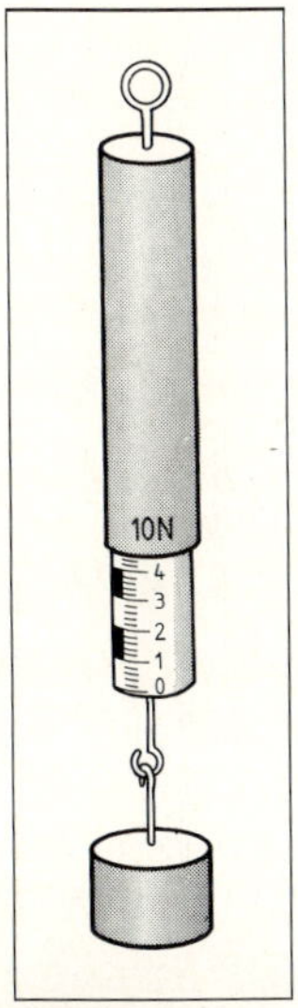

Abb. 5 Federkraftmesser

Beispiel

Die konstante Größe, die wir erhalten, wenn wir die Kraft durch die Verlängerung dividieren, bezeichnet man als **Federkonstante** oder als **Richtgröße** der Feder. Beim obigen Versuch hat sie den Wert: $D = F/\Delta s =$ 0,18 N/cm. (Da die Zugkraft nicht immer eine Gewichtskraft sein muß, ersetzen wir F_G durch F). Sie besagt, daß bei der verwendeten Feder eine Kraft von 0,18 N die Verlängerung 1 cm hervorruft. Eine Feder aus anderem Material oder von anderer Drahtstärke hat natürlich eine andere Richtgröße.

$$D = \frac{F}{\Delta s} \qquad \text{Einheit: } [D] = \frac{\text{N}}{\text{cm}} \text{ oder } \frac{\text{N}}{\text{mm}}$$

Diese Gleichung stellt das **Hookesche Gesetz** dar. Es gilt nur in einem bestimmten **Gültigkeitsbereich.**

Den Namen bekam das Gesetz nach seinem Entdecker, dem Engländer Hooke[1]. Es gilt für alle elastischen Körper, z. B. Federn, Stahldrähte, wenn sie nach Wegnahme der Kraft wieder in ihre Ausgangslage zurückfedern, wenn es sich also um eine **elastische,** nicht aber um eine bleibende (plastische) Formänderung handelt. Das Hookesche Gesetz bildet eine der Grundlagen der Festigkeitslehre (Nr. 1.11).

1 Hooke, 1635 bis 1703, Prof. in London, fand das Gesetz der elastischen Dehnung (s. S. 359).

Das Hookesche Gesetz ermöglicht uns, Kräfte zu messen, indem wir die Verlängerung einer geeichten Feder an einer Skala ablesen. Nach diesem Grundsatz sind die **Federkraftmesser** (Abb. 5) und die **Küchenfederwaagen** gebaut. Ihre Angaben sind jedoch nicht so genau wie die der Balkenwaagen (Nr. 1.8.1).

Zusammenfassend läßt sich über ein **physikalisches Gesetz** folgendes sagen:
- Das Gesetz beschreibt meist durch eine mathematische Formel einen physikalischen Zusammenhang.
- Das Gesetz macht weitere gleichartige Versuche überflüssig.
- Das Gesetz selbst ist eine physikalische Aussage.
- Das Gesetz dient (vor allem in der Technik) als Grundlage von Berechnungen.
- Das Gesetz hat einen bestimmten Gültigkeitsbereich.

Gültigkeitsbereich

Der Unterschied zwischen einer mathematischen Formel und einem physikalischen Gesetz besteht darin, daß eine mathematische Formel immer, ein physikalisches Gesetz aber nur in einem bestimmten Bereich gilt, der durch die Natur und durch technische Bedingungen eingeschränkt ist. Der Gültigkeitsbereich eines Gesetzes wird bereits durch die Festlegung der Bedingungen während der Beobachtungsphase bestimmt. Technische Bedingungen sind örtliche Eingrenzungen, die durch bauliche Abmessungen, spezielle Bauarten, durch Grenzen bei der Festigkeit des Materials usw. entstehen.

Beispiel 1

Gleichung einer Geraden
$y = mx + b$
Diese Formel gilt bei jeder Geraden.

Hookesches Gesetz
$F = \Delta s \cdot D$
Diese Formel gilt nur im technisch zulässigen Bereich der Feder.

Beispiel 2

Welche Verlängerung verursacht eine Kraft $F = 0{,}68\ \mathrm{N}$ an einer Feder mit der Federkonstanten $D = 0{,}036\ \mathrm{N/cm}$?
Gegeben: $F = 0{,}68\ \mathrm{N}$
$D = 0{,}036\ \mathrm{N/cm}$

$$\Delta s = \frac{0{,}68\ \mathrm{N}}{0{,}036\ \mathrm{N/cm}} = \underline{\underline{18{,}9\ \mathrm{cm}}}$$

Aufgaben

1. *Die Pufferfeder eines Eisenbahnwagens wird von der Kraft 12 kN um 32 mm zusammengedrückt. Berechnen Sie die Federkonstante. Welche Kraft drückt den Puffer um 10 cm zusammen?*

2. *(Abb. 4): Zwei gleiche Federn mit der Federkonstante 0,242* $\frac{N}{cm}$ *sind vorhanden. Welche Längenänderung ergibt sich, wenn ein Körper von der Gewichtskraft 3 N*
a) an eine der beiden Federn aufgehängt wird,

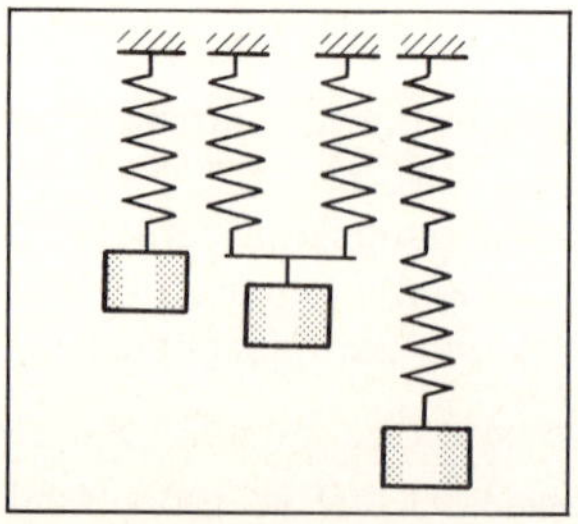

b) an das verbundene Ende beider nebeneinander befestigten Federn gehängt wird,
c) an die untere der beiden aneinder befestigten Federn gehängt wird?

3. *Welcher gesetzmäßige Zusammenhang ergibt sich für* D_{ges} *bei:*
a) drei gleichen parallelen Federn,
b) drei gleichen Federn in Reihe?

1.6 Drehmoment, Hebelgesetz, Hebelarten

1.6.1 Drehmoment bei senkrecht angreifender Kraft

Um ein Maß für die Drehwirkung einer Kraft und die Bedingung für das Gleichgewicht in bezug auf eine Drehung zu finden, betrachten Sie die folgende Versuchsaufzeichnung.

V

Eine Hebelstange ist in ihrer Mitte drehbar gelagert. Links ist ein Gewichtsstück angehängt. Den Ausgleich bewirkt die rechts vom Drehpunkt angreifende Kraft einer Federwaage. Um die D r e h w i r k u n g einer Kraft zu prüfen, hängen wir ein Gewichtsstück mit der Masse $m_1 = 120$ g an verschiedenen Stellen der linken Hebelseite auf, so daß immer ihre Gewichtskraft $F_1 = F_{G1} = m_1 \cdot g = 0{,}12\,\text{kg} \cdot 9{,}81\,\frac{\text{m}}{\text{s}^2} = 1{,}18\,\text{N}$ eine Drehung hervorzurufen sucht. Als Maß für die Drehwirkung benutzen wir die Zugkraft, die auf der rechten Seite bei einem Kraftmesser entsteht, der in einer Entfernung $l_2 = 30$ cm möglichst rechtwinklig zur Stange angreift.

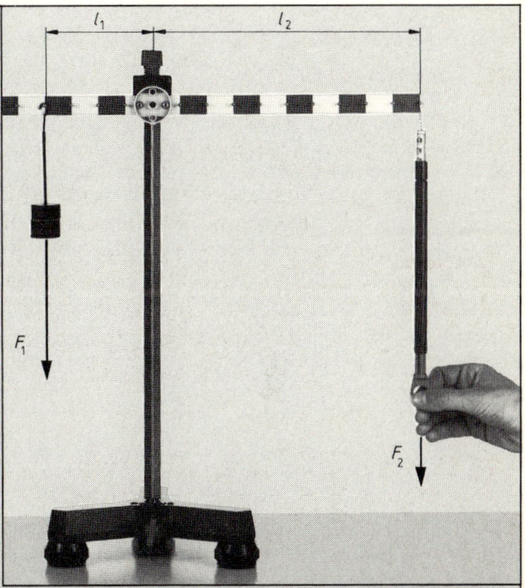

Abb. 1 Versuchsaufbau zum Hebelgesetz

Wertetabelle

F_1 in N	l_1 in cm	$F_1 \cdot l_1$ in N · cm	F_2 in N	l_2 in cm	$F_2 \cdot l_2$ in N · cm
1,18	30	35,4	1,2	30	36,0
1,18	15	17,7	0,6	30	18,0
1,18	7,5	8,85	0,3	30	9,0

Auswertung
Wird auf der einen Seite z. B. die Entfernung l_1 halbiert, so muß zur Erhaltung des Gleichgewichts auf der anderen Seite die Kraft F_2 auch halbiert werden. In jedem Fall ist aber auf beiden Seiten das Produkt $F \cdot l$ gleich. Dieses kann also als ein Maß für die Drehwirkung einer Kraft gelten.

Ergebnis Drehmoment = Kraft · Hebelarm

$$M = F \cdot l$$

$$[M] = \text{N} \cdot \text{m}$$

Das Produkt aus Kraft und Hebelarm heißt **Drehmoment** oder **statisches Moment.**

Als **Hebelarm** („Kraftarm" oder „Lastarm") bezeichnet man den Abstand l zwischen dem Drehpunkt und der Wirkungslinie der Kraft. Das Produkt $F \cdot l$ ist ein Maß für die **Drehwirkung** oder das **Drehbestreben** einer Kraft.

1.6.2 Hebelgesetz

V

Um nun die Bedingung für das **Gleichgewicht** bei einem Hebel noch genauer zu prüfen, verändern wir beim gleichen Versuchsaufbau wie bei Versuch 1 auf der linken Seite des Hebels die Kräfte und Entfernungen.

Wertetabelle

F_1 in N	l_1 in cm	$F_1 \cdot l_1$ in N · cm	F_2 in N	l_2 in cm	$F_2 \cdot l_2$ in N · cm
1,18	7,5	8,85	0,35	25	8,75
1,18	15	17,7	0,7	25	17,75
1,67	10	16,7	0,65	25	16,25
2,16	10	21,6	0,85	25	21,25

Auswertung
An einem Hebel mit zwei Kräften herrscht Gleichgewicht, wenn das Drehmoment der auf der rechten Seite angreifenden Kraft ebenso groß ist wie das der auf der linken Seite angreifenden Kraft.

Ergebnis Hebelgesetz

Drehmoment von F_1 = Drehmoment von F_2

$$F_1 \cdot l_1 = F_2 \cdot l_2 \qquad 1\,\text{N} \cdot \text{m} = 1\,\text{N} \cdot \text{m}$$

1.6.3 Drehmoment bei schräg angreifender Kraft

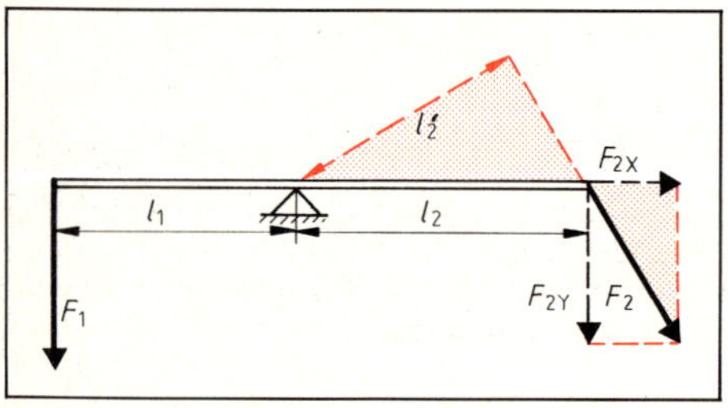

Abb. 1 Drehmoment bei schräg angreifender Kraft

Wirkt auf einen Hebel eine Kraft so, daß sie mit ihrer Verbindungslinie vom Angriffspunkt zum Drehpunkt keinen rechten Winkel bildet (Abb. 1), so muß dies bei der Aufstellung des Drehmoments beachtet werden. Auf der rechten Seite darf als Moment nicht das Produkt $F_2 \cdot l_2$ eingesetzt werden. Das Ergebnis wäre zu groß; weil der Angriffspunkt sich nur senkrecht nach unten bewegen kann, kommt die Kraft F_2 nur zum Teil zur Auswirkung. Das **wirkliche Drehmoment** kann man nach zwei Möglichkeiten bestimmen.

1. Ableitung
Bei der ersten Möglichkeit wird F_2 in eine senkrechte und eine waagerechte Teilkraft zerlegt. Nur die senkrechte Kraft F_{2y} wirkt drehend, während die waagerechte Kraft F_{2x} nur eine Zugkraft auf den Hebel ausübt. Sie muß dann berücksichtigt werden, wenn die Kräfte auf das Lager der Drehachse ermittelt werden sollen. Das Drehmoment errechnet sich nach dieser Möglichkeit:

$$M = F_{2y} \cdot l_2$$

2. Ableitung
Bei der zweiten Möglichkeit wird die Größe der Kraft F_2 voll im Drehmoment eingesetzt, dafür aber der Hebelarm entsprechend verkleinert. Wir machen dabei Gebrauch davon, daß der Angriffspunkt einer Kraft in der Wirkungslinie verschoben werden darf, und verschieben die Kraft F_2 so weit, bis der neue Hebelarm l_2' auf ihr senkrecht steht. l_2' ist dann die Länge des Lotes vom Drehpunkt auf die Wirkungslinie der Kraft F_2. In diesem Fall errechnet sich das Drehmoment als:

$$M = F_2 \cdot l_2'$$

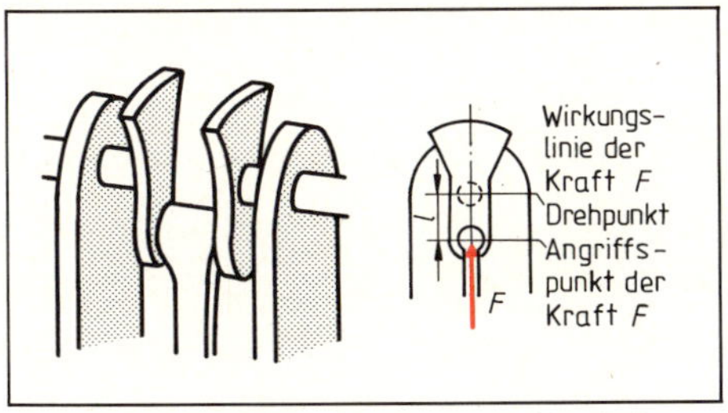

Abb. 2 Drehmoment im „toten Punkt" eines Kurbelgetriebes

Daß beide Möglichkeiten das gleiche Moment liefern, folgt aus der Ähnlichkeit der schraffierten Dreiecke:

$$F_2 : F_{2y} = l_2 : l_2'$$
$$F_{2y} \cdot l_2 = F_2 \cdot l_2'$$

Besonders deutlich erkennt man die Notwendigkeit, als Hebelarm die Länge des Lotes auf die Wirkungslinie zu nehmen, bei einer Kraft, deren Wirkungslinie durch den Drehpunkt bzw. durch die Drehachse geht (Abb. 3). Eine solche Kraft erzeugt keine Drehung; das Moment $M = F \cdot l'$ ist Null, weil das Lot l' Null ist; dagegen wäre das Produkt $F \cdot l$ nicht Null.

1.6.4 Drehmomentengleichung – Gleichgewicht am Hebel

V

An einer Drehmomentenscheibe greifen drei Kräfte an. Eine Gewichtskraft erzeugt ein linksdrehendes Moment, die zweite Gewichtskraft und der Kraftmesser erzeugen zwei rechtsdrehende Momente.

Auswertung
Das Drehmoment der linksdrehenden Kraft ist genauso groß wie die Summe der Momente der rechtsdrehenden Kräfte:

$$F_r \cdot l_1 = F_2 \cdot l_2 + F_3 \cdot l_3$$

Ergebnis

An einem Hebel herrscht Gleichgewicht, wenn die Summe der Drehmomente der rechtsdrehenden Kräfte ebensogroß ist wie die Summe der Drehmomente der linksdrehenden Kräfte (Hebelgesetz).

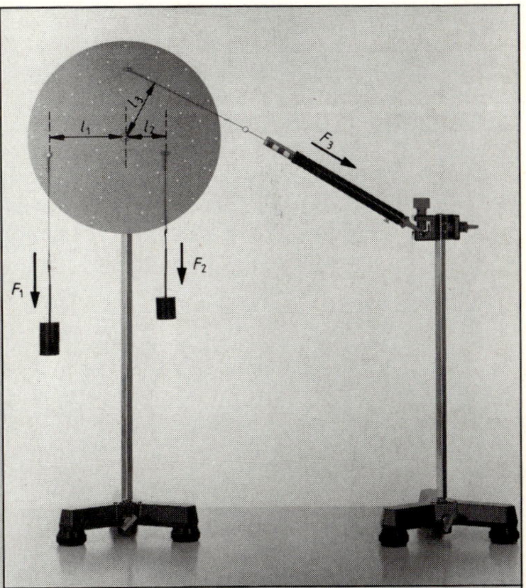

Abb. 1 Versuch zum Gleichgewicht bei drei Drehmomenten

Man kann das Gesetz auch kürzer ausdrücken, wenn man rechts- und linksdrehende Momente durch das Vorzeichen unterscheidet. Dann wird die Summe aller Momente, angedeutet durch das Summenzeichen $\sum$, gleich Null.

An einem Hebel herrscht Gleichgewicht, wenn die Summe der Drehmomente gleich Null ist: $\sum M = 0$

1.6.5 Wirkung einer Einzelkraft

Jede Kraft, die an einem drehbaren Körper angreift, wirkt als Zug- oder Druckkraft auf die Drehachse des Körpers. Die Kraft ruft daher an den Unterstützungs- oder Befestigungsstellen der Achse Reaktionskräfte, die **Auflagerkräfte,** hervor. Die Kraft erzeugt im allgemeinen ein **Drehmoment,** ein „statisches" Moment. Es kann Null werden, wenn die Wirkungslinie der Kraft durch die Drehachse geht.

1.6.6 Wirkung eines Kräftepaares

Zwei gleich große, entgegengesetzt parallele Kräfte, die an verschiedenen Punkten eines Körpers angreifen, bilden ein **Kräftepaar.** Sie erzeugen stets ein Drehmoment, z. B. beim Gewindeschneider der Abb. 1:

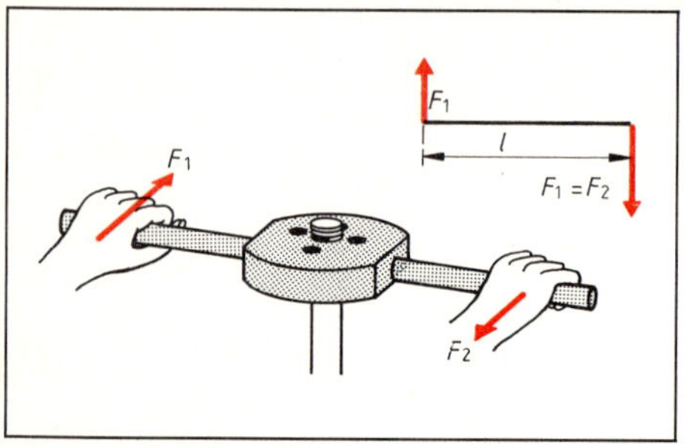

Abb. 1 Kräftepaar bei einem Gewindeschneider

$$M = F_1 \frac{l}{2} + F_2 \frac{l}{2} = \frac{l}{2}(F_1 + F_2)$$

und weil $F_1 = F_2 = F$ ist:

$$M = F_1 \cdot l = F_2 \cdot l = F \cdot l$$

Die an der Achse entstehenden Auflagerkräfte heben sich wegen der entgegengesetzt gleichen Größe der Kräfte auf. Diese Ergebnisse gelten auch bei jeder anderen Lage des Drehpunktes:

Ein Kräftepaar erzeugt immer nur ein Drehmoment. Es entstehen keine Beanspruchungen der Achse und keine Auflagerkräfte.

Beispiel An einem zweiseitigen Hebel greift links vom Drehpunkt eine Kraft $F_1 = 30$ N im Abstand $l_1 = 80$ cm an. Auf der anderen Seite wirkt eine Kraft $F_2 = 10$ N im Abstand $l_2 = 25$ cm. In welchem Abstand l_3 ist auf dieser Seite die Kraft $F_3 = 20$ N anzusetzen, damit Gleichgewicht herrscht?

$$F_1 \cdot l_1 = F_2 \cdot l_2 + F_3 \cdot l_3$$

$$l_3 = \frac{F_1 \cdot l_1 - F_2 \cdot l_2}{F_3}$$

$$l_3 = \frac{30\,\text{N} \cdot 80\,\text{cm} - 10\,\text{N} \cdot 25\,\text{cm}}{20\,\text{N}} = \frac{2400 - 250}{20}\,\text{cm}$$

$$l_3 = \frac{2150}{20}\,\text{cm} = \underline{107{,}5\,\text{cm}}$$

Aufgaben

1. *Der Spannhebel eines Schraubstockes hat vom Kraftangriffspunkt der Hand bis zum Drehpunkt die Länge 320 mm. Welche Kraft ist erforderlich, um ein Drehmoment von 51,2 Nm zu erzeugen?*

2. *Ein Arbeiter dreht einen zweiseitigen Steckschlüssel beiderseits mit einer am Hebelarm senkrecht angreifenden Kraft von je 120 N. Welches Drehmoment wird dabei erzeugt, wenn die Hände voneinander einen Abstand von 55 cm haben?*

3. *(Abb. 2) Welche Gewichtskraft F_G ist bei dem dargestellten Sicherheitsventil erforderlich, um es mit einer Kraft $F = 300$ N zu verschließen?*

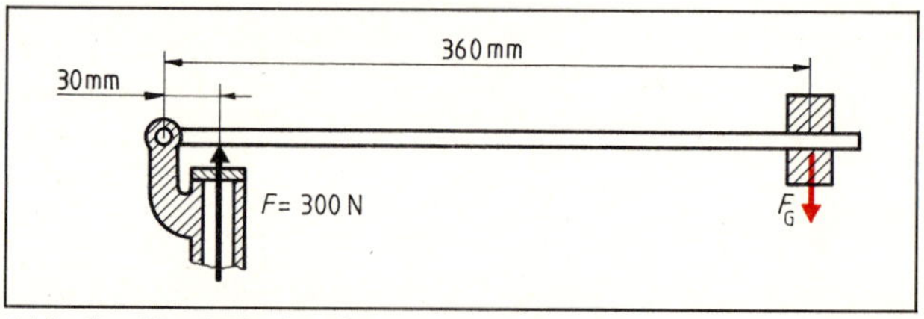

Abb. 2 Zu Aufgabe 3

4. *(Abb. 3) Welche Kraft ist an dem zweiseitigen Hebel erforderlich, um den Schrank anzuheben?*

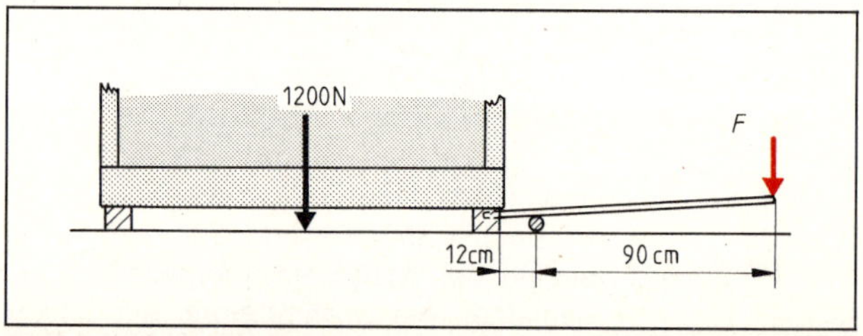

Abb. 3 Zu Aufgabe 4

1.6.7 Hebelarten, Anwendungen der Hebel

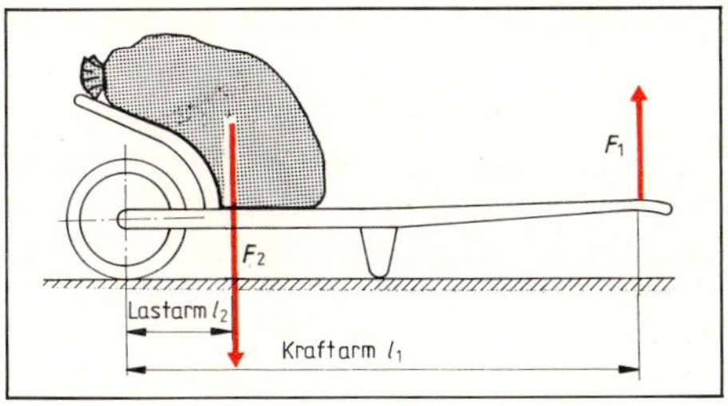

Abb. 1 Schubkarre

Das Hebelgesetz gibt die Möglichkeit, mit kleinen Kräften, die an einem langen Hebelarm wirken, an einer anderen Stelle des Hebels mit einem kurzen Hebelarm große Kraftwirkungen auszuüben. Deshalb findet der Hebel im täglichen Leben und in der Technik vielfache Anwendung.

Ein einfaches Beispiel ist die Schubkarre (Abb. 1). Der Drehpunkt liegt in der Achse des Rades. Die in der Nähe des Rades aufgeladene Last hat die Gewichtskraft $F_G = F_2$ und den kurzen Hebelarm l_2. Um die Karre anzuheben, genügt am Handgriff bei dem großen Hebelarm l_1 die kleine Kraft F_1.

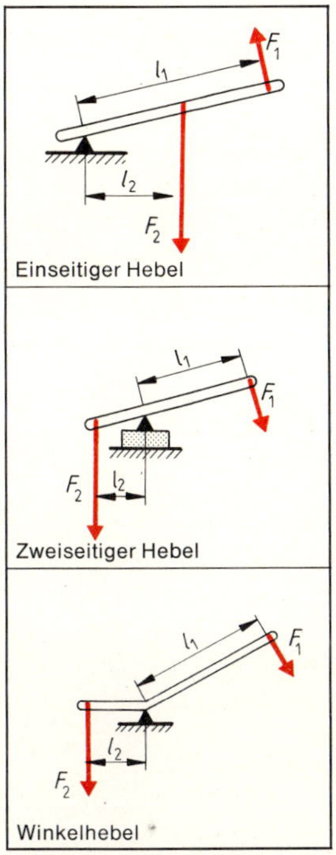

Abb. 2 Die verschiedenen Hebelarten

Bei der Schubkarre greifen die Gewichtskraft der Last und Kraft der Hand auf derselben Seite des Drehpunktes an; die Schubkarre ist ein **einseitiger Hebel.** Sind beide Kräfte auf verschiedenen Seiten des Drehpunktes wirksam, dann handelt es sich um einen **zweiseitigen Hebel.** Liegen die Angriffspunkte mit dem Drehpunkt nicht in einer Geraden, so hat man einen **Winkelhebel** (Abb. 2).

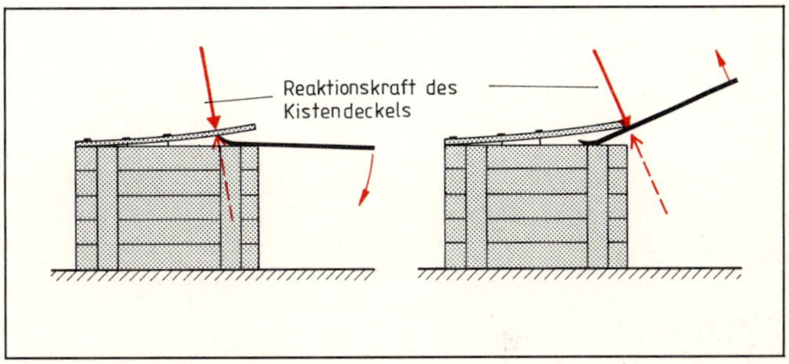

Abb. 3 Brechstange

Die meisten Hebel dienen wie die Schubkarre dazu, einen Kraftgewinn zu erzielen. Abb. 3 zeigt als Beispiel die Brechstange, die ein- und zweiseitig angewendet werden kann. Die Zange (Abb. 4) ist immer ein zweiseitiger Hebel. Das Ruder (Abb. 5) dagegen ist ein einseitiger Hebel, denn das Boot ist die zu bewegende Last, und der Drehpunkt liegt beim Ruderblatt im Wasser, wenn er auch dort nicht starr festgehalten werden kann. Zieht der Ruderer mit der Kraft F_1 am Griff des Ruders, so übt das Ruder auf das Boot die größere Kraft F_2 aus. Die Schubkraft, mit der das Boot vorwärts bewegt wird, ist jedoch nur gleich der vom Ruderblatt auf das Wasser übertragenen Kraft. – Warum?

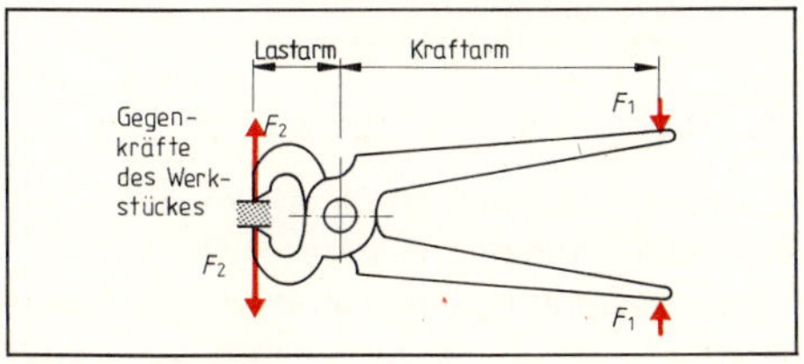

Abb. 4 Zange

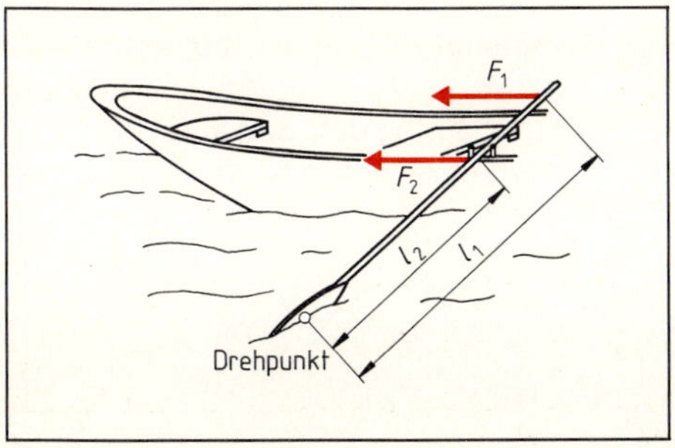

Abb. 5 Ruder

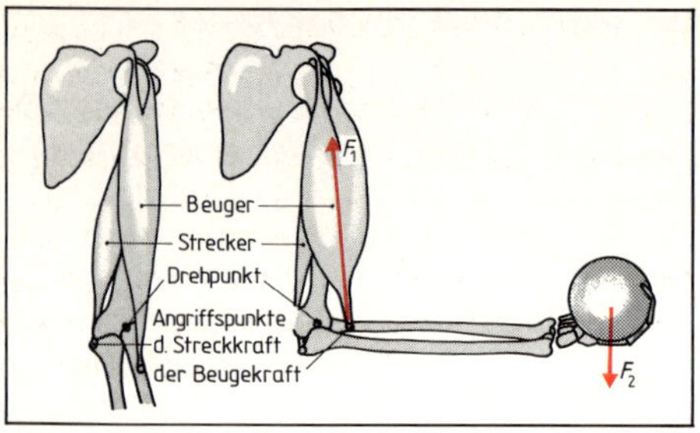

Der Weg des Angriffspunktes einer Kraft an einem Hebel ist um so größer, je länger der Hebelarm ist. Man kann also auch einen Weggewinn erzielen, wenn man eine Kraft mit kleinem Hebelarm angreifen läßt und sie an einer Stelle mit großem Hebelarm zur Auswirkung bringt. Solche Hebel nennt man auch **Wurfhebel.** Der menschliche Arm ist hierfür ein Beispiel (Abb. 6); auch die Typenhebel der Schreibmaschine wirken in solcher Weise.

Abb. 6 Der menschliche Arm als Wurfhebel

Aufgabe

Finden und begründen Sie die Lage der Hebelarme. Legen Sie einen Bogen Klarpapier (Transparentpapier) über die Zeichnung, und tragen Sie die Hebelarme ein.

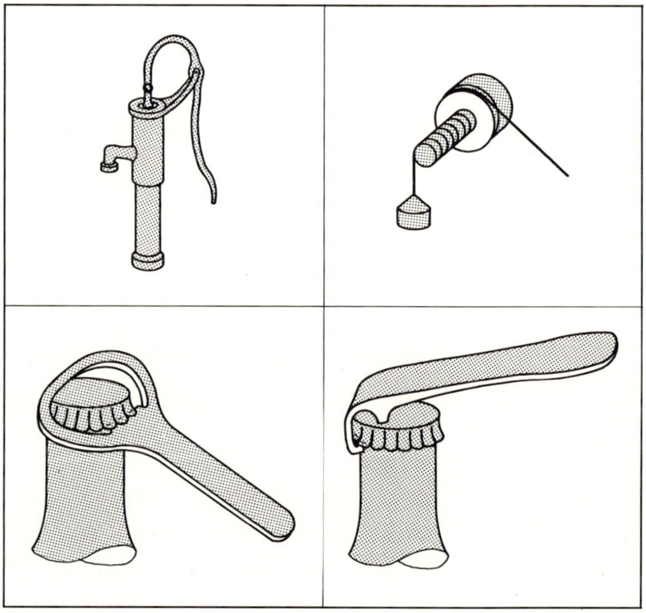

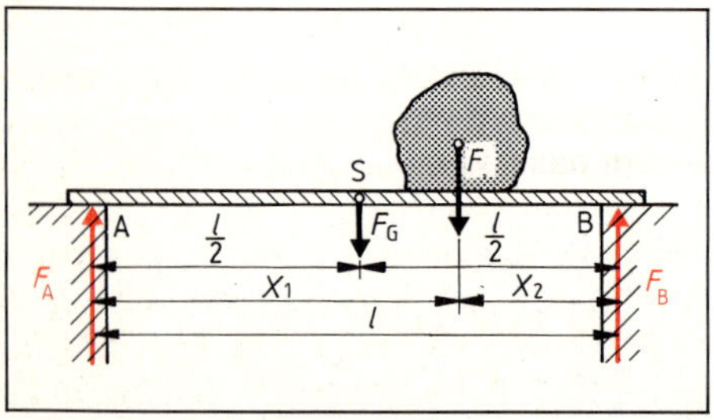

Abb. 1 a Problemskizze

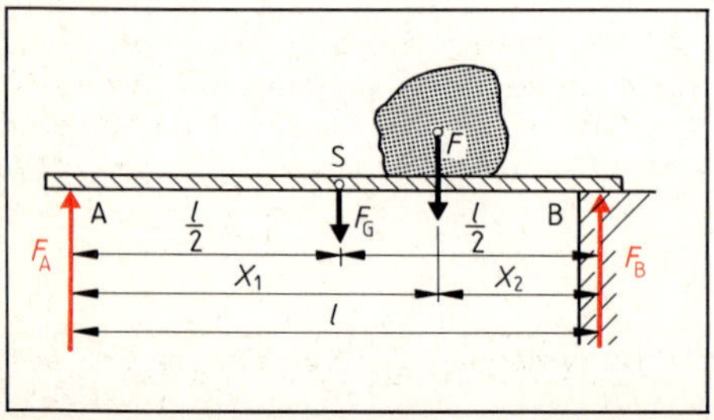

Abb. 1 b Drehpunkt in B

1.6.8 Auflagerkräfte

Sehr oft müssen in der Technik Kräfte an den Unterstützungspunkten irgendeines Gegenstandes, z. B. eines Balkens, eines Trägers oder einer Maschinenachse, bestimmt werden; denn Abmessungen und Material der Auflager richten sich nach den Auflagerkräften, die in den Auflagepunkten wirken.

Um den Weg für die Berechnung zu finden, betrachten wir zuerst ein Brett (Gewichtskraft F_G, Abb. 1), das eine Last mit der Gewichtskraft F trägt und auf beiden Seiten in zwei Auflagern A und B mit der gegenseitigen Entfernung l unterstützt ist.

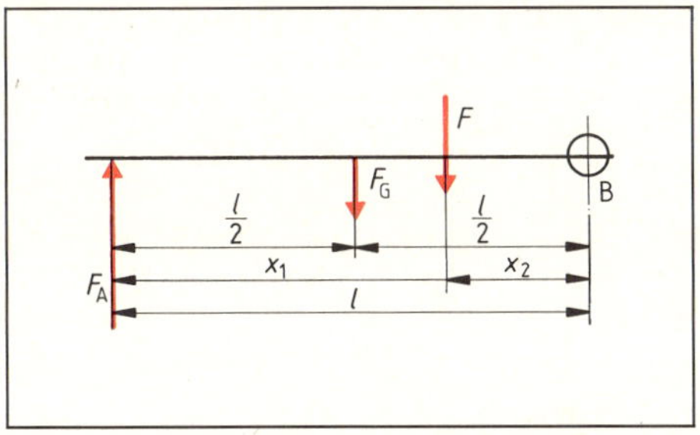

Abb. 1 c Skizze für die Berechnung von F_A

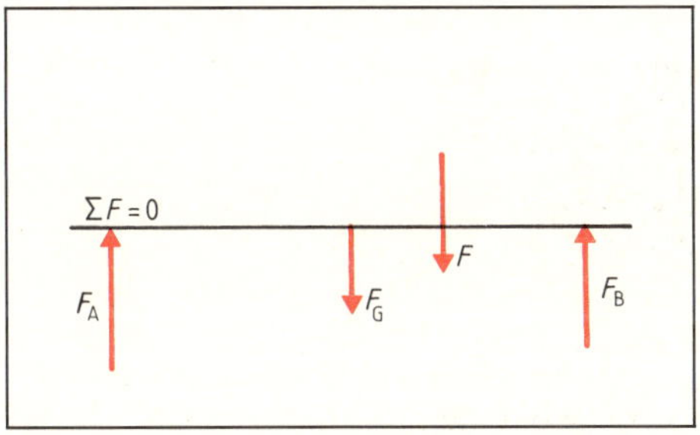

Abb. 1 d Skizze für die Berechnung von F_B

Um die unbekannte Auflagerkraft F_A im Punkte A zu finden, faßt man das ganze Brett mit der Last als einen Hebel mit dem Drehpunkt B auf. Denkt man sich nämlich das Auflager A beseitigt, so ist an seiner Stelle eine bestimmte Kraft erforderlich, um den Hebel ins Gleichgewicht zu bringen. Dies muß genau die Kraft sein, mit der das Auflager A nach oben gegen das Brett drückt. Die Gewichtskraft F_G des Brettes greift im Schwerpunkt S an (Nr. 1.6.9), der in der Mitte zwischen A und B liegt und daher nach beiden Punkten die Entfernung $l/2$ hat. Nun kann man zur Berechnung von F_A das Hebelgesetz verwenden:

$$F_A \cdot l = F_G \cdot \frac{l}{2} + F \cdot x_2$$

$$F_A = \frac{F_G}{2} + F\frac{x_2}{l}$$

In analoger Weise erhält man die Auflagerkraft F_B im Punkt B, wenn man das Brett als einen Hebel mit dem Drehpunkt A auffaßt:

$$F_B \cdot l = F_G \cdot \frac{l}{2} + F \cdot x_1$$

$$F_B = \frac{F_G}{2} + F\frac{x_1}{l}$$

Addiert man die beiden Auflagerkräfte F_A und F_B, so erhält man:

$$F_A + F_B = \frac{F_G}{2} + F\frac{x_2}{l} + \frac{F_G}{2} + F\frac{x_1}{l} = F_G + F\frac{x_1 + x_2}{l} = F_G + F, \text{ da } x_1 + x_2 = l$$

Dieses Ergebnis war zu erwarten. Den nach unten wirkenden Gewichtskräften F_G und F des Brettes und der Last können nur die nach oben wirkenden Auflagerkräfte F_A und F_B das Gleichgewicht halten. Daher muß ihre Summe ebenso groß sein wie die der Gewichtskräfte:

$$\sum F = 0$$

Man kennzeichnet gern alle lotrecht (vertikal) wirkenden Kräfte oder Teilkräfte mit dem Index y und gibt den nach oben wirkenden ein positives, den nach unten wirkenden ein negatives Vorzeichen. Das gefundene Ergebnis sagt dann aus, daß die Summe der positiven Vertikalkräfte ebenso groß ist wie die der negativen Vertikalkräfte. Mit Berücksichtigung der Vorzeichen läßt sich der Aussage folgende noch kürzere Form geben:

Befindet sich ein Körper im Gleichgewicht, so ist die Summe aller lotrecht angreifenden Kräfte (Vertikalkräfte) Null: $\sum F_y = 0$

An dem Brett greifen keine waagerechten (horizontalen) Kräfte an. Bei Gegenständen, an denen auch Horizontalkräfte angreifen, müssen aber auch diese durch Gegenkräfte ausgeglichen sein. Kennzeichnet man sie durch den Index x und gibt man nach rechts wirkenden Kräften ein positives, nach links wirkenden Kräften ein negatives Vorzeichen, so erhält man für sie eine entsprechende Bedingung:

Befindet sich ein Körper im Gleichgewicht, so ist die Summe aller waagerecht angreifenden Kräfte (Horizontalkräfte) Null: $\sum F_x = 0$

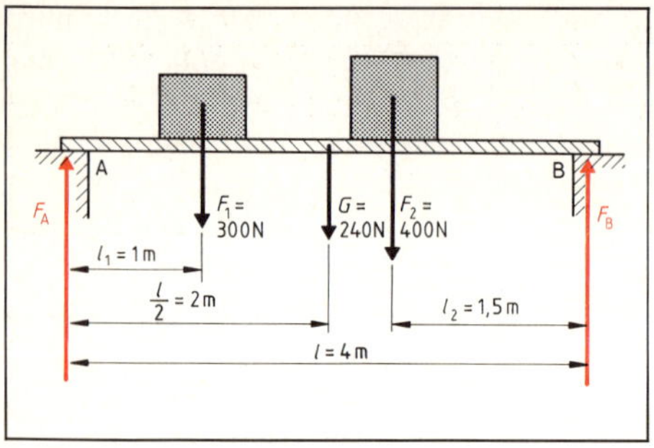

Abb. 2 a

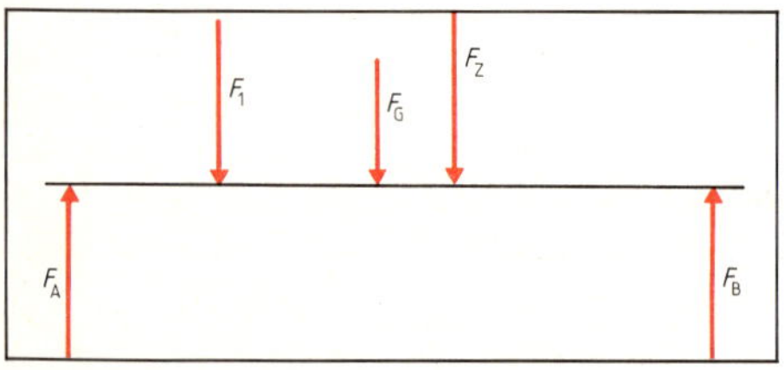

Abb. 2 b Brett mit zwei Auflagern (zu Beispiel 1)

Beispiel 1

Ein Brett ($F_G = 240$ N) ist an beiden Seiten unterstützt. Der Abstand zwischen den Auflagern A und B beträgt $l = 4$ m. In der Entfernung $l_1 = 1$ m von A befindet sich eine Last mit der Gewichtskraft $F_1 = 300$ N, in der Entfernung $l_2 = 1{,}5$ m von B eine Last mit der Gewichtskraft $F_2 = 400$ N. Berechnen Sie die Auflagerkräfte F_A und F_B.

Wählt man A als Drehpunkt, so erhält man aus $\sum M_A = 0$:

$$F_1 \cdot l_1 + F_G \frac{l}{2} + F_2 (l - l_2) - F_B \cdot l = 0$$

$$F_B = \frac{F_1 \cdot l_1 + F_G \cdot l/2 + F_2 (l - l_2)}{l}$$

$$F_B = \frac{300\,\text{N} \cdot 1\,\text{m} + 240\,\text{N} \cdot 2\,\text{m} + 400\,\text{N} \cdot 2{,}5\,\text{m}}{4\,\text{m}}$$

$$= \frac{(300 + 480 + 1000)\,\text{N m}}{4\,\text{m}} = \underline{445\,\text{N}}$$

Ähnlich erhält man mit dem Drehpunkt B aus $\sum M_B = 0$:

$$F_A = \frac{F_1 (l - l_1) + F_G \cdot l/2 + F_2 \cdot l_2}{l}$$

$$F_A = \frac{300\,\text{N} \cdot 3\,\text{m} + 240\,\text{N} \cdot 2\,\text{m} + 400\,\text{N} \cdot 1{,}5\,\text{m}}{4\,\text{m}}$$

$$= \frac{(900 + 480 + 600)\,\text{N m}}{4\,\text{m}} = \underline{495\,\text{N}}$$

Probe: $\sum F_y = 495\,\text{N} + 445\,\text{N} - 300\,\text{N} - 240\,\text{N} - 400\,\text{N} = 940\,\text{N} - 940\,\text{N} = 0$

$\sum F_x = 0$, da keine waagerechten Kräfte auftreten.

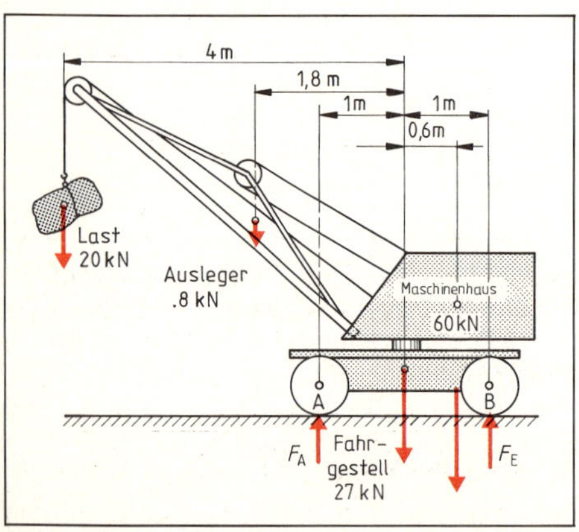

Abb. 3

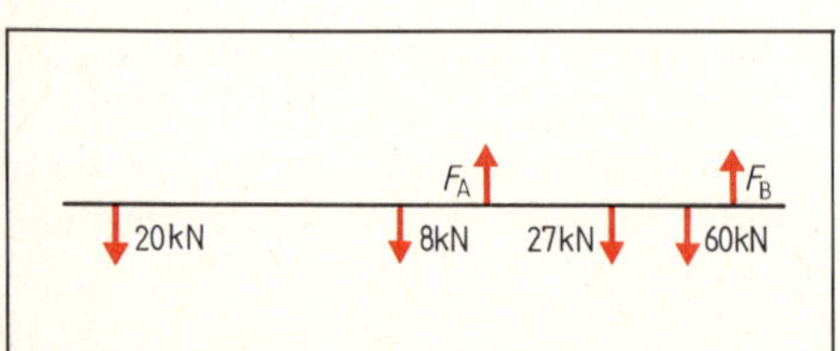

Abb. 4 Auflegerkräfte bei den Radachsen eines Kranes (zu Beispiel 2)

Beispiel 2

Bei einem Kran haben die einzelnen Teile die in der Abb. angegebenen Gewichtskräfte und die eingetragenen waagerechten Abstände. Berechnen Sie die Auflagerkräfte auf die Achsen A und B.

Man kann den Kran durch einen einfachen Träger schematisieren, weil alle Kräfte lotrecht wirken und sie in ihren Wirkungslinien auf eine waagerechte Gerade verschoben werden können.

In bezug auf die Drehachse A erhält man aus $\sum M_A = 0$:

$$F_B = \frac{60\,\text{kN} \cdot 1{,}6\,\text{m} + 27\,\text{kN} \cdot 1\,\text{m} - 8\,\text{kN} \cdot 0{,}8\,\text{m} - 20\,\text{kN} \cdot 3\,\text{m}}{2\,\text{m}} =$$

$$= \frac{(96 + 27 - 6{,}4 - 60)\,\text{kN m}}{2\,\text{m}} = \frac{56{,}6\,\text{kN m}}{2\,\text{m}} = \underline{28{,}3\,\text{kN}}$$

In bezug auf die Drehachse B erhält man aus $\sum M_B = 0$:

$$F_A = \frac{20\,\text{kN} \cdot 5\,\text{m} + 8\,\text{kN} \cdot 2{,}8\,\text{m} + 27\,\text{kN} \cdot 1\,\text{m} + 60\,\text{kN} \cdot 0{,}4\,\text{m}}{2\,\text{m}} =$$

$$= \frac{(100 + 22{,}4 + 27 + 24)\,\text{kN m}}{2\,\text{m}} = \frac{173{,}4\,\text{kN m}}{2\,\text{m}} = \underline{86{,}7\,\text{kN}}$$

Probe:

$\sum F_y = 86{,}7\,\text{kN} + 28{,}3\,\text{kN} - 20\,\text{kN} - 8\,\text{kN} - 27\,\text{kN} - 60\,\text{kN} = 0$

$\sum F_x = 0$, da keine horizontalen Kräfte auftreten.

Aufgaben

1. *(Abb. 5): Eine Leiter soll von zwei Personen in den Punkten A und B getragen werden. Welche Kraft ist in beiden Punkten erforderlich?*

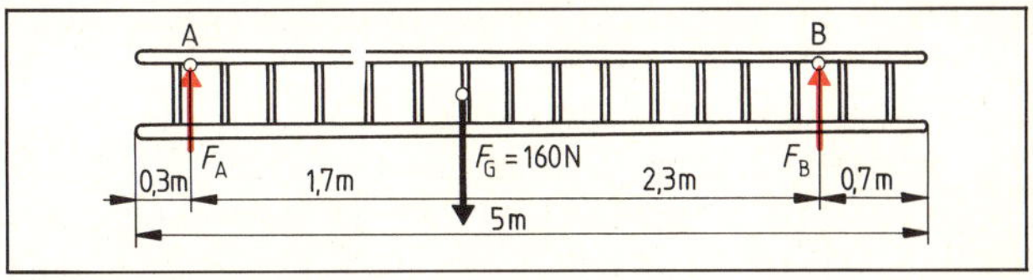

Abb. 5 Zu Aufgabe 1

2. *(Abb. 6): In einem Bau lasten auf einem Träger (Gewichtskraft 2 kN) zwischen A und C eine Quermauer aus Schwemmsteinen ($\varrho = 1{,}2$ kg/dm³) von 10 cm Stärke und 2,5 m Höhe und in C die Gewichtskraft 3 kN eines Stückes einer Längsmauer. Berechnen Sie die Auflagerkräfte in A und B ($g \approx 10 \frac{m}{s^2}$).*

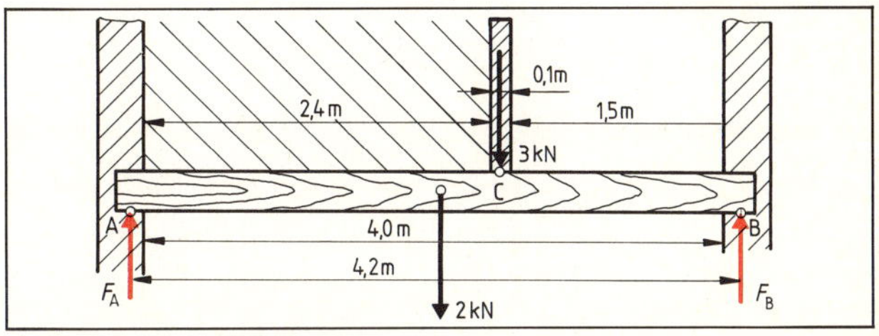

Abb. 6 Zu Aufgabe 2

3. *(Abb. 7): Wie groß sind die Auflagerkräfte des dargestellten Kranes bei einer Last von 15 kN?*

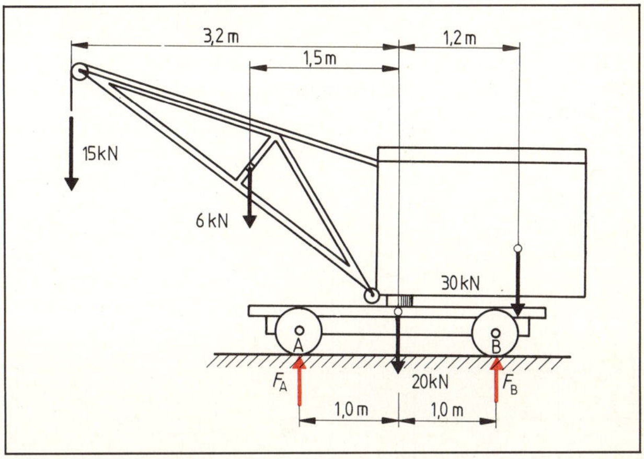

Abb. 7 Zu Aufgabe 3

1.6.9 Schwerpunkt

Nachweis des Schwerpunktes

V1

Legt man einen langen Stab horizontal auf einen Finger, so kippt er im allgemeinen nach der einen oder der anderen Seite herunter. Durch Verschieben des Auflagepunktes kann man es aber erreichen, daß der Stab in horizontaler Lage in Ruhe bleibt. – Ein ähnlicher Versuch läßt sich auch mit anderen Gegenständen ausführen.

Jedes Masseteilchen eines Körpers unterliegt der Schwerkraft. Der Versuch zeigt, daß es bei jedem Körper einen Punkt gibt, in bezug auf den sich alle Drehmomente der Schwerkraft aufheben.

Da der Stab in Ruhe bleibt, muß die vom Finger nach oben gerichtete Auflagekraft nicht nur nach der Größe, sondern auch in der Wirkungslinie mit der Resultierenden aller nach unten gerichteten Kräfte, also aller Teile der Schwerkraft, übereinstimmen. Die über dem Finger liegende Stelle des Stabes enthält also den Angriffspunkt der Gesamtschwerkraft. Daher bezeichnet man diesen Punkt als **Schwerpunkt.**

Wir haben daher das doppelte Ergebnis:

1. **In bezug auf eine durch den Schwerpunkt gehende Achse heben sich alle Momente der Teilschwerkräfte eines Körpers auf.**
2. **Der Schwerpunkt ist der Angriffspunkt der Gesamtschwerkraft. In ihm darf man sich die ganze Masse eines Körpers vereinigt denken.**

Ermittlung des Schwerpunktes

Bei einem drehbar aufgehängten Körper sucht der Schwerpunkt der Erdanziehung so weit zu folgen, wie dies möglich ist. Er nimmt daher eine solche Lage ein, daß er von einem Lot, das vom Drehpunkt nach unten geht, getroffen wird.

V2

Nach diesem Verfahren kann man die Lage des Schwerpunktes bei einem beliebigen Körper, z. B. bei der unregelmäßigen Scheibe der Abb. 1 bestimmen. Hängt man die Fläche nacheinander in den Punkten A, B und C auf, so schneiden sich die Lote durch die Aufhängepunkte im Schwerpunkt S.

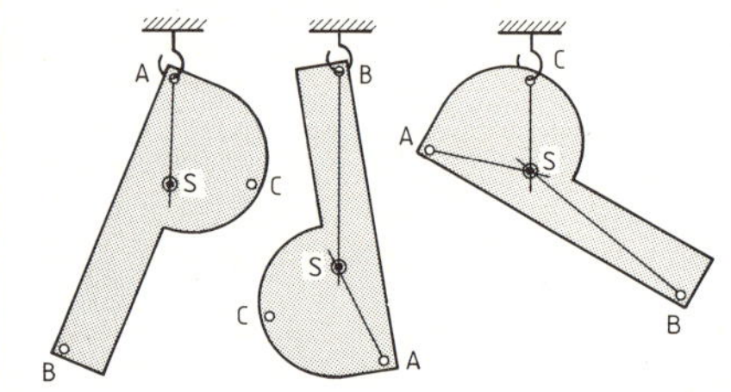

Abb. 1
Schwerpunkt einer Fläche

Alle geraden Linien durch den Schwerpunkt bezeichnet man als **Schwerlinien.** Bei symmetrischen Körpern liegt der Schwerpunkt auf der Symmetrieachse, z. B. bei einem Quader oder einem Würfel im Schnittpunkt der Raumdiagonalen, bei einer Kugel in ihrem Mittelpunkt. Der Schwerpunkt kann auch außerhalb eines Körpers liegen, wie dies z. B. bei einem Ring der Fall ist (Abb. 2).

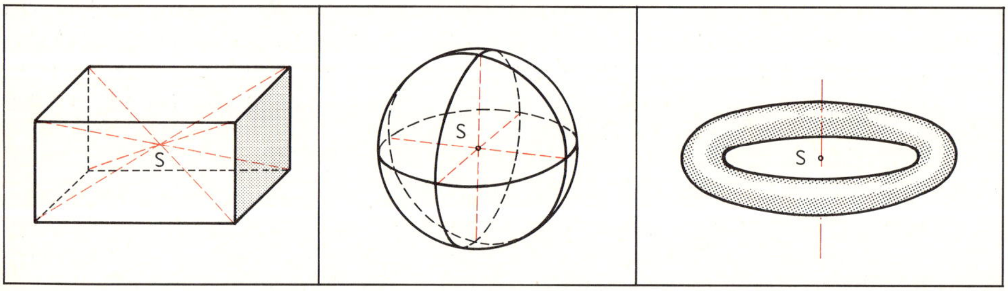

Abb. 2
Schwerpunkte regelmäßiger Körper

Man spricht auch vom Schwerpunkt einer Fläche oder einer Linie und denkt dabei an den Schwerpunkt eines sehr dünnen scheiben- oder fadenförmigen Körpers. Bei einer geraden Strecke liegt der Schwerpunkt in der Mitte, bei einem Rechteck oder einem Parallelogramm im Schnittpunkt der Diagonalen, bei einem Kreis im Mittelpunkt, bei einem Dreieck im Schnittpunkt der Seitenhalbierenden (Abb. 3).

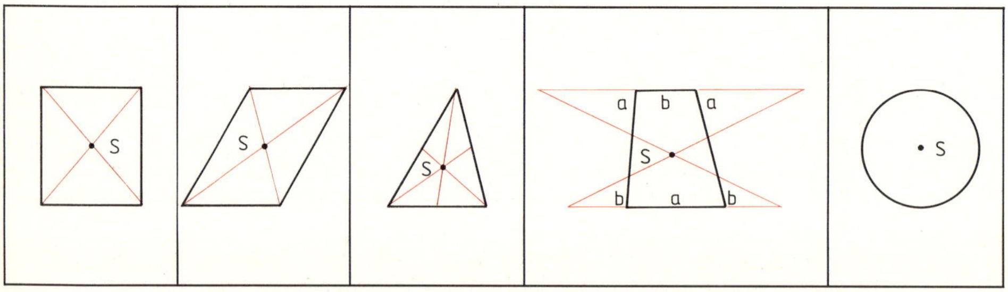

Abb. 3
Schwerpunkte regelmäßiger Flächen

Die Lage des Schwerpunktes bei zusammengesetzten Linien, Flächen und Körpern kann man berechnen. Alle äußeren Wirkungen der Schwerkraft auf einen Körper bleiben unverändert, wenn man sich die gesamte Gewichtskraft im Gesamtschwerpunkt oder alle Teilgewichtskräfte in den Teilschwerpunkten angreifend denkt.

Man wählt eine Kante des Körpers als Drehachse. In bezug auf sie ruft jeder Teilkörper ein „statisches“ Moment hervor. Die Summe dieser Teilmomente muß ebenso groß sein wie das Gesamtmoment des Körpers. Bezeichnet man die Gesamtgewichtskraft mit F_{ges}, die Gewichtskräfte der Teilkörper mit F_{G1}, $F_{G2} \ldots$ und die Abstände ihrer Schwerpunkte von der Drehachse mit x_0, x_1, $x_2 \ldots$, so findet man den Abstand x_0 des Gesamtschwerpunktes von der Drehachse nach der Gleichung:

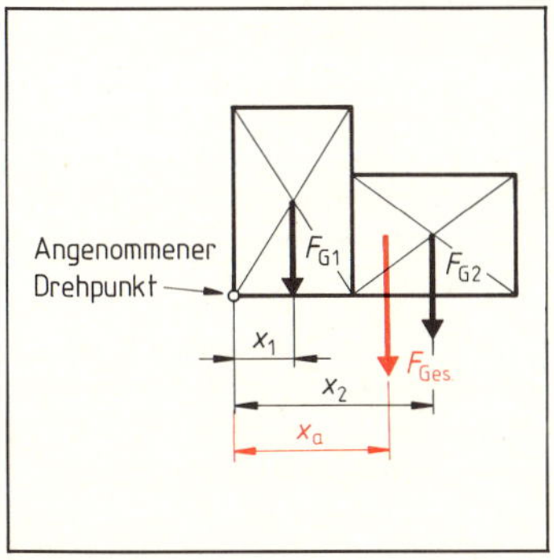

Abb. 3 a

$$F_{ges} \cdot x_0 = F_{G1} \cdot x_1 + F_{G2} \cdot x_2 + \ldots$$

$$x_0 = \frac{F_{G1} \cdot x_1 + F_{G2} \cdot x_2 + \ldots}{F_{ges}}$$

Besteht der Körper aus einheitlichem Material, so sind die Gewichtskräfte zu ihren Rauminhalten proportional, so daß die Gleichung richtig bleibt, wenn man alle Gewichtskräfte durch g und ϱ teilt und sie dadurch durch ihre Rauminhalte ersetzt:

$$x_0 = \frac{V_1 \cdot x_1 + V_2 \cdot x_2 + \ldots}{V_{ges}}$$

Bei homogenen Körpern gleicher Dicke d sind die Volumina den Flächen proportional. Man kann überall mit d kürzen und erhält:

$$x_0 = \frac{A_1 \cdot x_1 + A_2 \cdot x_2 + \ldots}{A_{ges}}$$

Für den Werkzeugmacher ist es wichtig, zu wissen, wo der Schwerpunkt der Umrißlinie eines auszustanzenden Blechzuschnitts liegt. Die beim Stanzen auftretenden Schnittkräfte greifen an den einzelnen Teilen des Umfanges an. Ihre Resultierende geht daher durch den Schwerpunkt der Umrißlinie. Dort muß der Spannzapfen für die Befestigung angebracht werden.

$$x_0 = \frac{l_1 \cdot x_1 + l_2 \cdot x_2 + \ldots}{l_{ges}}$$

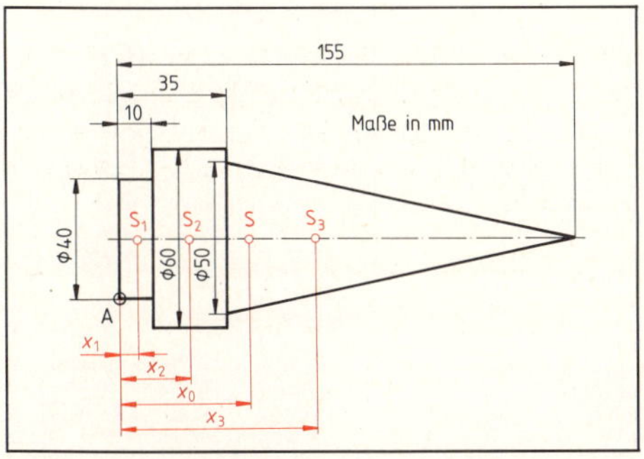

Abb. 4 Drehkörper

Beispiel

Berechnen Sie die Lage des Schwerpunktes in einem Drehkörper, dessen Achsenschnitt in der Abb. dargestellt ist. (Bei Zylindern liegt der Schwerpunkt in halber Höhe des Körpers, bei Kegeln und Pyramiden in einem Viertel der Höhe.)

Zuerst berechnen wir die Inhalte sowie die Schwerpunkte von der Achse A:

$$V_1 = \frac{d_1^2 \pi}{4} \cdot h_1 = 12{,}56\,\text{cm}^3 \qquad x_1 = 0{,}5\,\text{cm}$$

$$V_2 = \frac{d_2^2 \pi}{4} \cdot h_3 = 70{,}7\,\text{cm}^3 \qquad x_2 = 2{,}25\,\text{cm}$$

$$V_3 = \frac{1}{3} \cdot \frac{d_3^2 \pi}{4} \cdot h_2 = 78{,}5\,\text{cm}^3 \qquad x_3 = 6{,}5\,\text{cm}$$

$$V = V_1 + V_2 + V_3 = 161{,}8\,\text{cm}^3 \qquad x_0 \text{ gesucht}$$

$$V \cdot x_0 = V_1 \cdot x_1 + V_2 \cdot x_2 + V_3 \cdot x_3$$

$$161{,}8\,\text{cm}^3 \cdot x_0 = 12{,}56 \cdot 0{,}5\,\text{cm}^4 + 70{,}7 \cdot 2{,}25\,\text{cm}^4 + 78{,}5 \cdot 6{,}5\,\text{cm}^4$$

$$x_0 = \frac{6{,}28 + 159 + 510{,}2}{161{,}8}\,\text{cm} = \underline{4{,}17\,\text{cm}}$$

Aufgaben

1. *Bestimmen Sie die Koordinaten x_0 und y_0 für die Lage des Schwerpunktes in dem in Abb. (5) dargestellten Querschnitt eines Profilstahles.*

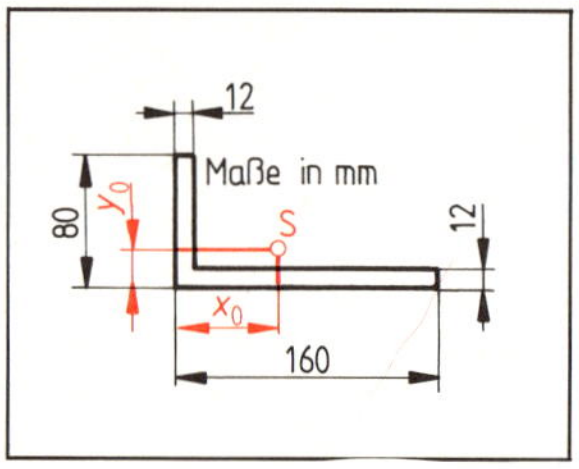

Abb. 5 Profilstahl

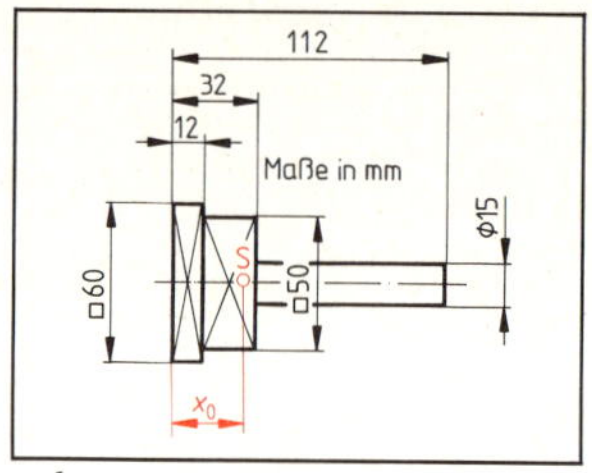

2. *(Abb. 6) Bestimmen Sie die Lage des Schwerpunktes in dem dargestellten Werkstück, dessen linke Teile quadratischen und dessen rechter Teil kreisförmigen Querschnitt besitzen.*

3. *Ein leerer Personenwagen lastet auf der Hinterachse mit einer Auflagerkraft von 4000 N, auf der Vorderachse mit 3000N. Der Radstand beträgt 2400 mm. Berechnen Sie daraus den horizontalen Abstand des Schwerpunktes von den Achsen.*

4. *Wo muß der Spannzapfen bei der in Abb. 7 dargestellten trapezförmigen Stanzform angebracht werden? Beachten Sie: Es ist der Schwerpunkt der Schnittlinie und nicht der der Fläche zu ermitteln.*

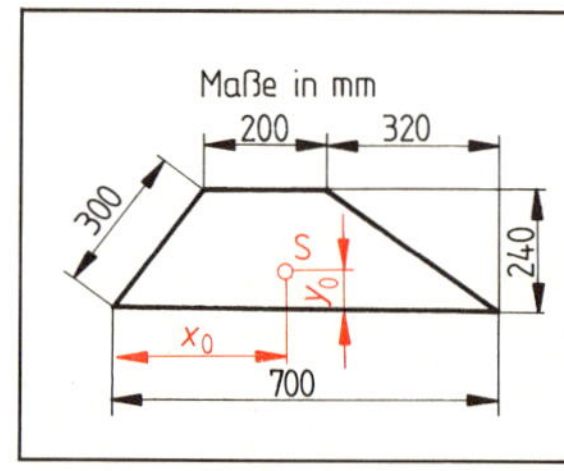

Abb. 7 Stanzform

1.6.10 Gleichgewichtsarten

Die Kenntnis des Schwerpunktes hilft uns, den Zustand des Gleichgewichtes näher zu untersuchen. Dazu machen wir einen Versuch.

V

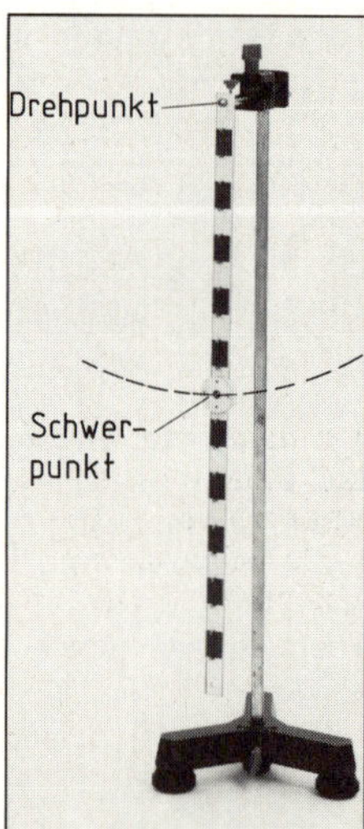

Abb. 1 Stabiles Gleichgewicht eines Stabes. (Bei einer Drehung hebt sich der Schwerpunkt.)

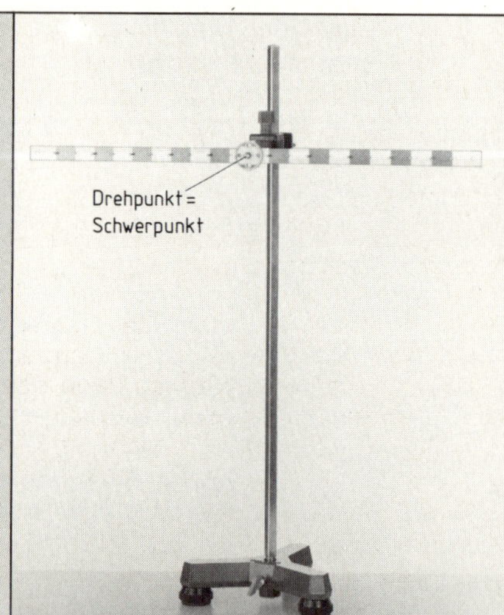

Abb. 2 Indifferentes Gleichgewicht eines Stabes. (Schwerpunkt und Drehpunkt decken sich. Schwerpunkt bleibt bei einer Drehung in Ruhe.)

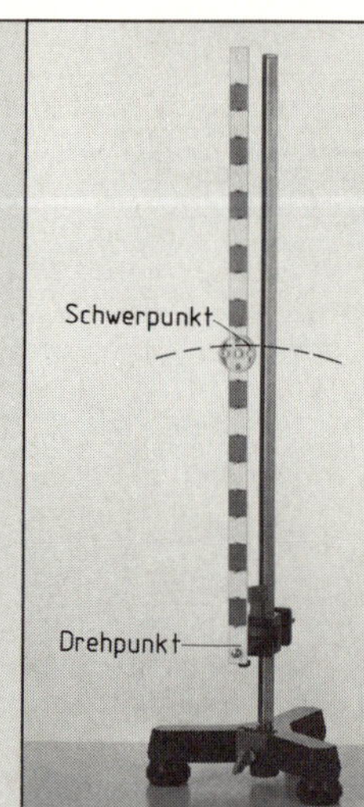

Abb. 3 Labiles Gleichgewicht eines Stabes. (Bei einer Drehung senkt sich der Schwerpunkt.)

(Abb. 1, 2, 3): Ein langer Stab läßt sich an einigen Bohrungen drehbar auf einen Stift aufsetzen. Zuerst wählen wir eine Bohrung am oberen Ende (Abb. 1). Der Stab hängt nach unten, so daß sich sein Schwerpunkt unter dem Drehpunkt befindet. In diese Lage kehrt er immer wieder zurück, wenn er aus ihr durch einen Stoß herausbewegt wurde.

Setzen wir den Stab mit einer Bohrung auf den Stift, die durch den Schwerpunkt des Stabes geht (Abb. 2), so bleibt er in jeder Lage in Ruhe, in die er gedreht wird.

Stecken wir den Stab mit einer Bohrung auf den Stift, die unter dem Schwerpunkt des Stabes liegt (Abb. 3), so gelingt es nur mit Mühe, den Stab in einer Lage zur Ruhe zu bringen, in der der Schwerpunkt genau über dem Drehpunkt liegt. Die geringste Erschütterung läßt den Stab nach unten kippen.

Ergebnis
Im ersten Fall wird bei allen möglichen Bewegungen des Stabes der Schwerpunkt gehoben. Weil in ihm aber die Gewichtskraft nach unten zieht, kehrt der Körper wieder in die Ausgangslage zurück, in der der Schwerpunkt seine tiefste Lage besitzt. Diese Art des Gleichgewichtes heißt **stabil** (sicher); sie ist überall erforderlich, wo Gegenstände sicher in Ruhe bleiben sollen.

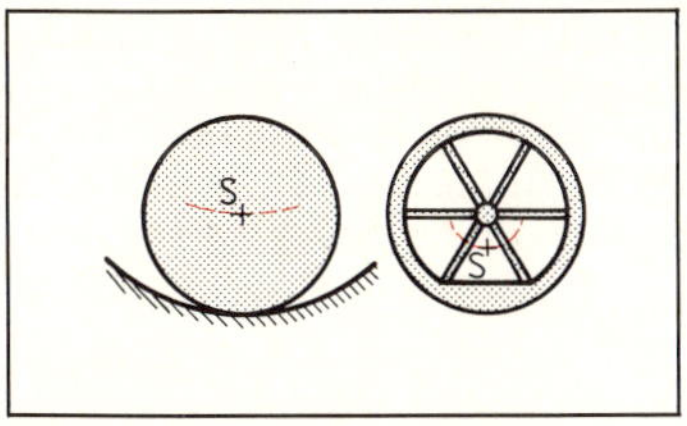

Abb. 4
Stabiles Gleichgewicht

Beispiele

Eine Kugel in einer vertieften Schale, ein Rad mit Zusatzgewicht im tiefsten Punkt (Abb. 4).

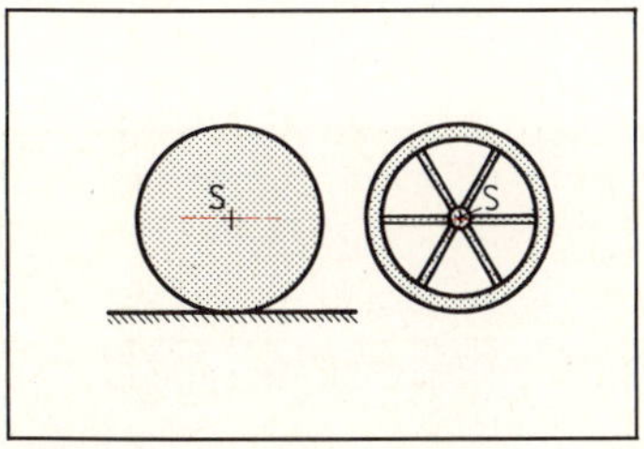

Abb. 5
Indifferentes Gleichgewicht

1. Im zweiten Fall bleibt die Höhe des Schwerpunktes bei allen Drehungen des Stabes unverändert. Der Stab befindet sich in jeder Lage im Gleichgewicht. Diese Art des Gleichgewichtes heißt **indifferent** (unbestimmt); sie wird angestrebt, wenn Gegenstände beweglich sein sollen, z. B. bei Fahrzeugen oder bei drehbaren Rädern und Achsen.

Weitere Beispiele: eine Kugel auf ebener Unterlage, ein um seine Achse drehbares Rad (Abb. 5).

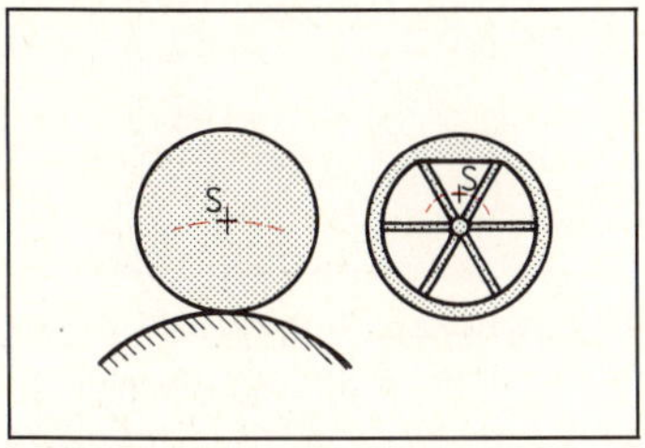

Abb. 6
Labiles Gleichgewicht

2. In der dritten Lage senken alle möglichen Bewegungen des Stabes nach einem kurzen, waagerechten Anfangsweg die Lage des Schwerpunktes. Läßt man dann den Körper frei, so entfernt er sich weiter aus der Ausgangslage. Diese Art des Gleichgewichtes heißt **labil** (unsicher). Aus ihr entfernt sich der Körper beim geringsten Anlaß, deshalb ist sie technisch unbrauchbar.

Weitere Beispiele: eine Kugel auf dem höchsten Punkte einer gewölbten Unterlage, ein Rad mit Zusatzgewicht im höchsten Punkt (Abb. 6).

1.6.11 Standfestigkeit – Kippsicherheit

Alle Körper, bei denen der Schwerpunkt über der Unterstützungsfläche, aber nicht über dem Drehpunkt liegt, befinden sich im stabilen Gleichgewicht, denn der Schwerpunkt wird beim Umkippen um eine Kippkante gehoben.

V1

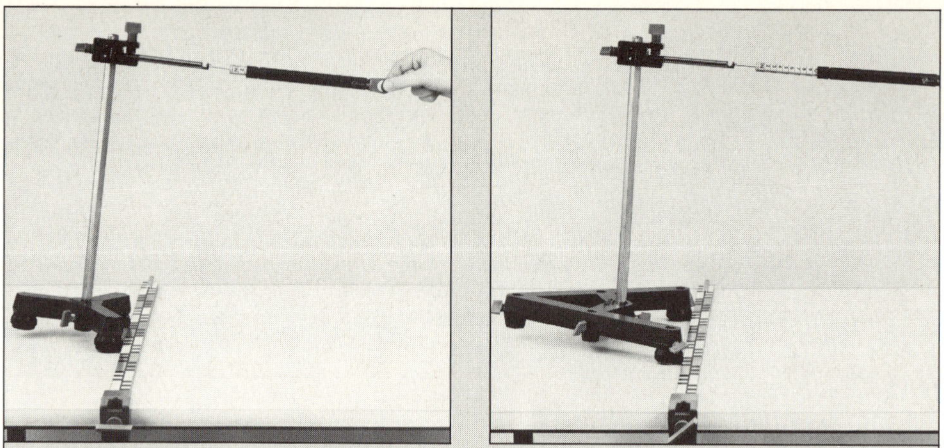

Abb. 1 und Abb. 2 Nachweis der Vergrößerung der Standfestigkeit

Die **Standfestigkeit** ist aber nicht immer die gleiche. Das zeigt der Versuch (Abb. 1 und Abb. 2).

V2

Wir versuchen, eine Stativstange umzukippen. Um die erforderliche Kippkraft zu messen, ziehen wir mit einem Kraftmesser am oberen Ende der Stativstange. Die Kippkraft ist bei dem Stativ mit dem kleinen Fuß wesentlich kleiner als bei dem Stativ mit der großen Grundplatte.

Die Standfestigkeit wird um so größer, a) je größer die Standfläche, b) die Gewichtskraft des Körpers sind und c) je tiefer der Schwerpunkt liegt. Beim Versuch bewirkt das Auswechseln des kleinen Dreifußes durch die große Grundplatte eine Vergrößerung der Unterstützungsfläche, eine Erhöhung der Gewichtskraft und eine Senkung des Schwerpunktes. Das gleiche Ergebnis erzielt man allgemein, wenn man einem Gegenstand einen breiten, schweren Fuß gibt (Abb. 3).

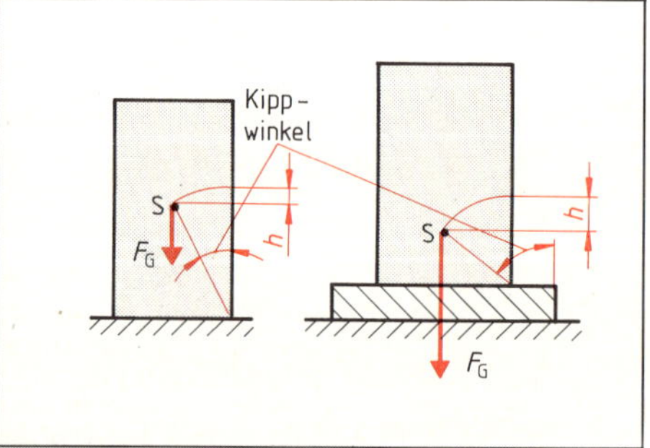

Abb. 3 Erhöhung der Standfestigkeit

Ein Maß für die Standfestigkeit, das alle diese drei Punkte berücksichtigt, ist die Arbeit $F_G \cdot h$ (Nr. 1.7.1), die erforderlich ist, um den Gegenstand aus seiner Ruhelage so weit zu drehen, bis er von selbst weiterkippt (Abb. 3).

Oft vergleicht man die Standfestigkeit mit den Beanspruchungen, denen sie ausgesetzt ist. Die Gewichtskraft erzeugt in bezug auf die Kippkante ein **Standmoment** M_{st}. Äußere Kräfte, die den Körper umzukippen suchen, erzeugen das **Kippmoment** M_k. Das Verhältnis beider Momente ergibt die **Kippsicherheit** ν (lies nü). (Da hier nur das Standmoment benötigt wird, spielt bei der Berechnung der Kippsicherheit die Schwerpunktshöhe keine Rolle.)

$$\text{Kippsicherheit} = \frac{\text{Standmoment}}{\text{Kippmoment}} \qquad \nu = \frac{M_{st}}{M_k}$$

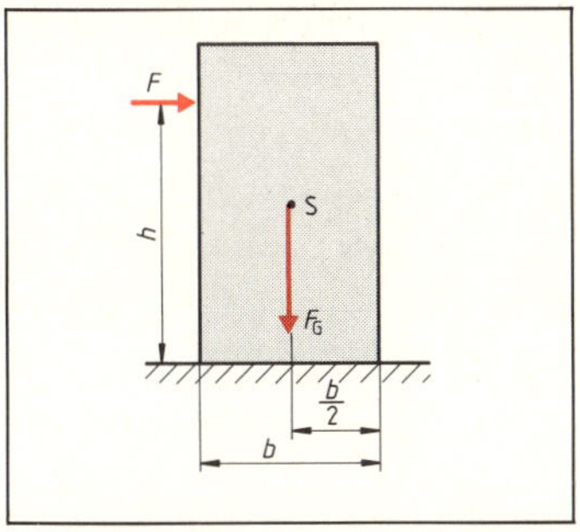

Beispiel

Greift eine äußere Kraft F in der Höhe h an einem Quader von der Gewichtskraft F_G und der Breite b an (Abb. 4), so ergibt sich:

$$M_{st} = F_G \cdot \frac{b}{2}$$

$$M_k = F \cdot h$$

$$\nu = \frac{F_G \cdot b}{2 \cdot F \cdot h}$$

Abb. 4 Kippmoment und Standmoment

Aufgaben

Bestimmen Sie die Kippsicherheit des Kranes (Abb. 5).

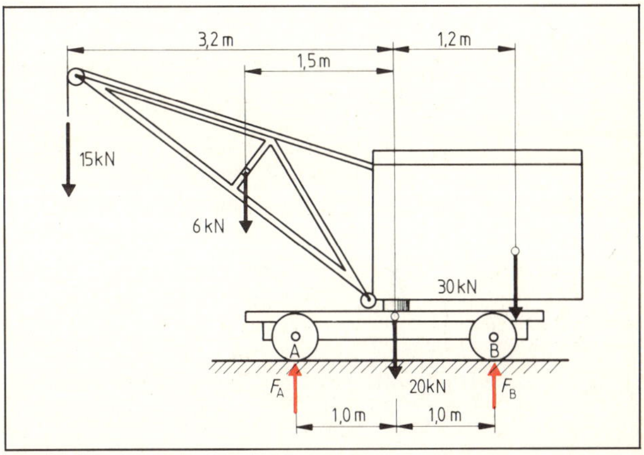

Abb. 5

1.7 Arbeit, Energie und Leistung

1.7.1 Mechanische Arbeit

Wird ein Gegenstand hochgehoben, ein Wagen eine Strecke gezogen, ein Brett gehobelt oder ein Stück Metall gefeilt, so sagt man schon im täglichen Leben, daß dabei eine **Arbeit** verrichtet wird. Bei all diesen Verrichtungen besteht das gemeinsame Merkmal, daß eine Kraft (die Gewichtskraft, die Reibung, der Widerstand des Holzes oder des Metalls) längs einer Strecke überwunden wird. Die Physik hat diesen Begriff übernommen:

Arbeit wird verrichtet, wenn ein Widerstand (eine Kraft) längs eines Weges überwunden wird.

Die Bedeutung des Begriffes „Arbeit“ im allgemeinen Sprachgebrauch und in der Physik decken sich nicht vollständig. So kennt z. B. das tägliche Leben eine geistige Arbeit, die nicht unter den Begriff der physikalischen Arbeit fällt.

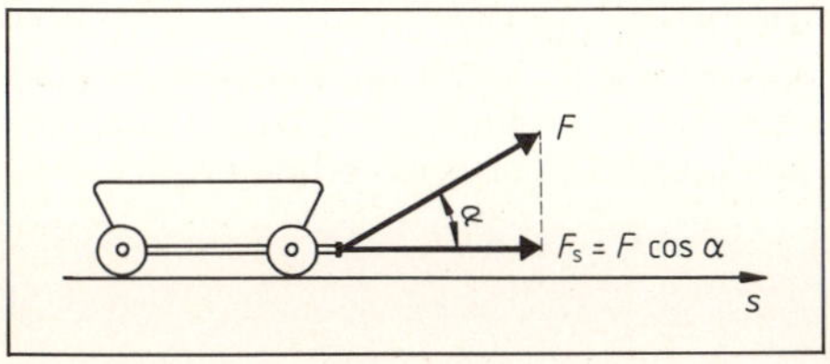

Eine Arbeit wird um so größer, je größer die Kraft ist, die längs des Weges den Widerstand überwindet. Bei einer Kraft, deren Richtung mit dem Weg einen Winkel α einschließt, ist dies die in die Wegrichtung fallende Kraftkomponente

$$F_S = F \cos \alpha$$

Abb. 1

Die Arbeit wird aber auch größer, je länger die Wegstrecke ist, auf welcher der Widerstand überwunden wird. Daher berechnet sich die Arbeit als das Produkt aus der Kraftkomponente F_S und der Wegstrecke s:

Arbeit = Kraftpomponente in Wegrichtung · Weg

$$W = F_S \cdot s = F \cos\alpha \cdot s$$

$$[W] = \mathrm{N \cdot m = J}$$

Aus dieser Beziehung erhält man auch die Einheit der Arbeit, das Newtonmeter (N m) oder **Joule** (J) (sprich dschul), als das Produkt aus der Krafteinheit 1 N und der Wegeinheit 1 m. Die Arbeit 1 J wird verrichtet, wenn ein Gegenstand von der Gewichtskraft 1 N um 1 m hochgehoben wird.

Im folgenden werden einige Fälle für die Berechnung der Arbeit aufgeführt, wobei in jedem Einzelfall auf dessen Besonderheit hingewiesen wird.

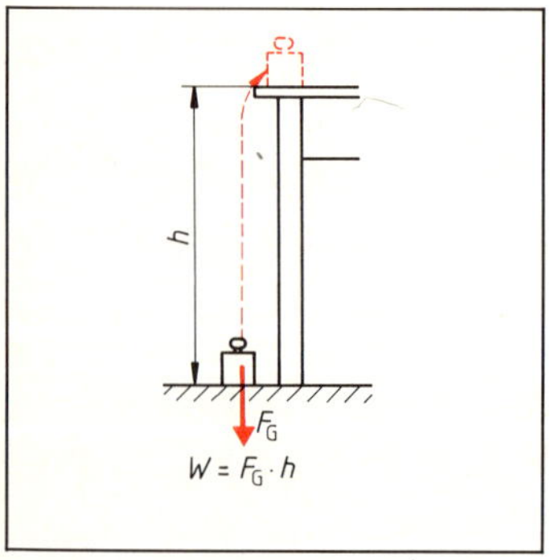

1. Hubarbeit

aus F wird F_G
aus s wird h
$\alpha = 0°$ $\cos\varphi = 1$

$$W_{Hub} = F_G \cdot h = m \cdot g \cdot h$$

Abb. 2 Hubarbeit

Beispiel 1 Welche Hubarbeit ist erforderlich, um eine Getreidemenge von 1,4 t um 4,2 m hochzuheben?

Aus $m = 1{,}4\,\mathrm{t} = 1400\,\mathrm{kg}$ folgt $F_G = 1400 \cdot 9{,}81\,\mathrm{N} = 13735\,\mathrm{N}$

Hubarbeit: $W = F_G \cdot h = 13735\,\mathrm{N} \cdot 4{,}2\,\mathrm{m}$

$W = \underline{57700\,\mathrm{J}} = \underline{57{,}7\,\mathrm{kJ}}$

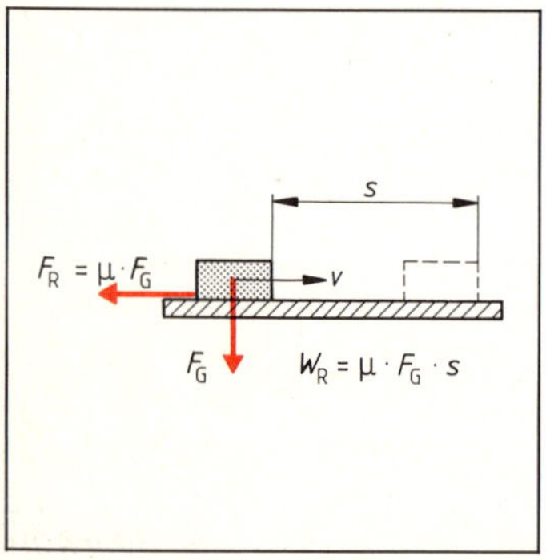

2. Reibungs- oder Verschiebearbeit

aus F wird $F_R = \mu F_N$ (oder bei horizontaler Unterlage $F_R = \mu F_G$)
$\alpha = 0$ $\cos\alpha = 1$

$$W_R = F_R \cdot s = \mu \cdot F_N \cdot s$$

Abb. 3 Verschiebearbeit

Beispiel 2 Nimmt man einen Gegenstand mit der Gewichtskraft 1 N und verschiebt ihn 1 m weit auf der Tischplatte, so ist die verrichtete Arbeit geringer als 1 J, denn die notwendige Kraft ist nicht die Gewichtskraft, sondern nur die Kraft zur Überwindung der Reibung zwischen Gegenstand und Tischplatte. Beträgt die Gleitreibungszahl $\mu = 0{,}4$, so erhält man:

Reibungskraft $F_R = \mu \cdot F = 0{,}4 \cdot 1\,\mathrm{N} = 0{,}4\,\mathrm{N}$ $s = 1\,\mathrm{m}$

Reibungsarbeit $W_R = F_R \cdot s = 0{,}4\,\mathrm{N} \cdot 1\,\mathrm{m}$

$W_R = \underline{0{,}4\,\mathrm{Nm}} = \underline{0{,}4\,\mathrm{J}}$

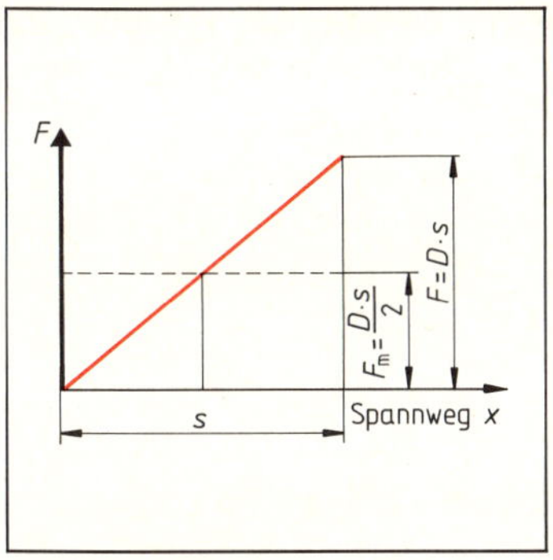

Abb. 4 Mittelwert der Federkraft

3. Spannarbeit

D i e A r b e i t b e i m S p a n n e n e i n e r F e d e r : Die Kraft nimmt vom Anfangswert Null bis zum Endwert $F = D \cdot s$ (Nr. 1.5.11) zu. Der Mittelwert ist nur $F_m = \frac{D}{2} \cdot s$. Diesen Mittelwert erhält man auch aus Abb. (3), in der über der Spannstrecke x die jeweils wirkende Federkraft $F = D \cdot x$ aufgetragen ist; es ergibt sich eine Gerade. Der Mittelwert der linear von Null bis zum Endwert $F = D \cdot s$ ansteigenden Kraft ergibt sich ebenfalls zu $F_m = D \cdot s/2$.

Daher erhält man als Arbeit zum Spannen der Feder:
aus F wird F_m
$\alpha = 0°$ $\quad \cos\alpha = 1$

$$W = F_m \cdot s = \frac{1}{2} D s^2$$

Beispiel 3 Welche Spannarbeit ist erforderlich, um eine Druckfeder mit $D = 165 \frac{\text{N}}{\text{m}}$ um 8 cm zusammenzudrücken?

$$W = \frac{1}{2} D \cdot s^2 = \frac{1}{2} 165 \frac{\text{N}}{\text{m}} \cdot 0{,}08^2 \text{m}^2$$

$$W = \underline{0{,}53 \text{ Nm}} = \underline{0{,}53 \text{ J}}$$

4. Beschleunigungsarbeit

aus F wird $m \cdot a$ $\qquad W_{Beschl} = F \cdot s$
aus s wird $v^2/2a$ $\qquad W_{Beschl} = m \cdot a \cdot v^2/2a = \frac{1}{2} m v^2$

$$W_{Beschl} = \frac{1}{2} m v^2$$

Beispiel 4 Welche Beschleunigungsarbeit ist erforderlich, um einen Pkw mit $m = 1{,}32$ t aus dem Stand auf 50 km/h zu beschleunigen?

$$m = 1{,}32 \text{ t} = 1320 \text{ kg}$$

$$v = 50 \text{ km/h} = 13{,}89 \text{ m/s}$$

$$W_{Beschl} = \frac{1}{2} m v^2 = \frac{1}{2} 1320 \text{ kg} \cdot 13{,}89^2 \text{m}^2/\text{s}^2$$

$$W_{Beschl} = \underline{127300 \frac{\text{kg m}^2}{\text{s}^2}} = \underline{127{,}3 \text{ kJ}}$$

Aufgaben

1. *Welche Arbeit ist erforderlich, um eine Gütermenge von 3200 kg aus einem Hof auf einen 7,50 m hoch gelegenen Speicher zu bringen? Wie groß ist das Verhältnis zwischen Nutzarbeit und gesamtem Arbeitsaufwand (der Wirkungsgrad η, Nr. 1.8.8), ($g \approx 10$ m/s²),*
a) wenn die Arbeit von einem Arbeiter (Masse 75 kg, Tragkraft 500 N) verrichtet wird,
b) wenn dazu ein Aufzug (Masse 1200 kg) mit der Tragkraft 40 000 N verwendet wird?

2. *Welche Arbeit müssen die Pferde verrichten, um einen Wagen von 700 kg Masse 5 km weit zu fahren*
a) auf guter horizontaler Straße bei einer Reibungszahl $\mu_1 = 0{,}04$,
b) auf einem schlechten horizontalen Feldweg mit $\mu_2 = 0{,}1$ ($g \approx 10$ m/s²)?

1.7.2 Potentielle und kinetische Energie

Potentielle Energie

Verrichtet man an einem Gegenstand eine Hubarbeit, so erleidet er äußerlich keine Veränderung; der hochgehobene Gegenstand besitzt jedoch eine Fähigkeit, die er zuvor nicht besaß. Sehr deutlich sieht man das beim Antriebsgewicht einer Uhr. Nur das hochgehobene Gewicht kann die Uhr antreiben, also eine Arbeit verrichten.

Ähnlich ist es mit einer Feder. Wendet man eine Arbeit auf, um die Feder zu spannen, so erlangt sie dadurch die Fähigkeit, wieder Arbeit abzugeben, z. B. ein Uhrwerk anzutreiben.

Ein äußeres Kennzeichen dieser Arbeitsfähigkeit ist im ersten Fall die veränderte Lage des gehobenen Gewichts, im zweiten Fall die veränderte Lage der gespannten Federwindungen. Man nennt allgemein jede Fähigkeit, Arbeit zu verrichten, **Energie.** Die durch die Höhenlage oder die veränderte Form eines Gegenstandes erworbene Arbeitsfähigkeit heißt Energie der Lage oder **potentielle Energie.** Sieht man von Reibungsverlusten ab, so könnte ein hochgehobener Gegenstand beim Herabsinken über einen Faden und eine feste Rolle einen gleichschweren Körper um dieselbe Höhe hinaufheben. Die Arbeitsfähigkeit ist also ebenso groß wie die Arbeit, die zuerst nötig war, um den Gegenstand in die betreffende Höhe zu heben. Deshalb berechnet man die potentielle Energie auch durch die Arbeit, die erforderlich ist, um einem Körper die betreffende potentielle Energie zu erteilen. Man findet nach den am Ende von Nr. 1.7.1 angegebenen Formeln:

Potentielle Energie im Anziehungsbereich der Erde

$$W_{Pot} = F_G \cdot h \qquad [W_{Pot}] = \mathrm{N\,m}$$

Potentielle Energie einer gespannten Feder

$$W_{Pot} = \frac{1}{2} D \cdot s^2 \qquad [W_{Pot}] = \frac{\mathrm{N}}{\mathrm{m}}\,\mathrm{m}^2 = \mathrm{Nm} = \mathrm{J}$$

Kinetische Energie

Auch ein Gegenstand, der sich in Bewegung befindet, besitzt eine Arbeitsfähigkeit, die er im Zustand der Ruhe nicht besitzt. Ein Stein kann auf weichem Erdreich liegen, ohne tief einzusinken; fällt er aber auf die gleiche Stelle, so sinkt er ein Stück in den Boden hinein. Ein Hammer kann durch sein Gewicht einen Nagel nicht in ein Brett hineintreiben; der gleiche, rasch auftreffende Hammer schlägt den Nagel ein Stück in das Brett hinein. Diese durch den Bewegungszustand eines Körpers hervorgerufene Arbeitsfähigkeit heißt **Energie der Bewegung** oder **kinetische Energie.** Sie ist um so größer, je mehr Masse der Körper besitzt und je rascher er sich bewegt. Die Berechnung der kinetischen Energie erfolgt nach einer Formel, die in Nr. 1.7.3 abgeleitet wird.

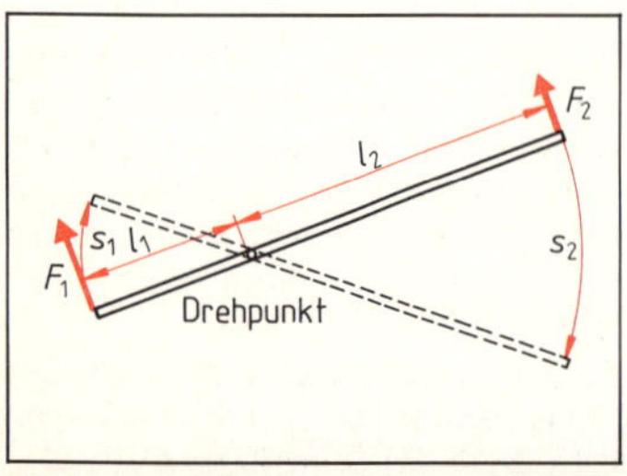

Abb. 1 Arbeit an einem Hebel

1.7.3 Satz von der Erhaltung der Energie

Wenn die Kraft F_1 einen Hebel am Hebelarm l_1 dreht, so legt der Angriffspunkt einen bestimmten Weg s_1 zurück (Abb. 1). Der Hebel wird dadurch in die Lage versetzt, am Hebelarm l_2 die Last mit der Kraft F_2 ebenfalls ein Wegstück s_2 zu bewegen. Die Arbeit der angreifenden Kraft ist also $W_1 = F_1 \cdot s_1$, die an Last verrichtete Arbeit $W_2 = F_2 \cdot s_2$. Da beide Kreisausschnitte (Drehsektoren) geometrisch ähnlich sind, gilt das Verhältnis:

$$l_1 : l_2 = s_1 : s_2, \qquad \text{also:} \qquad s_2 = s_1 \cdot \frac{l_2}{l_1}$$

Nach dem Hebelgesetz ist die Kraft $F_2 = F_1 \cdot \frac{l_1}{l_2}$. Setzt man diese beiden Werte in den Ausdruck für die Arbeit W_2 ein, so erhält man:

$$W_2 = F_2 \cdot s_2 = F_1 \cdot \frac{l_1}{l_2} \cdot s_1 \cdot \frac{l_2}{l_1} = F_1 \cdot s_1 = W_1$$

Die erforderliche Arbeit, um die Last mit der Kraft F_2 die Strecke s_2 zu bewegen, ist also genau die gleiche, ob sie unmittelbar an der Last oder am Kraftarm des Hebels verrichtet wird.

Ähnliche Untersuchungen werden auch bei den anderen mechanischen Vorrichtungen angestellt. Nie ist die an einer Last ausgeführte Arbeit größer als die von der angreifenden Kraft verrichtete. Kann man von der Reibung absehen, so sind beide Arbeiten gleich. Ist die an der Last wirkende Kraft größer als die angreifende Kraft, so ist der Lastweg entsprechend kleiner als der Kraftweg. Wenn also die Reibung vernachlässigt werden darf, gilt der Satz:

$$\text{Kraft} \cdot \text{Kraftweg} = \text{Kraft an der Last} \cdot \text{Lastweg}$$

Diese Regel wurde schon lange vor der Entwicklung der modernen Physik erkannt. Sie wird auch als „Goldene Regel der Mechanik“ bezeichnet.

Durch keine mechanische Vorrichtung läßt sich Arbeit aus dem Nichts gewinnen.

Jahrhundertelang suchte man vergeblich, eine solche Maschine, ein „Perpetuum mobile“, zu konstruieren. Daß dies nicht gelang, ist ein Erfahrungsbeweis für die obige Regel.

Dagegen läßt sich mechanische Arbeit in potentielle Energie umwandeln, z. B. beim Heben eines Gegenstandes oder beim Spannen einer Feder. Auch die Umwandlung von potentieller Energie in kinetische Energie ist möglich, z. B. beim Fall eines Steines.

Faßt man die mechanische Arbeit, die potentielle und die kinetische Energie unter dem Begriff m e c h a n i s c h e E n e r g i e zusammen, so kann man den Inhalt der Goldenen Regel der Mechanik als **Satz von der Erhaltung der Energie** folgendermaßen formulieren:

Bei allen reibungsfreien mechanischen Vorrichtungen oder Vorgängen kann nie Energie erzeugt werden oder verlorengehen. Sie kann nur von einer Energieart in eine andere umgewandelt werden.

Alle Geräte, die dem Umwandeln von mechanischer Energie dienen, nennt man M a s c h i n e n. (In späteren Abschnitten wird die Bezeichnung auch für Vorrichtungen verwendet, die andere Energiearten, z. B. Wärme oder Elektrizität, in mechanische Energie umwandeln.)

Mit Hilfe des Satzes von der Erhaltung der Energie können wir eine Formel für die kinetische Energie ableiten. Um einem Körper kinetische Energie zu erteilen, muß man ihm eine Geschwindigkeit verleihen. Dabei muß von der äußeren Kraft der Trägheitswiderstand überwunden werden. Nach dem Grundgesetz der Dynamik berechnet sich die Kraft beim Fehlen von Reibung $F = m \cdot a$. Längs der Beschleunigungsstrecke wird dabei eine Beschleunigungsarbeit verrichtet, die nach dem Energiesatz als kinetische Energie im Körper gespeichert wird. Verwendet man die Formel $v = \sqrt{2a \cdot s}$ oder $s = v^2/2a$ aus Nr. 1.4.4, so erhält man:

$$W_{kin} = F \cdot s = m \cdot a \cdot \frac{v^2}{2a} = \frac{1}{2} m \cdot v^2$$

$$\text{kinetische Energie} = \frac{1}{2} \cdot \text{Masse} \cdot \text{Geschwindigkeitsquadrat}$$

$$W_{kin} = \frac{1}{2} m v^2$$

$$[W_{kin}] = \frac{\text{kg m}^2}{s^2} = \text{J} = \text{Nm}$$

Die kinetische Energie ist also proportional zur Masse des Körpers, sie wächst aber sehr stark mit zunehmender Geschwindigkeit, da diese als Quadrat in der Formel auftritt.

Wenn ein Gegenstand unter dem Einfluß der Erdanziehung auf irgendeiner Bahn Höhe verliert, nimmt seine potentielle Energie ab und seine kinetische Energie zu. Ist dabei die Reibung so klein, daß man die zu ihrer Überwindung erforderliche Arbeit vernachlässigen darf, so muß nach dem Satz von der Erhaltung der Energie der Verlust an potentieller Energie gleich dem Gewinn an kinetischer Energie sein. Wenn der Körper am Anfang des Vorganges in Ruhe war, erhält man daher:

$$\frac{1}{2} m \cdot v^2 = F_G \cdot h = m \cdot g \cdot h \qquad \text{oder:} \qquad v^2 = 2g \cdot h$$

Man erhält also für die Endgeschwindigkeit den Wert $v = \sqrt{2g \cdot h}$, der genau übereinstimmt mit dem, den wir in Nr. 1.4.6 für den freien Fall erhielten. Die Formel gilt also nicht bloß beim freien Fall, sondern stets, wenn ein Körper ohne merkliche Reibung Höhe verliert.

Beispiele

1. Vergleichen Sie die kinetische Energie einer Straßenwalze von 6000 kg Masse bei einer Geschwindigkeit von 3,6 km/h mit der eines Geschosses von 20 g Masse bei einer Geschwindigkeit von 900 m/s.

Straßenwalze:

$$m_1 = 6000\,\mathrm{kg}$$
$$v_1 = 3{,}6\,\mathrm{km/h} = 1\,\mathrm{m/s}$$
$$W_{\mathrm{kin}\,1} = \frac{1}{2} m_1 \cdot v_1^2 = \frac{1}{2} \cdot 6000\,\mathrm{kg} \cdot 1\frac{\mathrm{m}^2}{\mathrm{s}^2} = \underline{3000\,\mathrm{J}}$$

Geschoß:

$$m_2 = 20\,\mathrm{g} = 0{,}02\,\mathrm{kg}$$
$$v_2 = 900\,\mathrm{m/s}$$
$$W_{\mathrm{kin}\,2} = \frac{1}{2} m_2 \cdot v_2^2 = \frac{1}{2} \cdot 0{,}02\,\mathrm{kg} \cdot (900\,\mathrm{m/s})^2 = \underline{8100\,\mathrm{J}}$$

Die kinetische Energie des Geschosses übertrifft also trotz der kleinen Masse die der Dampfwalze, weil der Einfluß der Geschwindigkeit überwiegt.

2. Welche Geschwindigkeit besitzt eine Schiffsschaukel im tiefsten Punkt ihrer Bahn, wenn sie gerade einen vollen Überschlag ausführen konnte? Länge der Haltestangen 3,5 m.

Da keine Reibung berücksichtigt zu werden braucht, gilt die Gleichung $v = \sqrt{2g \cdot h}$. Die Höhe ist dabei die doppelte Länge der Stangen $h = 2 \cdot 3{,}5\,\mathrm{m} = 7\,\mathrm{m}$.

$$v = \sqrt{2g \cdot h} = \sqrt{20 \cdot 7 \cdot \frac{\mathrm{m} \cdot \mathrm{m}}{\mathrm{s}^2}} = \sqrt{140}\frac{\mathrm{m}}{\mathrm{s}} = \underline{11{,}9\frac{\mathrm{m}}{\mathrm{s}}}$$

Aufgaben

1. *Welche kinetische Energie ist in einem Hammer enthalten, der bei einer Masse von 600 g mit einer Geschwindigkeit von 5 m/s bewegt wird?*

2. *Welche Aufschlagsgeschwindigkeit erzielt der Klotz einer Ramme bei einer Masse 1200 kg und einer Fallhöhe von 1,6 m unter Vernachlässigung der Reibung? Zeigen Sie, daß seine kinetische Energie beim Aufschlag ebenso groß ist wie die Abnahme seiner potentiellen Energie.*

1.7.4 Leistung

Die von einer Maschine verrichtete Arbeit ist nur bedingt durch die Größe der Kraft und die Länge des Weges. Für den wirtschaftlichen Nutzen der Maschine ist aber auch maßgebend, in welcher Zeit die Arbeit ausgeführt wird. Schon im täglichen Leben spricht man von einer umso höheren **Leistung,** je kürzer die zur Verrichtung einer bestimmten Arbeit benötigte Zeit ist. Zur Definition der Leistung P muß man daher den Quotienten der verrichteten Arbeit W und der dazu benötigten Zeit bilden. Aus der Gleichung erhält man auch die Einheit der Leistung, das Watt (W):

$$\text{Leistung} = \frac{\text{Arbeit}}{\text{Zeit}}$$

$$P = \frac{W}{t}$$

$$[P] = \frac{\text{J}}{\text{s}} = \frac{\text{Nm}}{\text{s}} = \text{W}$$

Setzt man in dieser Formel $W = F \cdot s$, so kann man die Leistung auch berechnen nach:

$$P = \frac{F \cdot s}{t}$$

Der in dieser Formel neben der Kraft stehende Bruch $\frac{s}{t}$ stellt den Mittelwert v_m der Geschwindigkeit während der Zeit t dar. Oft ändert sich auch die Kraft F während der Zeit t. Setzt man auch für sie den Mittelwert F_m, so erhält man eine Formel zur Berechnung der mittleren Leistung P_m:

$$P_m = F_m \cdot \bar{v}$$

Betrachtet man aber ein sehr kurzes Zeitintervall Δt, in dem eine Kraft mit dem Momentanwert F längs des kurzen Wegstückes Δs den Arbeitsanteil $\Delta W = F \Delta s$ verrichtet, so ist der entstehende Quotient $\frac{\Delta s}{\Delta t}$ die Momentangeschwindigkeit v, und man erhält aus der letzten Formel auch den Momentanwert der Leistung, der sich während einer längeren Zeit t im allgemeinen ändert:

$$P = F v$$

Die obige Formel gilt also auch bei veränderlicher Kraft oder Geschwindigkeit.

Beispiel

Welche Leistung muß eine D-Zug-Lokomotive entwickeln, wenn sie einen Zug von der Gesamtmasse 540 t bei einer Reibungszahl $\mu = 0{,}005$ und einem Luftwiderstand $F_w = 15\,\text{kN}$ mit einer Geschwindigkeit von 90 km/h zieht?

$$F_G = 9{,}81 \frac{\text{m}}{\text{s}^2} \cdot 540\,000\,\text{kg} = 5300\,\text{kN} = F_n$$

$$F_R = \mu F_n = 0{,}005 \cdot 5300\,\text{kN} = 26{,}5\,\text{kN}$$

$$F_w = 15\,\text{kN}$$

$$v = 90 \frac{\text{km}}{\text{h}} = 90 \cdot \frac{1000\,\text{m}}{3600\,\text{s}} = 25 \frac{\text{m}}{\text{s}}$$

$$P = (F_R + F_w) \cdot v = (26{,}5 + 15)\,\text{kN} \cdot 25 \frac{\text{m}}{\text{s}} = \underline{1037{,}5 \frac{\text{kN m}}{\text{s}}} = \underline{1037{,}5\,\text{kW}}$$

Aufgaben

1. *Berechnen Sie die Leistung zweier Schüler ($F_{G1} = F_{G2} = 550\,\text{N}$), von denen der eine in 30 s langsam eine Treppe von 3,60 m Höhenunterschied hinaufgeht, der andere in 6 s die gleiche Treppe hinaufeilt. (Neben der Hubleistung soll die Schrittleistung unberücksichtigt bleiben.)*

2. *Ein Kran hebt eine Last von der Gewichtskraft 30 kN in 25 s 10 m hoch. Berechnen Sie die dabei verrichtete Arbeit und die erforderliche Leistung.*

3. *Ein Güterzug besteht aus einer Lokomotive (80 t) und 26 Wagen (je 20 t). Die Reibungszahl beträgt 0,01. Welche Geschwindigkeit erreicht der Zug auf horizontaler Strecke bei einer Nutzleistung der Lokomotive von 600 kW ($g \approx 10\,\text{m/s}^2$)?*

1.8 Einfache und zusammengesetzte Maschinen

1.8.1 Waagen

Eines der wichtigsten Meßgeräte in Haushalt, Wirtschaft und Wissenschaft zum Bestimmen von Materiemengen (Massen) ist die Waage. Es gibt eine große Zahl von Bauarten. Von den verhältnismäßig ungenauen Federwaagen (Nr. 1.5.11) abgesehen, beruhen sie jedoch alle auf dem Hebelgesetz.

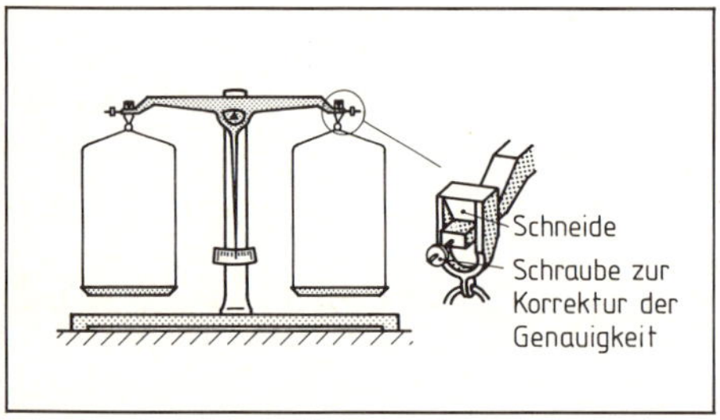

Abb. 1 Balkenwaage

Die einfachste Bauart ist die gleicharmige **Balkenwaage** (Abb. 1). Sie läßt sich mit sehr großer Präzision bauen. Die Hauptbedingungen sind dabei, daß beide Hebelarme genau gleich lang sind und gleiche Massenverteilung haben und daß bei den Lagern und Gelenken möglichst geringe Reibung herrscht. Diese Bedingungen lassen sich bis zu einem hohen Grad an Vollkommenheit erfüllen. Deshalb sind vor allem die Analysenwaagen der Chemiker nach dieser Bauart hergestellt.

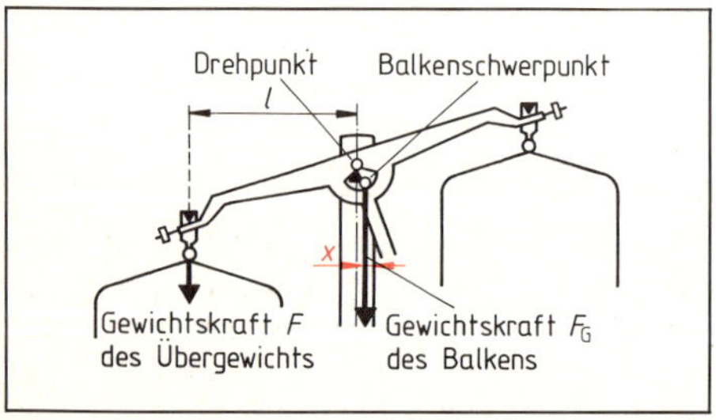

Abb. 2 Rücktreibendes Moment des Waagebalkens

Bei horizontaler Lage liegt der Schwerpunkt des Balkens senkrecht unter der Drehachse. Beim Auspendeln verschiebt er sich, und die an ihm angreifende Gewichtskraft F_G ruft ein rücktreibendes Drehmoment $F_G \cdot x$ hervor (Abb. 2). Die Gewichtskraft F eines kleinen Übergewichtes auf der einen Waagenseite ruft einen solchen Ausschlag hervor, daß sein Drehmoment $F \cdot l$ eben von dem rücktreibenden Moment $F_G \cdot x$ ausgeglichen wird. Den Ausschlag, den die Gewichtskraft einer kleinen Masse, z. B. von einem mg, hervorruft, bezeichnet man als Empfindlichkeit einer Waage.

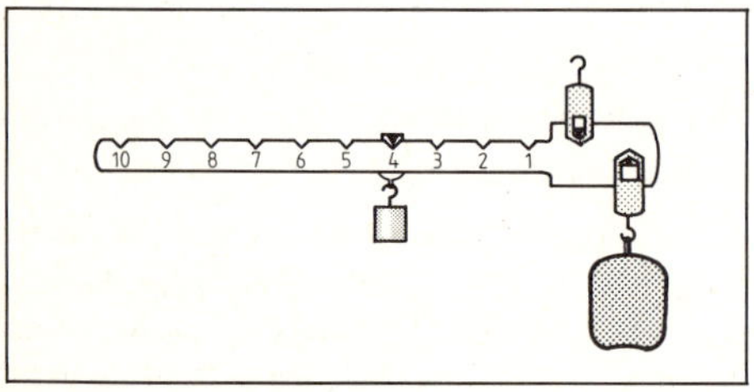

Abb. 3 Schnellwaage

Bei der **Schnellwaage** (Abb. 3) hängt die Last am kürzeren Hebelarm. Am längeren Arm wirkt nur ein Gewichtsstück, dessen Hebelarm verändert werden kann.

Bei den anderen Bauarten (Tafelwaagen, Dezimalwaagen, Neigungswaagen) sind zusammengesetzte Hebel notwendig, damit das Wägegut an jeder beliebigen Stelle der Waagschale aufgelegt werden darf und damit die Waagschale beim Spielen der Waage horizontal bleibt.

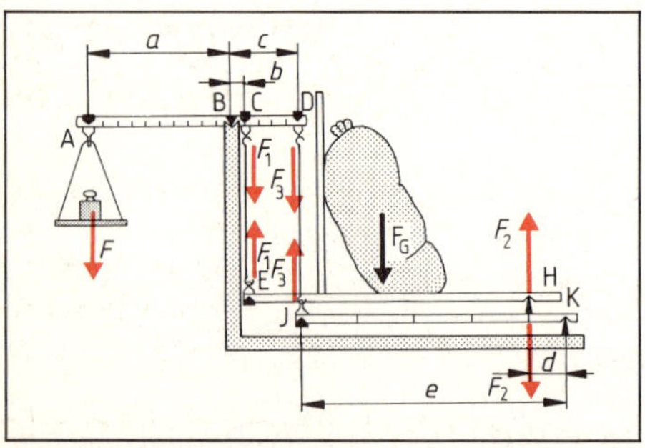

Abb. 4 Dezimalwaage

Bei der **Dezimalwaage** (Abb. 4) wird durch das Hebelsystem außerdem erreicht, daß nur 1/10 der Last an Wägestücken aufgelegt werden muß. Ihre Gewichtskraft F greift in A am Hebel AD mit dem Hebelarm $\mathrm{AB} = a$ an. Die Gewichtskraft F_G der Last verteilt sich je nach ihrer Lage auf der Brücke EH in die Teilkräfte F_1 in E und F_2 in H, wobei $F_1 + F_2 = F_G$ ist. Die Kraft F_1 wirkt unmittelbar in C auf den Hebel AD und hat dort den Hebelarm $\mathrm{BC} = b = a/10$. Am Hebel JK ist $\mathrm{HK} = d$ und $\mathrm{JK} = e = 5\,d$; deshalb hält der anderen Teilkraft F_2 in J die Kraft $F_3 = F_2/5$ das Gleichgewicht. Diese Kraft F_3 greift in D am Hebel AD mit dem Hebelarm $\mathrm{BD} = c = a/2$ an. Für diesen Hebel erhält man nun die Drehmomentengleichung:

$$F \cdot a = F_1 \cdot \frac{a}{10} + F_3 \cdot \frac{a}{2} = F_1 \cdot \frac{a}{10} + \frac{F_2}{5} \cdot \frac{a}{2} = (F_1 + F_2) \cdot \frac{a}{10} \doteq F_G \cdot \frac{a}{10}$$

Kürzt man mit a, so erhält man: $F = F_G/10$.

Senkt sich A um eine Strecke, z. B. 10 cm, so werden im Verhältnis der Hebelarme der Punkt C um 1 cm und der Punkt D um 5 cm gehoben. Entsprechend dem Verhältnis der Hebelarme beim Hebel IK wird der Punkt H auch um 1 cm gehoben.

Ergebnis:
Die Punkte E und H heben sich immer gleichmäßig. Die Brücke EH bleibt waagerecht.

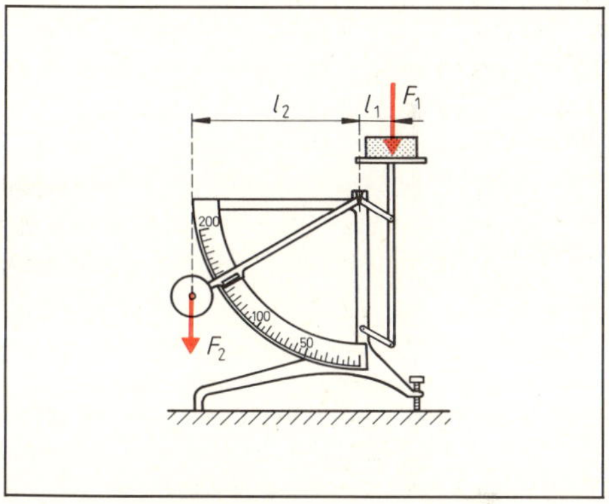

Abb. 5 Briefwaage

Bei der **Briefwaage** (Abb. 5) wird ein Winkelhebel verwendet, so daß sich der Hebelarm l_2 eines gleichbleibenden Gegengewichtes F_2 verändert, während der Hebelarm l_1 des Wägegutes F_1 nahezu gleich bleibt.

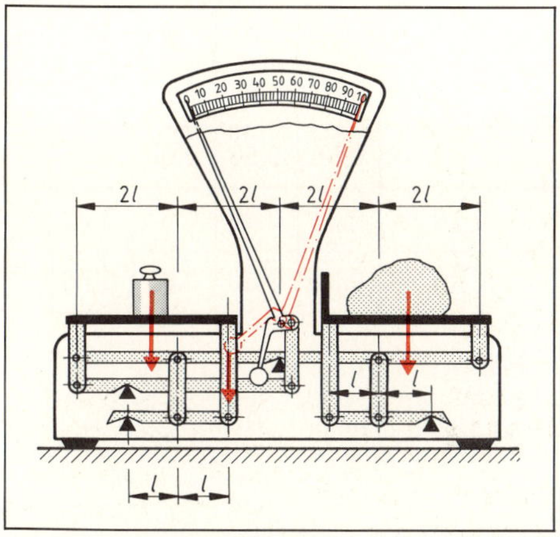

Abb. 6 Neigungswaage

Bei den **Neigungswaagen** (Abb. 6) ist meist eine Auflageschale für die großen Gewichtsstücke vorhanden, während der Winkelhebel mit dem Zeiger die kleinen Massen abzulesen gestattet. Die Abb. gibt einen Einblick in ihre Wirkungsweise. Das Hebelsystem ist notwendig, damit die Waagschalen beim Spielen der Waage horizontal bleiben, obwohl sie an mehreren Punkten unterstützt sind. Schon bei einem geringfügigen Sinken der rechten Waagschale muß sich der Hebelarm des Gegengewichtes beim Winkelhebel merklich vergrößern und sich am Zeiger ein entsprechender Ausschlag einstellen.

1.8.2 Geneigte (schiefe) Ebene

Soll ein schwerer Körper auf einen Wagen gehoben werden, so hilft man sich oft durch Anlegen von Bohlen oder Brettern. Die Last wird auf der dadurch entstandenen schrägen Fläche, die man in der Physik als schiefe oder **geneigte Ebene** bezeichnet, nach oben befördert. Während beim unmittelbaren Hochheben die ganze Gewichtskraft des Körpers überwunden werden muß, braucht man auf der geneigten Ebene, abgesehen von der Reibung, nur die Komponente der Gewichtskraft zu überwinden, die den Körper längs der Ebene nach unten zieht. Diese Kraft F_H, die **Hangabtriebskraft** oder der Hangabtrieb, verändert sich mit der Schräge der geneigten Ebene. Den Zusammenhang zwischen der Teilkraft F_H, der Gewichtskraft F_G und der Neigung der Ebene zeigt folgender Versuch:

V

(Abb. 1): Ein kleiner Wagen (Masse 100 g) befindet sich auf einer verstellbaren geneigten Ebene. Die Kraft F_H, mit der er längs der Ebene abwärts rollen will, kann an einem Kraftmesser abgelesen werden. Dabei bleibt beim Versuch a) die Neigung gleich, während die Gewichtskraft (durch Aufstecken weiterer Gewichtsstücke) verändert wird. Beim Versuch b) bleibt die Gewichtskraft gleich, und die Neigung wird verändert. Die Reibungskraft ist so klein, daß sie vernachlässigt werden kann.

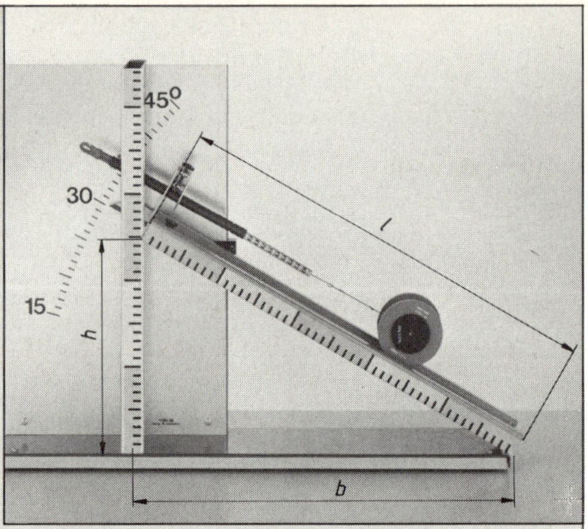

Abb. 1
Versuch zur geneigten Ebene

a) $h = 25$ cm
$l = 50$ cm
$h : l = 0{,}5$

Wertetabelle

Gewichtskraft F_G in N	0,98	1,47	1,96
Kraft F_H in N	0,49	0,73	0,96
$F_H : F_G$	0,50	0,49	0,49

b) $F_G = 0{,}98$ N
$l = 50$ cm

Wertetabelle

Neigung α	10°	20°	30°	40°	50°
h in cm	8,7	17	25	32	38
$h : l = \sin\alpha$	0,17	0,35	0,50	0,64	0,77
F_H in N	0,14	0,31	0,49	0,61	0,75
$F_H : F_G$	0,14	0,32	0,50	0,62	0,76

Auswertung

1. Befindet sich auf einer geneigten Ebene ein Gegenstand, so wirkt auf ihn längs der Ebene nach abwärts eine Kraft, die nur ein Bruchteil seiner Gewichtskraft ist.
2. Dieser Bruchteil ist gleich dem Verhältnis $h : l$ oder gleich dem Sinus des Neigungswinkels der Ebene.

Ergebnis

Dieses Ergebnis läßt sich durch eine Verhältnisgleichung ausdrücken:

$$F_H : F_G = h : l \quad \text{oder} \quad F_H = F_G \cdot \frac{h}{l} = F_G \cdot \sin\alpha$$

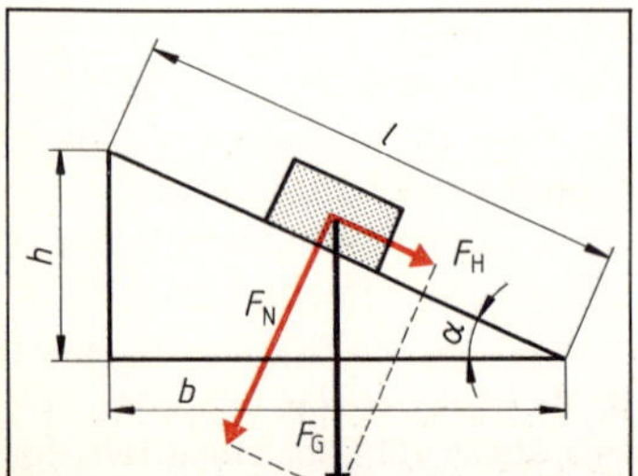

Mit Hilfe eines Kräfteparallelogramms hätte man das Ergebnis auch ohne Versuch finden können.

Zerlegt man nach Abb. 2 die Gewichtskraft des Körpers in zwei Teilkräfte, die parallel und senkrecht zur geneigten Ebene wirken, so ergibt sich ein Krafteck, das dem Neigungsdreieck der Ebene ähnlich ist. Da in solchen Dreiecken das Verhältnis entsprechender Seiten gleich ist, findet man dasselbe Ergebnis wie beim Versuch.

Abb. 2 Kräfte auf einer geneigten Ebene

Das obige Gesetz bestätigt auch das Gesetz von der Erhaltung der Energie, solange man die Energieverluste durch Reibung vernachlässigen darf. Wird der Gegenstand längs der geneigten Ebene hinaufgezogen, so muß bei Vernachlässigung der Reibung nur die Kraft F_H längs des Weges l überwunden werden; die aufgewandte Arbeit ist also $W_1 = F_H \cdot l$. Dabei wird der Gegenstand um die Höhe h gehoben, so daß die Hubarbeit $W_2 = F_G \cdot h$ (Nr. 1.7.1) verrichtet wird. Beseitigt man in der obigen Gleichung zur Berechnung des Hangabtriebes den Nenner, so lautet sie:

$$F_H \cdot l = F_G \cdot h \qquad \text{oder} \qquad W_1 = W_2$$

Wenn die Reibung vernachlässigt werden darf, ist die längs der geneigten Ebene verrichtete Arbeit ebenso groß wie die zum senkrechten Heben erforderliche Hubarbeit. Die zweite senkrecht auf die Unterlage wirkende Kraft bezeichnet man, wie in Nr. 1.5.6, als Normalkraft F_n. Aus den Seitenverhältnissen in denselben ähnlichen Dreiecken wie oben ergibt sich:

$$F_N : F_G = b : l \qquad \text{oder} \qquad F_N = F_G \cdot \frac{b}{l} = F_G \cdot \cos\alpha$$

Diese Normalkraft benötigt man nach Nr. 1.5.6 zur Berechnung der auf der geneigten Ebene zwischen dem Körper und seiner Unterlage entstehenden Reibungskraft:

$$F_R = \mu \cdot F_N = \mu \cdot F_G \cdot \frac{b}{l} = \mu \cdot F_G \cdot \cos\alpha$$

Soll ein Körper die geneigte Ebene hinaufgezogen werden, so müssen Hangabtrieb $F_H = F_G \cdot \frac{h}{l} = F_G \cdot \sin\alpha$ und Reibungskraft $F_R = \mu \cdot F_G \frac{b}{l} = \mu \cdot F_G \cdot \cos\alpha$ überwunden werden. Daher ist die erforderliche Zugkraft F_1 aufwärts:

$$F_1 = F_H + F_R = F_G \cdot \frac{h}{l} + \mu \cdot F_G \cdot \frac{b}{l} = F_G \cdot \left(\frac{h}{l} + \mu \frac{b}{l}\right) = F_G (\sin\alpha + \mu \cdot \cos\alpha)$$

Längs der geneigten Ebene wirkt nach abwärts der Hangabtrieb $F_H = F_G \sin\alpha$. Eine Bewegung kann aber nur dann entstehen, wenn der Hangabtrieb größer als die Reibungskraft ist. Die längs der geneigten Ebene nach abwärts wirkende Resultierende F_2 ist dann der um die Reibung verminderte Hangabtrieb:

$$F_2 = F_H - F_R = F_G \cdot \left(\frac{h}{l} - \mu \frac{b}{l}\right) = F_G (\sin\alpha - \mu \cos\alpha)$$

Die beiden Kräfte F_1 und F_2 rufen je nach der Bewegungsrichtung bei einem Körper, der sich auf einer geneigten Ebene befindet, eine Verzögerung oder eine Beschleunigung hervor. Da bei der Abwärtsbewegung die Kraft $F_2 = F_H - F_R$ längs der geneigten Ebene wirkt, entsteht dabei die Beschleunigung:

$$a_2 = \frac{F_2}{m} = \frac{F_G}{m}\left(\frac{h}{l} - \mu \frac{b}{l}\right) = \frac{F_G}{m}(\sin\alpha - \mu \cos\alpha)$$

oder, weil $F_G/m = g$ ist:

$$a_2 = g\left(\frac{h}{l} - \mu \frac{b}{l}\right) = g (\sin\alpha - \mu \cos\alpha)$$

Wenn sich dagegen ein Körper ohne Antrieb längs einer geneigten Ebene aufwärts bewegt, wird er von der Kraft $F_1 = F_H + F_R$ gebremst. Dabei entsteht dann die Verzögerung:

$$a'_1 = \frac{F_1}{m} = g\left(\frac{h}{l} + \mu \frac{b}{l}\right) = g (\sin\alpha + \mu \cos\alpha)$$

Selbstverständlich treten diese Beschleunigungen nur dann auf, wenn außer dem Hangabtrieb und der Reibungskraft keine weiteren Zug- oder Bremskräfte wirksam sind. Bei sehr kleiner Neigung ist $b \approx l$, so daß man $\cos\alpha \approx 1$ setzen darf.

Verkleinert man die Neigung der Ebene, so nimmt der Hangabtrieb ab und die Reibung zu. Schließlich gibt es einen bestimmten Neigungswinkel ϱ (sprich rho), bei dem der Hangabtrieb ebenso groß ist wie die Reibungskraft. Überwindet man die Haftreibung durch einen kleinen Stoß, so bewegt sich der Körper längs der geneigten Ebene abwärts, ohne daß seine Geschwindigkeit zunimmt. Dann gilt:

$$F_R = F_H$$

$$\mu \cdot F_G \cdot \frac{b}{l} = F_G \cdot \frac{h}{l}$$

$$\mu = \frac{h}{b}$$

oder mit trigonometrischen Funktionen:

$$F_R = F_H$$

$$\mu \cdot F_G \cdot \cos\varrho = F_G \cdot \sin\varrho$$

$$\mu = \frac{F_G \sin\varrho}{F_G \cos\varrho} = \tan\varrho$$

In diesem Fall ist also die Steigung der geneigten Ebene $\frac{h}{b}$ bzw. der Tangens des Neigungswinkels gleich der Reibungszahl. Deshalb heißt in diesem Fall der Neigungswinkel der Ebene auch Reibungswinkel ϱ. Bei vielen mechanischen Aufgaben kann man mit ihm die Schreibweise der Formeln und die Rechnungen vereinfachen (z. B. bei der Schraube, Kap. 1.8.4).

Ist der Neigungswinkel der Ebene kleiner als der Reibungswinkel, so bleibt der Körper auf der schiefen Ebene in Ruhe. Diesen Zustand bezeichnet man als Selbsthemmung.

Beispiel 1

Auf einer Schrotleiter von $l = 2{,}6$ m Länge, die auf einen Wagen von $h = 1$ m Höhe gelegt ist, wird ein Faß von $F_G = 600$ N Gewichtskraft bewegt. Welche Kraft ist bei einer Reibungszahl $\mu = 0{,}1$ zum Hinaufrollen oder zum Festhalten erforderlich?

Nach dem Lehrsatz des Pythagoras ist:

$$b = \sqrt{l^2 - h^2} = \sqrt{2{,}6^2 - 1{,}0^2}\,\text{m} = \sqrt{5{,}76}\,\text{m} = 2{,}4\,\text{m}$$

$$F_H = F_G \cdot \frac{h}{l} = 600\,\text{N} \cdot \frac{1{,}0\,\text{m}}{2{,}6\,\text{m}} = 231\,\text{N}$$

$$F_N = F_G \cdot \frac{b}{l} = 600\,\text{N} \cdot \frac{2{,}4\,\text{m}}{2{,}6\,\text{m}} = 554\,\text{N}$$

$$F_1 = F_H + F_R = 231\,\text{N} + 0{,}1 \cdot 554\,\text{N} = \underline{286\,\text{N}}$$

$$F_2 = F_H - F_R = 231\,\text{N} - 0{,}1 \cdot 554\,\text{N} = \underline{176\,\text{N}}$$

Beispiel 2

Ein Körper rollt (Reibungszahl $\mu = 0{,}05$) mit einer Geschwindigkeit $v_0 = 3$ m/s auf das untere Ende einer Bahn, die bei einer Länge $l = 290$ cm um $h = 34$ cm ansteigt. Wie groß sind die Verzögerung a_1' beim Aufwärtsfahren und danach die Beschleunigung a_2 beim Zurückrollen. Wie weit fährt er die geneigte Ebene hinauf, und mit welcher Geschwindigkeit kommt er an den Ausgang zurück?

Länge $l = 290$ cm, Höhe $h = 34$ cm, Grundlinie b.

$$b = \sqrt{l^2 - h^2} = \sqrt{(290\,\text{cm})^2 - (34\,\text{cm})^2} = 288\,\text{cm}$$

$$a_1' = g\left(\frac{h}{l} + \mu\frac{b}{l}\right) = 9{,}81\frac{\text{m}}{\text{s}^2}\left(\frac{34\,\text{cm}}{290\,\text{cm}} + 0{,}05 \cdot \frac{288\,\text{cm}}{290\,\text{cm}}\right) = \underline{1{,}637\frac{\text{m}}{\text{s}^2}}$$

$$a_2 = g\left(\frac{h}{l} - \mu\frac{b}{l}\right) = 9{,}81\frac{\text{m}}{\text{s}^2}\left(\frac{34\,\text{cm}}{290\,\text{cm}} - 0{,}05 \cdot \frac{288\,\text{cm}}{290\,\text{cm}}\right) = \underline{0{,}663\frac{\text{m}}{\text{s}^2}}$$

Weg auf der geneigten Ebene: $s_{br} = \frac{v_0^2}{2a_1'} = \frac{9\,\text{m}^2/\text{s}^2}{2 \cdot 1{,}637\,\text{m/s}^2} = \underline{2{,}75\,\text{m}}$

Endgeschwindigkeit: $v_e = \sqrt{2a_2 s_{br}} = \sqrt{2 \cdot 0{,}663\frac{\text{m}}{\text{s}^2} \cdot 2{,}75\,\text{m}} = \underline{1{,}91\frac{\text{m}}{\text{s}}}$

Aufgaben

1. Ein Wagen mit der Gewichtskraft 8 kN bewegt sich zunächst auf einer waagerechten Strecke. Dann fährt er eine Straße mit einer Steigung von 12 % bei gleichbleibender Geschwindigkeit aufwärts. Berechnen Sie die jeweils notwendige Zugkraft F_1 und F_2 bei einer Reibungszahl $\mu = 0{,}15$.

2. Auf einer Länge von 600 m überwindet eine Bergbahn eine Höhe von 240 m.
a) Berechnen Sie den Hangabtrieb und die Normalkraft auf die Schienen bei einer gesamten Gewichtskraft von 48 kN.
b) Welche Zugkraft F_{z1} ist bei einer Reibungszahl $\mu = 0{,}06$ erforderlich, um die Bahn aufwärts zu ziehen, und welche Bremskraft F_{z2}, um sie mit gleichbleibender Geschwindigkeit abwärts fahren zu lassen?

3. Welche Zugkraft muß der Motor eines Kraftwagens ($m = 1400$ kg) entwickeln, um ihn auf horizontaler Straße bei einer Reibungszahl $\mu = 0{,}03$ in 10 s auf 36 km/h zu beschleunigen? Nach wieviel Sekunden wird dieselbe Geschwindigkeit erreicht, wenn das Auto bei gleicher Zugkraft des Motors auf einer Straße anfährt, die auf 100 m um 5 m ansteigt?

4. Ein Schlitten (Masse 150 kg) fährt auf einem Hang, der auf 300 m Länge um 35 m fällt, bei einer Reibungszahl 0,04 hinunter. Berechnen Sie a) die beschleunigende Kraft, b) die Beschleunigung, c) die Zeit und d) die Endgeschwindigkeit nach einer Strecke von 120 m. Weshalb liefern die Formeln, besonders wenn man sie auf die ganze Strecke von 300 m anwendet, Ergebnisse, die merklich von der Wirklichkeit abweichen?

5. Auf einer Rutsche von 10 m Länge, die unter einem Winkel $\alpha = 11{,}5°$ geneigt ist, können Pakete mit einer Reibungszahl $\mu = 0{,}15$ nach unten gleiten. Nach welcher Zeit und mit welcher Geschwindigkeit kommen die Pakete unten an?

1.8.3 Keil

Der **Keil** ist als Werkzeug zum Aufspalten von Holz bekannt. Bei jedem Schlag wirkt auf den Rücken b des Keils eine Kraft F; dabei drücken die Seiten s_1 und s_2 das Holz senkrecht zu ihrer Fläche auseinander (Abb. 1). Durch ein Kräfteparallelogramm kann die Kraft F in die Teilkräfte F_{N1} und F_{N2} zerlegt werden. Die dabei entstehenden beiden Kräftedreiecke ABC_1 und ABC_2 sind dem Querschnitt des Keils ähnlich. Es folgt:

$$F_{N1} : F = s_1 : b$$

$$F_{N2} : F = s_2 : b$$

und weil $s_1 = s_2$:

$$F_{N1} = F_{N2} = F_N = F \cdot \frac{s}{b}$$

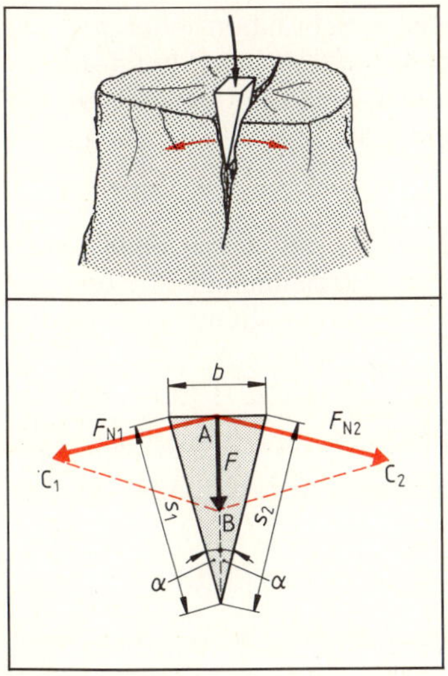

Abb. 1 Keil

Da s größer als b ist, erzielt man einen Kraftgewinn. Mit dem halben Keilwinkel α kann man das Ergebnis auch auf eine trigonometrische Form bringen:

$$\sin\alpha = \frac{b/2}{s} = \frac{b}{2s} \qquad \frac{s}{b} = \frac{1}{2\sin\alpha} \qquad F_n = \frac{F}{2\sin\alpha}$$

Bei seitlichem Bewegen eines durch die Kraft F angepreßten Keils (Keilriemen) in einer Keilnut muß eine große Reibung überwunden werden. Da sie auf beiden Seiten entsteht, erhält man: $F_R = 2 \cdot \mu \cdot F_N = 2 \cdot \mu \cdot F_{N1} = \dfrac{\mu \cdot F}{\sin\alpha}$. Wegen des Bruches $1/\sin\alpha$ kann die Reibung sehr groß werden, besonders wenn der Keilwinkel sehr klein ist. In der Technik bezeichnet man $1/\sin\alpha$ auch als Klemmfaktor.

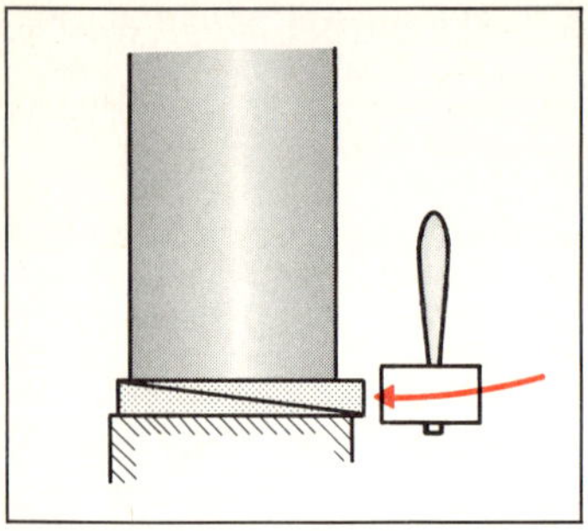

Der Keil dient aber nicht nur zum Spalten von Holz. Alle Werkzeuge zur Spanabnahme haben an der Schneide eine Keilform, z. B. Meißel, Hobel, Bohrer, Dreh- und Hobelstahl. Die Vergrößerung der Seitenkräfte im Vergleich zur Kraft auf den Keilrücken wird zum Verkeilen von Rädern auf Wellen oder von Stützpfosten (Abb. 2) ausgenutzt. Ähnlich ist die Wirkung des kegelförmigen Teils bei einem Pfahl, bei einer Ahle oder einem Nagel, der sich an die Spitze anschließt.

Abb. 2 Verkeilen eines Stützpfostens

Aufgabe

Ein Messer besitzt eine Klinge von 15 mm Breite und einer Rückenstärke von 1,8 mm. Das Messer soll ein Material mit einer Kraft F_n = 60 N trennen. Berechnen Sie die dazu auf dem Messerrücken erforderliche Kraft a) ohne, b) mit Berücksichtigung der Reibung ($\mu = 0{,}2$).

1.8.4 Schraube

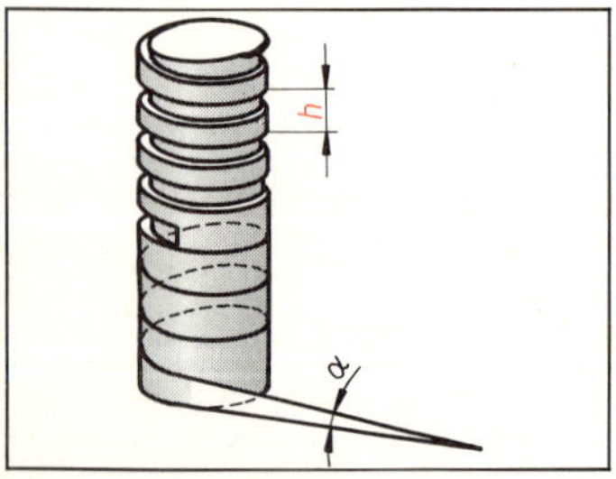

Abb. 1 Entstehung einer Schraube

Eine besonders wichtige mechanische Vorrichtung zum Kraftgewinn ist die **Schraube.** Eine Schraubenlinie entsteht, wenn man ein rechtwinkliges Dreieck um einen Zylinder wickelt (Abb. 1). Schneidet man längs der Schraubenlinie in den Zylinder eine Vertiefung ein, so entsteht eine Schraube. Den auf einer Mantellinie gemessenen Abstand zweier Windungen der Schraubenlinie bezeichnet man als G a n g h ö h e h.

Die zwischen den Windungen stehengebliebenen Teile können sich in nachgiebiges Material (Holz) einschneiden oder in vorgeschnittenen Vertiefungen einer Mutter entlanglaufen. Wenn dabei die Schraube mit einem Schraubenschlüssel oder mit einem Schraubenzieher gedreht wird, übt sie in ihrer Achsenrichtung eine große Kraft F_2 aus (Abb. 2). Wenn man die Reibung vernachlässigt, findet man am einfachsten die Beziehung zwischen F_1 und F_2 aus dem Satz von der Erhaltung der Energie.

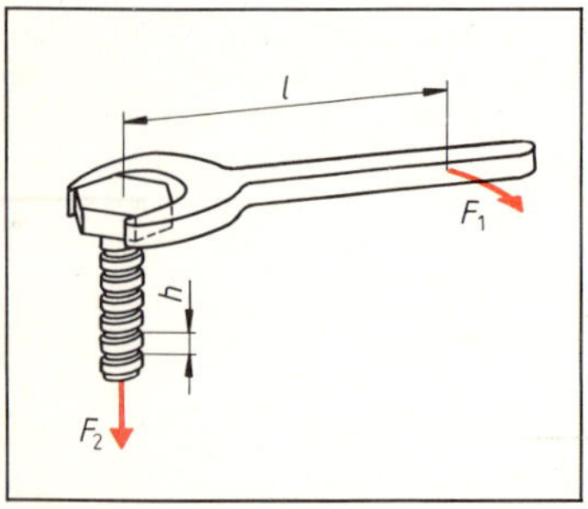

Abb. 2 Kräfte bei einer Schraube

Besitzt die drehende Kraft F_1 den Hebelarm l, so ist bei einer vollen Schraubendrehung der Weg der Kraft F_1 der Kreisumfang $2\,l\,\pi$ und der Weg der Kraft F_2 die Ganghöhe h. Bei Vernachlässigung der Reibung erhält man also:

$$F_1 \cdot 2\,l\,\pi = F_2 \cdot h \quad \text{oder} \quad F_1 = F_2 \cdot \frac{h}{2\,l\,\pi}$$

Diesen Zusammenhang kann man auch aus einer Kräftezerlegung finden (Abb. 3).

Wickelt man einen Gewindegang in die Ebene ab, so entsteht ein Dreieck, das dem Krafteck ähnlich ist. Daraus ergibt sich für die am Schraubenumfang angreifende Kraft F_3 das Verhältnis:

$$F_3 : F_2 = h : d_2\pi \qquad F_3 = F_2 \cdot \frac{h}{d_2\pi} = F_2 \cdot \tan\alpha$$

d_2 ist dabei der Flankendurchmesser der Schraube. Man erhält ihn als Mittel zwischen dem Außendurchmesser d und dem Kerndurchmesser d_1:

$$d_2 = \frac{d + d_1}{2}$$

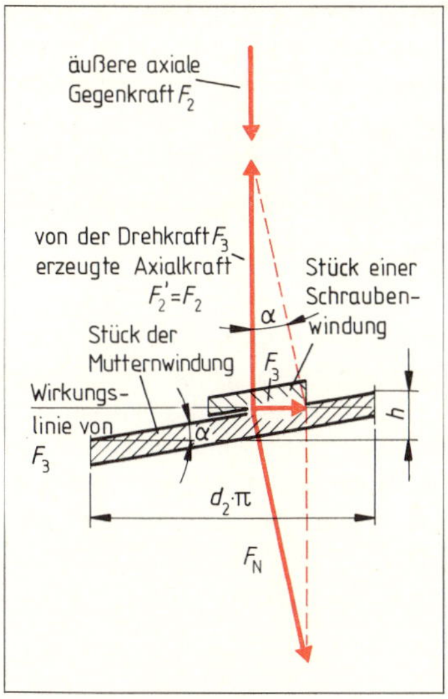

Abb. 3 Kräftezerlegung bei einer Schraube

Für die am Schraubenschlüssel mit dem Hebelarm l angreifende Kraft F_1 erhält man aus der Gleichheit der Drehmomente:

$$F_3 \cdot \frac{d_2}{2} = F_1 \cdot l$$

$$F_3 = F_1 \cdot \frac{2l}{d_2}$$

Setzt man in die obige Gleichung ein, so folgt:

$$F_1 \cdot \frac{2l}{d_2} = F_2 \cdot \frac{h}{d_2 \pi}$$

$$F_1 = F_2 \cdot \frac{h}{d_2 \pi} \cdot \frac{d_2}{2l}$$

$$F_1 = F_2 \cdot \frac{h}{2l\pi} = F_2 \cdot \frac{d_2}{2l} \cdot \tan\alpha$$

Die in Wirklichkeit erforderliche Kraft F_1 ist jedoch stets größer, weil an den Gewindegängen eine große Reibung entsteht. In der Endformel wirkt sich die Reibung so aus, daß der Winkel α um den Reibungswinkel ϱ vergrößert erscheint (Abb. 4). Die bei einer Reibungszahl $m = \tan\varrho$ erforderliche Drehkraft F_1 berechnet sich daher nach:

$$F_1 = F_2 \cdot \frac{d_2}{2l} \cdot \tan(\alpha + \varrho)$$

Die Kraft dagegen, die erforderlich ist, um bei einer steilgängigen Schraube und einer axial wirkenden Kraft F_2 ein Lösen der Schraube zu verhindern, ist:

$$F_1' = F_2 \cdot \frac{d_2}{2l} \cdot \tan(\alpha - \varrho)$$

Ist aber α, was meist der Fall ist, nicht größer, sondern kleiner als ϱ, so ist dazu keine Kraft mehr erforderlich, und die S c h r a u b e i s t s e l b s t h e m m e n d (Abb. 4).

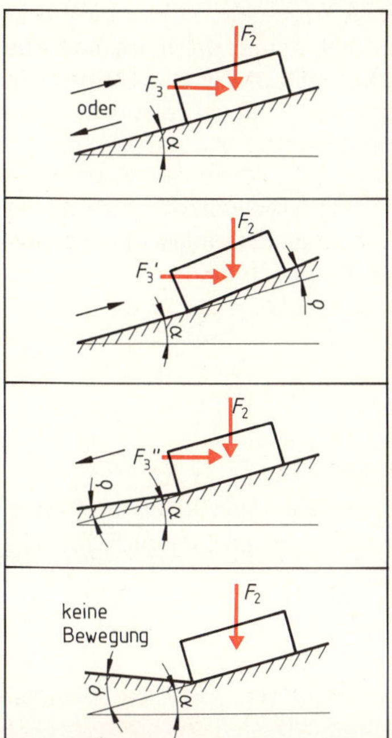

Abb. 4 Kräfte bei einer Schraube ohne und mit Reibung

Die Schraube muß gleichsam von einer parallel zur Grundlinie wirkenden Kraft F_3 auf einer schiefen Ebene hinaufgeschoben oder festgehalten werden, während axial die Kraft F_2 wirkt.

O h n e R e i b u n g

Der Neigungswinkel der schiefen Ebene ist α. Drehkraft und Festhaltekraft sind gleich:

$$F_3 = F_2 \cdot \tan\alpha$$

D r e h k r a f t m i t R e i b u n g

Der Neigungswinkel α ist um den Reibungswinkel ϱ vergrößert:

$$F_3' = F_2 \cdot \tan(\alpha + \varrho)$$

F e s t h a l t e k r a f t b e i k l e i n e r R e i b u n g

Der Neigungswinkel α ist um den Reibungswinkel ϱ verkleinert:

$$F_3'' = F_2 \cdot \tan(\alpha - \varrho)$$

S e l b s t h e m m u n g b e i g r o ß e r R e i b u n g

Der Reibungswinkel ϱ ist **größer** als der Neigungswinkel α. Zum Festhalten ist keine Kraft mehr erforderlich.

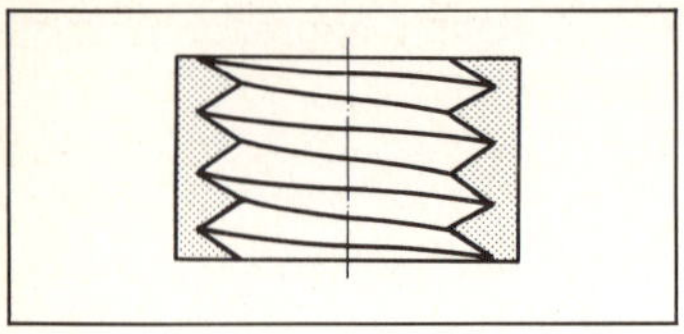

Abb. 5 Scharfgängige Schraube

Je nach der Richtung des Windungssinnes unterscheidet man Rechts- (Abb. 2) und Linksgewinde (Abb. 1), je nach der Art der Einkerbung flachgängige (Abb. 1 und 2) und scharfgängige (Abb. 5) Schrauben; außerdem gibt es ein- und mehrgängige Gewinde.

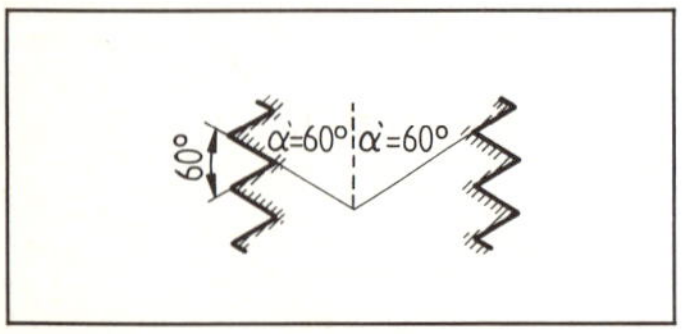

Abb. 6 Klemmfaktor bei einer Schraube

Die gefundenen Gesetze gelten nur für die flachgängige Schraube. Bei der scharfgängigen Schraube ist die Reibung noch größer, und zwar um den Klemmfaktor $1/\sin\alpha'$ (Kap. 1.8.3), wobei α' der halbe Winkel des Keils ist, der entsteht, wenn man die Flanken der Schraubenwindung von zwei gegenüberliegenden Stellen aus so weit nach innen verlängert, bis sie sich treffen (Abb. 6). Bei metrischem Gewinde ist $\alpha' = 60°$ und $1/\sin\alpha' = 1{,}15$. Das flachgängige Gewinde wird für Bewegungsspindeln benutzt, das scharfgängige bei Befestigungsschrauben.

Aufgabe

Mit welcher Kraft F_2 (Abb. 2) wirkt eine Schraube in Richtung ihrer Achse, wenn die Ganghöhe $h = 2$ mm beträgt und die Schraube an einem Schraubenschlüssel $l = 120$ mm mit der Kraft $F_1 = 40$ N gedreht wird (ohne Berücksichtigung der Reibung)?

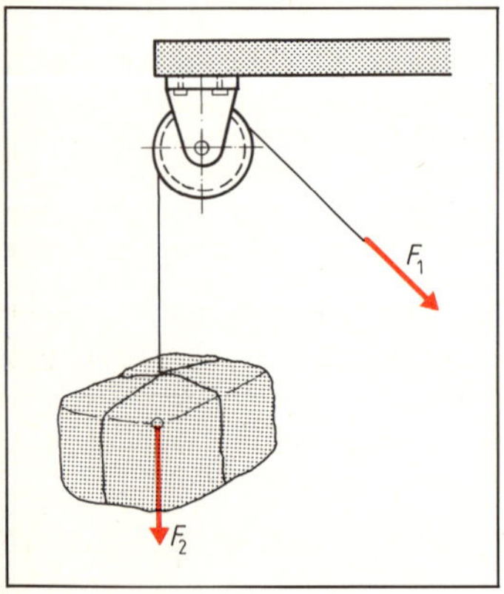

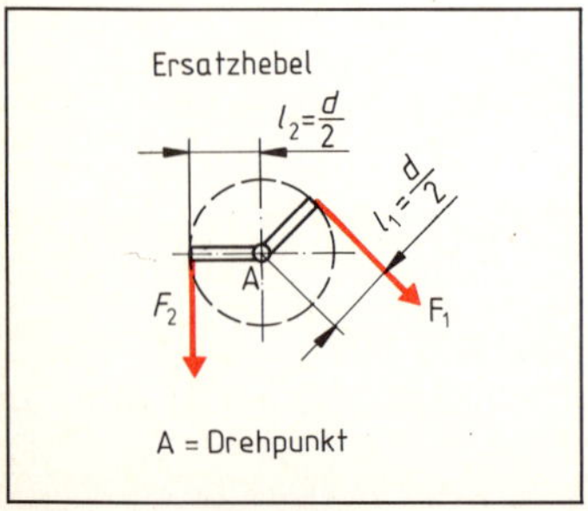

Abb. 1 Feste Rolle

1.8.5 Feste und lose Rolle

Unter einer **Rolle** versteht man eine um ihre Achse drehbare Scheibe mit einer in den Rand eingeschnittenen Schnurlaufrille. Die Achse ist in einer Gabel oder „Flasche" gelagert. Ist diese (z. B. an einem Balken) befestigt, so nennt man die Vorrichtung eine feste Rolle; ist die Flasche beweglich, eine lose Rolle.

Die **feste Rolle** (Abb. 1) kann man als einen gleicharmigen Hebel auffassen, so daß die Kräfte in beiden Seilteilen gleich sind.

$$F_1 \cdot \frac{d}{2} = F_2 \cdot \frac{d}{2} \qquad \boxed{F_1 = F_2}$$

Eine feste Rolle verändert daher nicht die Größe, sondern nur die Richtung einer Kraft. Da es für einen Menschen unbequem ist, nach oben zu ziehen, kann man das Seil über eine feste Rolle leiten und dann nach unten ziehen, wobei man das ganze Körpergewicht zu Hilfe nehmen kann.

Bei der **losen Rolle** hängt die Last an der Gabel, während die Rolle von dem um sie laufenden Seil getragen wird.

V

(Abb. 2): Eine lose Rolle ist über ein Seil an zwei Kraftmessern aufgehängt. Wir verändern die Größe der angehängten Last und lesen die Größe der Seilkräfte an den Kraftmessern ab.

Ergebnis
Wenn beide Seile parallel laufen, sind die Seilkräfte je die Hälfte der Gewichtskraft der angehängten Last.

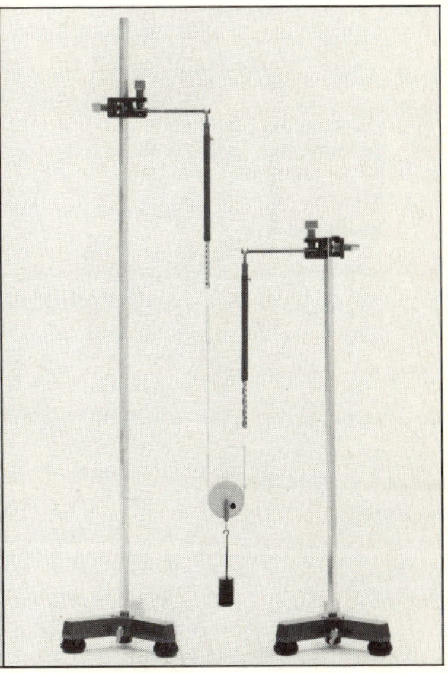

Abb. 2
Versuch zur losen Rolle

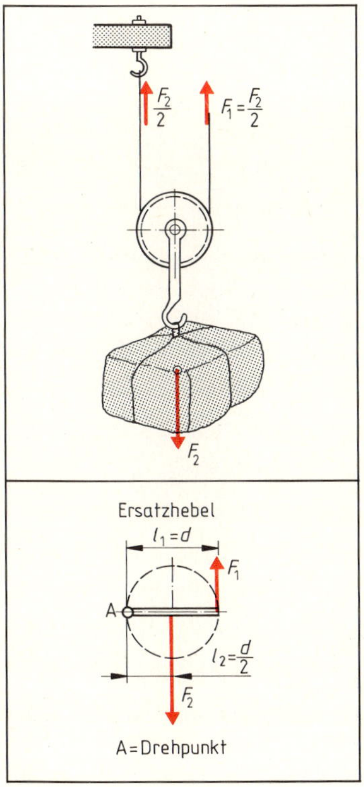

Abb. 3 Lose Rolle

Das gleiche Ergebnis erhält man auch aus Überlegungen mit Hilfe der Abb. 3. Die Gewichtskraft der Last (zu der auch die der Rolle gehört) verteilt sich auf beide Seiten. Läuft die Rolle reibungsarm, so sind die Seilkräfte fast gleich groß.

Faßt man nun die Rolle als einen Hebel mit dem Drehpunkt A auf, so erhält man die Gleichgewichtsbedingung:

$$F_1 d = F_2 \frac{d}{2}$$

$$F_1 = \frac{F_2}{2}$$

Wird die Last mit der Kraft $F_2 = 1$ N um $s_2 = 10$ cm gehoben, so zeigt der Kraftmesser eine Kraft $F_1 = 0{,}5$ N an, und der Kraftweg s_1 ist 20 cm. Der Kraftweg ist also doppelt so groß wie der Lastweg. Wieder bestätigt sich der Satz von der Erhaltung der Energie:

$$F_1 \cdot s_1 = F_2 \cdot s_2$$

1.8.6 Wellrad

Oft wird das Seil, das die Last trägt, nicht mit der Hand gezogen, sondern auf einer Trommel aufgewickelt, die mit einer Handkurbel oder einem Motor angetrieben wird. Die Kraft greift an der Kurbel oder einem fest mit der Trommel verbundenen Rad an. Diese Einrichtung wird **Wellrad** oder Seiltrommel genannt.

V

(Abb. 1): Drei Räder mit verschiedenen Durchmessern sind fest miteinander verbunden. Am größten Durchmesser greift die Kraft F_1, am kleinsten die Gewichtskraft F_2 einer Last an. Bei verschiedenen Lasten werden die zum Gleichgewicht erforderlichen Kräfte an einem Kraftmesser abgelesen. Löst man den Kraftmesser von seiner Befestigung, so kann man zusammengehörige Last- und Kraftwege an den daneben angebrachten Maßstäben ablesen. Die Durchmesser der benutzten Rollen sind $d_1 = 90$ mm und $d_2 = 30$ mm, so daß $\frac{d_1}{d_2} = 3$ ist.

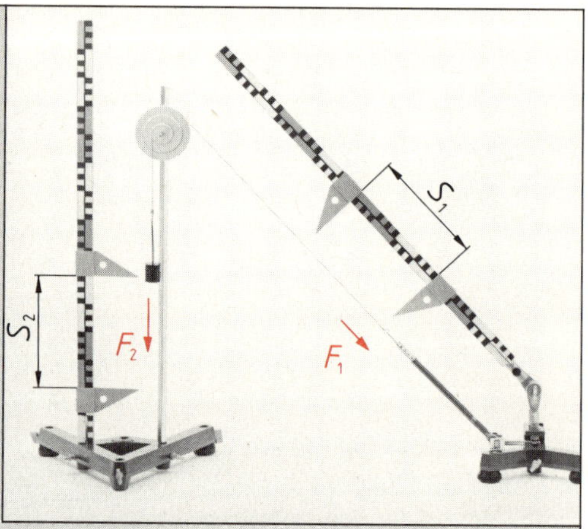

Abb. 1 Versuch zum Wellrad

Last F_2 in N	0,29	0,59	1,18	2,35	s_1 in cm	4	5	6
Kraft F_1 in N	0,10	0,20	0,38	0,80	s_1 in cm	12	15	18
$\frac{F_1}{F_2}$	$\frac{1}{2{,}90}$	$\frac{1}{2{,}95}$	$\frac{1}{3{,}10}$	$\frac{1}{2{,}94}$	$\frac{s_1}{s_2}$	$\frac{3}{1}$	$\frac{3}{1}$	$\frac{3}{1}$
	Mittel: 1 : 2,94					Mittel: 3 : 1		

Ergebnis
Ein Vergleich des Verhältnisses der Durchmesser bzw. der Wege mit dem Verhältnis von Kraft und Last führt auf folgende Beziehungen:

$$F_1 : F_2 = d_2 : d_1 \quad \text{oder} \quad F_1 = F_2 \cdot \frac{d_2}{d_1}$$

$$F_1 : F_2 = s_2 : s_1 \quad \text{oder} \quad F_1 = F_2 \cdot \frac{s_2}{s_1}$$

Dasselbe Ergebnis findet man aus der Gleichheit der Drehmomente um die Achse des Wellrades:

$$F_1 \cdot \frac{d_1}{2} = F_2 \cdot \frac{d_2}{2} \quad \text{oder} \quad F_1 = F_2 \cdot \frac{d_2}{d_1} = F_2 \cdot \frac{s_2}{s_1}$$

Der kleineren Kraft steht ein größerer Kraftweg gegenüber. Der Satz von der Erhaltung der Energie gilt also auch beim Wellrad.

Wenn die Kraft nicht an einem Rad, sondern an einer Kurbel mit Handgriff angreift, so ändert sich das Ergebnis nicht; es muß nur der Halbmesser des großen Rades durch den Kurbelarm ersetzt werden. Solche Vorrichtungen finden an allen handbetriebenen Maschinen Anwendung: bei Kaffeemühlen, Handschleifsteinen, Trommelwinden. Auf der gleichen Wirkung beruht auch der Bau anderer Gegenstände, z. B. eines Schlüssels, eines Schraubenziehers, der Lenkstange und des Pedals beim Fahrrad.

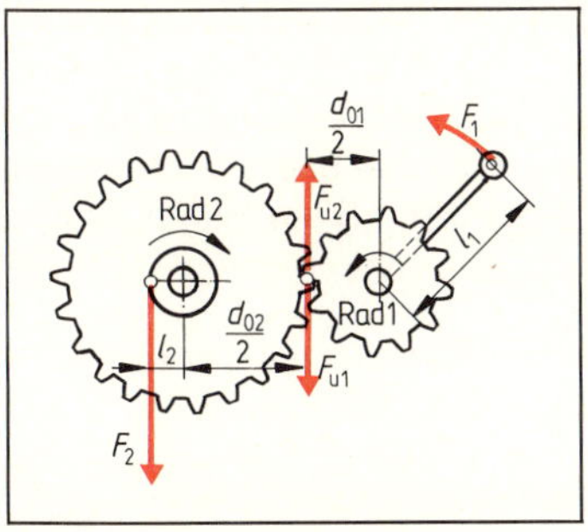

Abb. 1 Zahnradgetriebe

1.8.7 Räderwerke

Um die Antriebskraft noch zweckmäßiger anzuwenden, läßt man sie oft die Trommel nicht unmittelbar, sondern durch Vermittlung eines Räderwerkes, z. B. eines Zahnradgetriebes (Abb. 1), antreiben. Dabei wirken die Zähne des Zahnrades 1 mit der am Umfang wirksamen Kraft F_{u1} an der Eingreifstelle auf die Zähne des Rades 2, die im Falle des Gleichgewichts mit der gleich großen Gegenkraft F_{u2} entgegenwirken.

Nach dem Hebelgesetz erhält man für beide Achsen:

1. Achse (Rad 1): $F_1 \cdot l_1 = F_{u2} \frac{d_{01}}{2}$

$$F_{u2} = F_1 \frac{2 l_1}{d_{01}}$$

2. Achse (Rad 2): $F_{u1} \cdot \frac{d_{02}}{2} = F_2 \cdot l_2$

$$F_{u1} = F_2 \frac{2 l_2}{d_{02}}$$

Weil $F_{u2} = F_{u1}$ ist, folgt nun:

$$F_1 \cdot \frac{2 l_1}{d_{01}} = F_2 \cdot \frac{2 l_2}{d_{02}}$$

$$F_1 = F_2 \cdot \frac{l_2}{d_{02}} \cdot \frac{d_{01}}{l_1} = F_2 \cdot \frac{l_2}{l_1} \cdot \frac{d_{01}}{d_{02}}$$

oder:

$$F_2 = F_1 \cdot \frac{l_1}{l_2} \cdot \frac{d_{02}}{d_{01}}$$

Die Kraft F_1 an der Kurbel wird also in zweifacher Weise vergrößert, und zwar im Verhältnis $l_1 : l_2$ und $d_{02} : d_{01}$.

Die Zahnräder drehen sich mit den Drehfrequenzen n_1 und n_2. Weil sie aneinander abrollen, sind ihre Geschwindigkeiten $v_1 = d_{01} \cdot \pi \cdot n_1$ und $v_2 = d_{02} \cdot \pi \cdot n_2$ an den Teilkreisdurchmessern gleich. Deshalb gilt:

$$d_{01} \cdot \pi \cdot n_1 = d_{02} \cdot \pi \cdot n_2 \qquad \text{oder:} \qquad \frac{n_1}{n_2} = \frac{d_{02}}{d_{01}}$$

Deshalb ist stets zu beachten: Drehzahlen und Radien (Durchmesser) stehen im umgekehrten Verhältnis.

Da sich bei Zahnrädern die Zähnezahlen wie die Radien oder die Durchmesser verhalten, können beim Verhältnis auch die Zähnezahlen z eingesetzt werden. Man bezeichnet das Verhältnis zwischen der Drehzahl des treibenden und des getriebenen Rades als Übersetzungsverhältnis i und findet daher:

$$i = \frac{n_1}{n_2} = \frac{z_2}{z_1} = \frac{d_{02}}{d_{01}}$$

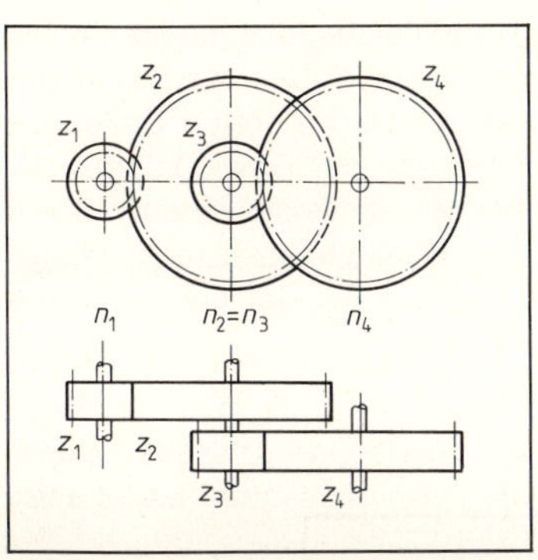

Abb. 2 Zusammengesetzter Zahntrieb

Bei einem zusammengesetzten Zahnradtrieb sitzen je zwei Räder auf einer gemeinsamen Welle. Das gesamte Übersetzungsverhältnis ist dann das Produkt der einzelnen Übersetzungsverhältnisse, z. B. bei zwei ineinander greifenden Zahnradpaaren (Abb. 2):

$$i_1 = \frac{z_2}{z_1} = \frac{n_1}{n_2}$$

$$i_2 = \frac{z_4}{z_3} = \frac{n_3}{n_4}$$

$$i = i_1 \cdot i_2 = \frac{z_2}{z_1} \cdot \frac{z_4}{z_3}$$

oder, weil $n_2 = n_3$ ist:

$$i = \frac{n_1 \cdot n_3}{n_2 \cdot n_4} = \frac{n_1}{n_4}$$

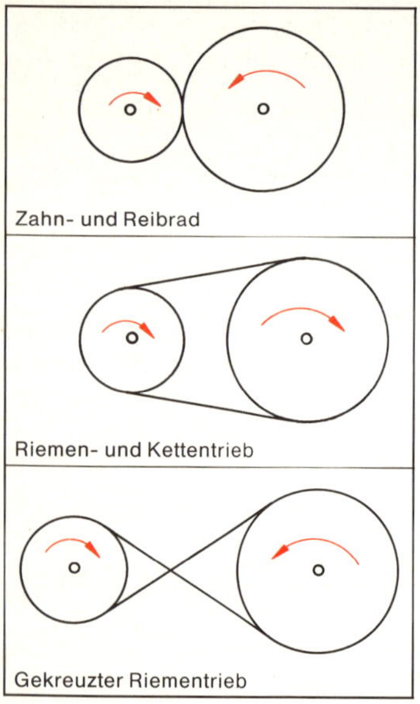

Die Aufgabe, drehende Bewegungen von einer Achse zur anderen zu übertragen, kann auch durch Reibräder, durch Riemen- oder Kettentrieb gelöst werden. Bei Zahn- und Reibrädern ist der Drehsinn beider Räder entgegengesetzt, beim Riemen- und Kettentrieb ist er gleich. Man kann aber auch durch gekreuzten Riementrieb gegenläufigen Drehsinn erzeugen (Abb. 3).

Man beachte den Unterschied zwischen dem Wellrad einerseits und den Rädertrieben andererseits: Beim Wellrad sind die Drehmomente von Kraft und Last und die Drehfrequenzen der Kraft und der Lastscheibe gleich. Die anderen Triebe übertragen eine konstante Umfangskraft, aber das Drehmoment ist am größeren Rad größer, während die Drehfrequenz kleiner ist.

Abb. 3 Drehsinn bei verschiedenen Räderwerken

Aufgaben

1. *Auf der Achse einer Seiltrommel ($d = 12$ cm) sitzt ein Zahnrad mit 72 Zähnen, das in ein anderes Zahnrad mit 15 Zähnen eingreift. Mit welchem Kurbelarm muß die Achse des kleinen Zahnrades angetrieben werden, damit man mit einer Kraft von 250 N eine Last von 6000 N hochheben kann (Vernachlässigung der Reibung)?*

2. *Zum Drehen einer Kurbel ($r = 30$ cm) ist eine Kraft $F = 20$ N erforderlich. Mit welcher Drehfrequenz kann sie von einem Arbeiter bei einer Leistung 75 W gedreht werden?*

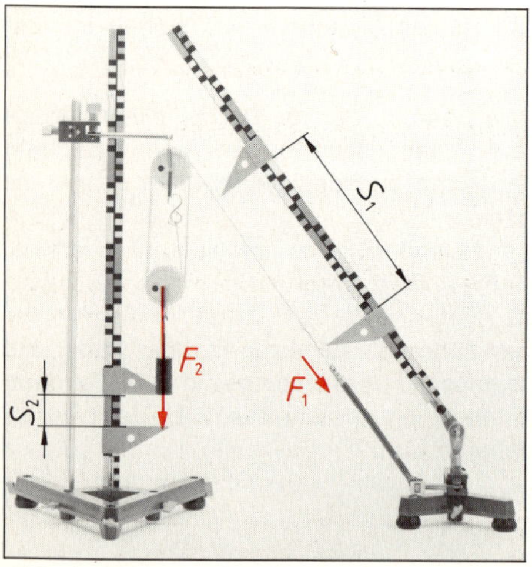

Abb. 1 Faktorenflaschenzug

1.8.8 Flaschenzüge

Der einfachste Flaschenzug ist der **Faktorenflaschenzug** (Abb. 1). Er besteht aus einer oder mehreren festen und losen Rollen. Dabei werden die festen und die losen Rollen je für sich auf einer Achse in einem gabelförmigen Lager, einer sog. „Flasche“, befestigt. Bei gewöhnlicher Bauart sind es gleichviel feste und lose Rollen (in der Abb. je drei), und die Zahl der verbindenden Seilstücke zwischen den beiden Flaschen ist ebenso groß wie die Gesamtzahl der Rollen. Die Gewichtskraft der Last F_2 verteilt sich gleichmäßig auf alle (in der Abb. sechs) Seilstücke. Deshalb ist die zum Gleichgewicht notwendige Kraft F_1 am Ende des freien Seilendes bei n Tragseilen nur der n-te Teil von der Gewichtskraft der Last. Beim Versuch zeigt ein Federkraftmesser eine Kraft von 0,5 N an, um einer Last mit der Gesamtmasse (der Hängegewichte und Rollen) von 300 g, also mit der Gewichtskraft 2,94 N das Gleichgewicht zu halten.

$$\text{Zugkraft} = \frac{\text{Gewichtskraft der Last}}{\text{Anzahl der Tragseile}}$$

$$F_1 = \frac{F_2}{n} \qquad [F_1] = \text{N}$$

Bewegt man beim Versuch den Federkraftmesser um 26 cm, so hebt sich die Last nur um 4,3 cm. Bei sechs Rollen ist also der Kraftweg sechsmal größer als der Lastweg. Was an Kraft gewonnen wird, geht an Weg verloren.

Kraftweg = Lastweg · Anzahl der Tragseile

$$s_1 = s_2 \cdot \mathrm{n} \qquad [s_1] = \mathrm{m}$$

Bei diesen Formeln ist allerdings die Reibung nicht beachtet worden. Diese beträgt selbst bei einer guten Rolle noch etwa 1 ... 2 % der an dieser Rolle wirkenden Zugkraft. Außer der Reibung treten noch andere Verluste, z. B. durch die Steifigkeit des Seiles, auf. Alle Verluste kann man durch Angabe des Wirkungsgrades η berücksichtigen. Er ist das Verhältnis der angegebenen Nutzarbeit zur zugeführten Arbeit oder, wie man auch sagt, der herausgeholten Arbeit zur hineingesteckten Arbeit.

$$\text{Wirkungsgrad } \eta = \frac{\text{Nutzarbeit}}{\text{zugeführte Arbeit}}$$

$$\eta = \frac{W_{ab}}{W_{zu}} \qquad [\eta] = \frac{\mathrm{Nm}}{\mathrm{Nm}} = 1$$

Der Wirkungsgrad η ist immer kleiner als 1.

Den gleichen Wirkungsgrad erhält man auch als Verhältnis der theoretisch ohne Berücksichtigung der Verluste berechneten Kraft F_{th} zu der wirklich unter Berücksichtigung aller Verluste erforderlichen Kraft F_{wirkl}.

$$\text{Wirkungsgrad} = \frac{\text{theoretische Kraft}}{\text{wirkliche Kraft}}$$

$$\eta = \frac{F_{th}}{F_{wirkl}} \qquad [\eta] = \frac{\mathrm{N}}{\mathrm{N}} = 1$$

Durch Umstellen der Formel findet man:

$$F_{wirkl} = \frac{F_{th}}{\eta} \qquad [F_{wirkl}] = \mathrm{N}$$

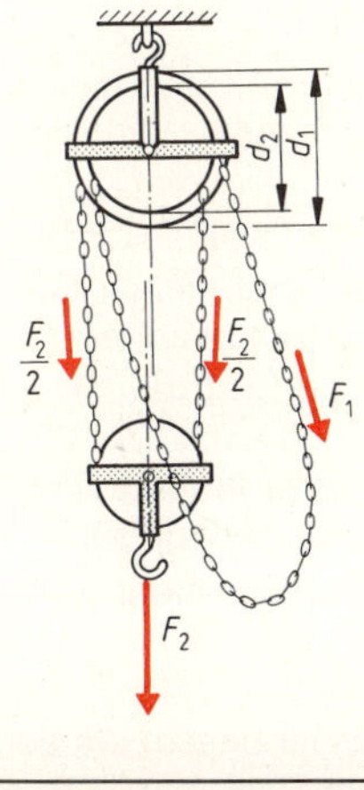

Abb. 2 Differentialflaschenzug

Auf einen Faktorenflaschenzug mit n Tragseilen angewendet, erhält man:

$$F_{1\,wirkl} = \frac{1}{\eta} \cdot \frac{F_2}{n}$$

Statt eines Faktorenflaschenzuges wird oft, besonders wenn er mit der Hand bedient werden soll, auch ein **Differentialflaschenzug** verwendet (Abb. 2). Bei ihm wird statt der festen Rolle ein Wellrad in Form einer Doppelrolle benutzt. Da ein Seil rutschen würde, verwendet man eine Kette, die in entsprechende Vertiefungen am Umfang der Rollen faßt. Die beiden fest verbundenen Rollen sind im Durchmesser nur wenig verschieden. Die Kette wird auf der einen Seite hochgezogen, auf der anderen herabgelassen. Für den Gleichgewichtsfall gilt nach dem Hebelgesetz:

$$\frac{F_2}{2} \cdot \frac{d_2}{2} + F_1 \cdot \frac{d_1}{2} = \frac{F_2}{2} \cdot \frac{d_1}{2}$$

$$F_1 = F_2 \cdot \frac{d_1 - d_2}{2\,d_1}$$

oder bei Berücksichtigung des Wirkungsgrades:

$$F_{1\,th} = F_2 \frac{d_1 - d_2}{2\,d_1} \qquad F_{1\,wirkl} = F_2 \cdot \frac{d_1 - d_2}{2\,d_1} \cdot \frac{1}{\eta}$$

Beispiel 1 An einem Differentialflaschenzug mit $d_1 = 180$ mm und $d_2 = 168$ mm wirkt eine Kraft $F_1 =$ 450 N. Welche Last F_2 kann bei einem Wirkungsgrad $\eta = 0{,}42$ hochgehoben werden? Wie groß ist der Kraftweg für eine Hubhöhe von 1,2 m?

$$F_{2\text{th}} = F_1 \cdot \frac{2\,d_1}{d_1 - d_2}$$

$$F_{2\text{wirkl}} = F_1 \cdot \frac{2\,d_1}{d_1 - d_2} \cdot \eta$$

$$F_{2\text{wirkl}} = 450\,\text{N} \cdot \frac{2 \cdot 180\,\text{mm}}{180\,\text{mm} - 168\,\text{mm}} \cdot 0{,}42 = 450\,\text{N} \cdot \frac{360\,\text{mm}}{12\,\text{mm}} \cdot 0{,}42 = \underline{\underline{5670\,\text{N}}}$$

$$\frac{F_1}{F_{2\text{th}}} = \frac{d_1 - d_2}{2\,d_1} = \frac{s_2}{s_1}$$

$$s_1 = s_2 \cdot \frac{2\,d_1}{d_1 - d_2} = 1{,}2\,\text{m} \cdot \frac{2 \cdot 180\,\text{mm}}{12\,\text{mm}} = \underline{\underline{36\,\text{m}}}$$

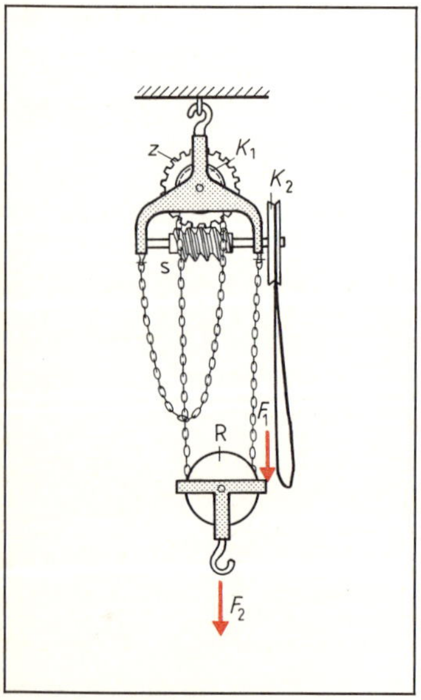

Abb. 3 Schraubenflaschenzug mit eingängiger selbsthemmender Schnecke

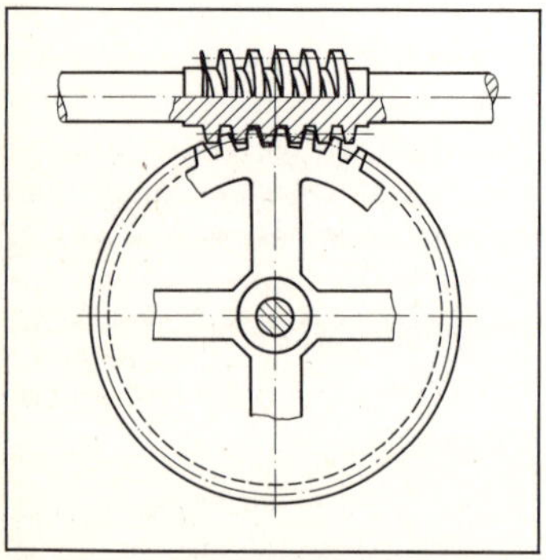
Abb. 4 Schneckengetriebe

Im **Schraubenflaschenzug** (Abb. 3) treibt ein Schneckengetriebe (Schnecke S und Zahnrad Z) ein Kettenrad K_1 (Durchmesser d_1). Die Tragkette ist mit beiden Enden an der festen Gabel befestigt und läuft über das Kettenrad K_1 und die lose Rolle R, an deren Gabel die Last hängt. Der untere Teil hat durch die lose Rolle das Übersetzungsverhältnis $i_1 = 2$. Das Schneckengetriebe (Abb. 4) gibt ein besonders hohes Übersetzungsverhältnis. Wenn sich die Schnecke einmal herumdreht, rückt eine Windung an die Stelle der vorangehenden, so daß das Zahnrad um einen Zahn gedreht wird. Hat das Zahnrad eine Zähnezahl z, so ergeben erst z Umdrehungen der Schnecke e i n e Umdrehung des Zahnrades. Als Übersetzungsverhältnis für das Schneckengetriebe erhält man $i_2 = z$. Die Achse der Schnecke wird mit einer Antriebskette über das Kettenrad K_2 (Durchmesser d_2) angetrieben, so daß als drittes Übersetzungsverhältnis das der beiden Kettenräder K_1 und K_2, also

$$i_3 = \frac{d_2}{d_1}$$

hinzukommt.

Die Gesamtübersetzung ist das Produkt der Teilübersetzungen:

$$i = i_1 \cdot i_2 \cdot i_3 = 2 \cdot z \cdot \frac{d_2}{d_1}$$

damit ergibt sich: $F_1 = F_2 \cdot \frac{1}{i} \cdot \frac{1}{\eta}$

$$F_2 = F_1 \cdot i \cdot \eta$$

Dieser Wert ist meistens sehr günstig; ausgeführte Konstruktionen besitzen ein Übersetzungsverhältnis von etwa 30 ... 100.

Das Schneckengetriebe muß gut geschmiert sein, weil sonst noch eine beträchtliche Reibung überwunden werden muß. Bei kleiner Ganghöhe der Schnecke ist der Schraubenflaschenzug selbsthemmend, d. h. die Last senkt sich nicht, auch wenn keine haltende Kraft da ist, weil das Schneckenzahnrad Z die Schnecke S nicht drehen kann. Der Wirkungsgrad beträgt nur etwa 0,45. Er läßt sich aber auf etwa 0,65 verbessern, wenn eine zweigängige Schnecke mit geringem Steigungswinkel verwendet wird. Dann ist der Flaschenzug jedoch nicht mehr selbsthemmend und muß auf andere Weise gesichert werden.

Der Wirkungsgrad eines solchen Flaschenzuges ist besser als der eines Differentialflaschenzuges. Wegen seiner Vorteile ist der Schraubenflaschenzug der für das Heben schwerer Lasten mit Menschenkraft (z. B. auf Baustellen ohne Kran) am meisten benutzte Handflaschenzug.

Beispiel 2 Für einen Schraubenflaschenzug (Abb. 3) gelten folgende Angaben:

Kettenrad K_1: Durchmesser $d_1 = 24$ cm
Zähnezahl des Schneckenzahnrades: $z = 24$
Kettenrad K_2: Durchmesser $d_2 = 30$ cm

Berechnen Sie:

a) Welche Zugkraft ist theoretisch bei der Annahme des Wirkungsgrades 1 erforderlich, um eine Last mit der Gewichtskraft $F_2 = 9000$ N zu heben?
b) Wie hoch wird die Last bei 120 Umdrehungen des Rades K_2 gehoben?
c) Zeigen Sie, daß bei Vernachlässigung der Verluste, also bei $\eta = 1$, der Satz von der Erhaltung der Energie erfüllt ist.
d) Wie groß ist die Leistung, wenn zu den 120 Umdrehungen 4 Minuten benötigt werden?
e) Welche Leistung ist tatsächlich erforderlich, wenn der Wirkungsgrad $\eta = 0{,}45$ beträgt?

zu a) $F_1 = F_2 \cdot \frac{1}{2} \cdot \frac{1}{z} \cdot \frac{d_1}{d_2} = 9000 \cdot \frac{1}{2} \cdot \frac{1}{24} \cdot \frac{24}{30}\,\mathrm{N} = \underline{150\,\mathrm{N}}$

zu b) Bei 120 Umdrehungen des Kettenrades K_2 und der Schnecke machen das Schnekkenzahnrad und damit das Rad K_1 nur $\frac{120}{24} = 5$ Umdrehungen. Dabei beträgt der Transport der Kette: $5 \cdot 24\,\mathrm{cm} \cdot \pi = 377\,\mathrm{cm}$. Durch die lose Rolle ist der Lastweg nur halb so groß: $s_2 = \frac{1}{2} \cdot 377\,\mathrm{cm} = 188{,}5\,\mathrm{cm} = \underline{1{,}885\,\mathrm{m}}$

Schneller kann der Lastweg mit Hilfe des Übersetzungsverhältnisses erhalten werden:

$$i = F_2 : F_1 = s_1 : s_2 = 2 \cdot z \cdot \frac{d_2}{d_1}$$

Kraftweg $s_1 = n \cdot d_2 \cdot \pi = 120 \cdot 30 \cdot 3{,}14 = 11\,310\,\mathrm{cm}$

Lastweg $s_2 = \frac{s_1}{i} = 11\,310\,\mathrm{cm} \cdot \frac{1}{2} \cdot \frac{1}{24} \cdot \frac{24}{30} = 188{,}5\,\mathrm{cm} = \underline{1{,}885\,\mathrm{m}}$

zu c) Arbeit an der Last $= F_2 \cdot s_2 = 9000\,\mathrm{N} \cdot 1{,}885\,\mathrm{m} = \underline{16965}\,\mathrm{Nm} \approx 17\,\mathrm{kJ} = 17000\,\mathrm{Ws}$

Arbeit der Kraft $= F_1 \cdot s_1 = 150\,\mathrm{N} \cdot 113{,}1\,\mathrm{m} = \underline{16965}\,\mathrm{Nm} \approx 17\,\mathrm{kJ}$

zu d) $P_{\mathrm{th}} = \frac{W}{t} = \frac{17000\,\mathrm{Ws}}{4 \cdot 60\,\mathrm{s}} = \underline{70{,}8\,\mathrm{W}}$

zu e) $P_{\mathrm{wirkl}} = \frac{P_{\mathrm{th}}}{\eta} = \frac{70{,}8\,\mathrm{W}}{0{,}45} = \underline{157\,\mathrm{W}} = \underline{0{,}157\,\mathrm{kW}}$

Aufgaben

1. *Ein Faktorenflaschenzug mit vier Tragseilen dient zum Hochheben einer Last von der Gewichtskraft 2400 N.*
a) Wie groß ist die erforderliche Zugkraft bei Vernachlässigung der Verluste?
b) Welche Arbeit benötigt man, um die Last 8 m hoch zu heben? Zeigen Sie, daß der Satz von der Erhaltung der Arbeit gültig ist.
c) Wie groß muß die Zugkraft sein, wenn die Gewichtskraft der unteren Rolle mit Gabel und Haken 80 N beträgt und ein Wirkungsgrad $\eta = 0{,}80$ berücksichtigt werden muß?

2. *Welche Kraft braucht man, um mit einem Differentialflaschenzug (Abb. 2) ($d_1 = 30$ cm; $d_2 = 27$ cm) eine Last mit der Gewichtskraft 5000 N hochzuheben,*
a) ohne Berücksichtigung irgendwelcher Verluste,
b) wenn die untere Rolle mit Haken 100 N wiegt und der Gesamtwirkungsgrad $\eta = 0{,}42$ ist?
c) Wie groß ist die aufgewandte Arbeit, wenn die Last 1 m gehoben werden soll?
d) Die Last legt den Weg in 1,5 min zurück. Berechnen Sie die aufzubringende Leistung.

3. *Bei einem Schraubenflaschenzug (Abb. 3) sind $d_1 = 40$ cm, $d_2 = 72$ cm und die Zähnezahl $z = 20$. Berechnen Sie das Übersetzungsverhältnis i.*

1.9 Ergänzung der Dynamik

1.9.1 Die Newtonschen Axiome der Mechanik

Die Dynamik ist die Lehre vom Zusammenhang zwischen Kräften und den von ihnen hervorgerufenen Bewegungen. Es ist das große Verdienst Isaak **Newtons,** erkannt zu haben, daß dieser Zusammenhang sich aus drei Grunderkenntnissen aufbauen läßt, die alle durch vielfältige Erfahrung oder durch Experimente gesichert sind. In seinem Werk über die mathematischen Prinzipien der Naturwissenschaft (philosophiae naturalis principia mathematica) setzt Newton ihre Gültigkeit voraus und leitet aus ihnen mit mathematischen Hilfsmitteln alle weiteren Gesetze ab. Auf diese Weise baut sich die gesamte Mechanik auf diesen Gesetzen auf. Da ihre Richtigkeit vorausgesetzt, also gleichsam gefordert wird, bezeichnet man sie als die Newtonschen Axiome der Mechanik (griech.: axioein = fordern).

Das erste Gesetz ist das **Trägheitsgesetz** (Nr. 1.5.1), aus dem hervorgeht, daß ohne Einwirkung einer Kraft bei keinem Körper eine Änderung des Bewegungszustandes entstehen kann, sondern der vorhandene Bewegungszustand erhalten bleibt. Newtons Formulierung sei im vollen Wortlaut angeführt.

1. Axiom: Jeder Körper beharrt in seinem Zustand der Ruhe oder der gleichförmigen, geradlinigen Bewegung, wenn er nicht durch einwirkende Kräfte gezwungen wird, seinen Zustand zu ändern.

Wenn aber an einem Körper Kräfte angreifen, deren Resultierende nicht verschwindet, entsteht eine Beschleunigung, die nach dem **Grundgesetz der Dynamik** (Nr. 1.5.3) berechnet werden kann. Newton formulierte es wie folgt:

2. Axiom: Die Änderung der Bewegung ist der Einwirkung der bewegenden Kraft proportional und geschieht nach der Richtung derjenigen geraden Wirkung, nach welcher jene Kraft wirkt.

Aus diesen Gesetzen kann man die anderen Gesetze über die Kräfte und Bewegungen einzelner Massenpunkte ohne weitere Versuche mit mathematischen Hilfsmitteln ableiten.

Betrachtet man aber nicht nur den Massenpunkt, auf den eine Kraft wirkt, sondern auch den Gegenstand, von dem die Kraft ausgeübt wird, so ist das **Reaktionsprinzip,** nämlich das Gesetz über Kraft und Gegenkraft (Nr. 1.5.7) zu beachten. Nach ihm bewirkt die vom Massenpunkt auf den Gegenstand rückwirkende Gegenkraft auch bei diesem eine Geschwindigkeitsänderung, die im folgenden Abschnitt untersucht werden soll. Solche Rückwirkungen sind allgemein zu berücksichtigen, wenn mehrere Massenpunkte in Wechselwirkung stehen oder zu einem größeren Körper verbunden sind.

3. Axiom: Die Wirkung ist stets der Gegenwirkung gleich, oder die Wirkungen zweier Körper aufeinander sind stets gleich und von entgegengesetzter Richtung.

Zur Ableitung der übrigen Gesetze der Mechanik genügen nicht immer die Hilfsmittel der elementaren Mathematik. Oft muß aus Vorgängen in sehr kurzen Wegabschnitten oder sehr kleinen Zeitintervallen auf den weiteren Ablauf der Bewegung in großen Räumen oder langen Zeiten geschlossen werden. Dies geht nur mit den Hilfsmitteln der höheren Mathematik, deren Grundlagen dabei von Newton selbst gefunden wurden.

Mit ihnen lassen sich auch die wichtigsten Prinzipien der Mechanik, wie z. B. der **Satz von der Erhaltung der Energie** (Nr. 1.7.3) oder die in den folgenden Abschnitten zu untersuchenden Sätze über die Erhaltung des Impulses (Nr. 1.9.2) oder die Gesetze der Planetenbewegung (Nr. 1.10.2) ableiten.

1.9.2 Impulssatz und Stoß

Wenn auf einen Körper eine Kraft einwirkt, ändern sich seine Geschwindigkeit und damit gleichzeitig auch das Produkt $m \cdot v$. Ihre Änderung hängt in einfacher Weise von dem Produkt $F \cdot t$ aus der Kraft und ihrer Einwirkungszeit ab. Wenn die Kraft konstant ist, erhält man aus der Geschwindigkeitsgleichung der gleichmäßig beschleunigten Bewegung:

$$v_e = v_a + a \cdot t \qquad a = \frac{v_e - v_a}{t}$$

Setzt man diesen Ausdruck in das Grundgesetz der Dynamik ein, so ergibt sich:

$$F = m\frac{v_e - v_a}{t} \qquad F \cdot t = m \cdot v_e - m \cdot v_a$$

Man kann (mit Hilfe der Integralrechnung) zeigen, daß die letzte Gleichung auch bei einer veränderlichen Kraft gültig bleibt, wenn man für F ihren Mittelwert F_m einsetzt. Man bezeichnet das Produkt $F \cdot t$ aus der Kraft und ihrer Wirkungszeit als **Kraftstoß** und das Produkt $m \cdot v$ aus einer Masse und ihrer Geschwindigkeit als Bewegungsgröße oder **Impuls.** Beide Größen sind als Produkte aus einem Vektor und einem Skalar selbst Vektoren. Berücksichtigt man dies auch in der Schreibweise, so erhält man die **erste Form des Impulssatzes:**

Die Änderung des Impulses einer Masse ist gleich dem auf sie ausgeübten Kraftstoß.

$$\vec{F}_m \cdot t = m \cdot \vec{v}_e - m \cdot \vec{v}_a$$

$$1\,\text{Ns} = 1\,\text{kg}\frac{\text{m}}{\text{s}}$$

Wenn ein Körper mit der Masse m_1 auf einen anderen mit der Masse m_2 einwirkt, so ist nach dem Reaktionsgesetz die Kraft $\vec{F}_1$ auf den ersten Körper stets entgegengesetzt gleich der Kraft $\vec{F}_2$ auf den zweiten Körper: $\vec{F}_2 = -\vec{F}_1$. Da die Einwirkungszeit von Kraft und Gegenkraft gleich ist, erhält man aus der ersten Form des Impulssatzes:

$$\vec{F}_1 \cdot t = m_1 \cdot \vec{v}_{1e} - m_1 \cdot \vec{v}_{1a}$$
$$\vec{F}_2 \cdot t = -\vec{F}_1 \cdot t = m_2 \cdot \vec{v}_{2e} - m_2 \cdot \vec{v}_{2a}$$

Aus beiden Gleichungen folgt durch Addition:

$$0 = m_1 \cdot \vec{v}_{1e} - m_1 \cdot \vec{v}_{1a} + m_2 \cdot \vec{v}_{2e} - m_2 \cdot \vec{v}_{2a}$$

Durch Umstellung erhält man die **zweite Form des Impulssatzes:**

Die Summe der Impulse zweier Körper vor einer Einwirkung ist ebenso groß wie die Summe der Impulse nach der Einwirkung.

$$m_1 \cdot \vec{v}_{1a} + m_2 \cdot \vec{v}_{2a} = m_1 \cdot \vec{v}_{1e} + m_2 \cdot \vec{v}_{2e}$$

Eine kurze Einwirkung zweier Körper aufeinander bezeichnet man als einen **Stoß.** Wegen seiner kurzen Dauer spielen nur die Anfangs- und Endgeschwindigkeiten vor bzw. nach dem Stoßvorgang eine Rolle. Im folgenden seien nur „gerade" Stöße untersucht, bei denen sich die Bewegung der beiden stoßenden Körper in der gleichen Geraden abspielt. Die folgenden Versuche mit der Luftkissenfahrbahn zeigen, daß die Stöße auch dann noch ganz verschieden ablaufen können.

V

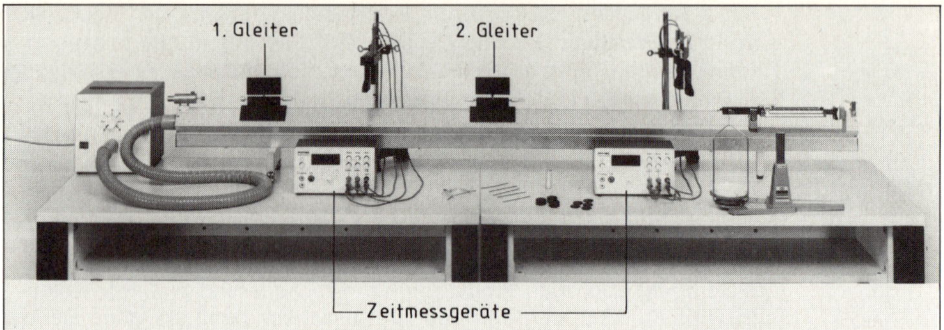

Abb. 1 Stoßversuche auf der Luftkissenfahrbahn

Auf der Luftkissenfahrbahn (Abb. 1) befinden sich zwei Gleiter, die man nach kurzer Fahrstrecke aufeinander stoßen läßt. Ihre Masse kann durch Auflegen einer Zusatzmasse verdoppelt werden. Der Stoß kann durch verschiedene Übertragungsvorrichtungen entweder unelastisch oder elastisch ausgeführt werden. Je nach der Übertragungsart, dem Massenverhältnis und den Anfangsgeschwindigkeiten erhält man ganz verschiedene Endgeschwindigkeiten. Von den mannigfaltigen Ergebnissen seien nur einige erwähnt:

Bei unelastischer Übertragung haben beide Gleiter nach dem Stoß gleiche Geschwindigkeit.

Bei elastischer Übertragung trennen sich beide Gleiter nach dem Stoß wieder. Sind dabei beide Massen gleich, so tauschen beide Gleiter ihre Geschwindigkeiten aus. Ist der zweite Körper anfangs in Ruhe und seine Masse wesentlich größer als die des stoßenden Körpers, so wird dieser mit derselben Geschwindigkeit zurückgestoßen, mit der er ankommt (Reflexion).

Alle diese Ergebnisse erhält man in übersichtlicher Weise aus den Stoßgesetzen. Bei jeder Art von Stößen gilt der Impulssatz $m_1 \cdot v_{1a} + m_2 \cdot v_{2a} = m_1 \cdot v_{1e} + m_2 \cdot v_{2e}$. Diese Gleichung allein genügt aber nicht, um beide Endgeschwindigkeiten v_{1e} und v_{2e} zu berechnen. Die zweite Gleichung findet man aus der Art des Stoßes, je nachdem er elastisch oder unelastisch abläuft.

Beim **unelastischen Stoß** werden die Berührungsstellen beider Körper verformt. Dazu ist Arbeit erforderlich, die auf Kosten der kinetischen Energie des stoßenden Körpers verrichtet wird. Der stoßende Körper wird verzögert, der gestoßene beschleunigt. Wenn beide Körper gleiche Geschwindigkeit angenommen haben, hört die weitere Verformung auf. Da sie sich aber bei einem unelastischen Körper nicht wieder zurückbildet, treten keine Kräfte mehr auf, die die Körper wieder trennen. Sie bleiben nach dem Stoß vereint und bewegen sich mit gleicher Endgeschwindigkeit. Es ist dann:

$$v_{1e} = v_{2e} = v_e$$

Damit erhält man aus dem Impulssatz:

$$m_1 \cdot v_{1a} + m_2 \cdot v_{2a} = (m_1 + m_2)\, v_e$$

$$v_e = \frac{m_1 \cdot v_{1a} + m_2 \cdot v_{2a}}{m_1 + m_2}$$

Da zur Formänderung und Erwärmung der Stoßstellen Energie verbraucht wird, ist die kinetische Energie der beiden Körper nach dem Stoß kleiner als die vor dem Stoß.

Beim **elastischen Stoß** bilden sich alle Verformungen, die zunächst beim Auftreffen entstehen, wieder zurück, und auch die Energie, die kurze Zeit in den verformten Auftreffstellen gespeichert wurde, wird wieder vollständig als kinetische Energie auf die bewegten Körper zurückübertragen. Daher ist bei einem Stoß zwischen elastischen Körpern die Summe der kinetischen Energien vor und nach dem Stoß gleich:

$$\frac{1}{2} m_1 \cdot v_{1a}^2 + \frac{1}{2} m_2 \cdot v_{2a}^2 = \frac{1}{2} m_1 \cdot v_{1e}^2 + \frac{1}{2} m_2 \cdot v_{2e}^2$$
$$m_1 (v_{1a}^2 - v_{1e}^2) = m_2 (v_{2e}^2 - v_{2a}^2)$$

Wie bei jedem Stoß gilt auch beim elastischen Stoß der Impulssatz:

$$m_1 \cdot v_{1a} + m_2 \cdot v_{2a} = m_1 \cdot v_{1e} + m_2 \cdot v_{2e}$$

oder:

$$m_1 (v_{1a} - v_{1e}) = m_2 (v_{2e} - v_{2a})$$

Dividiert man den Energiesatz durch den Impulssatz, so erhält man die einfache Gleichung:

$$v_{1a} + v_{1e} = v_{2e} + v_{2a}$$

oder:

$$v_{2e} = v_{1a} - v_{2a} + v_{1e}$$

Setzt man diesen Ausdruck für v_{2e} in den Impulssatz ein, so findet man eine Gleichung für v_{1e}:

$$m_1 (v_{1a} - v_{1e}) = m_2 (v_{1a} + v_{1e} - v_{2a})$$
$$v_{1e} (m_1 + m_2) = v_{1a} (m_1 - m_2) + 2\, m_2 \cdot v_{2a}$$

$$v_{1e} = \frac{m_1 - m_2}{m_1 + m_2} v_{1a} + \frac{2\, m_2}{m_1 + m_2} v_{2a} \qquad v_{2e} = \frac{m_2 - m_1}{m_1 + m_2} v_{2a} + \frac{2\, m_1}{m_1 + m_2} v_{1a}$$

Setzt man in diesen Gleichungen für v_{1e} und v_{2e} die beiden Massen gleich $m_1 = m_2$ oder $m_2 = \infty$ und $v_{2a} = 0$, so erhält man die schon anfangs aus den Versuchen erkannten Ergebnisse.

Beispiel 1

Eine Pistolenkugel ($m_1 = 10$ g) wird mit der Geschwindigkeit $v_{1a} = 250$ m/s in einen Holzklotz von $m_2 = 2{,}5$ kg Masse hineingeschossen und bleibt in ihm stecken. Welche Geschwindigkeit hat der Holzklotz mit der Kugel nach dem Einschuß? Wie weit rutscht er auf seiner Unterlage, wenn er sich auf ihr mit der Reibungszahl $\mu = 0{,}5$ bewegen kann?

$v_{1e} = v_{2e} = v$; es handelt sich also um einen unelastischen Stoß.

$$v_e = \frac{0{,}01\ \text{kg} \cdot 250\ \text{m/s} + 2{,}5\ \text{kg} \cdot 0}{2{,}51\ \text{kg}} = 0{,}996 \frac{\text{m}}{\text{s}}$$

Diese Geschwindigkeit v_e ist für den anschließenden Bremsweg die Anfangsgeschwindigkeit v_0.

Bremskraft $F_{br} = \mu \cdot G = \mu (m_1 + m_2)\, g$

Bremsverzögerung $a' = \dfrac{F_{br}}{m_1 + m_2} = \mu \cdot g$

Bremsweg $s_{br} = \dfrac{v_0^2}{2\,a'} = \dfrac{(0{,}996\ \text{m/s})^2}{2 \cdot 0{,}5 \cdot 9{,}81\ \text{m/s}^2} = \underline{0{,}101\ \text{m}}$

Beispiel 2

Beim Kegeln trifft eine Kugel ($m_1 = 3{,}2$ kg) zentral mit $v_{1a} = 15$ m/s auf einen Kegel ($m_2 = 0{,}8$ kg). Mit welchen Geschwindigkeiten fliegen Kugel und Kegel nach dem Stoß in Verlängerung der Auftreffrichtung gegen die Auffangvorrichtung, wenn man den Stoß angenähert als elastisch auffassen darf?

Nach den Formeln für den elastischen Stoß erhält man, da $v_{2a} = 0$ ist:

$$v_{1e} = \frac{3{,}2 - 0{,}8}{4} \cdot 15 \frac{\text{m}}{\text{s}} = \underline{9 \frac{\text{m}}{\text{s}}}$$

$$v_{2e} = \frac{2 \cdot 3{,}2}{4} \cdot 15 \frac{\text{m}}{\text{s}} = \underline{24 \frac{\text{m}}{\text{s}}}$$

Aufgaben

1. *Eine Masse $m_1 = 2$ kg trifft mit der Geschwindigkeit $v_{1a} = 3$ m/s unelastisch auf eine ruhende zweite Masse $m_2 = 8$ kg. Welche Endgeschwindigkeit entsteht, und welcher Bruchteil der anfänglichen kinetischen Energie wird in Formänderungsarbeit und Wärme verwandelt?*

2. *Ein Auto ($m_1 = 1{,}6$ t) soll ein anderes ($m_2 = 0{,}9$ t) abschleppen. Welche Geschwindigkeiten treten nach dem Ruck auf, der entsteht, wenn das ziehende Auto beim Straffen des elastischen Abschleppseiles eine Geschwindigkeit von 0,8 m/s besitzt?*

1.9.3 Kräfte bei einer gleichförmigen Kreisbewegung

Die Zentripetalkraft

Unter den Bewegungen, die nicht geradlinig erfolgen, hat die Kreisbewegung die größte Bedeutung. Da ein Körper, auf den keine Kräfte einwirken, sich geradlinig mit gleichbleibender Geschwindigkeit bewegt, muß eine Bewegung auf einer Kreisbahn durch eine besondere Kraft hervorgerufen werden. Von der Notwendigkeit dieser Kraft kann man sich durch einen einfachen Versuch überzeugen.

V

Schleudert man einen Gegenstand an einem Faden im Kreis, so muß man mit der Hand stets eine Zugkraft auf den Faden ausüben. Die Kraft ist vom Gegenstand zur Hand, also gegen das Zentrum der Kreisbahn, gerichtet. Läßt man mit der Zugkraft am Faden nach, so verläßt der Körper die Kreisbahn und fliegt tangential nach außen.

Ergebnis
Ein Körper beschreibt nur dann eine Kreisbahn, wenn auf ihn dauernd eine Kraft in Richtung zum Kreiszentrum wirkt, die ihn zum Mittelpunkt hin ablenkt. Deshalb trägt die Kraft den Namen **Zentripetalkraft.**

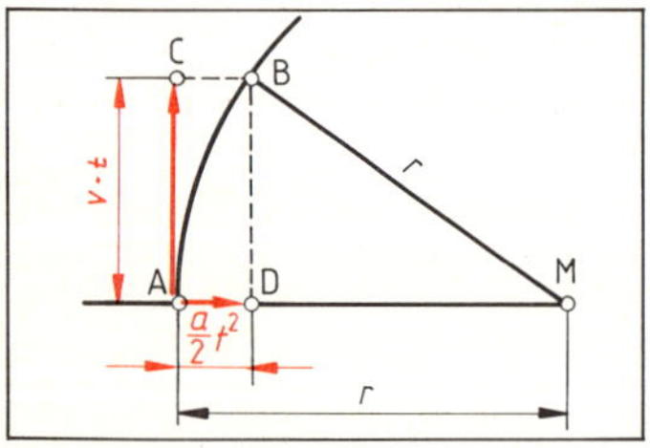

Abb. 1 Berechnung der Zentripetalkraft

Um die Abhängigkeit der Zentripetalkraft F_p von der Masse m des Körpers, von seiner Geschwindigkeit v und vom Radius r der Kreisbahn zu finden, benützen wir das Gesetz über die Zusammensetzung zweier Bewegungen (Nr. 1.4.8). Infolge seiner Trägheit würde der Körper ohne Einwirkung der Zentripetalkraft in der Zeit t gleichförmig die Strecke $\mathrm{AC} = v \cdot t$ zurücklegen (Abb. 1). Die Zentripetalkraft allein würde dem Körper eine Beschleunigung $a = F_p/m$ erteilen, so daß er in der Zeit t den Weg $\mathrm{AD} = \frac{1}{2} a \cdot t^2$ in Richtung zum Kreismittelpunkt M zurücklegen würde. Bei gleichzeitigem Ablauf beider Bewegungen kommt der Körper an den Punkt B, der auf der Kreisbahn liegen muß. Dieser Punkt läßt sich aber nur dann aus dem Parallelogramm der Wege konstruieren, wenn die Zentripetalkraft in dieser Zeit ihre Richtung nicht ändert. Weil aber F_p stets zum Kreismittelpunkt M gerichtet ist, wird diese Bedingung nur erfüllt, wenn AB so kurz ist, daß man längs dieser Strecke die Richtungsänderung vernachlässigen darf. Zu diesem Zweck muß die Zeit t sehr kurz gewählt werden.

Das Dreieck MDB ist rechtwinklig und hat die Seiten $\mathrm{MB} = r$, $\mathrm{MD} = r - \frac{a}{2} \cdot t^2$ und $\mathrm{DB} = v \cdot t$. Aus ihm erhält man nach dem Lehrsatz des Pythagoras:

$$r^2 = \left(r - \frac{a}{2} \cdot t^2\right)^2 + (v \cdot t)^2 \qquad \text{oder:} \quad 0 = -a \cdot r \cdot t^2 + \frac{a^2}{4} \cdot t^4 + v^2 \cdot t^2$$

Hier kann man mit t^2 kürzen; dann bleibt nur ein mit t behaftetes Glied $\frac{a^2}{4} \cdot t^2$ stehen, das man für sehr kurze Zeiten t vernachlässigen kann. Dann erhält man:

$$a \cdot r = v^2 \qquad \text{oder:} \quad a = \frac{v^2}{r}$$

Die Zentripetalkraft F_p, die diese Beschleunigung bei der Masse m hervorruft, ist dann nach dem Grundgesetz der Dynamik:

$$F_p = m \cdot a = m \frac{v^2}{r} \qquad [F_p] = \frac{\mathrm{kg\,m^2/s^2}}{\mathrm{m}} = \mathrm{N}$$

Die Formel zeigt das starke Anwachsen der Zentripetalkraft vor allem bei hoher Geschwindigkeit, weil v im Quadrat vorkommt.

Die Fliehkraft

Da jeder Körper bestrebt ist, eine vorhandene Bewegung geradlinig fortzusetzen, setzt er der Zentripetalkraft einen Widerstand entgegen, der nach dem Reaktionsprinzip ebenso groß wie die Zentripetalkraft ist. Seine Richtung ist ihr aber entgegengesetzt und daher vom Zentrum weggerichtet. Deshalb heißt dieser Trägheitswiderstand auch **Zentrifugalkraft** oder **Fliehkraft** F_f.

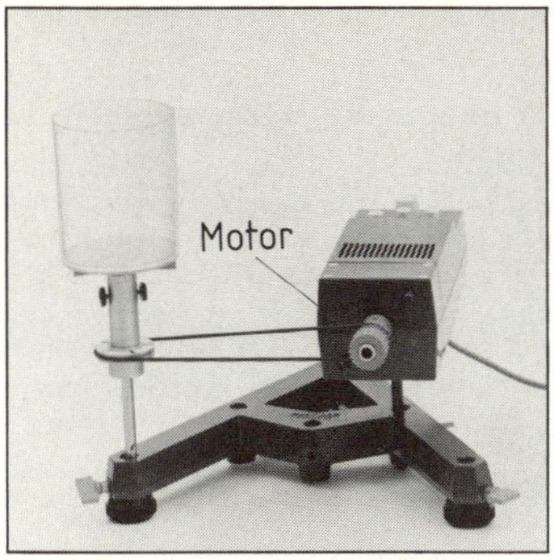

Abb. 2 Wirkungen der Zentrifugalkraft

Die Fliehkraft läßt sich bei allen rasch umlaufenden Körpern feststellen. Eine Versuchsanordnung nach Abb. 2 zeigt die Wirkungen der Fliehkraft. Mit dem Motor kann man verschiedene Körper in rasche Rotation versetzen. Bei einem Wassergefäß wird die Flüssigkeit nach außen getrieben, so daß sie am Rand hochsteigt. Die im Ruhezustand kreisförmigen Reifen (Abb. 3) ziehen sich bei der Drehung in der Achsenrichtung zusammen. Sie erklären dadurch, warum die Erde eine Abplattung in der Richtung vom Nord- zum Südpol aufweist. Die Kugeln in der halbkreisförmigen Rinne (Abb. 4) entfernen sich um so weiter von der Achse, je rascher die Rinne gedreht wird. Abb. 5 veranschaulicht das Prinzip einer Zentrifuge. Bei der Rotation stellen sich die Glasbehälter nach außen, und die in der Flüssigkeit schwebenden Teilchen setzen sich in kurzer Zeit am Boden ab. Diese Erscheinung wird praktisch ausgenutzt, um Flüssigkeiten von verschiedener Dichte zu trennen, z. B. in der Milchzentrifuge den leichteren Rahm von der schwereren Milch abzuscheiden.

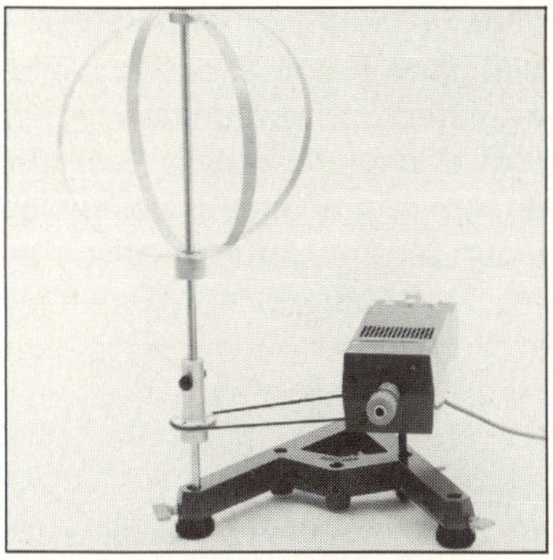

Abb. 3

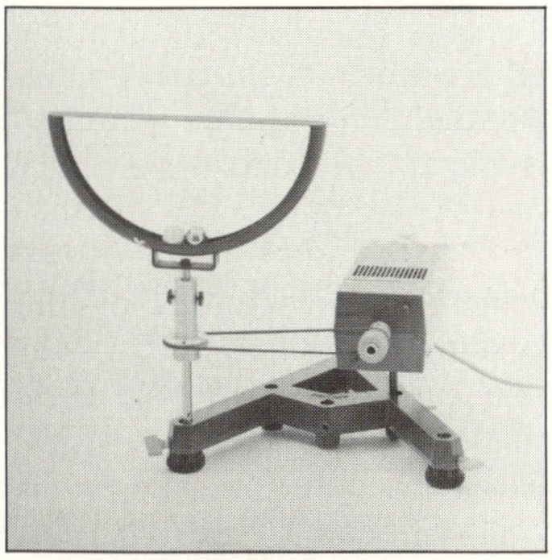

Abb. 4 Wirkungen der Zentrifugalkraft

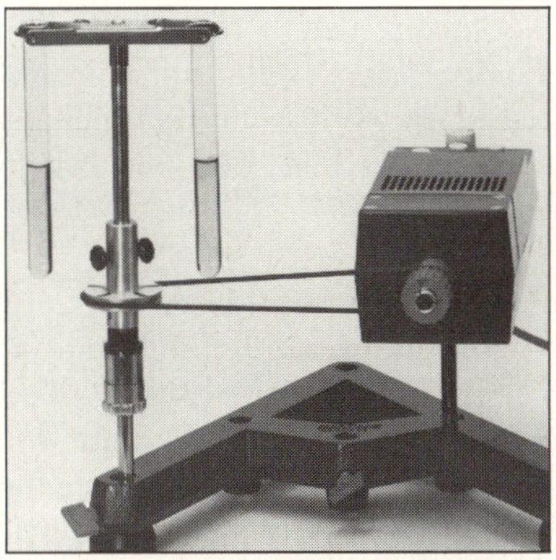

Abb. 5

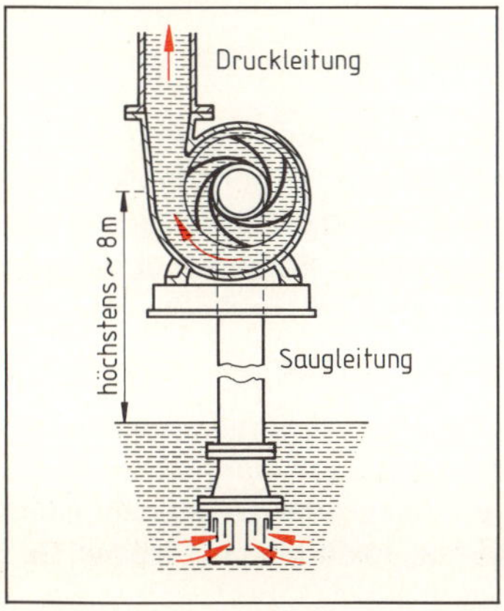

Eine wichtige Anwendung findet die Fliehkraft in der **Kreisel-** oder **Schleuderpumpe** (Abb. 6). Ein Laufrad mit (im Vergleich zur Drehrichtung) nach rückwärts gebogenen Schaufeln versetzt das Wasser in einem Zylinder in rasche Rotation. Teils durch die schräg nach außen wirkende Kraft der Schaufeln, teils durch Fliehkraft wird das Wasser nach außen gedrückt und steigt in die am Umfang angebrachte Druckleitung. Der an der Achse entstehende verminderte Druck saugt das Wasser durch das in der Mitte einmündende Saugrohr an. Da die Pumpe nicht so kräftig ansaugt wie die Kolbenpumpen (Nr. 3.2.4), soll die Saughöhe h_s zwischen Saugkorb und Pumpenachse möglichst kurz sein. Da im Weg des gesaugten Wassers keine Ventile und keine eingedichteten Kolben laufen, eignet sich die Pumpe auch für verschmutzte Abwässer.

Abb. 6 Kreiselpumpe

Von einer **Kreisbewegung** spricht man nur, wenn die Abmessungen eines Körpers, wie z. B. die eines Fahrzeugs in einer Kurve, klein sind gegenüber der Entfernung vom Drehzentrum. Ist diese Bedingung nicht erfüllt, z. B. bei einem rotierenden Maschinenteil, so hat man eine **Drehbewegung.** Wie schon in Nr. 1.4.3 dargelegt wurde, haben bei ihr alle Punkte je nach ihrer Entfernung von der Achse verschiedene Geschwindigkeiten, so daß sich die Formel $F_f = F_p = m \cdot v^2/r$ nicht mehr unmittelbar anwenden läßt.

Die in Nr. 1.7.3 eingeführte Winkelgeschwindigkeit $\omega = v/r = 2\pi \cdot n$ ermöglicht eine Abänderung der Formel, so daß sie auch bei einer Drehbewegung verwendet werden kann. Ersetzt man die Geschwindigkeit v durch $r \cdot \omega$, so erhält man:

$$F_p = F_f = m \cdot \frac{v^2}{r} = m \cdot r \cdot \omega^2$$

In dieser Gleichung ist zwar ω^2 für den ganzen Körper gleich, aber r ändert sich für die verschiedenen Teile des Körpers. Man erhält mit der Formel die gesamte Fliehkraft eines ausgedehnten umlaufenden Körpers durch vektorielle Addition der Fliehkräfte aller Masseteilchen. Dabei ergibt sich, daß die obige Formel auch für den ganzen Körper richtig bleibt, wenn man für m die Gesamtmasse und für r den Abstand r_S des Schwerpunkts von der Achse einsetzt. Der Angriffspunkt der Gesamtfliehkraft liegt dagegen **nicht** im Schwerpunkt. Nur bei Körpern, die eine Kreisbewegung ausführen, bei denen also r_S wesentlich größer ist als die Eigenabmessungen, liegt der Angriffspunkt der Fliehkraft praktisch im Schwerpunkt.

$$F_p = F_f = m \frac{v_S^2}{r_S} = m \cdot r_S \cdot \omega^2$$

Bei rascher Drehung kann die Fliehkraft sehr hohe Beträge annehmen (siehe Beispiel 1). Deshalb muß der Maschinenbauer darauf achten, daß alle Befestigungen die auftretenden Fliehkräfte aushalten. Schwere, rasch rotierende Maschinenteile (Autoreifen, Zahnräder, Schiffsschrauben, Schwungräder, Läufer von Turbinen und Elektromotoren) werden ausgewuchtet, d. h., ihre Massen werden so ausgeglichen, daß der Schwerpunkt genau auf der Achse liegt. Dann heben sich alle Teilfliehkräfte gegenseitig auf, und man erzielt selbst bei hohen Drehzahlen Laufruhe.

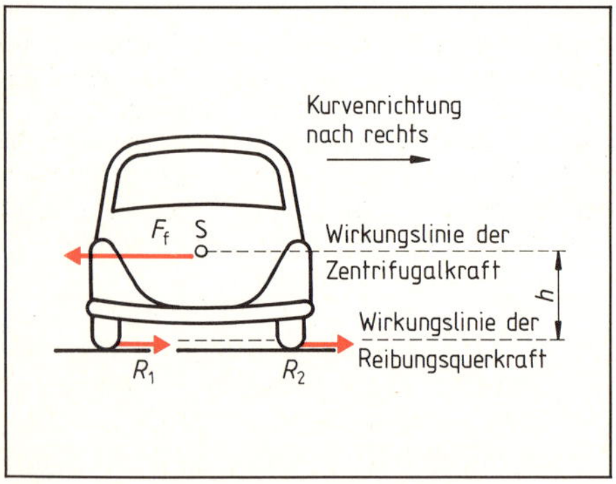

Abb. 7 Kippmoment der Fliehkraft

Eine besondere Bedeutung kommt der Fliehkraft zu, die entsteht, wenn Fahrzeuge des Verkehrs eine Kurve durchfahren. Da die Zentripetalkraft durch die Querreibung der beim Lenkeinschlag nicht parallel stehenden Räder erzeugt wird, besteht sie aus mehreren Teilkräften, deren Wirkungslinien durch die Auflagestellen der Räder gehen. Die Wirkungslinie der Fliehkraft dagegen verläuft nahezu durch den Schwerpunkt des Fahrzeugs.

Wegen der verschiedenen Wirkungslinien bilden die beiden Kräfte ein Kräftepaar, das zunächst um eine horizontale Achse ein Drehmoment hervorruft. Bei richtigem Durchfahren der Kurve wirkt diesem Kippmoment das Standmoment der Gewichtskraft entgegen und hält das Fahrzeug fest auf der Fahrbahn.

Auch um eine vertikale Achse entsteht ein Drehmoment, dem aber ein Gegendrehmoment entgegenwirkt, das durch die Haftreibung der Räder entsteht, so daß das Fahrzeug die Kurve stabil durchfahren kann. Wenn es jedoch die Kurve zu eng oder zu schnell nimmt oder wenn die Haftreibung durch Nässe oder Eis gemindert ist, kann dieses Drehmoment das Schleudern des Fahrzeugs hervorrufen.

Beispiel 1

Eine der am Umfang des Laufrades einer Dampfturbine befestigten Schaufeln hat eine Masse von 50 g. Das Rad hat einen Durchmesser von 80 cm und eine Drehzahl von 3000 U/min. Wievielmal übertrifft die entstehende Zentrifugalkraft ihre Gewichtskraft?

Masse: $m = 50\,\text{g} = 0{,}05\,\text{kg}$

$r = 40\,\text{cm} = 0{,}4\,\text{m}$

Geschwindigkeit: $v = 0{,}8\,\pi \cdot 3000\,\text{m/min} = 40\,\pi\,\text{m/s} = 125{,}6\,\text{m/s}$

Fliehkraft: $F_f = m\dfrac{v^2}{r} = 0{,}05\,\text{kg} \cdot \dfrac{(125{,}6\,\text{m/s})^2}{0{,}4\,\text{m}} = 2000\dfrac{\text{kg m}}{\text{s}^2} = \underline{\underline{2000\,\text{N}}}$

Die Fliehkraft ist daher das 4000fache der Gewichtskraft $F_G \approx 0{,}5\,\text{N}$ der Schaufel.

Beispiel 2

Welches ist die größte Geschwindigkeit, mit der ein Auto (Schwerpunktshöhe $h = 0{,}8$ m, Spurbreite $b = 1{,}2$ m) eine Kurve von 24 m Krümmungsradius durchfahren darf, ohne sich zu überschlagen (Abb. 8)? ($g \approx 10\,\text{m/s}^2$)

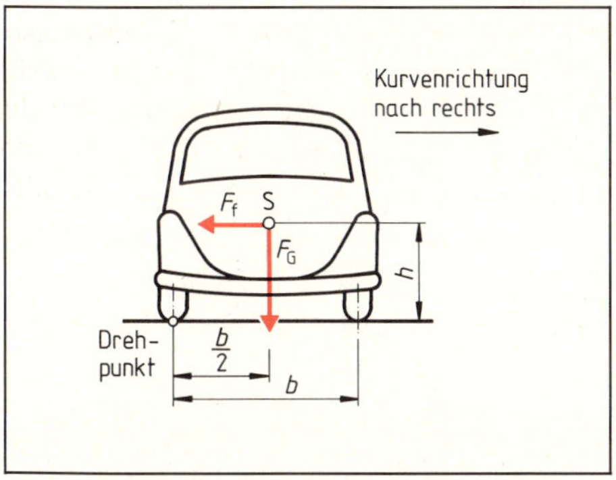

Abb. 8 Kippmoment und Standmoment bei einem Auto in einer Kurve

Das Kippmoment $F_f \cdot h$ darf nicht größer sein als das Standmoment $F_G \cdot \dfrac{b}{2}$. Im Grenzfall sind beide Momente gleich, also:

$$F_f \cdot h = F_G \cdot \frac{b}{2}$$

$$m\frac{v^2}{r} \cdot h = m \cdot g \cdot \frac{b}{2}$$

Durch Auflösen nach v^2 erhält man:

$$v^2 = \frac{g \cdot r \cdot b}{2\,h} = \frac{10\,\text{m/s}^2 \cdot 24\,\text{m} \cdot 1{,}2\,\text{m}}{1{,}6\,\text{m}} = 180\frac{\text{m}^2}{\text{s}^2}$$

$$v = 13{,}4\frac{\text{m}}{\text{s}} = \underline{48{,}3\frac{\text{km}}{\text{h}}}$$

Aufgaben

1. *Welche Zentripetalkraft ist erforderlich, damit ein Auto von der Masse 1200 kg eine Kurve von 40 m Krümmungsradius mit 24 $\frac{km}{h}$ durchfahren kann? Welches ist die größte Geschwindigkeit, mit der das Auto diese Kurve bei nasser Straße ohne Schleudergefahr durchfahren darf, wenn die Reibungszahl zwischen Boden und Reifen nur 0,25 beträgt?*

2. *In einer Zentrifuge (Abb. 5) rotiert eine kleine Flüssigkeitsmenge mit hoher Drehfrequenz auf einer Kreisbahn von $d = 18$ cm. Welche Drehzahl ist erforderlich, damit die Zentrifugalkraft auf die abzuscheidenden Teilchen 12 000mal so groß ist wie ihre Gewichtskraft?*

3. *Welches ist der kleinste Krümmungsradius, den eine Kurve besitzen darf, damit ein Auto sie mit 60 km/h durchfahren kann, ohne sich zu überschlagen (Spurbreite 1,2 m, Schwerpunktshöhe 0,8 m)?*

1.10 Gravitation

1.10.1 Das Gravitationsgesetz

Die Gewichtskraft, der alle Körper auf der Erde unterliegen, ist eine zum Erdmittelpunkt gerichtete Kraft. Sie erzeugt an der Oberfläche der Erde in einer Entfernung von 6370 km vom Erdmittelpunkt eine Beschleunigung von 9,81 m/s². Der Mond bewegt sich auf einer nahezu kreisförmigen Bahn um die Erde. Daher muß er auch unter dem Einfluß einer zum Erdmittelpunkt gerichteten Zentripetalkraft stehen. Aus dem Radius $r = 384\,000$ km der Mondbahn und der Umlaufszeit $T = 27{,}3$ d $= 2{,}36 \cdot 10^6$ s kann man die Zentripetalbeschleunigung des Mondes berechnen:

$$a = \frac{v^2}{r} = \frac{(2 r \pi / T)^2}{r} = \frac{4 r \pi^2}{T^2} = 0{,}00272 \frac{\text{m}}{\text{s}^2}$$

Sie ist nur der 3600. Teil der Fallbeschleunigung g.

Newton erkannte als erster, daß die Gewichtskraft an der Erdoberfläche und die Zentripetalkraft der Mondbewegung zwei Sonderfälle ein und derselben Kraft sind, die von der Masse der Erde ausgeht und zum Erdmittelpunkt gerichtet ist. Da die von dieser Kraft hervorgerufene Beschleunigung in der Mondentfernung, die das 60fache des Erdradius beträgt, nur noch den 3600. Teil ihres Wertes an der Erdoberfläche besitzt, muß die Kraft mit dem Quadrat der Entfernung vom Erdmittelpunkt abnehmen.

Nach dem Reaktionsprinzip wird aber nicht nur der Mond von der Erde, sondern mit derselben Kraft auch die Erde vom Mond angezogen. Eine Bestätigung dafür ist die Erscheinung der Gezeiten, die in Nr. 1.10.2 näher betrachtet wird. Da die Erde alle Massen an ihrer Oberfläche, aber auch alle Massen im Weltenraum anzieht und diese wiederum die Erde anziehen, muß die gegenseitige Anziehung eine allgemeine Eigenschaft aller Massen sein. Aus der Tatsache, daß die Gewichtskraft auf der Erde proportional zur Masse des angezogenen Körpers ist, und aus dem Reaktionsprinzip folgt, daß die allgemeine Anziehungskraft zu beiden beteiligten Massen proportional ist. Man bezeichnet die allgemeine Massenanziehungskraft als **Gravitation.**

Zwischen zwei Massen besteht immer eine Gravitationskraft, die zu beiden Massen direkt und zum Quadrat ihrer Entfernung umgekehrt proportional ist.

$$F = f \cdot \frac{m_1 \cdot m_2}{r^2} \qquad \text{mit: } f = 6{,}67 \cdot 10^{-11} \frac{\text{m}^3}{\text{kg s}^2}$$

Die in dem Gesetz auftretende Größe f ist die **Gravitationskonstante.** Ihr Wert folgt aus dem Gravitationsgesetz, wenn man die anziehende Kraft zweier bekannter Massen in einer gemessenen Entfernung bestimmen kann. Dazu benutzt man einen Versuch mit einer Drehwaage (Abb. 1).

V

An dem Ende eines leichten, horizontalen Stabes befinden sich zwei kleine Bleikugeln. Der Stab ist in der Mitte leicht drehbar aufgehängt. Seine Drehung kann durch einen Lichtstrahl an einer Skala sichtbar gemacht werden, der auf einen am Stab befestigten Spiegel fällt.

Bringt man in die Nähe der kleinen Kugeln ohne Erschütterung zwei große Bleikugeln, so erzeugt die Gravitationskraft ein Drehmoment, das die Stange mit den kleinen Kugeln in Drehung setzt. Aus der Bewegung der Lichtmarke kann man die Beschleunigung der Kugelmassen und daraus die Kraft berechnen. Setzt man dann die Kraft, die Massen und die Entfernung in das Gravitationsgesetz ein, so erhält man für die Gravitationskonstante f den oben angegebenen Wert.

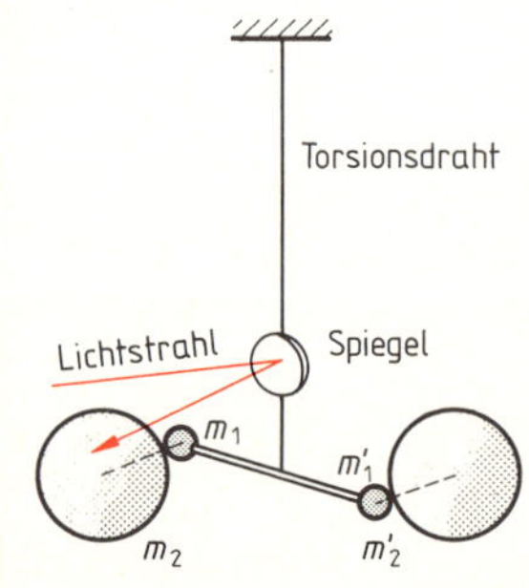

Abb. 1 Versuch mit der Drehwaage

Die folgenden beiden Beispiele zeigen die Berechnung der Gravitationskraft:

Beispiel 1

Welche Kraft entsteht bei dem Versuch zwischen einer Bleikugel von 40 g Masse und einer zweiten Bleikugel von 2 kg Masse, deren Mittelpunkte 6 cm von einander entfernt sind?

$$F = f \cdot \frac{m_1 \cdot m_2}{r^2} = 6{,}67 \cdot 10^{-11} \frac{\text{m}^3}{\text{kg s}^2} \cdot \frac{0{,}04 \cdot 2\,\text{kg}^2}{0{,}06^2\,\text{m}^2} = 1{,}48 \cdot 10^{-9} \frac{\text{kg m}}{\text{s}^2} = \underline{1{,}48 \cdot 10^{-9}\,\text{N}}$$

Beispiel 2

Mit welcher Kraft ziehen sich zwei Lokomotiven von je 400 t in einer gegenseitigen Entfernung von 4 m an?

$$F = f \cdot \frac{m_1 \cdot m_2}{r^2} = 6{,}67 \cdot 10^{-11} \frac{\text{m}^3}{\text{kg s}^2} \cdot \frac{(400\,000\,\text{kg})^2}{(4\,\text{m})^2} = \underline{0{,}667\,\text{N}}$$

Bei kleinen Gegenständen unserer Umwelt sind die Gravitationskräfte so klein, daß sie nur mit sehr empfindlichen Meßgeräten nachweisbar sind und praktisch immer vernachlässigt werden dürfen. Selbst bei großen Massen spielt ihre Anziehungskraft im Vergleich zur Reibungskraft an der Unterlage keine Rolle. Bei den Massen der Himmelskörper, die keiner anderen Kraft unterliegen, beherrscht jedoch die Gravitationskraft ihren gegenseitigen Bewegungsablauf.

Infolge der Gravitation erfährt eine kleine Masse, die als Probekörper in die Umgebung einer anderen Masse gebracht wird, eine Anziehung. Wird der Probekörper an irgendeiner Stelle ruhend sich selbst überlassen, so wird er von der dort herrschenden Gravitationskraft beschleunigt und bewegt sich in Richtung auf die große Masse. Man könnte die Anziehungskraft als eine Fernwirkung dieser Masse betrachten. Diese Anschauung stößt jedoch für das Verständnis auf große Schwierigkeiten. Eine solche Fernwirkung müßte sich ohne irgendeine Vermittlung an einem beliebig weit entfernten Punkt bemerkbar machen und dabei mit zunehmender Entfernung ohne besondere Ursache schwächer werden. Außerdem müßte die Fernkraft an einer Stelle, solange sie leer ist, nicht vorhanden sein, aber sofort auftreten, wenn dorthin eine Masse gebracht wird. Deshalb ließ man die Fernwirkungsannahme fallen und ersetzte sie durch die **Feldtheorie,** die sich auch bei der Elektrizität und dem Magnetismus bewährte.

Nach ihr breitet sich die Gravitationswirkung von einer Masse durch den Raum hin aus. Dabei erhält jeder Punkt besondere Eigenschaften, die der Raum zuvor nicht besaß, z. B. die, daß er auf einen Probekörper eine Kraft ausübt. Die Wirkung muß wegen der Ausbreitung auf immer größere Räume mit zunehmender Entfernung schwächer werden. Einen solchen Raum bezeichnet man als ein **Feld,** insbesondere in dem vorliegenden Fall, bei dem er Träger der Gravitationswirkung ist, als **Gravitationsfeld.**

Ein Gravitationsfeld ist nicht sichtbar; man kann es aber durch **Feldlinien** veranschaulichen. In jedem Punkt des Feldes hat die Gravitationskraft eine bestimmte Richtung, die sich mit der Richtung deckt, in der ein Probekörper beschleunigt wird. Denkt man sich diese Richtung in jedem Punkt eines Feldes gezeichnet, so kann man daraus Linien zusammensetzen, längs denen sich ein anfangs ruhender Probekörper bewegen würde. Abb. 2 zeigt das Feldlinienbild einer einzelnen und zweier benachbarter Massen. Die Feldlinien geben überall die Richtung der Kraft; aber auch ihre Größe kann man ablesen, denn sie ist um so größer, je enger die Linien an einer Stelle zusammenlaufen.

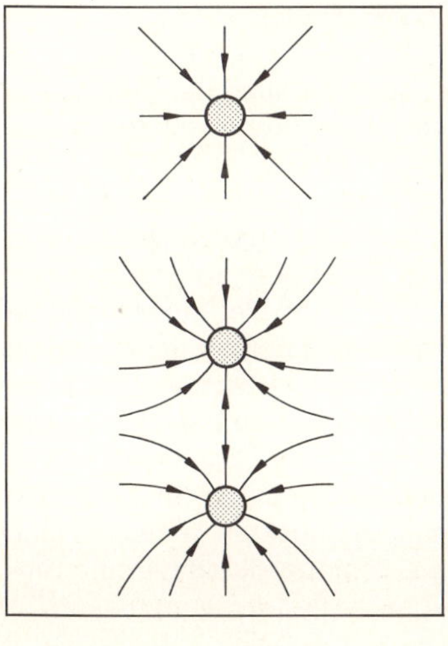

Abb. 2
Feldlinien von Gravitationsfeldern

1.10.2 Wirkungen der Gravitation

Schon im Altertum suchte man die Bewegung der Planeten zwischen den Fixsternen zu beschreiben und ihren Lauf vorauszusagen. Mehrere Astronomen, darunter Hipparch (um 150 v. Chr.) und Ptolemäus (um 150 n. Chr.), versuchen die Aufgabe zu lösen. Das von ihnen aufgestellte Weltbild stellte die ruhende Erde in den Mittelpunkt und benötigt zur Erklärung der Planetenbahnen ein kompliziertes System von zusammengesetzten Kreisbewegungen. Dabei wurde auch keine gute Übereinstimmung mit der Beobachtung erzielt.

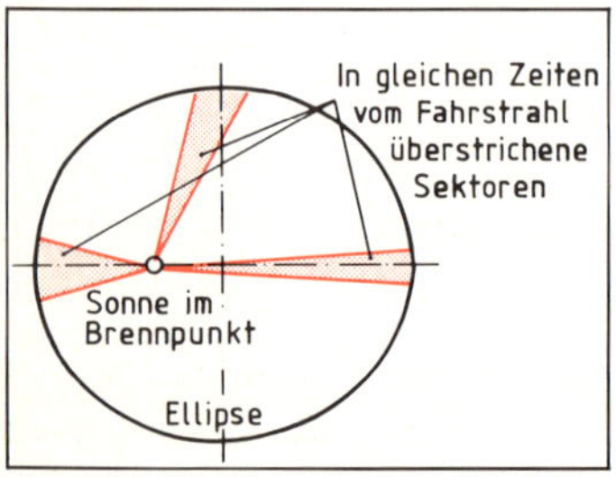

Abb. 1
Die Keplerschen Gesetze

Trotzdem hielt man bis ins späte Mittelalter am Ptolemäischen Weltbild fest, bis **Kopernikus** (1473–1543), angeregt durch die Schriften des Griechen Aristarch (um 250 v. Chr.), ein neues „heliozentrisches" Weltbild entwarf. In diesem umkreisen alle Planeten, zu denen auch die Erde gehört, die ruhende Sonne; nur der Mond umläuft die Erde. Hundert Jahre später fand **Kepler** (1571–1630) aus genauen Beobachtungen des Planeten Mars die Gesetzmäßigkeiten der Planetenbewegung, die in den **Keplerschen Gesetzen** zum Ausdruck kommen (Abb. 1).

1. Die Bahnen der Planeten sind Ellipsen, in deren einem Brennpunkt die Sonne steht.

2. In gleichen Zeiten überstreicht die Verbindungslinie Sonne – Planet gleiche Flächen.

3. Bei zwei Planeten mit den Umlaufzeiten T_1 und T_2, deren Bahnellipsen die großen Halbachsen a_1 und a_2 haben, gilt die Beziehung $T_1^2 : T_2^2 = a_1^3 : a_2^3$.

Bei der Aufstellung seiner Gesetze ahnte Kepler schon, daß zwischen ihnen ein ursächlicher Zusammenhang bestehen müsse und daß dieser auf einer von der Sonne ausgehenden Kraft beruhe.

Erst die Entdeckung der Gravitation und der dynamischen Gesetze durch Newton (1643 bis 1727) machte den Weg frei, die Bewegung der Planeten als eine Folge der auf sie wirkenden Anziehungskraft der Sonne zu erkennen. Die beiden ersten Keplerschen Gesetze folgen unmittelbar aus dem Grundgesetz der Dynamik, wenn man sie für e i n e n Planeten anschreibt und mit den Hilfsmitteln der Infinitesimalrechnung löst. Das dritte Gesetz erhält man, wenn man die Ergebnisse bei zwei Planeten vergleicht.

Da die Planeten nicht nur der Anziehungskraft der Sonne, sondern auch der gegenseitigen Anziehungskraft unterworfen sind, weichen ihre Bahnen von den Keplerschen Ellipsen um geringe Beträge, die sog. Störungen, ab.

Die Gesetzmäßigkeiten der Gravitation haben unmittelbare Anwendung gefunden, seitdem die Menschheit es gelernt hat, mit Raumfahrzeugen bis zum Mond oder zu den Planeten vorzustoßen, weil sich ja nicht nur die Himmelskörper, sondern auch die Raumfahrzeuge nach ihnen bewegen. Um einen Körper von der Erdoberfläche zu irgend einem anderen Himmelskörper zu bringen, muß die Gravitation der Erde überwunden werden. Die erste Teilaufgabe dazu besteht darin, einen Körper auf eine Erdumlaufbahn zu bringen, auf der er außerhalb der Erdatmosphäre ohne Luftwiderstand die Erde längere Zeit ohne Antrieb umkreisen kann. Zu diesem Zweck muß er mit einer Rakete hochgetragen und auf eine solche Geschwindigkeit beschleunigt werden, daß die Erdanziehungskraft in dieser Höhe von mindestens $r = 6500$ km vom Erdmittelpunkt genau die Zentripetalkraft für eine Umlaufbahn mit diesem Radius darstellt.

Die Fallbeschleunigung g in dieser Höhe erhält man aus der Verhältnisgleichung (g_0 = Fallbeschleunigung an der Erdoberfläche, r_0 Erdradius)

$$g : g_0 = {r_0}^2 : r^2$$

$$g = g_0\left(\frac{r_0}{r}\right)^2 = 9{,}81\,\frac{\mathrm{m}}{\mathrm{s}^2}\cdot\left(\frac{6370\,\mathrm{km}}{6500\,\mathrm{km}}\right)^2 = 9{,}42\,\frac{\mathrm{m}}{\mathrm{s}^2}$$

Da die Zentripetalbeschleunigung auf der Umlaufbahn genau diesem Wert entsprechen muß, findet man die erforderliche Geschwindigkeit aus:

$$g = \frac{v^2}{r}$$

$$v = \sqrt{r\cdot g} = \sqrt{6500000\,\mathrm{m}\cdot 9{,}42\,\frac{\mathrm{m}}{\mathrm{s}^2}} = 7{,}82\,\frac{\mathrm{km}}{\mathrm{s}} = 28\,300\,\frac{\mathrm{km}}{\mathrm{h}}$$

Ein solches Raumschiff umkreist also die Erde auf einer Bahn von $2\,r\,\pi \approx 41\,000$ km in etwa 1,5 Stunden.

Um aber einen Körper ganz aus dem Anziehungsbereich der Erde zu lösen, benötigt er eine höhere Energie, die ihm während der Brennzeit der einzelnen Raketenstufen als kinetische Energie übertragen werden muß. Läßt man Energieverluste durch den Luftwiderstand außer Ansatz, so ist die Geschwindigkeit, die einen Körper an der Erdoberfläche befähigen würde, sich beliebig weit von der Erde zu entfernen, die sog. **Fluchtgeschwindigkeit,** für die sich mit Hilfe der Integralrechnung ergibt:

$$v_\mathrm{f} = \sqrt{2\,r_0\cdot g_0} = \sqrt{2\cdot 6370000\,\mathrm{m}\cdot 9{,}81\,\frac{\mathrm{m}}{\mathrm{s}^2}} = 11{,}2\,\frac{\mathrm{km}}{\mathrm{s}}$$

Von einer schon erreichten Umlaufbahn aus ist die Fluchtgeschwindigkeit etwas kleiner, außerdem braucht hier keine Reserve zur Überwindung des Luftwiderstandes berücksichtigt werden. Von der oben behandelten Kreisbahn mit r = 6500 km z. B. beträgt die Fluchtgeschwindigkeit nur noch v_f = 11,06 km/s.

Bei der weiteren Bewegung durch den Weltraum unterliegt das Raumschiff aber nicht nur der Anziehungskraft der Erde, sondern auch der des Mondes, der Sonne und der Planeten. Dabei brauchen jedoch nur die Himmelskörper berücksichtigt werden, denen das Raumschiff auf seiner Bahn nahekommt, da die Anziehungskraft der fern stehenden Planeten so klein ist, daß sie die Bahn des Raumschiffs praktisch nicht beeinflußt.

Beispiel

Wie groß muß die Geschwindigkeit v eines Satelliten sein, damit er genau auf einer Kreisbahn in h = 1400 km Höhe die Erde umkreist?

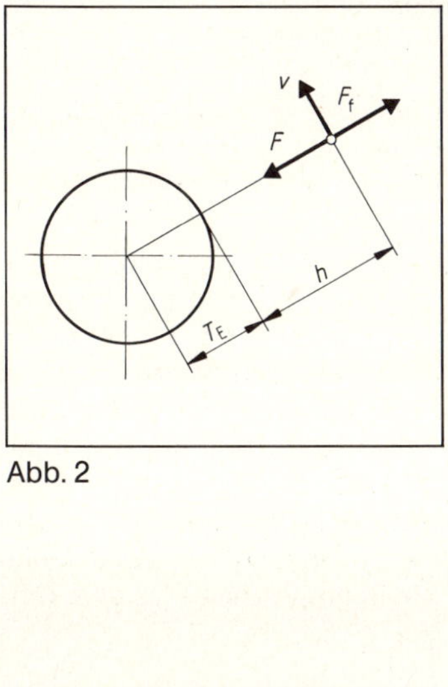

Abb. 2

Masse der Erde: $m_\mathrm{E} = 6\cdot 10^{24}\,\mathrm{kg}$
Masse des Satelliten: m_s
Erdradius: $r_\mathrm{E} = 6{,}37\cdot 10^3\,\mathrm{km}$
Gravitationskonstante: $f = 6{,}67\cdot 10^{-11}\,\frac{\mathrm{m}^3}{\mathrm{kg\,s}^2}$

In jedem Bahnpunkt herrscht Gleichgewicht:

$$F = F_\mathrm{f}$$

$$f\cdot\frac{m_\mathrm{E}\cdot m_\mathrm{s}}{(r_\mathrm{E}+h)^2} = m_\mathrm{s}\cdot\frac{v^2}{r_\mathrm{E}+h}$$

$$f\cdot\frac{m_\mathrm{E}}{r_\mathrm{E}+h} = v^2$$

$$v^2 = 6{,}67\cdot 10^{-11}\,\frac{\mathrm{m}^3}{\mathrm{kg\,s}^2}\cdot\frac{6\cdot 10^{24}\,\mathrm{kg}}{7{,}77\cdot 10^6\,\mathrm{m}} = 51{,}5\cdot 10^6\,\frac{\mathrm{m}^2}{\mathrm{s}^2}$$

$$v = 7177\,\frac{\mathrm{m}}{\mathrm{s}} = \underline{25\,840\,\frac{\mathrm{km}}{\mathrm{h}}}$$

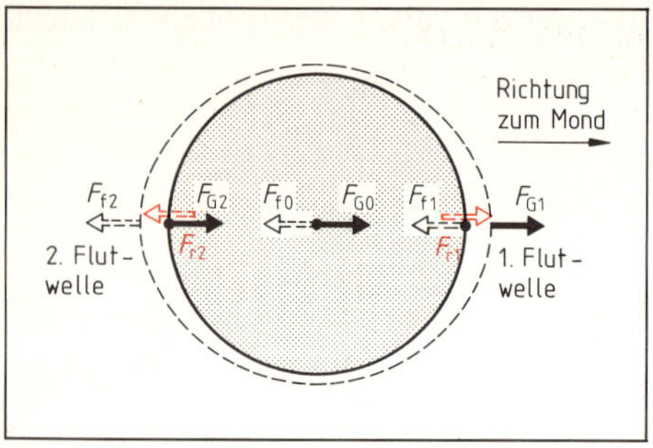

Abb. 3 Entstehung der Gezeiten

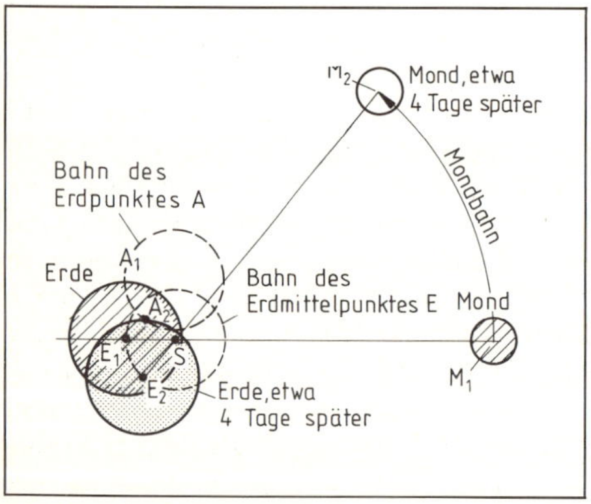

Abb. 4 Relativbewegung von Mond und Erde

Eine andere Erscheinung, die auch eine Wirkung der Gravitation darstellt, ist das Auftreten der Gezeiten. Schon frühzeitig erkannte man ihre Abhängigkeit von der Stellung des Mondes; heute ist es erwiesen, daß sie durch die Gravitation vor allem des Mondes, aber auch der Sonne auf die Erde bzw. auf das Wasser der Weltmeere hervorgerufen wird. Es entsteht nicht nur auf der dem Mond zugewandten Seite, sondern auch auf der dem Mond abgewandten Seite der Erde eine Flutwelle (Abb. 3). Um das zu erklären, sehen wir zunächst von der Eigenrotation der Erde um ihre Achse ab und betrachten nur die gegenseitige Bewegung des Mondes und der Erde. Diese erfolgt aber nicht um den Erdmittelpunkt, sondern um den gemeinsamen Schwerpunkt S (Abb. 3) von Erde und Mond, der noch ins Innere der Erde fällt. Während eines Mondumlaufs beschreiben dabei alle Punkte der Erde, z. B. der Punkt A in Abb. 4, gleich große Kreise. Bei gleicher Umlaufzeit und gleichem Kreisdurchmesser entsteht auch überall die gleiche Fliehkraft F_{f0}, die ebensogroß ist wie die Anziehungskraft F_{G0} des Mondes an der Stelle des Erdmittelpunktes. Auf der dem Mond zugewandten Seite erfährt das Wasser der Meere vom Mond eine größere Anziehung F_{G1}, da die Entfernung vom Mond um den Erdradius kleiner ist, während die Fliehkraft denselben Wert $F_{f1} = F_{f0}$ hat wie im Erdmittelpunkt. Daher entsteht dort eine resultierende Kraft $F_{r1} = F_{G1} - F_{f1}$, die das Wasser zu dieser Stelle treibt und dort die erste Flutwelle erzeugt. Auf der entgegengesetzten Seite ist das Wasser weiter vom Mond entfernt als der Erdmittelpunkt. Die Anziehungskraft auf das Wasser ist daher dort kleiner als die Fliehkraft F_{f2}. Es entsteht eine vom Mond weggerichtete Resultierende $F_{r2} = F_{f2} - F_{G2}$, die hier die zweite Flutwelle erzeugt.

Der Relativbewegung der Erde in Bezug auf den Mond überlagert sich die tägliche Eigenrotation der Erde um ihre Achse. Diese ändert die Entstehung der beiden Flutwellen überhaupt nicht, sondern bewirkt nur, daß diese die Erde täglich umkreisen, daß also etwa alle sechs Stunden Ebbe und Flut abwechseln. Die Form der Küsten behindert die Ausbildung und Ausbreitung der Flutwelle, so daß an vielen Stränden Verzögerungen auftreten.

Auch die Sonne erzeugt eine Flutwelle. Obwohl aber die Anziehungskraft der Sonne auf die Erde viel größer ist als die des Mondes, ist die Differenz zwischen ihrer Anziehungskraft und der Fliehkraft kleiner als bei der Mondanziehung, so daß die von der Sonne erzeugte Flutwelle nur etwa ein Drittel der Mondflutwelle ausmacht. Wenn beide Gezeitenwellen sich zur Zeit des Voll- oder des Neumondes vereinigen, entstehen die besonders stark ausgeprägten „Springfluten“, wenn sich dagegen die beiden Gezeiten zur Zeit des ersten oder letzten Viertels schwächen, beobachtet man nur die wenig ausgeprägten „Nippfluten“.

1.11 Materialeigenschaften der festen Stoffe

1.11.1 Teilbarkeit und molekularer Aufbau

Jeder Körper, der aus einheitlichem Stoff besteht, läßt sich teilen, ohne daß die entstehenden Teile die kennzeichnenden Eigenschaften des Stoffes einbüßen. Für mechanische Hilfsmittel hat die Teilbarkeit bald eine Grenze, sie läßt sich aber in Gedanken noch weiterführen. Unter dem Mikroskop lassen sich Teilchen bis zu einer Größe von etwa 0,001 mm erkennen, die noch die Merkmale des betreffenden Stoffes tragen. Bei Lösungen kann man noch Farbe, Geruch oder chemische Eigenschaften des gelösten Stoffes wahrnehmen, selbst dann, wenn ein stark vergrößerndes Mikroskop keine einzelnen Teilchen erkennen läßt.

Vor allem Gesetzmäßigkeiten in der Chemie, aber auch physikalische Tatsachen führen zu der Annahme, daß die Teilbarkeit der Stoffe doch eine Grenze hat und daß jeder Stoff aus kleinen Bausteinen besteht, deren Größe weit unter der Sichtbarkeitsgrenze liegt. In Lösungen oder beim Verdampfen wird ein Stoff in diese Bausteine zerteilt. Man nennt sie **Moleküle.** Ihr Durchmesser liegt etwa zwischen 0,000 001 mm $= 10^{-6}$ mm $= 1$ nm und 0,000 000 3 mm $= 3 \cdot 10^{-7}$ mm $= 0{,}3$ nm (z. B. beim Wasserstoffmolekül 0,32 nm) (1 nm = 1 Nanometer = 0,000 001 mm, vgl. Nr. 1.2.6). Mit chemischen Methoden lassen sich aber auch die Moleküle in noch kleinere Teile aufspalten, die jedoch nicht mehr die Eigenschaften des ursprünglichen Stoffes besitzen. Die Moleküle der zahllosen verschiedenen Stoffe bestehen aus nur wenigen solchen noch kleineren Teilchen, den **Atomen** der chemischen Elemente, von denen auf der Erde etwa 90 verschiedene Arten in der Natur vorkommen. Das kleinste und leichteste Atom ist das des Wasserstoffs. Sein Durchmesser ist 0,000 000 11 mm $= 1{,}1 \cdot 10^{-7}$ mm $= 0{,}11$ nm, seine Masse ist $1{,}67 \cdot 10^{-24}$ g.

1.11.2 Kohäsion, Adhäsion und Härte

Bei den festen Körpern sind die Moleküle in fester Ordnung zueinander gelagert; es herrscht Kräftegleichgewicht. Abstoßende Kräfte verhindern eine Verkleinerung, anziehende Kräfte eine Vergrößerung der Molekülabstände; in der normalen Entfernung stehen alle Kräfte im Gleichgewicht. Die Anziehungskräfte zwischen den Molekülen des gleichen Körpers nennt man **Kohäsion,** zwischen den Molekülen verschiedener Körper **Adhäsion.** Beispiele für die Wirkung dieser Molekularkräfte sind im täglichen Leben häufig: Haften von Staub an Oberflächen, von Kreide an der Tafel, einer Flüssigkeitshaut an einer Gefäßwand. Die Kraft zwischen zwei einzelnen Molekülen ist sehr klein. Daß man zur Teilung eines Körpers in vielen Fällen recht erhebliche Kräfte braucht, kommt daher, daß zahllose Moleküle voneinander weggerissen werden müssen. Wenn bei gut eben geschliffenen Flächen eine enge Berührung vieler Moleküle zustande kommt, können Gegenstände, z. B. zwei aufeinander gelegte Glasplatten, aneinander haften. Ein besonders gutes Beispiel ist das Zusammenhalten von Parallelendmaßen mit ihren geschliffenen Endflächen. Weil die Molekularkräfte nur eine sehr geringe Reichweite haben, läßt sich ein geteilter Körper nicht wieder zusammenfügen; denn die meisten Moleküle lassen sich dann nicht mehr auf den erforderlichen Abstand zusammenführen. Um die Kohäsionskräfte wirksam werden zu lassen, darf der Molekularabstand nicht mehr als 0,05 μm betragen.

Durch Wärme wird der gegenseitige Abstand der Moleküle vergrößert (Nr. 5.3.4). Erreichen sie dabei solche Entfernungen, daß die Kohäsionskräfte nur noch klein sind, so können die Moleküle ihre feste Ordnung verlassen und sich gegenseitig verschieben. Aus dem festen Stoff wird eine Flüssigkeit. Bei noch größerer Entfernung entziehen sich die Moleküle ganz dem Wirkungsbereich der Kohäsion. Sie können sich frei bewegen und füllen jeden zur Verfügung gestellten Raum. Der Stoff befindet sich dann im gasförmigen Zustand (s. Aggregatzustände Nr. 5.4).

Die Kohäsion der Moleküle bewirkt den Zusammenhalt eines festen Körpers. Sie verhindert aber auch, daß fremde Gegenstände seine Oberfläche verletzen, eindrücken oder in den Körper eindringen. Diese Eigenschaft eines Stoffes, seine **Härte,** ist für alle technischen Anwendungen sehr wichtig. Sie ist nicht bei allen Materialien gleich. Wenn ein Stoff die Oberfläche eines anderen ritzen kann, so ist er härter als der andere. Nach diesem Grundsatz wurde die Mohssche Härteskala aufgestellt:

Tabelle 1:		
	1. Talk	6. Feldspat
	2. Gips	7. Quarz
	3. Kalkspat	8. Topas
	4. Flußspat	9. Korund
	5. Apatit	10. Diamant

Jedes Mineral ist gerade so hart, daß es das vorhergehende ritzt. Durch Ritzen kann man zu prüfende Körper einordnen. Die einzelnen Stufen dieser Härteskala sind verschieden hoch. Die Technik verwendet mehr die **Härtebestimmungsmethode von Brinell,** bei der die Fläche des kreisförmigen Eindrucks, den eine bestimmte Stahlkugel bei einer bestimmten Kraft in dem Werkstück hinterläßt, als Maß für die Härte genommen wird. Bei sehr harten Werkstücken wird jedoch auch mit Diamanten geprüft (Rockwell- oder Vickershärte).

1.11.3 Wirkungen äußerer Kräfte auf den inneren Aufbau fester Körper

Die Atome bzw. Moleküle sitzen auch bei festen Körpern in ihrer Ordnung nicht unverrückbar fest. Wenn an einer Stelle eine äußere Kraft einwirkt, geben die unmittelbar getroffenen Atome oder Moleküle der Kraft nach und entfernen sich aus der Ruhelage. Auch viele Nachbarmoleküle werden verschoben, und es entsteht eine Formänderung. Bei **plastischen** Körpern bildet sich eine neue Gleichgewichtslage, so daß kein Bestreben mehr besteht, in die Ausgangslage zurückzukehren. Die Formänderung bleibt auch nach dem Wegfall der äußeren Kraft bestehen. Bei **elastischen** Körpern bildet sich kein neuer Gleichgewichtszustand. Die Formänderung bleibt nur, solange die äußere Kraft einwirkt. Nach ihrem Verschwinden geht der Körper in seine ursprüngliche Form zurück.

Während eine äußere Kraft auf einen elastischen Körper einwirkt, befindet sich der Teil, der eine Formänderung erleidet, in einem **Spannungszustand.** Er unterscheidet sich vom Normalzustand dadurch, daß die molekularen Kräfte der Kohäsion und Adhäsion erst zusammen mit den von der äußeren Einwirkung verursachten Kräften im Gleichgewicht stehen. Im Bereich des Spannungszustandes wirkt auf jedes Flächenstückchen außer den Molekularkräften noch eine von außen hervorgerufene Kraft, die vom Ort und der Ausrichtung des Flächenstückchens abhängt und mit seiner Größe anwächst. Der Quotient aus dieser Kraft und dem Inhalt des Flächenstückchens wird als **Spannung** σ (lies „sigma") bezeichnet:

$$\sigma = \frac{F}{A} \quad \text{oder} \quad F = A \cdot \sigma$$

$$[\sigma] = \frac{\mathrm{N}}{\mathrm{mm}^2}$$

Wenn z. B. am Ende eines Stabes eine Zugkraft F angreift, entsteht in ihm die Spannung $\sigma = F/S$ (in der Werkstoffprüfung wird der Querschnitt mit S statt mit A bezeichnet). Diese Spannung vergrößert die Stablänge l auf die neue Länge l_1, so daß eine Verlängerung $\Delta l = l_1 - l$ entsteht. Das Verhältnis der Verlängerung Δl zur Ausgangslänge l ist die Dehnung $\varepsilon = \Delta l / l$. Solange die Dehnung eine gewisse Grenze, die Dehngrenze, nicht überschreitet, gilt das **Hookesche Gesetz,** das in vereinfachter Form schon in Nr. 1.5.11 experimentell abgeleitet wurde. Nach ihm ist der Quotient aus der Spannung σ und der Dehnung ε eine Konstante, die als Elastizitätsmodul E bezeichnet wird:

$$\text{Elastizitätsmodul} = \frac{\text{Spannung}}{\text{Dehnung}}$$

$$E = \frac{\sigma}{\varepsilon} \qquad [E] = \frac{\text{N/mm}^2}{1}$$

Der Elastizitätsmodul ist je nach dem Werkstoff verschieden und stellt ein Maß für seine Elastizität dar. Aus der Gleichung folgt, daß der Elastizitätsmodul groß ist bei Stoffen, bei denen, wie z. B. bei Stahl, eine große Spannung nur eine kleine Dehnung erzeugt, und klein bei leicht verformbaren Stoffen, wie z. B. bei Gummi. Zur Berechnung der Spannung oder der Dehnung kann man die Gleichung umstellen:

$$\sigma = \varepsilon \cdot E \quad \text{oder} \quad \varepsilon = \frac{\sigma}{E} \qquad [\varepsilon] = \frac{\text{N/mm}^2}{\text{N/mm}^2} = 1$$

Setzen wir wieder für σ den Bruch F/S und für ε das Verhältnis $\Delta l/l$, so kann man die Kraft oder die Verlängerung berechnen:

$$F = S \cdot E \cdot \frac{\Delta l}{l}$$

$$\Delta l = \frac{F \cdot l}{S \cdot E}$$

Eine anschauliche Deutung des Elastizitätsmoduls folgt aus der Umstellung $E = \sigma/\varepsilon = \sigma \cdot l/\Delta l$. Danach stellt er die Spannung dar, die nötig wäre, um die Länge eines Stabes zu verdoppeln; denn dann wäre $\Delta l = l$, und der letzte Quotient in der Gleichung hätte den Wert 1. Es gibt allerdings kaum einen Stoff, bei dem eine solche Dehnung möglich wäre, ohne daß er zum Bruch käme.

Schreibt man die gefundenen Formeln als Einheitengleichungen, so erhält man die Einheiten der Dehung ε, der Spannung σ und des Elastizitätsmoduls E:

$[\varepsilon] = \frac{[\Delta l]}{[l]} = \frac{\text{m}}{\text{m}}$; die Dehnung ist eine unbenannte Verhältnisgröße

$$[\sigma] = \frac{[F]}{[A]} = \frac{\text{N}}{\text{mm}^2}$$

$$[E] = \frac{[\sigma]}{[\varepsilon]} = \frac{\text{N/mm}^2}{1} = \frac{\text{N}}{\text{mm}^2}$$

Spannung und Elastizitätsmodul haben also gleiche Einheiten.

Tabelle 1: Elastizitätsmodul E in N/mm²				
	Stahl	210 000	Blei	16 000
	Grauguß	100 000	Beton	14 000
	Glas	60 000	Gummi	5

Beispiel 1

Welche Längenänderung erleidet ein Stahldraht von 2 mm Durchmesser und 4 m Länge, an dem eine Zugkraft $F = 250$ N angreift ($E = 210\,000$ N/mm²)?

$$F = 250\,\text{N}$$

$$l = 4\,\text{m}$$

$$S = \frac{2^2\,\text{mm}^2 \cdot \pi}{4} = 3{,}14\,\text{mm}^2$$

$$E = 210000\,\text{N/mm}^2$$

$$\Delta l = \frac{F \cdot l}{S \cdot E} = \frac{250\,\text{N} \cdot 4000\,\text{mm}}{3{,}14\,\text{mm}^2 \cdot 210000\,\text{N/mm}^2} = \underline{1{,}5\,\text{mm}}$$

Beispiel 2 Welche Spannung ist nötig, um an einem Betonblock eine Längenänderung von 1 ‰ zu erzeugen ($E = 14\,000$ N/mm²)?

$\varepsilon = 1\,‰ = 0{,}001$

$E = 14000\,\text{N/mm}^2$

$\sigma = \varepsilon \cdot E = 0{,}001 \cdot 14000\,\text{N/mm}^2 = \underline{14\,\text{N/mm}^2}$

Aufgabe

Eine Zugstange wird mit $F = 175\,000$ N belastet. Die zulässige Spannung $\sigma_{\text{zul.}} =$ 90 N/mm². Der Elastizitätsmodul $E = 210\,000$ N/mm².

Berechnen sie
a) den notwendigen Querschnitt S,
b) den erforderlichen Durchmesser d bei kreisförmigem Querschnitt,
c) die Verlängerung Δl der Zugstange bei einer Länge von 7,7 m.

Nach dem Überschreiten der Dehngrenze gilt das Hookesche Gesetz nicht mehr. Die Dehnung wird größer, als sie sich mit der Spannung aus dem Gesetz errechnet. Zu der elastischen Dehnung kommt dann noch eine b l e i b e n d e Dehnung hinzu.

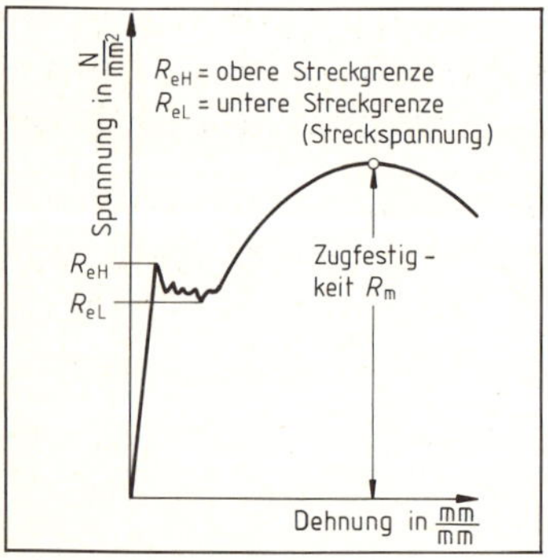

Abb. 1 Spannungs-Dehnungs-Diagramm

Zur Veranschaulichung des Zusammenhangs zwischen Spannung und Dehnung sind beide Größen in Abb. 1 für Baustahl graphisch aufgetragen. Anfangs wächst die Zugspannung proportional zur Dehnung. Es ergibt sich eine Gerade mit der Steigung $\sigma/\varepsilon = E$. Wenn die Spannung die obere Streckgrenze R_{eH} erreicht, wächst sie bei weiterer Dehnung nicht mehr so weiter, sie nimmt sogar bis zur unteren Streckgrenze R_{eL} wieder ab. Bei bestimmten, legierten Stählen geht der erste Teil der Kurve in den folgenden Teil der Kurve mit nicht proportionaler, bleibender Dehnung über. Dann legt man die Dehngrenze als die Spannung fest, bei der die bleibende Dehnung z. B. 0,2 % beträgt und bezeichnet sie als $R_{p\,0,2}$. – Nach der Streckgrenze setzt das Material einer weiteren Dehnung wieder größeren Widerstand entgegen. Die Spannung steigt wieder an bis zu ihrem höchsten Wert R_m, den man als Z u g f e s t i g k e i t bezeichnet. Man berechnet sie, indem man die Höchstzugkraft F_m durch den Anfangsquerschnitt S_0 dividiert: $R_m = F_m/S_0$. Bis zum Bruch dehnt sich der Stahl noch weiter, wobei sich sein Querschnitt an einer Stelle einschnürt und er dann dort abreißt. Dabei sinkt die Spannung scheinbar etwas ab, wenn man die erforderliche Zugkraft durch S_0 dividiert. Die Abnahme würde nicht auftreten, wenn man durch den wirklichen, verkleinerten Querschnitt an der Einschnürstelle dividieren würde.

Bei der Bruchspannung wird ein Körper zerstört, weil seine innere F e s t i g k e i t der äußeren Beanspruchung nicht mehr gewachsen ist. Je nach der Art, wie die äußeren Kräfte angreifen, unterscheidet man verschiedene Festigkeiten, z. B. Z u g f e s t i g k e i t bei Seilen, D r u c k f e s t i g k e i t bei Mauerwerk, B i e g e f e s t i g k e i t bei Trägern, D r e h u n g s - oder T o r s i o n s f e s t i g k e i t bei Achsen, die ein Drehmoment übertragen sollen, K n i c k f e s t i g k e i t bei langen Stützen, S c h e r f e s t i g k e i t, wenn zwei gleiche, aber entgegengesetzte Kräfte wie bei den Klingen einer Schere in geringem seitlichem Abstand auf einen Körper einwirken.

1.11.4 Der Druck

Wenn eine Spannung durch eine Kraft erzeugt wird, die von außen auf einen Körper drückt, nennt man den entstehenden Spannungszustand einen **Druckzustand** und die von der Normalkomponente F_n der Kraft hervorgerufene Spannung den **Druck** p. Man erhält ihn aus der Formel $\sigma = F/A$, wenn man σ durch p und F durch F_n ersetzt.

Der Druck ist der Quotient aus der Normalkomponente einer Kraft und der von ihr getroffenen Fläche.

$$p = \frac{F_n}{A} \qquad [p] = \frac{\mathrm{N}}{\mathrm{mm}^2}$$

Da der Druck ein Sonderfall der Spannung ist, wird er, vor allem in der Festigkeitslehre, mit der gleichen Einheit N/mm² gemessen wie die Spannung. In anderen Teilen, z. B. in der Lehre der Flüssigkeiten und Gase, verwendet man zur Messung von Drücken meist andere Einheiten. Bei sehr kleinen Drücken benützt man das Pascal (Pa), sonst meistens das Bar (bar):

$$1\,\mathrm{Pa} = 1\,\mathrm{N/m^2}$$
$$1\,\mathrm{bar} = 10^5\,\mathrm{Pa} = 10^5\,\mathrm{N/m^2} = 10\,\mathrm{N/cm^2}$$
$$1\,\mathrm{mbar} = 10^2\,\mathrm{N/m^2} = 100\,\mathrm{Pa} = 1\,\mathrm{hPa}\ (\text{Hektopascal})$$

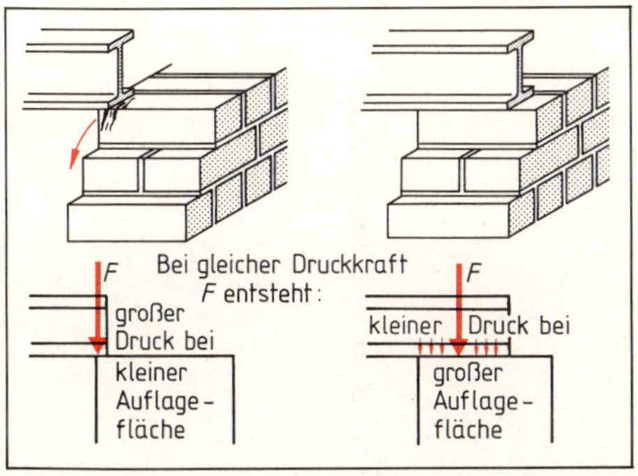

Abb. 1 Druck beim Auflager eines Trägers

In der Festigkeitslehre spielt der Druck, der dort auch als Flächenpressung bezeichnet wird, eine besondere Rolle, da ja ein Körper nur zu Bruch geht, wenn seine innere Spannung, insbesondere die Druckspannung, eine bestimmte Grenze überschreitet. Wenn z. B. bei einem Bau ein schwerer Träger nach Abb. 1 auf einer zu kleinen Fläche der tragenden Mauer liegt, wird das Auflager zerstört. Bei großer Auflagefläche bleibt er dagegen sicher liegen. Die Auflagekraft ist in beiden Fällen gleich; sie verteilt sich aber auf verschiedene Flächen und erzeugt daher verschiedene Drücke.

Beträgt z. B. bei dem angeführten Träger die Auflagekraft 20 000 N, so ist im ersten Fall bei einer Auflagefläche von 16 cm · 4 cm der Druck:

$$p_1 = \frac{20000\,\mathrm{N}}{16\,\mathrm{cm} \cdot 4\,\mathrm{cm}} = 312\frac{\mathrm{N}}{\mathrm{cm}^2} = 3{,}12\frac{\mathrm{N}}{\mathrm{mm}^2}$$

Dieser Druck übersteigt den bei Ziegelmauerwerk zulässigen Druck von etwa $p_{\mathrm{zul}} = 2\,\mathrm{N/mm^2}$, deshalb besteht die Gefahr des Bruches.

Hat dagegen das Auflager im zweiten Fall die Fläche 16 cm · 20 cm, so vermindert sich der Druck auf:

$$p_2 = \frac{20000\,\mathrm{N}}{16\,\mathrm{cm} \cdot 20\,\mathrm{cm}} = 62{,}5\frac{\mathrm{N}}{\mathrm{cm}^2} = 0{,}625\frac{\mathrm{N}}{\mathrm{mm}^2}$$

Diese wesentlich kleinere **Flächenpressung** hält das Mauerwerk ohne weiteres aus.

Von der Druckminderung durch Vergrößerung der Auflagefläche wird im täglichen Leben und in der Technik oft Gebrauch gemacht. Um im Schnee nicht so tief einzusinken, stellt man sich auf Skier. Man belegt weichen Boden mit Brettern, damit eine darüber fahrende Schubkarre nicht zu tief einsinkt. Auch die Gleisketten bei geländegängigen Fahrzeugen haben denselben Zweck.

Bei kleinen Flächen können aber auch schon geringe Kräfte hohe Drücke verursachen. Übt man auf eine Nähnadel, die in eine Spitze von 0,1 mm · 0,1 mm endet, eine Kraft von 1 N aus, so entsteht ein Druck:

$$p = \frac{1\,\mathrm{N}}{0{,}01\,\mathrm{mm}^2} = \frac{1\,\mathrm{N}}{0{,}0001\,\mathrm{cm}^2} = 10000\,\frac{\mathrm{N}}{\mathrm{cm}^2} = 1000\,\mathrm{bar}$$

Diese starke Druckerhöhung bei Spitzen und Schneiden nennt man Spitzen- oder Schneidenwirkung. Sie wird bei Pfählen, Nägeln, Ahlen, Bohrern, Messern oder anderen Schneidwerkzeugen angewendet.

Oft wird die Bezeichnung „Druck" für eine Kraft verwendet, die einen Druck erzeugt. Um die Begriffe klar zu trennen, sollte man dann die Bezeichnung **Druckkraft** anwenden und das Wort „Druck" nur benutzen, wenn es sich um den Quotienten aus Druckkraft und Fläche handelt.

Aufgaben

1. *Berechnen Sie den Druck (Flächenpressung), den eine Backsteinmauer ($\varrho = 1{,}6$ kg/dm^3) von 2 m Höhe auf ihr Fundament ausübt. Weshalb benötigt man dazu keine Angabe der Länge und Mauerstärke?*

2. *Ein Balken von 3,2 m Länge, 10 cm Breite und 14 cm Höhe ($\varrho = 0{,}75$ kg/dm^3) liegt an beiden Enden 8 cm lang auf seinen Unterstützungsmauern auf. Berechnen Sie die Flächenpressung.*

3. *Im Zylinder eines Motors herrscht ein Verbrennungsdruck von 34 bar. Berechnen Sie die Kraft auf einen Kolben von 48 mm Durchmesser.*

2 Gleichgewicht bei Flüssigkeiten – Hydrostatik

2.1 Grundeigenschaft der Flüssigkeiten und daraus gezogene Folgerungen

2.1.1 Grundeigenschaft und Gesetz der Druckausbreitung

Bei einer Flüssigkeit wirken zwischen ihren Molekülen viel kleinere Anziehungskräfte als bei festen Stoffen (Nr. 1.11.2). Die Moleküle können sich deshalb im Innern der Flüssigkeit leicht bewegen. Sie folgen dem Zug der Erdanziehungskraft und füllen jedes zur Verfügung gestellte Gefäß von unten her. Eine Flüssigkeit besitzt keine feste Gestalt. Dagegen hat sie ein genau bestimmbares Volumen, das sich selbst durch hohe Drücke nur um sehr kleine Beträge, z. B. bei Wasser um 0,0048 % je bar, zusammenpressen läßt.

Die Flüssigkeitsmoleküle sind leicht beweglich.
Eine Flüssigkeitsmenge besitzt keine bestimmte Gestalt, aber ein bestimmtes Volumen.

Die Grundeigenschaft der leichten Beweglichkeit hat zur Folge, daß eine punktförmig angreifende Kraft bei einer Flüssigkeit nicht zur Wirkung kommen kann. Das getroffene Molekül kann wegen seiner Beweglichkeit ausweichen. Deshalb läßt man Kräfte nur durch Vermittlung von Flächen fester Körper, z. B. durch einen Kolben, auf Flüssigkeiten einwirken. Durch den Kolben wird die Kraft gleichmäßig auf seiner ganzen Fläche wirksam, die an dem Kolben anliegenden Flüssigkeitsteilchen stehen dann unter dem Druck p, den man nach Nr. 1.11.4 als Quotienten aus Kraft und Kolbenfläche erhält: $p = \frac{F}{A}$.

Aber auch die übrigen Teile der Flüssigkeit werden von dem Druck betroffen.

V

Wird bei dem in Abb. 1 dargestellten Gerät eine Kraft auf den Kolben ausgeübt, so spritzt das Wasser nicht nur bei der gegenüberliegenden, sondern an allen rings um den Behälter verteilten Öffnungen aus.

Ergebnis
Der Druck breitet sich durch die Flüssigkeit nach allen Seiten hin aus, also auch nach der zur ursprünglichen Kraftrichtung entgegengesetzten Richtung.

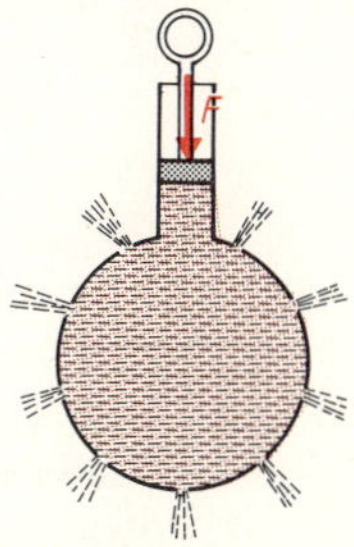

Abb. 1 Druckausbreitung nach allen Seiten

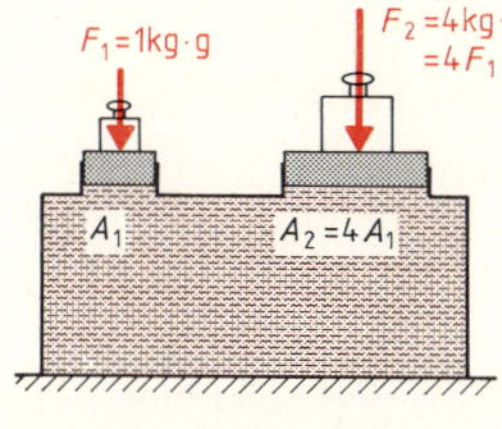

Abb. 2 Größe des sich ausbreitenden Druckes

Dabei bleibt die Größe des Druckes erhalten, wie man durch einen Versuch mit zwei Kolben verschiedenen Querschnitts nachweisen kann (Abb. 2). Die beiden Kolben stehen nur dann im Gleichgewicht, wenn der Kolben mit dem größeren Querschnitt auch eine höhere Belastung erhält, so daß der Druck bei beiden Kolben gleich ist.

In einer Flüssigkeit pflanzt sich der Druck nach allen Seiten in gleicher Größe fort. (Gesetz von Pascal)

Mit einer Vorrichtung wie in dem eben besprochenen Versuch kann man einen Kraftgewinn erzielen. Sind die Querschnitte der beiden Kolben z. B. 5 cm² und 20 cm², so erzeugt die Kraft 1 N am kleinen Kolben den Druck $p = \frac{F_1}{A_1} = \frac{1\,\mathrm{N}}{5\,\mathrm{cm}^2}$. Dieser pflanzt sich zum großen Kolben hin fort und erzeugt auf dessen Fläche die Kraft:

$$F_2 = p \cdot A_2 = \frac{1\,\mathrm{N}}{5\,\mathrm{cm}^2} \cdot 20\,\mathrm{cm}^2 = 4\,\mathrm{N}$$

Dieselbe Erscheinung kann man überall feststellen, wo der Druck einer Flüssigkeit auf ungleiche Flächen wirkt.

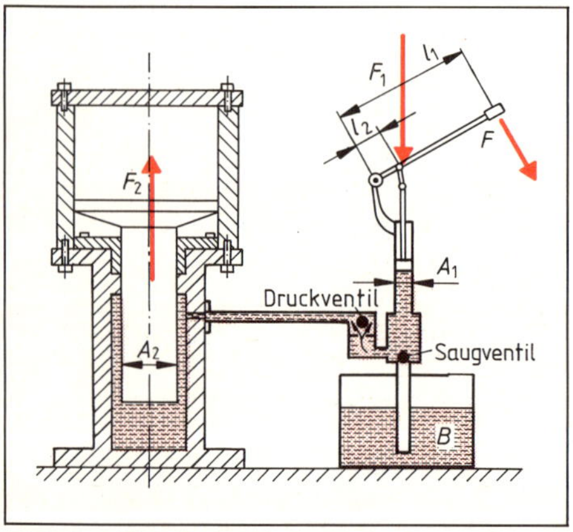

Abb. 3 Flüssigkeitspresse

Darauf beruht die in der Technik viel angewandte **hydraulische Presse** oder **Flüssigkeitspresse** (Abb. 3). In einem Zylinder mit dem kleinen Querschnitt A_1 bewegt sich der Kraftkolben mit der Kraft F_1 und erzeugt in der Flüssigkeit einen Druck $p = \frac{F_1}{A_1}$. Dieser Druck pflanzt sich in einen Zylinder mit dem viel größeren Querschnitt A_2 fort und erzeugt an dem in ihm beweglichen Lastkolben die Kraft:

$$F_2 = p \cdot A_2 = F_1 \cdot \frac{A_2}{A_1}$$

Das vom Kraftkolben durchlaufene Volumen ist $V_1 = A_1 \cdot s_1$, das vom Lastkolben durchlaufene Volumen ist: $V_2 = A_2 \cdot s_2$. Weil eine Flüssigkeit nicht zusammendrückbar ist, müssen diese beiden Volumina gleich sein: $A_1 \cdot s_1 = A_2 \cdot s_2$. Multipliziert man beide Seiten dieser Gleichung mit p, so folgt: $p \cdot A_1 \cdot s_1 = p \cdot A_2 \cdot s_2$. Da aber $p \cdot A_1 = F_1$ und $p \cdot A_2 = F_2$ ist, erhält man:

Arbeit am Kraftkolben = Arbeit am Lastkolben

$$F_1 \cdot s_1 = F_2 \cdot s_2$$

Damit bestätigt sich auch hier das Gesetz von der Erhaltung der Energie.

Das Saugventil sorgt dafür, daß beim Senken des Kraftkolbens die Flüssigkeit nicht in den Vorratsbehälter B zurückfließen kann, das Druckventil, daß beim Heben des Kraftkolbens keine Flüssigkeit aus dem Zylinder mit dem Lastkolben in den Zylinder mit dem Kraftkolben zurückströmt. Mit großen Flüssigkeitspressen kann man viele Tätigkeiten der Metallbearbeitung langsam ausführen, die sonst nur durch Hämmern und Schlagen möglich wären.

Aufgaben

1. *Eine hydraulische Hebebühne wird von Hand über einen Kraftkolben mit $A_1 =$ 3 cm² betätigt. Ein Kraftfahrzeug der Masse $m = 1{,}5$ t soll um $s_2 = 1{,}2$ m angehoben werden. Die Fläche des Preßkolbens ist $A_2 =$ 300 cm². Berechnen Sie die notwendige Kraft am Kraftkolben F_1, die verrichtete Arbeit W, den Weg am Kraftkolben s_1 und den Druck der Flüssigkeit.*

2. *Warum dürfen sich in der Bremsleitung einer hydraulischen Bremsanlage keine Luftblasen befinden?*

3. *Nennen Sie Einrichtungen und Maschinen, die ein hydraulisches Kraftübertragungssystem haben.*

2.1.2 Hydrostatischer Druck

Der Druck, der an einer Stelle in einer Flüssigkeit herrscht, wird nicht nur von einer außen wirkenden Kraft verursacht, sondern er wird auch zum Teil von der Gewichtskraft der Flüssigkeit erzeugt. Um die Druckverhältnisse im Innern einer Flüssigkeit zu untersuchen, machen wir die Versuche 1 und 2.

V1

Abb. 1 Ein Glasrohr wird verschieden tief in eine Flüssigkeit eingetaucht. Das obere Ende ist mit einem Flüssigkeitsmanometer Nr. 3.2.5) verbunden, an dem man den am unteren Ende der Röhre herrschenden Druck ablesen kann.

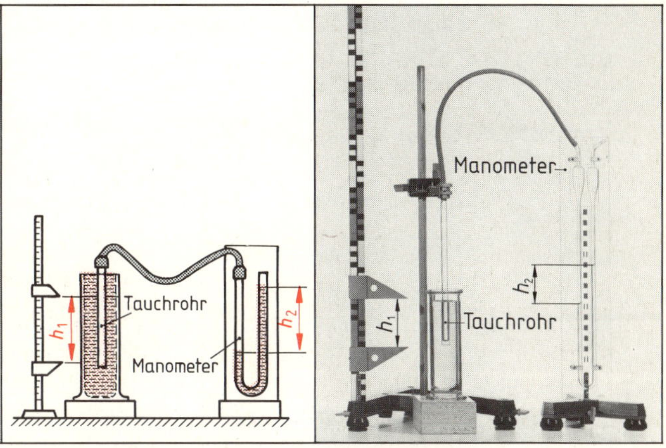

Abb. 1 Abhängigkeit des hydrostatischen Druckes von der Eintauchtiefe

V2

Abb. 2 Wir ersetzen das gerade Glasrohr durch andere Rohre mit verschieden geformtem Ende, die wir immer gleich tief eintauchen.

Ergebnis
Der Druck im Innern einer Flüssigkeit steigt mit zunehmender Tiefe. Bei gleicher Tiefe ist er unabhängig von der Größe der Meßfläche und ihrer Richtung.

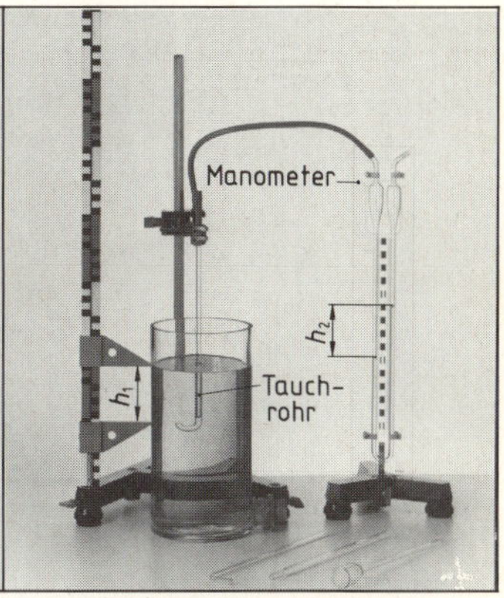

Abb. 2 Unabhängigkeit des hydrostatischen Druckes von der Größe und Richtung der Fläche

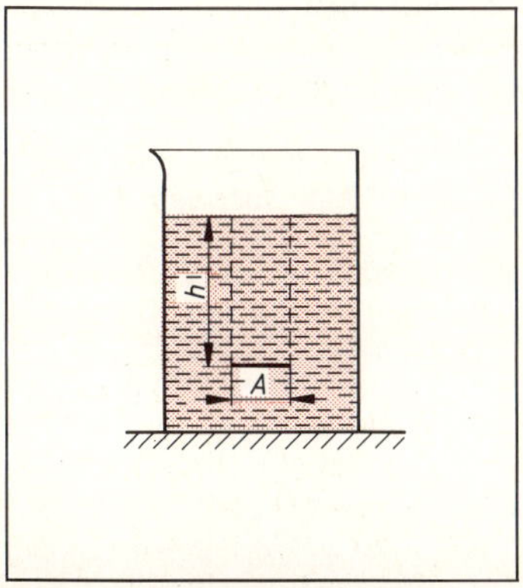

Abb. 3 Größe des hydrostatischen Druckes

Anhand der Abb. 3 läßt sich dieses Ergebnis leicht begründen: Denkt man sich von der zu untersuchenden Fläche A in der Flüssigkeit eine Säule bis zu ihrer Oberfläche ausgeschnitten, so drückt die Gewichtskraft der darin enthaltenen Flüssigkeitsmenge auf diese Fläche. Beträgt die Höhe zwischen Fläche und Oberfläche h, so ist die Masse dieser Flüssigkeitsmenge $m = A \cdot h \cdot \varrho$ und ihre Gewichtskraft $F_G = A \cdot h \cdot \varrho \cdot g$. Aus dieser Kraft berechnet sich der Druck an der Stelle zu

$$p = \frac{\text{Kraft}}{\text{Fläche}} = \frac{A \cdot h \cdot \varrho \cdot g}{A} = h \cdot \varrho \cdot g$$

Man nennt diesen von der Gewichtskraft einer Flüssigkeit erzeugten Druck den **hydrostatischen Druck.**

$$p = h \cdot \varrho \cdot g$$

Weil der hydrostatische Druck von der Schwerewirkung der Flüssigkeit verursacht ist, wird er auch **Schweredruck** genannt.

Nach dieser Gleichung ist der Druck einer Flüssigkeitssäule durch die Angabe der Dichte und ihrer Höhe eindeutig bestimmt. Man benützt diese Gesetzmäßigkeit auch zur Angabe und zur Messung von Drücken.

Durch Umstellung der obigen Gleichung erhält man die Höhe h einer dem Druck p entsprechenden Flüssigkeitssäule: $h = \frac{p}{\varrho \cdot g}$

also für Wasser: $$h_W = \frac{p}{1\,\text{kg/dm}^3 \cdot 9{,}81\,\text{m/s}^2} = \frac{p}{9{,}81\,\text{N/dm}^3}$$

und für Quecksilber: $$h_Q = \frac{p}{13{,}6\,\text{kg/dm}^3 \cdot 9{,}81\,\text{m/s}^2} = \frac{p}{133{,}3\,\text{N/dm}^3}$$

Wendet man diese Beziehung an, um die Flüssigkeitshöhe zu berechnen, die dem Druck $p = 1\,\text{bar} = 10^5\,\text{N/m}^2 = 1000\,\text{N/dm}^2$ entspricht, so findet man:

für Wasser: $$h_W = \frac{1000\,\text{N/dm}^2}{9{,}81\,\text{N/dm}^3} = 102\,\text{dm} = 10{,}2\,\text{m}$$

für Quecksilber: $$h_Q = \frac{1000\,\text{N/dm}^2}{133{,}3\,\text{N/dm}^3} = 7{,}5\,\text{dm} = 75\,\text{cm}$$

$$1\,\text{bar} \mathrel{\hat=} 10{,}2\,\text{m WS (Wassersäule)} \mathrel{\hat=} 75\,\text{cm QS (Quecksilbersäule)}$$

Aufgaben

1. *Wie groß ist der hydrostatische Druck in 20 m Meerestiefe ($\varrho = 1{,}01$ kg/dm³)? (Angabe in kPa und in bar.)*

2. *In welcher Meerestiefe ($\varrho = 1{,}01$ kg/dm³) herrscht ein Druck von 380 kPa?*

3. *Wie groß ist der Druck, den eine Ölfüllung ($\varrho = 0{,}85$ kg/dm³) von 30 cm Höhe am Boden ihres Behälters erzeugt?*

4. *Bis zu welcher Höhe ist ein Gefäß mit Petroleum ($\varrho = 0{,}78$ kg/dm³) anzufüllen, damit am Boden ein Druck von 0,05 bar entsteht?*

5. *Eine Röhre ist bis zu einer Höhe von 30 cm mit Quecksilber ($\varrho = 13{,}6$ kg/dm₃) gefüllt. Darüber befindet sich noch eine 48 cm hohe Wassersäule. Berechnen Sie den Druck am unteren Ende der Röhre.*

6. *Mit seinem Tauchboot erreichte Jacques Piccard 1960 im Stillen Ozean eine Tauchtiefe von 10 893 m. Berechnen Sie den Schweredruck für diese Tiefe. (Dichte von Meerwasser $\varrho = 1{,}03$ kg/dm³)*

2.1.3 Boden-, Seiten- und Aufdruckkraft

Da der hydrostatische Druck sich in einer Flüssigkeit bis zu ihrem Rande ausbreitet, wirkt er auf jedes Flächenstück des Gefäßes, in dem sich die Flüssigkeit befindet. Der Druck erzeugt auf den Boden, die Seitenwände und nach oben eine Kraft, die als **Bodendruckkraft**, als **Seitendruckkraft** und als **Aufdruckkraft** bezeichnet wird.

V1

Der Bodendruckapparat mißt nur den Bodendruck, da nur die Bodendruckkraft auf die stets gleiche Fläche einer elastischen Gummimembrane wirkt. Deren Deformation wird auf den Meßzeiger übertragen. – Nacheinander werden mehrere Gefäße mit verschiedener Form und unterschiedlichem Querschnitt eingesetzt.

Ergebnis
Der Zeigerstand bleibt immer gleich.

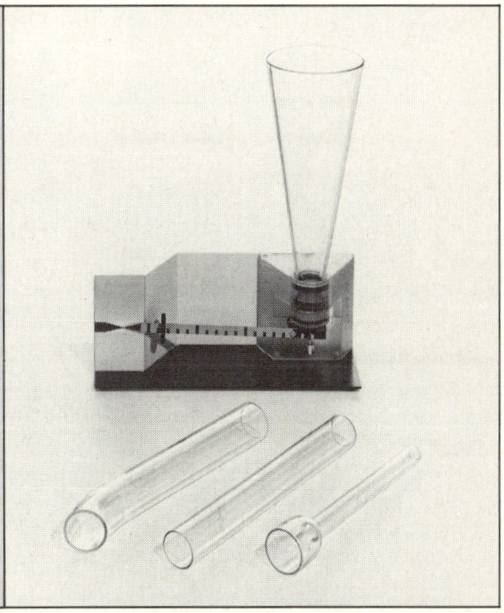

Abb. 1 Gerät zur Messung der Bodendruckkraft

Die **Bodendruckkraft** ist demnach vom Volumen der Flüssigkeit und damit von der Gefäßform unabhängig:

$$F_B = A \cdot p = A \cdot h \cdot \varrho \cdot g$$

Besonders bei dem engen Gefäß widerspricht dieses Ergebnis völlig unserer Anschauung.

Beim weiten Gefäß wird ein Teil der Flüssigkeit von den schrägen Wänden getragen, beim engen Gefäß üben die nach innen zusammenlaufenden Wände eine nach unten gerichtete Kraft aus, welche die Gewichtskraft der Flüssigkeit scheinbar vergrößert, so daß die Bodendruckkraft trotz der geringeren Gewichtskraft der Flüssigkeit denselben Wert hat wie bei den anderen Größen.

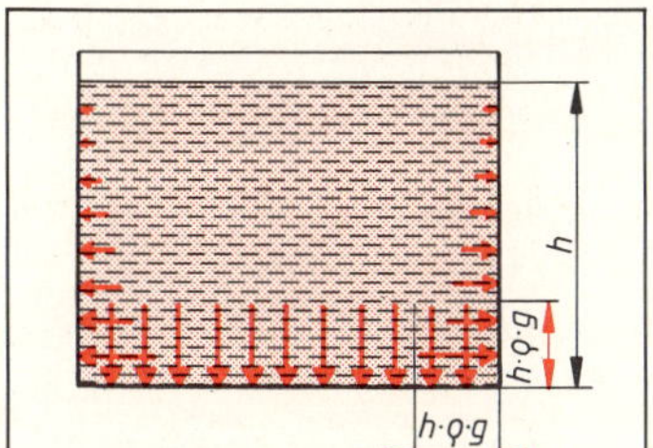

Abb. 2 Größe des Seiten- und Bodendruckes

Auf senkrechte Seitenwände eines mit Flüssigkeit gefüllten Gefäßes oder Beckens wirkt ein von oben nach unten zunehmender Seitendruck. In Abb. 2 sind die vom Boden- und Seitendruck verursachten Teilkräfte durch kleine Pfeile veranschaulicht.

Weil der Seitendruck nicht in allen Höhen gleich ist, kann man die **Seitendruckkraft** nur berechnen, wenn man den Mittelwert des Seitendruckes mit der Fläche multipliziert. Der Mittelwert ist der im Schwerpunkt der Fläche wirkende Druck.

$$F_S = A \cdot p_m = A \cdot h_0 \cdot \varrho \cdot g$$

Dabei ist h_0 der Abstand des Flächenschwerpunktes S von der Flüssigkeitsoberfläche.

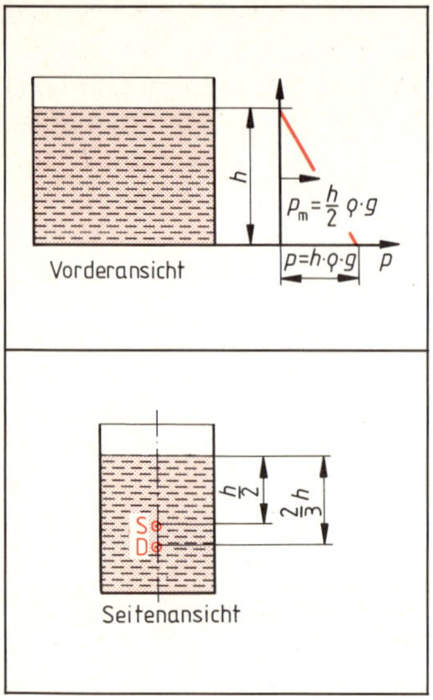

Die Wirkungslinie dieser Kraft geht aber nicht durch den Schwerpunkt der Fläche, sondern verläuft tiefer, weil unten die auf ein Teilflächenstückchen wirkende Seitendruckkraft überall größer, oben aber überall kleiner als der Mittelwert ist. Der Punkt, durch den die Wirkungslinie der Seitendruckkraft geht, heißt **Druckmittelpunkt** D. Bei einer rechteckigen Seitenfläche von der Höhe h liegt er z. B. in $\frac{2}{3}h$ unter der Flüssigkeitsoberfläche. In Abb. 3 ist die nach unten zunehmende Größe des Druckes, die Lage des Schwerpunktes S der Seitenfläche und des Druckmittelpunktes D für ein Gefäß mit rechteckiger Seitenwand dargestellt.

Bei großen Flächen nehmen die Seitendruckkräfte hohe Beträge an. Deshalb müssen z. B. bei Staubecken Wehre und Staumauern ausreichend bemessen sein. Eine Flüssigkeit kann aber auch nach oben drücken. Multipliziert man den nach oben wirkenden Druck mit der Fläche, so ergibt sich die **Aufdruckkraft.**

Abb. 3 Seitendruckkraft und Druckmittelpunkt bei einem Gefäß mit rechteckiger Seitenfläche

V2

Abb. 4 Wir tauchen einen leeren Glaszylinder in ein Gefäß mit Wasser. Dabei ist er unten verschlossen, indem wir eine Bodenplatte mit einem an ihr befestigten Drahtbügel an den Rand der unteren Öffnung anpressen. Unten können wir den Drahtbügel loslassen, ohne daß die Bodenplatte hinunterfällt, weil sie von dem nach oben wirkenden hydrostatischen Druck gehalten wird. Dann füllen wir vorsichtig von oben Wasser in den Zylinder, bis die Bodenplatte nach unten abfällt.

Ergebnis
Der Zylinder kann fast bis zur Spiegelhöhe des äußeren Wassers gefüllt werden. Der Aufdruck ist genau so groß wie der hydrostatische Druck in gleicher Höhe.

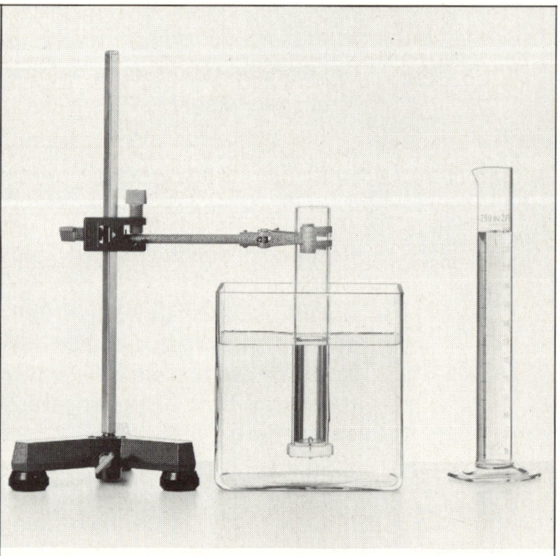

Abb. 4 Nachweis der Aufdruckkraft

Es gilt also auch für den Aufdruck die Formel $p_D = h \cdot \varrho \cdot g$. Durch Multiplikation mit der Fläche erhält man die Aufdruckkraft F_D (Kraft gegen die Deckfläche):

$$F_D = A \cdot h \cdot \varrho \cdot g$$

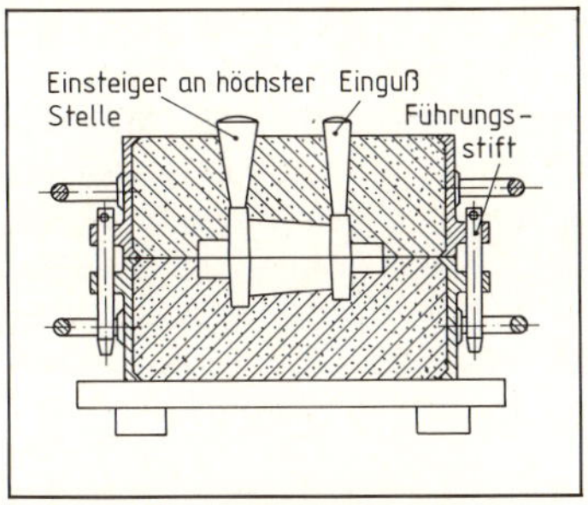

Abb. 5 Schnitt durch einen Gießereiformkasten

Die Aufdruckkraft spielt bei Gießformen eine wichtige Rolle, da das flüssige Metall im Einguß und Steigtrichter höher eingefüllt ist als bis zur Trennebene zwischen Unter- und Oberkasten (Abb. 5). Die Aufdruckkraft sucht dann den Oberkasten abzuheben. Bei der großen Dichte der flüssigen Metalle können vor allem bei großen, flächigen Gußstücken starke Kräfte auftreten. Manchmal übersteigen sie die Gewichtskraft des fertigen Gußstückes. Sie müssen durch Verklammern der Kästen oder Auflegen von Gewichtsstücken auf den Oberkasten abgefangen werden.

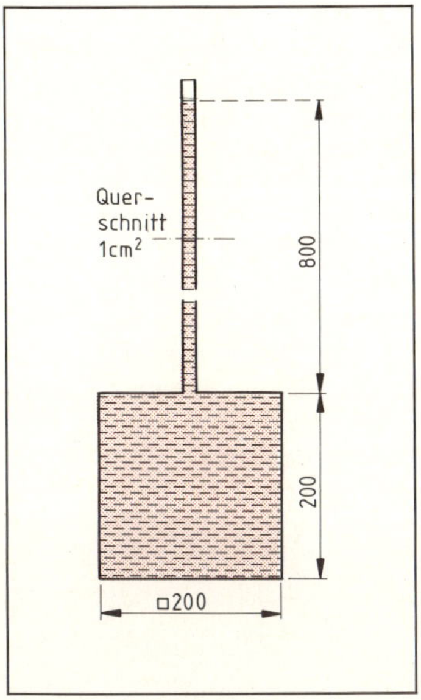

Abb. 6 Zum Beispiel

Beispiel

Ein würfelförmiges Gefäß von 200 mm Kantenlänge erhält im Deckel eine 0,8 m lange Röhre von 1 cm² Querschnitt (Abb. 6). Gefäß und Röhre sind mit Wasser gefüllt.

Berechnen Sie die Bodendruckkraft F_B. Vergleichen Sie die Bodendruckkraft mit der Gewichtskraft der eingefüllten Flüssigkeitsmenge:

$$F_B = A \cdot h \cdot \varrho \cdot g = 20\,\text{cm} \cdot 20\,\text{cm} \cdot 100\,\text{cm} \cdot \frac{1\,\text{kg}}{1000\,\text{cm}^3} \cdot 9{,}81\frac{\text{m}}{\text{s}^2}$$

$$= 392{,}4\frac{\text{kg m}}{\text{s}^2} = \underline{392{,}4\,\text{N}}$$

$$F_G = V \cdot \varrho \cdot g = (20\,\text{cm} \cdot 20\,\text{cm} \cdot 20\,\text{cm} + 80\,\text{cm} \cdot 1\,\text{cm}^2)\frac{1\,\text{kg}}{1000\,\text{cm}^3} \cdot 9{,}81\frac{\text{m}}{\text{s}^2}$$

$$= 8{,}08 \cdot 9{,}81\frac{\text{kg m}}{\text{s}^2} = \underline{79{,}3\,\text{N}}$$

Die Bodendruckkraft ist wesentlich größer als die Gewichtskraft der eingefüllten Flüssigkeit.

Aufgaben

1. *Wie groß ist die Druckkraft des Wassers auf eine runde Öffnung vom Durchmesser 24 cm, deren Mittelpunkt sich 1,8 m unter dem Wasserspiegel befindet?*

2. *Welche Kraft ist notwendig, um den Schieber eines Wehres, das einen 1,8 m breiten, 1,2 m tiefen Zuflußgraben absperrt, aus seiner tiefsten Stellung hochzuziehen? Gewichtskraft des Schiebers 1400 N, Reibungszahl des Schiebers in seiner Führung $\mu = 0{,}35$.*

3. *Ein Seefisch schwimmt in 300 m Tiefe, seine Seitenflächen betragen je 0,3 m². a) Wie groß ist die Seitendruckkraft ($\varrho = 1{,}03\,\text{kg/dm}^3$)? b) Warum wird er von den Seitendruckkräften auf die rechte und linke Seite nicht zusammengedrückt? c) Welche Gefahr besteht, wenn ein solcher Fisch zu schnell an die Meeresoberfläche gebracht wird?*

4. *Ein Regenrohr ist verstopft. Bei einem Regen füllt sich das Rohr bis zur Dachrinne in 15 m Höhe mit Wasser. Welche Druckkraft wirkt am unteren Rohrende auf 1 dm² der Wand?*

5. *Vor einem 180 m breiten Staudamm wird das Wasser 22 m hoch gestaut. Welche Druckkraft wird vom Wasser auf den Damm und die seitlichen Verankerungen ausgeübt?*

6. *Nach Abb. 2, Seite 120, wird ein beidseitig offener Glaszylinder, durch eine lose Bodenplatte von $d = 3$ cm abgedeckt, in eine Salzlösung der Dichte $\varrho = 1{,}12\,\text{kg/dm}^3$ getaucht. Welche Eintauchtiefe muß vorliegen, damit die Bodenplatte der Masse $m = 30$ g nicht abfällt?*

2.1.4 Kommunizierende Gefäße

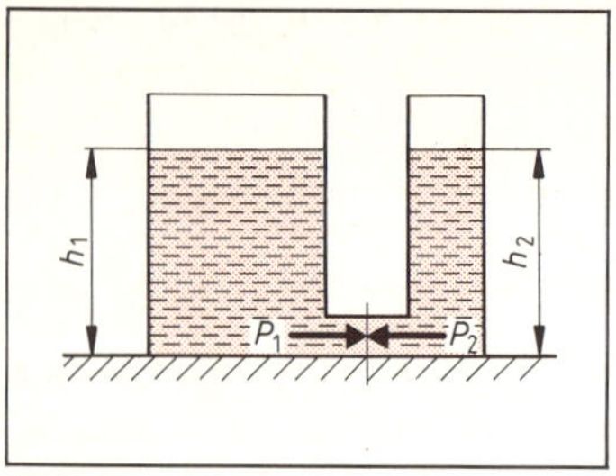

Abb. 1
Kommunizierende Gefäße

Oft sind mehrere mit der gleichen Flüssigkeit gefüllte Gefäße in ihrem unteren Teil miteinander verbunden (Abb. 1). An der Verbindungsstelle wirkt von der einen Seite der Druck $p_1 = h_1 \cdot \varrho \cdot g$ des ersten Gefäßes, auf der anderen Seite der Druck $p_2 = h_2 \cdot \varrho \cdot g$ des zweiten Gefäßes. Es kann dort nur Gleichgewicht bestehen, wenn $p_1 = p_2$ ist, also wenn auch $h_1 = h_2$ ist. Man erhält daraus für solche verbundenen oder **kommunizierenden Gefäße** die Bedingung:

In kommunizierenden Gefäßen liegen alle Flüssigkeitsoberflächen auf gleicher Höhe.

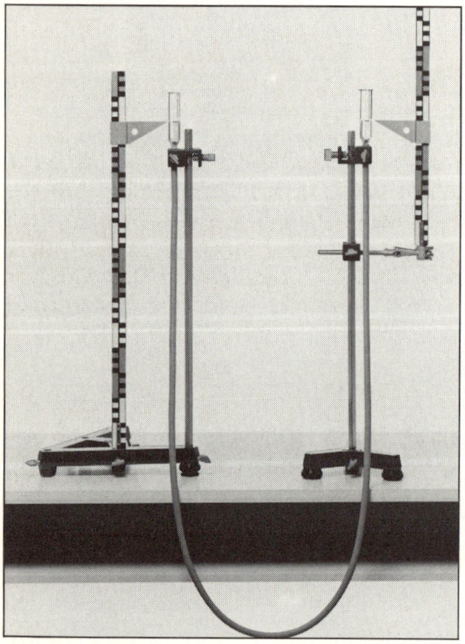

Abb. 2 Schlauchwasserwaage

Diese Tatsache wird oft angewendet, z. B. in der Gießkanne, beim Wasserstandsmesser an Dampfkesseln, bei dem als Geruchsverschluß dienenden Siphon an Ausgüssen. Auch in zwei Gefäßen, die durch einen Schlauch verbunden sind, stehen die Flüssigkeitsoberflächen gleich hoch. Deshalb kann man eine solche Anordnung (Abb. 2) als **Schlauchwasserwaage** verwenden, um z. B. auf einer Baustelle an zwei mehrere Meter voneinander entfernten Stellen Punkte gleicher Höhe festzulegen. Besitzen beide Gefäße eine Höheneinteilung, so gibt der Unterschied der beiden Ablesungen an den Flüssigkeitsspiegeln den Höhenunterschied der beiden Meßstellen an.

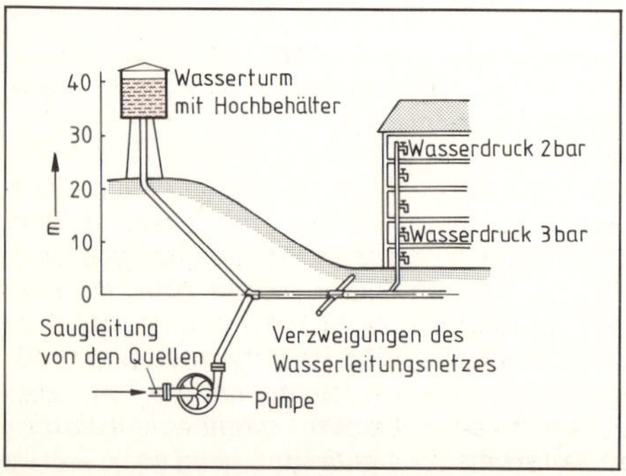

Abb. 3 Schema einer Wasserleitung

Eine **Wasserleitung** stellt ebenfalls ein weitverzweigtes System von kommunizierenden Röhren dar (Abb. 3). Eine freie Oberfläche besteht nur im Hochbehälter oder im Wasserturm. An allen anderen Stellen verhindern Hähne das Wasser am weiteren Aufsteigen. Der Höhenunterschied der Wassersäule zwischen dem Hochbehälter und dem Hahn entspricht, von Reibungsverlusten beim Strömen durch die Rohre abgesehen, dem am Hahn wirksamen Druck. Er ist also z. B. etwa 3 bar, wenn der Hochbehälter 30 m über dem Hahn liegt; er sinkt aber im gleichen Haus bei einem um 10 m höher gelegenen Hahn auf etwa 2 bar.

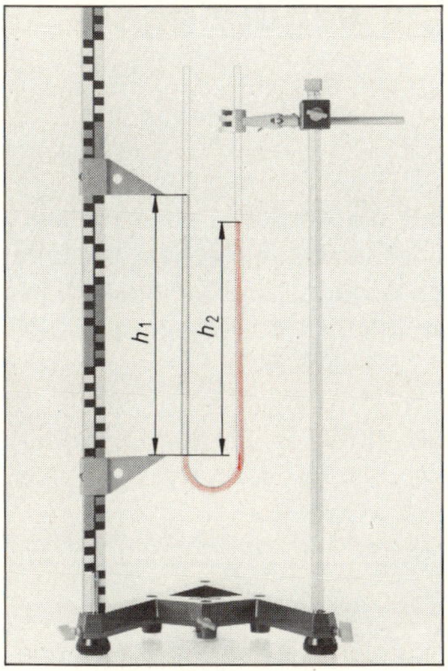

Enthalten zwei verbundene Gefäße verschiedene Flüssigkeiten (Abb. 4), die sich nicht mischen, so folgt aus der oben angegebenen Gleichgewichtsbedingung:

$$p_1 = p_2 \quad \text{oder} \quad h_1 \cdot \varrho_1 \cdot g = h_2 \cdot \varrho_2 \cdot g$$

$$h_1 : h_2 = \varrho_2 : \varrho_1$$

Die Dichten der beiden Flüssigkeiten verhalten sich also umgekehrt wie die Höhen über der Trennfläche. Ist eine der beiden Dichten bekannt, so läßt sich mit einer solchen Anordnung die andere Dichte bestimmen.

Abb. 4 Bestimmung der Dichte mit Hilfe von kommunizierenden Gefäßen bei nicht mischbaren Flüssigkeiten

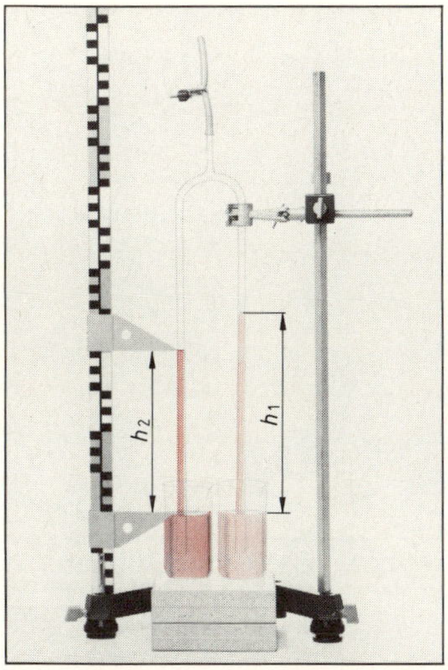

Soll die Dichte einer Flüssigkeit bestimmt werden, die sich mit einer anderen Flüssigkeit von bekannter Dichte mischt, so eignet sich die Versuchsanordnung der Abb. 5. Saugt man mit dem Mund an dem Schlauchende, so werden beide Flüssigkeiten angehoben. Man mißt die Höhen über den Oberflächen in den dazugehörigen Gefäßen. Der Druck der beiden Flüssigkeitssäulen muß gleich sein. Daher gelten auch dieselben Beziehungen wie oben:

$$h_1 \cdot \varrho_1 \cdot g = h_2 \cdot \varrho_2 \cdot g$$

oder

$$\varrho_2 = \varrho_1 \cdot \frac{h_1}{h_2}$$

Abb. 5 Bestimmung der Dichte mit Hilfe von kommunizierenden Gefäßen bei mischbaren Flüssigkeiten

Aufgaben

1. *In einem U-Rohr befindet sich Wasser und in einem Schenkel darüber Öl. Die Flüssigkeitshöhe über der gemeinsamen Trennlinie beträgt beim Wasser 11,7 cm, beim Öl 13,3 cm. Berechnen Sie die Dichte des Öls.*

2. *Begründen Sie folgende Tatsachen:*
a) Füllt man ein U-Rohr mit zwei verschiedenen Flüssigkeiten, so befindet sich stets im unteren Bogen des Rohres die Flüssigkeit mit der größeren Dichte.
b) Man muß zuerst die schwerere der beiden Flüssigkeiten einfüllen, sonst erhält man unten die schwerere und in den beiden Schenkeln einen Teil der leichteren Flüssigkeit.
c) Füllt man auf die schwerere Flüssigkeit in einen Schenkel zu viel von der leichteren, so dringt sie in den anderen Schenkel hinüber.

3. *Der Hochbehälter eines Wasserwerks steht 120 m höher als das Erdgeschoß eines Hauses. Wie hoch ist der Druck im 4. Stock, d. h. 12 m über dem Erdgeschoß? (Reibungsverluste in der Leitung bleiben unberücksichtigt.)*

2.2 Auftrieb in Flüssigkeiten und seine Anwendungen

2.2.1 Auftrieb

Der hydrostatische Druck erklärt auch die Erscheinung, daß alle Körper in einer Flüssigkeit scheinbar leichter sind als in Luft. Füllt man einen Eimer in einem Becken, so kann man ihn leicht emporheben, solange er sich unter der Wasseroberfläche befindet. Während er auftaucht, wird die erforderliche Kraft immer größer, bis man außerhalb des Wassers seine volle Gewichtskraft aufwenden muß.

Zur Messung der scheinbaren Verminderung der Gewichtskraft führen wir den folgenden Versuch aus.

V

Abb. 1 An einen Kraftmesser hängen wir einen zweiteiligen Versuchskörper. Dieser besteht aus einem unteren Vollzylinder, der genau in den Hohlraum des oberen Hohlzylinders paßt. Die gesamte Gewichtskraft lesen wir am Kraftmesser zu 0,95 N ab.

Nun füllen wir ein untergestelltes Gefäß so hoch mit Wasser, daß der Vollzylinder gut eintaucht. Der Kraftmesser zeigt jetzt die geringere Gewichtskraft 0,85 N an. Beim Eintauchen des unteren Zylinders entsteht also eine scheinbare Minderung der Gewichtskraft von 0,10 N. Füllt man nun den Hohlzylinder sorgfältig mit Wasser, so steigt die Gewichtskraft wieder auf 0,95 N.

Ergebnis
Die scheinbare Abnahme der Gewichtskraft des eingetauchten Vollzylinders ist ebenso groß wie die Gewichtskraft der in dem Hohlzylinder eingefüllten Wassermenge. Diese entspricht aber genau der vom Vollzylinder verdrängten Wassermenge.

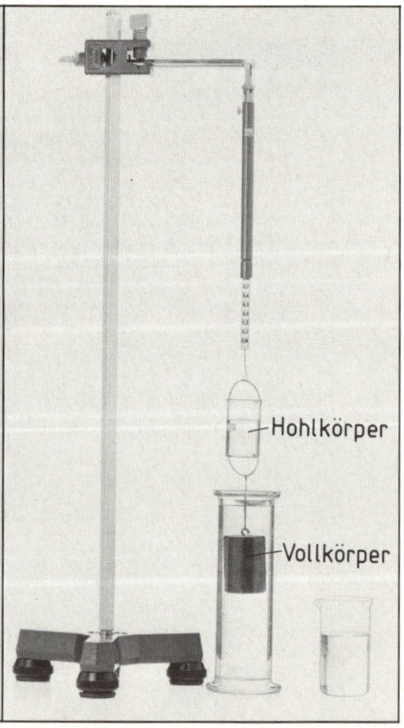

Abb. 1 Größe des Auftriebs

Die scheinbare Abnahme der Gewichtskraft eines Körpers in einer Flüssigkeit ist gleich der Gewichtskraft der verdrängten Flüssigkeit.

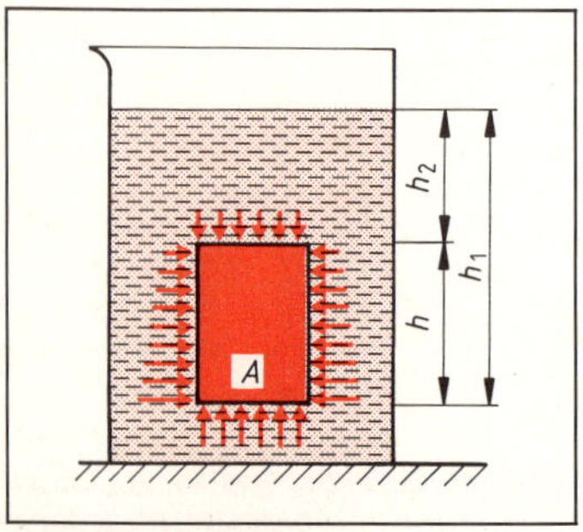

Abb. 2 Entstehung des Auftriebes

Die Abnahme der Gewichtskraft läßt sich aus der Gesetzmäßigkeit des hydrostatischen Druckes erklären. Diese wirkt auf alle Flächen des eingetauchten Körpers und erzeugt dort am Körper angreifende Kräfte. Sie sind für den Fall, daß der Körper ein Quader ist, in Abb. 2 eingezeichnet. Die Kräfte auf je zwei gegenüberliegenden Seitenflächen sind gleich groß und entgegengesetzt, ihre Wirkung hebt sich daher auf. Während aber an der Grundfläche des Quaders der Druck $p_1 = h_1 \cdot \varrho_{Fl} \cdot g$ (ϱ_{Fl} = Dichte der Flüssigkeit) herrscht, wirkt an seiner Deckfläche der kleinere Druck $p_2 = h_2 \cdot \varrho_{Fl} \cdot g$. Daher sind auch die Kräfte auf diese beiden Flächen verschieden. Haben Grund- und Deckfläche die Größe A, so wirkt auf die Grundfläche die Kraft $F_1 = A \cdot h_1 \cdot \varrho_{Fl} \cdot g$ nach oben, auf die Deckfläche die kleinere Kraft $F_2 = A \cdot h_2 \cdot \varrho_{Fl} \cdot g$ nach unten. Weil beide Kräfte entgegengesetzt gerichtet sind, erhält man als Resultierende die nach oben gerichtete Kraft:

$$F_A = F_1 - F_2 = A \cdot h_1 \cdot \varrho_{Fl} \cdot g - A \cdot h_2 \cdot \varrho_{Fl} \cdot g$$

$$F_A = A\,(h_1 - h_2) \cdot \varrho_{Fl} \cdot g = A \cdot h \cdot \varrho_{Fl} \cdot g$$

Daraus erhält man, weil $A \cdot h = V$ ist:

$$F_A = V \cdot \varrho_{Fl} \cdot g = F_{G\,Fl}$$

Diese Kraft versucht, den Quader aufwärts zu treiben. Man nennt sie daher **Auftrieb.** Aus dem letzten Ausdruck der obigen Gleichung finden wir, wie schon im Versuch gezeigt wurde:

Der Auftrieb ist gleich der Gewichtskraft der verdrängten Flüssigkeit.

Es läßt sich zeigen, daß dieser Satz nicht nur für einen Quader, sondern für jeden in eine Flüssigkeit eingetauchten Körper gilt.

Nach Archimedes[1], dem bedeutendsten Mathematiker und Physiker des Altertums, der dieses Gesetz fand, heißt es **das Archimedische Prinzip.**

Nach der Überlieferung soll Archimedes dieses Prinzip gefunden haben, als er von dem damals (um 220 v. Chr.) in Syrakus (Sizilien) herrschenden König den Auftrag erhielt, bei einer Krone, ohne sie zu beschädigen, den Nachweis zu liefern, daß sie nicht aus reinem Gold gefertigt sei. Dies gelang ihm, indem er zeigte, daß ein Stück reines Gold, das in der Luft die gleiche Gewichtskraft hatte wie die Krone, in Wasser schwerer war als die Krone.

Beispiel

Ein Stein mit der Masse $m_K = 12$ kg und der Dichte $\varrho_K = 2{,}5$ kg/dm³ wird in Wasser getaucht ($\varrho_W = 1$ kg/dm³). Berechnen Sie die Gewichtskraft F_G des Steines in Luft und die Tauchgewichtskraft im Wasser. (Die Tauchgewichtskraft $F_{G\,W}^*$ ist die Restgewichtskraft des Körpers, nachdem er völlig in die Flüssigkeit eingetaucht ist.)

$$V = \frac{m_K}{\varrho_K} = \frac{12\,\text{kg}}{2{,}5\,\text{kg/dm}^3} = 4{,}8\,\text{dm}^3$$

$$F_{G\,L} = m_K \cdot g = 12\,\text{kg} \cdot 9{,}81\frac{\text{m}}{\text{s}^2} = 117{,}7\,\text{N}$$

$$F_A = V \cdot \varrho_{Fl} \cdot g = 4{,}8\,\text{dm}^3 \cdot 1\frac{\text{kg}}{\text{dm}^3} \cdot 9{,}81\frac{\text{m}}{\text{s}^2} = 47{,}1\,\text{N}$$

Tauchgewichtskraft im Wasser:

$$F_{G\,W}^* = F_{G\,L} - F_A = 117{,}7\,\text{N} - 47{,}1\,\text{N} = \underline{\underline{70{,}6\,\text{N}}}$$

1 Archimedes, gest. 212 v. Chr. in Syrakus, berechnete den Kreisumfang und -inhalt, fand viele mathematische und physikalische Gesetze. Während der Belagerung von Syrakus durch die Römer erfand er physikalische Verteidigungsmaschinen. Er wurde bei der Einnahme von einem römischen Soldaten getötet (s. S. 360).

Aufgaben

1. *Ein Stein wiegt in Luft 80 N. Wie groß sind sein Auftrieb und seine Tauchgewichtskraft in Wasser, wenn seine Dichte 2,3 kg/dm³ beträgt?*

2. *Ein Aluminiumstück ϱ = 2,8 kg/dm³ wiegt in Wasser 0,6 N. Wie groß ist seine Gewichtskraft in Luft?*

3. *Bringen Sie für den historischen Versuch des Archimedes die ausführliche Versuchsbeschreibung, und führen Sie die genaue Begründung aus.*

4. *Ein Körper hat ein Volumen von 25 cm³. Welchen Auftrieb erfährt er in Alkohol mit der Dichte ϱ = 0,79 g/cm³?*

2.2.2 Bestimmung des Volumens und der Dichte mit Hilfe des Auftriebs

Nach der Formel für den Auftrieb $F_A = V \cdot \varrho_{Fl} \cdot g$ kann man bei einem Körper das Volumen berechnen, wenn man den Auftrieb und die Dichte der benutzten Flüssigkeit kennt. Meist verwendet man Wasser mit $\varrho_{Fl} = 1\ \text{g/cm}^3$. Den Auftrieb kann man als Unterschied zwischen der Gewichtskraft in Luft und der **Tauchgewichtskraft** in der Flüssigkeit finden. Dadurch ergibt sich die Möglichkeit, das Volumen anstatt nach den ungenauen Methoden des Abschnitts 1.3.1 viel genauer mit einer Waage zu finden.

V

Abb. 1: Um das Volumen und die Dichte eines Körpers (z. B. einer Stativmuffe) zu bestimmen, benutzen wir eine hydrostatische Waage. Mit ihr stellen wir zuerst die Gewichtskraft des Körpers in Luft F_{GL} und die Tauchgewichtskraft F_{GW}^* in Wasser fest.

$$F_{GL} = m_1 \cdot g = 176{,}6\ \text{g} \cdot g$$
$$F_{GW}^* = 154{,}1\ \text{g} \cdot g$$

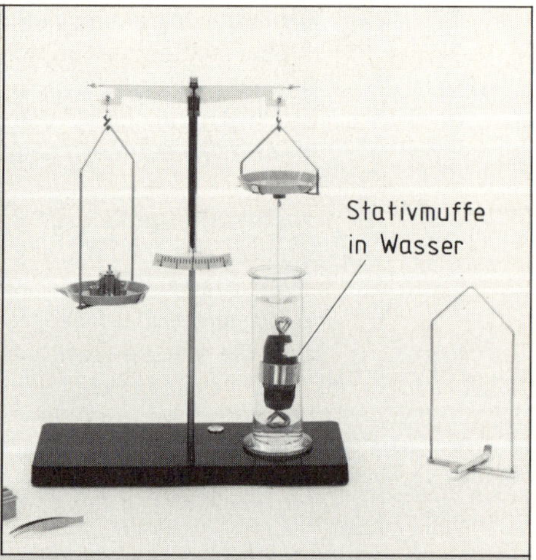

Abb. 1 Hydrostatische Waage

Auswertung

$$F_A = F_{GL} - F_{GW}^*$$

Es ist aber auch $F_A = V \cdot \varrho_W \cdot g$

Damit:

$$V = \frac{F_A}{\varrho_W \cdot g} = \frac{F_{GL} - F_{GW}^*}{\varrho_W \cdot g}$$

Die Dichte des Körpers ergibt sich aus

$$F_{GL} = m \cdot g = V \cdot \varrho_K \cdot g$$

$$\varrho_K = \frac{F_{GL}}{V \cdot g} = \frac{F_{GL} \cdot \varrho_W \cdot g}{(F_{GL} - F_{GW}^*) \cdot g} = \frac{F_{GL} \cdot \varrho_W}{F_{GL} - F_{GW}^*}$$

Ergebnis

Da bei Wasser $\varrho_W = 1\frac{\text{g}}{\text{cm}^3}$ ist, erhält man:

$$\varrho_K = \frac{176{,}6\ \text{g} \cdot 1\ \text{g/cm}^3}{22{,}5\ \text{g}} = \underline{7{,}85\frac{\text{g}}{\text{cm}^3}}$$

Statt des Wassers kann man auch andere Flüssigkeiten benutzen, wenn ihre Dichte bekannt ist. Der Auftrieb ist dann gleich der Gewichtskraft der verdrängten Flüssigkeitsmenge, aus dem man mit Hilfe der Dichte ϱ_{Fl} der Flüssigkeit das Volumen findet. In den obigen Formeln sind die Größen des Wassers durch die entsprechenden der Flüssigkeit zu ersetzen:

$$V = \frac{F_{GL} - F_{GW}^*}{\varrho_{Fl} \cdot g} \qquad \varrho_K = \frac{F_{GL} \cdot \varrho_{Fl}}{F_{GL} - F_{GFl}^*}$$

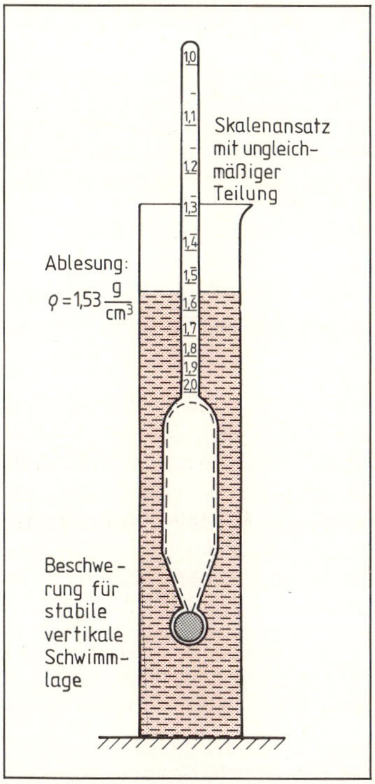

Abb. 2 Aräometer

Auch die Dichte von Flüssigkeiten läßt sich auf ähnliche Weise mit der Waage sehr genau bestimmen. Man nimmt einen beliebigen Probekörper und wiegt ihn in Luft, in Wasser und in der Flüssigkeit. Aus den drei Gewichtskräften F_{GL}, F^*_{GW}, F_{GFl} erhält man den Auftrieb in Wasser:

$$F_W = F_{GL} - F^*_{GW} = V \cdot \varrho_W \cdot g$$

und den Auftrieb in der Flüssigkeit:

$$F_{Fl} = F_{GL} - F^*_{GFl} = V \cdot \varrho_{Fl} \cdot g$$

Aus der ersten Beziehung findet man: $V = \dfrac{F_{GL} - F^*_{GW}}{\varrho_W \cdot g}$

und

durch Einsetzen in die zweite: $\varrho_{Fl} = \dfrac{F_{GL} - F^*_{GFl}}{F_{GL} - F^*_{GW}} \cdot \varrho_W$

Bei der Bestimmung der Dichte von Flüssigkeiten kann man das oft etwas umständliche Arbeiten mit einer archimedischen Waage vermeiden, wenn eine **Senkwaage** oder ein **Aräometer** zur Verfügung steht (Abb. 2). Weil der Auftrieb in einer schweren Flüssigkeit größer ist als in einer leichten, sinkt ein nicht untergehender Körper in einer Flüssigkeit um so tiefer ein, je kleiner ihre Dichte ist. Ein Aräometer ist ein unten beschwerter Senkkörper, der am langen, dünnen oberen Teil mit einer nach der Dichte geeichten Skala versehen ist. Der Zahlenwert der in g/cm^3 gemessenen Flüssigkeitsdichte kann an der Stelle abgelesen werden, bis zu der der Senkkörper eintaucht. Die Teilung trägt unten die großen, oben die kleinen Zahlen; ihre Intervalle sind nicht gleich groß.

Beispiel

1. Auf einer Waage halten einem Metallstück in Luft Wägestücke mit der Masse $m_L = 92$ g, in Wasser mit der Masse $m_W = 58$ g das Gleichgewicht. Aus welchem Metall besteht es?

Auftrieb: $F_A = F_{GL} - F^*_{GW} = (m_L - m_W) \cdot g = (92\,g - 58\,g) \cdot g = 34\,g \cdot g$

Volumen: $V = \dfrac{F_{GL} - F^*_{GW}}{\varrho_W \cdot g} = \dfrac{34\,g \cdot g}{1\,g/cm^3 \cdot g} = 34\,cm^3$

Dichte: $\varrho = \dfrac{m_L}{V} = \dfrac{92\,g}{34\,cm^3} = \underline{2{,}7 \dfrac{g}{cm^3}}$

Nach Tabelle 1.3.4 (1) entspricht dieser Dichte nur das Metall Aluminium.

2. Die erforderlichen Wägestücke, um einem Glaskörper das Gleichgewicht zu halten, haben bei einer Wägung in Luft die Masse $m_L = 45{,}3$ g, in Wasser $m_W = 27{,}8$ g, in Öl $m_{Fl} = 29{,}8$ g. Berechnen Sie die Dichte des Glaskörpers und des Öls.

Auftrieb in Wasser: $F_A = (m_L - m_W) \cdot g = 17{,}5\,g \cdot g$ $\quad V = \dfrac{F_W}{\varrho_W \cdot g} = 17{,}5\,cm^3$

Auftrieb in Öl: $F_{Fl} = (m_L - m_{Fl}) \cdot g = 15{,}5\,g \cdot g$

Dichte des Öls: $F_{Fl} = V \cdot \varrho_{Fl} \cdot g$ $\quad \varrho_{Fl} = \dfrac{F_{Fl}}{V \cdot g} = \dfrac{15{,}5\,g \cdot g}{17{,}5\,cm^3 \cdot g} = \underline{0{,}885 \dfrac{g}{cm^3}}$

Dichte des Glases: $\varrho_K = \dfrac{m_L}{V} = \dfrac{45{,}3\,g}{17{,}5\,cm^3} = \underline{2{,}59 \dfrac{g}{cm^3}}$

Aufgabe

Bei der Wägung eines Gegenstandes in Luft haben die erforderlichen Wägestücke die Masse $m_L = 132$ g, bei der Wägung in Öl von der Dichte $\varrho = 0{,}8\ g/cm^3$ nur $m_{Fl} = 120$ g. Berechnen Sie sein Volumen und seine Dichte.

2.2.3 Sinken, Schweben und Schwimmen eines Körpers

Der Auftrieb kann kleiner, ebenso groß oder sogar größer sein als die Gewichtskraft des in die Flüssigkeit gebrachten Gegenstandes. Man findet die Bedingungen für das verschiedene Verhalten durch Vergleich der beiden Formeln:

$$F_G = V \cdot \varrho_K \cdot g \quad \text{und} \quad F_A = V \cdot \varrho_{Fl} \cdot g \;\; (\varrho_K = \text{Dichte des Körpers})$$

a) An einem Körper, der in einer Flüssigkeit untersinkt, muß die Gewichtskraft größer als der Auftrieb sein. aus den beiden Gleichungen folgt dann, daß seine Dichte größer ist als die der Flüssigkeit.

Ein Gegenstand sinkt, wenn $\varrho_K > \varrho_{Fl}$

b) Ist die Gewichtskraft ebenso groß wie der Auftrieb, so ist die Resultierende beider Kräfte Null. Der Körper befindet sich an jeder Stelle der Flüssigkeit im Gleichgewicht, er schwebt. Wie oben findet man daraus die Bedingung, daß seine Dichte ebenso groß sein muß wie die der Flüssigkeit.

Ein Gegenstand schwebt, wenn $\varrho_K = \varrho_{Fl}$

c) Wenn ein Körper in einer Flüssigkeit aufsteigt, überwiegt der Auftrieb gegenüber seiner Gewichtskraft. Daraus erhält man die Bedingung:

Ein Gegenstand steigt an die Oberfläche, wenn $\varrho_K < \varrho_{Fl}$

Sobald er aber an der Oberfläche auftaucht, verdrängt er eine kleinere Flüssigkeitsmenge, der Auftrieb nimmt ab. Der Körper kommt zur Ruhe, wenn der von dem noch übriggebliebenen Eintauchvolumen V_1 erzeugte Auftrieb ebenso groß ist wie die Gewichtskraft des Körpers. In dieser Lage schwimmt der Körper. Die Bedingung dafür lautet:

Ein Gegenstand schwimmt, wenn $F_G = F_A$ **oder, wenn** $m = V_1 \varrho_{Fl}$

Diese Gleichung gilt auch dann, wenn ein Gegenstand, wie z. B. ein eisernes Schiff, aus einem Material hergestellt ist, das eine höhere Dichte besitzt als die Flüssigkeit und nur schwimmt, weil die in ihm enthaltenen luftgefüllten Hohlräume ebenfalls Flüssigkeit verdrängen und zum Auftrieb beitragen, ohne die Gewichtskraft zu vergrößern.

Beispiel

Ein leerer, oben offener, runder Topf aus Stahlblech ($\varrho = 7{,}8$ g/cm³) von $d = 20$ cm Durchmesser und $h = 11$ cm Höhe schwimmt auf Wasser und taucht dabei $h_1 = 1{,}5$ cm tief ein. Wie groß ist seine Wandstärke?

Nach der Schwimmbedingung ist: $m = V_1 \cdot \varrho_{Fl}$

Hierbei ist: Masse = (Grundfläche + Mantel) · Dicke · Dichte

$$m = (A + M) \cdot s \cdot \varrho_K$$

Eintauchvolumen: $V_1 = A \cdot h_1$

In die Schwimmbedingung eingesetzt:

$$(A + M) \cdot s \cdot \varrho_{\mathrm{K}} = A \cdot h_1 \cdot \varrho_{\mathrm{Fl}}$$

$$s = \frac{A \cdot h_1 \cdot \varrho_{\mathrm{Fl}}}{(A + M) \cdot \varrho_{\mathrm{K}}}$$

$$A = \frac{d^2 \cdot \pi}{4} = \frac{20\,\mathrm{cm})^2 \cdot \pi}{4} = 314\,\mathrm{cm}^2$$

$$M = d \cdot \pi \cdot h = 20\,\mathrm{cm} \cdot \pi \cdot 11\,\mathrm{cm} = 691\,\mathrm{cm}^2$$

$$s = \frac{314\,\mathrm{cm}^2 \cdot 1{,}5\,\mathrm{cm} \cdot 1\,\mathrm{g/cm}^3}{(314 + 691)\,\mathrm{cm}^2 \cdot 7{,}8\,\mathrm{g/cm}^3} = 0{,}06\,\mathrm{cm} = \underline{\underline{0{,}6\,\mathrm{mm}}}$$

Aufgaben

1. *Welche Dichte hat ein Holzquader, der bei einer Höhe von $h = 12$ cm in Wasser $h_1 = 7{,}5$ cm tief einsinkt?*

2. *Ein Landesteg besitzt bei 3 m Breite und 6 m Länge eine Masse von 2400 kg. Das eine Ende liegt am Land auf, das andere wird von einer luftgefüllten, zylindrischen Tonne (Länge 4 m, Eigenmasse 200 kg) getragen, die je nach der augenblicklichen Belastung verschieden tief ins Wasser taucht. Welchen Durchmesser muß die Tonne haben, damit sie bei der höchstzulässigen Verkehrslast von 500 kg/m² gerade ganz eintaucht?*

3. *Eine quaderförmige Eisscholle ($\varrho_{\mathrm{Eis}} = 0{,}9$ kg/dm³) mit den Abmessungen $l = 5$ m, $b = 3$ m, $h = 2$ m schwimmt in Meerwasser ($\varrho_{\mathrm{W}} = 1{,}03$ kg/dm³). Wie hoch ragt sie über die Wasseroberfläche? Welchen Bruchteil (in %) der Gesamthöhe ist das? Zeigen Sie, daß dieser Bruchteil unabhängig davon ist, welchen horizontalen Querschnitt A die Eisscholle hat.*

4. *Welchen Rauminhalt muß ein Rettungsring aus Kork ($\varrho_{\mathrm{K}} = 0{,}24$ kg/dm³) mindestens haben, um einen Menschen vor dem Ertrinken zu retten, wenn zur Sicherheit der Ring so bemessen werden soll, daß er den ganzen Menschen ($m_1 = 70$ kg) ohne Berücksichtigung von dessen Auftrieb tragen kann. Welcher Rauminhalt wäre nur erforderlich, wenn der Mensch mit der Dichte $\varrho_1 = 1{,}1 \frac{\mathrm{kg}}{\mathrm{dm}^3}$ zu 90 % ins Wasser taucht und sein Auftrieb berücksichtigt wird?*

2.3 Kohäsion und Adhäsion bei Flüssigkeiten

Obwohl bei Flüssigkeiten die Kräfte zwischen den einzelnen Molekülen viel kleiner sind als bei festen Körpern, ist doch noch ein Rest von **Kohäsion** vorhanden, der die Moleküle enggepackt zusammenhält. Eine Reihe von Erscheinungen findet ihre Erklärung durch die auch noch bei Flüssigkeiten als schwache Anziehung zwischen den Molekülen wirkende Kohäsion.

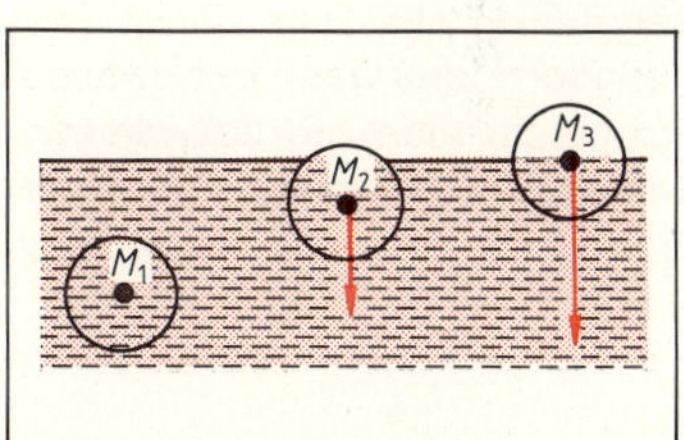

Abb. 1 Entstehung der Oberflächenspannung

Jedes Molekül unterliegt der Anziehung der Nachbarmoleküle, deren Bereich in Abb. 1 durch kleine Kreise angedeutet ist. Beim Molekül M_1 wirkt die Kohäsion zu den Nachbarmolekülen gleichmäßig nach allen Seiten. Alle Kräfte heben sich auf. Beim Molekül M_2 fehlen einige Nachbarmoleküle, weil es sich nahe an der Oberfläche befindet; deshalb wirkt die Resultierende der Kohäsionskräfte nach unten. Beim Molekül M_3, ganz an der Oberfläche, ist dies in noch höherem Maße der Fall. Moleküle an der Flüssigkeitsoberfläche stehen unter einem Zug nach innen, der die Oberfläche zu verkleinern sucht. Diesen Zug nennt man die **Oberflächenspannung.**

Daß sich Wasserläufer, ohne einzusinken, auf der Oberfläche von Seen bewegen können, beruht auf der Wirkung der Oberflächenspannung. Mit einiger Sorgfalt gelingt es sogar, daß eine Nähnadel von der Oberflächenspannung getragen wird, wenn man sie vorsichtig in waagerechter Lage auf eine Wasseroberfläche gleiten läßt. Fallende Wasserteilchen bilden Tropfen, die nur deswegen keine Kugeln (nämlich Körper, die ein gegebenes Volumen bei kleinster Oberfläche umschließen) sind, weil sie vom Luftwiderstand in die Tropfenform gebracht werden.

An den Flächen fester Körper unterliegen die Flüssigkeitsmoleküle den von den Molekülen der Wände hervorgerufenen **Adhäsionskräften.** Ihnen kommt bei den Schmiermitteln, z. B. bei Maschinenöl, eine große technische Bedeutung zu.

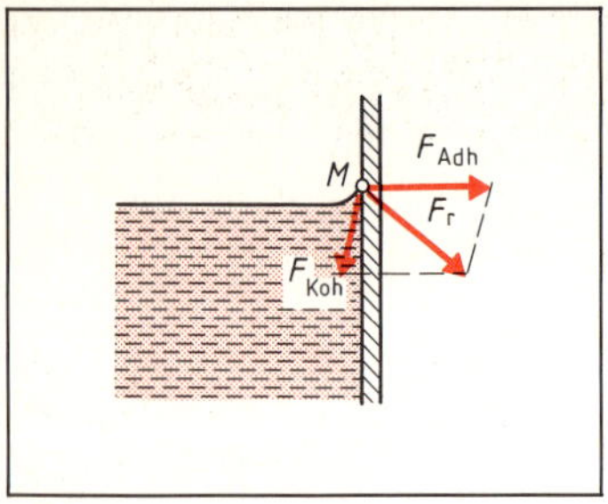

Abb. 2 Entstehung des nach oben gezogenen Randes bei Wasser

Infolge der Adhäsion haftet das Öl auf den Laufflächen der Lager und Wellen und vermindert dadurch die Reibung. Selbst bei längerem Betrieb und starker Flächenpressung bleibt noch ein dünner Ölfilm mit einer Schichtdicke bis zu 0,01 mm bestehen.

Ein Flüssigkeitsmolekül M, das sich an der Flüssigkeitsoberfläche nahe an der Gefäßwand befindet, unterliegt vor allem der Adhäsionskraft F_{Adh} zur Wand und der Kohäsionskraft F_{Koh} zum Innern der Flüssigkeit. Ist wie beim Wasser, die Adhäsion größer als die Kohäsion, so ist die Resultierende F_r nach außen gerichtet. Überwiegt dagegen wie beim Quecksilber, die Kohäsion, so verläuft die Resultierende F_r ins Innere des Quecksilbers. Die Flüssigkeitsoberfläche stellt sich stets senkrecht zur Resultierenden ein. Daher bildet die Flüssigkeitsoberfläche mit der Gefäßwand einen Winkel nach oben bzw. nach unten.

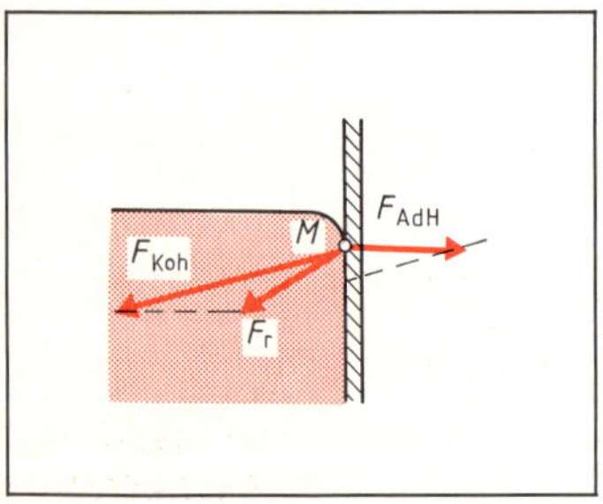

Abb. 3 Entstehung des nach unten gedrückten Randes bei Quecksilber

In Gefäßen ruft die Adhäsion an der Oberfläche einer Flüssigkeit die sog. **Meniskus**bildung hervor. Weil die nach den festen Wänden gerichtete Adhäsionskraft meist größer ist als die ins Innere der Flüssigkeit gerichtete Kohäsionskraft, wird die Flüssigkeitsoberfläche am Rand nach oben gezogen (Abb. 2). In engen Röhren, sog. Kapillaren, kann der Zug so groß sein, daß die Flüssigkeit in der Röhre hochsteigt, und zwar um so höher, je enger die Röhre ist (Abb. 3). Übertrifft aber die Kohäsion der Flüssigkeit, wie z. B. beim Quecksilber, die Adhäsion zur Gefäßwand (Abb. 4), so wölbt sich der Rand nach unten und bewirkt, daß die Oberfläche in Kapillaren tiefer steht als in der Umgebung (Abb. 5). Man bezeichnet das Ansteigen bzw. Absinken des Flüssigkeitsspiegels in engen Röhren als **Kapillarität.**

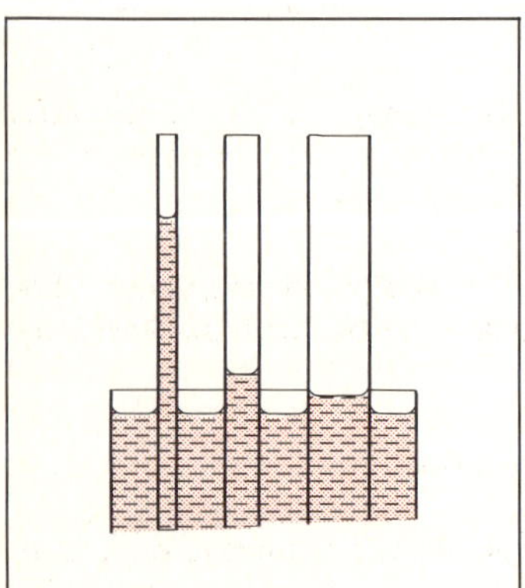

Abb. 4 Kapillarität bei Wasser

Auf der Wirkung der Kapillarität beruht das Aufsaugen von Flüssigkeiten durch Schwämme, Stoffe, Fließpapier oder andere Stoffe mit Zwischenräumen, die wie Kapillarröhren wirken können. Auch in der Natur kommt der Kapillarität besondere Bedeutung zu. In gutem, feinkörnigem Boden steigt das Grundwasser hoch, so daß es die Wurzeln der Pflanzen aufnehmen können. Jede Pflanze besitzt ein System feiner Röhren, durch die das Wasser mit den gelösten Nährstoffen in alle Teile der Pflanze steigen kann. Um bei Bauwerken zu verhindern, daß das Grundwasser durch die Poren der Mauern hochsteigt, deckt man die Grundmauer mit einer teergetränkten, wasserundurchlässigen Dachpappe ab. Demselben Zweck dient der äußere Teeranstrich der in der Erde befindlichen Grundmauern.

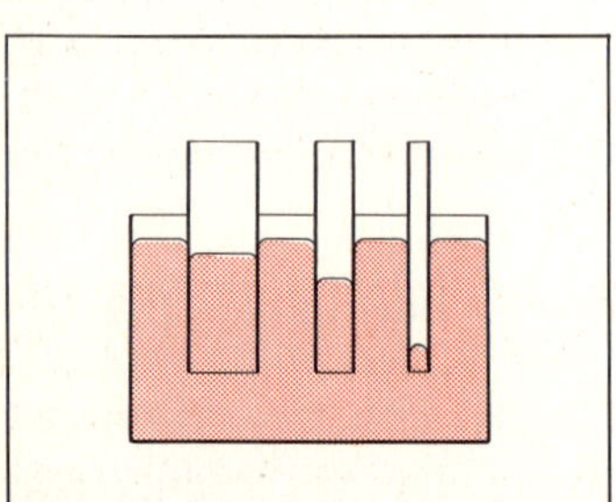

Abb. 5 Kapillarität bei Quecksilber

Diffusion von Flüssigkeiten siehe 3.5 (Seite 143).

3 Gleichgewicht bei Gasen – Aerostatik

3.1 Allgemeine Eigenschaften der Gase

Die Gase sind nicht wie die festen und flüssigen Stoffe greifbar, meistens können sie nicht einmal mit dem Auge wahrgenommen werden. Deshalb kann man ihre Existenz als wirkliche Stoffe am besten dadurch nachweisen, daß man zeigt, daß jede Gasmenge eine genau bestimmte Masse besitzt.

V

Abb. 1: Eine Metallhohlkugel ist durch ein Fahrradventil verschlossen. Zuerst wird das Ventil geöffnet und die Kugel an eine Feder gehängt. Die Stellung wird im Schattenwurf auf dem Schirm vermerkt. Nun wird mit einer Fahrradpumpe Luft hineingepumpt und die Kugel wieder angehängt. Die Feder wird stärker ausgezogen.

Ergebnis
Luft hat eine bestimmte, meßbare Gewichtskraft und Masse.

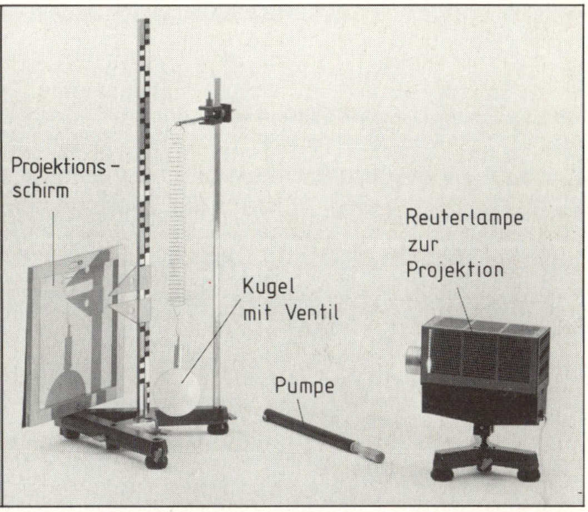

Abb. 1 Nachweis der Gewichtskraft eines Gases

Der Nachweis kann auch geführt werden, indem die Luft (Gas) abgesaugt wird. Auf diese Weise kann die Dichte eines Gases (Tab. 1.3.4,1) bestimmt werden. Bei Luft beträgt sie je nach dem Luftdruck und der Temperatur 1,2 ... 1,3 g/dm^3.

Oft wird die Dichte ohne Angabe des Druckes oder der Temperatur gegeben; dann bezieht sie sich auf **Normalbedingungen,** d. h. auf den Druck 1,013 bar und die Temperatur 0 °C.

Einige Gase sind auch durch ihren Geruch oder ihre Farbe erkennbar.

Wie die Flüssigkeiten sind auch die Gase durch die Beweglichkeit ihrer Moleküle gekennzeichnet, die bei ihnen sogar noch größer ist als bei Flüssigkeiten; denn es bestehen überhaupt keine Kräfte mehr, die zwei Moleküle gegenseitig zusammenhalten oder an einen bestimmten Punkt binden. Daher sind alle Folgerungen, die bei Flüssigkeiten aus der Beweglichkeit der Moleküle gezogen wurden, in gleicher Weise bei Gasen gültig. Auch bei Gasen breitet sich der Druck nach allen Seiten in unverminderter Stärke aus. Auch bei ihnen gibt es einen von der Eigengewichtskraft erzeugten Druck, der von oben nach unten ansteigt und bei einem in dem Gas befindlichen Körper einen Auftrieb hervorruft.

Der wichtigste Unterschied gegenüber den Flüssigkeiten besteht aber darin, daß die Gase sich ausdehnen, wenn ihnen ein größerer Raum zur Verfügung gestellt wird, und daß sie sich durch äußeren Druck zusammenpressen lassen.

Eine Gasmenge besitzt eine bestimmte Masse, aber weder eine bestimmte Gestalt noch ein bestimmtes Volumen.

Die Zusammendrückbarkeit bedingt auch, daß einige bei Flüssigkeiten gültige Gesetze bei Gasen nicht anwendbar sind und daß es bei Gasen ein Gesetz über die Volumenänderung bei wechselndem Druck gibt.

Da zwischen den einzelnen Molekülen keine Kräfte mehr bestehen, fehlen bei Gasen alle von der Kohäsion und Adhäsion verursachten Erscheinungen.

3.2 Atmosphärendruck

3.2.1 Größe des Atmosphärendruckes, Druckeinheiten und ihre Umrechnung

Die Oberfläche der festen Erdkugel ist überall von einer Lufthülle umgeben, so daß wir auf dem Boden eines großen Luftozeans leben. Genau wie bei Flüssigkeiten lastet auf jedem Körper in diesem Meere der von der Gewichtskraft der Luft hervorgerufene statische Druck, den man einfach als Atmosphärendruck bezeichnet. Auf jedem cm^2 erzeugt er eine Kraft, die ebenso groß ist wie die Gewichtskraft der Luftsäule, die von dieser Fläche hinaufreicht bis zu den höchsten Höhen, in denen noch eine Atmosphäre feststellbar ist. Die Messung des Atmosphärendruckes p_{amb} gelang zum ersten Male 1644 dem italienischen Physiker **Torricelli**[1] mit folgendem Versuch:

V

Man füllt eine dünne, etwa 1 m lange Röhre mit Quecksilber, verschließt das offene Ende mit dem Finger und bringt sie mit der Öffnung nach unten in eine offene Quecksilberschale (Abb. 1). Dort gibt man die Öffnung wieder frei. Das Quecksilber fließt nur zu einem kleinen Teil heraus; in der Röhre bleibt eine Säule von mehr als 70 cm Höhe über dem Spiegel der Wanne zurück. Der Höhenunterschied bleibt auch derselbe, wenn man die Röhre nach einer Seite neigt.

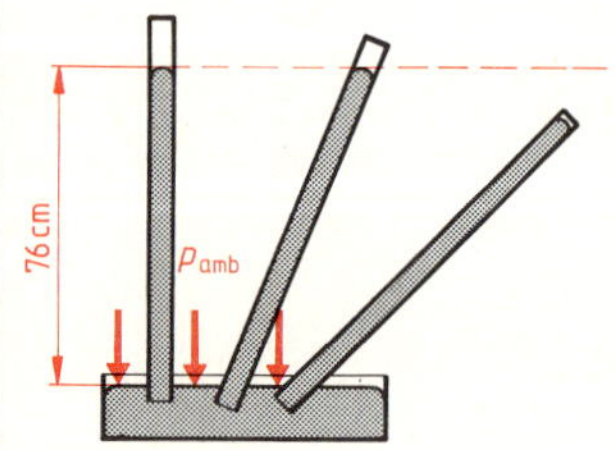

Abb. 1 Der Torricellische Versuch zur Bestimmung des Luftdruckes

Weil an allen Stellen der Quecksilberoberfläche in der Schale derselbe Druck herrschen muß, ist der auf den äußersten Quecksilberspiegel wirkende Atmosphärendruck ebenso groß wie der im Innern der Röhre herrschende Schweredruck der Quecksilbersäule. Da keine Luft eindringen kann, ist der freie Raum über der Quecksilbersäule im geschlossenen Ende der Röhre luftleer; dort herrscht ein **Vakuum** (Nr. 3.2.3).

Die Höhe der Quecksilbersäule, die dem Atmosphärendruck p_{amb} entspricht, ist nicht immer gleich; sie ändert sich mit dem Wetter und der Höhenlage des Beobachtungsortes. Bei gutem Wetter und in Meereshöhe beträgt sie 760 mm. Den dieser Quecksilbersäule entsprechenden Druck bezeichnet man als Atmosphärendruck im Normzustand $p_{amb\,0}$.

$$p_{amb\,0} = h \cdot \varrho \cdot g = 0{,}76\,\text{m} \cdot 13\,600\frac{\text{kg}}{\text{m}^3} \cdot 9{,}81\frac{\text{m}}{\text{s}^2} = 101\,300\frac{\text{N}}{\text{m}^2} = 1{,}013\,\text{bar} = 1013\,\text{mbar}$$

Dieser Druck ist also nur wenig größer als 1 bar, der am häufigsten verwendeten Druckeinheit. Für Luftdruckangaben im Wetterdienst verwendet man die Einheit mbar.

Je höher ein Ort liegt, umso geringer ist der Luftdruck, denn die über ihm ruhenden Luftmassen sind kleiner. Gleichzeitig verringert sich mit der Höhe die Dichte. In Bodennähe werden die Luftmassen stärker zusammengedrückt. Dadurch nimmt der Atmosphären-

1 Evangelista Torricelli, 1608 bis 1647, Prof. in Florenz, bestimmte die Größe des Luftdruckes und erfand das Barometer (s. S. 360).

druck mit der Höhe ab, jedoch nicht gleichmäßig. Der Luftdruck p_{amb} nimmt von 0 m auf 100 m Höhe um 12 mbar ab. Zwischen 2000 m und 2100 m beträgt die Abnahme nur noch 9 mbar. Der Schweredruck kann daher nicht so einfach wie bei Flüssigkeiten berechnet werden. Der mittlere Atmosphärendruck p_{amb} kann der folgenden Tabelle entnommen werden.

Mittlerer Atmosphärendruck p_{amb} in der Höhe h	h in m	p_{amb} in mbar	h in m	p_{amb} in mbar	h in m	p_{amb} in mbar
	0	1013	500	955	2000	792
	100	1001	600	943	4000	616
	200	989	700	932	6000	475
	300	977	800	921	8000	368
	400	966	1000	897	10000	285

In der Technik wird meist nur der zulässige **Überdruck** p_e (z. B. bei Kesseln, in Rohrleitungen) oder der für den Gebrauch notwendige Überdruck (z. B. in Schläuchen, in Rohrleitungen) gegenüber dem Atmosphärendruck angegeben: etwa $p_e = 1{,}8$ bar. Das bedeutet, daß der innere Druck den Atmosphärendruck p_{amb} um 1,8 bar übersteigt. Der **absolute Druck** p_{abs} bezieht sich auf einen völlig leeren Raum. Ist der Atmosphärendruck $p_{amb} = 1$ bar und $p_e = 1{,}8$ bar, dann ist: $p_{abs} = p_{amb} + p_e = (1 + 1{,}8)$ bar $= 2{,}8$ bar.

Der Überdruck p_e wird negativ, wenn der Atmosphärendruck größer als der absolute Druck p_{abs} ist.

Aufgaben

1. *Stellen Sie nach obigen Tabellenwerten die Abhängigkeit des Luftdrucks p_{amb} von der Höhe h graphisch dar. (Maßstab: Abszisse 1 cm ≙ 500 m, Ordinate 1 cm ≙ 100 mbar.)*

2. *In welcher Höhe h_1 herrscht der Druck p_{amb} = 450 mbar?*

3. *Bestimmen Sie die Höhe einer Luftschicht, die bei konstanter Dichte $\varrho = 1{,}293 \frac{kg}{m^3}$ am Boden den Luftdruck p_{amb} = 1013 mbar hervorrufen würde.*

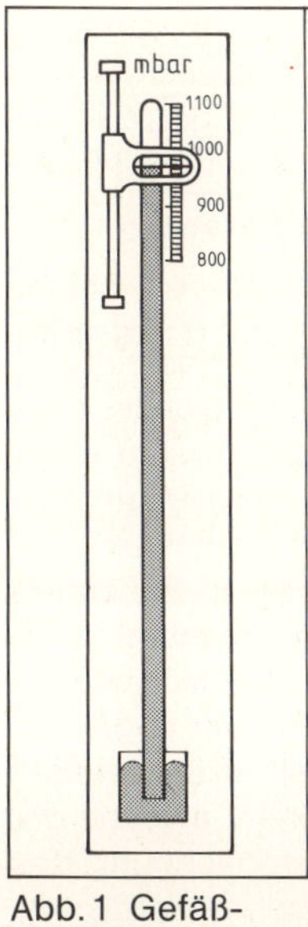

Abb. 1 Gefäßbarometer

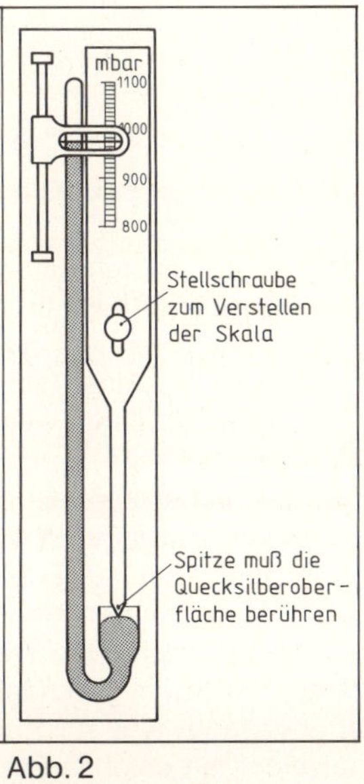

Abb. 2 Heberbarometer

3.2.2 Barometer

Alle Geräte zum Messen des Atmosphärendruckes heißen Barometer. Die genauesten sind auch heute noch die Quecksilberbarometer, die auf dem in Nr. 3.2.1 beschriebenen Versuch von Torricelli beruhen. Man unterscheidet Gefäßbarometer und Heberbarometer.

Das **Gefäßbarometer** (Abb. 1) besitzt eine feste Skala, an der man den Höhenunterschied zwischen der Quecksilberoberfläche im unteren Gefäß und der in der Röhre ablesen kann. Man nimmt dabei die Ungenauigkeit in Kauf, daß auch die Quecksilberoberfläche im Gefäß sich um kleine Beträge hebt und senkt, je nachdem bei sinkendem Atmosphärendruck Quecksilber aus der Röhre zurückfließt oder bei steigendem Atmosphärendruck in die Röhre eindringt.

Beim **Heberbarometer** (Abb. 2) läßt sich entweder die Röhre oder der Maßstab verstellen, so daß der Nullpunkt der Skala immer genau am Quecksilberspiegel liegt.

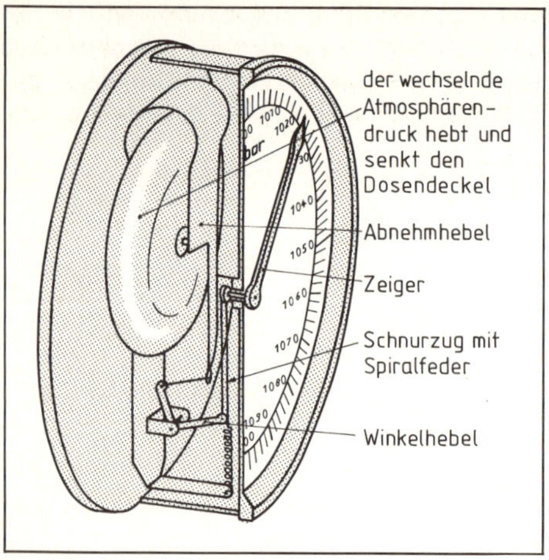

Abb. 3 Dosenbarometer

Weniger genau, aber handlicher sind die Dosen- und Röhrenbarometer. Beim **Dosenbarometer** (Abb. 3) wird eine ausgepumpte und luftdicht verschlossene Dose von einer Feder gespannt. Beim Ansteigen des Atmosphärendruckes wird die Dose etwas zusammengedrückt, bei geringerem Druck entspannt sie sich. Die kleinen Bewegungen des Dosendeckels werden durch ein Hebelsystem auf einen Zeiger übertragen.

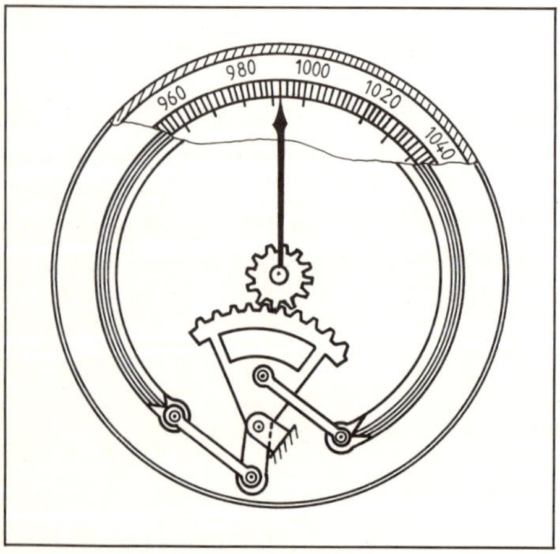

Abb. 4 Röhrenbarometer

Beim **Röhrenbarometer** (Bourdousche Röhre) (Abb. 4) wird die Tatsache ausgenutzt, daß eine gebogene Röhre auf ihrer Außenseite eine größere Fläche besitzt als auf der Innenseite. Daher erfährt die Außenseite vom Druck der Luft eine stärkere Kraftwirkung, und die Röhre krümmt sich immer mehr, wenn der Atmosphärendruck steigt. Die Bewegung der beiden Röhrenenden dreht einen gezahnten Sektor, der seine Drehbewegung auf einen Zeiger überträgt.

3.2.3 Vakuum, Luftpumpen und Kompressoren

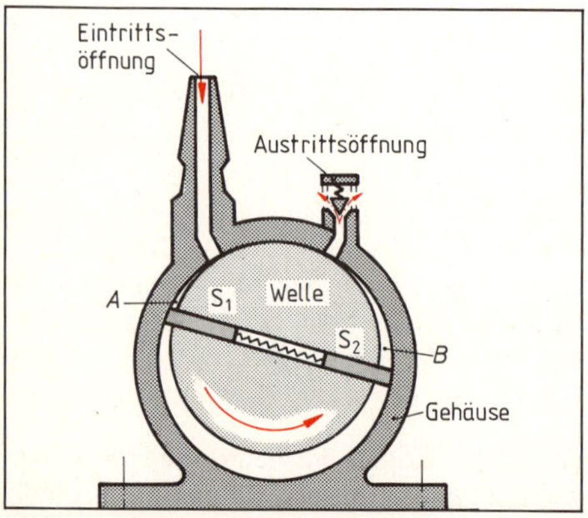

Abb. 1 Drehschieberpumpe

Beim Torricellischen Versuch entsteht über dem Quecksilber in der geschlossenen Röhre ein Raum, in den keine Luft eindringen kann, der also (abgesehen von einigen Quecksilbermolekülen) vollkommen leer ist. Einen solchen Raum nennt man ein **Vakuum.** Um einen größeren luftleeren Raum herzustellen, als es der Torricellische Versuch gestattet, verwendet man meist **Drehschieberpumpen** (Abb. 1). Bei diesen dreht sich eine exzentrisch gelagerte Welle in einem genau geschliffenen zylindrischen Gehäuse. Zwei Stahlschieber S_1 und S_2 ragen heraus und werden von einer Feder gegen die Gehäusewand gedrückt. Wenn sich die Welle dreht, werden der Raum A vergrößert, der Raum B verkleinert, also bei der Eintrittsöffnung Luft angesaugt und zur Austrittsöffnung hinausgedrückt. Man erreicht mit solchen Pumpen ein Vakuum bis zu p_{abs} unter 10^{-4} mbar.

In Nr. 4.1.3 wird noch die billige, rasch saugende Wasserstrahlpumpe besprochen, die jedoch nur ein geringes Vakuum von einigen mbar herzustellen erlaubt. Ein Hochvakuum (weniger als 0,001 mbar) erzeugt man mit einer Drehschieberpumpe als Vorpumpe zusammen mit einer Hochvakuumpumpe, deren Besprechung jedoch zu weit führen würde.

Soll Luft oder ein anderes Gas in ein Gefäß bzw. eine Rohrleitung gepumpt werden, um darin den Druck zu vergrößern, verwendet man dazu **Kompressoren.**

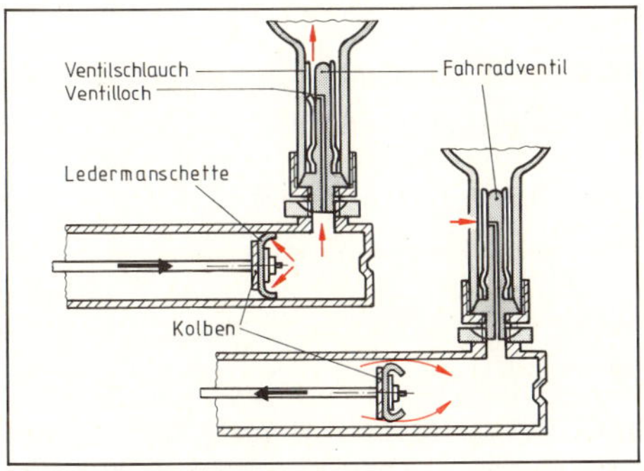

Abb. 2 Fahrradpumpe

Die einfachste Ausführungsart derartiger Pumpen ist die **Fahrradpumpe.** Beim Verkleinern des Volumens wird die am Kolben angeschraubte Ledermanschette durch die Vergrößerung des Druckes fest gegen den Zylinder gedrückt. Beim Zurückziehen des Kolbens läßt die Manschette die Luft vorbeiströmen. Sie wirkt also wie ein selbsttätiges Ventil. Im Fahrradventil hebt die Preßluft den Ventilschlauch etwas ab, so daß die Luft in den Fahrradschlauch einströmt und dort den Druck vergrößert.

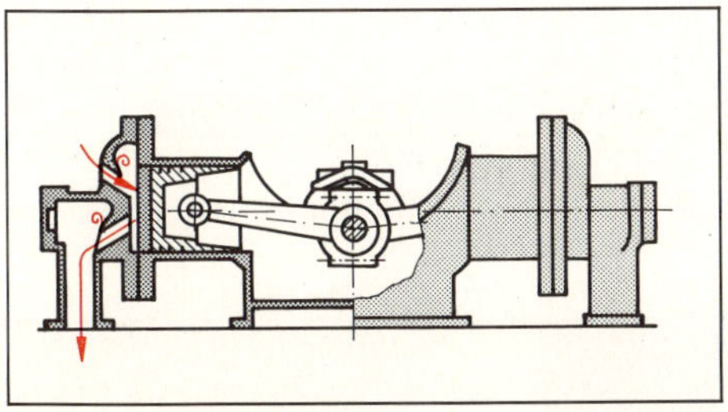

Abb. 3 Kompressor

Beim **Kompressor** (Abb. 3) bewegt ein umlaufender Exzenter einen, oder bei doppelt wirkenden Ausführungen, zwei Kolben. Dadurch wird über selbsttätig wirkende Einströmventile Luft angesaugt, danach in dem Zylinder von den Kolben verdichtet und durch die ebenfalls selbsttätig wirkenden Auslaßventile dorthin gepreßt, wo sie als Preßluft benötigt wird.

3.2.4 Wirkungen und Anwendungen des Atmosphärendruckes

Wird der Druck der Luft in einem Raum so weit vermindert, daß er unter dem der äußeren Luft liegt, so kann der Überdruck der äußeren Luft deutliche Wirkungen hervorrufen.

V1

Zwei Halbkugelschalen werden mit ihrem glatt geschliffenen Rand, der zur Dichtung etwas eingefettet ist, aufeinandergesetzt und dann ausgepumpt. Der äußere Luftdruck drückt danach die beiden Teile mit solcher Kraft zusammen, daß die in der Abb. am Federkraftmesser ablesbare Zugkraft von 40 N nicht ausreicht, um sie auseinander zu reißen.

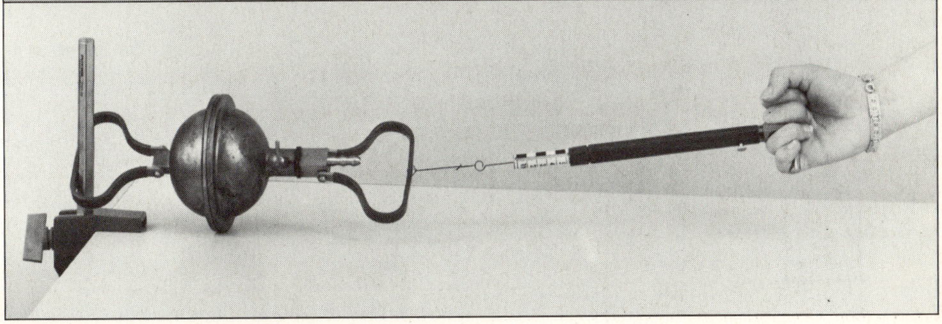

Abb. 1 Versuch mit Magdeburger Halbkugeln

Weil dieser Versuch 1654 von dem Bürgermeister Otto von Guericke[1] in Magdeburg zum ersten Male öffentlich vorgeführt wurde, nennt man die Halbkugelschalen „Magdeburger Halbkugeln“. Die Halbkugeln waren beim historischen Versuch größer, so daß erst je acht kräftige Pferde auf beiden Seiten sie mit großer Anstrengung auseinanderziehen konnten.

Auch die Deckel von Einmachgläsern werden vom Überdruck der äußeren Luft fest angedrückt.

Ist ein luftleerer oder luftverdünnter Raum durch eine Flüssigkeit von der Außenluft getrennt, so läßt der Atmosphärendruck die Flüssigkeit in diesen Raum hineinströmen oder -steigen. Es herrscht erst dann wieder Gleichgewicht, wenn der Druck der innen höher stehenden Flüssigkeit den Druckunterschied des Innendruckes gegen den äußeren Druck der Luft ausgleicht. Schon bei geringen Luftverdünnungen kann das Wasser in einem Gefäß einige cm oder dm aufsteigen, bei einem Vakuum sogar bis zu etwa 10 m über den äußeren Wasserspiegel.

V2

Wir füllen einen Standzylinder vollständig mit Wasser und verschließen ihn mit einem Stück Pappe oder einer Glasplatte. Der Luftdruck verhindert nach dem Umdrehen das Ausfließen des Wassers.

Abb. 2 Der Luftdruck verhindert das Ausfließen des Wassers aus einem umgekehrten Standzylinder

Auf dieser Tatsache beruhen viele Vorrichtungen und Geräte des täglichen Lebens und der Technik.

V3

Taucht man ein beiderseits offenes dünnes Glasrohr mit einem Ende in Wasser, so steigt das Wasser in ihm hoch, bis der Wasserspiegel innen und außen gleich hoch steht. Verschließt man nun das Rohr mit dem Zeigefinger und hebt es aus dem Wasser, so sinkt der Wasserspiegel nur wenig. Im Raum darüber wurde der Unterdruck verringert. Der Schweredruck des Wassers ergibt mit restlichem Druck der Luft am Rohrende einen Druck, der genauso groß wie der Atmosphärendruck ist.

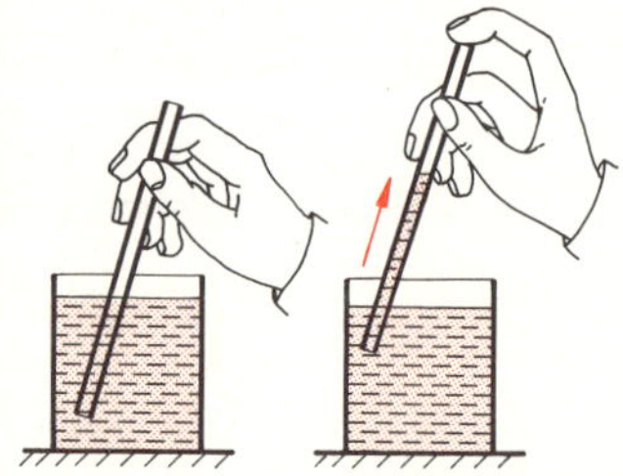

Abb. 3 Modell eines Stechhebers

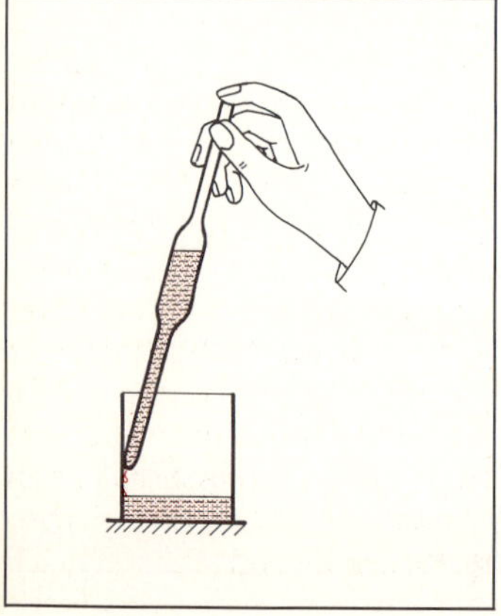

Eine solche Röhre ist das Modell eines **Stechhebers.** Ist der Stechheber in der Mitte ausgeweitet und unten verengt, so hat man eine **Pipette** (Abb. 4.).

Der auf der folgenden Seite behandelte **Saugheber** ist eine Vorrichtung, um eine Flüssigkeit aus einem hochstehenden Gefäß in ein tieferstehendes überfließen zu lassen.

Abb. 4 Pipette

1 Otto v. Guericke, 1602 bis 1686, Bürgermeister von Magdeburg, erfand die Luftpumpe und beschäftigte sich mit Reibungselektrizität.

V4

Ein umgekehrtes U-Rohr taucht zuerst mit beiden Enden in zwei Wassergefäße und wird durch Saugen an dem oben angebrachten Schlauch vollständig mit Wasser gefüllt. Dann wird das Schlauchende abgeklemmt. Wird nun der eine Wasserbehälter gehoben, so fließt aus ihm Wasser in den tiefer stehenden. Dabei kann sogar die untere Öffnung des Rohres über die Oberfläche im unteren Gefäß gehoben werden. Das Fließen hört aber sofort auf, wenn irgendwie Luft in die Röhre kommt.

Begründung

Auf dem Wasserspiegel bei A lastet der Atmosphärendruck p_{amb}. Da in die mit Wasser gefüllte Röhre keine Luft eindringen kann, herrscht bei B der Druck $p_{\text{amb}} - h_1 \cdot \varrho \cdot g$. Von B an steigt der

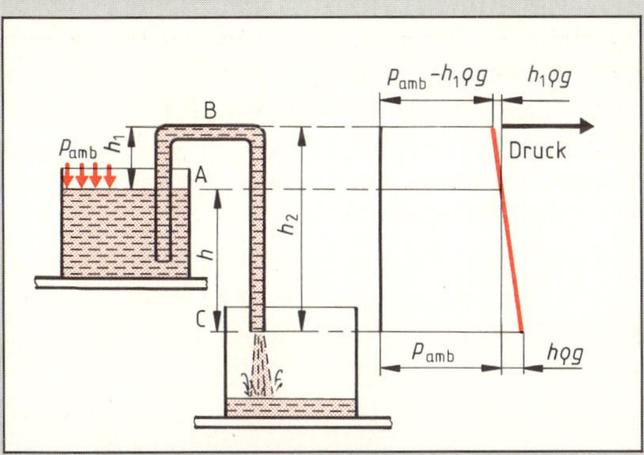

Abb. 5 Begründung der Wirkungsweise des Saughebers

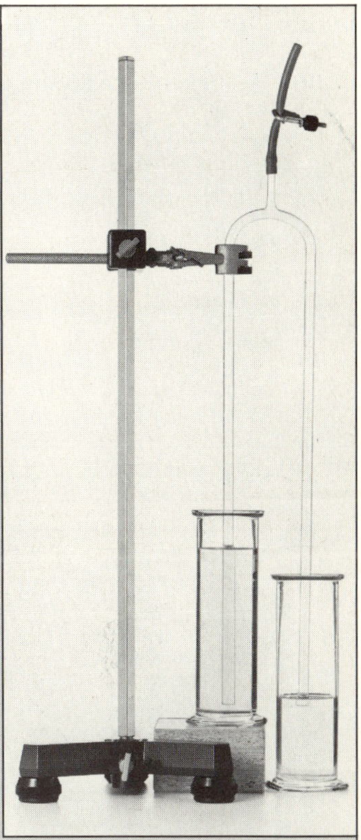

Abb. 6 Versuch zum Saugheber

Druck nach unten wieder an und ist bei C: $p_{\text{amb}} - h_1 \cdot \varrho \cdot g + h_2 \cdot \varrho \cdot g = p_{\text{amb}} + h \cdot \varrho \cdot g$. An der Öffnung C herrscht also ein Überdruck $h \cdot \varrho \cdot g$ über dem Atmosphärendruck p_{amb} und läßt das Wasser ausströmen, wenn die Öffnung C tiefer liegt als der Wasserspiegel A. Der Überdruck ist unabhängig vom Druck der Luft, aber ohne ihn würde der Wasserfaden in der Röhre zerreißen. Deshalb darf der Druck $h_2 \varrho g$ des Wassers im Ausflußschenkel nicht größer sein als der Druck $p_{\text{amb}} - h_1 \varrho g$ im Punkt B. Da p_{amb} einer Wasserhöhe von etwa 10 m entspricht, ist diese Bedingung praktisch immer erfüllt.

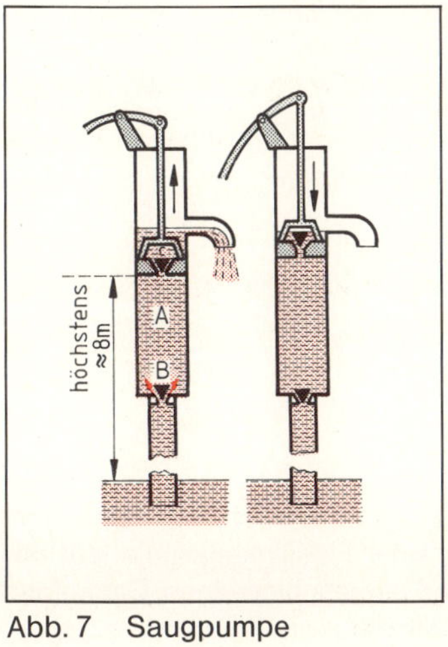

Abb. 7 Saugpumpe

Auch die Wasserpumpen benutzen den Luftdruck, um Grundwasser an die Erdoberfläche emporzuheben. Die **Saugpumpe** (Abb. 7) besitzt ein Steigrohr mit Kolbenraum, Kolben und zwei Ventilen. Beim Hochziehen des Kolbens entsteht im Raum A eine Luftverdünnung, so daß der Atmosphärendruck Wasser nachströmen läßt, solange der Höhenunterschied gegenüber dem Grundwasserspiegel kleiner als 10 m bleibt (wegen der Undichtigkeit des Kolbens und der Reibungsverluste beim Nachströmen darf man bei wirklichen Brunnen nicht über etwa 8 m Höhenunterschied hinausgehen). Drückt man danach den Kolben nach unten, so schließt sich das Ventil B, so daß das Wasser nicht zurückfließen und nur durch das Ventil C nach oben aus dem Raum A entweichen kann. Nach einigen Pumpenschlägen erreicht das Wasser die Ausflußöffnung.

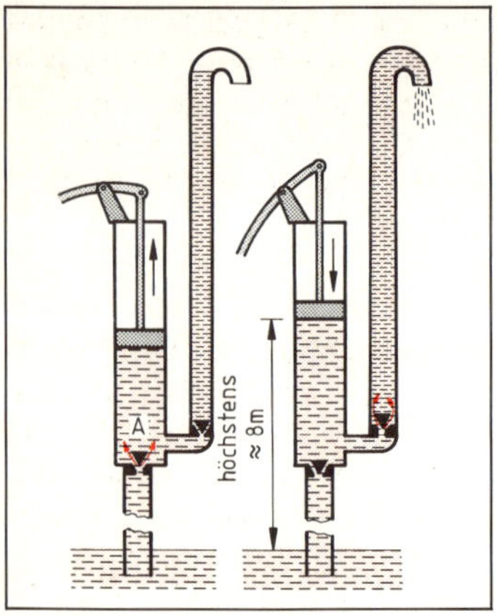

Abb. 8 Druckpumpe

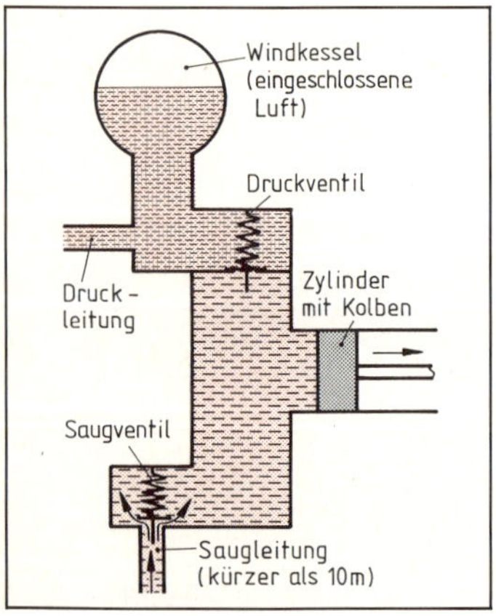

Abb. 9 Kolbenpumpe mit Druckwindkessel

Bei der **Druckpumpe** (Abb. 8) ist der Kolben nicht durchbohrt. Im Raum A ist unterhalb des Kolbens ein Steigrohr angesetzt, in das das Wasser gedrückt wird. Der Vorteil dieser Pumpe liegt darin, daß das Wasser im Steigrohr nicht vom Atmosphärendruck, sondern vom Kolben nach oben gedrückt wird. Deshalb darf das Steigrohr auch beliebig lang sein, wenn die Antriebskraft des Kolbens ausreicht, um das Wasser in die gewünschte Höhe zu drücken. Lediglich die Höhe des Kolbens über dem Grundwasser, die „Saughöhe", darf etwa 8 m nicht übersteigen.

Abb. 9 zeigt eine nach diesem Prinzip arbeitende, motorisch angetriebene **Kolbenpumpe.** Bewegt sich der Kolben nach rechts, so bleibt das Druckventil geschlossen. Es entsteht ein Unterdruck im Zylinderraum. Der Atmosphärendruck drückt Flüssigkeit durch das Saugventil hinein. Geht dann der Kolben nach links, so wird die Flüssigkeit durch das Druckventil in die Druckleitung gefördert. Um das stoßweise Arbeiten der Pumpe auszugleichen, ist an der Druckleitung ein Windkessel angebaut. Über der stoßweise eintretenden Flüssigkeit befindet sich ein Luftvolumen, das bei einem Pumpenstoß elastisch zusammengedrückt wird. Während die Luft sich bis zum nächsten Pumpenstoß wieder entspannt, treibt sie weitere Flüssigkeit in die Druckleitung und bewirkt eine gleichmäßigere Pumpförderung.

Eine andere in der Technik sehr häufig angewendete Wasserpumpe, die **Kreiselpumpe,** benutzt die Wirkung der Zentrifugalkraft; sie wurde deshalb schon in Nr. 1.9.3 besprochen.

Das Trinken mit dem Strohhalm beruht ebenfalls auf der Wirkung des verdünnten Luftraumes. Der Atmosphärendruck drückt das Getränk im Strohhalm hoch, wenn durch Vergrößern des Brustraumes der Druck in der Mundhöhle verringert wird. Es ist daher falsch zu sagen, man „sauge" das Getränk hoch.

Aufgaben

1. *In einem Windkessel befindet sich bis zu einer Höhe von 1800 mm Wasser. Darüber ist Luft mit einem Überdruck von $p_e = 3{,}40$ bar. Welcher Gesamtdruck herrscht am Boden des Gefäßes?*

2. *Bei einem Atmosphärendruck von $p_{amb} = 1025$ mbar wird der Überdruck in einem Autoschlauch von 1,5 bar auf 2,8 bar vergrößert. Wieviel % beträgt der Druckanstieg?*

3. *Der absolute Druck in einem Weckglas ist $p = 80$ mbar. Der äußere Luftdruck beträgt $p_{amb} = 1030$ mbar. Wie groß ist die Kraft auf den Deckel, wenn die Deckelfläche 75 cm² beträgt?*

3.2.5 Manometer

Druckmeßgeräte heißen **Manometer.** Ihre Wirkungsweise kann ähnlich wie bei einem Quecksilberbarometer (Nr. 3.2.2) auf dem Schweredruck einer Flüssigkeitssäule, auf der von dem Druck hervorgerufenen Volumenänderung einer eingeschlossenen Gasmenge oder auch auf der Formänderung eines elastischen Körpers beruhen.

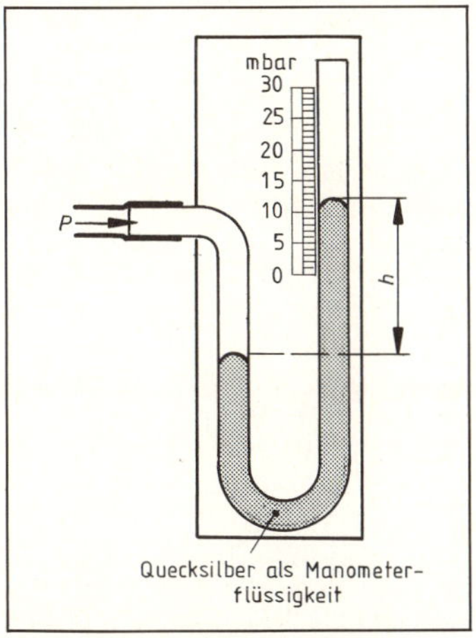

Abb. 1 Offenes Flüssigkeitsmanometer

Bei kleinen Drücken benutzt man ein offenes **Flüssigkeitsmanometer** (Abb. 1). Das ist ein beiderseits offenes, zum Teil mit einer Flüssigkeit gefülltes U-Rohr. An dessen einem Ende schließt man den Raum, in dem der zu messende Druck herrscht, an. Der Höhenunterschied der Flüssigkeitssäule in beiden Schenkeln ist das Maß für die Druckdifferenz in dem Raum gegenüber dem Atmosphärendruck.

Die technischen Manometer arbeiten ähnlich wie Dosen- bzw. Röhrenbarometer (Nr. 3.2.2). Bei **Plattenfedermanometer** (Abb. 2) wird die Durchbiegung einer gewellten elastischen Lamelle (meist aus Stahl), beim **Röhrenfedermanometer** (Abb. 3) die vom Druck veränderte Krümmung einer gebogenen Röhre durch Übertragung auf einen Zeiger an einer geeichten Skala ablesbar gemacht. Da von außen auf die Lamelle oder auf die Röhre der Atmosphärendruck einwirkt, zeigen diese Instrumente nur den Unterschied gegenüber dem Atmosphärendruck an.

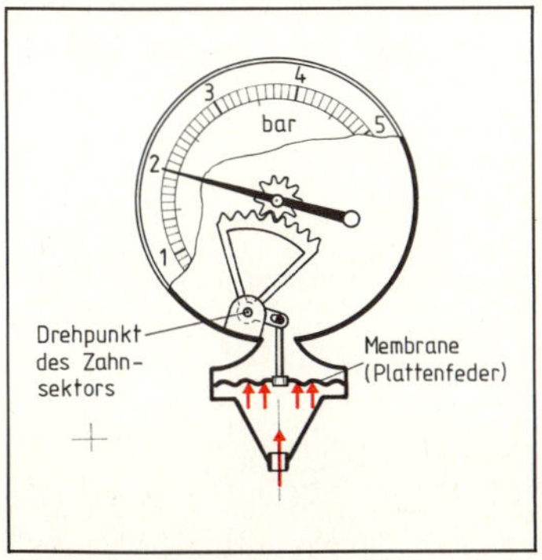

Abb. 2 Plattenfedermanometer

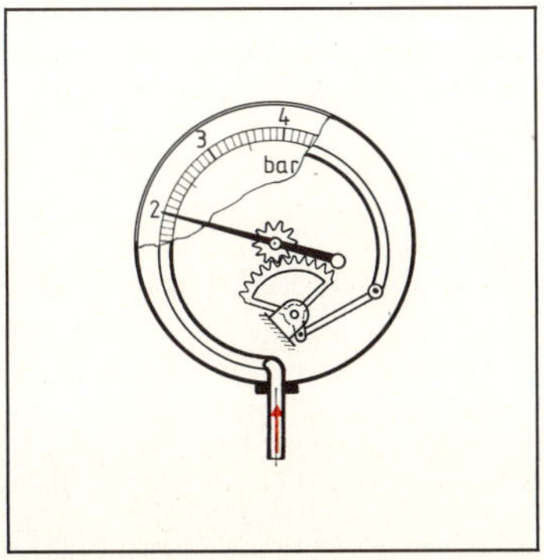

Abb. 3 Röhrenfedermanometer

Aufgaben

1. *Bei einem Atmosphärendruck $p_{amb} = 1010$ mbar wird der Druck einer Stadtgasleitung gemessen. Dabei zeigt das mit Wasser gefüllte Manometer einen Höhenunterschied $\Delta h = 60$ mm. Wie groß ist der absolute Druck p_{abs} und der Überdruck in der Leitung in Pa und mbar?*

2. *Erdöl soll aus einer Tiefe von 1500 m hochgepumpt werden. Wo muß dazu der Pumpenkolben vorgesehen werden? Der Pumpenkolben hat einen Durchmesser von 200 mm, die Dichte des Erdöls ist 0,8 g/cm³. Welche Kraft ist ohne Berücksichtigung der Gewichtskraft des Pumpengestänges zur Förderung notwendig?*

3.3 Druck einer eingeschlossenen Gasmenge

Boyle-Mariottesches Gesetz

Wenn eine abgeschlossene Gasmenge unter höheren Druck gesetzt wird, so verkleinert sich ihr Rauminhalt. Bei Verminderung des Druckes dehnt sie sich aus.

V

Um den zahlenmäßigen Zusammenhang der dabei auftretenden Drücke und Rauminhalte abzuleiten, führt man einen Versuch mit einer langen, dünnen, an einem Ende zugeschmolzenen Glasröhre (Meldesche Röhre) aus, die auf einem Maßstab befestigt ist und in der ein etwa 25 cm langer Quecksilberfaden ein Luftvolumen (Abb. 1) einschließt. In waagerechter Lage wirkt nur der Atmosphärendruck. Wird die Röhre mit dem offenen Ende nach oben gehalten, so besteht der Druck aus dem Atmosphärendruck und dem vom Quecksilberfaden erzeugten Druck. Weist die Öffnung nach unten, so wird der Atmosphärendruck um den vom Quecksilber erzeugten Druck vermindert. Mißt man den Atmosphärendruck in mbar, so muß man auch den Druck des Quecksilberfadens in mbar ausdrücken und im ersten Falle hinzuzählen, im dritten Falle abziehen. Es ergibt sich:

Barometerstand: $p_{amb} = 1000\,\text{mbar} = 10\frac{\text{N}}{\text{cm}^2}$

Länge des Quecksilberfadens: 25 cm

Druck des Quecksilberfadens nach der Formel $p = h \cdot \varrho \cdot g$

$$p = 0{,}25\,\text{m} \cdot 13\,600\frac{\text{kg}}{\text{m}^3} \cdot 9{,}81\frac{\text{m}}{\text{s}^2} = 33\,300\frac{\text{N}}{\text{m}^2} = 333\,\text{mbar}$$
$$= 333\frac{\text{N}}{\text{cm}^2}$$

Innendurchmesser der Röhre: 2 mm
Innenquerschnitt: 3,14 mm²

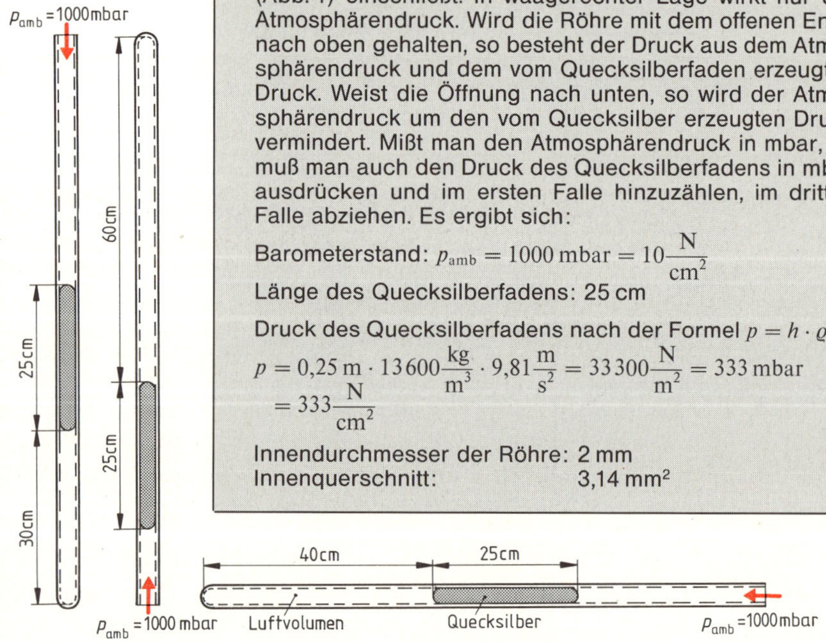

Abb. 1 Versuch zum Boyle-Mariotteschen Gesetz[1]

Wertetabelle mit Auswertung

Lage der Röhre	Länge l des abgeschlossenen Luftraumes in cm	Volumen V des abgeschlossenen Luftraumes in cm³	Druck p in N/cm²	Produkt aus Druck und Volumen $p \cdot V$ in N cm
Öffnung nach oben	30	0,942	13,33	12,56
horizontal	40	1,256	10,00	12,56
Öffnung nach unten	60	1,884	6,67	12,56

Ergebnis
Obwohl sich die Werte von p und V stark ändern, bleibt die Größe des Produktes $p \cdot V$ gleich. Dieses Ergebnis ist das **Boyle-Mariottesche Gesetz.**

1 Robert Boyle, 1627 bis 1691, Physiker und Chemiker in London. Mariotte, 1620 bis 1684, Physiker in Paris. Das obige Gesetz wurde zuerst von Boyle und unabhängig davon einige Jahre später von Mariotte entdeckt.

Das Produkt aus Druck und Volumen einer abgeschlossenen Gasmenge bleibt bei gleicher Temperatur unverändert.

$$p_1 \cdot V_1 = p_2 \cdot V_2 = \textbf{konstant}$$

Die Einschränkung wegen der gleichen Temperatur muß erfolgen, weil die Wärmeausdehnung (Nr. 5.2.3) ebenfalls das Volumen verändert.

Da eine Druckänderung nur das Volumen, aber nicht die Masse einer Gasmenge beeinflußt, muß bei einer Druckzunahme oder Druckabnahme die Dichte eines Gases auch zu- oder abnehmen. Ersetzt man in $p_1 \cdot V_1 = p_2 \cdot V_2$ die Volumina durch $V_1 = \frac{m}{\varrho_1}$ bzw. durch $V_2 = \frac{m}{\varrho_2}$, so erhält man:

$$\frac{p_1 \cdot m}{\varrho_1} = \frac{p_2 \cdot m}{\varrho_2}$$

nach Division mit m:

$$\frac{p_1}{\varrho_1} = \frac{p_2}{\varrho_2} \quad \text{oder:} \quad \varrho_1 : \varrho_2 = p_1 : p_2$$

Die Dichte eines Gases ist bei gleichbleibender Temperatur proportional zum Druck.

Weil die Dichte eines Gases vom Druck und nach Nr. 5.2.3 auch von der Temperatur abhängig ist, hat die Angabe der Dichte eines Gases nur dann einen Sinn, wenn gleichzeitig Druck und Temperatur vermerkt sind. Damit dies nicht immer erforderlich ist, beziehen sich alle Angaben über Gase – soweit es nicht ausdrücklich anders vermerkt ist – auf einen Normzustand, bei dem der Druck gleich dem normierten Atmosphärendruck $p_{\text{amb }0} = 1013$ mbar und die Temperatur $\vartheta_0 = 0\,°\text{C}$ betragen. Für diesen Zustand gelten auch die in Tab. 1.3.4 (1.) angegebenen Dichten für Luft und Wasserstoff.

Aufgaben

1. *Berechnen Sie die Masse des Sauerstoffs, der sich in einer Stahlflasche vom Innenvolumen 40 l bei einem Druck von 150 bar befindet ($\varrho_0 = 1{,}43$ g/dm^3). Wieviel m^3 Sauerstoff können bei einem Atmosphärendruck von 960 mbar der Flasche entnommen werden.*

2. *Am Boden eines 12,4 m tiefen mit Wasser gefüllten Schachtes entsteht eine Luftblase von 8 mm Durchmesser. Auf welchen Wert wächst dieser, wenn die Blase bis zur Oberfläche aufsteigt und der äußere Luftdruck 960 mbar beträgt?*

3. *In einem Zylinder ist von einem Kolben mit 6 cm Durchmesser ein Gasvolumen von 8 cm Länge eingeschlossen, in dem ein Druck von 1,2 bar herrscht. Auf welche Länge vermindert sich das Volumen, wenn der Kolben von einer Kraft $F = 400$ N in den Zylinder gedrückt wird?*

4. *Ein Pkw, dessen Fahrgastraum den Inhalt 3,2 m^3 hat, stürzt nach einem Unfall ins Wasser ($p_{\text{amb}} = 1$ bar). Welcher Innendruck entsteht, wenn 450 dm^3 Wasser eingedrungen sind? In welcher Tiefe ist er dann dem äußeren Druck des Wassers gleich?*

5. *Ein Vakuumbehälter enthält zunächst ein Luftvolumen von 20 l mit der Dichte $\varrho = 1{,}3$ g/l bei 1020 mbar. Er wird bis auf 4 mbar ausgepumpt.*
a) Welches Volumen würde die herausgepumpte Luft bei einem Druck von 4 mbar einnehmen?
b) Wie groß ist die Dichte der im Behälter verbliebenen Luft?
c) Welche Luftmasse befindet sich noch im Behälter?

3.4 Auftrieb in Gasen

Da der Auftrieb eine Folge des von oben nach unten ansteigenden statischen Druckes ist, erfährt jeder Körper in einem Gas, insbesondere in der Luft, einen Auftrieb. Man kann ihn mit dem folgenden Versuch nachweisen.

V

An einer Waage hängt an einem Arm ein hohler Glaskörper mit großem Volumen. Seine Gewichtskraft ist durch ein am anderen Waagearm hängendes Metallstück ausgeglichen. Dann wird die ganze Waage unter einen Rezipienten gebracht und die Luft abgepumpt. Weil bei dem Glashohlkörper wegen seines großen Volumens ein großer Auftrieb verschwindet, sinkt er nach unten.

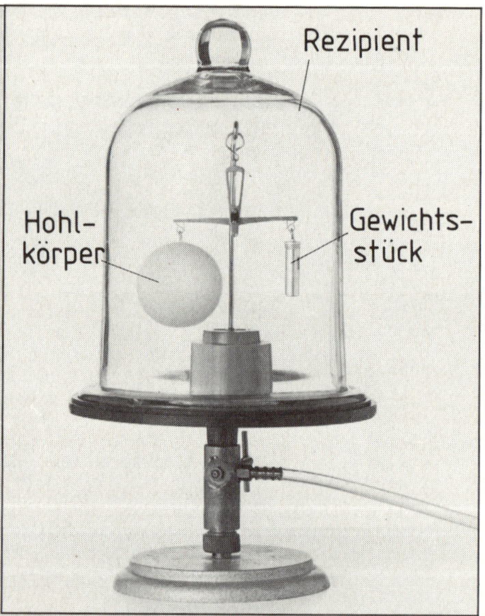

Abb. 1 Nachweis des Auftriebes in Luft

Auswertung
Die Gesetzmäßigkeit zur Berechnung des Auftriebes ist die gleiche wie bei Flüssigkeiten:

Der Auftrieb, den ein Körper erfährt, ist gleich der Gewichtskraft der von ihm verdrängten Luftmenge.

Ergebnis
Der Auftrieb eines Körpers mit dem Volumen V_K beträgt also:

$$F_A = V_K \cdot \varrho_L \cdot g$$

Weil jedoch die verdrängten Luftmengen wegen der geringen Dichte der Luft meistens nur eine kleine Gewichtskraft aufweisen, vermindert der Auftrieb die wahre Gewichtskraft eines Gegenstandes nur unbedeutend. Der Unterschied zwischen der wahren und scheinbaren Gewichtskraft darf deshalb – von wenigen Fällen abgesehen – vernachlässigt werden. Er läßt sich auch nur schwer nachweisen, da ja alle Gewichtsbestimmungen in Luft erfolgen.

Wenn die Gewichtskraft eines Gegenstandes kleiner ist als die Gewichtskraft der von ihm verdrängten Luft, so kann er selbständig in der Luft aufsteigen. Das ist nur möglich bei einem Gas, das leichter als Luft ist, z. B. bei Wasserstoff oder Helium, das von einer Hülle eingeschlossen ist, deren Gewichtskraft kleiner als der Auftrieb des Gases ist. Bevor das Flugzeug das beherrschende Luftverkehrsmittel wurde, konstruierte man Luftballone, die bei einer Luftverdrängung von mehreren 1000 m^3 einen so großen Auftrieb erzeugten, daß Menschen mit ihnen aufsteigen konnten. Da sie aber, auch wenn sie in der Form der Zeppeline mit Antrieb und Steuereinrichtung versehen waren, nur verhältnismäßig langsam fliegen konnten und allen Wechselfällen des Windes und des Wetters ausgesetzt waren, spielen sie heute in der Luftfahrt keine Rolle mehr. Sie werden fast nur noch als unbemannte Versuchsballone (Wettererkundung) verwendet.

Aufgaben

1. *Entwickeln Sie die Formel zur Berechnung der Steigkraft F_{st} eines Freiballons, wenn bekannt sind: Volumen des Ballons, Dichte von Luft und Gas, sowie das gesamte Eigengewicht (Ballonhülle, Korb, Besatzung).*

2. *Der Ballon einer Höhenmeßsonde hat zusammen mit den zu tragenden Meßapparaten eine Masse von 1,430 kg. Er wird bei einem Atmosphärendruck von 980 mbar bis zu einem Druck von 990 mbar mit Wasserstoff gefüllt und hat dann ein Volumen von 1,26 m³.*
Welche Kraft treibt den Ballon nach oben? Bei der Umgebungstemperatur und $p_0 = 1013$ mbar beträgt die Dichte der Luft 1,33 kg/m³, die des Wasserstoffs 0,08 kg/m³.

3. *Welchen Bruchteil der Gewichtskraft beträgt der Auftrieb eines Holzstücks in Luft ($\varrho_{\text{Holz}} = 0{,}62$ kg/dm³, $\varrho_{\text{L}} = 1{,}25$ kg/m³)?*

4. *Warum füllt man Luftballone, die sehr hoch steigen sollen, vor dem Abflug nur zu einem Teil ihres Volumens mit Wasserstoff?*

3.5 Diffusion

Die frei umherfliegenden Moleküle eines Gases kommen bei ihren Zusammenstößen nur so kurz in den Wirkungsbereich der gegenseitigen Anziehung, daß die Kräfte nicht ausreichen, um die Moleküle festzuhalten. Deshalb gibt es bei Gasen auch keine Erscheinungen, die auf die Kohäsion oder Adhäsion zurückzuführen sind.

Das freie Umherfliegen der Moleküle hat aber zur Folge, daß ein Gas jeden zur Verfügung gestellten Raum ganz auszufüllen sucht. Ist im gleichen Raum noch ein anderes Gas vorhanden, so durchdringen sich beide Gase gegenseitig und mischen sich in kurzer Zeit völlig. Diese Erscheinung wird als **Diffusion** bezeichnet. Sie erfolgt bei Gasen mit leichten Molekülen, z. B. bei Wasserstoff, schneller als bei Gasen mit schweren Molekülen. Sogar durch die Poren von Trennwänden hindurch findet sie statt, und zwar um so stärker, je größer der Druckunterschied des Gases auf beiden Seiten der Wand ist. An der Oberfläche von Flüssigkeiten **diffundieren** auch **Gasmoleküle** in die **Flüssigkeiten** hinein und bleiben in ihr gelöst.

Die Natur bietet zu all diesen Erscheinungen Beispiele: Die Zusammensetzung der Luft gleicht sich immer wieder aus, obwohl an den Feuerstellen der Industrie große Mengen von Sauerstoff verbraucht und große Mengen von Verbrennungsgasen erzeugt werden. Bei Gebäuden und Wohnungen erfolgt stets eine Durchlüftung durch die Wände hindurch, auch wenn Fenster und Türen verschlossen sind. Im Wasser der Seen, Flüsse oder des Meeres ist stets Luft gelöst, die den Fischen das Atmen ermöglicht.

Auch Flüssigkeiten können ineinander hineindiffundieren; der Vorgang geht hierbei jedoch nur sehr langsam vonstatten (Nr. 5.3.4).

4 Dynamik der Flüssigkeiten und Gase

4.1 Druck und Strömungsgeschwindigkeit bei Vernachlässigung der Reibung

4.1.1 Vergleich der Strömung einer Flüssigkeit und eines Gases

Wenn zwischen zwei Stellen in einer Flüssigkeit oder in einem Gas ein Druckunterschied besteht, so bewirkt er eine Strömung von der Stelle des hohen Druckes zur Stelle des niedrigen Druckes. Nach den Betrachtungen in Nr. 3.1 besteht der wesentliche Unterschied zwischen einem Gas und einer Flüssigkeit darin, daß ein Gas unter Druck sein Volumen verkleinert, während eine Flüssigkeit kaum zusammengedrückt werden kann. In eingeschlossenen Gasen kann man hohe Drücke erzeugen; sie breiten sich über den ganzen eingeschlossenen Raum aus, und es kann keine Strömung entstehen. Bei nicht eingeschlossenen Gasen aber beginnt die Strömung schon bei kleinen Druckunterschieden. Dadurch werden sie gleich nach ihrem Entstehen wieder einem Ausgleich zugeführt und können, von wenigen Fällen, z. B. Explosionen, abgesehen, keine hohen Beträge annehmen. Die auftretenden kleinen Druckunterschiede haben aber bei Gasen nur sehr geringe Volumenänderungen zur Folge, so daß sich strömende Gase kaum anders verhalten als strömende Flüssigkeiten. Deshalb kann man sie gemeinsam behandeln.

4.1.2 Zusammenhang zwischen Druck und Strömungsgeschwindigkeit (Gesetz von Bernoulli)

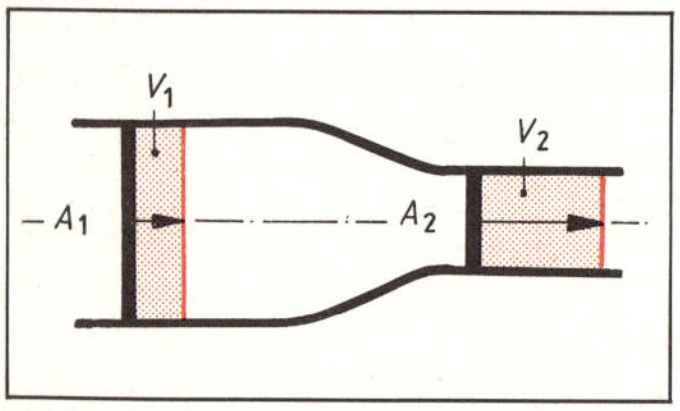

Abb. 1 Kontinuitätsgleichung

Durchströmt eine Flüssigkeit eine Röhre mit veränderlichem Querschnitt (Abb. 1), so muß sich auch die Durchflußgeschwindigkeit ändern. Weil eine Flüssigkeit sich nicht zusammendrücken läßt, muß das in einer Zeit t durch den Querschnitt A_1 strömende Flüssigkeitsvolumen V_1 ebenso groß sein wie das durch den Querschnitt A_2 strömende Volumen V_2. Sind v_1 und v_2 die Strömungsgeschwindigkeiten an den Querschnitten A_1 und A_2, so legen die Flüssigkeitsteilchen die Wege $s_1 = v_1 \cdot t$ bzw. $s_2 = v_2 \cdot t$ zurück, und man erhält die Volumina:

$$V_1 = A_1 \cdot s_1 = A_1 \cdot v_1 \cdot t \qquad V_2 = A_2 \cdot s_2 = A_2 \cdot v_2 \cdot t$$

Aus $V_1 = V_2$ folgt nun:

$$A_1 \cdot v_1 \cdot t = A_2 \cdot v_2 \cdot t$$ oder: $$v_1 : v_2 = A_2 : A_1$$

Diese Gleichung heißt **Kontinuitätsgleichung.**

Die Strömungsgeschwindigkeiten verhalten sich umgekehrt wie die Röhrenquerschnitte.

Aus dieser Beziehung geht hervor, daß die Strömungsgeschwindigkeit bei weiten Querschnitten klein, bei Engstellen aber groß ist.

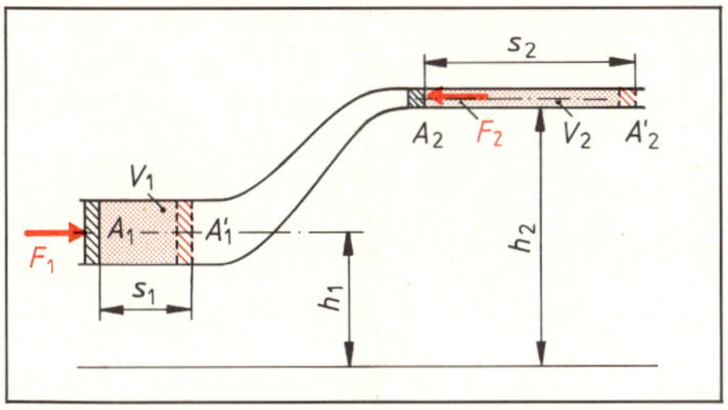

Abb. 2 Zur Ableitung des Bernoullischen Gesetzes

An allen Stellen in einer von Flüssigkeit durchströmten Röhre herrscht ein Druck, z. B. am Querschnitt A_1 (Abb. 2) der Druck p_1 und am Querschnitt A_2 der Druck p_2. Wenn nun von der nachfolgenden Flüssigkeit der Querschnitt A_1 an die Stelle A_1 geschoben wird, so wird dabei die Arbeit

$$W = F_1 \cdot s_1 = p_1 \cdot A_1 \cdot v_1 \cdot t = p_1 \cdot V_1$$

verrichtet. Betrachtet man die Flüssigkeitsmenge zwischen den Querschnitten A_1 und A_2, so dient die Arbeit W zur Verrichtung von mehreren Teilarbeiten:

1. Der Querschnitt A_2 wird gegen den Druck p_2 an die Stelle A_2' geschoben, so daß das Volumen zwischen A_2 und A_2' ebenso groß ist wie das zwischen A_1 und A_1'. Die dazu erforderliche **Spannungsarbeit** W_1 ist:

$$W_1 = F_2 \cdot s_2 = p_2 \cdot A_2 \cdot v_2 \cdot t = p_2 \cdot V_2$$

2. Eine Flüssigkeitsmenge vom Volumen V_1 wird von der Höhe h_1 in die Lage des Volumens $V_2 = V_1$ mit der Höhe h_2 gebracht. Die dazu dienende **Hubarbeit** W_2 ist:

$$W_2 = G \cdot (h_2 - h_1) = V \cdot \varrho \cdot g \cdot (h_2 - h_1)$$

3. Die im Volumen V_1 befindliche Flüssigkeit besitzt die Geschwindigkeit v_1 und daher die **kinetische Energie** $W_{\text{kin}\,1} = \frac{1}{2} m_1 \cdot v_1^2$. Nachdem dieses Volumen verdrängt wurde, dringt oben die neue Flüssigkeitsmenge mit der Geschwindigkeit v_2 und der kinetischen Energie $W_{\text{kin}\,2} = \frac{1}{2} m_2 \cdot v_2^2$ in das Volumen V_2. Zur Erhöhung der kinetischen Energie ist die Arbeit W_3 erforderlich:

$$W_3 = \frac{1}{2} m_2 \cdot v_2^2 - \frac{1}{2} m_1 \cdot v_1^2$$

4. Längs der Röhrenwandung und zwischen den einzelnen Flüssigkeitsteilchen entsteht bei der Strömung eine Reibung. Für genaue Untersuchungen muß die zur Überwindung dieser Reibung erforderliche Energie berücksichtigt werden, besonders wenn die Strömung in einer zähen Flüssigkeit mit großer Reibung erfolgt.

In vielen Fällen kann man jedoch die **Reibungsarbeit** vernachlässigen. Dann erhält man schon aus der Beziehung $W = W_1 + W_2 + W_3$ wichtige Aufschlüsse über die Verhältnisse bei Flüssigkeitsströmungen:

$$p_1 \cdot V_1 = p_2 \cdot V_2 + V \cdot \varrho \cdot g\,(h_2 - h_1) + \frac{1}{2} m_2 \cdot v_2^2 - \frac{1}{2} m_1 \cdot v_1^2$$

Für die Massen m_1 und m_2 kann man einsetzen:

$$m_1 = V_1 \varrho \qquad m_2 = V_2 \varrho$$

$$p_1 \cdot V_1 = p_2 \cdot V_2 + V \cdot \varrho \cdot g \cdot h_2 - V \cdot \varrho \cdot g \cdot h_1 + \frac{V_2}{2} \varrho \cdot v_2^2 - \frac{V_1}{2} \varrho \cdot v_1^2$$

Weil eine Flüssigkeit nicht zusammendrückbar ist, muß $V_1 = V_2 = V$ sein. Dann kann man die ganze Gleichung mit dem Volumen kürzen:

$$p_1 = p_2 + \varrho \cdot g \cdot h_2 - \varrho \cdot g \cdot h_1 + \frac{\varrho}{2} v_2^2 - \frac{\varrho}{2} v_1^2$$

oder in übersichtlicherer Anordnung:

$$p_1 + \varrho \cdot g \cdot h_1 + \frac{\varrho}{2} v_1^2 = p_2 + \varrho \cdot g \cdot h_2 + \frac{\varrho}{2} v_2^2$$

Das ist das von Daniel **Bernoulli**[1] gefundene und nach ihm benannte **Strömungsgesetz.** Es gilt nicht nur bei der Strömung in einer Röhre, sondern auch bei frei fließenden Flüssigkeiten; denn auch dort strömen die Flüssigkeitsteilchen in S t r o m f ä d e n wie in Röhren nebeneinander, ohne sich zu mischen.

Aufgabe *Mit welcher Geschwindigkeit strömt das Wasser aus einer horizontalen Düse, deren Querschnitt sich von 120 mm² beim Eintritt auf 30 mm² beim Austritt verengt, wenn es bei einem Überdruck von 3,5 bar einströmt? (Die Reibung ist zu vernachlässigen.)*

4.1.3 Anwendungen der Kontinuitätsgleichung und des Bernoullischen Gesetzes

Bei horizontaler oder fast horizontaler Strömung sind h_1 und h_2 gleich oder nur wenig verschieden. Dann darf man die beiden Glieder $\varrho \cdot g \cdot h_1$ und $\varrho \cdot g \cdot h_2$ wegheben und kann das Bernoullische Gesetz vereinfacht schreiben:

$$p_1 + \frac{\varrho}{2} v_1^2 = p_2 + \frac{\varrho}{2} v_2^2$$

Staut man an einer Stelle eine Flüssigkeit, so daß dort keine Strömung mehr herrscht, so findet man den an dieser Stelle entstehenden Überdruck $p_2 - p_1$, indem man $v_2 = 0$ setzt:

$$p_2 - p_1 = \frac{\varrho}{2} v_1^2$$

Das Glied $\frac{\varrho}{2} v^2$ gibt also den an einer Stelle durch Abbremsen der Strömung erzeugten **Staudruck** an. Man verwendet diese Bezeichnung für das Glied $\frac{\varrho}{2} v^2$ und kann das Bernoullische Gesetz dann mit folgenden Worten zum Ausdruck bringen:

In einer horizontal strömenden Flüssigkeit ist längs eines Stromfadens die Summe aus dem Druck p und dem Staudruck $\frac{\varrho}{2} v^2$ konstant.

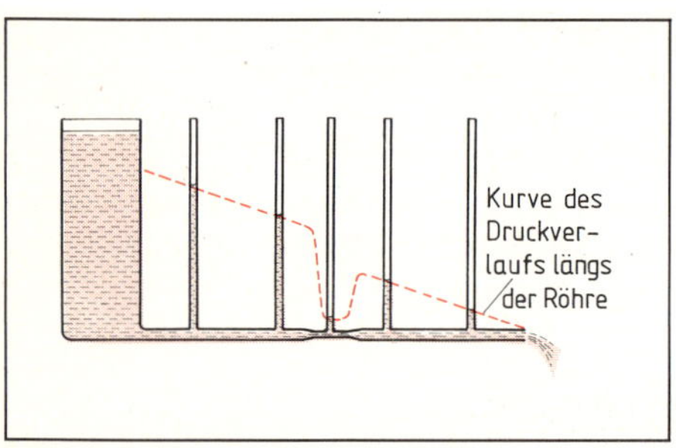

Abb. 1 Abnahme des Druckes an einer Engstelle

In einer Strömung herrscht also überall dort ein hoher Druck, wo die Strömungsgeschwindigkeit klein ist, und ein niederer Druck, wo die Geschwindigkeit groß ist. Nach dem Kontinuitätsgesetz ist die Geschwindigkeit an Engstellen groß. Dort herrscht daher immer, im Gegensatz zu einer weit verbreiteten falschen Annahme, eine Druckminderung. Man kann sie sichtbar machen, wenn man an das Rohr mehrere kleine Röhrchen als Flüssigkeitsmanometer ansetzt. Die Steighöhe der Flüssigkeit ist ein Maß für den Druck. Man erkennt deutlich den niederen Druck an der Engstelle (Abb. 1).

Diese Tatsache gibt die Erklärung, weshalb bei manchen Strömungen Saugwirkungen entstehen. Bläst z. B. ein Sturm gegen ein Haus (Abb. 2), so werden die in der Nähe des Bodens ankommenden Luftmassen abgebremst. Im Gebiet A herrschen daher kleine Geschwindigkeit und erhöhter Druck. Da aber die Luftmassen über das Dach ausweichen müssen, entstehen an der Stelle B eine Querschnittsverengung und eine Geschwindigkeitserhöhung. Diese bewirkt eine Druckerniedrigung, so daß über dem Dach ein Unterdruck entsteht. Ihm ist es zuzuschreiben, daß bei zu starkem Sturm das Dach nicht eingedrückt, sondern abgehoben wird.

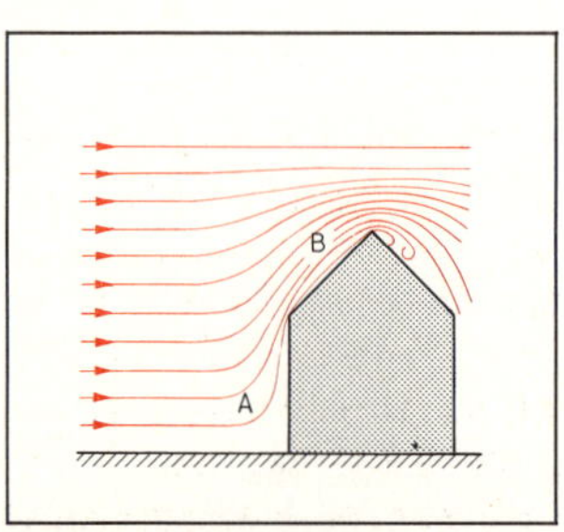

Abb. 2 Sog über einem Dach

1 Daniel Bernoulli, 1700 bis 1782, Schweizer Physiker.

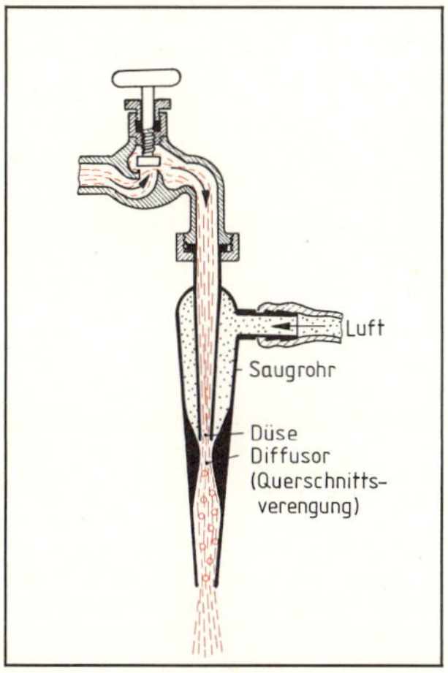

Abb. 3 Wasserstrahlpumpe

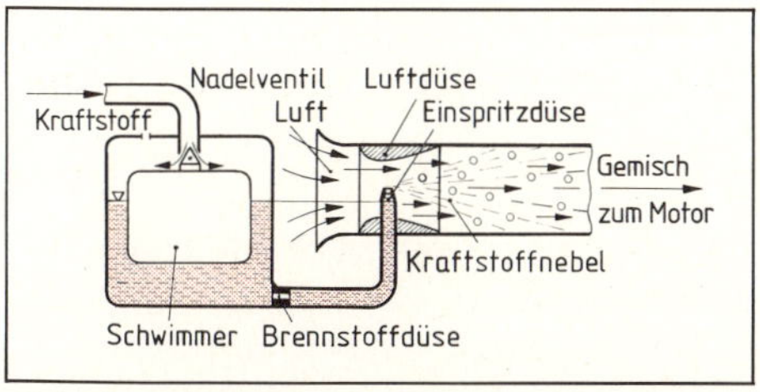

Abb. 4 Zerstäuberprinzip des Vergasers

Solche Saugwirkungen treten überall auf, wo bei starker Einengung der Flüssigkeitsströmung wegen der auftretenden hohen Geschwindigkeit der Druck unter den Atmosphärendruck sinkt. Darauf beruht der Bau der **Wasserstrahlpumpe** (Abb. 3). Der eintretende Wasserstrom erhöht in der engen Düse und der darauf folgenden Querschnittsverengung seine Geschwindigkeit. Infolge des entstehenden Unterdruckes wird Luft aus dem Saugrohr angesaugt.

Ähnlich entsteht die Zerstäuberwirkung im Vergaser (Abb. 4). Der Schwimmer öffnet und schließt mit der Ventilspitze den Zufluß so, daß der Kraftstoff immer wenige mm unterhalb der engen Öffnung der Spritzdüse steht. Die Spritzdüse sitzt im engsten Querschnitt der Luftdüse. Hier erzeugt der ansaugende Motor die größte Luftgeschwindigkeit. Der entstehende Unterdruck saugt Kraftstoff aus der Düse; dort wird er zu feinem Nebel zerstäubt und mit Luft vermischt.

Besonders wichtige Anwendungen hat das Bernoullische Gesetzt vor allem bei Luftströmungen gefunden. In Nr. 4.2.3 wird mit seiner Hilfe gezeigt, wie der Auftrieb der Tragflügel eines Flugzeuges entsteht.

Aufgabe

Bei einem Sturm ist der Druck unter einem Flachdach von 12 m × 8 m um 240 Pa geringer als oberhalb. Welche Druckkraft wird auf das Dach ausgeübt?

4.2 Einfluß der Reibung auf die Strömung von Flüssigkeiten

4.2.1 Innere Reibung und laminare Strömung

Da es in Wirklichkeit keine Flüssigkeit gibt, in der keine Reibung auftritt, stellen alle Folgerungen aus dem Gesetz von Bernoulli nur eine Annäherung dar, die um so mehr von den wirklichen Verhältnissen abweicht, je größer die auftretende Reibung ist. Sie tritt nicht nur an den Berührungsflächen zwischen der Flüssigkeit und ihrem Behälter, z. B. einer Röhre, oder zwischen der Flüssigkeit und dem hindurchbewegten Gegenstand auf, sondern auch im Innern der Flüssigkeit zwischen Flüssigkeitsschichten verschiedener Strömungsgeschwindigkeit. Deshalb bezeichnet man sie als **innere Reibung.** Man spürt sie als Widerstand, wenn man einen Gegenstand durch eine Flüssigkeit hindurchbewegt. Die Eigenschaften der inneren Reibung findet man durch Messungen mit der folgenden Versuchsanordnung:

V1

Abb. 1: Ein Wagen kann mit Hilfe eines über eine Rolle an einem Faden ziehenden Hängegewichtes längs einer Schiene bewegt werden. Am Wagen ist eine Platte befestigt, die in einen langen mit Wasser oder besser mit Öl gefüllten Trog eintaucht. Da die rollende Reibung des Wagens sehr klein ist, muß das Hängegewicht bei der entstehenden gleichförmigen Bewegung gerade die innere Reibung der Fläche in der Flüssigkeit überwinden. Die Größe des angehängten Gewichtes ist also ein Maß für die innere Reibung.

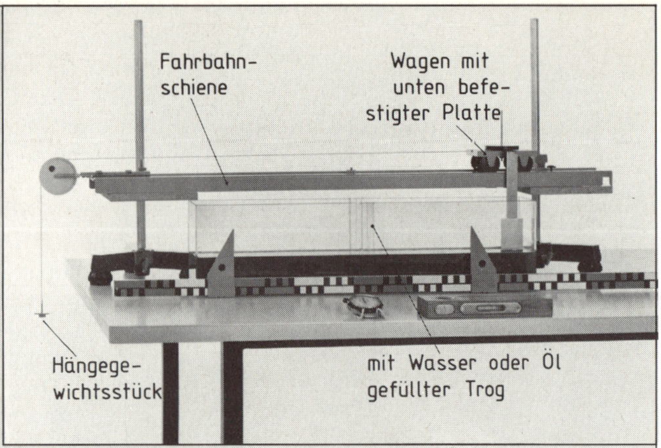

Abb. 1 Versuch zur Messung der inneren Reibung

Aus verschiedenen Abwandlungen des Versuches erhält man:

1. Zur Erzielung einer höheren Geschwindigkeit ist auch ein größeres Hängegewicht erforderlich.
2. Wenn die Platte tiefer eintaucht, ist zur Erzielung der gleichen Geschwindigkeit ein größeres Hängegewicht notwendig.
3. Bei einer Erwärmung der Flüssigkeit wird das erforderliche Hängegewicht, um eine bestimmte Bewegungsgeschwindigkeit zu erzeugen, immer kleiner.

Ergebnis
Die innere Reibung wächst mit der Größe der reibenden Fläche und der Geschwindigkeit der Bewegung. Sie hängt aber ab von einer Materialeigenschaft der Flüssigkeit, ihrer Zähigkeit oder **Viskosität.**

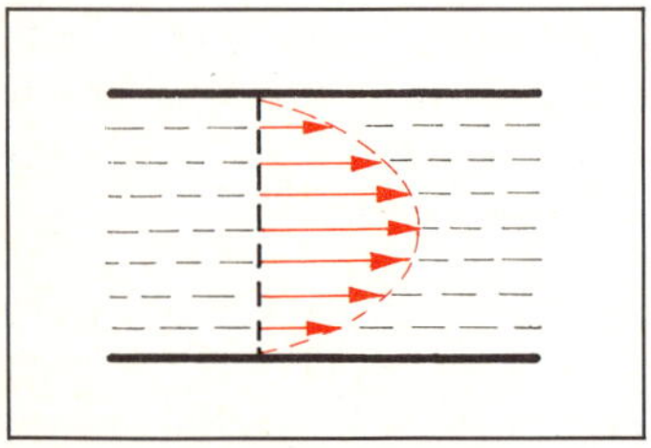

Abb. 2 Geschwindigkeitsverteilung bei laminarer Strömung durch eine Röhre

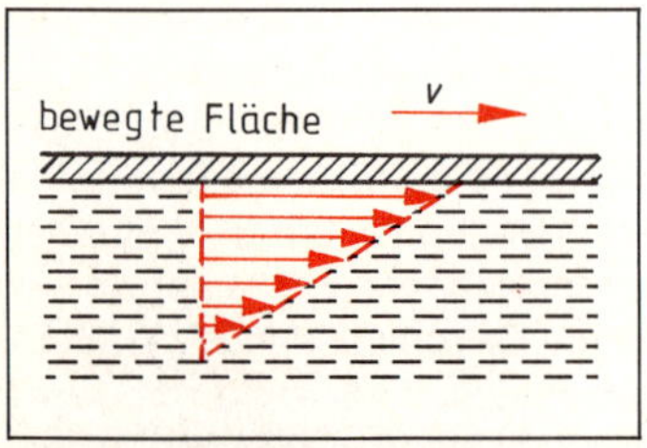

Abb. 3 Geschwindigkeitsverteilung bei langsamer Bewegung einer Fläche in einer Flüssigkeit

Sehr zähe Flüssigkeiten sind Pech und Teer; auch Honig, Schmieröl oder Glyzerin besitzen noch eine hohe Zähigkeit. Bei Wasser, Benzin und noch mehr bei Äther ist die Zähigkeit klein. Mit zunehmender Temperatur nimmt sie stark ab. So ist sie z. B. bei Schmieröl von 80 °C nur etwa ein Fünftel ihres Betrages bei 20 °C.

Wenn eine Flüssigkeit in einer Röhre strömt, so bleibt bei kleineren Geschwindigkeiten eine dünne Flüssigkeitsschicht an der Innenfläche der Röhre haften. Mit dem Abstand von der Wandung wächst die Geschwindigkeit, bis sie in der Mitte der Röhre am größten ist (Abb. 2). Ähnlich sind die Verhältnisse, wenn sich ein Gegenstand langsam durch eine Flüssigkeit bewegt. Die am Gegenstand anliegende Flüssigkeitsschicht wird ganz, weiter außen liegende Schichten werden mit immer geringerer Geschwindigkeit mitbewegt (Abb. 3). Die einzelnen Schichten gleiten dabei wie „Lamellen" aneinander vorbei, ohne sich zu vermischen. Deshalb bezeichnet man diese Art der Strömung als **laminare Strömung.** Ihre Eigenschaften lassen sich durch Versuche mit einem Stromfädengerät sichtbar machen.

V2

Abb. 4: Aus zwei Behältern strömt in den engen Zwischenraum zwischen zwei Glasplatten von oben durch eine Reihe von feinen Öffnungen klares und rot gefärbtes Wasser, und zwar klares durch die erste, dritte . . ., rotes durch die zweite, vierte . . . Öffnung. Die Ausflußgeschwindigkeit der beiden Flüssigkeiten kann man durch eine Schlauchklemme regulieren. Ist kein Hindernis im Gefäß, so sind die Stromfäden als parallele rote Linien zu sehen. Aber auch bei einem Hindernis tritt keine Vermischung der beiden Farben, sondern ein gleichmäßiges Ausweichen der Stromfäden nach beiden Seiten auf. Dreht man aber die Schlauchklemme auf und erhöht dadurch die Durchströmgeschwindigkeit, so treten von einer bestimmten Geschwindigkeit an plötzlich Wirbel auf, und beide Farben werden völlig vermischt.

Ergebnis
Eine laminare Strömung ist nur bei kleinen Geschwindigkeiten möglich.

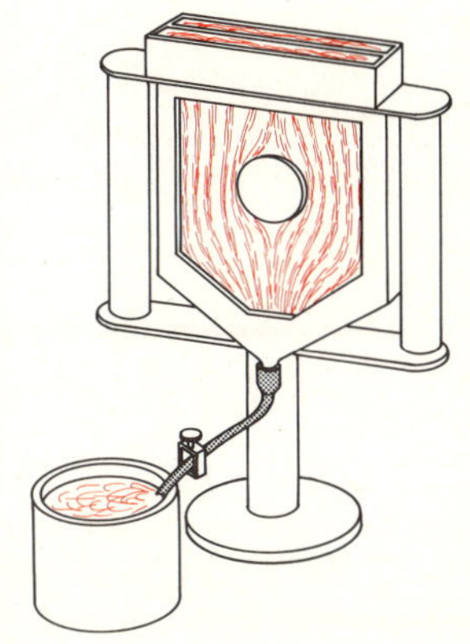

Abb. 4 Stromfädengerät zur Demonstration einer laminaren Strömung

Die Grenzgeschwindigkeit, bei welcher die Wirbelbildung einsetzt, läßt sich genau messen. Sie hängt von der Größe des Hindernisses bzw. vom Durchmesser der durchströmten Röhre, von der Dichte und der Zähigkeit der Flüssigkeit ab. Bei zähen Flüssigkeiten, wie z. B. bei Öl, ist eine Strömung noch bei einer Geschwindigkeit laminar, bei der in Wasser schon starke Wirbel auftreten.

4.2.2 Turbulenz und Strömungswiderstand

Aus Versuch 2 in Nr. 4.2.1 geht hervor, daß beim Überschreiten einer Grenzgeschwindigkeit eine wirbelnde Bewegung einsetzt, die man als **Turbulenz** oder **turbulente** Strömung bezeichnet. Die gleiche Erscheinung kann man beobachten, wenn man einen Wasserhahn langsam immer stärker aufdreht. Die anfangs laminare Strömung fängt beim Überschreiten der Grenzgeschwindigkeit plötzlich an, unruhig zu werden (Abb. 1).

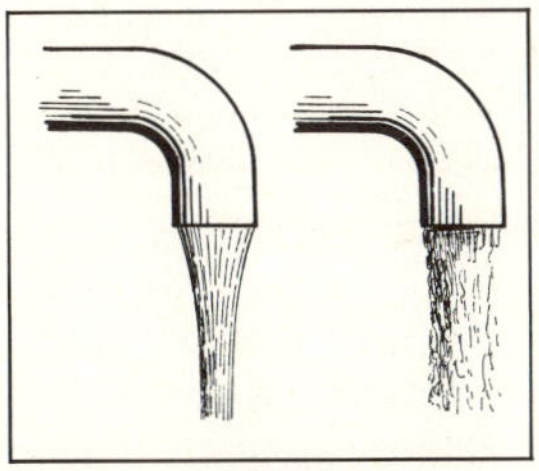

Abb. 1 Laminare und turbulente Strömung bei einem Wasserhahn

Besonders wichtig ist die Wirbelbewegung, die entsteht, wenn eine Flüssigkeit mit größerer Geschwindigkeit ein Hindernis umströmt (Abb. 2). Die Stromfäden, die bei der laminaren Strömung das Hindernis glatt umschließen, lösen sich auf der Rückseite des Hindernisses von dessen Oberfläche ab. In den Zwischenraum dringen abwechselnd von der einen und von der anderen Seite kreisende Flüssigkeitsteilchen. Hinter dem Hindernis bilden sie eine auf langer Strecke sichtbare „Wirbelstraße". Der Druck im Gebiet der Wirbelstraße ist gering; denn die potentielle Energie, die bei der ankommenden Flüssigkeit infolge des herrschenden Druckes aufgespeichert war, wurde zuerst in den Engstellen zu beiden Seiten des Hindernisses bei der Erhöhung der Strömungsgeschwindigkeit in kinetische Energie umgewandelt. Diese ging danach durch innere Reibung zum Teil verloren, so daß die wirbelnden Flüssigkeitsteilchen nur noch eine verhältnismäßig kleine Geschwindigkeit und geringen Druck besitzen. Ihre Energie reicht nicht mehr aus, sich den Strömungsfäden wieder anzuschließen. Daher bilden sie die lange Wirbelstraße.

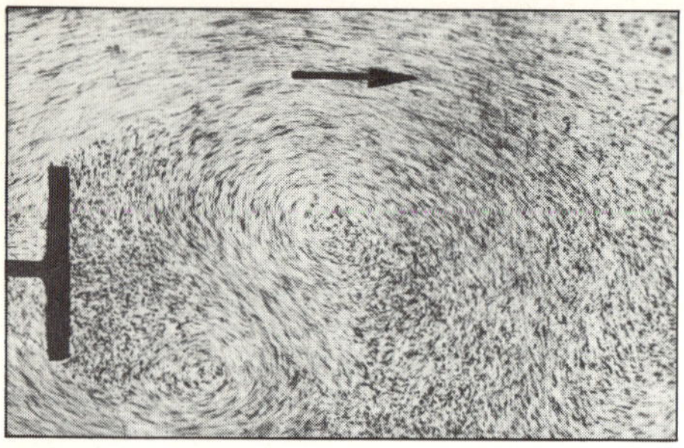

Abb. 2 Wirbelbildung hinter einer Scheibe

Abb. 3 Wirbelbildung hinter einem Stromlinienkörper

Wegen des geringen Druckes auf der Rückseite erfährt das Hindernis durch den auf die Vorderseite wirkenden höheren Druck den sogenannten **Strömungswiderstand,** der größer ist als der Widerstand, der bei der laminaren Strömung durch die innere Reibung verursacht wird. Er wächst sehr rasch mit zunehmender Geschwindigkeit. Seine Größe ist aber auch stark von der Form des umströmten Körpers abhängig. Dabei ist es zur Verkleinerung der Wirbelbildung besonders wichtig, daß die Form des Gegenstandes Ecken und Kanten vermeidet und daß die Stromfäden, die durch den Gegenstand getrennt wurden, auf der Rückseite wieder langsam zusammenlaufen. Als besonders günstig erweist sich eine vorne gerundete und hinten spitz auslaufende Form, die sog. Tropfen- oder Stromlinienform. Der Vergleich der Wirbelstraße bei einer ebenen Scheibe (Abb. 2) und einem Stromlinienkörper (Abb. 3) zeigt den großen Unterschied bei der entstehenden Wirbelstraße. Der Strömungswiderstand eines solchen Körpers ist besonders klein. Deshalb sucht man die Formen von Schiffen, Flugzeugteilen und schnellen Straßenfahrzeugen möglichst gut der Stromlinienform anzunähern.

4.2.3 Dynamischer Auftrieb und Anwendung auf die Luftfahrt

Während auf einen durch eine Flüssigkeit oder die Luft bewegten Stromlinienkörper nur der Strömungswiderstand in der Bewegungsrichtung hemmend wirkt, erfährt ein unsymmetrischer Körper gleichzeitig eine quer gerichtete Kraft. Besonders deutlich tritt eine nach oben wirkende Kraft auf, wenn ein Körper mit dem in Abb. 1 dargestellten Querschnitt in einen horizontalen Luftstrom gebracht wird. Vor allem am vorderen Ende entsteht infolge der Abbremsung einiger Luftteilchen ein Strömungswiderstand (Staudruck im Gebiet A). Auf der Unterseite entstehen eine etwas verminderte Strömungsgeschwindigkeit und daher ein geringer Überdruck (Gebiet B). Auf der Oberseite erzeugt die Verengung der Stromfäden eine Druckverminderung gegenüber dem Luftdruck, der sich als

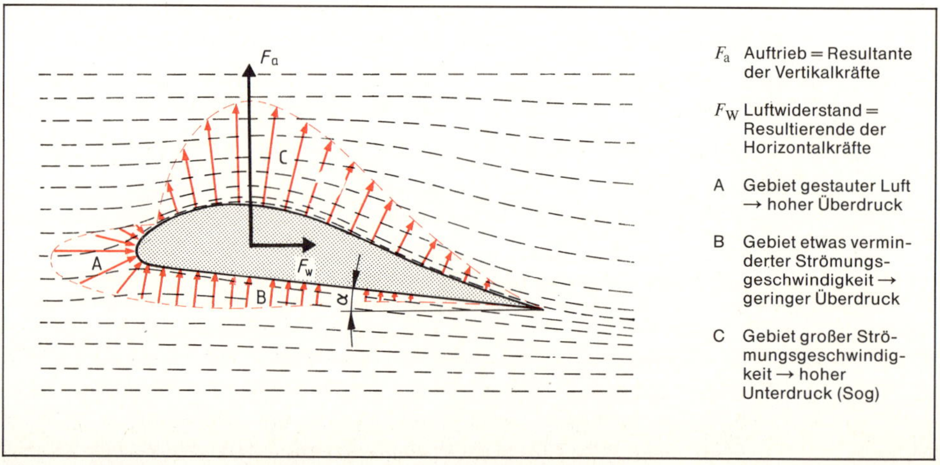

Abb. 1 Entstehung des Auftriebs bei einem Tragflügelprofil

Abb. 2 Luftströmung bei kleinem Anstellwinkel eines Tragflügels

Abb. 3 Luftströmung bei großem Anstellwinkel eines Tragflügels

Sog nach oben bemerkbar macht (Gebiet C). Die Resultierende F_a der vertikalen Kräfte ist nach oben gerichtet. Zum Unterschied von dem in Nr. 3.4 behandelten statischen Auftrieb bezeichnet man sie als **dynamischen Auftrieb.** Er läßt sich noch erhöhen, wenn man den ganzen Körper unter einem kleinen Winkel α, dem Anstellwinkel, gegen den Flüssigkeits- oder Luftstrom schräg stellt. Der Auftrieb wächst wie der Strömungswiderstand rasch mit zunehmender Geschwindigkeit und kann bei günstiger Form des Querschnitts und zweckmäßiger Wahl des Anstellwinkels (Abb. 2) größer werden als der Strömungswiderstand F_W. Bei zu großem Anstellwinkel reißen jedoch die Stromfäden bald von der Oberfläche ab (Abb. 3), es bilden sich in einem großen Gebiet Wirbel, und der Auftrieb nimmt rasch wieder ab.

Die Entwicklung der Luftfahrt hat gezeigt, daß sich der dynamische Auftrieb besser ausnutzen läßt als der statische. Deshalb bilden die Gesetze der Luftströmung die Grundlage für den Bau und die Fortentwicklung der Luftfahrzeuge.

4.3 Ausflußvorgänge

4.3.1 Ausfluß aus Gefäßen

Die Ausströmgeschwindigkeit einer Flüssigkeit aus einem Gefäß läßt sich experimentell nur schwer messen. Deshalb benutzen wir zur Bestimmung das Bernoullische Gesetz:

$$p_1 + \varrho \cdot g \cdot h_1 + \frac{\varrho}{2} v_1^2 = p_2 + \varrho \cdot g \cdot h_2 + \frac{\varrho}{2} v_2^2$$

Als erste Meßstelle wählt man die Oberfläche der Flüssigkeit im Gefäß (Abb. 1), als zweite Stelle die im Boden angebrachte Ausflußöffnung. An beiden Stellen herrscht der äußere Luftdruck p_L, also $p_1 = p_2 = p_L$. Das Gefäß sei bis zur Höhe h gefüllt; dann kann man $h_1 = h$ und $h_2 = 0$ setzen. Wegen des weiteren Querschnittes des Gefäßes kann man die Sinkgeschwindigkeit des Flüssigkeitsspiegels vernachlässigen, also $v_1 = 0$ setzen:

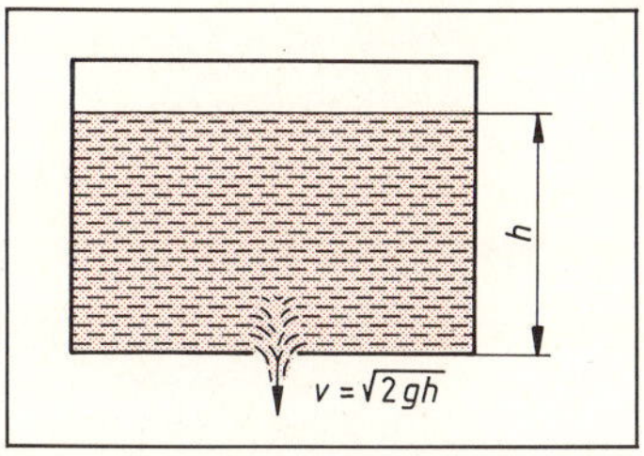

Abb. 1 Ausfluß aus einer Bodenöffnung

$$p_1 = p_L \qquad h_1 = h \qquad v_1 = 0$$

$$p_2 = p_L \qquad h_2 = 0 \qquad v_2 = v$$

$$p_L + \varrho \cdot g \cdot h + 0 = p_L + 0 + \frac{\varrho \cdot v^2}{2}$$

Daraus findet man

$$v = \sqrt{2 \cdot g \cdot h}$$

Dieses Ergebnis nennt man das **Torricellische Ausflußgesetz.**

Ein Vergleich mit der Formel in Nr. 1.4.6 zeigt, daß die ausfließende Flüssigkeit dieselbe Geschwindigkeit besitzt, die ein von der Höhe der Flüssigkeitsoberfläche bis zur Ausflußöffnung herabfallender Körper erlangen würde.

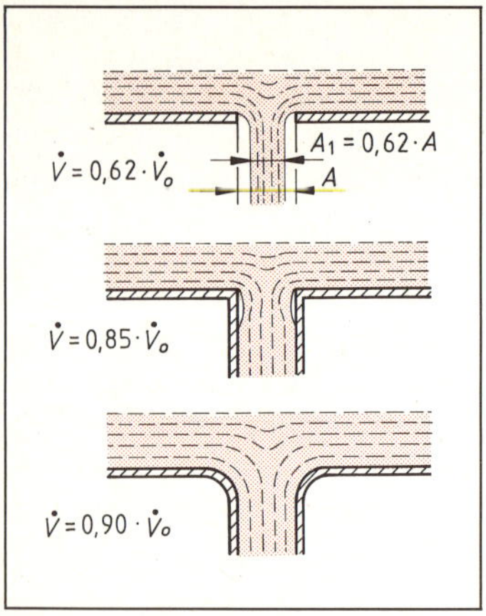

Abb. 2 Wirkliche Ausflußmenge bei verschiedenen Öffnungskonstruktionen

Wenn der Flüssigkeitsspiegel auf gleicher Höhe gehalten wird, bleibt auch die Ausflußgeschwindigkeit konstant. Die in der Zeit t austretende Flüssigkeitsmenge füllt ein Volumen mit dem Öffnungsquerschnitt A als Grundfläche und der Länge: $s = v \cdot t$. Das Volumen ist also: $V = A \cdot s = A \cdot v \cdot t$. Meist berechnet man den Volumenstrom $\dot{V}_0$, nämlich den Quotienten aus dem ausfließenden Volumen und der Zeit:

$$\dot{V}_0 = \frac{V}{t} = \frac{A \cdot v \cdot t}{t} = A \cdot v = A \cdot \sqrt{2g \cdot h}$$

Der wirkliche Volumenstrom $\dot{V}$ ist kleiner als $\dot{V}_0$. Der eine Grund dafür liegt darin, daß das Bernoullische Gesetz die Reibung vernachlässigt. Deshalb ist die Ausströmungsgeschwindigkeit besonders bei zähen Flüssigkeiten merklich kleiner, als sie sich nach dem Torricellischen Gesetz berechnet. Der zweite Grund liegt in der Querschnittsverengung, die der ausfließende Strahl infolge des seitlichen Einströmens erleidet (Abb. 2). Für Wasser erhält man den wirklichen Volumenstrom bei einer scharfkantigen Öffnung aus der Formel:

$$\dot{V} = 0,62\, \dot{V}_0 = 0,62\, A \cdot \sqrt{2g \cdot h}$$

Durch ein kurzes Ansatzrohr oder durch Abrunden der Ausflußöffnung kann diese Minderung der Ausflußmenge wieder zum Teil behoben werden.

Bei einer kleinen seitlichen Öffnung eines Behälters in einer Höhe h unter dem Wasserspiegel bleiben alle Überlegungen gültig. Die Flüssigkeit strömt mit der Geschwindigkeit $v = \sqrt{2g \cdot h}$ aus und bildet außen eine Wurfbahn.

Beispiel Wieviel Liter Wasser strömen in 1 s aus einem Kessel, der bis zu 1,2 m über einer scharfkantigen Öffnung vom Durchmesser 12,7 mm mit Wasser gefüllt ist?

$$V = 0,62 \cdot A \cdot \sqrt{2g \cdot h}$$

$$A = \frac{d^2 \pi}{4} = \frac{1,27^2\,\text{cm}^2 \cdot \pi}{4} = 1,267\,\text{cm}^2$$

$$g = 9,81\frac{\text{m}}{\text{s}^2} = 981\frac{\text{cm}}{\text{s}^2} \qquad h = 1,2\,\text{m} = 120\,\text{cm}$$

$$\dot{V} = 0,62 \cdot 1,267\,\text{cm}^2 \sqrt{2 \cdot 981\frac{\text{cm}}{\text{s}^2} \cdot 120\,\text{cm}} = 381\frac{\text{cm}^3}{\text{s}} = \underline{0,381\frac{l}{\text{s}}}$$

Aufgabe *Wie groß muß eine scharfkantige Öffnung im Boden eines 0,75 m hoch mit Wasser gefüllten Gefäßes sein, damit aus ihr 15 l/min entnommen werden können?*

4.3.2 Ausfluß aus Röhren

Die in Nr. 4.3.1 abgeleiteten Formeln gelten nur, wenn sich die Ausflußöffnung unmittelbar in der Wand des Flüssigkeitsbehälters befindet. Muß die Flüssigkeit vom Behälter zum Ausfluß eine Röhre durchströmen, so verliert sie in ihr infolge der Reibung einen Teil ihrer Energie. Längs einer Röhre von gleichbleibendem Querschnitt muß auch die Geschwindigkeit gleich bleiben; deshalb nimmt die kinetische Energie nicht ab, und der Energieverlust erfolgt auf Kosten des Druckes.

Bei gleichbleibendem Querschnitt findet längs einer Röhre mit einer strömenden Flüssigkeit eine Druckabnahme statt.

Der Druckabfall ist um so größer, je mehr Reibung an einer Stelle in einer Röhre herrscht. Er ist also in einer rauhen Röhre größer als in einer glatten und in einer engen Röhre größer als in einer weiten. Besonders groß ist er an Rohrbiegungen und Engstellen.

V

Wie in Nr. 4.1.3 kann man den Druckabfall sichtbar machen, wenn man auf die Röhre kleine Kapillarröhrchen als Manometer aufsetzt (Abb. 1). Die Steighöhe ist unmittelbar ein Maß für den an der betreffenden Stelle herrschenden Druck. Er nimmt längs der Röhre bis zur Ausflußöffnung ab. Die Ausflußgeschwindigkeit kann man auch hier nach der Torricellischen Gleichung $v = \sqrt{2g \cdot h}$ berechnen, wenn man für h nicht die ganze Flüssigkeitshöhe im Behälter über der Öffnung, sondern nur den Teil einsetzt, der nicht zur Überwindung der Reibung verbraucht wird (Abb. 1).

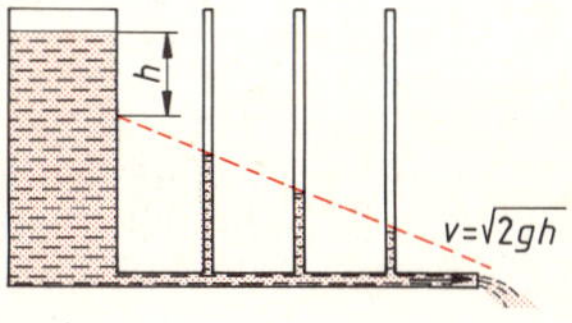

Abb. 1 Druckhöhe für die Ausflußgeschwindigkeit aus einer Röhre

4.4 Energie strömender Flüssigkeiten

Die in den Flüssen von den Gebirgen zum Meer fließenden Wassermassen besitzen eine große potentielle und kinetische Energie. Durchfließt eine Menge m ein Gefälle h, so erhält man die frei werdende potentielle Energie W_{pot} nach der Gleichung

$$W_{pot} = G \cdot h = m \cdot g \cdot h$$

Dazu kommt noch die kinetische Energie W_{kin}, die schon in den mit der Geschwindigkeit v anströmenden Wassermassen enthalten ist.

$$W_{kin} = \frac{1}{2} \cdot m \cdot v^2$$

Die in der Zeit t durch einen Querschnitt A strömende Wassermenge m findet man dabei nach der Gleichung:

$$m = V \cdot \varrho = A \cdot v \cdot t \cdot \varrho$$

Daher sind die gesamte Energie und die maximale Leistung, die man aus einer solchen Wassermasse gewinnen kann:

$$W = W_{\text{pot}} + W_{\text{kin}} = A \cdot v \cdot t \cdot \varrho \cdot \left(g \cdot h + \frac{v^2}{2}\right)$$

$$P = \frac{W}{t} = A \cdot v \cdot \varrho \left(g \cdot h + \frac{v^2}{2}\right)$$

Um diese Energie des in Flüssen talwärts strömenden Wassers auszunutzen, wurden seit Jahrhunderten bei Mühlen und Sägewerken Wasserräder verwendet. Da die mit ihnen erreichbaren Drehzahlen klein und schlecht regulierbar sind und da sich keine großen Leistungen erzielen lassen, werden sie nicht mehr gebaut. Die Technik nutzt die Energie des Wassers fast ausschließlich in Turbinen aus. In ihnen strömen die Wassermassen gegen Schaufeln, die am Umfang von Rädern angebracht sind, und setzen sie durch ihren Aufprall in rasche Drehung. Je nach der zur Verfügung stehenden Wassermenge, dem ausnutzbaren Gefälle und der Strömungsgeschwindigkeit, verwendet man verschiedene Turbinentypen mit unterschiedlich geformten Schaufelrädern. Einzelheiten darüber finden sich in Fachbüchern.

Beispiel

Ein Fluß von 60 m Breite und einer mittleren Tiefe von 1,8 m strömt mit einer mittleren Geschwindigkeit von 1,25 m/s. Welche Leistung erreicht eine Turbine, die mit dem Wasser betrieben wird, wenn es über ein 3,6 m hohes Wehr herabstürzt und 75 % der maximal verfügbaren Energie ausgenutzt werden?

$$A = 600\,\text{dm} \cdot 18\,\text{dm} = 10\,800\,\text{dm}^2, \quad v = 1{,}25\,\text{m/s}, \quad \varrho = 1\,\text{kg/dm}^3, \quad h = 3{,}6\,\text{m}$$

$$P_{\max} = A \cdot v \cdot \varrho \left(g \cdot h + \frac{v^2}{2}\right) = 10\,800\,\text{dm}^2 \cdot 12{,}5\frac{\text{dm}}{\text{s}} \cdot 1\frac{\text{kg}}{\text{dm}^3}\left(9{,}81\frac{\text{m}}{\text{s}^2} \cdot 3{,}6\,\text{m} + \frac{1{,}56\,\text{m}^2/\text{s}^2}{2}\right) =$$

$$= 135\,000\frac{\text{kg}}{\text{s}}\,(35{,}32 + 0{,}73)\frac{\text{m}^2}{\text{s}^2} = 4\,866\,750\frac{\text{kg}\,\text{m}^2}{\text{s}^3} = \underline{4867\,\text{kW}}$$

$$P = 4867\,\text{kW} \cdot 0{,}75 = \underline{3650\,\text{kW}}$$

Aufgabe

Einer Turbine wird das Wasser durch einen Zuleitungskanal mit dem Querschnitt 15 m² mit einer Geschwindigkeit von 4 m/s zugeführt. Über welche Höhe muß es in die Turbine herabstürzen, damit diese bei einem Wirkungsgrad von 80 % eine Leistung von 2700 kW erzielt?

5 Wärmelehre

5.1 Temperatur und ihre Messung

5.1.1 Temperatur und ihre Einheiten

Überall im täglichen Leben spielt der „Wärmezustand" von Gegenständen der Umgebung eine Rolle. Ohne ein Meßgerät kann man durch Prüfen mit der Hand fühlen, ob z. B. das Wasser in einem Becken kalt, lau, warm oder heiß ist. Diese Eigenschaftswörter beziehen sich alle auf die physikalische Größe, die den Wärmezustand eines Stoffes kennzeichnet und die wir als **Temperatur** bezeichnen.

Als Einheit für die Messung der Temperatur verwendet man den 100. Teil des Temperaturunterschiedes zwischen dem Gefrierpunkt und dem Siedepunkt (bei 1013 mbar) des Wassers. Bei Temperaturangaben bezeichnet man diese Einheit als Celsiusgrad (°C) und beginnt die Zählung beim Gefrierpunkt des Wassers, so daß der Siedepunkt bei 100 °C liegt. Als Formelzeichen für Temperaturangaben verwenden wir, um Verwechslungen mit der Zeit t zu vermeiden, den Buchstaben ϑ (Theta).

Aus Gründen, die in Nr. 5.2.3 angeführt werden, wird noch eine weitere Temperaturskala, die **thermodynamische Temperaturskala,** mit dem Formelzeichen T eingeführt, die ihre Zählung bei $\vartheta = -273\,°\mathrm{C}$ beginnt. Ihre Einheit 1 Kelvin (1 K) stellt genau die gleiche Temperaturstufe dar wie 1 °C. Deshalb hat jede Temperaturdifferenz in beiden Skalen den gleichen Zahlenwert.

$$\frac{\Delta\vartheta}{°\mathrm{C}} = \frac{\Delta T}{\mathrm{K}}$$

Für die Beziehung zwischen beiden Skalen gilt:

$$T = (273\,°\mathrm{C} + \vartheta)\frac{\mathrm{K}}{°\mathrm{C}}$$

Temperaturangaben werden meistens in der Celsiusskala mit der Einheit °C gemacht. Bei Temperaturdifferenzen soll dagegen ausschließlich die Einheit K verwendet werden.

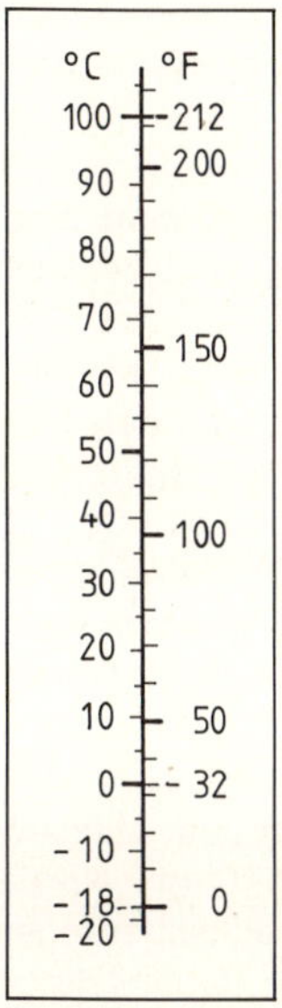

Beispiel

Die Abkühlung der Luft von der Nachmittagstemperatur $\vartheta_1 = 21\,°\mathrm{C}$ auf die Nachttemperatur $\vartheta_2 = 9\,°\mathrm{C}$ beträgt: $\Delta\vartheta = \vartheta_1 - \vartheta_2 = 21\,°\mathrm{C} - 9\,°\mathrm{C} = 12\,\mathrm{K}$

Neben diesen Teilungen wird z. T. in den englisch sprechenden Ländern noch die Fahrenheitteilung (°F) benutzt. Bei ihr entspricht dem Gefrierpunkt 0 °C der Wert 32 °F und dem Siedepunkt 100 °C des Wassers der Wert 212 °F. Auf 100 Celsiusgrade entfallen also 180 Fahrenheitgrade oder gekürzt: 5 Celsiusgrade entsprechen 9 Fahrenheitgraden. Zur Umrechnung einer Temperaturangabe in Celsiusgraden (ϑ_C) in eine solche in Fahrenheitgraden (ϑ_F) oder umgekehrt gelten daher die Formeln:

$$\vartheta_F = \left(\frac{9\,\vartheta_C}{5\,°\mathrm{C}} + 32\right)°\mathrm{F} \qquad \vartheta_C = \frac{5}{9}\left(\frac{\vartheta_F}{°\mathrm{F}} - 32\right)°\mathrm{C}$$

Statt dieser Formeln kann man zur Umrechnung doppelt bezifferte Skalen verwenden (Abb. 1).

Abb. 1 Skala zur Umrechnung zwischen Celsius- und Fahrenheitgraden

Aufgabe

Rechnen Sie folgende Temperaturangaben in die andere Skala um:

a) 0 °C, 75 °C, -10 °C
b) 0 °F, 100 °F, 140 °F

5.1.2 Flüssigkeitsthermometer

Die Temperaturempfindung der Haut ist nicht sehr genau und läßt sich auch leicht täuschen. Überdies ist es gar nicht möglich, hohe Wärmegrade ohne Schmerzempfindung mit der Hand zu prüfen. Deshalb verwendet man zur Bestimmung der Temperatur Meßgeräte, die **Thermometer** und **Pyrometer.** Sie beruhen auf Stoffeigenschaften, die sich mit der Temperatur ändern und leicht meßbar sind.

V1

Wir füllen einen Kolben vollständig bis zu einem durchbohrten Pfropfen mit Petroleum. Durch den Pfropfen ist eine lange, dünne Glasröhre, eine sog. Kapillarröhre (Abb. 1) gesteckt. Beim Erwärmen steigt das Petroleum in der Kapillare nach oben.

Ergebnis
Der Rauminhalt des Petroleums nimmt bei steigender Temperatur zu.

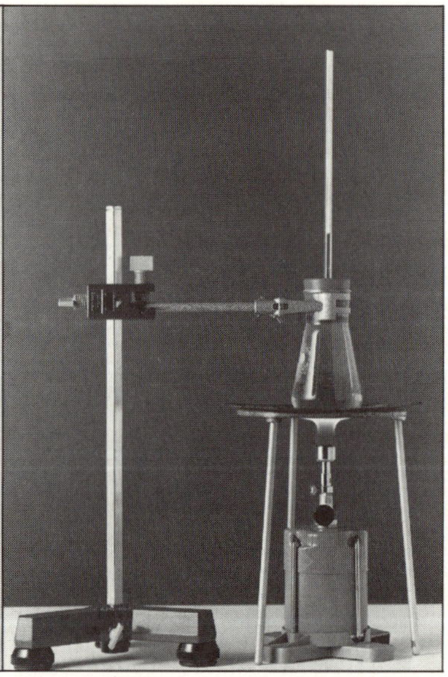

Abb. 1 Wärmeausdehnung einer Flüssigkeit

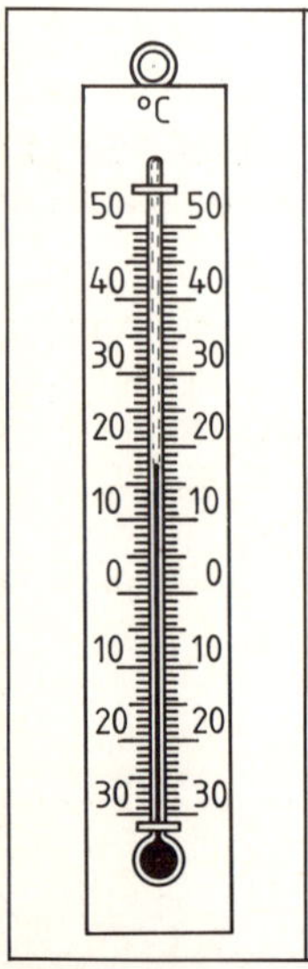

Abb. 2 Quecksilberthermometer

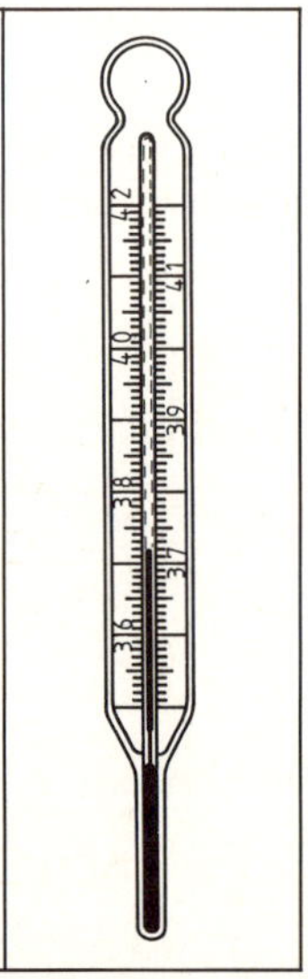

Abb. 3 Fieberthermometer

Der Versuch zeigt die bekannteste Änderung, die ein Stoff bei einer Temperaturerhöhung erfährt, nämlich die Zunahme seines Volumens. Sie ist bei den meisten Flüssigkeiten bedeutend größer als bei festen Stoffen. Auf dieser Erscheinung beruht der Bau der **Flüssigkeitsthermometer.**

Das **Quecksilberthermometer** (Abb. 2). Meistens verwendet man eine kleine Quecksilbermenge, die in eine Glaskugel mit angeschmolzener Kapillare (Haarröhre) eingeschlossen wird. Zwischen seinem Gefrierpunkt (−39 °C) und seinem Siedepunkt (357 °C) dehnt sich das eingeschlossene Quecksilber so gleichmäßig aus, daß man von den Fixpunkten aus eine gleichbleibende Unterteilung anbringen kann. Die Quecksilberthermometer sind verwendbar von −39 °C bis etwa 300 °C und mit einer Gasfüllung über dem Quecksilber, die das Verdampfen verhindert, noch höher hinauf bis etwa 700 °C. Für tiefere Temperaturen verwendet man eine Alkoholfüllung (bis etwa −70 °C), für noch tiefere Pentan.

In Krankheitsfällen dient das **Fieberthermometer** (Abb. 3) zum Messen der Körpertemperatur. Es hat einen Meßbereich von 35 °C bis 43 °C, der in Zehntelgrad eingeteilt ist. Am oberen Ende der Quecksilberkugel besitzt die Kapillare eine Engstelle, durch die sich das Quecksilber

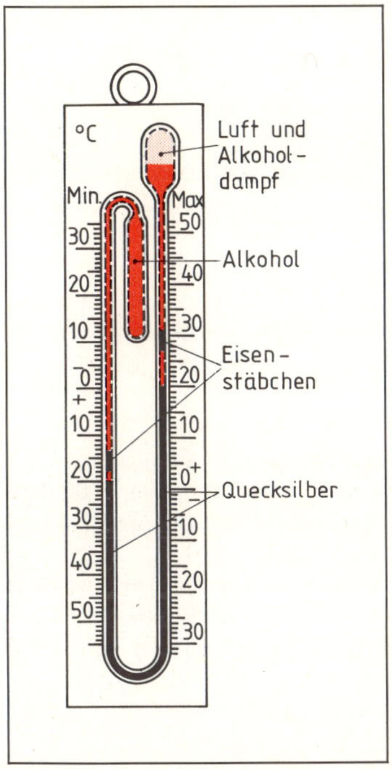

Abb. 4 Minimum-Maximum-Thermometer
Temperatur im Augenblick der Ablesung 21 °C,
Minimumtemperatur 18 °C,
Maximumtemperatur 27 °C

zwar langsam ausdehnen kann, an der der Quecksilberfaden jedoch beim Zusammenziehen abreißt. Deshalb kann man die gemessene Körpertemperatur auch dann noch ablesen, wenn sich das Thermometer schon einige Zeit in kühlerer Umgebung befindet.

Die höchste und tiefste Temperatur während eines Zeitraumes zeigt ein **Maximum-Minimum-Thermometer** an (Abb. 4). In den oberen Teilen befinden sich zwei Füllungen aus Alkohol, die im unteren Teil des U-Rohres durch einen Quecksilberfaden getrennt sind. Bei Erwärmung dehnt sich die ganze Füllung aus und verkleinert das mit Alkoholdampf und Luft gefüllte Volumen im Behälter am oberen Ende des rechten Rohres. Das Thermometer ist so geeicht, daß an beiden Enden des Quecksilberfadens die augenblickliche Temperatur an zwei Skalen abgelesen werden kann. Zwei kleine Eisenstäbchen werden vom Quecksilber vor sich hergeschoben, während der Alkohol sie beim Zurückgehen des Quecksilbers umfließt. Sie kennzeichnen die äußersten Stellungen des Quecksilberfadens und damit die höchste und niedrigste Temperatur. Für neue Messungen müssen die Stäbchen mit einem Magneten wieder an den Quecksilberfaden herangeschoben werden.

5.1.3 Andere Temperaturmeßverfahren

Die Flüssigkeitsthermometer sind die am meisten gebrauchten Temperaturmesser. Es gibt aber Fälle, bei denen sie nicht anwendbar oder bei denen andere Thermometer günstiger zu verwenden sind.

V1

Ein flacher **Bimetallstreifen,** der aus zwei aufeinander gelöteten Metallen, z. B. aus Zink und Kupfer besteht, wird zuerst erwärmt und dann mit kaltem Wasser abgekühlt. Bei der Erwärmung biegt er sich nach der einen, bei der Abkühlung nach der anderen Seite.

Ergebnis
Wegen der unterschiedlichen Ausdehnung verschiedener Metalle krümmen sich Streifen aus zwei aufeinander gelöteten Metallen beim Erwärmen nach der einen, beim Abkühlen nach der anderen Seite, und zwar um so mehr, je stärker die Temperaturänderung ist.

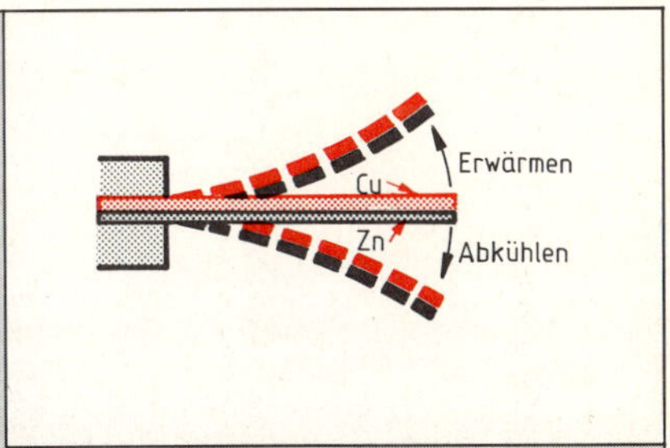

Abb. 1 Bimetallstreifen

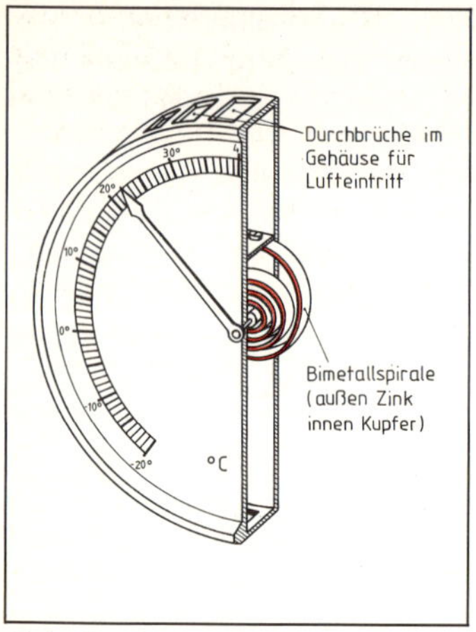

Abb. 2 Bimetallthermometer Gehäuse zur Hälfte entfernt

Solche Streifen nennt man **Bimetallstreifen.** Sie werden in den **Bimetallthermometern** verwendet (Abb. 2).

Ein Bimetallstreifen ist zu einer Spirale gebogen. Das auf der Außenseite angebrachte Zink dehnt sich stärker aus als das auf der Innenseite befindliche Kupfer, so daß sich die Spirale beim Erwärmen stärker krümmt. Das Ende der Spirale dreht einen Zeiger vor einer geeichten Ableseskala.

Wenn man statt des Zeigers einen Schreibstift anbringt, kann ein solcher Bimetallstreifen auch dazu dienen, in einem **Thermographen** die Temperatur automatisch aufzuzeichnen.

Man kann auch von einem Bimetallstreifen bei bestimmten Temperaturen Kontakte auslösen lassen, die bei einer niedrigen Temperatur eine Heizvorrichtung, bei einer hohen Temperatur eine Kühlung in Tätigkeit setzen und so die Temperatur in einem engen Bereich konstant halten.

Zur Sicherung von Gasherden, Gasbadeöfen oder Gasthermen bringt man bei ihnen einen Bimetallstreifen an, der von der Zündflamme erwärmt werden muß, bevor er den Gasstrom freigibt. Es kann daher nur Gas ausströmen, wenn die Zündflamme brennt, die das Gas sofort ordnungsgemäß zündet.

Einige Thermometerbauarten beruhen auf Vorgängen in elektrischen Leitungen. Sie besitzen einen großen Meßbereich und hohe Genauigkeit.

V2

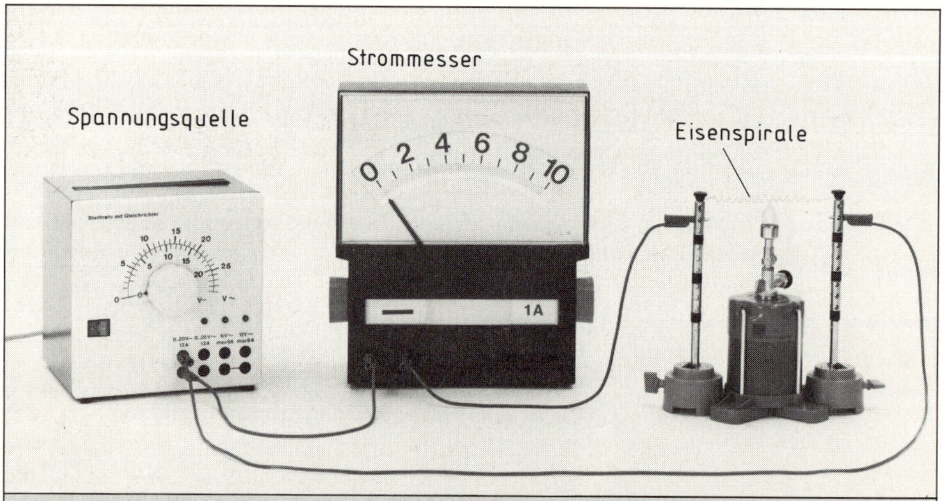

Abb. 3 Zunahme des elektrischen Widerstandes beim Erwärmen

In einem Stromkreis befinden sich eine Spirale aus Eisendraht und ein Strommesser. Erhitzt man den Eisendraht mit einer Flamme, so nimmt der Strom trotz unveränderter Spannung ab.

Ergebnis
Der elektrische Widerstand eines Eisendrahtes (und auch vieler anderer Drähte) nimmt mit wachsender Temperatur zu.

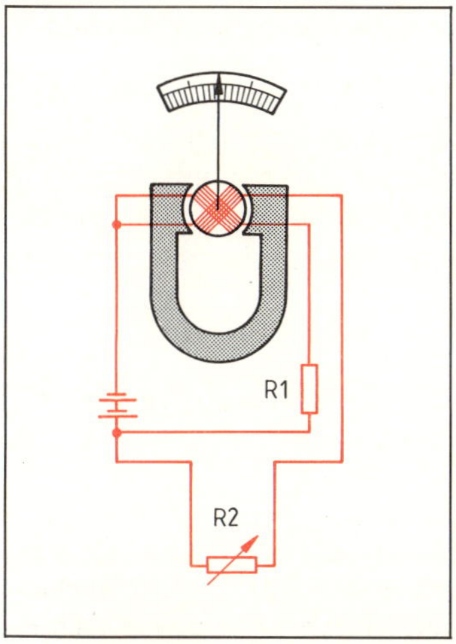

Auf dieser Tatsache beruht der Bau des elektrischen **Widerstandsthermometers** (Abb. 4). Um von Spannungsschwankungen weitgehend unabhängig zu sein, benutzt man zur Strommessung ein Kreuzspulmeßwerk. Die gleiche Spannungsquelle erzeugt Ströme in zwei Stromkreisen, von denen der eine den konstanten Widerstand R_1, der andere den mit der Temperatur veränderlichen Widerstand R_2 enthält. Beide Ströme wirken in den beiden Teilspulen des Kreuzspulmeßwerks in entgegengesetzter Richtung auf den Zeiger und rufen einen Ausschlag hervor, der dem Verhältnis der beiden Ströme proportional ist. Eine Spannungsschwankung verändert beide Ströme im gleichen Verhältnis, so daß der Ausschlag des Zeigers unverändert bleibt.

Abb. 4 Elektrisches Widerstandsthermometer

V3

Ein Stromkreis enthält zwei Drahtstücke aus verschiedenen Metallen und einen Strommesser. Wir erwärmen die Lötstelle mit einer Kerzenflamme. Dabei zeigt der Strommesser einen Strom an, der mit der Erhitzung der Lötstelle ansteigt.

Ergebnis
Da in einem Stromkreis nur dann ein elektrischer Strom fließt, wenn er von einer Spannung verursacht wird, muß durch die Erwärmung der Lötstelle eine Spannung entstehen. Der Versuch zeigt, daß diese mit zunehmender Erwärmung der Lötstelle steigt. Bei entsprechender Eichung kann man an der Skala unmittelbar den Temperaturunterschied der erwärmten und der kalten Lötstelle ablesen.

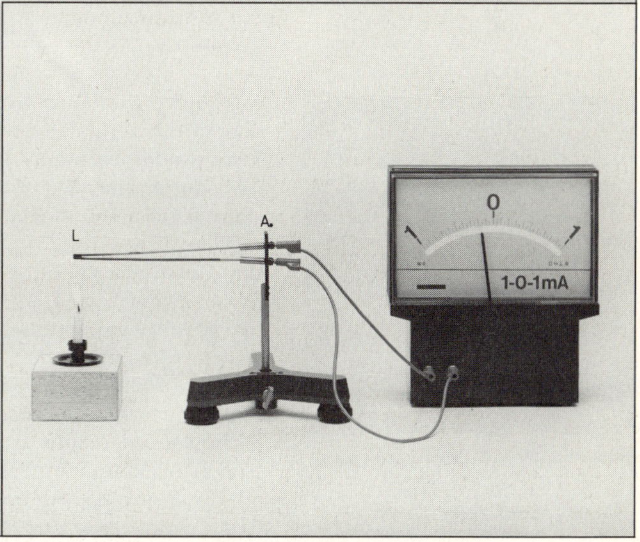

Abb. 5 Erzeugung einer Thermospannung

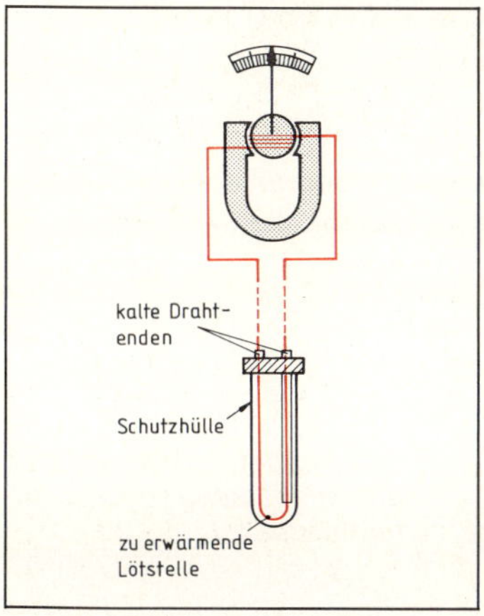

Auf dieser Erscheinung beruht das **Thermoelement.** Im Gegensatz zum Widerstandsthermometer braucht eine solche Anordnung keine äußere Spannungsquelle. Die Spannungsdifferenz entsteht schon durch den Temperaturunterschied zwischen der kalten und erwärmten Lötstelle. Das elektrische Meßgerät wird gleich nach Celsiusgraden geeicht und die Lötstelle zum Schutz mit einer wärmedurchlässigen Hülle umgeben (Abb. 6). Thermoelemente zur Temperaturmessung werden ausgeführt in Eisen-Konstantan (bis 800 °C) und in Platin-Platinrhodium (bis 1600 °C).

Zur Messung der Temperaturen von Metallschmelzen und der Hochofentemperaturen benutzt man die Strahlung, die von einer Stelle des glühenden Körpers ausgeht.

Abb. 6 Thermoelement

V4

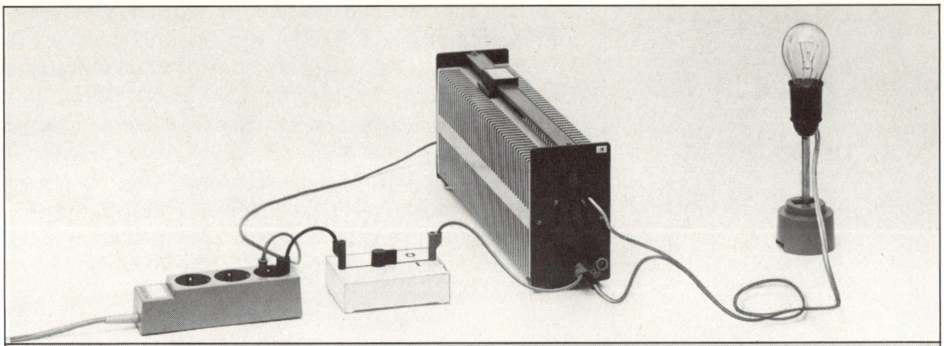

Abb. 7 Änderung der Helligkeit und Glühfarbe mit der Temperatur

Eine Glühlampe wird durch Verschieben des Abgriffes an einem Schiebewiderstand mit langsam ansteigender Spannung in Betrieb genommen. Bei geringer Spannung ist ihre Temperatur noch nicht hoch. Die ausgesandte Strahlung ist gering und von roter Farbe. Mit zunehmender Spannung steigt die Temperatur an; die Strahlung nimmt stark zu, und ihre Farbe wechselt über Gelb nach Weiß.

Ergebnis
Die Helligkeit der Strahlung eines glühenden Drahtes wächst stark mit zunehmender Temperatur, und gleichzeitig verändert sich die Farbe der Strahlung von Rot über Gelb nach Weiß.

Abb. 8 Segerkegel

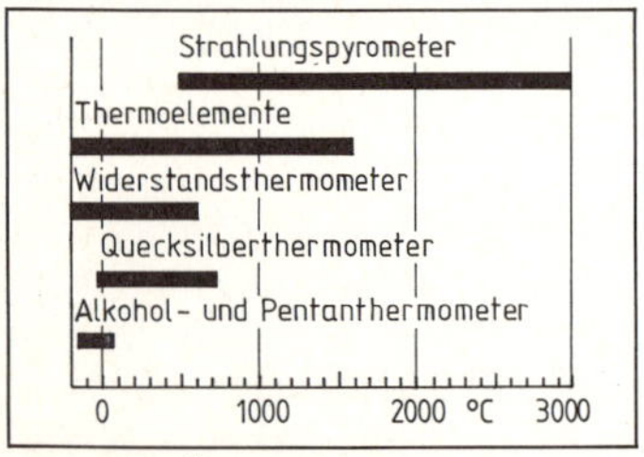

Abb. 9 Übersicht über die Meßbereiche der Temperaturmeßgeräte

Aufgrund dieser Erscheinungen kann man durch Messung der Strahlung oder durch Vergleich der Glühfarbe mit der Farbe geeichter Lichtquellen Temperaturen messen. Die dazu verwendeten Geräte sind die **Strahlungspyrometer.** Sie sind auch bei hohen Temperaturen verwendbar, wenn andere Thermometer nicht mehr benützt werden können.

Um Schmelztemperaturen einhalten zu können, bringt man in den Schmelzofen sog. Segerkegel, kleine Pyramiden aus verschiedenen Stoffen, die gerade bei der gewünschten Schmelztemperatur weich werden. Das Erreichen der Temperatur erkennt man daran, daß die weich gewordene Spitze ihre Form verliert und sich umbiegt (Abb. 8). Auch chemische Substanzen, die bei einer bestimmten Temperatur ihre Farbe ändern, dienen zur Temperaturmessung bei Werkstücken, die auf eine bestimmte Temperatur gebracht werden sollen. Man streicht sie mit der Farbe an, die bei der gewünschten Temperatur umschlägt, und kann genau erkennen, wann und wo das Werkstück die geforderte Temperatur annimmt.

Abb. 9 gibt einen Überblick über die Temperaturbereiche, bei denen die einzelnen Bauarten der Thermometer verwendet werden können.

Aufgaben

1. *Welche Eigenschaften muß ein Flüssigkeitsthermometer haben, damit es möglichst empfindlich und genau ablesbar ist?*

2. *Für welche Temperaturmessungen können keine Flüssigkeitsthermometer verwendet werden.*

3. *Nennen Sie Vorteile der elektrischen Temperaturmessung.*

5.2 Wärmeausdehnung

5.2.1 Ausdehnung fester Körper

Beobachtung

Im Sommer hängen Telefon- und Elektrizitätsleitungen mehr durch als im Winter. Die Fugen zwischen zwei Teilstücken einer Gleisanlage sind bei heißem Sonneneinfall enger als bei kaltem Wetter. Erwärmte Drähte oder Schienen sind also länger als kalte. Der folgende Versuch zeigt eine ähnliche Erscheinung.

V1

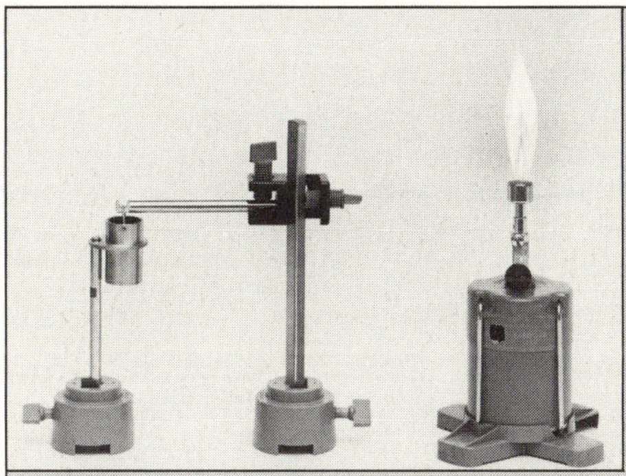

Abb. 1 Wärmeausdehnung

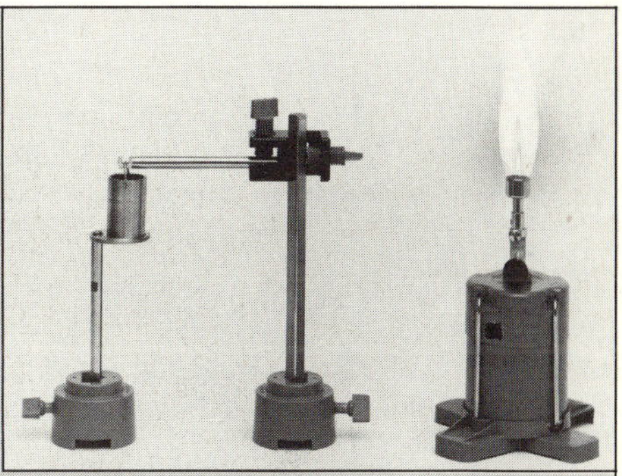

Abb. 2 Wärmeausdehnung

Ein fast wie ein Zylinder aussehender Körper, der sich jedoch nach unten um einen kleinen Betrag kegelförmig verjüngt, wird auf einen Ring gesetzt. Er sinkt bis über die Hälfte ein (Abb. 1). Nach Erwärmung mit einer Bunsenflamme sinkt er kaum ein (Abb. 2). Erst mit zunehmender Abkühlung sinkt er nach unten.

Ergebnis
Die Beobachtungen und der Versuch 1 zeigen:

Fast alle Körper dehnen sich mit zunehmender Erwärmung aus.

Um den Betrag der Längenausdehnung zahlenmäßig festzustellen, führen wir den folgenden Versuch aus:

V2

Durch ein Rohr wird Wasserdampf geleitet. Dabei erwärmt es sich von Zimmertemperatur bis auf 100 °C. Während die Auflagestelle A festgehalten ist, wird durch die Längenzunahme an der Auflagestelle B eine Lagerrolle gedreht, deren Drehwinkel mit einem Zeiger an einer Skala abgelesen werden kann. Bei der Durchführung des Versuchs mit einem Messingrohr ergaben sich folgende Werte:

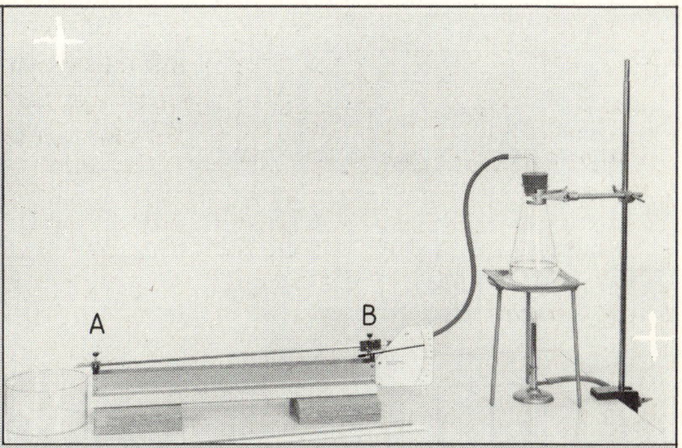

Abb. 3 Messung der Längenausdehnung

Länge AB des Messingrohres $l_0 = 50$ cm
Zimmertemperatur 17 °C,
Dampftemperatur 100 °C, also Erwärmung $\Delta T = 83$ K
Anfangstellung des Zeigers Skalenteil 0, Endstellung Skalenteil 38.
Eichung der Skala:
1 Skalenteil entspricht einer Verlängerung des Rohres um 0,02 mm.
Die Verlängerung des Messingrohres beträgt also $\Delta l = 38 \cdot 0{,}02$ mm $= 0{,}76$ mm.

Auf ähnliche Weise bestimmt man die Längenzunahme von Rohren aus anderen Metallen. Man erhält ebenfalls eine mit der Erwärmung ansteigende Längenzunahme, deren Betrag bei einer Erwärmung auf 100 °C für die einzelnen Metalle verschieden ist. Bei größerer Rohrlänge wäre die Längenzunahme noch größer, z. B. bei einem Rohr von 1 m Länge doppelt so groß.

Ergebnis
Die Längenzunahme eines Körpers ist um so größer, je größer seine Ausgangslänge und die Temperaturerhöhung sind. Bei gleicher Länge und Temperaturzunahme ist sie vom Material abhängig.

Der Versuch gibt uns die Möglichkeit, die Formel aufzustellen, um die Längenausdehnung bei verschiedenen Stoffen, Längen und Temperaturunterschieden berechnen zu können. Dazu bestimmen wir zunächst bei allen Versuchen die relative Längenzunahme $\Delta l / l_0$ bei der Erwärmung um 1 K. Bei dem obigen Versuch mit dem Messingrohr ergibt sich:

Längenzunahme bei $l_0 = 0{,}5\,\mathrm{m}$ und $\Delta T = 83\,\mathrm{K}$: $\Delta l = 0{,}76\,\mathrm{mm}$

Längenzunahme bei $l_0 = 0{,}5\,\mathrm{m}$ und $\Delta T = 1\,\mathrm{K}$: $\frac{\Delta l}{\Delta T} = \frac{0{,}76\,\mathrm{mm}}{83\,\mathrm{K}} = 0{,}00916\,\frac{\mathrm{mm}}{\mathrm{K}}$

relative Längenzunahme bei $\Delta T = 1\,\mathrm{K}$: $\frac{\Delta l}{l_0 \Delta T} = \frac{0{,}00916\,\mathrm{mm}}{500\,\mathrm{mm\,K}} = 0{,}0000183\,\frac{1}{\mathrm{K}}$

Diesen Ausdruck, der bei allen Längenausdehnungen die Eigenart des erwärmten Stoffes kennzeichnet, bezeichnet man als **Längenausdehnungskoeffizienten** α:

$$a = \frac{\Delta l}{l_0 \cdot \Delta T} \qquad [\alpha] = \frac{\mathrm{m}}{\mathrm{m} \cdot \mathrm{K}} = \frac{1}{\mathrm{K}}$$

Die Längenzunahme Δl eines Körpers von der ursprünglichen Länge l_0 bei der Temperaturerhöhung ΔT erhält man durch Umstellen der Formel

$$\Delta l = l_0 \cdot \alpha \cdot \Delta T$$

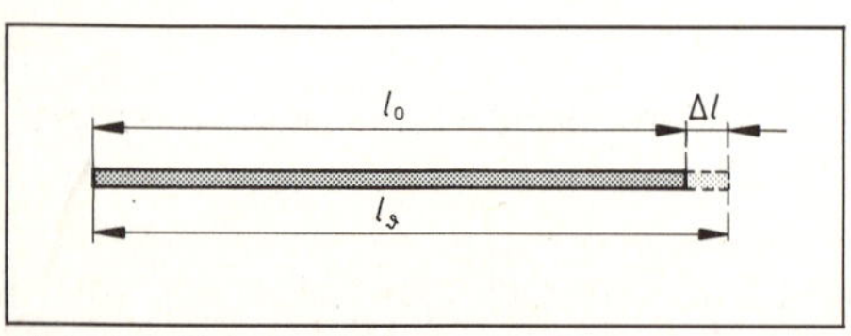

Abb. 4 Zur Formel für die Längenausdehnung

Die Länge l_ϑ nach der Erwärmung findet man, indem man zur ursprünglichen Länge die Längenzunahme hinzuzählt (Abb. 4).

$$l_\vartheta = l_0 + l_0 \cdot \alpha \cdot \Delta T = l_0 (1 + \alpha \cdot \Delta T)$$

Tabelle 1: Längenausdehnungskoeffizienten einiger Stoffe in 1/K zwischen 0 °C und 100 °C

Kunststoffe		Blei	0,000 029	Platin	0,000 009
Polyäthylen	0,000 200	Aluminium	0,000 024	Glas	0,000 008
Polyamide	0,000 110	Zinn	0,000 023	Invar (eine Eisen-Nickellegierung)	0,000 002
PVC	0,000 078	Messing	0,000 018	Quarz	0,000 001
Zelluloid	0,000 100	Kupfer	0,000 016		
Zink	0,000 030	Beton	0,000 013		
		Stahl	0,000 012		

Tabelle 2: Ausdehnungskoeffizienten von Stahl	ΔT	α
	100 °C bis 200 °C	0,000 0131 1/K
	200 °C bis 300 °C	0,000 0141 1/K
	300 °C bis 400 °C	0,000 0152 1/K
	400 °C bis 500 °C	0,000 0162 1/K

Die Ausdehnungskoeffizienten sind auch bei demselben Stoff nicht für alle Temperaturen gleich. Bei Stahl gelten z. B. für die Temperaturintervalle ΔT die in Tabelle 2 angegebenen Ausdehnungskoeffizienten.

In der Praxis sind die großen Ausdehnungskoeffizienten für Kunststoffe, z. B. bei Rohren aus Polyäthylen, zu beachten, die bis zu 17mal größer sind als bei Stahl.

Selbstverständlich dehnt sich ein Gegenstand nach jeder Richtung ebenso aus wie in seiner Länge. Dadurch ergibt sich eine Volumenausdehnung ΔV, die sich nach einer Formel berechnen läßt, die ganz der bei der Längenausdehnung entspricht. Ähnlich wie bei der Längenausdehnung führt man einen **Volumenausdehnungskoeffizienten** γ ein, der durch folgenden Bruch festgelegt ist.

$$\gamma = \frac{\Delta V}{V_0 \cdot \Delta T} \qquad [\gamma] = \frac{\text{m}^3}{\text{m}^3\text{K}} = \frac{1}{\text{K}}$$

Dann gelten die beiden Beziehungen:

$$\Delta V = V_0 \cdot \gamma \cdot \Delta T \qquad V_\vartheta = V_0 \cdot (1 + \gamma \cdot \Delta T)$$

Bei einem Würfel mit der Seitenlänge l_0 ergibt sich:

$$V_0 = l_0^3 \qquad V_\vartheta = l_\vartheta^3 = l_0^3\,(1 + \alpha\Delta T)^3 = l_0^3\,[1 + 3\,\alpha\Delta T + 3\,(\alpha\Delta T)^2 + (\alpha\Delta T)^3]$$

Da $\alpha\Delta T$ bei festen Stoffen den Betrag von 0,001 kaum überschreitet, bleibt $3\,(\alpha\Delta T)^2$ unter dem Wert 0,000 003 und $(\alpha\Delta T)^3$ unter 0,000 000 001. Man kann daher in der Klammer die letzten beiden Glieder wegen ihrer geringen Größe vernachlässigen. Dann erhält man $V_\vartheta = V_0\,(1 + 3\,\alpha\Delta T)$. Vergleicht man dieses Ergebnis mit der obigen Formel, so erhält man die Beziehung: $3\,\alpha = \gamma$.

Da eine genau entsprechende Ableitung bei jeder anderen Körperform möglich ist, gilt allgemein:

Der Volumenausdehnungskoeffizient γ ist das Dreifache des Längenausdehnungskoeffizienten α:

$$\gamma = 3\,\alpha$$

Man beachte, daß sich auch Hohlräume bei der Erwärmung der umschließenden Behälter ausdehnen. Wegen der Zunahme der Wanddicke könnte man eine Abnahme des Inhalts erwarten. Wegen der allseitigen Ausdehnung verschiebt sich jedoch auch die Innenfläche nach außen, lediglich etwas weniger als die Außenfläche.

Zwei verschiedene Stoffe lassen sich nur dann dauerhaft und dicht miteinander verbinden, wenn sie gleiche Wärmeausdehnung besitzen. Sonst lockert die unterschiedliche Ausdehnung bei dem steten von äußeren Einflüssen verursachten Temperaturwechsel mit der Zeit auch eine anfängliche feste Verbindung. So kann man nur deshalb Stahlbeton herstellen, weil Stahl und Beton fast die gleichen Ausdehnungskoeffizienten besitzen. Aus demselben Grund müssen Stromzuführungsdrähte zu Elektroden im Innern von Hochvakuumröhren aus Platin bestehen.

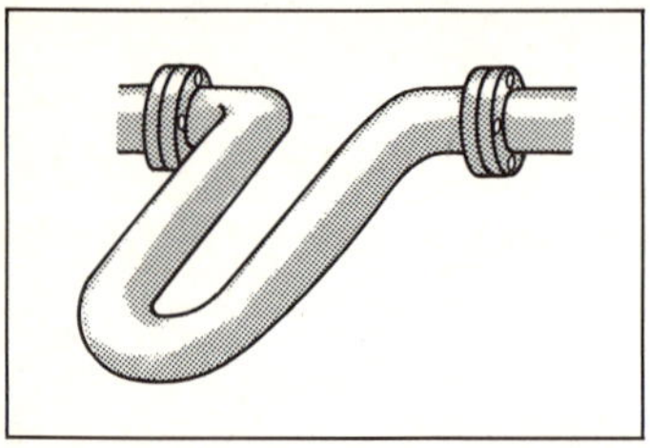

Abb. 5 Ausdehnungsbogen einer Heißdampfleitung

Die Wärmeausdehnung muß in der Technik überall berücksichtigt werden, wo Gegenstände größeren Temperaturwechseln unterworfen sind. In Heißdampfleitungen werden Ausdehnungsbogen eingebaut (Abb. 5). Zwischen den einzelnen Schienen einer Eisenbahngleisanlage wurden Zwischenräume gelassen. Erst in den letzten Jahren ist es bei der Bundesbahn gelungen, lange Schienen zusammenzuschweißen und die auftretenden Spannungen durch fest im Boden verankerte Stahlschwellen aufzufangen. Bei Auflagern von Brücken wird ein Zwischenraum für das Spiel der Wärmeausdehnung gelassen. Besonders wichtig ist die Berücksichtigung der Wärmeausdehnung bei Teilen von Wärmekraftmaschinen, weil dort besonders starke Temperaturänderungen auftreten. Man kann aus der Wärmeausdehnung auch Nutzanwendungen ziehen: Ein heiß aufgeschrumpfter Radreifen sitzt nach dem Erkalten mit großer Kraft fest auf dem inneren Radkörper. Auch der in 5.1.3 genannte Bimetallstreifen beruht auf der unterschiedlichen Wärmeausdehnung zweier verschiedener Metalle.

1. Beispiel Um wieviel dehnt sich ein 120 m langes Dampfrohr aus Stahl aus, wenn es in einer Umgebung von 20 °C in Betrieb genommen wird und Dampf von 120 °C hindurchströmt?

$l_0 = 120\,\text{m} \qquad \alpha = 0{,}000012\,\frac{1}{\text{K}}$ (Tabelle 1) $\qquad \Delta T = 100\,\text{K}$

$$\Delta l = 120\,\text{m} \cdot 0{,}000012\,\frac{1}{\text{K}} \cdot 100\,\text{K} = 0{,}144\,\text{m} = \underline{14{,}4\,\text{cm}}$$

2. Beispiel Ein Glasgefäß trägt die Aufschrift: Inhalt bis zur Marke bei 18 °C 50 cm³. Welchen Rauminhalt besitzt eine eingefüllte Flüssigkeit, wenn sie bei 50 °C bis zur Meßmarke steht?

$V_0 = 50\,\text{cm}^3 \qquad \gamma = 3\,a = 0{,}000024\,\frac{1}{\text{K}}$ (Tabelle 1) $\qquad \Delta T = 32\,\text{K}$

$$V_\vartheta = 50\,\text{cm}^3\,(1 + 0{,}000024\,\frac{1}{\text{K}} \cdot 32\,\text{K}) = 50\,\text{cm}^3 \cdot 1{,}00077 = \underline{50{,}038\,\text{cm}^3}$$

Aufgaben

1. *Eine Eisenbahnschiene besitzt bei 20 °C zwischen ihren 30 m langen Teilstücken noch je einen Ausdehnungsspielraum von 0,8 cm. Bis zu welcher Temperatur kann sie sich erwärmen, ohne daß innere Spannungen auftreten ($\alpha = 0{,}000\,012$ 1/K)?*

2. *Ein Ring hat bei 20 °C einen Durchmesser von 59,95 mm. Er soll auf eine Welle von 59,99 mm aufgeschrumpft werden. Zu diesem Zweck muß er durch Erwärmung um 0,05 mm geweitet werden. Auf welche Temperatur muß er gebracht werden ($\alpha = 0{,}000\,012$ 1/K)?*

3. *Ein Drahtseil ($\alpha = 0{,}000\,012$ 1/K) von 4 m Länge ist im Winter bei −18 °C zwischen seinen Befestigungen an den Enden gespannt. Wie weit kann es im Sommer bei 32 °C in der Mitte ausgelenkt werden?*

4. *Eine Straßenlampe hängt an einem Stahldraht ($\alpha = 0{,}000\,012$ 1/K) über der Mitte einer 8 m breiten Straße. Bei einer Temperatur von 30 °C beträgt der Durchhang 20 cm. Auf welchen Betrag vermindert er sich bei einer Abkühlung auf −10 °C.*

5. *Ein Eisen- ($\alpha_{Fe} = 0{,}000\,012$ 1/K) und ein Aluminiumstab ($\alpha_{Al} = 0{,}000\,024$ 1/K) dehnen sich bei Erwärmung um den gleichen Betrag aus $\Delta l_{Fe} = \Delta l_{Al}$. In welchem Verhältnis stehen dann ihre Längen?*

6. *Warum lösen sich Dispersionsfarben (Kunststoffbasis) bei Außenanstrichen oft nach wenigen Jahren von der Hauswand, während Mineral- oder Kalkfarben sich fest mit dem Untergrund verbinden?*

Ist ein Gegenstand fest eingespannt, daß er sich bei Temperaturänderungen nicht ausdehnen oder zusammenziehen kann, so treten in ihm sog. **Wärmespannungen** auf.

V3

Zwischen einem kräftigen Bügel wird mit einer Bunsenflamme ein Messingrohr R erhitzt. Das eine Ende des Rohres umspannt einen im Bügel gelagerten Bolzen B. Das andere Ende wird nach dem Erhitzen mit einem Keil K fest eingespannt. Beim Abkühlen sucht sich das Rohr zusammenzuziehen und wirkt mit einer solchen Zugkraft auf den spröden Bolzen, daß er trotz seiner Stärke von 8 mm gesprengt wird.

Ergebnis
Bei der Wärmeausdehnung und beim Zusammenziehen während des Abkühlens entstehen im Innern der betroffenen Körper große Spannungen.

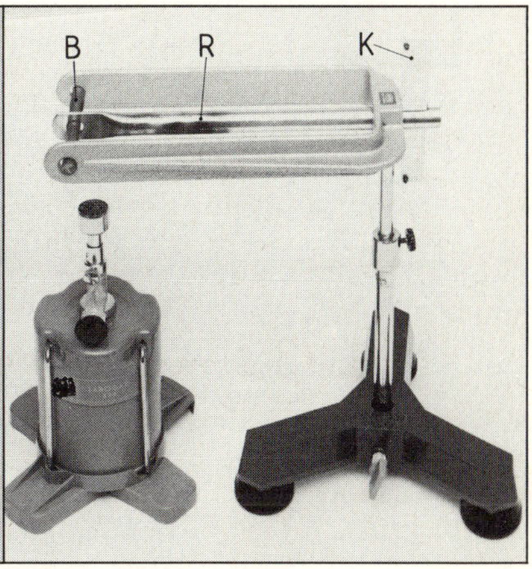

Abb. 6 Sprengen eines Bolzens durch Wärmespannung

Wenn man die Gleichung für elastische Verformung aus Nr. 1.9.3 mit der Gleichung für die Wärmeausdehnung zusammenfaßt, kann man die Größe der Wärmespannung berechnen:

Elastische Formänderung: $\frac{\Delta l}{l} = \varepsilon = \frac{\sigma}{E}$ (σ = Spannung, E = Elastizitätsmodul)

Wärmeausdehnung: $\frac{\Delta l}{l} = \alpha \cdot \Delta T$

Durch Gleichsetzen der Ausdrücke für $\frac{\Delta l}{l}$ ergibt sich: $\frac{\sigma}{E} = \alpha \cdot \Delta T$ oder:

$$\sigma = E \cdot \alpha \cdot \Delta T$$

Aus dieser Formel geht hervor, daß die **Größe der Wärmespannung** von der Länge und dem Querschnitt des Stabes unabhängig und nur durch das **Material** und die **Temperaturerhöhung** bedingt ist. Die auftretende Wärmespannung darf die Streckgrenze nicht überschreiten, sonst tritt eine bleibende Verformung ein.

3. Beispiel

Welche Spannung entsteht in einem Werkstück aus Stahl ($E = 210\,000$ N/mm², $\alpha = 0{,}000\,012$ 1/K), das fest eingespannt ist, bei einer Erwärmung von 20 °C auf 100 °C?

$$\sigma = E \cdot \alpha \cdot \Delta T = 210000 \frac{\text{N}}{\text{mm}^2} \cdot 0{,}000012 \frac{1}{\text{K}} \cdot 80\,\text{K} = \underline{202 \frac{\text{N}}{\text{mm}^2}}$$

Aufgaben

7. *Ein Stahlplättchen vom Querschnitt 20 mm · 20 mm und der Dicke 6 mm (Abb. 7) kann nach Abkühlung auf eine Temperatur $\vartheta_1 = -30$ °C eben in die Nut einer Grundplatte von der Umgebungstemperatur $\vartheta_2 = +20$ °C eingeführt werden. Wie groß wäre die Dickenzunahme des Plättchens, das in der Nut durch die Spannung der Grundplatte zusammengedrückt werden muß, nach der Temperaturangleichung, wenn es sich ausdehnen könnte? Welche Spannung entsteht in dem Plättchen, und mit welcher Kraft wird es in der 10 mm tiefen Nut festgehalten? ($\alpha = 0{,}000\,012$ 1/K, $E = 210\,000$ N/mm²)*

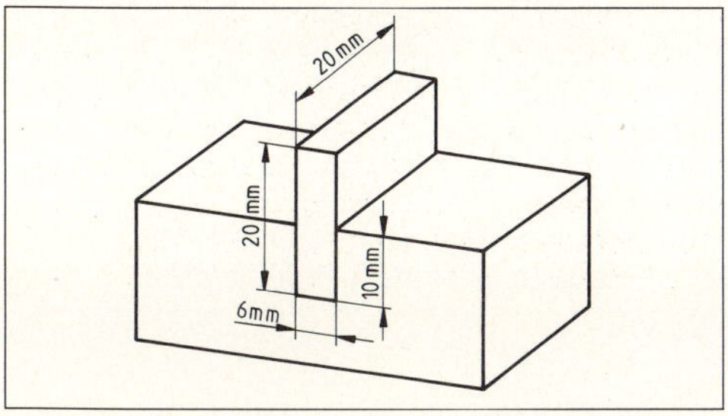

8. *Welche Temperaturdifferenz kann ein eingespannter Stab aus Aluminium aushalten, wenn seine höchstzulässige Spannung $\sigma_{\text{zul}} = 90$ N/mm², sein Elastizitätsmodul 74 000 N/mm² und sein Wärmeausdehnungskoeffizient 0,000 024 1/K betragen?*

5.2.2 Ausdehnung der Flüssigkeiten

V1

Drei gleiche Reagenzgläser, die ganz mit Wasser, Glycerin und Petroleum gefüllt sind, werden oben mit je einem Stopfen verschlossen, durch deren Bohrungen drei gleiche Kapillarröhren gesteckt werden. Sie werden in ein Wasserbad (Anfangstemperatur unter 10 °C) gebracht und auf etwa 50 °C erwärmt.
Bei Glycerin und Petroleum steigt die Flüssigkeit schon bei geringer Erwärmung in der Kapillare hoch. Beim Wasser bleibt die Höhe des ansteigenden Flüssigkeitsfadens zuerst stark, später weniger hinter der des Glycerin- und Petroleumfadens zurück.

Ergebnis
Während die Wärmeausdehnung von festen Stoffen kleiner Abmessungen ohne Meßgeräte kaum feststellbar ist, läßt sie sich bei Flüssigkeiten deutlich erkennen.

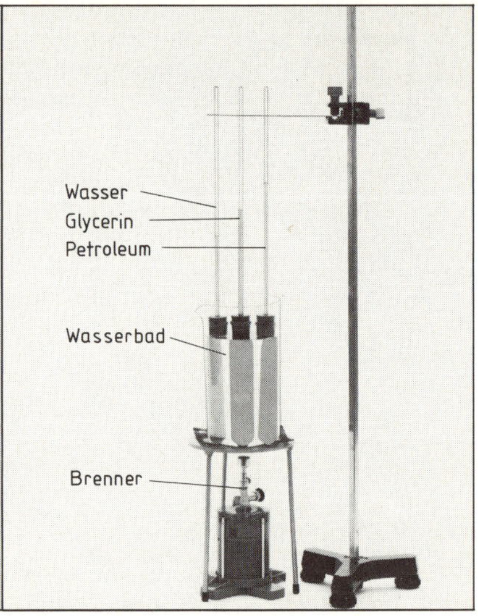

Abb. 1 Wärmeausdehnung von Flüssigkeiten

Auch Flüssigkeiten dehnen sich bei Erwärmung aus; ihre Ausdehnung ist größer als die von festen Stoffen.

Da Flüssigkeiten keine feste Form haben, kann man bei ihnen nur Raumausdehnungskoeffizienten bestimmen; dazu wiederholen wir den Versuch 5.1.2 (1) mit genauen Messungen.

V2

Wir bestimmen die Masse $m_1 = 41{,}4$ g eines leeren und $m_2 = 185{,}6$ g des dann mit Wasser gefüllten Kolbens. Die Kapillare wiegt leer $m_3 = 9{,}1$ g, mit Wasser gefüllt $m_4 = 15{,}1$ g, und hat eine Länge von 25 cm. Dann werden Kolben und Kapillare geleert und der Kolben ganz mit Petroleum gefüllt, so daß dieses zum Teil in die Kapillare eindringt. Wir lesen die Anfangstemperatur $\vartheta_1 = 14{,}8$ °C ab und erwärmen den Kolben bis zur Endtemperatur $\vartheta_2 = 32{,}5$ °C. Dabei steigt der Petroleumfaden um $\Delta l = 10{,}6$ cm.

Auswertung:
Wassermenge im Kolben
$$m_W = m_2 - m_1 = 144{,}2\,\text{g}$$
Volumen des Kolbens
$$V = \frac{m_W}{\varrho_W} = 144{,}2\,\text{cm}^3$$
Wasser in der Kapillare
$$m_K = m_4 - m_3 = 6{,}0\,\text{g}$$
Volumen der Kapillare
$$V_K = \frac{m_K}{\varrho_W} = 6{,}0\,\text{cm}^3$$
Volumenzunahme bei der Erwärmung
$$\Delta V = V_K \cdot \frac{\Delta l}{l} = 2{,}54\,\text{cm}^3$$

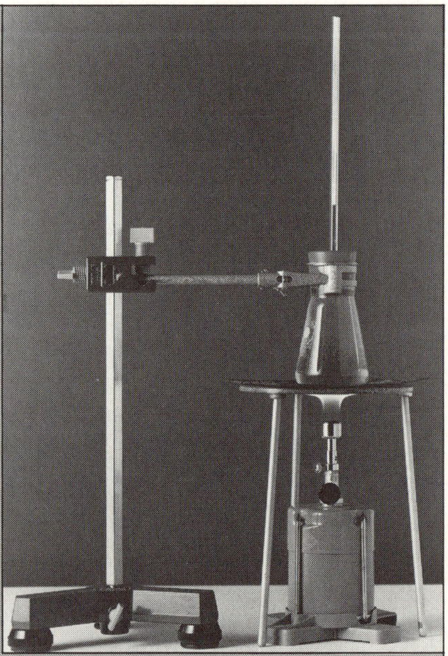
Abb. 2 Messung des Raumausdehnungskoeffizienten von Petroleum

Vernachlässigt man die geringe Raumausdehnung des Glaskolbens, so erhält man:

Ergebnis
Raumausdehnungskoeffizient des Petroleums:

$$\gamma = \frac{\Delta V}{V \cdot \Delta \vartheta} = \frac{2{,}54\,\text{cm}^3}{144{,}2\,\text{cm}^3 \cdot 18{,}2\,\text{K}} = 0{,}00097\frac{1}{\text{K}} \approx 0{,}001\frac{1}{\text{K}}$$

Bei anderen Flüssigkeiten ergeben sich aus ähnlichen Versuchen die Werte der folgenden Tabelle.

Tabelle 1: Raumausdehnungskoeffizienten einiger Flüssigkeiten in 1/K

Äther	0,00160	Petroleum	0,00100	Quecksilber	0,00018
Benzol	0,00120	Heizöl	0,00086	Wasser	
Alkohol	0,00110	Glycerin	0,00050	zw. 20 °C u. 50 °C	0,00034
				zw. 50 °C u. 100 °C	0,00062

Weil der Behälter einer eingeschlossenen Flüssigkeit sich auch ausdehnt, steigt der Flüssigkeitsspiegel nur mit der Differenz der Volumenausdehnung der Flüssigkeit und des Behälters.

Ergänzung zu Versuch V 1

V1

2. Ergebnis
Wasser dehnt sich bei Temperaturen unter 10 °C viel weniger aus als andere Flüssigkeiten. Eine bis zum Gefrierpunkt geführte Messung zeigt sogar, daß Wasser bei 4 °C das kleinste Volumen besitzt und sich von dieser Temperatur sowohl beim Erwärmen wie beim Abkühlen ausdehnt (Abb. 3).

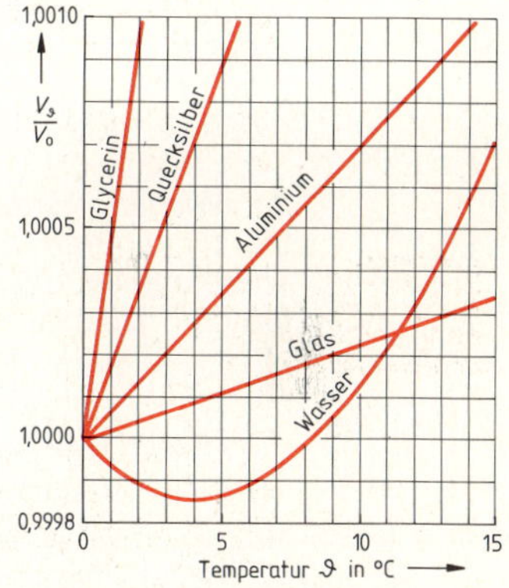

Abb. 3 Anomalie des Wassers

Diese Abweichung von der bei allen anderen Stoffen gültigen Regel bezeichnet man als die **Anomalie des Wassers.** Bei einer von 4 °C beginnenden Erwärmung ist die Ausdehnung zuerst noch gering und wächst mit zunehmender Temperatur. Der Raumausdehnungskoeffizient beträgt bei 10 °C 0,000 09 1/K,
bei 20 °C 0,000 20 1/K,
bei 30 °C 0,000 30 1/K.

Weil Wasser bei 4 °C sein kleinstes Volumen besitzt, ist bei dieser Temperatur die Dichte am größten.

Bei langsamer Abkühlung sinkt daher Wasser von 4 °C nach unten, während die kälteren Schichten (und auch das noch leichtere Eis) oben bleiben. Diese Erscheinung hat die bedeutsame Folge, daß im Winter ruhiges Wasser (Seen und langsam fließende Flüsse) nur an der Oberfläche zufriert, während in der Tiefe das Wasser mit der Temperatur 4 °C flüssig bleibt. Ohne diese Besonderheit wäre höheres organisches Leben im Wasser kaum möglich.

Die Wärmeausdehnung der Flüssigkeiten bewirkt, daß warme Flüssigkeiten leichter sind als kalte. Auf dieser Tatsache beruht der folgende Versuch:

V3

Eine in sich geschlossene Röhre wird auf der einen Seite erwärmt; in den übrigen Teilen kühlt sie sich in der Umgebung wieder ab. Das schwere kalte Wasser im Schenkel A drückt das leichtere im Schenkel B nach oben, so daß sich das Wasser in der Röhre umzuwälzen beginnt.

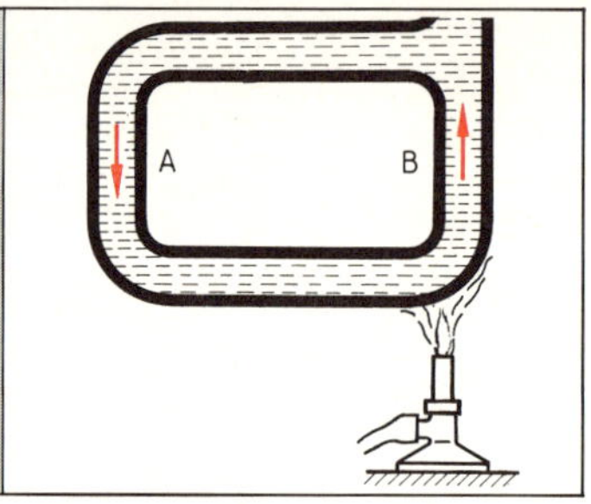

Abb. 4 Schema einer Warmwasserheizung

Aufgaben

1. *Eine Warmwasserheizung enthält bei 8 °C 400 dm³ Wasser. Welchen Rauminhalt muß das Ausdehnungsgefäß dieser Heizung mindestens haben, damit auch bei einer Temperatur von 80 °C kein Wasser überläuft (mittlerer Raumausdehnungskoeffizient im gegebenen Temperaturbereich für Wasser γ_W = 0,0004 1/K, für Stahl γ_{St} = 0,00004 1/K)?*

2. *Wie lang ist der Skalenteil für 1 Grad bei einem Thermometer, dessen Kugel 0,6 cm³ Quecksilber (γ_Q = 0,00018 1/K) enthält und das eine Kapillare von 0,4 mm Innendurchmesser besitzt (γ_{Glas} = 0,000025 1/K)?*

3. *In Nr. 2.1.4 wurde ein Verfahren beschrieben, aus den Flüssigkeitshöhen in einem U-Rohr das Verhältnis ihrer Dichten zu bestimmen. Wie kann man diese Methode benutzen, um die Ausdehnungszahl einer Flüssigkeit zu bestimmen?*

4. *Warum läßt sich auch oberhalb des Gefrierpunktes Wasser nicht als Thermometerflüssigkeit verwenden?*

5. *Bringt man ein Thermometer aus einer kälteren Umgebung in eine wärmere Flüssigkeit, so bemerkt man anfangs ganz kurz ein geringes Absinken der Quecksilbersäule, bis sie dann zu steigen beginnt. Erklären Sie diese Erscheinung.*

6. *Weshalb bleibt ein Heizkörper einer Warmwasserheizungsanlage kalt, wenn sich an einer Stelle eine Luftblase angesammelt hat?*

5.2.3 Ausdehnung der Gase bei gleichbleibendem Druck

V1

Zum Nachweis nimmt man einen Kolben, der oben an einem durchbohrten Korken eine dünne Kapillarröhre trägt (Abb. 1). Die Luftmenge im Kolben ist durch einen Quecksilbertropfen in der Röhre abgeschlossen. Schon eine Erwärmung des Kolbens mit der Hand genügt, um die Ausdehnung der Luft an der Bewegung des Quecksilbertropfens kenntlich zu machen.

Abb. 1 Wärmeausdehnung der Luft

Da sich bei dem Versuch die Luft frei ausdehnen kann, bleibt der Druck während der Erwärmung unverändert. Auf ähnliche Weise wie beim Versuch 5.2.2(2) könnte man auch aus diesem Versuch den Volumenausdehnungskoeffizienten der Luft bei gleichbleibendem Druck berechnen.

Führt man solche Messungen bei verschiedenen Gasen aus, so erhält man bei allen den gleichen Wert des Volumenausdehnungskoeffizienten.

$$\gamma = 0{,}00366 \frac{1}{\mathrm{K}} = \frac{1}{273\,\mathrm{K}}$$

Alle Gase dehnen sich bei gleichbleibendem Druck bei Erwärmung um 1 K um 1/273 des Volumens aus, das sie bei 0 °C einnehmen.

Mit diesem Wert des Volumenausdehnungskoeffizienten kann man das Volumen V_ϑ bei der Temperatur ϑ berechnen:

$$V_\vartheta = V_0 \left(1 + \frac{\vartheta}{273\,\mathrm{K}}\right) = V_0 \frac{273\,\mathrm{K} + \vartheta}{273\,\mathrm{K}}$$

Im Zähler des letzten Bruches steht eine Temperaturangabe, die um 273 K größer ist als die in Celsiusgraden gemessene Temperatur des Gases. Diese Temperatur würde ein Thermometer anzeigen, dessen Nullpunkt nicht beim Gefrierpunkt des Wassers, sondern bei −273 °C liegt. Bei der obigen Formel für die Wärmeausdehnung eines Gases, aber auch noch bei einer Reihe anderer temperaturabhängiger Vorgänge ist es zweckmäßig, die von −273 °C ausgehende Temperaturzählung zu benutzen. Für diese **absolute oder thermodynamische Temperatur** T gilt dann:

Thermodynamische Temperatur = Celsiustemperatur + 273 K

$$T = \vartheta + 273\,\mathrm{K}$$

Zur Unterscheidung von der Celsiustemperatur verwendet man als Kurzzeichen für die Einheit der thermodynamischen Temperatur das schon in Nr. 5.1.1 eingeführte K (lies „Kelvin“, nach dem englischen Physiker **Kelvin**[1]).

Mit der thermodynamischen Temperatur läßt sich nun die Gleichung für die Wärmeausdehnung der Gase einfacher schreiben, wenn man den Index ϑ zur Vereinfachung wegläßt:

$$V = V_0 \cdot \frac{T}{273\,\mathrm{K}}$$

Bezeichnet man die der Celsiustemperatur 0 °C entsprechende Kelvintemperatur 273 K mit T_0, so erhält man das **Gay-Lussacsche Gesetz**[2] für die Wärmeausdehnung eines Gases bei **gleichbleibendem Druck:**

$$\frac{V}{T} = \frac{V_0}{T_0} = \mathrm{const.}$$

1 Lord Kelvin (William Thomson), 1824 bis 1907, bedeutender englischer Physiker.
2 Gay Lussac, 1778 bis 1850 in Paris, erforschte als Physiker und Chemiker vor allem Gasgesetze.

Beispiel Um wieviel Grad wurde die Luft in dem Kolben (Abb. 1) (Anfangsvolumen $V_1 = 120\,\text{cm}^3$, Anfangstemperatur $\vartheta_1 = 17\,°\text{C}$) erwärmt, wenn der Quecksilbertropfen in der Röhre (Innendurchmesser $d = 4$ mm) um $s = 9$ cm verschoben wurde?

$$\frac{V_1}{T_1} = \frac{V_2}{T_2}$$

$$T_2 = \frac{V_2}{V_1} \cdot T_1$$

$$V_1 = 120\,\text{cm}^3$$

$$T_1 = (273 + 17)\,\text{K} = 290\,\text{K}$$

$$V_2 = V_1 + \frac{d^2 \cdot \pi}{4} \cdot s = 120\,\text{cm}^3 + \frac{0{,}4^2 \cdot \pi}{4} \cdot 9\,\text{cm}^3 = 121{,}13\,\text{cm}^3$$

$$T_2 = \frac{121{,}1\,\text{cm}^3}{120\,\text{cm}^3} \cdot 290\,\text{K} = 292{,}7\,\text{K}$$

Temperaturerhöhung $\Delta T = T_2 - T_1 = \underline{2{,}7\,\text{K}}$

Aufgaben

1. *20 l Luft werden bei gleichbleibendem Druck von 20 °C auf 40 °C erwärmt. Wie groß wird dann der Rauminhalt?*

2. *Weshalb muß beim Versuch (1) die Kapillare im Gegensatz zu Versuch 5.2.2(2) waagerecht abgewinkelt werden?*

3. *Ein Raum hat die Abmessungen $l = 8$ m, $b = 5$ m, $h = 3$ m. Er enthält bei einer Temperatur von 7 °C Luft von der Dichte 1,25 kg/m³. Welche Masse hat der Luftinhalt des Raumes? Wieviel Luft muß aus ihm entweichen, wenn er auf 20 °C aufgeheizt wird?*

4. *Ein Heißluftballon enthält vor dem Start 900 m³ Luft vom gleichen Luftdruck und der gleichen Temperatur 17 °C wie die Umgebung. Ihre Dichte ist 1,2 kg/m³. Hülle und Gondel haben die Masse 480 kg, die Nutzlast 150 kg. Auf welche mittlere Temperatur muß der Luftinhalt erhitzt werden, bis sich der Ballon vom Boden abhebt?*

5.2.4 Gleichzeitige Änderung von Druck, Volumen und Temperatur bei Gasen

Beim Gay-Lussacschen Gesetz gilt die Bedingung, daß der Druck konstant bleibt. Beim Boyleschen Gesetz $p_1 \cdot V_1 = p_2 \cdot V_2$ muß die Temperatur unverändert bleiben. Meistens ist keine der beiden Bedingungen erfüllt, sondern es tritt gleichzeitig eine Änderung des Druckes und der Temperatur ein. Um auch die in diesem Fall gültige Gesetzmäßigkeit abzuleiten, bestimmt man in einer Versuchsreihe das Volumen einer eingeschlossenen Gasmenge, bei der man Druck und Temperatur willkürlich verändern kann.

V

Zwei dünne Glasröhren sind mit einem Gummischlauch verbunden. Nach dem Einfüllen von Quecksilber in den Schlauch und die unteren Teile der Röhren wird die eine Röhre (in Abb. die linke) mit einem Gummistopfen verschlossen und so ein abgegrenztes Gasvolumen hergestellt. Durch Heben und Senken der zweiten Röhre kann man den Druck, unter dem das Gasvolumen steht, ändern. Die linke Röhre ist mit einem Zylindermantel umgeben, in den man Wasser von beliebiger Temperatur einfüllen kann, das seine Temperatur auf die eingeschlossene Gasmenge überträgt. Auf diese Weise kann man zusammengehörige Werte des Volumens, des Druckes und der Temperatur messen:

Das V o l u m e n ist gekennzeichnet durch die Höhe h der im Glasrohr eingeschlossenen Gasmenge.

Den D r u c k erhält man in mm QS (Quecksilbersäule), wenn man zu dem in mm QS gemessenen Luftdruck p_{amb} den durch den Höhenunterschied Δh des Quecksilbers in beiden Röhren meßbaren Druck $\Delta p \mathrel{\hat{=}} \Delta h$ hinzufügt.

Die T e m p e r a t u r liest man an dem Thermometer ab, das in den Zylinder eingeführt ist.

Bei einer Versuchsreihe betrug der Atmosphärendruck $p_{amb} = 988\,\text{mbar} \mathrel{\hat{=}} 740\,\text{mm QS}$. Die Messungen ergaben folgende Werte:

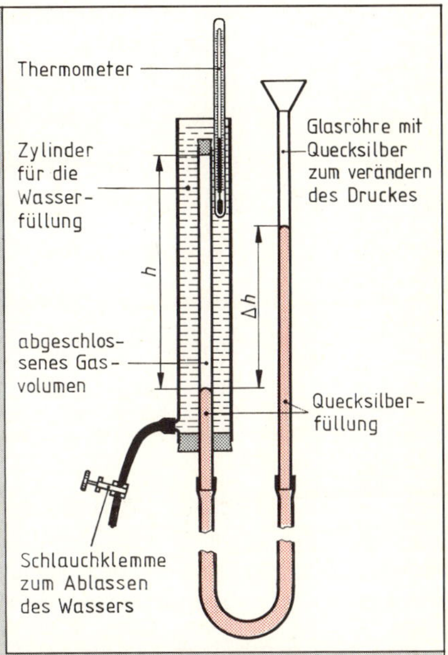

Abb. 1 Gerät zur Ableitung des allgemeinen Gasgesetzes

$\Delta h \mathrel{\hat{=}} \Delta p$ in mm QS	$p = p_{amb} + \Delta p$ in mm QS	$V \mathrel{\hat{=}} h$ in cm	Temperatur ϑ in °C	$\mathrel{\hat{=}} T$ in K	Zahlenwert $pV \mathrel{\hat{=}} ph$	Zahlenwert $\frac{pV}{T} \mathrel{\hat{=}} \frac{ph}{T}$
− 18	722	10,0	14	287	7220	25,2
+105	845	8,5	14	287	7150	25,1
+235	975	7,5	14	287	7310	25,5
− 20	720	11,0	43	316	7920	25,1
+ 95	835	9,5	43	316	7930	25,1
+205	945	8,5	43	316	8030	25,4

Ergebnis

Während das Produkt $p \cdot V$ aus der 6. Spalte nur so lange gleich bleibt, wie die Temperatur sich nicht ändert, zeigt die 7. Spalte, daß bei allen Zustandsänderungen der Bruch $\frac{p \cdot V}{T}$ unverändert bleibt.

Unterscheidet man Druck, Volumen und Temperatur bei verschiedenen Zuständen einer Gasmenge durch beigefügte Zahlenindizes, so kann man das Ergebnis als das **Boyle-Gay-Lussacsche Gesetz** folgendermaßen darstellen:

$$\frac{p_1 \cdot V_1}{T_1} = \frac{p_2 \cdot V_2}{T_2}$$

Ändern sich bei einer beliebigen, abgeschlossenen Gasmenge Druck, Temperatur und Volumen, so behält der Bruch $\frac{p \cdot V}{T}$ stets denselben Wert.

In diesem **allgemeinen Gasgesetz** sind alle speziellen Fälle von Zustandsänderungen enthalten, z. B.:

Bei konstanter Temperatur ist $T_1 = T_2$, und man kann mit T vereinfachen. Man erhält das Boylesche Gesetz $p_1 \cdot V_1 = p_2 \cdot V_2$ (Nr. 3.3.1). Bei konstantem Druck ist $p_1 = p_2$, und man kann mit p vereinfachen. Man erhält das 1. Gay-Lussacsche Gesetz $\frac{V_1}{T_1} = \frac{V_2}{T_2}$ (Nr. 5.2.3). Bei konstantem Volumen ist $V_1 = V_2$, und man kann mit V vereinfachen. Man erhält das 2. Gay-Lussacsche Gesetz $\frac{p_1}{T_1} = \frac{p_2}{T_2}$.

Da das Volumen einer Gasmenge von ihrem Druck und ihrer Temperatur abhängt, ändert sich mit ihnen auch ihre Dichte. Ersetzt man im Boyle-Gay-Lussacschen Gesetz V durch m/ϱ und kürzt sofort mit dem unveränderten Wert von m, so erhält man die Gleichung zur Umrechnung der Dichte:

$$\frac{p_1}{T_1 \cdot \varrho_1} = \frac{p_2}{T_2 \cdot \varrho_2}$$

Wie schon in Nr. 3.3.1 vermerkt wurde, werden Angaben über die Dichte und andere Zustandsgrößen von Gasen stets auf den Normzustand mit $p_0 = 1013$ mbar und $T_0 = 273$ K bezogen. Das Boyle-Gay-Lussacsche Gesetz gibt die Möglichkeit, die Zustandsgrößen einer beliebigen Gasmenge auf diesen Normzustand umzurechnen.

Aus der Gasgleichung findet man: $p_2 = p_1 \cdot \frac{V_1}{V_2} \cdot \frac{T_2}{T_1}$

Kühlt man eine Gasmenge bei unverändertem Volumen $V_1 = V_2$ ab, so vereinfacht sich der Ausdruck: $p_2 = p_1 \cdot \frac{T_1}{T_2}$. Der Druck nimmt also mit der Temperatur ab und müßte am Nullpunkt der absoluten Temperaturskala (bei $T_2 = 0$ K) ganz verschwinden. Da dann der Gasdruck nicht noch kleiner werden kann, ist 0 K = −273 °C (genau = −273,15 °C) die niedrigste denkbare Temperatur und wird als **absoluter Nullpunkt** bezeichnet. Er läßt sich nie ganz erreichen. Man ist ihm aber schon bis auf einen kleinen Bruchteil von einem Grad nahe gekommen. Alle Gase werden in Wirklichkeit schon oberhalb des absoluten Nullpunkts flüssig.

Beispiel

Eine Gasflasche von 40 l Inhalt wird bis zu einem Überdruck von 40 bar bis 15 °C gefüllt. Wie viele Liter Gas kann man bei einem Luftdruck von 1 bar und 30 °C entnehmen?

$$\frac{p_1 \cdot V_2}{T_1} = \frac{p_2 \cdot V_2}{T_2}$$

$$V_2 = \frac{p_1 \cdot V_1 \cdot T_2}{T_1 \cdot p_2}$$

$p_1 = (40 + 1)\,\text{bar}$

$V_1 = 40\,\text{l}$

$T_1 = (273 + 15)\,\text{K} = 288\,\text{K}$

$p_2 = 1\,\text{bar}$ $\quad V_2$ gesucht

$T_2 = (273 + 30)\,\text{K} = 303\,\text{K}$

$$V_2 = \frac{41\,\text{bar} \cdot 40\,\text{l} \cdot 303\,\text{K}}{288\,\text{K} \cdot 1\,\text{bar}} = \underline{1725\,\text{l}}$$

Da noch 40 l in der Flasche zurückbleiben, kann man nur 1685 l entnehmen.

Aufgaben

1. *Die Hülle eines Luftballons wird bei 15 °C und 987 mbar teilweise mit 800 m³ Wasserstoff gefüllt. Welchen Rauminhalt erfüllt das Gas in einer Höhe, wo der Luftdruck nur noch 300 mbar beträgt, wenn seine Temperatur durch Sonneneinstrahlung auf 30 °C gestiegen ist?*

2. *Der Schlauch eines Kraftwagenreifens wird auf ein Volumen von 28 dm³ und einen Überdruck von 2,8 bar mit Luft aufgepumpt. Infolge des Komprimierens besitzt* sie danach eine Temperatur von 30 °C. Welchen Rauminhalt besaß zuvor die Luft bei 980 mbar und 17 °C? Auf welchen Wert erniedrigt sich der Druck nach einigen Minuten, wenn sich die Innentemperatur wieder auf 17 °C abgekühlt hat?

3. *Die Dichte der Luft beträgt bei Normbedingungen (0 °C und 1013 mbar) 1,293 g/dm³. Wie groß ist sie bei 30 °C und 946 mbar?*

4. *Am Boden eines Kochtopfes, der 11 cm hoch mit Wasser gefüllt ist, entsteht beim Kochen eine kugelförmige Blase aus Wasserdampf von 137 °C mit 4,1 mm Durchmesser. Auf welchen Wert ändert sich der Durchmesser, wenn die Blase an die Oberfläche steigt und sich dabei auf 100 °C abkühlt (p_{amb} = 975 mbar)?*

5.3 Die Wärme als Energie

5.3.1 Die Wärmemenge und der erste Hauptsatz

Die Erfahrung lehrt uns, daß man zur Erwärmung eines Stoffes um so mehr Wärme braucht, je größer seine Masse und je größer die gewünschte Temperaturerhöhung ist. In dieser Feststellung bedeutet „Wärme“ etwas anderes als den durch die Temperatur gekennzeichneten Zustand eines Stoffes. Um dies deutlich zum Ausdruck zu bringen, verwendet man für eine zugeführte Wärme die genauere Bezeichnung **Wärmemenge.** Um das obige Resultat der Erfahrung zu überprüfen, benützen wir eine gleichmäßig brennbare Gasflamme, von der wir annehmen dürfen, daß sie in jeder Sekunde die gleiche Wärmemenge abgibt.

V1

Wir erwärmen auf einer Gasflamme verschiedene Mengen einiger Flüssigkeiten. Dabei bestimmen wir ihre Massen m und die Zeit t, die für eine bestimmte Temperaturerhöhung Δt erforderlich ist. Die Meßergebnisse sind in der folgenden Tabelle zusammengestellt.

Temperaturerhöhung ΔT→		10 K		20 K		30 K	
Stoff und Masse m ↓		t in s	$t/(m\Delta T)$ in s/(kgK)	t in s	$t/(m\Delta T)$ in s/(kgK)	t in s	$t/(m\Delta T)$ in s/(kgK)
Wasser (H_2O)	0,1 kg	10	10	21	9,5	32	10,7
	0,2 kg	19	9,5	39	9,7	61	10,2
	0,3 kg	28	9,3	57	9,5	88	9,8
Tetrachlorkohlenstoff (CCl_4)	0,3 kg	7	2,3	14	2,3	22	2,4

Ergebnis
Die erforderliche Zeit t und mit ihr die Wärmemenge Q wachsen mit der im Topf enthaltenen Masse m und der Temperaturerhöhung ΔT. Bildet man den Quotienten $t/m\Delta T$, der zu $Q/m\Delta T$ proportional ist, so erhält man sowohl bei Wasser als auch bei Tetrachlorkohlenstoff einen Wert, der bei allen Teilversuchen fast gleich ist. Die Abweichungen lassen sich erklären, weil überall der gleiche Topf mit erwärmt wurde und die Wärmeverluste mit der Erwärmungszeit und dem Temperaturunterschied gegenüber der Umgebung ansteigen.

Den für einen Stoff konstanten Quotienten $Q/(m\Delta T)$ bezeichnet man als seine **spezifische Wärmekapazität** c.

$$c = \frac{Q}{m\Delta T}$$ (Einheit von c siehe Ende des Abschnitts)

Demnach ist die Wärmemenge, die zur Erwärmung von 1 g eines Stoffes um 1 K erforderlich ist, ein Maß für dessen spezifische Wärmekapazität. Durch Umstellen der Gleichung für c erhält man das Gesetz zur Berechnung der Wärmemenge Q, die bei der Masse m mit der spezifischen Wärmekapazität c die Temperaturerhöhung ΔT hervorruft.

$$Q = m c \Delta T$$

(Einheit von Q siehe Ende des Abschnitts)

Aus dem Versuch geht hervor, daß die spezifische Wärmekapazität des Wassers etwa viermal so groß ist wie die von Tetrachlorkohlenstoff. Werte der spezifischen Wärmekapazitäten einiger Stoffe folgen in Tab. 5.3.2(1).

Wenn wir Wasser in einem mit einem Deckel versehenen Topf erwärmen, entsteht Wasserdampf, der bald imstande ist, den Deckel hochzuheben. Die Zuführung von Wärme versetzt das Wasser in die Lage, mechanische Arbeit zu verrichten. Nach dem Satz von der Erhaltung der Energie kann ein Stoff oder eine Vorrichtung nur dann mechanische Arbeit verrichten, wenn ihm zuvor oder gleichzeitig Energie zugeführt wird. Da aber bei diesem Vorgang dem Wasser nichts anderes als Wärme zugeführt wird, muß die erforderliche Energie gleichzeitig mit der Wärme zugeführt werden.

In der Mechanik wurde festgestellt, daß die bei einem Vorgang abgegebene mechanische Arbeit nur dann der zugeführten Arbeit entspricht, wenn die zur Überwindung der Reibung nötige Arbeit vernachlässigt werden darf. Beim Auftreten von Reibung geht mechanische Arbeit verloren, während sich die Reibflächen der beteiligten Gegenstände erwärmen. Der Satz von der Erhaltung der Energie läßt sich also bei Vorgängen, die mit Reibung ablaufen, nur dann wahren, wenn man annimmt, daß die verlorene mechanische Arbeit in der Reibungswärme enthalten ist.

Nach diesen Überlegungen liegt die Vermutung nahe, daß eine Wärmemenge zugleich einen Energiebetrag darstellt und daß Wärmemenge und mechanische Energie ineinander umgewandelt werden können. Man könnte die Wärmemenge und die mechanische Arbeit als verschiedene Formen der physikalischen Größe Energie betrachten, wenn man nachweisen könnte, daß eine bestimmte mechanische Arbeit stets derselben Wärmemenge entspricht. Zum Nachweis machen wir den folgenden Versuch (Abb. 1).

V2

Eine drehbare Trommel enthält eine Wasserfüllung, deren Temperatur an einem Thermometer abgelesen werden kann. Wenn die Kurbel gedreht wird, entsteht bei der um die Trommel geschlungenen Schnur eine solche Reibung, daß sich ein Gewichtsstück von 10 kg vom Boden hebt. (Der Federkraftmesser am oberen Ende der Schnur zeigt nur eine kleine Kraft an, die zum Spannen der Schnur dient. Die in der Abb. ersichtliche, größere Kraft ist nur bei ruhender Kurbel erforderlich.) Dann steht die nach oben ziehende Reibungskraft zusammen mit der kleinen Federkraft im Gleichgewicht mit der Gewichtskraft des angehängten Gewichtsstückes.

Bei jeder Drehung muß die Reibungskraft längs des Trommelumfanges überwunden werden. Die Reibungswärme ruft bei der Wasserfüllung der Trommel eine an einem Thermometer ablesbare Temperaturerhöhung hervor. Setzt man die dem Wasser zugeführte Wärmemenge $Q = m \cdot c \cdot \Delta\vartheta$ gleich der Reibungsarbeit, so erhält man eine Gleichung zur Berechnung der spezifischen Wärmekapazität c des Wassers.

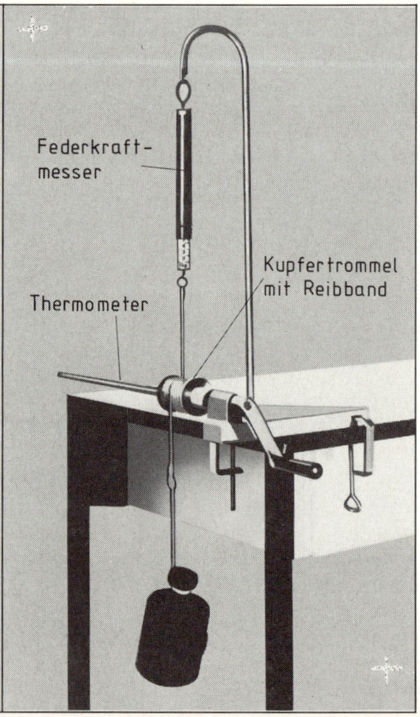

Abb. 1 Bestimmung der spezifischen Wärmekapazität des Wassers

Beispiel

Gewichtskraft $F_G = 10\,\text{kg} \cdot g = 98{,}1\,\text{N}$
Federkraft $F = 5\,\text{N}$
Reibungskraft $F_R = F_G - F$
Zahl der Umdrehungen $N = 200$
Trommeldurchmesser $d = 4\,\text{cm}$
Reibungsarbeit $W = (F_G - F) \cdot N \cdot \pi \cdot d$
Masse der Wasserfüllung $m_1 = 82\,\text{g}$
Anfangstemperatur $\vartheta_a = 12{,}2\,°\text{C}$
Endtemperatur $\vartheta_e = 18{,}2\,°\text{C}$

Die von der Trommel und dem Thermometer aufgenommene Wärme wird erfaßt, indem man einen Zuschlag von 10 g zur Wasserfüllung macht: $m_2 = 10$ g. Vom Wasser und von der Trommel aufgenommene Wärmemenge: $Q = (m_1 + m_2) \cdot c \cdot (\vartheta_e - \vartheta_a)$

Durch Gleichsetzen von W und Q erhält man:

$$c = \frac{(F_G - F) \cdot N \cdot \pi \cdot d}{(m_1 + m_2) \cdot (\vartheta_e - \vartheta_a)} = \frac{93{,}1\,\text{N} \cdot 200 \cdot 0{,}04\,\text{m} \cdot \pi}{0{,}092\,\text{kg} \cdot 6\,\text{K}} = 4240 \frac{\text{J}}{\text{kg K}} = 4{,}24 \frac{\text{J}}{\text{g K}}$$

Da auch ein Teil der Reibungswärme an die Umgebung verlorengeht, ist die zum Erwärmen von 1 g Wasser und 1 K erforderliche Arbeit etwas kleiner. Aus genaueren Messungen findet man den Wert $c = 4{,}1868\,\text{J/(g K)}$.

Wiederholt man den Versuch mit veränderter Masse des Wassers oder mit einer anderen Zahl von Umdrehungen, so ergibt sich für c stets derselbe Wert.

Ähnliche Versuche, bei denen die aus der Reibungsarbeit entstehende Wärmemenge gemessen wird, wurden, seit Joule 1843 die erste experimentelle Messung der Umwandlung von Reibungsarbeit in Wärme vornahm, in großer Zahl durchgeführt. Immer erhielt man für die Arbeit, die erforderlich ist, um 1 g Wasser um 1 K zu erwärmen, mit mehr oder minder großer Genauigkeit den oben gefundenen Wert. Nach diesem Ergebnis ist die Annahme berechtigt, daß jede Wärmemenge einer bestimmten mechanischen Arbeit entspricht.

Die Wärmemenge ist eine Energieart.

Wegen dieses Ergebnisses braucht man für die Wärmemenge keine besondere Einheit, sondern verwendet zu ihrer Messung die allgemeine Energieeinheit der Physik, das Joule.

$$[Q] = \text{J} \qquad [c] = \frac{Q}{m\,\Delta T} = \frac{\text{J}}{\text{g K}} \quad \text{oder} \quad \left(\frac{\text{kJ}}{\text{kg} \cdot \text{K}}\right)$$

Früher benutzte man die oben berechnete Wärmemenge, die bei 1 g Wasser die Temperaturerhöhung um 1 K hervorruft, als besondere Einheit der Wärmemenge und bezeichnete sie als 1 Kalorie (cal). Dadurch war bei jeder Umwandlung von Wärme in eine andere Energieart eine lästige Umrechnung in eine andere Energieeinheit erforderlich. Durch die neue Festsetzung, daß auch alle Wärmemengen in J gemessen werden, entfallen solche Umrechnungen. Nach dem Ergebnis des obigen Versuchs besteht zwischen beiden Energieeinheiten die Beziehung:

$$1\,\text{cal} = 4{,}19\,\text{J}$$
$$1\,\text{kcal} = 4186{,}6\,\text{J}$$
$$1\,\text{J} = 0{,}239\,\text{cal}$$

Da jede Wärmemenge einer mechanischen Arbeit und jede mechanische Arbeit einer Wärmemenge entspricht, lassen sich diese beiden Energiearten nicht voneinander trennen. Der Satz von der Erhaltung der Energie (Nr. 1.7.3) muß auf beide Energiearten ausgedehnt werden. Dabei entfällt auch die Beschränkung auf reibungslos ablaufende Vorgänge, die bei der Anwendung des Energiesatzes auf rein mechanische Vorgänge erforderlich war. Die Notwendigkeit, den Satz von der Erhaltung der Energie auch auf die Wärme auszudehnen, wurde zum ersten Male im Jahr 1842 von Robert Mayer erkannt und später von Helmholtz genau formuliert. Heute bildet er als der **erste Hauptsatz der Wärmelehre** ein Fundament der Physik. In späteren Abschnitten werden wir weitere Energiearten, z. B. Schall, Licht, elektrische Energie und Atomkernenergie kennenlernen. Der erste Hauptsatz umschließt alle Energiearten.

Energie kann weder gewonnen werden noch verlorengehen, sie kann nur in andere Energiearten umgewandelt werden.

Aufgaben

1. *Bei einem Schlag mit einem Hammer ($m_1 = 1{,}2$ kg), der mit einer Geschwindigkeit von 4 m/s auf ein Stück Blei ($m_2 = 80$ g, $c = 0{,}125$ J/g K) trifft, wird dieses plastisch verformt und dabei praktisch die ganze Wucht des Hammers in Wärme umgewandelt. Welche Temperaturerhöhung ergibt sich bei dem Blei, wenn man annimmt, daß von ihm die ganze Wärme aufgenommen wird?*

2. *Ein Dieselmotor braucht zur Erzeugung einer kW h 245 g Dieselkraftstoff vom Brennwert (5.3.3) 42 000 kJ/kg. Wie viele Prozent der Wärme werden in mechanische Energie umgewandelt?*

3. *Welchen stündlichen Brennstoffbedarf hat eine Dampfturbine mit einer Leistung von 1000 kW, wenn bei ihr 28 % der aus der Verbrennung der Kohle gewonnenen Wärme ($H = 31\,500$ kJ/kg) in mechanische Arbeit verwandelt werden?*

4. *Vergleichen Sie die Wärmemengen, die 10 cm³ Wasser ($\varrho = 1$ kg/dm³, $c = 4{,}19$ kJ/(kg K)) und 10 cm³ Quecksilber ($\varrho = 13{,}6$ kg/dm³, $c = 0{,}125$ kJ/(kg K)) zu einer Temperaturerhöhung um 20 K benötigen.*

5. *Nennen Sie Beispiele für Vorgänge, bei denen sich mechanische Arbeit in Wärme umwandelt.*

6. *In einem Gefäß werden 2 dm³ Wasser mit einem Rührwerk gemischt, das von einem Motor mit der Nutzleistung 120 W angetrieben wird. Welcher Temperaturanstieg entsteht nach 5 Minuten?*

7. *Eine Bohrmaschine arbeitet mit einer Nutzleistung von 500 W. Zur Kühlung der Bohrstelle wird an sie ein Wasserstrahl ($c = 4{,}19$ J/(g K)) mit 0,03 dm³/s gespritzt. Welcher Temperaturanstieg ergibt sich zwischen den auftreffenden und dem abfließenden Wasser?*

8. *Eine Stahlfeder wird in einer Säure aufgelöst. Wenn die Feder vor dem Auflösen gespannt wird, ergibt sich nach dem Satz von der Erhaltung der Energie bei der Lösung eine etwas höhere Endtemperatur als beim Auflösen der ungespannten Feder. Wie groß ist dieser Temperaturunterschied, wenn eine Stahlfeder ($m_1 = 70$ g, $c_1 = 0{,}45$ J/(g K)) mit der Federkonstante $D = 12$ N/cm um 16 cm gespannt und dann in 240 g Salzsäure ($c_2 = 3{,}8$ J/(g K)) aufgelöst wird?*

9. *Ein Radfahrer (Masse von Rad und Fahrer $m_1 = 85$ kg) fährt einen Hang mit einem Höhenunterschied von 60 m hinunter, wobei er seine Geschwindigkeit durch die Rücktrittbremse mindert. Unten hat er eine Geschwindigkeit von 45 km/h, und die Rücktrittnabe ($m_2 = 400$ g, $c_2 = 0{,}45$ J/(g K)) hat sich von der Anfangstemperatur 20 °C auf 80 °C erwärmt. Welche Anteile der frei werdenden potentiellen Energie werden in kinetische Energie, in Wärme umgewandelt, und welcher Teil wird durch Bodenreibung oder Luftwiderstand verbraucht oder durch die Luftkühlung aufgenommen?*

5.3.2 Mischungsversuche

Erfahrungsgemäß gleichen Stoffe, die miteinander in Berührung gebracht werden, ihre Temperaturen gegenseitig an. Besonders rasch erfolgt der Temperaturausgleich bei Flüssigkeiten, weil bei ihnen der Wärmeaustausch durch Mischen am schnellsten erfolgt. Experimentell zeigt dies der folgende Versuch.

V1

Ein Gefäß enthält $m_2 = 220$ g Wasser von $\vartheta_2 = 12\,°C$, einen Rührer und ein Thermometer. Nun wird eine weitere Wassermenge $m_1 = 150$ g von der Temperatur $\vartheta_1 = 38\,°C$ hinzugegeben und der ganze Inhalt mit dem Rührer vermischt. Danach liest man am Thermometer die Mischungstemperatur $\vartheta_m = 21{,}8\,°C$ ab, die zwischen den Ausgangstemperaturen, aber nicht genau in deren Mitte liegt.

Auswertung
Das warme Wasser wird beim Mischen abgekühlt und gibt dabei eine Wärmemenge Q_{ab} an das kältere Gefäß mit seiner Füllung, dem Rührer und dem Thermometer ab. Die vom Gefäß, Rührer und Thermometer aufgenommene Wärmemenge läßt sich nach der Formel $Q' = C(\vartheta_m - \vartheta_2)$ berechnen, wobei C eine kennzeichnende Größe des Versuchsaufbaus ist, die als Wärmekapazität bezeichnet wird. Für die benützte Anordnung wurde sie schon vor dem Versuch zu $C = 80$ J/K bestimmt. Man erhält die beiden Wärmemengen:

$$\text{Abgegebene Wärmemenge } Q_{ab} = m_1 c(\vartheta_1 - \vartheta_m) = 150\,\text{g} \cdot 4{,}19\frac{\text{J}}{\text{g K}} \cdot 16{,}2\,\text{K} = 10180\,\text{J}$$

$$\text{Aufgenommene Wärmemenge } Q_{auf} = m_2 c(\vartheta_m - \vartheta_2) + C(\vartheta_m - \vartheta_2) = 220\,\text{g} \cdot 4{,}19\frac{\text{J}}{\text{g K}} 9{,}8\,\text{K} + 80\frac{\text{J}}{\text{K}} 9{,}8\,\text{K} = 9030\,\text{J} + 784\,\text{J} = 9814\,\text{J}$$

Die vom warmen Wasser abgegebene Wärmemenge ist um einen geringen Betrag größer als die vom kalten Wasser und der Versuchsanordnung aufgenommene. Berücksichtigt man aber, daß der Unterschied sich dadurch erklärt, daß auch ein kleiner Teil der Wärmemenge Q_{ab} an die Umgebung abgegeben wurde, so folgt aus dem Versuch, daß bei einer verlustlosen Mischung abgegebene und aufgenommene Wärmemenge gleich sind.

Ergebnis
Bei jedem ohne Wärmeverlust ablaufenden Mischungsvorgang gilt die folgende **Mischungsregel:**

$$Q_{ab} = Q_{auf}$$

Abgegebene Wärmemenge = aufgenommene Wärmemenge

Diese bei allen Versuchen über den Austausch von Wärmemengen gültige Regel folgt auch aus dem ersten Hauptsatz. Da die ausgetauschten Wärmemengen die einzigen Energiebeträge sind, die abgegeben bzw. aufgenommen werden und keine Energie gewonnen oder verloren werden kann, müssen die beiden Wärmemengen gleich sein.

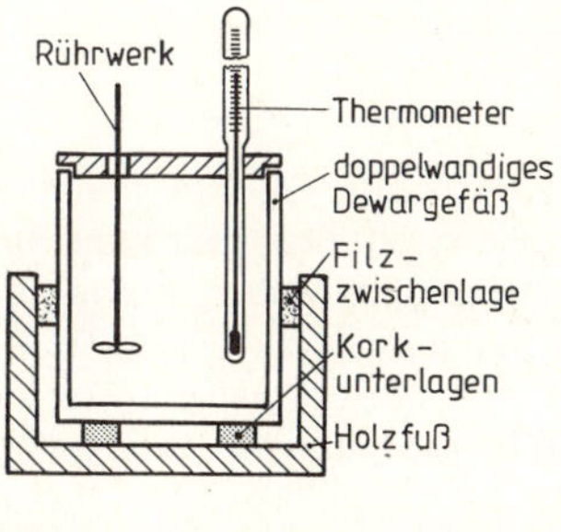

Abb. 1 Schnitt durch ein Kalorimeter

Bei allen Mischungsversuchen werden kleine Wärmemengen an die Umgebung abgegeben oder von ihr aufgenommen. Weil diese sich schwer genau berechnen lassen, müssen sie meistens vernachlässigt werden. Um trotzdem genaue Meßergebnisse zu erzielen, sucht man den Wärmeaustausch mit der Umgebung möglichst klein zu halten, indem man die Mischung in einem Kalorimeter (Abb. 1) durchführt. Das ist ein meist mit Wasser gefülltes Gefäß, das nach außen gut gegen Wärmeverluste isoliert ist. Wenn man die Wärmeaufnahme der Apparatur mit Hilfe der Wärmekapazität C berücksichtigt, lautet bei allen Kalorimeterversuchen die Mischungsgleichung:

$$m_1 \cdot c_1 \cdot (\vartheta_1 - \vartheta_m) = (m_2 \cdot c_2 + C) \cdot (\vartheta_m - \vartheta_2)$$

Mit Hilfe von solchen Kalorimeterversuchen lassen sich die spezifischen Wärmekapazitäten von festen und flüssigen Stoffen bestimmen. Denn, wenn die Wärmekapazität des Kalorimeters und die spezifische Wärmekapazität c_2 der Kalorimeterflüssigkeit (meist von Wasser) bekannt sind, lassen sich alle Größen der obigen Gleichung bis auf c_1 messen, so daß diese sich aus der Gleichung berechnen läßt.

	Flüssigkeiten	Metalle	andere feste Stoffe	Gase (bei konstantem Druck)
Spezifische Wärmekapazitäten zwischen 0 °C und 100 °C in J/(g K)	Wasser 4,19 Alkohol 2,43 Glycerin 2,39 Öl 1,9 ... 2,1 Tetrachlorkohlenstoff 0,97 Quecksilber 0,139	Aluminium 0,88 Eisen 0,45 Gußeisen 0,54 Stahl 0,47 ... 0,68 Kupfer 0,38 Messing 0,38 Blei 0,125	Eis 2,10 Erdreich 1,7 ... 2,5 Mauerwerk 0,8 ... 2,0 Holz 1,1 ... 1,7 Porzellan 0,92 Glas 0,80	Wasserstoff 14,3 Helium 5,23 Wasserdampf 1,97 Stickstoff 1,04 Luft 1,00 Sauerstoff 0,92 Kohlendioxid 0,84

Es ist bemerkenswert, daß abgesehen vom Wasserstoff das Wasser unter allen angegebenen Stoffen die größte spezifische Wärmekapazität besitzt. Um eine Wassermenge zu erwärmen, braucht man daher eine größere Wärmemenge als zur gleichen Temperaturerhöhung bei einer ebenso großen Menge eines anderen Stoffes. Umgekehrt enthält auch eine erwärmte Wassermenge eine große Wärmemenge und kühlt sich langsamer ab als andere Stoffe. Deshalb kann man Wassermengen gut dazu verwenden, um Temperaturgegensätze auszugleichen (Kühlwasser).

Die kleinste spezifische Wärmekapazität in der Tabelle besitzt das Quecksilber, das deshalb rasch erwärmt oder abgekühlt werden kann. Daher eignet es sich gut als Thermometerflüssigkeit.

Aufgaben

1. *1,5 kg Eisen ($c = 0{,}67$ J/g K) von 700 °C werden in einem Wassergefäß mit 4 dm^3 Wasser $c = 4{,}19$ J/g K von 10 °C abgeschreckt. Um wieviel Grad erwärmt sich das Wasser, wenn man die Wärmeverluste vernachlässigt?*

2. *In einem Kalorimetergefäß ($C = 110$ J/K) befinden sich 190 g Wasser von 10 °C. Welche Mischungstemperatur erhält man, wenn ein auf 100 °C erwärmter Messingstab von 16 mm Durchmesser und 10 cm Länge ($\varrho = 8{,}4$ g/cm^3, $c = 0{,}385$ J/g K) hineingebracht wird?*

3. *Welche Wärmemenge wird an die Umgebung abgegeben, wenn sich beim Einfüllen von 1,5 kg Wasser ($\vartheta = 11$ °C, $c = 4{,}19$ J/g K) in ein Gefäß mit der Wärmekapazität 360 J/K ($\vartheta = 20$ °C) eine Endtemperatur von 11,4 °C ergibt?*

4. *Welche Wassermenge ($\vartheta = 8{,}5$ °C) muß in einem Gefäß mit $C = 0{,}2$ kJ/K und 12 °C über ein Stück Aluminium ($m = 0{,}35$ kg, $c = 0{,}88$ kJ/kg K) von 75 °C gegossen werden, damit es sich auf 15 °C abkühlt?*

5.3.3 Wärmequellen

Die wichtigste Wärmequelle für alles Leben auf der Erde ist die Sonne. Sie strahlt in einer Minute auf jeden m^2 der Erdoberfläche, der senkrecht von ihren Strahlen getroffen wird, etwa 80 kJ. In Mitteleuropa reicht die Strahlung jedoch nicht aus, um während des ganzen Jahres eine für das menschliche Leben ausreichende Temperatur zu erzeugen. Zur Beheizung von Räumen oder für technische Zwecke braucht man noch künstliche Wärmequellen. Weitaus der größte Teil der künstlich erzeugten Wärme wird aus der Verbrennung verschiedener Heizstoffe gewonnen.

Da nicht alle Heizstoffe bei ihrer Verbrennung dieselbe Wärmemenge abgeben, kennzeichnet man sie durch ihren **Brennwert** H; das ist der Quotient aus einer Wärmemenge und der zu ihrer Erzeugung verbrauchten Masse des Brennstoffes. Die Einheit des Brennwerts ist deshalb kJ/kg. Bei Gasen bezieht man den Brennwert auf die Masse, die im Normzustand ($\vartheta_0 = 0\,°C$, $p = 1{,}013$ bar) in 1 m³ enthalten ist und erhält die Einheit kJ/m³.

Bei einer Verbrennung wird ein Teil der Verbrennungswärme verbraucht, um das im Brennstoff enthaltene oder bei der Verbrennung entstehende Wasser zu verdampfen. Man unterscheidet deshalb zwischen dem **Brennwert** H_o (früher „oberer Heizwert") und dem **Heizwert** H_u (früher „unterer Heizwert"). Der Brennwert ist die gesamte spezifische Verbrennungswärme, der Heizwert ist der Teil des Brennwerts, der nach Abzug der Verdampfungswärme des Wassers übrig bleibt und der technisch verwertbar ist. Während der Brennwert nur durch die chemische Zusammensetzung des Brennstoffes bedingt ist, wechselt der Heizwert je nach dessen Wassergehalt.

Brennwerte von festen und flüssigen Brennstoffen in kJ/kg				Brennwerte von Gasen in kJ/m³	
Benzin	43 500	Spiritus	25 000 ... 27 000	Propangas	92 000 ... 110 000
Dieselkraftstoff	42 000	Brikett	17 000 ... 20 000	Acetylen	59 000
Heizöl	37 000 ... 40 000	Holz	12 500 ... 16 000	Erdgas	40 000
Steinkohle	30 000 ... 36 000			Wasserstoff	11 000

Die gesamte Verbrennungswärme, die bei der Verbrennung der Menge m eines Heizmaterials erzeugt wird, findet man als Produkt aus der Masse und dem Brennwert:

Verbrennungswärme = Masse · Brennwert

$$Q = m \cdot H$$

Weil die Steinkohle der erste technisch genutzte Brennstoff war, vergleicht man oft mit ihr andere Brennstoffe. Bei diesen Vergleichen nennt man die Verbrennungswärme von 1 kg einer Steinkohlenart mit $H = 29{,}3$ MJ/kg eine Steinkohleneinheit (SKE). Die Verbrennungswärme von 10 l Heizöl ($\varrho = 0{,}8$; $H = 39$ MJ/kg) entspricht dann zum Beispiel:

$$10 \cdot 0{,}8 \cdot \frac{39}{29{,}3}\,\text{SKE} = 10{,}65\,\text{SKE}$$

Beispiel Welche Masse m_1 an Briketts ($H = 19\,000$ kJ/kg) muß in einem Badeofen verbrannt werden, um seinen Wasserinhalt $m_2 = 200$ kg von $\vartheta_1 = 12\,°C$ auf $\vartheta_2 = 60\,°C$ zu erwärmen, wenn $\eta = 40\,\% = 0{,}4$ der Verbrennungswärme zur Erwärmung des Wassers ausgenutzt werden? ($c_W = 4{,}19$ kJ/kg K)

Erzeugte Wärmemenge: $Q_1 = m_1 \cdot H$

Ausgenutzte Wärmemenge: $Q_2 = \eta \cdot Q_1 = \eta \cdot m_1 \cdot H$

Verbrauchte Wärmemenge: $Q_3 = m_2 \cdot c_W\,(\vartheta_2 - \vartheta_1)$

Da $Q_2 = Q_3$ sein muß, erhält man: $\eta \cdot m_1 \cdot H = m_2 \cdot c_W\,(\vartheta_2 - \vartheta_1)$

$$m_1 = \frac{m_2 \cdot c_W\,(\vartheta_2 - \vartheta_1)}{\eta \cdot H} = \frac{200\,\text{kg} \cdot 4{,}19\,\text{kJ/kg K} \cdot (60 - 12)\,\text{K}}{0{,}4 \cdot 19000\,\text{kJ/kg}} = \underline{5{,}30\,\text{kg}}$$

Aufgaben

1. *Wieviele l Wasser ($c = 4{,}19$ kJ/kg K) von 10 °C kann man mit der Verbrennungswärme, die bei der Verbrennung von 1 kg Kohle mit dem Brennwert von 32 500 kJ/kg frei wird, auf 100 °C erwärmen, wenn 20 % der Wärme ausgenützt werden?*

2. *Der gesamte Wärmebedarf zum Heizen einer Wohnung an einem Wintertag beträgt 10 000 kJ/h. Welche Kohlenmenge ($H = 31\,500$ kJ/kg) muß zur Deckung dieses Bedarfs in 24 Stunden verbrannt werden, wenn 40 % der Verbrennungswärme ausgenutzt werden?*

3. *Wie groß ist der Wirkungsgrad einer Gasflamme, wenn sie zur Erwärmung eines Gefäßes mit 1,6 kg Wasser ($c = 4{,}19$ kJ/kg/K) von 12 °C auf 60 °C 4,5 min brennen muß (Verbrauch der Flamme 8 l/min, $H = 17\,500$ kJ/m³)?*

Ausnützung der Sonnenenergie:
Leider sind alle Heizstoffe bei dem heutigen Bedarf der Menschheit in einigen Jahrzehnten, allenfalls wenigen Jahrhunderten erschöpft. Deshalb müssen andere Energiequellen gefunden werden. Die in den letzten Jahrzehnten entwickelte Ausnützung der **Kernenergie** (9.2.4) ist mit großen Gefahren für die Gegenwart und Zukunft verbunden, so daß große Teile der Bevölkerung den weiteren Ausbau dieser Energiequelle ablehnen und auch die Befürworter in ihr nur eine vorübergehende Hilfe sehen.

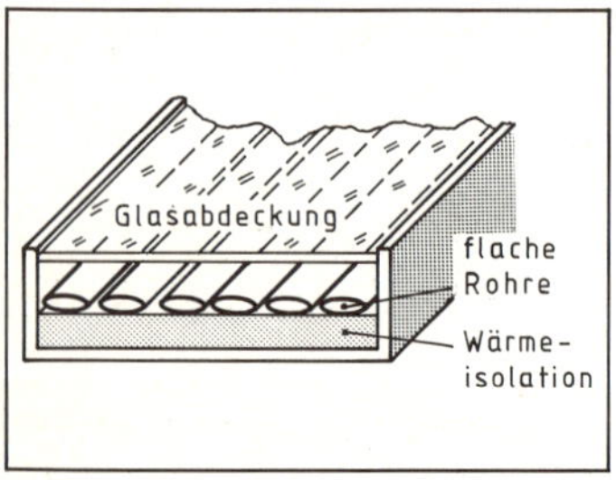

Abb. 1 Solarkollektor

Die lange vernachlässigte unmittelbare Ausnützung der **Sonnenenergie** ist daher Gegenstand neuer Entwicklungen. Die einfachste Möglichkeit besteht in der Verwendung von **Solarkollektoren** (Abb. 1). Bei ihnen werden in großflächiger Anordnung Rohre mit breitem Querschnitt der Sonnenbestrahlung ausgesetzt; dadurch wird das hindurchgeleitete Wasser erwärmt. Die Oberfläche der Rohre ist so behandelt, daß die auftreffende Sonnenstrahlung fast vollständig absorbiert wird. Auf der Unterseite verhindert eine gute Wärmeisolation größere Wärmeverluste. Oben schützt eine Glasabdeckung vor zu starker Wärmeabstrahlung, weil Glas wohl die einfallende Sonnenstrahlung fast ungeschwächt hindurchläßt, aber die von den erwärmten Rohren ausgehende, unsichtbare Wärmestrahlung (8.8.6) zum größten Teil zurückhält. In Mitteleuropa kann man mit Solarkollektoren im Sommer Bäder erwärmen oder warmes Wasser für den Haushalt erzeugen. Bei sonnenlosem Wetter oder im Winter sind noch andere Vorrichtungen (z. B. die Wärmepumpe 5.4.2) erforderlich, um aus der Sonnenenergie die Wärme für die Raumbeheizung oder für technische Zwecke zu liefern. Daher sind solche Anlagen noch sehr aufwendig, so daß sie vorläufig nicht mit anderen Arten von Energiegewinnung konkurrieren können.

5.3.4 Die kinetische Theorie der Wärme

Wenn man einem Körper Wärme zuführt, wird auf die einzelnen Moleküle Energie übertragen. Daraus geht aber noch nicht hervor, wie die Energie bei den Molekülen in Erscheinung tritt. Durch eine Beobachtung mit den Augen kann man die Frage nicht beantworten, da die Moleküle kleiner sind als die kleinsten im Mikroskop sichtbaren Teilchen. Trotzdem kann eine Beobachtung mit dem Mikroskop hierzu einen Hinweis geben:

Beobachtung 1 Wenn wir einen Tropfen verdünnte Milch unter ein Mikroskop bringen und mit starker Vergrößerung (mindestens 500fach) beobachten, kann man erkennen, daß die in der Milch enthaltenen winzigen Fetttröpfchen, und zwar besonders die kleinsten unter ihnen, eine dauernde zitternde Bewegung ausführen. Nimmt man einen Tropfen heiße Milch, so ist die Bewegung anfangs heftiger und wird mit zunehmender Abkühlung schwächer.

Um die Ursache dieser Bewegung zu erklären, muß man annehmen, daß die Moleküle der Milch sich dauernd in regelloser Bewegung befinden. Dabei stoßen sie häufig elastisch aufeinander und auf die zwischen ihnen schwebenden Fetttröpfchen. Bei großen Teilchen heben sich die allseitigen Stöße weitgehend auf und können die große Masse auch nicht stark bewegen. Die kleinen Tröpfchen erfahren jedoch deutlich sichtbare Impulse. Weil die Bewegung der Tröpfchen bei höherer Temperatur stärker wird, muß auch die der Moleküle bei einer Wärmezufuhr zunehmen. Ähnliche Bewegungen kann man auch bei Rauchpartikelchen oder bei kleinen Kristalleinlagen in der Zellflüssigkeit von Planzen beobachten. Nach dem Entdecker dieser Bewegung, dem englischen Botaniker Brown (1773 bis 1853), nennt man die Bewegung **Brownsche Molekularbewegung.** Infolge dieser Bewegung besitzen die Moleküle eine Energie, deren Gesamtbetrag als **innere Energie** des betreffenden Stoffes bezeichnet wird.

Aufgrund dieser Beobachtung liegt die Annahme nahe, daß die gesamte von einem Körper aufgenommene Wärme auf seine innere Energie übertragen wird. Bei Gasen besteht sie fast nur aus der kinetischen Energie der regellosen Bewegung der frei umherfliegenden Moleküle. Bei Flüssigkeiten und Festkörpern ist es dagegen die Energie der schwingenden Bewegung, die die Atome im Molekül- oder Kristallverband um ihre Ruhelage ausführen. Hierbei kommt jedoch zu der kinetischen Energie ein ebenso großer Anteil an potentieller Energie hinzu, weil die Atome außerhalb der Ruhelage einen zunehmenden Teil ihrer kinetischen Energie in potentielle Energie umwandeln. Diese Annahme bezeichnet man als **kinetische Theorie der Wärme** (griech.: kineein = bewegen); sie läßt sich durch folgenden Satz formulieren:

Jeder Körper kann aufgenommene Wärme als innere Energie speichern, die aus der kinetischen und potentiellen Energie der regellosen Bewegung der Atome und Moleküle besteht.

Die folgenden Beispiele sollen zeigen, wie die Annahme einer steten, ungeordneten, mit steigender Temperatur zunehmenden Bewegung der Atome bzw. Moleküle andere Erscheinungen, insbesondere der Wärmelehre, erklären läßt.

Bei einer Erwärmung nimmt die Energie der Moleküle zu; bei festen und flüssigen Stoffen vergrößert sich dabei die Schwingungsweite der Atome. Die Untersuchung der chemischen Bindung zeigt, daß dann die in einem Molekül vereinigten Atome im Zeitmittel einen größeren, gegenseitigen Abstand einnehmen. Die Moleküle werden dabei also etwas größer und brauchen mehr Platz. Nach außen merkt man das als Wärmeausdehnung.

Bei Gasen treffen die Moleküle auf die einschließenden Wände, prallen wieder elastisch zurück und übertragen bei jedem Stoß einen Impuls auf die Wand. Die Gesamtheit dieser Impulse macht sich als Druck des Gases auf seine Wände bemerkbar. Mit steigender Temperatur werden die Impulse heftiger, und der Druck nimmt zu.

Beobachtung 2

Wir bringen in ein Glas eine purpurrote Lösung von Kaliumpermanganat und darüber sorgfältig mit Hilfe eines Röhrchens klares Wasser, so daß nach dem Einfüllen eine deutliche Trennfläche sichtbar ist. Läßt man das Glas ruhig stehen, so wird die Trennfläche allmählich undeutlich, verschwimmt nach einigen Tagen, bis die Lösung nach einigen Wochen vollständig homogen geworden ist.

Entsteht bei einem chemischen Versuch irgendwo ein stark riechendes Gas, so kann man es praktisch sofort im ganzen Raum mit dem Geruchssinn wahrnehmen.

Diese Beobachtungen zeigen, daß sich zwei aneinandergrenzende Flüssigkeiten oder Gase infolge der Bewegung ihrer Moleküle mischen. Bei Flüssigkeiten verläuft der Mischungsvorgang wegen der langsamen Translationsbewegung der Moleküle ebenfalls sehr langsam, bei Gasen mit ihren schnell umherfliegenden Molekülen dagegen sehr rasch. Dieser als **Diffusion** bekannte Vorgang bewirkt, daß alle Unterschiede in der Zusammensetzung von Flüssigkeiten und Gasen sich in kurzer oder längerer Zeit ausgleichen. Die Luft hat z. B. immer die gleiche Zusammensetzung, obwohl in den Städten und Industriegebieten sehr viel Sauerstoff verbraucht und Kohlendioxid freigesetzt wird, während in Waldgebieten von den Planzen Kohlendioxid aufgenommen und Sauerstoff abgegeben wird.

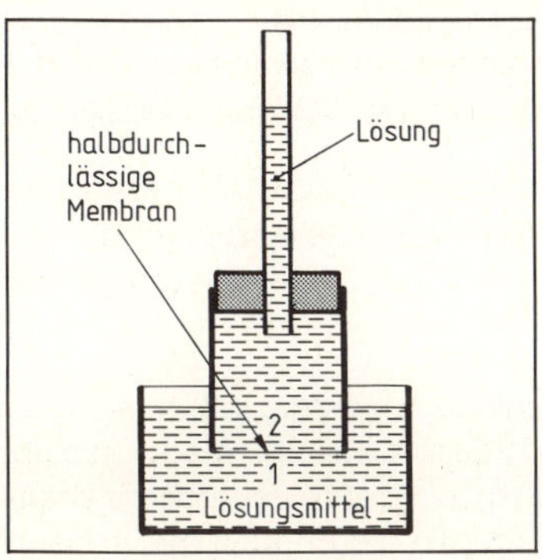

Osmotischer Druck

Gibt man in eine Lösung, z. B. in eine Zuckerlösung, reines Lösungsmittel, also Wasser, so entsteht durch die Diffusion schließlich in der ganzen Lösung eine gleichmäßige Konzentration. Wenn man aber den Ausgleich verhindert, indem man z. B. in ein Gefäß mit reinem Lösungsmittel einen Behälter mit einer Lösung einführt (Abb. 1), dessen Boden aus einer halbdurchlässigen Membran besteht, die zwar die Moleküle des Lösungsmittels, aber nicht die der gelösten Substanz hindurchläßt, so entsteht in der Lösung ein Überdruck, den man als **osmotischen Druck** bezeichnet.

Abb. 2 Messung des osmotischen Druckes

Die Moleküle der gelösten Substanz treffen nur von oben auf die Membran und erzeugen daher einen einseitigen Teildruck von der Seite 2 zur Seite 1. Anfangs ist auch der Druck des Lösungsmittels auf beiden Seiten nicht ausgeglichen: denn von der Seite 1 treffen ausschließlich Moleküle des Lösungsmittels auf, während von der Seite 2 zwischen den Molekülen des Lösungsmittels auch Moleküle des gelösten Stoffes auftreffen, so daß dort der Teildruck des Lösungsmittels etwas kleiner ist als auf der Seite 1. Infolge des Überdrucks dringen Moleküle des Lösungsmittels in die Lösung ein und treiben sie in dem angesetzten Steigrohr in die Höhe. Dieser Vorgang setzt sich fort, bis der Teildruck des Lösungsmittels auf der Seite 2 infolge der größeren Flüssigkeitshöhe denselben Wert erreicht wie der Druck des Lösungsmittels auf der Seite 1. Im Gleichgewichtszustand heben sich daher die Teildrücke des Lösungsmittels auf beiden Seiten der Membran auf. Der zusätzliche osmotische Druck ist dann durch die Steighöhe im Kapillarrohr gekennzeichnet $p_{os} = h \cdot \varrho \cdot g$. Der osmotische Druck wächst mit der Konzentration der Lösung und der Temperatur; er kann Werte von mehreren bar annehmen.

Die Zellwände von organischen Geweben verhalten sich gegenüber wässerigen Lösungen wie halbdurchlässige Membrane. So können die Zellen durch ihre Wände Wasser aufnehmen, ohne ihren Zellinhalt zu verlieren. Das aufgenommene Wasser gibt ihnen Frische und Halt. Bei zu großer Wasseraufnahme kann der osmotische Druck die Zellwände sprengen; deshalb platzen oft Früchte bei anhaltendem Regenwetter.

5.4 Änderung des Aggregatzustandes

Die Stoffe treten in drei verschiedenen Zuständen, fest, flüssig und gasförmig, auf, die man als **Aggregatzustände** bezeichnet. Die Umwandlung der Zustände ineinander erfolgt bei bestimmten Temperaturen, und zwar beim **Schmelzpunkt** vom festen zum flüssigen, beim **Siedepunkt** vom flüssigen zum gasförmigen Zustand. In umgekehrter Richtung erfolgt die Umwandlung bei genau derselben Temperatur. Deshalb stimmen der Kondensationspunkt, bei dem Dampf sich verflüssigt, mit dem Siedepunkt und der Erstarrungspunkt, bei dem eine Flüssigkeit fest wird, mit dem Schmelzpunkt überein.

5.4.1 Schmelzpunkt und Schmelzwärme

V

Bringt man ein Stück Eis in ein Gefäß und führt man mit einer Bunsenflamme Wärme zu, so steigt die Temperatur des Eises zuerst bis 0 °C. Dann bleibt sie beinahe unverändert, bis alles Eis geschmolzen ist. Die während dieser Zeit abgegebene Wärmemenge ruft keine Temperaturerhöhunug hervor. Ihre einzige Wirkung ist die Verwandlung von Eis in flüssiges Wasser bei der unveränderten Temperatur 0 °C. Aus der Zeitdauer, während der die Temperatur nicht ansteigt, und der von der Flamme je Minute erzeugten Wärmemenge kann man, wenn auch nicht mit großer Genauigkeit, berechnen, welche Wärmemenge zum Schmelzen von 1 kg Eis erforderlich ist. Ihren genauen Wert bezeichnet man als **Schmelzwärme.**

Die Wärmemenge, die benötigt wird, um 1 kg eines Stoffes zu schmelzen, ist die spezifische Schmelzwärme q. Ihre Einheit ist kJ/kg.

Soll die Masse m eines Stoffes geschmolzen werden, so benötigt man die Wärmemenge:

$$Q = m \cdot q$$

Tabelle 1: Schmelzpunkt ϑ und spezifische Schmelzwärme q

Stoff	ϑ in °C	q in $\frac{kJ}{kg}$	Stoff	ϑ in °C	q in $\frac{kJ}{kg}$
Kohle	3540		Wasser	0	333
Wolfram	3380	192	Quecksilber	− 39	11,7
Stahl	1400	276	Stickstoff	−210	25,5
Aluminium	658	323	Sauerstoff	−219	13,8
Blei	327	26,4			

Metallegierungen haben meist niedrigere Schmelzpunkte als ihre Bestandteile. Während z. B. reines Blei bei 327 °C und reines Zinn bei 232 °C schmelzen, besitzt Schnellot, das aus 47 % Blei und 53 % Zinn legiert ist, den Schmelzpunkt 197 °C. Auch bei Lösungen liegt der Schmelzpunkt unter dem der reinen Stoffe. So bleibt eine Salzlösung je nach ihrer Konzentration noch einige Grade unter dem Nullpunkt flüssig. Bringt man Kochsalz in ein Gefäß mit Eis, so sucht sich das Salz im Wasser zu lösen und bringt deshalb das Eis zum Schmelzen. Die dazu nötige Wärme wird der Umgebung entzogen, so daß man mit einer solchen Kältemischung die Umgebung auf Temperaturen bis unter −10 °C abkühlen kann. Noch tiefere Temperaturen (bis zu −37 °C) erzielt man mit Eis und Calciumchlorid.

Nach Nr. 1.11.2 dient die Schmelzwärme wie jede Wärmezufuhr zur Vergrößerung der Schwingungen der einzelnen Moleküle bzw. der Atome in den Molekülen, so daß sie die Bindung an einen festen Ort überwinden können und durch die gewonnene Beweglichkeit dem Stoff den Charakter einer Flüssigkeit verleihen. Damit eine Flüssigkeit gefriert, muß ihr die Wärmemenge entzogen werden, die zum Schmelzen wieder zugeführt werden müßte.

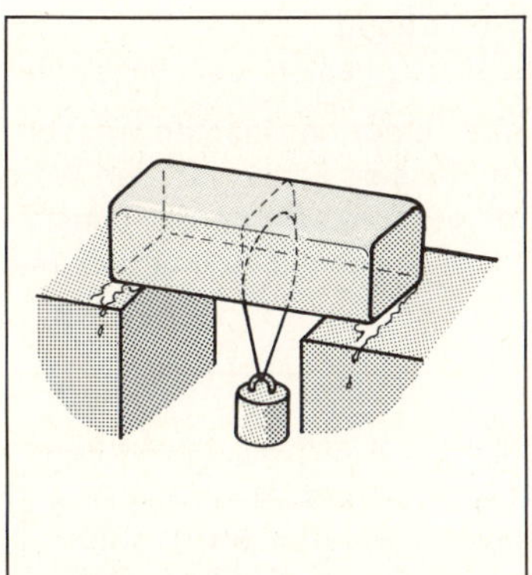

Abb. 1 Durchschmelzen eines Eisblocks

Die meisten Stoffe besitzen im flüssigen Zustand einen größeren Rauminhalt als im festen. Daher geht z. B. ein festes Paraffinstück in geschmolzenem Paraffin unter. Eis hat dagegen ein um $\frac{1}{9}$ größeres Volumen als Wasser und schwimmt deshalb auf der Oberfläche. Wird das Eis durch hohen Druck zusammengepreßt, so erfolgt die Volumenverminderung durch Übergang in den flüssigen Zustand auch unterhalb des Schmelzpunktes. Beim Aufhören des Druckes erstarrt das Schmelzwasser sofort wieder. Auf dieser Tatsache beruht der Vorgang, daß ein Draht, der um einen Eisblock gelegt und mit einem Gewichtsstein beschwert wird, durch den Eisblock hindurchschmilzt, ohne daß dieser danach in zwei Stücke zerfällt. Auch die Möglichkeit des Eislaufs beruht zum Teil auf der dünnen Schmelzwasserschicht, die sich unter dem Druck der Stahlkufe zwischen Schlittschuh und Eisfläche bildet. Die ersten Risse bei der Verwitterung von Steinblöcken und Felsen entstehen durch die Volumenzunahme beim Gefrieren des in die Poren eingedrungenen Wassers. Der Vorgang zeigt deutlich, mit welcher Kraftwirkung diese Volumenänderung erfolgt.

Aufgaben

1. *Welche Mischungstemperatur erhält man, wenn man in einem Gefäß mit 2 kg Wasser von 20 °C ein Eisstück von 200 g und 0 °C ohne äußere Wärmezufuhr schmelzen läßt? Die Wärmeaufnahme des Gefäßes ist zu vernachlässigen (Schmelzwärme des Eises* $q = 333\,\frac{kJ}{kg}$*).*

2. *Beim Bleigießen an Silvester werden 100 g geschmolzenes Blei von 327 °C (Schmelzwärme des Bleis* $q = 26{,}4\,\frac{kJ}{kg}$, $c_{Blei} = 0{,}125\,\frac{kJ}{kg\,K}$*) in ein Gefäß mit 2 kg Wasser von 15 °C geschüttet. Welche Endtemperatur entsteht in dem Gefäß (Wärmeaufnahme des*

Gefäßes und entstehender Wasserdampf sind zu vernachlässigen)?

3. *Mit einer Benzinflamme sollen bei einem Wirkungsgrad von 50 % 5 kg Schnee von −15 °C geschmolzen und das entstehende Wasser auf 80 °C erwärmt werden. Wieviel Benzin wird benötigt? ($c_{\text{Schnee}} = 2{,}14 \frac{\text{kJ}}{\text{kg K}}$, Schmelzwärme $q = 333 \frac{\text{kJ}}{\text{kg}}$, Brennwert von Benzin $H = 42\,500 \frac{\text{kJ}}{\text{kg}}$)*

4. *Warum kann man Glatteis durch Salzstreuen zum Schmelzen bringen? Welche Nachteile hat dieses einfache Verfahren für die Umwelt?*

5.4.2 Siedepunkt und Verdampfungswärme

V1

Erwärmt man mit gleichbleibender Flamme ein Gefäß mit Wasser, so steigt die Temperatur fast gleichmäßig auf den Siedepunkt. Sie bleibt aber dort konstant, bis alles Wasser verdampft ist. Die dabei von der Flamme erzeugte Wärme dient auch hier wie beim Schmelzpunkt nicht zu einer Temperaturerhöhung, sondern zur Überführung des flüssigen Wassers in den gasförmigen Zustand. Die Zeitdauer des Temperaturstillstandes ist noch größer als beim Schmelzen.

Der Versuch zeigt, daß zum Verdampfen einer Flüssigkeit eine große Wärmemenge benötigt wird. Bezieht man die erforderliche Wärmemenge auf 1 kg der Flüssigkeit, so erhält man ihre **spezifische Verdampfungswärme.**

Die Wärmemenge, die benötigt wird, um 1 kg einer Flüssigkeit zu verdampfen, ist ihre spezifische Verdampfungswärme r. Ihre Einheit ist kJ/kg.

Aus der beim Versuch gemessenen Zeitdauer zum Verdampfen einer bestimmten Wassermenge und der Abnahme der Masse des zurückbleibenden Wassers kann man den Wert der spezifischen Verdampfungswärme r des Wassers, allerdings nicht sehr genau, bestimmen. Aus genauen Messungen ergibt sich der Wert 2257 kJ/kg, der die Schmelzwärme des Wassers erheblich übersteigt.

Tabelle 1: Siedepunkt ϑ und spezifische Verdampfungswärme r bei 1013 mbar	Stoff	ϑ in °C	r in $\frac{\text{kJ}}{\text{kg}}$	Stoff	ϑ in °C	r in $\frac{\text{kJ}}{\text{kg}}$
	Quecksilber	357	285	Benzol	80	393
	Wasser	100	2257	Sauerstoff	−183	213
	Benzin	40 200	~335	Wasserstoff	−253	469
	Alkohol	78	880	Tetrachlorkohlenstoff	76,7	193
	Äther	35	377			

Soll die Masse m einer Flüssigkeit in Dampf übergeführt werden, so beträgt die benötigte Wärme:

$$Q = m \cdot r$$

Der Grund für die hohen Beträge der Verdampfungswärme liegt darin, daß bei der Verdampfung die gegenseitige Anziehung der Moleküle vollkommen überwunden wird und daß der Dampf sich gegen den äußeren Druck auf ein im Vergleich zur Flüssigkeit außerordentlich vergrößertes Volumen ausdehnen muß. Wasserdampf nimmt z. B. bei 100 °C das 1700fache des Volumens ein, das er als flüssiges Wasser benötigt.

Die **Siedepunkte** und spezifischen **Verdampfungswärmen** sind nicht konstant, sondern sehr stark **vom Druck abhängig.** Deshalb beziehen sich alle in der Tab. 1 angegebenen Zahlenwerte auf den Druck von 1013 mbar. Bei höherem Druck liegt der Siedepunkt einer Flüssigkeit höher, bei kleinerem Druck niedriger. So siedet das Wasser unter einem Druck von 0,5 bar bei 81,4 °C und unter einem Druck von 2 bar bei 120,2 °C. In Tab. 2 ist der Siedepunkt des Wassers bei verschiedenem Luftdruck bzw. bei verschiedenen hohen in Kesseln auftretenden Drücken angegeben.

Tabelle 2: Siedepunkt ϑ des Wassers

beim Druck p_{amb} in mbar				beim Druck p in bar			
p_{amb}(mbar)	ϑ(°C)	p_{amb}(bar)	ϑ(°C)	p(bar)	ϑ(°C)	p(bar)	ϑ(°C)
100	45,8	920	97,3	2	120,2	40	250,3
200	60,1	940	97,9	3	133,5	50	263,9
300	69,1	960	98,5	4	143,6	75	290,5
400	75,9	980	99,1	5	151,8	100	311,0
500	81,4	1000	99,6	7,5	167,8	125	327,8
600	85,9	1020	100,1	10	179,1	150	342,1
700	90,0	1040	100,6	15	198,3	175	354,0
800	93,5	1060	101,1	20	212,4	200	365,7
900	96,7	1080	101,5	30	233,8	221,29	374,15

Die Moleküle der Flüssigkeit, die in den gasförmigen Zustand übergehen, erzeugen in der Flüssigkeit, insbesondere an ihrer Oberfläche, einen Druck, den sog. **Dampfdruck.** Weil mit zunehmender Temperatur immer mehr Moleküle verdampfen, wächst der Dampfdruck mit steigender Temperatur rasch (Tab. 3). Ist der Dampfdruck ebenso groß geworden wie der äußere Luftdruck, so kann die Dampfbildung in der ganzen Flüssigkeit einsetzen; sie fängt zu sieden an. Daher ist der Siedepunkt dadurch gekennzeichnet, daß bei ihm der Dampfdruck gerade ebenso groß wird wie der Druck der umgebenden Atmosphäre.

Tabelle 3: Dampfdruck p des Wassers bei der Temperatur ϑ

ϑ(°C)	p(mbar)	ϑ(°C)	p(mbar)	ϑ(°C)	p(bar)	ϑ(°C)	p(bar)
0	6	50	123	90	0,701	200	15,65
10	12	60	199	100	1,013	250	39,78
20	23	70	312	125	2,32	300	85,92
30	42	80	474	150	4,76	374,15	221,29
40	74			175	8,92		

In hochgelegenen Orten ist der Luftdruck geringer als in Meereshöhe; deshalb siedet dort das Wasser schon unter 100 °C, z. B. in 100 m Höhe bei 99,7 °C, in 500 m Höhe bei 98,3 °C, in 1000 m Höhe bei 96,6 °C. Um in der Lebensmittelindustrie bei hitzeempfindlichen Stoffen den Wassergehalt zu entfernen, bringt man sie in einen luftverdünnten Raum, wo das Wasser schon bei niedriger Temperatur verdampft. Aber auch schon **unterhalb des Siedepunktes** findet ein Übergang in den gasförmigen Zustand statt, was man als **Verdunstung** bezeichnet. Sie erfolgt n u r an der Oberfläche. Sie wird um so stärker, je näher die Temperatur an den Siedepunkt kommt, je größer die Oberfläche der Flüssigkeit ist, je trockener und bewegter die umgebende Luft ist. Ohne das Verdunsten könnten der Boden nach einem Regen oder die aufgehängte Wäsche nicht trocknen.

Zum Verdunsten wird die gleiche Wärmemenge benötigt wie zum Verdampfen bei der gleichen Temperatur und beim gleichen Druck. Diese Wärme entzieht die Flüssigkeit ihrer Umgebung und erzeugt dadurch die sog. V e r d u n s t u n g s k ä l t e. Sie findet Anwendung zur Aufbewahrung von Butter in wassergefüllten porösen Tongefäßen. Sie entsteht an jeder feuchten Stelle, besonders bei Luftzug, und noch mehr bei leicht verdampfenden Flüssigkeiten, wie z. B. Äther.

Auch Eis besitzt noch einen zwar kleinen, aber doch nachweisbaren Dampfdruck. Deshalb verdunstet Eis auch unter 0 °C, oder es trocknet auch gefrorene Wäsche.

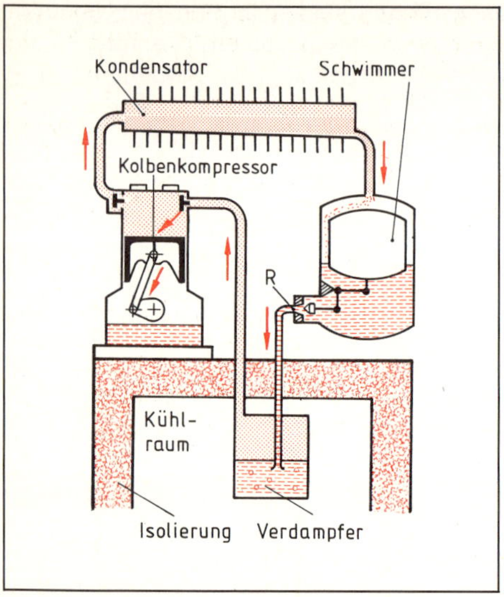

Abb. 1 Kompressionskühlschrank

Die Verdunstungskälte wird beim Bau der Kühlschränke ausgenutzt.

Beim **Kompressionskühlschrank** (Abb. 1) verdampft eine als Kältemittel dienende, leicht siedende Flüssigkeit im Verdampfer bei gewöhnlichem Druck und benötigt dabei Wärme, die dem Kühlraum entzogen wird. Der entstandene Dampf wird im Kompressor auf hohen Druck gebracht und im Kondensator kondensiert. Die dabei entstehende Wärme wird durch Kühlung des Kondensators beseitigt. Um den zur Verdampfung benötigten niedrigen Druck zu erreichen, entspannt man die noch unter hohem Druck stehende Flüssigkeit durch ein Reduzierventil R.

Auf diese Weise entzieht das Kältemittel beim Verdampfen dem Kühlraum Wärme und gibt sie im Kondensator bei höherer Temperatur an die Umgebung ab.

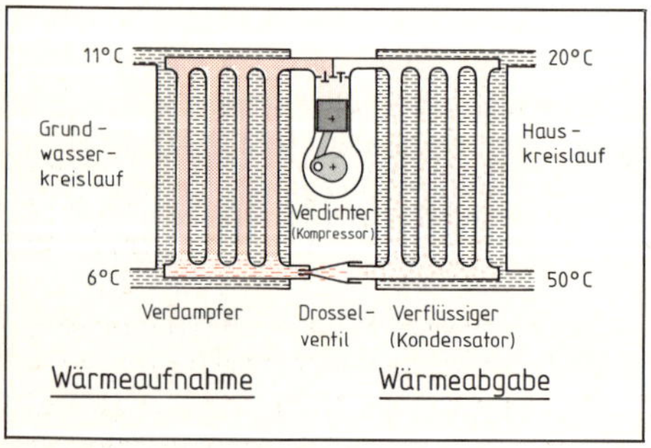

Abb. 2 Wärmepumpe,
hier mit Grundwasseranschluß

Prinzipiell die gleiche Vorrichtung läßt sich als **Wärmepumpe** verwenden, die ein wichtiges Hilfsmittel zur unmittelbaren Ausnützung der Sonnenenergie darstellt. Der Verdampfer wird dazu in die umgebende Luft, ins Wasser eines Flusses oder Sees oder in das vom Grundwasser feuchte Erdreich gebracht. Der Siedepunkt der im Verdampfer enthaltenen Flüssigkeit muß so tief liegen, daß sie bei der Umgebungstemperatur verdampft und dabei der von der Sonne erwärmten Umwelt Wärme entnimmt. Der entstandene Dampf wird im Kompressor verdichtet, wobei er eine höhere Temperatur annimmt. Dann wird er dem Kondensator zugeleitet, der sich in dem zu erwärmenden Raum befindet. Dort gibt er seine Wärme wieder ab und kondensiert. Die zum Betrieb des Kompressors nötige Energie ist je nach der Temperaturdifferenz zwischen der Umgebung und dem Nutzraum nur etwa ein Drittel der übertragenen Wärmeenergie.

Wie aus den Tab. Nr. 5.4.1(1) und Nr. 5.4.2(1) hervorgeht, besitzt das Wasser unter allen angeführten Stoffen die größte Schmelz- und Verdampfungswärme. Diese Wärmemengen werden in der Natur benötigt, wenn Schnee oder Eis schmelzen oder wenn an der Oberfläche des Meeres oder der Binnengewässer Wasser verdunstet. Dadurch wird bei starker Sonneneinstrahlung ein großer Teil der Wärme verbraucht und die Hitze gemildert. Die gleichen Wärmemengen werden aber auch frei, wenn Wasser gefriert oder Dampf kondensiert.

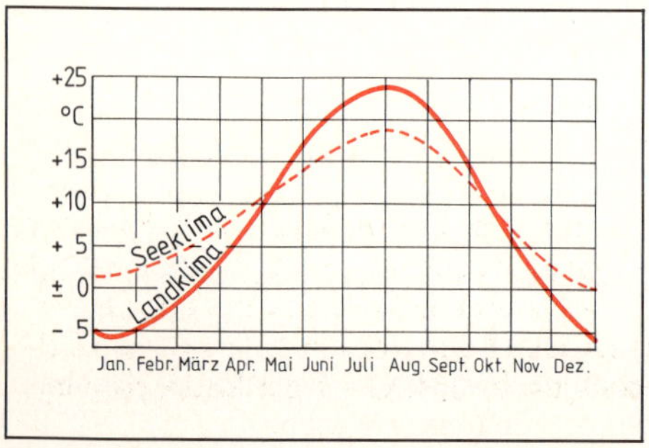

Daher kann die Temperatur in der Nähe des Meeres oder von großen Seen nicht so rasch absinken wie im Innern des Festlandes (Abb. 3). Berücksichtigt man noch die Bemerkungen aus Nr. 5.3.2 über die hohe spezifische Wärmekapazität und aus Nr. 5.2.2 über die unregelmäßige Ausdehnung des Wassers, so erkennt man die hohe Bedeutung der besonderen Wärmeeigenschaften des Wassers in der Natur.

Abb. 3 Jahrestemperaturkurve
bei Land- und Seeklima

Aufgaben

1. *In einem Kalorimetergefäß ($C = 150$ J/K) befinden sich 270 g Wasser von 12 °C. Durch Einleiten von 5,4 g Wasserdampf von 100 °C steigt die Temperatur auf 23 °C. Berechnen Sie daraus die Verdampfungswärme des Wassers.*

2. *Eine siedende Wassermenge bleibt noch 5 Minuten auf einer Gasflamme mit einem Verbrauch von 8 l/min und einem Wirkungsgrad von 50 % stehen (Brennwert des Gases 17 600 kJ/m³). Wieviel Wasser verdampft in dieser Zeit (Verdampfungswärme 2257 kJ/kg)?*

3. *Dem Kondensator einer Dampfmaschine strömen in einer Stunde 100 kg Wasserdampf von 100 °C und 2400 kg Kühlwasser von 14 °C zu. Mit welcher Temperatur fließt das Kühlwasser ab (Verdampfungswärme des Wassers 2257 kJ/kg)?*

4. *Warum kann man bei einer Dampflokomotive den „Dampf" erst ein Stück oberhalb des Schornsteins als weiße Wolke erkennen, während er unmittelbar beim Austritt unsichtbar ist?*

5. *Warum empfindet man nach einem Bad auch bei warmem Sonnenschein auf der nassen Haut Kälte?*

6. *Weshalb spart man Energie, wenn man Wasser nicht in einem offenen, sondern in einem abgedeckten Kochtopf zum Sieden bringt?*

7. *Woher kommt es, daß bei warmem Wetter ein Wasservorrat in porösen Tongefäßen kühler bleibt als die Umgebung?*

5.4.3 Naßdampf, gesättigter Dampf und Heißdampf

Erwärmt man Wasser bei einem Druck von 1013 mbar, so steigt die Temperatur zuerst auf 100 °C. Dann ist der Dampfdruck des Wassers auf 1013 mbar gestiegen, und es fängt an zu sieden. Bei weiterer Wärmezufuhr verwandelt es sich vollständig in Wasserdampf von 1013 mbar und 100 °C. Erwärmt man dagegen das Wasser in einem Kessel, in dessen Innerem ein hoher Druck herrscht, so siedet das Wasser erst bei höherer Temperatur, z. B. unter einem Druck von 16 bar bei 200 °C. Deshalb hat auch der in dem Kessel entstehende Dampf einen Druck von 16 bar und die Temperatur 200 °C. Ähnlich gehört zu jedem anderen Druck auch eine bestimmte Siedetemperatur, die zugleich die Temperatur des entstehenden Dampfes ist.

Da bei seiner Entstehung immer noch viele Flüssigkeitsteilchen mitgerissen werden, ist der Dampf noch mit feinen Wassertröpfchen durchsetzt und wird als **Naßdampf** bezeichnet. Bei weiterer Wärmezufuhr verdampft mit dem Rest der Flüssigkeit auch der Wassergehalt des Dampfes. Ist dieser Zustand erreicht, so spricht man von **Sattdampf.** Erst nachdem die ganze Wassermenge in Sattdampf verwandelt und kein flüssiges Wasser mehr vorhanden ist, kann die Temperatur des Dampfes ansteigen. Weiter zugeführte Wärme wird nicht mehr als Verdampfungswärme gebraucht. Den entstehenden überhitzten Dampf von höherer als der Siedetemperatur nennt man **Heißdampf.**

Die ganze Wärmemenge, die zur Erzeugung des Dampfes benötigt wird, ist im Dampf enthalten. Da es sich dabei um große Energiebeträge handelt, findet Wasserdampf verbreitete Anwendung als Energieträger in Dampfmaschinen und Dampfturbinen.

5.4.4 Verflüssigung der Gase und kritischer Punkt

Bei einem Druck von 1013 mbar verdampft Wasser bei 100 °C. Der Dampf läßt sich aber durch Anwendung höherer Drücke auch über 100 °C wieder verflüssigen. Das gelingt noch bis zu einer Temperatur von 374 °C, wobei der erforderliche Druck bis auf 221 bar ansteigt. Über dieser Temperatur kann man Wasserdampf auch durch Anwendung noch so hoher Drücke nicht mehr verflüssigen. Man bezeichnet 374 °C als die **kritische Temperatur** des Wasserdampfes.

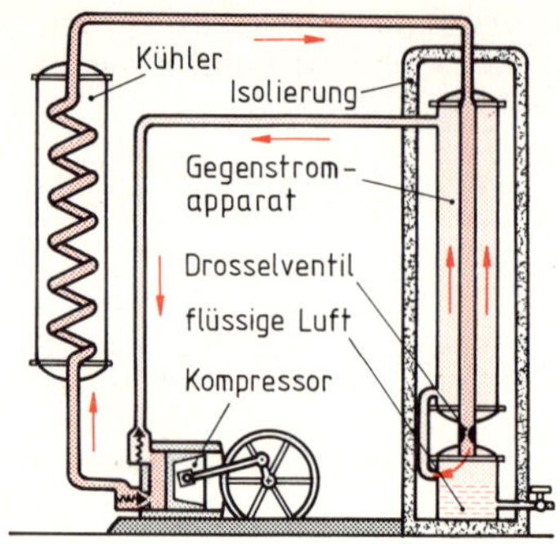

Auch bei Gasen, die bei gewöhnlichen Temperaturen und gewöhnlichem Atmosphärendruck nicht zu verflüssigen sind, ist doch eine Verflüssigung möglich, wenn man die Temperatur unter die kritische Temperatur des betreffenden Gases senkt und gleichzeitig hohe Drücke anwendet. Beides erfolgt im Lindeschen Gegenstromapparat (Abb. 1). Zuerst wird das Gas stark komprimiert. Beim Entspannen kühlt es sich stark ab und läuft im „Gegenstrom" durch ein Mantelrohr, wobei es die im inneren Rohr nachströmende Gasmenge vorkühlt. Wenn sie bei der Entspannung die zur Verflüssigung notwendige Temperatur erreicht hat, verflüssigt sie sich und wird dort in einem Gefäß abgefangen.

Abb. 1 Lindescher Gegenstromapparat zur Verflüssigung der Luft

5.4.5 Luftfeuchtigkeit

Wie in Nr. 5.4.2 beschrieben wurde, verdunstet das Wasser bei jeder Temperatur. Daher ist in der Luft stets eine gewisse Wassermenge enthalten. Wenn der Feuchtigkeitsgehalt der Luft wächst, kommt es aber vor, daß er an einer kalten Fensterscheibe oder auch an der Oberfläche einer Wassermenge wieder zu flüssigem Wasser kondensiert. Das Verdunsten und Kondensieren stehen gegenseitig im Gleichgewicht, wenn der Verdampfungsdruck der Flüssigkeit ebenso groß ist wie der Teil des äußeren Druckes, der von dem in der Luft enthaltenen Wasserdampf erzeugt wird. Sind die beiden Drücke gleich groß, so ist die Luft mit Feuchtigkeit gesättigt. Ist der Teildruck des Dampfes größer, so sucht sich der Dampf zu verflüssigen und als kleine Tröpfchen auszuscheiden. Wenn die Tröpfchen in der Luft schweben, so entsteht Nebel. Ist dagegen der Teildruck des Dampfes kleiner, so ist die Luft nicht mit Feuchtigkeit gesättigt und kann an Wasseroberflächen noch weiteren Wasserdampf aufnehmen.

Die Wassermenge, die in einem m³ Luft enthalten ist, heißt die **absolute Feuchte** ϱ_0. Die Wassermenge, die ein m³ Luft bei der betreffenden Temperatur aufnehmen kann, ist meist größer und heißt **Sättigungsmenge** ϱ_s. Teilt man die absolute Feuchte durch die Sättigungsmenge, so ergibt sich die **relative Feuchte,** die meist in % angegeben wird.

$$\text{Relative Feuchte} = 100\,\%\frac{\text{absolute Feuchte}}{\text{Sättigungsmenge}} = 100\,\%\frac{\varrho_0}{\varrho_s}$$

Tabelle 1: Sättigungsmenge ϱ_s der Luft an Wasserdampf bei der Temperatur ϑ	ϑ in °C	ϱ_s in g/m³	ϑ in °C	ϱ_s in g/m³
	−20°	0,88	15°	12,8
	−10°	2,14	20°	17,3
	0°	4,84	25°	23,0
	5°	6,8	30°	30,3
	10°	9,4		

In Regenwolken beträgt die relative Feuchte 100 %. Kurz vor einem Niederschlag steigt daher die relative Luftfeuchte an. Deshalb spielt die Messung der Luftfeuchte in der Wetterkunde eine besondere Rolle. Sie ist auch für das Wohlbefinden des Menschen wichtig. Relative Feuchten unter 60 % empfinden wir als trocken, über 75 % bei warmen Temperaturen als schwül, bei niederen Temperaturen als naßkalt.

Nicht mit Wasser gesättigte Luft kann beim Abkühlen gesättigt werden, weil die Sättigungsmenge bei niedrigerer Temperatur geringer ist. Deshalb bildet sich in der Nacht bei starker Abkühlung der Luft Tau. In Wohnungen bildet sich an kalten Tagen ein Wasserniederschlag auf den Fensterscheiben, weil in ihrer Nähe die Luft viel Wärme abgibt. Bei ungenügender Wärmeisolierung entsteht nicht bloß ein Wasserniederschlag an den Fenstern, sondern auch als sog. Schwitzwasser an den Wänden. Man kann dies nur vermeiden, wenn durch ausreichenden Wärmeschutz (Nr. 5.5.2) dafür gesorgt wird, daß die Temperatur in der Wand und auf ihrer Innenseite nicht unter den Taupunkt sinkt, bei dem die Wasserausscheidung beginnt.

Beispiel

In einem Zimmer herrscht bei einer Temperatur von 20 °C eine relative Feuchte von 70 %. Wieviel Wasser befindet sich in 1 m³ der Zimmerluft? Welche Temperatur müssen die Wandinnenflächen mindestens besitzen, damit sich kein Schwitzwasser bildet?

Aus Tabelle: Sättigungsmenge bei 20 °C: $\varrho_s = 17{,}3\ \text{g/m}^3$
Wirklicher Wassergehalt der Luft: 70 % von 17,3 g/m³: $\varrho_0 = 12{,}1\ \text{g/m}^3$
Taupunkt für Sättigungsgehalt: 12,1 g/m³ = 14 °C (geschätzt nach Tab. 1)
Die Wandinnenfläche muß mindestens die Temperatur 14 °C besitzen.

Aufgaben

1. *In einem Zimmer mit der Temperatur 22 °C beginnen sich die Fensterscheiben bei einer Glastemperatur von 15 °C eben zu beschlagen. Wie groß ist der gesamte Wassergehalt in dem Zimmer (Abmessungen 4 · 6 · 2,5 m³), und welche relative Feuchte herrscht darin?*

2. *Wieviel Regen kann aus einer Wolke von 4 km Länge, 2 km Breite und 0,5 km Höhe niedergehen, wenn sich ihre Temperatur von 18 °C auf 8 °C erniedrigt? Welcher Regenhöhe entspricht dieser Niederschlag, wenn man annimmt, daß die Wolke während des Regens am gleichen Ort bleibt (bei 18 °C ist $\varrho_s = 15{,}4\ \text{g/m}^3$, bei 8 °C ist $\varrho_s = 8{,}3\ \text{g/m}^3$)?*

3. *Warum tritt eine Nebelbildung besonders häufig in Flußniederungen nach klaren Nächten mit starker Abkühlung auf?*

4. *Warum beschlagen sich bei kalter Witterung in feuchten Räumen die Scheiben von Doppelfenstern kaum, während einfache Fensterscheiben leicht anlaufen?*

5.4.6 Grundlagen der Wetterkunde

Temperatur, Feuchtigkeit und Bewegungen der Atmosphäre bilden die Haupterscheinungen des **Wetters.** Die Ursache aller Witterungsvorgänge ist die Sonnenstrahlung. Wo sie auf die Erde fällt, entsteht eine Erwärmung, die sich auf die darüberliegenden Luftschichten überträgt. Über Wasser ist sie geringer als über Land, in Äquatornähe stärker als in polaren Gegenden. Sie wechselt periodisch mit der Tages- und Jahreszeit. Die verschiedenen erwärmten Luftmassen haben verschiedene Dichte; daher ist der Luftdruck in Warmluftgebieten kleiner als in Kaltluftgebieten. Die Druckunterschiede suchen sich auszugleichen und verursachen dadurch die Luftströmungen und Winde. Diese kommen aus einem Gebiet hohen Druckes, aus einem **Hoch,** und strömen nach Gebieten niedrigen Druckes, nach einem **Tief.** Sie werden infolge der Erddrehung auf der nördlichen Erdhalbkugel nach rechts abgelenkt, so daß die Umgebung eines Hoch- bzw. eines Tiefdruckgebietes die in Abb. 1 gezeichneten Windrichtungen aufweist. Orte gleichen Druckes sind durch Linien, die **Isobaren,** verbunden. Die Windrichtung verläuft nicht senkrecht zu ihnen, sondern beim Hoch spiralig im Uhrzeigersinn nach außen, beim Tief gegen den Uhrzeigersinn nach innen.

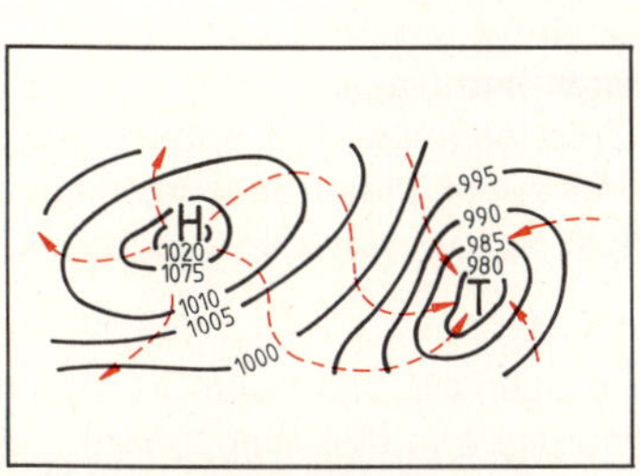

Abb. 1 Windrichtungen in der Umgebung eines Hoch- und eines Tiefdruckgebietes

Wo leichte, warme Luft aufsteigt, vermindert sich der Luftdruck, so daß dort ein Tief entsteht. Mit dem nach oben abnehmenden Luftdruck entspannt sich die Luft und kühlt sich infolgedessen ab. Im Mittel beträgt die Temperaturabnahme 0,65 ... 0,7 K je 100 m. Bei dieser Temperaturabnahme steigt die relative Feuchtigkeit, bis sich nach der Sättigung Wolken bilden und der verdichtete Wasserdampf als Niederschlag zur Erde fällt. Sinken dagegen schwere, kalte Luftmassen nach unten, so steigt der Luftdruck, und es entsteht ein Hoch. Die Luft erwärmt sich, und ihre Aufnahmefähigkeit für Wasser wird größer. Vorhandene Wolken lösen sich auf.

Die meisten Niederschläge fallen in der Nähe eines Tiefdruckgebietes; in einem Hochdruckgebiet herrscht meist schönes, wolkenloses Wetter.

Das Aufsteigen von feuchter Warmluft erfolgt meist in den **Randstörgebieten,** wo die Strömung einer warmen und einer kalten Luftmasse aufeinandertrifft. Die schwere kalte und die leichte warme Schicht schieben sich übereinander. Auch auf den dem Meere zugewandten Seiten von Gebirgen steigt oft feuchte Meeresluft hoch. In Mitteleuropa sind das vor allem die Westhänge. Daher fallen dort leichter Niederschläge (Steigungsregen) als in der Ebene oder auf der Ostseite der Gebirge (Regenschatten).

Die Hauptaufgabe der wissenschaftlichen Wetterforschung, der Meteorologie, ist die **Wettervorhersage.** Aus langjährigen Beobachtungen und Aufzeichnungen ergeben sich gesetzmäßige Aufeinanderfolgen von Wetterlagen. Eine gute Kenntnis all dieser Zusammenhänge erlaubt, aus einer bestimmten Ausgangswetterlage mindestens für kurze Zeit eine ziemlich zutreffende Aussage über die weitere Wetterlage zu machen.

Um alle Angaben, die eine augenblickliche Wetterlage bestimmen, leicht überblicken zu können, werden sie in einer Wetterkarte eingetragen. Aus ihr zieht man Schlüsse auf das Wetter der folgenden Stunden und veröffentlicht sie als Wetterbericht. Kurzfristige Wettervorhersagen erreichen heute schon einen hohen Grad an Zuverlässigkeit.

5.5 Ausbreitung der Wärme

Die Ausbreitung der Wärme kann auf dreierlei verschiedene Weise erfolgen:

1. durch **Wärmeströmung,** bei der ein Stoff mit seinem Wärmeinhalt von einer Stelle an eine andere strömt;
2. durch **Wärmeleitung,** bei der die Wärmeenergie von Molekül zu Molekül übertragen wird;
3. durch **Wärmestrahlung,** ohne Vermittlung irgend eines Stoffes.

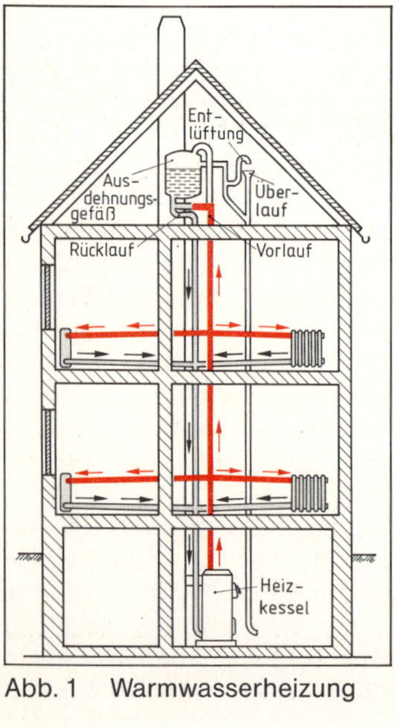

Abb. 1 Warmwasserheizung

5.5.1 Wärmeströmung oder -konvektion

Weil bei der Wärmeströmung als Träger eine bewegte Stoffmenge erforderlich ist, kann sie nur bei Flüssigkeiten und Gasen vor sich gehen. Bei diesen beiden Zustandsarten tritt sie jedoch immer auf, sobald Temperaturunterschiede vorhanden sind, und sucht diese auszugleichen. Dabei läßt sich die Wärmeströmung nicht scharf von der gleichzeitig auftretenden Wärmeleitung trennen.

In der Natur treten Wärmeströmungen im großen auf, z. B. beim Golfstrom im Atlantischen Ozean oder bei Luftbewegungen in der Atmosphäre.

Eine wichtige Anwendung der Wärmeströmung bilden alle **Heizanlagen.** Bei einer Warmwasserheizung z. B. (Abb. 1) steigt in den Zuleitungsrohren das im Heizofen erwärmte Wasser wegen seiner geringeren Dichte (Nr. 5.2.2) hoch, während das abgekühlte schwerere Wasser in den Rücklaufrohren wieder zum Heizkessel zurücksinkt. Oft reicht die dadurch entstehende Strömungsgeschwindigkeit nicht aus; dann baut man in den Kreislauf eine Wasserpumpe ein, die die Strömungsgeschwindigkeit beschleunigt. So wird durch einen stetigen Kreislauf des Wassers die im Heizkessel erzeugte Wärme in alle Räume des Hauses gebracht. Auch

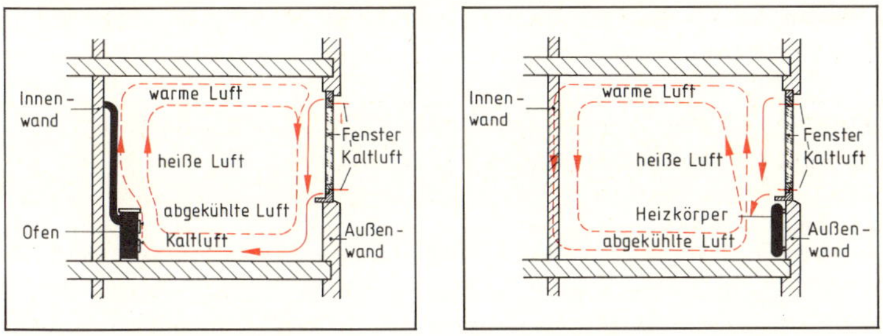

Abb. 2 Ungünstige (a) und günstige (b) Anordnung der Raumheizung

die Verteilung der Wärme im Zimmer selbst erfolgt durch eine Wärmeströmung. Die Luft erwärmt sich am Ofen oder am Heizkörper und steigt dann wegen ihrer verminderten Dichte hoch, während die abgekühlte Luft an anderer Stelle wieder heruntersinkt. Steht der Ofen weitab vom Fenster, so befindet sich am Boden stets eine Schicht kalter Luft. Werden aber die Heizkörper unter den Fenstern aufgestellt (Abb. 2), so wird die Kaltluft, die durch ihre Fugen einströmt oder durch Abkühlung an den Glasscheiben entsteht, sofort erwärmt und steigt auf. Dadurch kann sich am Boden keine Schicht von nicht erwärmter, eingedrungener Luft bilden.

5.5.2 Wärmeleitung

Bei der Wärmeleitung bleiben die vermittelnden Stoffteilchen an ihrem Ort; deshalb kann sie auch in festen Körpern vor sich gehen. Die Wärmeleitfähigkeit ist jedoch bei den einzelnen Stoffen sehr verschieden.

V1

Erwärmt man gleichgroße, mit Quecksilberjodid bestrichene Stäbchen verschiedener Stoffe an einem Ende in einem Wasserbad, so kann man das Fortschreiten der Erwärmung daran erkennen, daß sich die Farbe des Anstrichs von gelb nach braun verändert. Am schnellsten verfärbt sich der Anstrich des Kupferstabes und danach der des Aluminiumstabes. Bis auch beim Holzstab an seinem unteren Ende eine kleine Verfärbung zu erkennen ist, sind die Anstriche der Metallstäbe schon ganz oder zum größten Teil braun geworden.

Ergebnis
Unter den festen Körpern besitzen die Metalle die größte Wärmeleitfähigkeit. Deshalb fertigt man auch Kessel und Kochtöpfe aus den am besten leitenden Metallen Kupfer und Aluminium.

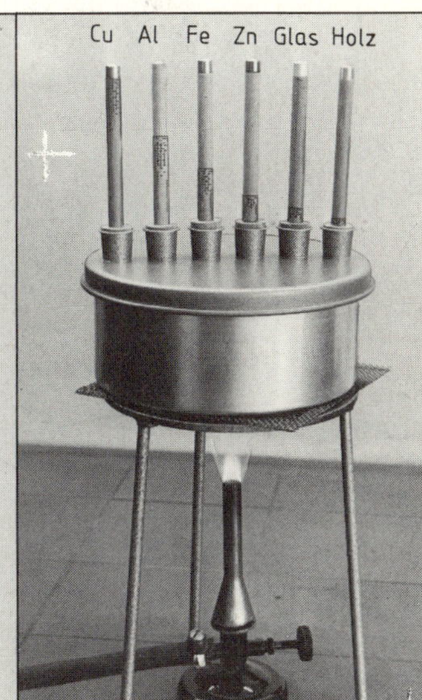

Abb. 1 Versuch zur Wärmeleitung

V2

In einem wassergefüllten Reagenzglas befindet sich am unteren Ende ein durch ein Gewichtsstück beschwertes Eisstückchen. Am oberen Ende wird die Glasröhre mit einer Bunsenflamme erwärmt. Bald kommt das Wasser dort zum Sieden, während es am unteren Ende so kalt bleibt, daß das Eisstückchen nicht schmilzt.

Ergebnis
Im Vergleich zu den Metallen besitzt Wasser nur eine kleine Wärmeleitfähigkeit. Dieses Ergebnis trifft auf alle Flüssigkeiten mit Ausnahme von geschmolzenen Metallen (z. B. Quecksilber) zu.

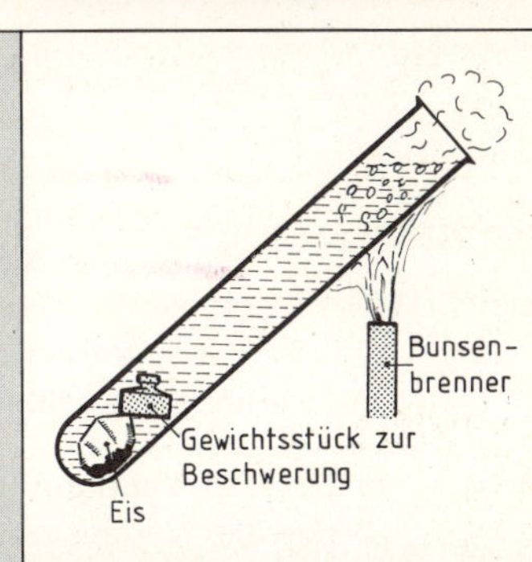

Abb. 2 Versuch zur Wärmeleitfähigkeit des Wassers

Noch schlechtere Wärmeleiter sind die Gase. Darauf beruht es, daß man Luftschichten (z. B. bei Doppelfenstern) zur Wärmeisolation verwendet. Fast alle schlechten Wärmeleiter sind poröse Stoffe. Ihre Wärmeschutzwirkung beruht weitgehend auf der in den Poren enthaltenen Luft. Vermindern sich bei dichterer Packung die Größe und Zahl ihrer Poren, so wird auch die Wärmeschutzwirkung geringer.

Auf seinen vielen luftgefüllten Poren beruht auch die hervorragende Wärmeisolationsfähigkeit von Styropor (Hartschaumstoff), das so viele Lufteinschlüsse enthält, daß seine Dichte bis auf 0,013 kg/dm^3 vermindert werden kann. Da es haltbar und formbeständig ist, wird es in der Technik und vor allem im Bauwesen verbreitet als Wärmeisolator verwendet. Styroporplatten von 2 cm Stärke bewirken eine ebenso gute Wärmeisolation wie eine 38 cm dicke Ziegelmauer.

Die geringste Wärmeleitung hat das Vakuum, denn in ihm sind gar keine Moleküle zur Weiterleitung der Wärme vorhanden. Deshalb kann man Getränke in Thermosflaschen, die einen doppelwandigen evakuierten Glasmantel besitzen, mehrere Stunden heiß aufbewahren.

Die Wärmeleitfähigkeit einer Wand ist um so größer, je größer die Wärmemenge Q ist, die beim Temperaturunterschied $\Delta\vartheta$ und der Dicke d, also beim Temperaturgefälle $\Delta\vartheta/d$ in einer bestimmten Zeit t durch ein Wandstück mit der Fläche A hindurchgeht. Man bezeichnet deshalb folgenden Bruch als **Wärmeleitfähigkeit** λ:

$$\lambda = \frac{Q}{A \cdot t \cdot \Delta\vartheta/d} \qquad [\lambda] = \frac{\mathrm{J}}{\mathrm{m^2 \cdot s \cdot K/m}} = \frac{\mathrm{W}}{\mathrm{K\,m}}$$

Die Tabelle 1 gibt einen Überblick über die Wärmeleitfähigkeit verschiedener Stoffe. Der Wert bei Silber ist fast 20tausendmal so groß wie der von ruhiger Luft.

Tabelle 1: Wärmeleitfähigkeit in W/(K · m)						
	Silber	420	Naturstein	1,7 ... 3,3	Holz	0,06 ... 0,35
	Kupfer	400	Kesselstein	0,5 ... 2,3	Leichtbauplatten	0,075
	Aluminium	220	Beton	1,0 ... 1,5	Wollstoff	0,06
	Messing	105	Ziegelstein	0,7 ... 0,9	Glaswolle	0,04
	Eisen	50	Glas	0,7 ... 0,9	Styropor	0,035
	Blei	35	Wasser	0,6	Schnee, frisch	0,05
	Quecksilber	8	PVC	0,15 ... 0,18	Luft, ruhende	0,025

Der angegebene Wert des Wärmeleitkoeffizienten für Luft von 0,025 W/(Km) gilt nur für kleine Lufträume. Schon bei Schichtdicken von 1 cm erfolgt der Wärmeaustausch nicht mehr bloß durch Wärmeleitung, sondern auch durch Wärmeströmung, da sich mit zunehmender Schichtdicke eine immer stärkere Luftbewegung ausbilden kann. Daher ist eine dicke Luftschicht ein geringerer Wärmeschutz als mehrere dünne Schichten.

5.5.3 Wärmestrahlung

Die dritte Art der Wärmeausbreitung ist die Wärmestrahlung. Wie aus ihrem Namen hervorgeht, erfolgt die Übertragung der Wärme genau wie beim Licht durch Strahlen, ohne daß dazu im Zwischenraum ein Stoff benötigt oder auch erwärmt wird. Die Strahlung der Sonne durchdringt die Luft, ohne sie zu erwärmen; dort aber, wo sie auftritt, ruft sie eine starke Wärmewirkung hervor. Zur **Wärmestrahlung** gehören außer den **Lichtstrahlen** noch **andere Strahlen,** die wir nicht als Licht wahrnehmen können.

Bei niedriger Temperatur, z. B. bei der Temperatur der Heizkörper von etwa 60 °C, spielt die Wärmestrahlung neben der Wärmeleitung und -konvektion nur eine beigeordnete Rolle. Mit zunehmender Temperatur steigt sie jedoch rasch an und übertrifft schließlich, z. B. bei der Temperatur der Glühwendel in den Lampen von etwa 2500 °C, die Wärmeströmung und -leitung bedeutend.

Die Stärke der Ausstrahlung ist sehr von der Beschaffenheit und Farbe der strahlenden Fläche abhängig.

V

Zum Nachweis benützen wir einen hohlen Aluminiumzylinder, dessen Außenseite zur Hälfte blank poliert, zur anderen Hälfte geschwärzt ist. Im Innern befindet sich eine elektrische Heizspirale, mit der man den Zylinder erhitzen kann. Ein Thermometer vor der schwarzen Seite steigt rascher an als eines vor der blanken Seite.

Ergebnis
Dunkle Flächen, die eine auftretende Strahlung stärker aufnehmen, strahlen bei gleicher Temperatur mehr Wärme aus als helle glänzende Flächen.

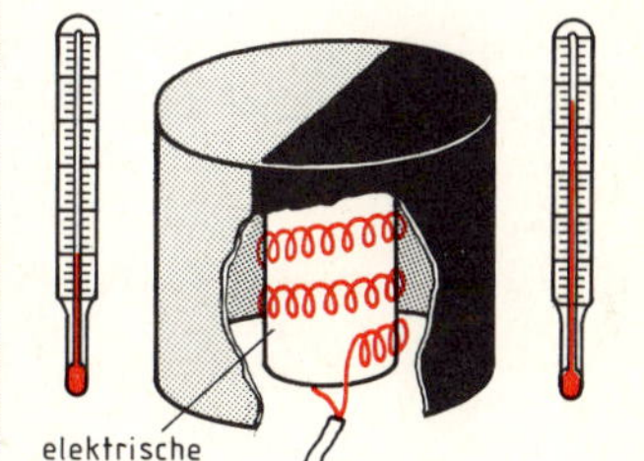

Abb. 1 Abhängigkeit der Strahlung von der Oberflächenbeschaffenheit

Aufgaben

1. *Welche Arten des Wärmetransports finden in den einzelnen Teilen einer Warmwasserheizungsanlage (Heizgenerator, Rohrleitungen, Radiatoren, umgebende Zimmerluft) statt?*

2. *Worauf beruht die bessere Wärmeisolation von Doppelfenstern im Vergleich zu Einfachfenstern?*

3. *Warum ist eine Warmwasserheizung günstiger als eine Dampfheizung?*

4. *Warum isoliert eine doppelwandige Thermosflasche mit evakuiertem Zwischenraum und glänzender Oberfläche ihren Inhalt gegen alle drei Arten des Wärmeverlustes?*

5.6 Umwandlung von Wärme in mechanische Energie

Da jede Wärmemenge einen Energiebetrag darstellt, könnte man erwarten, daß sich jede Wärmemenge vollständig in eine andere Energieart und jede andere Energieart vollständig in Wärme umwandeln läßt. Es zeigt sich, daß dies zwar zutrifft, wenn eine Energieart in Wärme umgewandelt werden soll, daß es aber unmöglich ist, eine zur Verfügung stehende Wärmemenge vollständig in eine andere Energieart, z. B. in mechanische Arbeit, überzuführen. Der Grund dafür liegt im Wesen der Wärme, die nach der kinetischen Theorie (5.3.4) durch die Energie der ungeordneten Molekularbewegung dargestellt wird.

Eine Wärmemenge, die z. B. bei der Verbrennung von Kohle oder Öl frei wird, ist zunächst in einer hohen kinetischen und potentiellen Energie der Moleküle der Verbrennungsgase enthalten. Geschwindigkeiten und Richtungen der Molekularbewegung sind regellos verteilt. Wegen ihrer Unordnung kann man die Energie dieser Einzelbewegungen nicht vollständig auf irgendeinen benachbarten festen Körper übertragen, so daß dieser sich als Ganzes bewegt und Arbeit verrichten kann.

Um einen möglichst großen Teil einer Wärmemenge in mechanische Arbeit umzuwandeln, überträgt man sie auf ein Gas, das in einem Zylinder mit beweglichem Kolben eingeschlossen ist. Beim Aufprall geben die Moleküle nur einen Teil ihrer Energie an den Kolben ab. Dabei verringert sich ihre Geschwindigkeit, was sich nach außen als Temperaturabnahme bemerkbar macht.

Zur Wiederholung des Vorganges müssen der Zylinder wieder in die Ausgangsstellung und das Gas auf die Anfangstemperatur gebracht werden. Der französische Ingenieur **Carnot** hat gezeigt, daß dabei ein Teil der bei der Anfangstemperatur aufgenommenen

Wärmemenge wieder als Wärme bei der niedrigeren Endtemperatur abgegeben werden muß und sich nicht in mechanische Arbeit umwandeln läßt. Der Wirkungsgrad ist um so größer, je höher der Unterschied zwischen Anfangs- und Endtemperatur ist. Dabei hat der Temperaturunterschied für die Ausnutzbarkeit der Wärmeenergie eine ähnliche Bedeutung wie der Höhenunterschied für die Ausnutzbarkeit einer mechanischen Energie.

Wie das folgende Beispiel zeigt, läßt sich selbst ein großer Energiebetrag bei zu kleinem Höhenunterschied nicht ausnutzen. Steht in einem See mit 1000 km^2 Oberfläche das Wasser 10 cm über dem Abflußpegel, so ist in dieser Wasserschicht eine potentielle Energie von etwa 50 000 000 000 J $\approx$ 15 000 kW h enthalten. Wegen des geringen Gefälles ist sie wertlos. Dagegen könnte man den gleichen Energiebetrag bei 10 m Gefälle und entsprechend geringer Wassermenge technisch gut auswerten. Ganz ähnlich ist eine Wärmeenergie um so wertvoller, je größer das zur Verfügung stehende Temperaturgefälle ist.

Wärme läßt sich nur zum Teil in mechanische Arbeit überführen, der Rest verwandelt sich in Wärme niedrigerer Temperatur. Der in mechanische Arbeit umwandelbare Teil ist um so größer, je höher die zur Verfügung stehende Temperaturdifferenz ist.

Im Jahre 1769 konstruierte James Watt die erste **Kolbendampfmaschine,** die jedoch nur einen Wirkungsgrad von etwa 2 % erzielte. Da trotz zahlreicher Verbesserungen der Wirkungsgrad bei diesen Maschinen nicht über etwa 18 % gesteigert werden konnte und da sie bei hohem Gewicht einen großen Raum beanspruchen, werden heute keine neuen Anlagen von Kolbendampfmaschinen gebaut.

Die wichtigste mit Wasserdampf betriebene Wärmekraftmaschine ist heute die **Dampfturbine.** Der Dampf strömt durch die Zuleitung und durch einen Ring mit verstellbaren Regulierschrauben zu den mit Schaufeln besetzten Turbinenrädern, die durch den hochgespannten Dampfstrom in Drehung versetzt werden. Um den Druck des Dampfes voll auszunutzen, ordnet man hinter dem ersten Turbinenrad abwechselnd weitere Leitschaufelkränze und Turbinenräder an. Die Schaufeln werden dabei immer größer, weil der Wasserdampf sich mit abnehmendem Druck ausdehnt. Abb. 1 zeigt einen Schnitt, Abb. 2 eine geöffnete Dampfturbine. Der Wirkungsgrad hat sich bis über 30 % steigern lassen.

Um die Wärmeverluste im Kessel, die bei der Übertragung der Wärme von den Verbrennungsgasen auf den Wasserdampf entstehen, zu vermeiden, baute 1867 Otto einen Benzinmotor, bei dem ein Benzin-Luft-Gemisch im Zylinder selbst verbrannt wird. Der Wirkungsgrad ließ sich dadurch auf mehr als 35 % steigern.

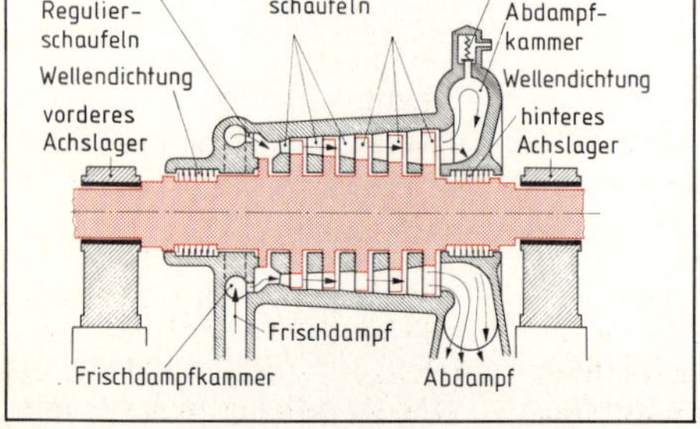

Abb. 1 Schnitt durch eine Axialturbine

Abb. 2 Geöffnete Axialturbine

Beim **Viertaktmotor** ist die Arbeitsperiode in vier Takte aufgeteilt, die in Abb. 3 und der dazugehörigen Bildbeschreibung dargestellt sind. Nur während des dritten Taktes wird mechanische Arbeit erzeugt. Für ein gleichmäßiges Arbeiten braucht man eine träge Masse (Schwungrad oder bewegtes Fahrzeug) zum Ausgleich. Man kann auch die Kolben von mehreren Zylindern auf dieselbe Kurbelwelle wirken lassen.

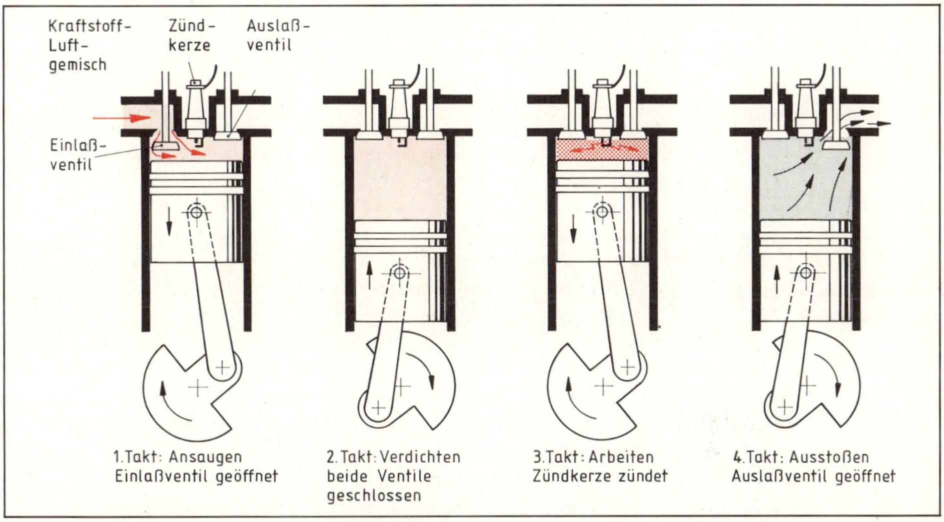

Abb. 3 Arbeitsvorgang beim Viertaktmotor

Beim **Dieselmotor** wird zuerst Luft angesaugt und sehr stark verdichtet. Die Temperatur steigt dadurch über die Entzündungstemperatur des Brennstoffes. Dieser wird zu Beginn des Arbeitstaktes eingespritzt und verbrennt sofort, ohne daß dabei eine Zündung notwendig ist. Die Temperaturen können bis zu 2000 °C, die Drücke bis zu 80 bar ansteigen. Diese Temperaturen und Drücke verlangen eine stärkere Konstruktion des Motors. Deshalb liegen die Herstellungskosten des Dieselmotors höher als die des Ottomotors. Hinsichtlich des Wirkungsgrades übertrifft der Dieselmotor alle anderen Wärmekraftmaschinen.

Übersicht über den erzielten wirtschaftlichen Wirkungsgrad bei Wärmekraftmaschinen	Kolbendampfmaschine in fester Aufstellung	bis 20 %	Dampfturbine	18 % ... 40 %
	Dampflokomotive	8 % ... 12 %	Benzinmotor	20 % ... 35 %
			Dieselmotor	30 % ... 40 %

Aufgaben

1. *Ein Pkw fährt auf der Autobahn gleichmäßig 100 km und verbraucht dabei 8 l ≙ 5,7 kg Benzin (H = 42 500 kJ/kg). Der mittlere Kraftaufwand zur Überwindung der Bodenreibung, des Luftwiderstandes und von Steigungen beträgt 600 N. Welcher Nutzwirkungsgrad ergibt sich aus diesen Angaben?*

2. *Ein Dieselmotor verbraucht in 1 min 968 g Kraftstoff mit dem Brennwert 40 200 kJ/kg und entwickelt dabei eine Leistung von 240 kW. Wie groß ist sein wirtschaftlicher Wirkungsgrad?*

3. *Führen Sie die wichtigsten Gründe an, weshalb der Wirkungsgrad bei der Umwandlung von Wärme in mechanische Arbeit so weit unter 100 % liegt.*

6 Mechanische Schwingungen und Wellen

6.1 Schwingungen

6.1.1 Entstehung von Schwingungen und ihre Eigenschaften

V1

Ein Gewichtsstück ist an einer Schraubenfeder aufgehängt. Zieht man es aus der Ruhelage eine Strecke nach unten und gibt es dort frei, so führt es eine vertikale Schwingung aus.

V2

Einen ähnlichen Vorgang beobachtet man an einer Stahlkugel, die an einem Faden als Pendel aufgehängt ist. Bewegt man sie aus der Ruhelage nach der Seite und läßt sie dann los, so führt sie eine seitliche Pendelschwingung aus.

Auswertung

Beide Versuche lassen eine Voraussetzung erkennen, die für das Entstehen einer Schwingung erfüllt sein muß. Beim ersten Versuch (Abb. 1) ist in der Ruhelage die Feder so weit gedehnt, daß die nach oben ziehende Federkraft F_F und die Gewichtskraft F_G im Gleichgewicht stehen $F_{F0} - F_G = 0$. Beim Ausziehen der Feder wächst die Federkraft, und es entsteht eine Resultierende nach oben $F_{r2} = F_{F2} - F_G$. Oberhalb der Ruhelage ist dagegen die Federkraft kleiner als in der Ruhelage, und wir haben eine nach unten gerichtete (negative) Resultierende $F_{r1} = F_{F1} - F_G < 0$. Das Gewichtsstück m steht also in beiden Fällen unter dem Einfluß einer zur Ruhelage hingerichteten **rücktreibenden Kraft** F_r.

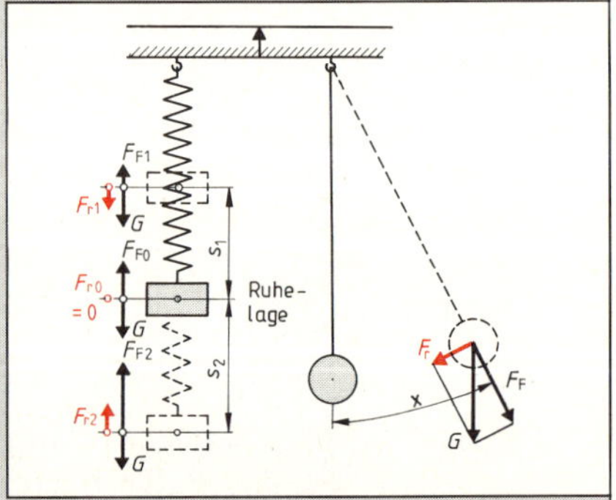

Abb. 1 Rücktreibende Kraft bei einer Feder- und einer Pendelbewegung

Auch bei der Stahlkugel zeigt eine Kräftezerlegung der Gewichtskraft, daß die eine Komponente mit der Spannkraft des Fadens im Gleichgewicht steht und die andere Komponente immer zur Ruhelage hin gerichtet ist. Auch die Stahlkugel steht also unter dem Einfluß einer rücktreibenden Kraft.

Die rücktreibende Kraft beschleunigt den Körper zur Ruhelage, so daß er dort seine größte Geschwindigkeit erreicht. Infolge seiner Trägheit kann er dort nicht zum Stillstand kommen und bewegt sich über die Ruhelage hinaus. Weil er sich dann entgegen der rücktreibenden Kraft bewegt, nimmt seine Geschwindigkeit ab, bis er seine Bewegungsrichtung umkehrt und sich wieder gegen die Ruhelage bewegt. Die Vorgänge wiederholen sich periodisch, und es entsteht eine **Schwingung.**

Ergebnis

Jeder träge Körper, der unter dem Einfluß einer rücktreibenden Kraft steht, kann zu Schwingungen angeregt werden.

Der Bewegungsablauf ist davon abhängig, nach welcher Gesetzmäßigkeit sich die rücktreibende Kraft mit der Entfernung von der Ruhelage ändert. Befolgt sie, wie z. B. bei einer Feder das Hookesche Gesetz (Nr. 1.5.11), so ist die Kraft F_r proportional zur **Elongation** oder **Auslenkung** s. Da F_r stets das entgegengesetzte Vorzeichen von s haben muß, gilt dann das Kraftgesetz:

$$F_r = -D \cdot s$$

Die hier eingeführte Größe D entspricht bei einer Feder der schon in Nr. 1.5.11 eingeführten **Richtgröße**; bei Schwingungen wird diese Bezeichnung allgemein für den Quotienten $D = -F_r/s$ verwendet. Eine bei diesem Kraftgesetz entstehende Schwingung nennt man eine **harmonische Schwingung.**

Die Dauer einer vollen Auf- und Abwärtsbewegung bzw. einer vollständigen Hin- und Herbewegung ist die **Schwingungs-** oder **Periodendauer.** Sie ändert sich mit der Masse des schwingenden Gewichtsstückes und beim ersten Versuch auch mit der Richtgröße der Feder. Die folgenden Versuche untersuchen diesen Zusammenhang etwas genauer.

V3

An eine Feder mit der Richtgröße $D = 0{,}08\,\frac{\text{N}}{\text{cm}} = 8\,\frac{\text{N}}{\text{m}}$ werden nacheinander verschiedene Gewichtsstücke mit der Masse m angehängt. Zur Erhöhung der Genauigkeit messen wir mit einer Stoppuhr die Zeitdauer von zehn Schwingungen und berechnen daraus die Schwingungsdauer.

Auswertung

Aus der nachstehenden Wertetabelle erkennt man das Anwachsen der Schwingungsdauer T bei zunehmender Masse m. Da T sich jedoch erst verdoppelt, wenn eine vierfache Masse angehängt wird, bilden wir nicht den Quotienten T/m, sondern $T/\sqrt{m}$ und tragen den erhaltenen Zahlenwert in die fünfte Spalte ein. (Sechste Spalte siehe unten bei Zusammenfassung.)

Wertetabelle	m	D	$10\,T$	T	$T/\sqrt{m}$	$T\sqrt{\frac{D}{m}}$
	0,1 kg	8 N/m	7,1 s	0,71 s	2,25	6,35
	0,2 kg	8 N/m	9,9 s	0,99 s	2,21	6,26
	0,4 kg	8 N/m	14,1 s	1,41 s	2,23	6,31

Ergebnis

Die Schwingungsdauer ist proportional zu $\sqrt{m}$: $T \sim \sqrt{m}$

V4

Bei der gleichen Versuchsanordnung lassen wir jetzt das angehängte Gewichtsstück mit der Masse $m = 0{,}2$ kg unverändert und benützen verschiedene Federn mit wechselnden Richtgrößen D. Auch bei den hier entstehenden Schwingungen messen wir die Periodendauer.

Anwendung

Es ergibt sich hier eine Abnahme der Schwingungsdauer mit zunehmender Richtgröße, und zwar verdoppelt sich die Schwingungsdauer bei einer viermal kleineren Richtgröße. Deshalb tragen wir in die fünfte Spalte $T \cdot \sqrt{D}$ ein. (Sechste Spalte siehe unten bei Zusammenfassung.)

Wertetabelle	m	D	$10\,T$	T	$T\sqrt{D}$	$T\sqrt{\frac{D}{m}}$
	0,2 kg	4 N/m	14,2 s	1,42 s	2,84	6,35
	0,2 kg	8 N/m	9,9 s	0,99 s	2,80	6,26
	0,2 kg	16 N/m	7,1 s	0,71 s	2,84	6,35

Ergebnis

Die Schwingungsdauer ist umgekehrt proportional zu $\sqrt{D}$: $T \sim \frac{1}{\sqrt{D}}$

V3 V4

Zusammenfassung
Beide Ergebnisse lassen sich durch eine Proportionalität zusammenfassen:

$$T \sim \sqrt{\frac{m}{D}}$$

Zur Prüfung tragen wir bei beiden Versuchen in einer sechsten Spalte den Wert des Ausdrucks $T/\sqrt{\frac{m}{D}} = T \cdot \sqrt{\frac{D}{m}}$ ein. Die Einheit dieses Ausdrucks ergibt sich:

$\left[T\sqrt{\frac{D}{m}}\right] = \mathrm{s}\sqrt{\frac{\mathrm{N/m}}{\mathrm{kg}}} = \mathrm{s}\sqrt{\frac{\mathrm{kg\,s^{-2}}}{\mathrm{kg}}} = 1$; $T\sqrt{\frac{D}{m}}$ ist also eine reine Zahl.

Ergebnis
Der Ausdruck $T \cdot \sqrt{\frac{D}{m}}$ hat bei allen Teilversuchen nahezu den Wert 6,3.

Es ergibt sich demnach: $T\sqrt{\frac{D}{m}} \approx 6{,}3 \qquad T \approx 6{,}3\sqrt{\frac{m}{D}}$.

Den genauen Wert des bei der Wurzel stehenden Faktors findet man theoretisch aus einer Beziehung zwischen der Schwingung und einer gleichförmigen Kreisbewegung:

V5

Ein Experimentiermotor trägt eine Scheibe, an der ein Stift befestigt ist (Abb. 2). Daneben ist eine Masse an einer Schraubenfeder aufgehängt. Man reguliert nun die Drehfrequenz des Motors so, daß die Umlaufzeit genau der Periodendauer der Masse entspricht, und regt diese so zu Schwingungen an, daß bei der Projektion auf den Bildschirm der umlaufende Stift und die schwingende Masse sich um die gleiche Strecke auf und ab bewegen. Dann stimmen die beiden Bewegungen nicht nur in ihrer Periode und ihrer größten Auslenkung überein, sondern sie bewegen sich während des ganzen Ablaufs auf dem Bildschirm exakt nebeneinander.

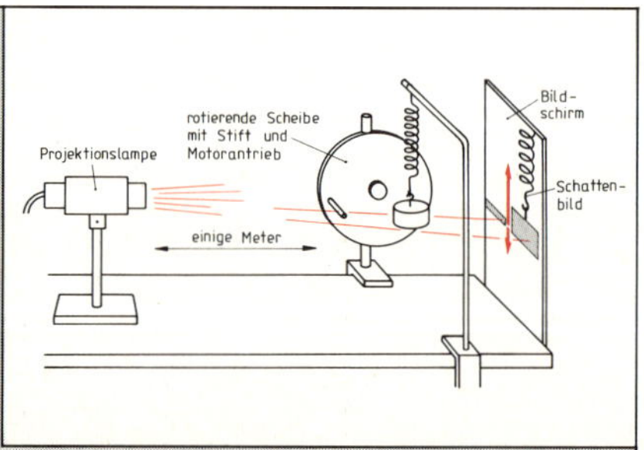

Abb. 2 Schwingung und Kreisbewegung

Ergebnis

Eine harmonische Schwingung kann man als Projektion einer gleichförmigen Kreisbewegung auffassen.

Dieses Ergebnis folgt auch aus einem Vergleich des Kraftgesetzes, das für beide Bewegungen gültig ist. Für die schwingende Masse lautet es nach dem Hookeschen Gesetz $F_r = -D \cdot s$. Die gleichförmige Kreisbewegung ist eine Folge der konstanten Zentripetalkraft $F_p = m \cdot r \cdot \omega^2$ (Nr. 1.9.3). Für die Projektion der Kreisbewegung auf die s-Achse der Abb. 3 benötigt man auch nur die s-Komponente der Zentripetalkraft. Man erhält sie durch Multiplikation mit dem $\sin\varphi = s/r$. Setzt man noch ein –Zeichen, weil die Kraftkomponente stets das entgegengesetzte Vorzeichen von s hat, so erhält man: $F_s = -m \cdot r \cdot \omega^2 \cdot \frac{s}{r} = -m \cdot \omega^2 \cdot s$. Sowohl F_r wie auch F_s sind also zur Entfernung s von der Ruhelage proportional, wobei der Richtgröße D das konstante Produkt $m \cdot \omega^2$ entspricht:

$$D = m \cdot \omega^2 \quad \text{oder} \quad \omega = \sqrt{\frac{D}{m}}$$

Da bei der Gültigkeit des gleichen Kraftgesetzes auch die gleiche Bewegung entstehen muß, ergibt sich hieraus, daß eine harmonische Schwingung als Projektion einer gleichförmigen Kreisbewegung betrachtet werden kann.

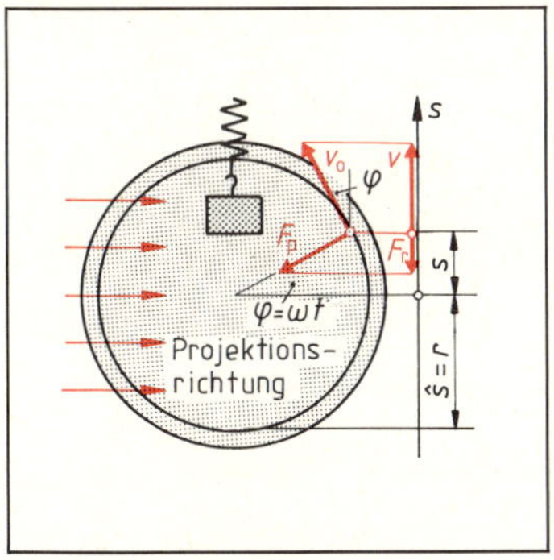

Abb. 3 Schwingung als Projektion einer gleichförmigen Kreisbewegung

Die Projektion der Kreisbewegung erhält man nach Abb. 3, indem man den Radius r mit dem Sinus des mit der Winkelgeschwindigkeit ω wachsenden Winkels $\varphi = \omega \cdot t$ multipliziert: $s = r \cdot \sin(\omega \cdot t)$. Diese Gleichung gilt für die Schwingung. Der Kreisradius r stellt für die Schwingung den größten Wert der Auslenkung s dar, den man als **Amplitude** $\hat{s}$ (lies s-Dach) oder **Schwingungsweite** bezeichnet. Der Winkel φ, der bei der Kreisbewegung gleichmäßig mit der Zeit wächst: $\varphi = \omega \cdot t$, ist der **Phasenwinkel.** Damit erhält man die Gleichung für die Auslenkung der Schwingungen:

> Weg-Zeit-Gesetz einer harmonischen Schwingung
> $$s = \hat{s} \cdot \sin(\omega \cdot t)$$

Die Umlaufgeschwindigkeit bei der Kreisbewegung hat den konstanten Wert $v = r \cdot \omega$ (Nr. 1.9.3). Da sie tangential gerichtet ist, erhält man ihre Projektion auf die x-Achse durch Multiplikation mit $\cos\varphi = \cos(\omega \cdot t)$; ersetzt man auch noch r durch $\hat{s}$, so erhält man:

> Geschwindigkeits-Zeit-Gesetz einer harmonischen Schwingung
> $$v = \hat{s} \cdot \omega \cdot \cos(\omega \cdot t)$$

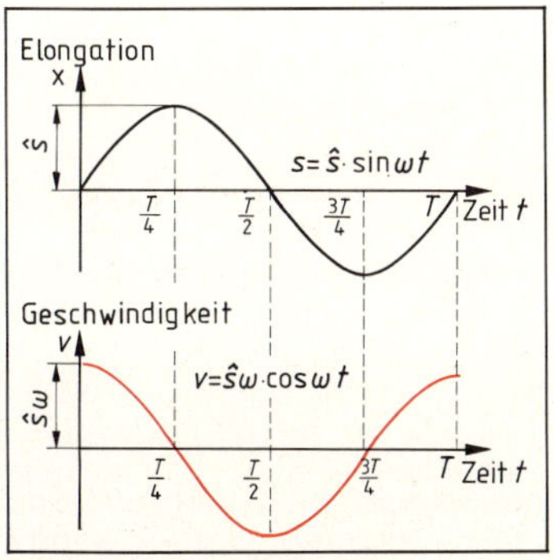

Abb. 4 Ablauf einer harmonischen Schwingung

Abb. 4 zeigt die Zeitabhängigkeit der Elongation und der Geschwindigkeit in graphischer Darstellung. Man erkennt den periodischen Wechsel der beiden Größen nach einer Sinus- bzw. Cosinusfunktion und die Tatsache, daß die Geschwindigkeit beim Durchgang durch die Ruhelage am größten ist. Die Dauer einer vollen Hin- und Herbewegung ist die **Schwingungs-** oder **Periodendauer** T. Sie entspricht der Zeit für einen Umlauf bei der Kreisbewegung. Die Anzahl der Schwingungen in einer Sekunde ist die **Frequenz** f; sie entspricht der Drehfrequenz n der Kreisbewegung. Zwischen T und f besteht die in Nr. 1.9.3 abgeleitete Beziehung:

$$f = \frac{1}{T}$$

Nach dieser Gleichung ist die SI-Einheit der Frequenz $[f] = s^{-1}$, wofür bei Schwingungen meist die Bezeichnung **Hertz** (Hz) verwendet wird.

Weil bei der Kreisbewegung der Umfang $2r \cdot \pi$ mit der Geschwindigkeit $r \cdot \omega$ in der Zeit T zurückgelegt wird, erhält man noch folgende Beziehungen:

$$T = \frac{2r \cdot \pi}{r \cdot \omega} = \frac{2\pi}{\omega} \qquad f = \frac{1}{T} = \frac{\omega}{2\pi}$$

Setzt man hier den aus der oben gefundenen Gleichung $D = m \cdot \omega^2$ folgenden Wert $\omega = \sqrt{D/m}$ ein, so erhält man:

> Schwingungsdauer einer harmonischen Schwingung $T = 2\pi\sqrt{\frac{m}{D}}$

Die Schwingungsdauer einer harmonischen Schwingung ist also proportional zur Wurzel aus der Masse und umgekehrt proportional zur Wurzel aus der Richtgröße; sie ist dagegen unabhängig von der Amplitude der Schwingungen.

Während der Schwingung wandelt sich mit dem periodischen Wechsel des Ortes und der Geschwindigkeit auch kinetische Energie in potentielle um und umgekehrt. Beim Durchgang durch die Ruhelage hat die potentielle Energie ihren geringsten und die kinetische ihren größten Wert. Bei der Zunahme der Elongation nimmt die potentielle Energie infolge der Überwindung der rücktreibenden Kraft zu. Man erhält nach der in Nr. 1.7.2 angegebenen Formel:

$$W_{\text{pot}} = \frac{1}{2} D \cdot s^2 = \frac{1}{2} D \cdot \hat{s}^2 \sin^2 (\omega \cdot t)$$

Gleichzeitig vermindert sich die kinetische Energie wegen der abnehmenden Geschwindigkeit. Bei der Elongation x hat sie den Wert:

$$W_{\text{kin}} = \frac{1}{2} m \cdot v^2 = \frac{1}{2} m \cdot \hat{s}^2 \cdot \omega^2 \cdot \cos^2 (\omega \cdot t)$$

Für die Summe beider Energiearten erhält man unter Berücksichtigung, daß $D = m \cdot \omega^2$ ist:

$$W_{\text{pot}} + W_{\text{kin}} = \frac{1}{2} D \cdot \hat{s}^2 \sin^2 (\omega \cdot t) + \frac{1}{2} m \cdot \hat{s}^2 \cdot \omega^2 \cdot \cos^2 (\omega \cdot t) =$$

$$= \frac{1}{2} D \cdot \hat{s}^2 [\sin^2 (\omega \cdot t) + \cos^2 (\omega \cdot t)] = \frac{1}{2} D \cdot \hat{s}^2$$

Die Summe beider Energien ist also während der ganzen Schwingung konstant; es tritt nur eine gegenseitige Umwandlung auf. Dieses Ergebnis bestätigt auch hier die Gültigkeit des Satzes von der Erhaltung der Energie.

Eine mechanische Schwingung stellt einen periodischen Wechsel zwischen potentieller und kinetischer Energie dar.

Die gefundenen Formeln gelten für alle Schwingungen von elastischen Körpern, wenn m die schwingende Masse und D die Richtgröße, nämlich der konstante Quotient $D = -F_r/s$ aus der rücktreibenden Kraft und der Elongation ist.

Beispiel

Eine Schraubenfeder verlängert sich beim Anhängen einer Masse von 3,6 kg um 1 m. Welche Periodendauer hat die Schwingung, zu der die Masse angeregt werden kann? Welche Elongation und welche Geschwindigkeit besitzt sie 0,1 s nach dem Durchgang durch die Ruhelage, wenn ihre Schwingung eine Amplitude $\hat{s} = 40$ cm besitzt?

Die Richtgröße D ist die Federkonstante: $D = \frac{F}{s} = \frac{3{,}6\,\text{kg} \cdot 9{,}81\,\text{m/s}^2}{1\,\text{m}} = 35{,}3\,\frac{\text{kg}}{\text{s}^2}$

$$T = 2\pi \sqrt{\frac{m}{D}} = 2\pi \sqrt{\frac{3{,}6\,\text{kg}}{35{,}3\,\text{kg/s}^2}} = \underline{\underline{2\,\text{s}}}$$

$$\omega = \frac{2\pi}{T} = 3{,}14\,\text{s}^{-1}$$

Phasenwinkel nach 0,1 s: $\varphi = \omega \cdot t = 3{,}14\,\text{s}^{-1} \cdot 0{,}1\,\text{s} = 0{,}314 = 0{,}314 \cdot \frac{180°}{\pi} = 18°$

$$s = \hat{s} \cdot \sin \omega \cdot t = 40\,\text{cm} \cdot \sin 18° = \underline{12{,}36\,\text{cm}}$$

$$v = \hat{s} \cdot \omega \cdot \cos \omega \cdot t = 40\,\text{cm} \cdot 3{,}14\,\text{s}^{-1} \cdot \cos 18° = \underline{\underline{119{,}5\,\text{cm/s}}}$$

Aufgaben

1. *Eine Masse $m = 2$ kg, die sich zwischen einer Druckfeder ($D_1 = 0{,}62$ N/cm) und einer Zugfeder ($D_2 = 0{,}18$ N/cm) befindet, wird in Schwingungen versetzt. Berechnen Sie die Periodendauer.*

2. *Welche Richtgröße hat eine Feder, wenn eine an ihr aufgehängte Masse $m = 1{,}6$ kg eine Schwingung mit der Schwingungsdauer 0,8 s ausführt? Wie groß ist die rücktreibende Kraft im Umkehrpunkt bei einer Amplitude von 5 cm?*

3. *Nennen Sie die Voraussetzungen und Eigenschaften einer harmonischen Schwingung.*

4. *Warum können alle elastischen Körper harmonische Schwingungen ausführen?*

6.1.2 Das Pendel

Die einfachste Form eines **Pendels** ist eine Stahlkugel an einem dünnen Faden. Sie ist nahezu die Verwirklichung eines **mathematischen Pendels** aus einem schweren Massepunkt an einem masselosen Faden. Die Abhängigkeit der Schwingungsdauer von der Masse, der Amplitude und der Länge des Pendels erkennt man aus Versuchen.

V1

Eine Stahl- und eine gleich große Aluminiumkugel werden an gleich langen Fäden als Pendel aufgehängt (Abb. 1). Läßt man beide Kugeln außerhalb der Ruhelage frei, so entsteht eine Schwingung. Dabei zeigt sich aber kein Unterschied in der Schwingungsdauer, obwohl beide Kugeln eine sehr verschiedene Masse besitzen.

Ergebnis
Die Schwingungsdauer eines mathematischen Pendels ist unabhängig von seiner Masse.

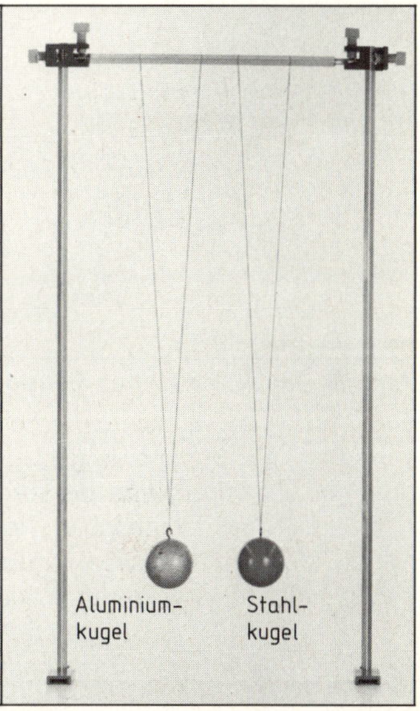

Abb. 1 Schwingungsdauer und Masse bei einem Fadenpendel

V2

(Abb. 2): Man läßt eine an einem Faden aufgehängte Stahlkugel nacheinander mit verschiedener Amplitude schwingen. Zur Feststellung der Schwingungsweite dient ein unter dem Fadenpendel angebrachter Maßstab. Die Schwingungsdauer bleibt auch bei verschiedener Schwingungsweite gleich, wenn diese nicht zu groß gewählt wird.

Ergebnis
Die Schwingungsdauer eines mathematischen Pendels ist bei kleinen Ausschlägen unabhängig von der Amplitude.

V3

(Abb. 2): Bei dem gleichen Fadenpendel kann der Faden vermittels einer Klemmplatte am oberen Ende in beliebiger Entfernung von der Kugel festgehalten werden. Man ermittelt zu verschiedenen Pendellängen l (vom Aufhängepunkt bis zum Mittelpunkt der Kugel) die Zeit für 10 Perioden und berechnet daraus die Dauer T einer Periode. Dabei ergibt sich z.B. für $l = 0{,}2$ m $T = 0{,}9$ s, für $l = 0{,}4$ m $T = 1{,}3$ s, für $l = 0{,}8$ m $T = 1{,}8$ s. Die Dauer wird mit zunehmender Pendellänge größer, sie verdoppelt sich aber erst bei vierfacher Pendellänge.

Ergebnis
Die Schwingungsdauer eines mathematischen Pendels ist proportional der Wurzel aus der Pendellänge.

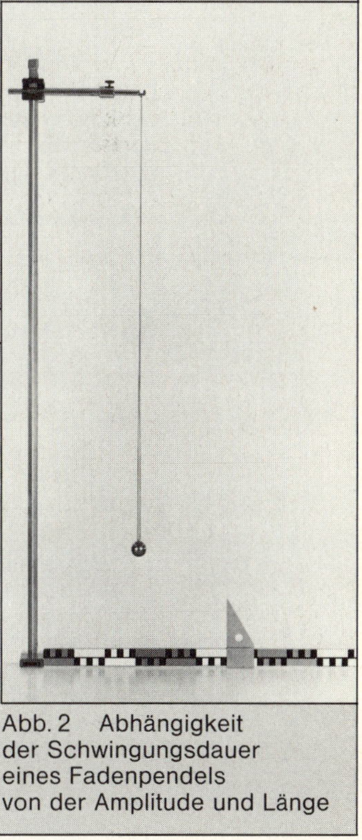

Abb. 2 Abhängigkeit der Schwingungsdauer eines Fadenpendels von der Amplitude und Länge

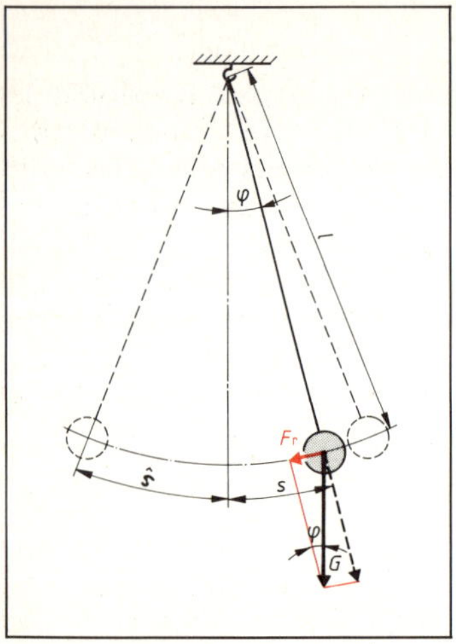

Abb. 3 Mathematisches Pendel

Alle diese Ergebnisse findet man auch aus der Formel für die Schwingungsdauer eines mathematischen Pendels, die sich aus der Gleichung $T = 2\pi\sqrt{m/D}$ ableiten läßt. Nach Abb. 3 ist die Elongation einer Pendelschwingung $s = l \cdot \varphi$ (φ im Bogenmaß) und die rücktreibende Kraft die Komponente $F_r = -F_G \cdot \sin\varphi = -m \cdot g \cdot \sin\varphi$ der Gewichtskraft. Man erhält die Richtgröße: $D = -\frac{F_r}{s} = \frac{m \cdot g \cdot \sin\varphi}{l \cdot \varphi}$. Eine harmonische Schwingung mit konstanter Richtgröße ergibt sich daher nur bei kleinen Winkeln φ, für die der Wert des Bogenmaßes nahezu dem des Sinus entspricht, so daß $\sin\varphi/\varphi \approx 1$ ist. Dann erhält man die Schwingungsdauer:

$$T = 2\pi \cdot \sqrt{\frac{m}{D}} = 2\pi \cdot \sqrt{\frac{m \cdot l \cdot \varphi}{m \cdot g \cdot \sin\varphi}} \approx 2\pi \cdot \sqrt{\frac{l}{g}}$$

Die Schwingungsdauer ist daher nur bedingt durch die Pendellänge, jedoch von der Masse und der Amplitude unabhängig. Bei größeren Ausschlägen ist die Schwingungsdauer etwas größer als der sich aus der Formel ergebende Wert.

Die in der Technik vorkommenden, schwingend aufgehängten Körper sind keine mathematischen Pendel. Bei ihnen gilt die obige Formel mit guter Näherung nur, wenn ein schwerer Körper an einer leichten Aufhängung befestigt ist und seine Eigenabmessung wesentlich kleiner als die Länge vom Schwerpunkt zum Aufhängepunkt ist. Bei einem beliebigen drehbar aufgehängten Körper kann man die Formel nicht verwenden. Im Gegensatz zum mathematischen Pendel spricht man dann von einem **physischen Pendel.**

Beispiel

Ein Uhrenpendel kann genähert als mathematisches Pendel angesehen werden. Zur Gangkorrektur ist das Pendelblatt am Stab mit einer Schraube verschiebbar. Eine Uhr mit einem Pendel ($l_1 = 60$ cm) geht am Tag um 20 s nach. In welcher Richtung und um welche Strecke muß das Pendelblatt verschoben werden?

Die Schwingungsdauer und daher auch die Pendellänge müssen verkürzt werden. Die Verschiebung des Pendelblattes muß nach oben erfolgen. Ein Tag hat 24 · 60 · 60 s = 86 400 s; das Pendel zeigt aber 20 s weniger, also nur 86 380 s an. Dem Verhältnis dieser Zahlen entspricht das Verhältnis der fehlerhaften zur richtigen Schwingungsdauer:

$T_1 : T_2 = 86400 : 86380$. Da aber $T_1 : T_2 = \sqrt{l_1} : \sqrt{l_2}$ und $l_1 = 60\,\text{cm}$ ist, findet man:

$\sqrt{l_1} : \sqrt{l_2} = T_1 : T_2 = 86400 : 86380$ oder: $l_2 = l_1 \cdot \left(\frac{86380}{86400}\right)^2 = 59{,}972\,\text{cm}$

Die Verschiebung muß also $\Delta l = l_1 - l_2 = (600 - 599{,}72)\,\text{mm} = 0{,}28\,\text{mm}$ betragen.

Aufgaben

1. *Berechnen Sie die Länge des mathematischen Pendels, dessen Schwingungsdauer genau 1 s beträgt.*

2. *Wie lang ist die Periodendauer einer Pendelkugel, die an einem 200 m langen Draht oben im Aufzugsschacht eines Fernsehturms befestigt ist?*

3. *Von zwei Fadenpendeln hat das erste eine um 1 % größere Länge als das andere. Um welchen Prozentsatz unterscheidet sich die Schwingungsdauer?*

4. *Ein Uhrenpendel wird von einem Ort mit $g_1 = 980{,}8\,\frac{\text{cm}}{\text{s}^2}$ an einen anderen mit $g_2 = 980{,}2\,\frac{\text{cm}}{\text{s}^2}$ gebracht. Welchen Einfluß hat dieser Ortswechsel auf den Gang der Uhr?*

6.1.3 Dämpfung und Resonanz

Die Amplitude einer Schwingung bleibt nur gleich, wenn keine Energie verlorengeht. Da sich aber Reibung und Luftwiderstand nie ganz vermeiden lassen, nehmen die Amplituden aller sich selbst überlassenen Schwingungen ab. Diese Erscheinung heißt **Dämpfung.** Dabei wirkt die von der Geschwindigkeit unabhängige Reibung anders als der mit der Geschwindigkeit wachsende Luftwiderstand. Die Reibung läßt die aufeinanderfolgenden Schwingungsweiten um gleiche Beträge abnehmen (Abb. 1). Der Luftwiderstand wirkt bei großen, schnellen Schwingungen stärker als bei langsam verlaufenden. Deshalb ist die Dämpfung am Anfang bei großen Amplituden groß und wird mit der Abnahme der Amplituden kleiner (Abb. 2). Ähnlich wie der Luftwiderstand wirkt auch die Dämpfung durch Flüssigkeitsreibung.

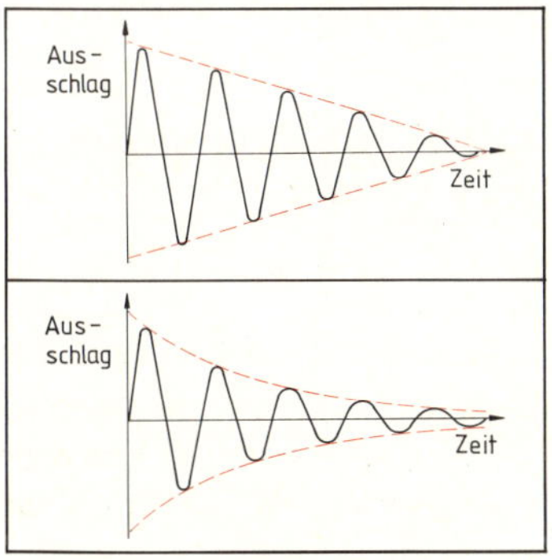

Abb. 1, 2 Reibungs- und Geschwindigkeitsdämpfung

Eine ungedämpfte Schwingung kann man nur erhalten, wenn nach jeder Schwingung die durch die Dämpfung verlorene Energie wieder zugeführt wird. Dazu braucht man einen periodisch wirkenden Antrieb, dessen Frequenz genau mit der der Schwingung übereinstimmt und dessen Energieübertragung gerade den Verlust ersetzt.

Sind bei einer periodischen Anregung diese beiden Bedingungen nicht erfüllt, wird also ein schwingungsfähiger Körper mit einer beliebigen von seiner Eigenfrequenz verschiedenen Frequenz angeregt, so ist die entstehende Schwingungsamplitude sehr klein. Dies gilt besonders, wenn die Anregungsfrequenz im Vergleich zur Eigenfrequenz des schwingenden Körpers entweder sehr klein oder sehr groß ist. Je mehr aber die beiden Frequenzen übereinstimmen, desto größer wird die erzeugte Amplitude. Die völlige Übereinstimmung der beiden Frequenzen bezeichnet man als **Resonanz.** Im Resonanzfall würde ohne Dämpfung die Amplitude immer weiter wachsen, solange die Anregung besteht. Wegen der nie ganz fehlenden Dämpfung werden aber die durch sie bedingten Verluste schließlich so groß wie die Anregung, und das Anwachsen der Amplitude hört auf. Aus der Abb. 3 sind die entstehenden Amplituden bei verschiedener Anregungsfrequenz und Dämpfung ersichtlich. Die Abb. zeigt auch die große Amplitude bei Resonanz und kleiner Dämpfung.

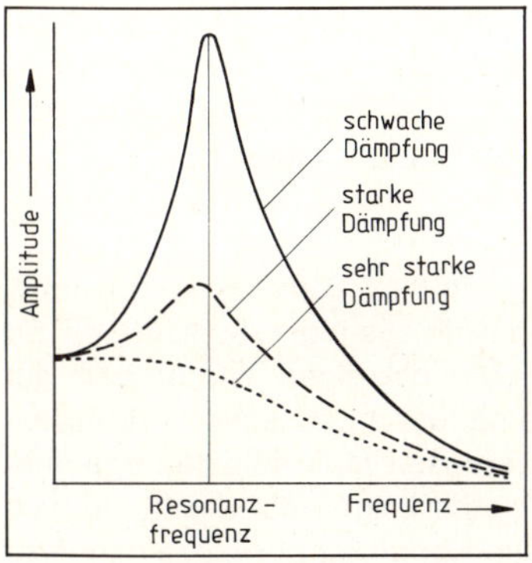

Abb. 3 Resonanz

Im Maschinen-, Hoch- und Brückenbau kann die große Amplitudenzunahme einer Schwingung bei Resonanz unter Umständen zu gefährlichen Brüchen führen. Stimmt z. B. bei einer umlaufenden Welle die Drehfrequenz mit der Frequenz der elastischen Eigenschwingung der Achse überein, so kann eine kleine Unwucht Anlaß zu einer immer stärkeren Schwingung sein und sogar den Bruch der Achse verursachen. Auf ähnliche Weise kann die Schwingung des Fundaments einer Maschine gefährliche Amplituden annehmen, wenn die Drehfrequenz der Maschine mit der Eigenfrequenz des Fundaments übereinstimmt. Daher müssen solche **kritischen Drehfrequenzen** stets vermieden werden.

Die Resonanz spielt nicht nur bei mechanischen Schwingungen, sondern auch beim Schall und bei elektrischen Schwingungen eine Rolle.

Aufgaben

1. *Wodurch entsteht eine Dämpfung? Wie unterscheidet sich ihre Wirkung, wenn sie durch Reibung zwischen festen Körpern oder wenn sie durch innere Reibung in einem Gas oder in einer Flüssigkeit entsteht?*

2. *Wann entsteht bei einer periodischen Anregung eines schwingungsfähigen Körpers Resonanz? Welchem Wert würden beim Fehlen einer Dämpfung die Amplituden zustreben? Warum treten diese Amplituden in Wirklichkeit nicht auf?*

6.2 Wellen

6.2.1 Entstehung und Eigenschaften einer Welle

V

(Abb. 1): Auf einem Tisch liegt eine lange Schraubenfeder mit kleiner Federkonstante. Wir bewegen ihren Anfang ruckartig ein Stück zur Seite. Nacheinander folgen dann auch die anderen Windungen dieser Bewegung. Die Feder wird auf einer immer größer werdenden Länge seitlich verschoben.

Dann führen wir mit dem Anfang der Feder einen seitlichen Ausschlag aus, der wieder in der Ausgangslage endet. Auch diese Bewegung überträgt sich auf die folgenden Windungen, so daß der Ausschlag als Ausbuchtung an der Feder entlang läuft. Danach kehren alle Windungen wieder in die Ausgangslage zurück.

Schließlich führen wir mit dem Anfang der Feder eine aus mehreren Schwingungen bestehende Bewegung aus. Auch sie überträgt sich auf die weiteren Federwindungen, so daß von ihr nacheinander immer weitere Teile erfaßt werden. Jede folgende Windung führt ihre Schwingung etwas später aus als die vorhergehende, so daß sich die Bewegung mit einer gewissen Geschwindigkeit längs der Feder ausbreitet und das Bild einer Welle entsteht.

Ergebnis
Jede Querstörung an der Anregungsstelle einer Schraubenfeder pflanzt sich längs der Feder mit einer bestimmten Geschwindigkeit fort.

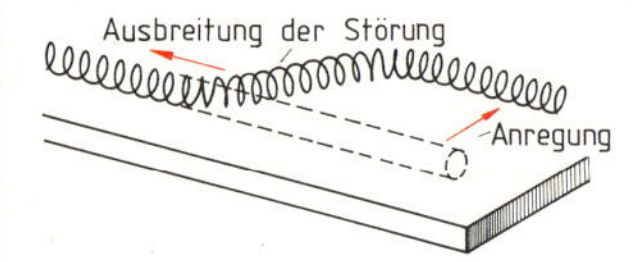

Abb. 1 Ausbreitung einer Querstörung

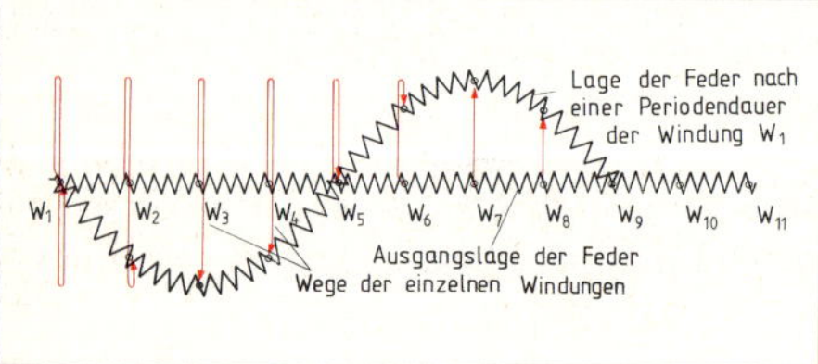

Abb. 2 Entstehung einer Querwelle

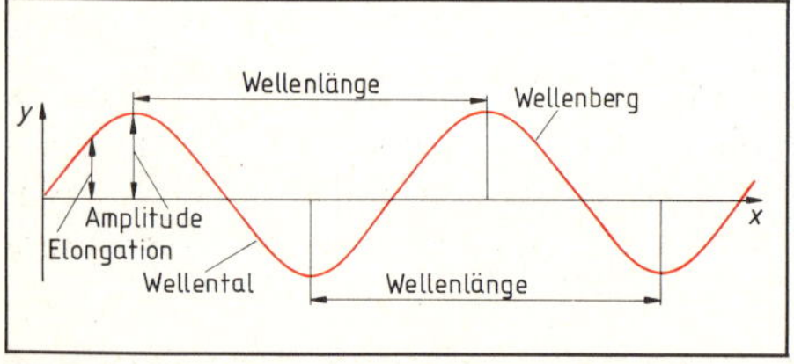

Abb. 3 Die bei einer Welle auftretenden physikalischen Größen

Aus den Versuchen ergeben sich die Voraussetzungen für die Entstehung einer Welle. Die einzelnen Windungen der Schraubenfeder sind untereinander nicht starr verbunden; sie sind also bis zu einem gewissen Maß selbständige Teilchen. Die ersten beiden Versuche zeigen aber, daß sie sich nicht frei bewegen können. Die **Kopplung** der einzelnen Windungen untereinander hat zur Folge, daß sich jede Bewegung einer Windung auf die Nachbarwindung überträgt, so daß diese mit einer kleinen zeitlichen Verzögerung die gleiche Bewegung ausführt. Eine Welle entsteht aber erst beim dritten Versuch, wenn die erste Windung zu einer Schwingung angeregt wird und die folgenden Windungen diese Schwingungsbewegung übernehmen. Die einzelnen Teilchen müssen also Schwingungen ausführen können. Weil dann jede folgende Windung ihre Bewegung etwas später anfängt, sind dann alle Phasen des Schwingungsablaufs, die bei einer einzelnen Schwingung zeitlich aufeinanderfolgen, hier gleichzeitig räumlich nebeneinander zu erkennen (Abb. 2). Man erhält eine **Welle,** die sich längs der Schraubenfeder ausbreitet.

Wenn eine Menge von gleichartigen schwingungsfähigen Teilchen durch eine Kopplung verbunden sind, breitet sich eine bei einem Teilchen angeregte Schwingung als Welle über die ganze Menge aus.

Neben den auch bei einer Schwingung auftretenden Begriffen: Periodendauer, Frequenz, Amplitude, treten bei einer Wellenausbreitung noch weitere Größen auf (Abb. 3).

Den äußersten Punkt einer Welle beim Ausschlag nach der einen Richtung nennt man **Wellenberg,** beim Ausschlag in die entgegengesetzte Richtung **Wellental.** Die Entfernung zweier aufeinanderfolgender Wellenberge oder Wellentäler ist die **Wellenlänge,** und die Geschwindigkeit, mit der sich ein Punkt der Welle, z. B. ein Wellenberg, ausbreitet, ist die **Fortpflanzungsgeschwindigkeit.**

Sie steht in einer einfachen Beziehung zur Wellenlänge und Frequenz der Welle. Um nämlich den Weg einer Wellenlänge λ zurückzulegen, braucht die Welle genau eine Schwingungsdauer $T = 1/f$. Aus der Beziehung $v = s/t$ erhält man nun für die Fortpflanzungsgeschwindigkeit der Welle, bei der man zum Unterschied gegenüber der Geschwindigkeit v der schwingenden Teilchen den Buchstaben c verwendet:

$$c = \frac{\lambda}{T} = \lambda \cdot f$$

Bei gleicher Fortpflanzungsgeschwindigkeit haben daher Wellen eine um so kürzere Wellenlänge, je höher ihre Frequenz ist.

Breitet sich eine Welle aus, so werden immer neue Teilchen zum Mitschwingen angeregt, wobei die entstehende Schwingung die gleiche Frequenz besitzt wie die anregende. Diese ändert sich also bei der Anregung nicht, und zwar auch dann nicht, wenn sich eine Welle durch verschiedene Stoffe hindurch, die man im Zusammenhang mit der Wellenausbreitung als **Medien** bezeichnet, ausbreitet.

Bei der Ausbreitung einer Welle durch verschiedene Medien bleibt die Frequenz unverändert.

Während sich die Welle ausbreitet, schwingen die einzelnen Teilchen, z. B. die Windungen der Feder, um ihre Ruhelage. Sie nehmen an der Wellenausbreitung nicht teil. Dagegen wird die Energie der Schwingung von Teilchen zu Teilchen weiter übertragen.

Die Ausbreitung einer Welle ist mit einem Energietransport, aber nicht mit einem Materialtransport verbunden.

6.2.2 Transversal- und Longitudinalwellen

Bei der bisher als Beispiel betrachteten Welle bewegen sich die Teilchen, nämlich die einzelnen Federwindungen, quer zur Längsrichtung der Schraubenfeder. Da sich die Welle entlang der Feder ausbreitet, steht die Bewegungsrichtung der Windungen quer auf der Ausbreitungsrichtung der Welle. Solche Wellen bezeichnet man als **Quer-** oder **Transversalwellen.**

Bei einer Quer- oder Transversalwelle steht die Bewegungsrichtung der Teilchen senkrecht zu der Ausbreitungsrichtung der Welle.

Außer der Welle des behandelten Beispiels und den ähnlich ablaufenden Seilwellen stellen auch die Wellen, die sich über eine Wasserfläche hinweg bewegen, wenn sie an einer Stelle angeregt wird, im wesentlichen Querwellen dar, denn die Schwingungsrichtung der Wasserteilchen ist meist vertikal, während sich die Welle längs der Oberfläche horizontal ausbreitet. Dies erkennt man auch daran, daß ein schwimmendes Holzstückchen nur zu kleinen vertikalen Schwingungen angeregt, aber nicht von einer Welle mitgenommen wird, wenn sie sich an ihm vorbei ausbreitet.

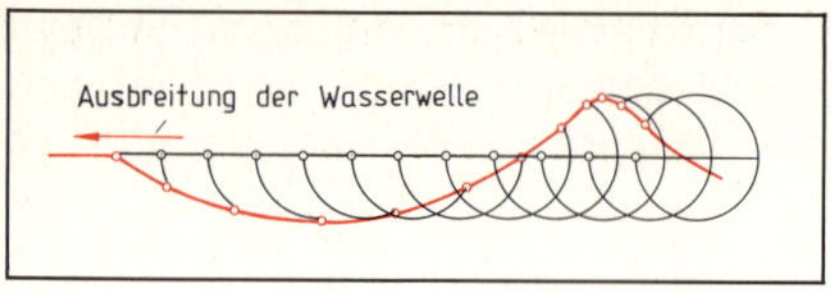

Abb. 1 Enstehung einer Wasserwelle

Eine genauere Untersuchung zeigt, daß die Wasserteilchen kreisende Bewegungen ausführen, wodurch die charakteristische Form der Wasserwellen entsteht, deren Schnittlinie keine Sinuskurve darstellt (Abb. 1).

Im Gegensatz zu den **linearen Wellen** an einer Feder oder einem Seil sind die Wasserwellen **Oberflächenwellen.**

Es gibt aber auch andere Wellen, deren Entstehung wir wieder durch Versuche mit einer Schraubenfeder untersuchen wollen (Abb. 2).

V

Wir bewegen den Anfang der Schraubenfeder ruckartig in ihrer Längsrichtung nach außen. Dadurch wird die erste Federwindung gedehnt. Die Dehnung überträgt sich auf die nächste Windung und von ihr auf die übernächste usf., so daß der Ort der Dehnung sich von Windung zu Windung entlang der Feder ausbreitet.

Für Längsstörungen findet man daraus ein ähnliches Ergebnis wie in 6.2.1 für Querstörungen.

Ergebnis
Auch eine Längsstörung pflanzt sich längs der Schraubenfeder mit einer ganz bestimmten Geschwindigkeit fort.

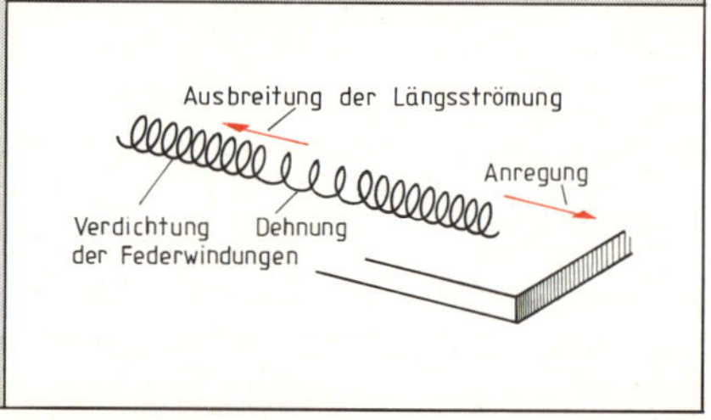

Abb. 2 Ausbreitung einer Längsstörung

Bewegen wir nun den Anfang der Feder periodisch in ihrer Längsrichtung hin und her, so entstehen Dehnungen und Verdichtungen, die sich genau wie die einzelne Dehnung beim ersten Versuch entlang der Feder ausbreiten. Dabei führt jede einzelne Windung in der Längsrichtung der Feder eine Schwingung aus, die wegen der zur Anregung erforderlichen Zeit etwas später abläuft als bei der vorangehenden Windung. Abb. 2 zeigt, wie sich dadurch eine Ausbreitung der Stellen der Dehnungen bzw. der Verdichtungen entwickelt.

Solche Wellen bezeichnet man als **Längs-** oder **Longitudinalwellen.**

Bei einer Längs- oder Longitudinalwelle verläuft die Bewegungsrichtung der Teilchen parallel zur Ausbreitungsrichtung der Welle.

Da eine Longitudinalwelle immer mit der Ausbreitung von Verdichtungen und Verdünnungen verbunden ist, können sich Längswellen nur durch solche Stoffe ausbreiten, in denen Dichteänderungen möglich sind. Insbesondere breiten sich die Dichteänderungen, die bei elastischen Formänderungen hervorgerufen werden, durch den Stoff aus, in dem sie entstehen. Am häufigsten treten solche elastischen Longitudinalwellen in Luft auf; sie werden uns in der Lehre vom Schall noch einmal beschäftigen. Die elastischen Wellen in einem ausgedehnten Körper breiten sich nach allen Richtungen aus; sie sind **räumliche Wellen.**

6.2.3 Ausbreitung linearer Wellen

Eine vollständige Übertragung der Schwingungsenergie von einem Teilchen auf das folgende ist nur möglich, wenn die Teilchen völlig gleich sind. Diese Bedingung ist nur im Innern eines gleichartigen Stoffes, in einem homogenen Medium, erfüllt. Wenn aber eine Welle bei ihrer Ausbreitung an das Ende des Mediums kommt, wird die gleichmäßige Ausbreitung gestört, weil entweder in der Ausbreitungsrichtung keine neuen Teilchen mehr vorhanden sind, oder weil die Teilchen eines zweiten Mediums nur einen Teil der Energie übernehmen.

V1

Wir benutzen die in Abb. 1 gezeigte Torsionswellenmaschine, bei der hantelförmige Stäbe mit kleinen verschiebbaren Massen durch ein Torsionsband gekoppelt sind. Wir regen den untersten Stab zu einer kurzen Schwingung aus etwa zwei Ausschlägen an, die sich als kurzer Wellenzug nach oben ausbreiten. Wenn die Welle den obersten Stab erreicht hat, kehrt sie ihre Richtung um und läuft wieder nach unten zurück.

Ergebnis
Wenn eine Welle bei ihrer Ausbreitung ans Ende eines Mediums gelangt, kehrt sie dort ihre Richtung um.

Weil in der ursprünglichen Bewegungsrichtung kein Stab mehr folgt, der die Energie vom letzten Stab übernehmen könnte, kann sie nur auf den vorangehenden Stab übertragen werden, der inzwischen zur Ruhe gekommen ist. Von ihm läuft dann die Welle wieder nach unten.

V2

Nun schieben wir die Massen bei der einen Hälfte der Stäbe nach innen und regen wieder den untersten Stab zu einer kurzen Schwingung an. Wenn die dadurch entstehende Welle an die Trennstelle zu den veränderten Stäben kommt, setzt sich zwar die Welle zu den oberen Stäben fort; gleichzeitig läuft aber auch mit etwas verminderter Schwingungsweite eine zweite Welle von der Trennstelle zurück nach unten.

Ergebnis
Wenn eine Welle an die Trennstelle zweier verschiedener Medien kommt, setzt sich eine Teilwelle ins zweite Medium fort, und eine zweite Teilwelle kehrt ins erste Medium zurück.

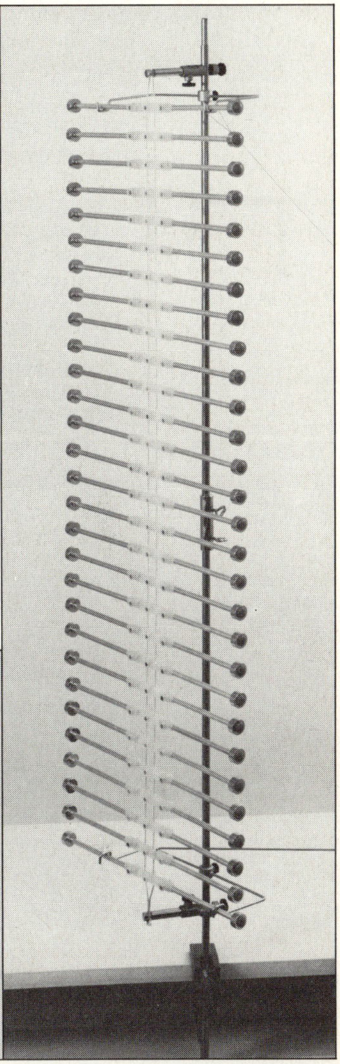

Abb. 1 Torsionswellenmaschine

In diesem Falle sind zwar in der Bewegungsrichtung weitere Stäbe vorhanden; da sie aber wegen der Verschiebung der Massen andere Eigenschaften haben, wird nur ein Teil der Energie auf sie übertragen, während der andere Teil der Energie unter Umkehr der Bewegungsrichtung wie beim ersten Versuch mit einer zweiten Welle zurückläuft. Ein ähnlicher Vorgang findet immer statt, wenn die Teilchen, welche die Wellenausbreitung vermitteln, ihre Eigenschaften ändern. Dies ist der Fall, wenn die Welle von einem Ausbreitungsmedium in ein anderes übergeht.

Man bezeichnet die Umkehr der Bewegungsrichtung als **Reflexion** und die zurücklaufende Welle als **reflektierte Welle.**

Wenn eine Welle ans Ende eines Mediums oder an die Übergangsstelle zwischen zwei verschiedenen Medien kommt, wird sie ganz oder teilweise reflektiert.

Daß dieser Satz auch für Longitudinalwellen gilt, kann man erkennen, wenn man die bisher auf einem Tisch liegende Schraubenfeder zur Verminderung der Energieverluste durch Reibung mit einem Ende aufhängt und am unteren Ende durch eine vertikale Anregung eine Dehnung mit anschließender Verdichtung erzeugt. Die Störungen breiten sich nach oben aus; wenn sie am oberen Ende ankommen, kehren sie um und laufen nach unten zurück.

Eine besondere Erscheinung zeigt sich, wenn eine Welle und ihre reflektierte Welle sich über das gleiche Medium ausbreiten und zur Überlagerung kommen.

V3

Wir hängen einen langen Gummischlauch an der Zimmerdecke auf und regen das untere Ende längere Zeit zu gleichmäßigen Querschwingungen an. Diese breiten sich als Transversalwelle nach oben aus und werden am Befestigungspunkt reflektiert. Danach überlagern sich längs des ganzen Schlauches die hinlaufende und die rücklaufende Welle.

Bei beliebiger Anregungsfrequenz gerät dabei die ganze Bewegung des Gummischlauches in ein Durcheinander. Nur wenn man die Anregungsfrequenz dem Rhythmus der im Schlauch entstehenden Schwingungen anpaßt, erhält man eine Welle. Sie breitet sich aber nicht längs des Seiles aus, denn ihr Wellenberg bleibt unverändert in der Mitte des Schlauches stehen, während die beiden Enden fast keine Bewegung ausführen. Auch wenn man die Anregungsfrequenz verdoppelt oder verdreifacht, erhält man eine Welle, die sich nicht ausbreitet, jedoch mit zwei oder drei Wellenbergen. An den Enden oder genau in der Mitte zwischen zwei Wellenbergen ergeben sich Punkte, die dauernd in Ruhe bleiben.

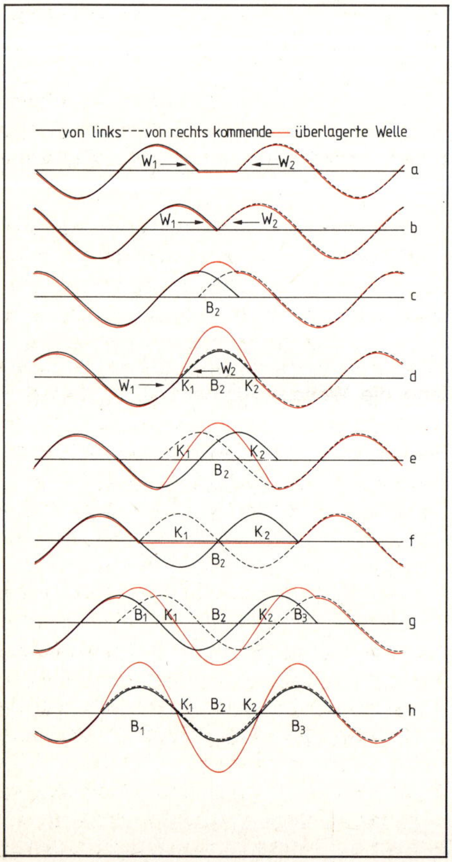

Abb. 2 Entstehung einer stehenden Welle

Eine solche Welle heißt eine **stehende Welle.** Die Stellen der Wellenberge nennt man **Bäuche,** die der ruhenden Punkte **Knoten** der stehenden Welle.

Die einzelnen Phasen der Ausbildung einer stehenden Welle aus einer von links kommenden und einer gleichen von rechts entgegen laufenden Welle zeigt die Abb. 2. In der Teilabbildung 2a haben sich die beiden Wellen W_1 und W_2 noch nicht erreicht. In 2b treffen sie eben aufeinander, und in 2c sowie den folgenden Teilabbildungen entwickelt sich durch Addition der beiden Teilelongationen die rot eingetragene überlagerte Welle. Im Punkt B_2 des ersten Zusammentreffens haben beide Teilwellen in jedem Augenblick gleiche Elongation. Daher entsteht dort eine Schwingung mit doppeltem Ausschlag, also ein Schwingungsbauch der überlagerten Welle. Im Punkt K_1 dagegen sind die beiden Teilelongationen stets dem Betrag nach gleich, aber entgegengesetzt gerichtet. Sie heben sich daher auf, so daß dieser Punkt K_1 in Ruhe bleibt und dort ein Knoten entsteht. Ähnlich sind die Vorgänge in den anderen Schwingungsbäuchen B_1 und B_3 sowie im Knoten K_2. Der Abstand zweier aufeinanderfolgenden Bäuche ist ebenso wie der zweier Knoten stets eine halbe Wellenlänge.

Aus diesen Ergebnissen folgt auch der Grund, weshalb sich bei dem Gummischlauch nur mit bestimmten Frequenzen stehende Wellen anregen lassen. Da der Schlauch an beiden Enden fest oder nahezu fest ist, müssen sich dort Knoten bilden. Dies ist aber nur möglich, wenn die Länge l des Schlauches ein Vielfaches einer halben Wellenlänge ist.

$$l = \frac{\lambda}{2}, 2\frac{\lambda}{2}, 3\frac{\lambda}{2} \ldots .$$

Die stehenden Wellen müssen daher die Wellenlängen

$$\lambda = \frac{2l}{1}, \frac{2l}{2}, \frac{2l}{3}, \ldots .$$

haben. Aus diesen festgelegten Wellenlängen erhält man nach der Gleichung $f = c/\lambda$ auch genau bestimmte Frequenzen:

$$f_0 = \frac{c}{2l}, f_1 = \frac{2c}{2l}, f_2 = \frac{3c}{2l}, \ldots .$$

Die höheren Frequenzen sind also Vielfache der Grundfrequenz f_0. Die Schwingung mit der Frequenz f_0 ist die **Grundschwingung,** die mit den höheren Frequenzen sind die **Oberschwingungen.**

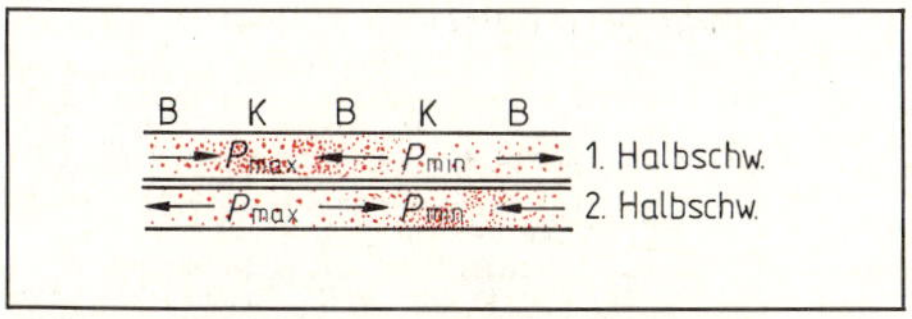

Abb. 3 Stehende Longitudinalwelle

Auch bei zwei sich entgegenlaufenden Longitudinalwellen kann sich eine stehende Welle ausbilden. In den Schwingungsbäuchen B (Abb. 3) schwingen die Teilchen mit großer Amplitude parallel zur Ausbreitungsrichtung; in den Knoten K bleiben sie in Ruhe. Wenn sich von beiden Seiten die Teilchen zur Knotenstelle hin bewegen, entsteht dort ein Dichte- bzw. Druckmaximum. Eine halbe Periodendauer danach bewegen sich die Teilchen von der Stelle weg, und es entsteht dort ein Dichte- bzw. Druckminimum.

Da Bäuche und Knoten einer stehenden Welle immer an derselben Stelle bleiben, eignen sie sich zur Messung der Wellenlänge. Man kann z. B. leicht den Abstand mehrerer Knoten bestimmen und daraus die Wellenlänge berechnen, was bei einer fortschreitenden Welle nur unter Schwierigkeiten möglich wäre.

6.2.4 Ausbreitung von Wellenfronten

Wenn ein Tropfen auf eine Wasseroberfläche fällt, breitet sich von der Auftreffstelle eine kreisförmige Welle aus, deren äußerster Umfang die **Wellenfront** darstellt. In ähnlicher Weise besitzt eine räumliche Welle in einem homogenen Medium eine Wellenfront, die eine Kugeloberfläche erfüllt. Die Ausbreitungsrichtung einer Welle und die Wellenfront stehen stets aufeinander senkrecht. In großer Entfernung vom Wellenzentrum ist ein kleiner Ausschnitt aus einer Wellenfront nahezu gerade oder eben; man spricht dann von einer **ebenen Welle.**

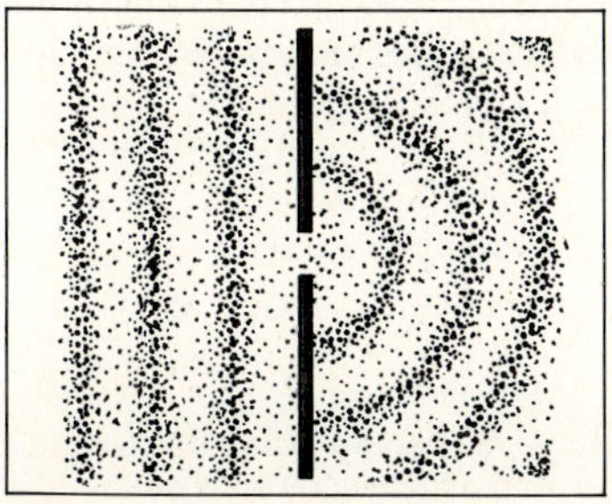
Abb. 1 Elementarwelle

Bei einer Seilwelle überträgt jedes schwingende Teilchen seine Energie auf das in der Ausbreitungsrichtung nächstfolgende Teilchen. Ebenso überträgt in einer Wellenfront jedes Teilchen seine Energie auf die Nachbarteilchen. Man kann also annehmen, daß jeder Punkt einer Wellenfront der Ausgangspunkt einer neuen sog. **Elementarwelle** ist. Da die Ausgangspunkte aller Elementarwellen die ankommende Wellenfront dicht erfüllen, kann man sie nicht einzeln beobachten. Man erkennt sie erst, wenn man die ankommende Wellenfront durch eine Wand abfängt und die Fortpflanzung der Welle nur durch eine kleine Öffnung in der Wand zuläßt (Abb. 1). Das Zentrum der sich hinter der Wand ausbreitenden Welle befindet sich nicht im Zentrum der ankommenden Welle,

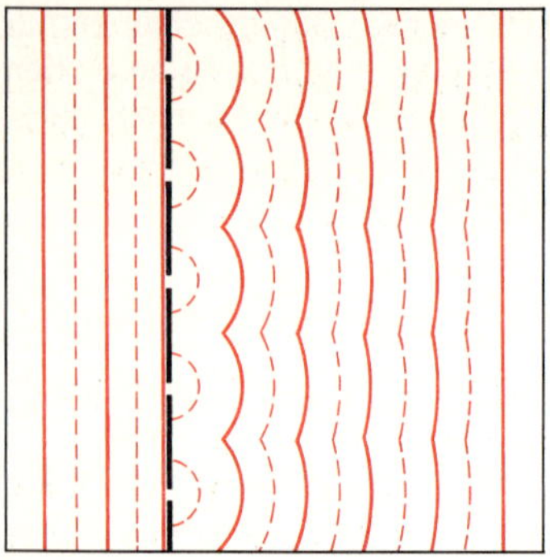

Abb. 2 Entstehung einer neuen Wellenfront aus Elementarwellen

sondern liegt in der Mitte der Öffnung. Verwendet man eine Wand mit mehreren in regelmäßigen Abständen angebrachten Öffnungen (Abb. 2), so entstehen hinter allen kleine kreisförmige Elementarwellen, die sich nach kurzer Strecke wieder zu einer neuen Wellenfront zusammenschließen. In gleicher Weise entsteht durch Überlagerung aller Elementarwellen einer ankommenden Wellenfront eine neue Wellenfront.

Diese Auffassung von der Ausbreitung einer Welle hat Christian Huygens[1] in dem nach ihm benannten Huygensschen Prinzip formuliert:

Jeder Punkt einer Wellenfront kann als Ausgangspunkt einer Elementarwelle angesehen werden. Die Einhüllende aller von einer Wellenfront ausgehenden Elementarwellen stellt die neue Wellenfront dar.

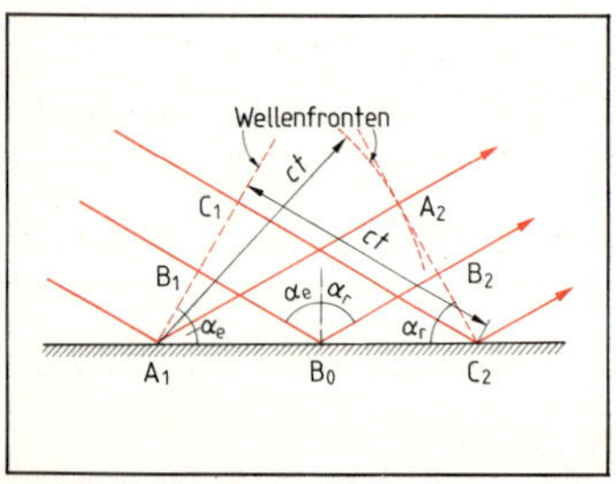

Abb. 3 Entstehung der Reflexion

Mit dem Huygensschen Prinzip lassen sich die Gesetzmäßigkeiten der Ausbreitung einer ebenen Welle, z. B. bei der Reflexion, finden. In dem Augenblick, in dem eine Wellenfront $A_1B_1C_1$ (Abb. 3) eine Wand in A_1 trifft, geht von diesem Punkt eine Elementarwelle aus. Nach einer gewissen Zeit t hat sich die Front weiter ausgebreitet, so daß sie in C_2 auf die Wand trifft. C_1C_2 ist dann $c \cdot t$. Inzwischen hat sich die von A_1 ausgehende Welle nach allen Seiten um die Strecke $c \cdot t$ ausgebreitet und verläuft längs eines Kreises um A_1 mit dem Radius $c \cdot t$. Die neue Wellenfront durch C_2 muß diesen Kreis berühren. Deshalb ist die Tangente A_2C_2 ein Stück der Wellenfront nach der Reflexion. Weil die Dreiecke $A_1C_1C_2$ und $A_1A_2C_2$ kongruent sind, haben die ankommende und die reflektierte Wellenfront gleiche Neigungen gegen die reflektierende Wand. Bezeichnet man die beiden Winkel zwischen Wand und Wellenfront oder, was das gleiche ist, die Winkel zwischen den Wellenstrahlen B_1B_0 bzw. B_0B_2 und dem Lot zur Wand mit α_e und α_r, so erhält man das **Reflexionsgesetz:**

$$\alpha_r = \alpha_e$$

Einfallswinkel und Reflexionswinkel sind gleich.

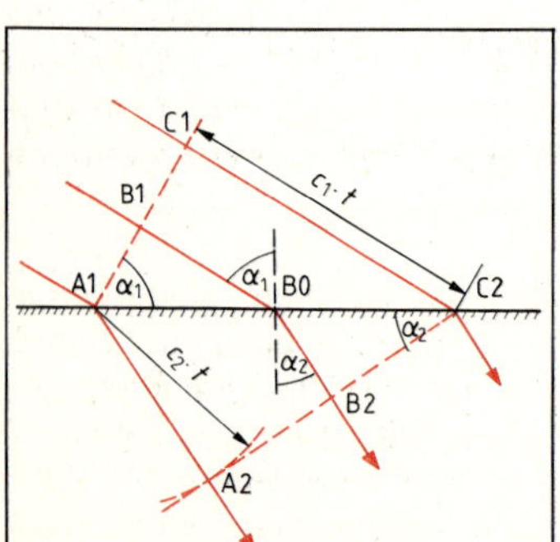

Abb. 4 Entstehung der Brechung

Auf ähnliche Weise lassen sich auch die Eigenschaften des Übergangs einer Welle von einem Medium auf ein anderes erklären. Der wesentliche Unterschied zweier Medien für die Ausbreitung einer Welle besteht darin, daß sie in ihnen im allgemeinen verschiedene Ausbreitungsgeschwindigkeiten hat. Wird die Grenzfläche zwischen den beiden Medien von der ankommenden Wellenfront $A_1B_1C_1$ in A_1 (Abb. 4) getroffen, so gehen in diesem Augenblick von allen Punkten Elementarwellen aus. In einer gewissen Zeit t breitet sich die von C_1 ausgehende Welle im 1. Medium um die Strecke $c_1 \cdot t$ aus, bis sie in C_2 die Grenzfläche trifft. In der gleichen Zeit breitet sich die von A_1 ausgehende Welle im 2. Medium um die Strecke $c_2 \cdot t$ aus. Die neue Wellenfront wird als die Einhüllende der Elementarwellen durch die Tangente dargestellt, die man von C_2 aus

1 Christian Huygens, 1629 bis 1695, holländischer Mathematiker und Physiker. Er begründete die Wellentheorie des Lichtes und fand allgemeine Gesetze über die Wellenausbreitung.

an den Kreis der Elementarwelle um A_1 ziehen kann. Die Wellenfronten und damit auch die darauf senkrechten Ausbreitungsrichtungen sind daher in beiden Medien nicht parallel. Die Winkel α_1 und α_2 zwischen den Ausbreitungsrichtungen und dem Lot zur Trennfläche treten auch zwischen den Wellenfronten und der Trennfläche auf. Bestimmt man im Dreieck $A_1C_1C_2$ den $\sin\alpha_1$ und im Dreieck $A_1A_2C_2$ den $\sin\alpha_2$, so erhält man:

$$\sin\alpha_1 = \frac{c_1 \cdot t}{A_1C_2} \qquad \sin\alpha_2 = \frac{c_2 \cdot t}{A_1C_2}$$

Die Änderung der Richtung der Wellenfronten bzw. der Ausbreitungsrichtungen bezeichnet man als **Brechung.** Der Winkel α_1 ist der Einfallswinkel, der Winkel α_2 der Brechungswinkel. Bildet man den Quotienten aus dem Sinus des Einfalls- und dem des Brechungswinkels, so kürzt sich die Strecke A_1C_2 und die Zeit, und man erhält das **Brechungsgesetz:**

$$\frac{\sin\alpha_1}{\sin\alpha_2} = \frac{c_1}{c_2}$$

Der Sinus des Einfallswinkels und der des Brechungswinkels verhalten sich wie die Ausbreitungsgeschwindigkeiten in den beiden Medien.

Noch eine weitere Erscheinung der Wellenausbreitung findet ihre Erklärung mit dem Huygensschen Prinzip. Wir erkennen sie aus einem Versuch:

V1

Wir benutzen eine Wellenwanne (Abb. 5). Das ist eine flache zum Teil mit Wasser gefüllte Wanne, in die von einem Motor periodisch ein Stift oder ein Bügel mit horizontaler Kante eingetaucht wird.

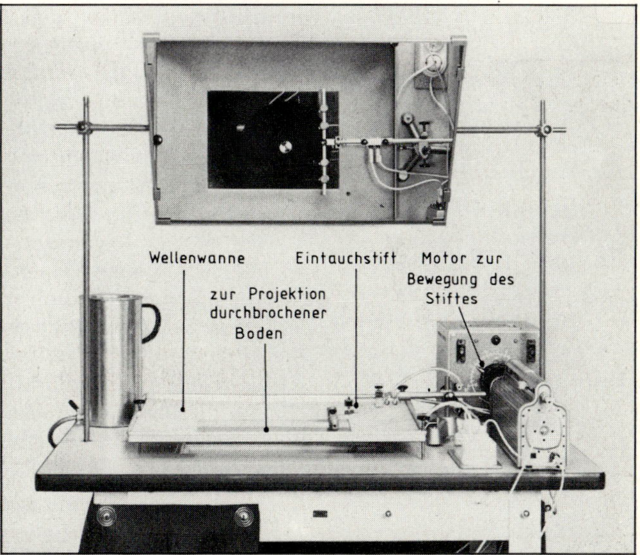

Abb. 5 Wellenwanne (oben: das an einem Spiegel reflektierte Bild der Wanne)

Mit der Kante erzeugen wir eine ebene Welle und lassen sie in der einen Hälfte der Wanne auf eine Wand, dargestellt durch ein langes gerades Metallstück, auftreffen (Abb. 6), während sie sich in der anderen Hälfte ungestört ausbreiten kann.

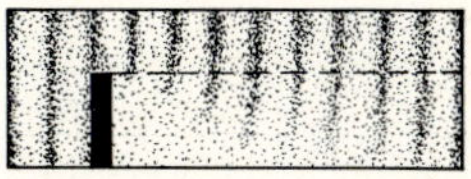

Abb. 6 Beugung an einer Wand

1. Ergebnis
Die Welle hört aber nicht scharf abgegrenzt an der Linie auf, die den „Schattenbereich" geometrisch abgrenzt, sondern ist mit abnehmender Amplitude auch noch im Randgebiet des abgeschirmten Bereichs festzustellen.

Nun schirmen wir die Welle mit zwei Metallstücken ab, die zwischen sich eine Öffnung lassen (Abb. 7).

2. Ergebnis
Auch hier erstreckt sich das Gebiet, in dem man die Welle feststellen kann, auf beiden Seiten über den geometrischen Rand des Schattengebiets hinaus, und zwar um so mehr, je enger die Öffnung ist.

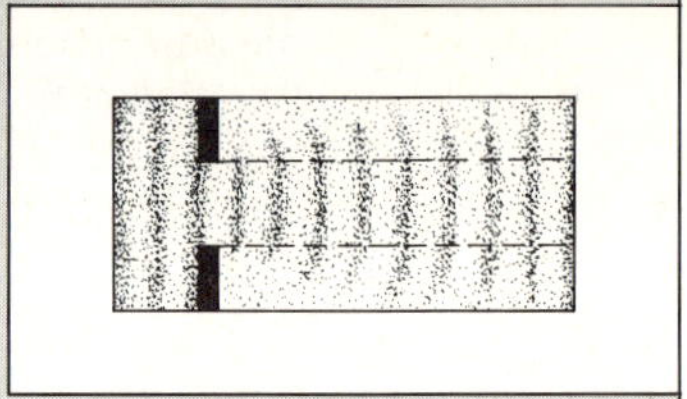

Abb. 7 Beugung an einem Spalt

Schließlich stellen wir in den Ausbreitungsbereich der Welle ein kleines Metallstück als Hindernis (Abb. 8).

3. Ergebnis
Hier dringen die Wellenfronten von beiden Seiten in den Schattenraum und schließen sich in einer geringen Entfernung hinter dem Metallstück wieder zu einer durchgehenden Wellenfront zusammen. Dies geschieht in um so kürzerer Entfernung hinter dem Hindernis, je kleiner dieses ist.

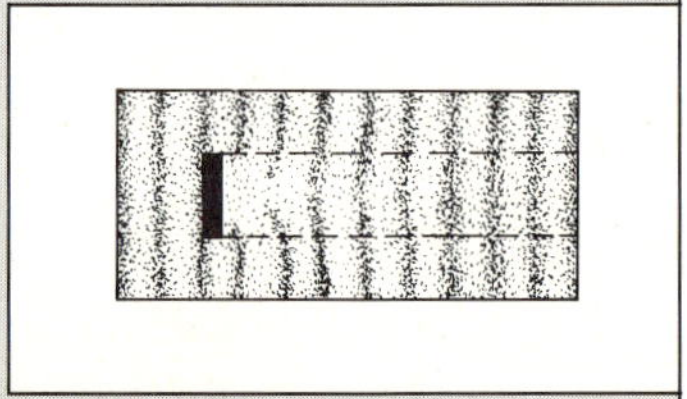

Abb. 8 Beugung an einem Hindernis

Aus diesen Versuchen geht hervor, daß sich eine Welle hinter einer Abschirmung noch ein Stück in den Schattenraum hinein ausbreitet. Diese Erscheinung der **Beugung** findet ebenfalls ihre Erklärung aus der Vorstellung der Elementarwellen. Wir betrachten die Wellenfront $A_1A_2A_3$ . . . (Abb. 9), welche die Verlängerung der Wand bildet. Nach der Zeit t haben sich um alle Punkte Elementarwellen mit dem Radius $c \cdot t$ gebildet, die sich auch in den Raum hinter der Wand W über die geometrische Grenzlinie A, C hinaus ausbreiten. Es bildet sich eine neue Wellenfront, die sich von B_5 über B_1 noch weiter nach P fortsetzt. Da aber der Punkt B_2 von A_1, A_2, A_3 praktisch gleiche Entfernung hat, haben die von A_1, A_2, A_3 ausgegangenen Elementarwellen dort gleiche Phase, so daß sich ihre Anregungen addieren und die Wellenfront eine große Amplitude aufweist. Der Punkt P dagegen besitzt von A_1, A_2, A_3 unterschiedliche Entfernungen; daher haben dort die Elementarwellen verschiedene Phase, und ihre Anregungen können sich gegenseitig teilweise oder sogar ganz aufheben. Die Wellenfront $B_3B_2B_1$ setzt sich daher über B_1 hinaus kreisförmig fort, wird aber mit wachsender Entfernung von B_1 immer schwächer.

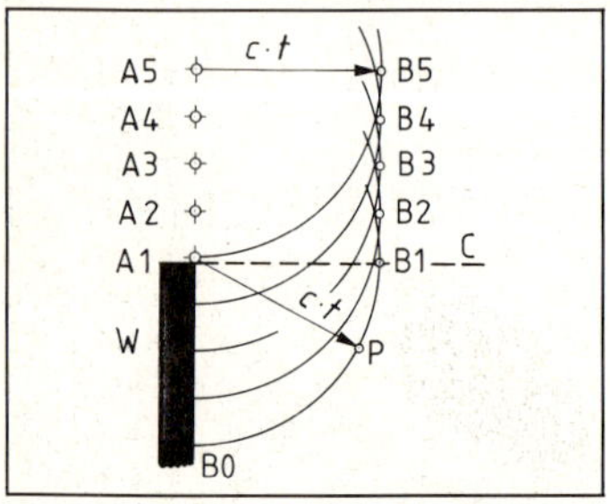

Abb. 9 Entstehung der Beugung

Durch die Beugung dringt eine Welle in das Gebiet hinter einer Wand ein und kann Punkte erreichen, an die sie bei geradliniger Ausbreitung nicht gelangen könnte.

Ist das Hindernis so klein, daß seine Abmessungen nur wenige Wellenlängen betragen, so vereinigen sich die von beiden Seiten in den Schattenraum eindringenden Wellen in geringer Entfernung vom Hindernis, so daß die weitere Ausbreitung der Welle von ihm überhaupt nicht gestört wird.

Ein kleines Hindernis von der Größe weniger Wellenlängen wird von einer Welle ohne Störung umgangen.

6.2.5 Interferenz

Wenn zwei Wellen sich von verschiedenen Zentren aus über einen gemeinsamen Bereich ausbreiten, entsteht eine Überlagerung beider Wellen. Alle dabei entstehenden Erscheinungen bezeichnet man als **Interferenz** im weiteren Sinn. Man erhält die gesamte Anregung in einem Punkt des Überlagerungsbereichs, indem man dort die beiden Teilanregungen unter Berücksichtigung ihrer Richtungen und Phasen als Vektoren nach einem Parallelogramm zusammenfaßt. Da sich aber die Teilanregungen durch die sich ausbreitenden Wellen laufend ändern, gilt das gleiche für die Resultierende der Überlagerung: Auch bei der durch die Überlagerung entstehenden Welle ändert sich die Anregung in einem festen Punkt laufend, und die Wellenberge oder -täler verändern ihre Lage.

Von besonderem Interesse sind jedoch solche Überlagerungen, bei denen an bestimmten Punkten stets eine gegenseitige Verstärkung oder Schwächung eintritt. Erst in diesem Fall spricht man von **Interferenz** im eigentlichen Sinn.

Damit sich z. B. zwei Anregungen schwächen, müssen sie in entgegengesetzter Richtung erfolgen, und damit dies längere Zeit der Fall ist, müssen beide Schwingungen die gleiche Frequenz besitzen; wenn dann an einer Stelle die Anregung in entgegengesetzter Richtung erfolgt, besteht ein Phasenunterschied von 180°, der bei gleicher Frequenz an dieser Stelle bestehen bleibt. Auf ähnliche Weise erkennt man, daß eine gegenseitige Verstärkung für längere Zeit den gleichbleibenden Phasenunterschied 0° voraussetzt.

Zwei Wellen können nur dann zur Interferenz kommen, wenn ihre Schwingungsrichtungen parallel und ihre Frequenzen gleich sind.

Der folgende Versuch zeigt ein schönes Beispiel für eine Interferenz.

V

(Abb. 1): Wir erregen in einer Wellenwanne mit zwei Tauchstiften, die vom gleichen Motor angeregt werden, zwei Wasserwellen gleicher Frequenz und gleicher Anfangsamplitude. Von beiden Entstehungszentren gehen je eine Kreiswelle aus. Bei der Überlagerung erkennt man Streifen, in denen die Wasserfläche ruhig bleibt, an denen sich also die Anregungen beider Wellen gegenseitig durch Interferenz aufheben; dazwischen liegen Streifen verstärkter Anregung.

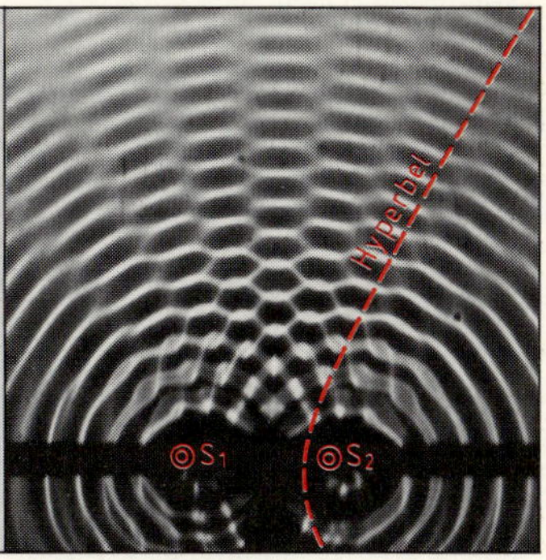

Abb. 1 Interferenz zweier Kreiswellen

Beide Stifte erzeugen in den Wellenzentren im selben Augenblick gleich hohe Wellenberge bzw. Wellentäler, und die Schwingungsrichtung ist für beide Wellen vertikal. An Punkten, die von beiden Zentren gleiche Entfernung haben, kommen daher auch beide Wellen mit gleicher Phase an. Durch die Überlagerung entsteht dort eine verstärkte Schwingung mit doppelten Amplituden. Auch in Punkten, bei denen der Wegunterschied von den beiden Zentren eine oder mehrere ganze Wellenlängen beträgt, ist die Phase beider Wellen gleich, und es entsteht eine Verstärkung. Wenn dagegen der Wegunterschied eine halbe Wellenlänge oder ein ungerades Vielfaches einer halben Wellenlänge beträgt, treffen dort die Wellen mit entgegengesetzter Phase ein. Wenn z. B. die eine Welle dort einen Wellenberg anregt, erzeugt die andere gleichzeitig ein Wellental. Wenn die Entfernung der Stelle von den beiden Zentren nicht zu sehr verschieden ist, unterscheiden sich auch die Amplituden kaum, so daß sich beide Anregungen nahezu auslöschen.

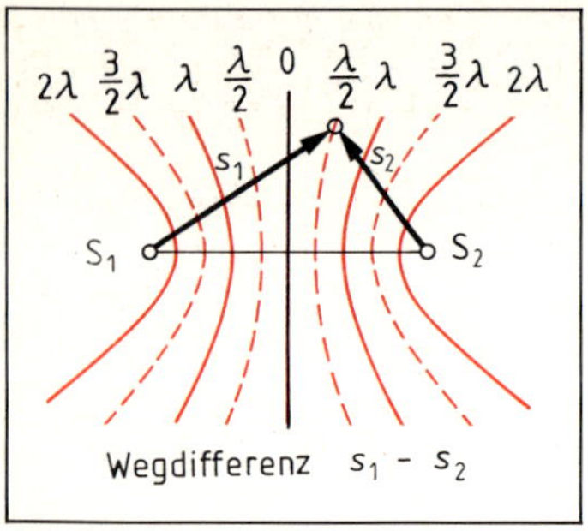

Abb. 2 Linien gleicher Wegdifferenz

Nach diesen Überlegungen liegen die Stellen der Auslöschung dort, wo der Unterschied der Wege s_1 und s_2 zu den beiden Wellenzentren S_1 und S_2 den konstanten Wert $\frac{\lambda}{2}, \frac{3\lambda}{2}, \frac{5\lambda}{2}$ ... hat. Nach den Regeln über Kegelschnitte liegen diese Stellen auf Hyperbeln, deren Brennpunkte in den Zentren S_1 und S_2 liegen (Abb. 2).

Wenn man die Entfernung der Zentren (z. B. der Eintauchstifte) verkleinert oder wenn man die Wellenlänge durch Verändern der Drehfrequenz des Motors vergrößert, treten weniger Hyperbeln auf. Bei großen Wegdifferenzen werden sie unscharf, weil die Amplituden beider Anregungen nicht gleich sind.

Die schon in Nr. 6.2.3 behandelten stehenden Wellen sind ein Beispiel für die Interferenz längs des Seiles. Die Bäuche sind die Stellen gegenseitiger Verstärkung, die Knoten die Stellen gegenseitiger Auslöschung.

6.3 Schall

6.3.1 Wesen und Eigenschaften des Schalls

V1

(Abb. 1): Ein Motor mit veränderbarer Drehfrequenz setzt eine Kreisscheibe in Drehung, die an ihrem Rand eine Reihe von Löchern besitzt. Läßt man aus einer Düse einen Luftstrom gegen die Lochreihe anströmen, so hat man eine Lochsirene. Die Luft wird abwechselnd von einem Loch durchgelassen oder von der Scheibe reflektiert. Hinter ihr breiten sich die durch die Öffnungen hindurchgegangenen Luftstöße aus. Man hört einen lauten Ton, der um so höher ist, je mehr die Drehfrequenz der Scheibe anwächst.

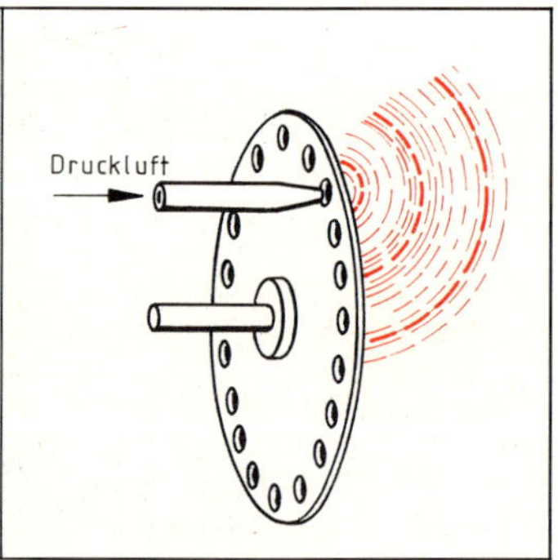

Abb. 1 Lochsirene

Die durch die Löcher strömenden Druckluftimpulse erzeugen hinter der Scheibe periodische Luftverdichtungen, die sich als Longitudinalwelle nach allen Seiten ausbreiten. Wenn die Welle unser Ohr erreicht, vernehmen wir einen Schall.

Jeder Schall breitet sich von seiner Entstehungsstelle als räumliche elastische Longitudinalwelle in die Umgebung aus.

Wenn man die Ausbreitung der Wellen verhindert, kann man auch keinen Ton vernehmen. Bringt man z. B. eine elektrische Klingel unter die Glasglocke einer Luftpumpe, so wird ihr Ton immer schwächer vernehmbar, wenn man die Luft unter der Glocke herauspumpt. Nach dem völligen Auspumpen ist kaum mehr ein Ton zu vernehmen.

Bei ganz langsamer Drehung der Lochsirene vernehmen wir noch einzeln jeden Vorübergang eines Loches an der Düse. Erst, wenn mindestens 16 Löcher in einer Sekunde an der Düse vorbeilaufen, schließen sich die Einzelgeräusche zu einem tiefen Ton zusammen. Je rascher sich die Scheibe dreht, desto mehr steigt die Tonhöhe der erzeugten Schallwelle an. Da sich dabei auch die Frequenz der Schallwelle erhöht, stehen Tonhöhe und Frequenz in unmittelbarer gegenseitiger Beziehung.

Ein Ton ist um so höher, je größer die Frequenz seiner Schallwelle ist.

Unser Ohr vernimmt eine elastische Longitudinalwelle erst als Schall, wenn ihre Frequenz 16 Hz überschreitet. Auch nach oben gibt es eine Grenze: Frequenzen über 16 kHz können wir mit unserem Gehörsinn nicht mehr wahrnehmen. Im Alter sinkt bei den meisten Menschen die obere Grenze bis unter 10 kHz herab.

Aus der Zeit, die eine Schallwelle braucht, um eine bekannte Strecke zurückzulegen, kann man die Fortpflanzungsgeschwindigkeit des Schalls bestimmen.

V2

Eine Person schlägt auf ein Schallinstrument (z. B. auf eine Glocke); eine zweite Person beobachtet den Schlag aus größerer Entfernung und mißt mit einer Stoppuhr die Zeit zwischen dem mit dem Auge beobachteten Schlag und der Wahrnehmung des Schalls. Aus der Entfernung s und der Laufzeit t erhält man die Schallgeschwindigkeit c nach der Formel $c = s/t$.

Ergebnis

Schallgeschwindigkeit in Luft: $c = 340$ m/s

Bei der beschriebenen Methode wurde die Erfahrungstatsache vorausgesetzt, daß das Licht das Auge des Beobachters in so kurzer Zeit erreicht, daß diese neben der Schallzeit vernachlässigt werden darf. Die folgende Methode benötigt diese Kenntnis nicht und zeigt zugleich, daß der Schall wie jede Welle an einer festen Wand reflektiert wird.

V3

Wir stellen uns einige hundert Meter vor einem Waldrand mit hohen Bäumen auf. Gleichzeitig mit einem kurzen lauten Ruf setzen wir eine Stoppuhr in Gang. Nach kurzer Zeit hören wir den reflektierten Schall. Der Weg der Schallwelle ist hier die doppelte Entfernung bis zum Waldrand. Dividiert man diesen Weg durch die Schallzeit, so erhält man die Schallgeschwindigkeit.

Schallwellen erfahren also an festen Wänden eine Reflexion. Wenn die Schallgeschwindigkeit bekannt ist, kann man mit der reflektierten Schallwelle, dem **Echo,** Entfernungen messen. Diese Methode des Echolotes benutzt man zur Bestimmung der Meerestiefe statt der umständlichen Anwendung des Senklotes.

Der Schall pflanzt sich also auch durch feste und flüssige Medien fort. Man kann das gut feststellen, wenn man das Ohr an ein Wasserleitungsrohr legt, während jemand in einem entfernten Raum an das Rohr schlägt. Der Luftschall wird durch Wände und Türen so gedämpft, daß er unser Ohr kaum erreicht. Dagegen vernehmen wir den durch das Rohr fortgeleiteten Schall ganz deutlich. Die Schallgeschwindigkeiten sind durch die elastischen Eigenschaften des Stoffes bestimmt und daher verschieden.

Schallgeschwindigkeit in m/s	Luft bei 0 °C	331,6	Mauerwerk	3500 ... 4000
	Luft bei 15 °C	340,6	Holz	3500 ... 5000
	Gummi	50	Stahl	4800 ... 5000
	Blei	1300	Glas	5100 ... 5500
	Wasser	1480		

Der **Dopplereffekt** ist eine Erscheinung, die bei jeder Wellenausbreitung auftritt, wenn sich die Entfernung zwischen dem Wellenzentrum und dem Beobachter verändert. Er läßt sich beim Schall besonders gut beobachten.

Beobachtung: Nähert sich uns ein Fahrzeug, z. B. ein Auto oder eine Lokomotive, während sie ein Signal (Hupton oder Pfiff) aussendet, so sinkt die Tonhöhe plötzlich ab, wenn das Fahrzeug an uns vorbeifährt und sich danach wieder entfernt.

Die Erklärung für das Absinken der Tonhöhe, also für die Änderung der beobachteten Tonfrequenz, ist verschieden, je nachdem sich der Beobachter oder die Schallwelle bewegt.

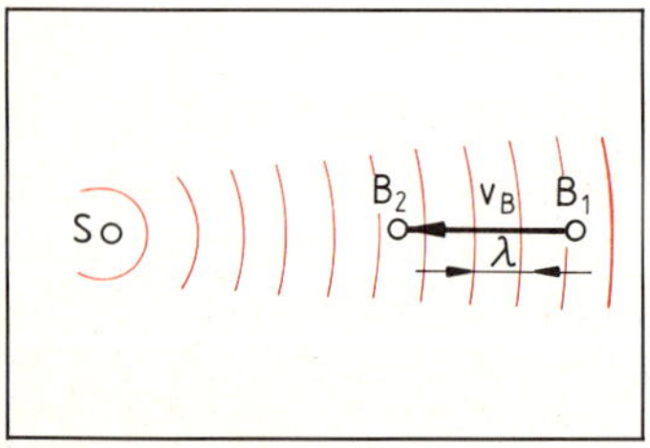

Abb. 2 Dopplereffekt bei bewegtem Beobachter

Nähert sich der Beobachter B dem Wellenzentrum S (Abb. 2), so treffen ihn nicht bloß die Wellen, die an seinen Ausgangspunkt B_1 gelangen, sondern auch noch die Wellen, die er bei seiner Bewegung von B_1 nach B_2 schneidet. Ist die Geschwindigkeit des Beobachters v_B, so ist die in der Zeit t zurückgelegte Strecke $B_1B_2 = v_B t$. Auf diese Strecke treffen so viele Wellen, wie die Wellenlänge $\lambda = cf_S$ in ihr enthalten ist. Deshalb unterscheidet sich die vom Beobachter festgestellte Anzahl N_B der ankommenden Wellen um den Betrag $\Delta N = v_B t / \lambda = v_B t f_S / c$ von der Anzahl N_S der in dieser Zeit t vom Sender ausgehenden Wellen $N_S = ft$, so daß $N_B = N_S + \Delta N = f_S t + v_B t f_S / c$. Dividiert man durch die Zeit, so erhält man die vom Beobachter festgestellte Frequenz $f_B = \frac{N_B}{t} = f_S + \frac{v_B f_S}{c} = f_S\left(1 + \frac{v_B}{c}\right)$. Entfernt sich der Beobachter vom Wellenzentrum, so ändert nur v_B sein Vorzeichen.

Dopplerfrequenz bei bewegtem Beobachter: $f_B = f_S\left(1 \pm \frac{v_B}{c}\right)$

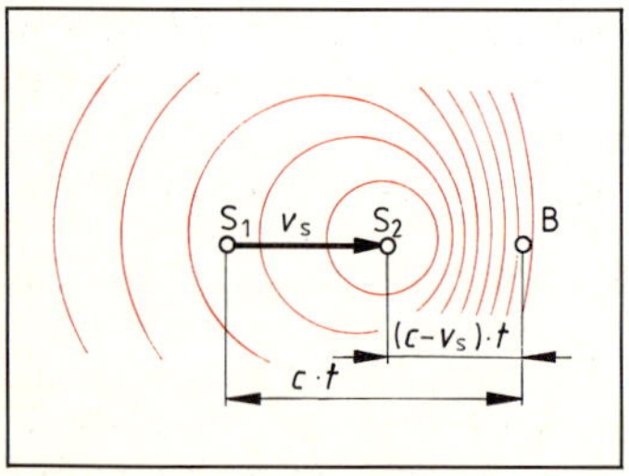

Abb. 3 Dopplereffekt bei bewegtem Wellenzentrum

Bewegt sich dagegen der Schallsender S mit der Geschwindigkeit v_S auf den Beobachter B zu (Abb. 3), so erfüllen nach der Zeit t alle Wellen, die bei ruhendem Zentrum die Strecke $c \cdot t$ einnehmen, die um den Weg $S_1S_2 = v_S \cdot t$ verkürzte Strecke $S_2B = (c - v_S)\,t$. Deshalb stellt auch der Beobachter eine verkürzte Wellenlänge λ_B fest. Man erhält sie als Quotient der Strecke S_2B und der Zahl $f_S \cdot t$ der in ihr enthaltenen Wellen: $\lambda_B = \frac{(c - v_S)\,t}{f_S \cdot t} = \frac{c - v_S}{f_S}$. Daraus folgt die beobachtete Frequenz f_B nach der Gleichung $f_B = c/\lambda_B$. Auch hier ändert sich nur das Vorzeichen von v_S, wenn sich das Wellenzentrum vom Beobachter weg bewegt.

Dopplerfrequenz bei bewegtem Wellenzentrum: $f_B = \frac{c \cdot f_S}{c \mp v_S} = \frac{f_S}{1 \mp v_S/c}$

Es ist also nicht gleich, ob sich die Schallquelle oder der Beobachter bewegt.

6.3.2 Stehende Schallwellen und Tonerreger

Einen Schall, der von einer Schallwelle mit einer einzigen Frequenz angeregt wird, nennt man einen **Ton.** Zur Erzeugung benutzt man am einfachsten einen elektrischen Tongenerator mit einem Schallkopf. Die Frequenz läßt sich mit elektrischen Schaltelementen in weiten Grenzen verändern. Mit einem solchen Schallkopf kann man auch stehende Schallwellen erzeugen.

V1

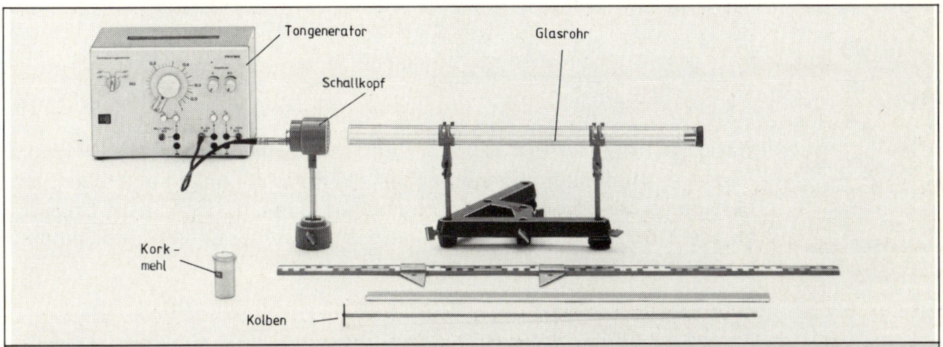

(Abb. 1): Eine horizontale Glasröhre ist auf der einen Seite mit einer verschiebbaren Scheibe abgeschlossen. Vor dem anderen offenen Ende befindet sich ein Schallkopf, der mit einem Tongenerator angeregt wird. Im Innern der Röhre ist feines Korkmehl verteilt. Erzeugt man mit dem Schallkopf einen Ton und bringt man die Schwingungen in der Luftsäule durch Verschieben der Scheibe oder durch Verändern der Anregungsfrequenz zur Resonanz, so sammelt sich das Korkmehl in einzelnen kleinen Häufchen, die gegenseitig gleichen Abstand haben.

Die vom Schallkopf ausgehende Welle wird an der festen Scheibe reflektiert. Durch Überlagerung der ankommenden und der reflektierten Welle bildet sich eine stehende Welle. An den Geschwindigkeitsbäuchen, an denen sich die Luft hin- und herbewegt, fegt sie das Korkmehl weg und sammelt es an den Stellen, an denen die Luft ruhig bleibt und sich nur der Druck ändert, nämlich an den Geschwindigkeitsknoten oder Druckbäuchen. Der Abstand zweier aufeinander folgenden Korkhäufchen entspricht dem Abstand zweier Knoten und ist daher eine halbe Wellenlänge.

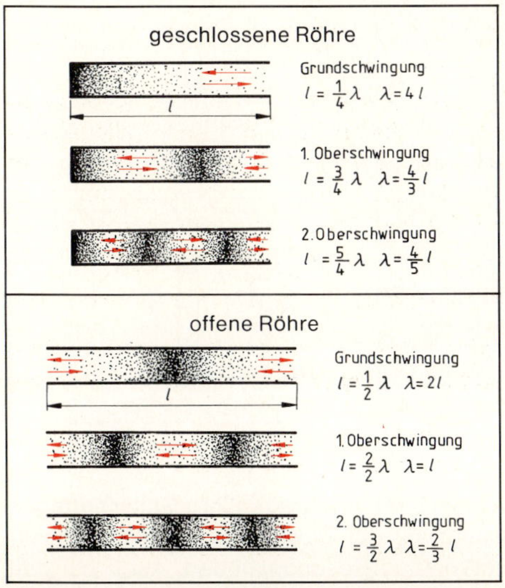

Abb. 2 Grund- und Oberschwingungen bei einer einseitig geschlossenen Röhre

Am offenen Ende erzeugt der Schallkopf immer einen Geschwindigkeitsbauch. Bei der niedrigsten Frequenz, bei der die Korkhäufchen entstehen, ergibt sich nur noch ein Geschwindigkeitsknoten am geschlossenen Ende. Diese Frequenz ist die Grundfrequenz. Bei höheren Frequenzen entstehen Oberschwingungen mit weiteren Knoten und Bäuchen (Abb. 2). Die Länge der Röhre ist in den einzelnen Fällen:

$$l = \frac{1}{4}\lambda, \frac{3}{4}\lambda, \frac{5}{4}\lambda \text{ usw.}$$

Durch das Mitschwingen der Luftsäule wird der vom Schallkopf ausgehende Ton merklich lauter. Auf diesem Prinzip beruhen alle Pfeifen, bei denen an einem Ende ein Ton durch die Schwingung eines Blättchens oder einer Zunge angeregt wird und die Luftsäule im Innern der Pfeife mitschwingt.

Auch bei gespannten Saiten kann man ähnlich wie bei einem Seil stehende Wellen erzeugen. Man braucht keinen Tonerreger; es genügt die Saite an geeigneter Stelle durch Zupfen oder Streichen aus der Ruhelage zu entfernen.

V2

(Abb. 3): Eine Saite ist mit Hilfe einer Vorrichtung gespannt und wird in ihrer Mitte durch Zupfen angeregt. Es bildet sich eine stehende Welle mit den Knoten an den Enden und einem Schwingungsbauch in der Mitte. Erhöht man die Spannkraft in der Saite durch Anziehen einer Spannschraube, so steigt die Tonhöhe. Zupft man die Saite an anderer Stelle, so erhält man die gleiche Tonhöhe; an einigen Stellen erklingt der Ton jedoch verändert.

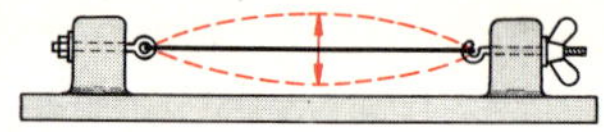

Abb. 3 Gespannte Saite

Wenn die Saite in der Mitte gezupft wird, schwingt sie im wesentlichen in der Grundfrequenz. Zupft man dagegen außerhalb der Mitte an, so entstehen auch Oberschwingungen, die in der Mitte einen Knoten haben. Das Ohr hört diesen Unterschied in der Zusammensetzung des entstehenden Klanges aus seiner Grund- und seinen Oberschwingungen als Veränderung in der Klangfarbe.

Die Grundfrequenz einer Saite bestimmt ihre Tonhöhe, die Oberschwingungen die Klangfarbe.

Dieser Satz gilt nicht nur für Saiten, sondern für alle Tonerreger. Die verschiedenen Musikinstrumente klingen beim gleichen Ton nur deshalb verschieden, weil sich der gleichen Grundfrequenz verschiedene Oberschwingungen überlagern. Schwingende Saiten sind die Tonerreger in vielen Musikinstrumenten, wie z. B. bei der Harfe, der Laute, der Violine oder im Klavier.

Auch Stäbe und Platten können zu stehenden Wellen angeregt werden.

V3

Wenn eine Stimmgabel angeschlagen wird, ertönt ein Ton. Er verstummt, wenn die Gabel am oberen Ende B (Abb. 4) berührt wird, er erklingt aber weiter bei einer Berührung an der Stelle K. B sind Bäuche, K Knoten der schwingenden Gabel.

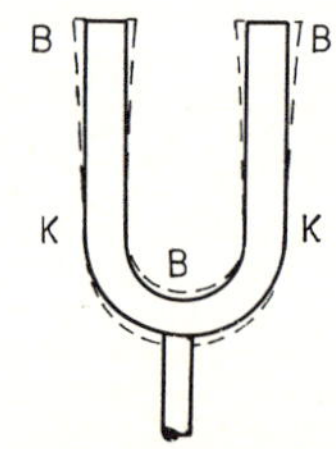

Abb. 4 Stimmgabel

Bringt man unter eine in der Mitte eingespannte runde oder rechteckige Platte einen Schallkopf (Abb. 5), so wird diese bei bestimmten Frequenzen zum Mitschwingen angeregt. Streut man Korkmehl auf die Platte, so erkennt man deutlich die Stellen der Knotenlinien, weil sich dort das Korkmehl sammelt, während es an den Schwingungsbäuchen weggeschüttelt wird. Ihre Lage und Form ändern sich, wenn man den Schallkopf verschiebt.

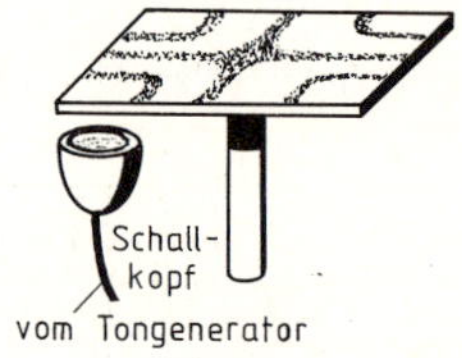

Abb. 5 Schwingende Platte

Stäbe und Platten, die zu stehenden Wellen angeregt sind, übertragen ihre Schwingungen mit großer Fläche auf die Luft. Daher benutzt man sie bei Glocken als kräftige Schallerreger, bei der Violine und im Klavier als verstärkende Resonanzböden. Auch bei den Blasinstrumenten spielen neben den schwingenden Luftsäulen mitschwingende trichterförmige Flächen eine Rolle.

Musikinstrumente

Die Eigenschwingungen von elastischen Zungen, Plättchen, gespannten Saiten und Luftsäulen bilden die Grundlage für den Bau der mannigfaltigen Musikinstrumente.

Bei einer Mundharmonika werden z. B. durch den Luftstrom des Anblasens Metallzungen zu Schwingungen angeregt, deren Eigenfrequenzen durch ihr Material, ihre Größe und Masse bedingt ist. Die Übertragung des erzeugten Schalls auf die umgebende Luft erfolgt jedoch besser bei größeren Platten oder Membranen. Schon bei den Holzplättchen eines Xylophons, die beim Anschlagen je nach ihrer Größe in verschiedener Tonhöhe erklingen, ist die Übertragung besser. Noch mehr trifft dies bei den großflächigen Anordnungen anderer Instrumente zu, z. B. beim Fell einer Trommel, bei den Membranen eines Lautsprechers, bei den Trichtern von Blasinstrumenten oder bei den schwingenden Erzgußmänteln einer Glocke.

Bei gespannten Saiten hängt die Tonhöhe von der Länge des Saitenstückes, vor allem aber von dessen Spannung ab. Auch bei Saiten benützt man zur besseren Übertragung auf die Luft Resonatoren oder Resonanzböden, wie z. B. bei der Laute, bei einer Geige oder beim Klavier.

Eine andere Gruppe von Musikinstrumenten benützt zur Tonerzeugung schwingende Luftsäulen, die z. B. bei Pfeifen durch die Lippen des Bläsers oder durch angeblasene elastische Zungen angeregt werden. Dazu gehören die Flöten, Oboen, Klarinetten und die Orgel. Auch bei der Tonerzeugung durch Hörner und Trompeten spielt neben dem schwingenden Tontrichter die mitschwingende Luftsäule eine maßgebende Rolle.

Aufgaben

1. *Welche Länge muß eine geschlossene Pfeife haben, damit sie beim Anblasen mit dem Kammerton $f = 440\,s^{-1}$ ertönt ($c = 340$ m/s).*

2. *Welche Entfernungen haben die Korkhäufchen in der Glasröhre des Versuchs 1, wenn im Schallkopf ein Ton mit der Frequenz 1000 Hz angeregt wird ($c_{Luft} = 340$ m/s)? Woher kommt es, daß die Korkhäufchen sich aus mehreren Teilanhäufungen zusammensetzen?*

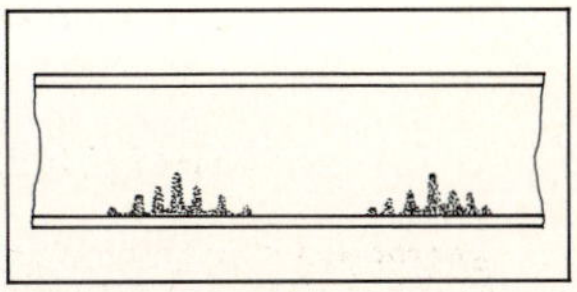

Abb. 6 Korkhäufchen in der Glasröhre des Versuchs 1

6.3.3 Die Größen der Schallmessung

Ein Maß für die Stärke eines Schalls sind die Druckänderungen, die beim Schall ebenso wie bei jeder Longitudinalwelle entstehen und sich mit der Welle ausbreiten. Da es sich dabei um rasch wechselnde Werte handelt, benutzt man den Mittelwert der Druckänderungen als **Schalldruck** (oder besser „Schallwechseldruck"). Wegen der kleinen Werte, die er annimmt, verwendet man als Einheit das Pascal: $1\,Pa = 1\,N/m^2 = 10^{-5}$ bar. Der vom Ohr wahrnehmbare Schalldruck erstreckt sich von etwa 10^{-5} Pa bis über 10 Pa.

Häufiger verwendet man jedoch die **Schallintensität** J, das ist der Quotient aus der Energie, die sich mit einer Schallwelle ausbreitet, und der Zeit und der Fläche, durch die sie sich ausbreitet:

$$J = \frac{W}{A \cdot t} = \frac{P}{A}$$

Als Einheit verwendet man entsprechend dem letzten Ausdruck $[J] = \mathrm{W/m^2}$. Das Ohr ist in der Lage, bei einer Schallfrequenz von 1000 Hz noch Schallintensitäten von nur $10^{-12}\,\mathrm{W/m^2}$ wahrzunehmen. Die obere Grenze liegt bei einer Intensität von etwa $1\,\mathrm{W/m^2}$, die bei kurzer Einwirkung das Ohr noch nicht schädigt, so daß der Umfang der wahrnehmbaren Schallintensitäten sich über 12 Zehnerpotenzen erstreckt.

In diesem großen Bereich kann das Ohr die Intensität zweier Schallwellen nur unterscheiden, wenn ihr Verhältnis einen bestimmen Mindestwert überschreitet. Weil es insgesamt nur etwa 120 Intensitätsstufen feststellen kann, hat man für sie eine Skala mit 120 Werten eingeführt und bezeichnet diese als **Schalldruckpegel** und eine Stufe als ein Dezi-Bel (dB). Die Beziehung zwischen dem Schalldruck, der Schallintensität und dem Schallpegel kann man übersichtlich an einem Diagramm ablesen (Abb. 1).

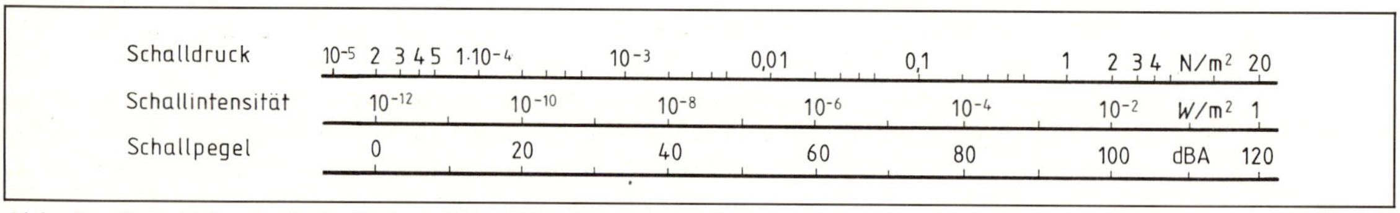

Abb. 1 Schalldruck, Schallintensität, Schallpegel

Mit einer Schallpegelmeßapparatur kann man die Schallempfindlichkeit des Ohres untersuchen. Vermindert man den Schallpegel, bis das Ohr keinen Schall mehr wahrnimmt, so kommt man an die **Hörschwelle.** Bei der Frequenz 1000 Hz liegt sie bei 0 dB, bei 100 Hz verschwindet die Schallempfindung schon bei 25 dB. Ein Ton mit gleichem Schallpegel wird bei verschiedenen Frequenzen nicht gleich laut empfunden. Die Schallempfindung des Ohres hängt also nicht nur vom Schallpegel, sondern auch von der Frequenz ab. Für die physiologische Schallempfindung, die **Lautstärke,** benötigt man daher noch ein weiteres Maß. Die Einheit der Lautstärke ist das dBA, das nahezu mit der jetzt nur noch für rein physiologische Messungen verwendeten Einheit „Phon" übereinstimmt. Die Hörschwelle liegt bei 0 dBA; zwei Schalleindrücke mit dem Lautstärkeunterschied 1 dBA kann man eben noch unterscheiden. Oberhalb von 120 dBA beginnt eine Schmerzempfindung. Zum Abschätzen der Lautstärke kann man die folgende Angabe verwenden:

Lautstärken in dBA (in Klammern: Entfernung der Schallquelle)	Hörschwelle	0	Werkzeugmaschine (2 m)	80
	Blätterrauschen	20	Motorrad ohne Schalldämpfer	100
	Leise Unterhaltung	40	Flugzeugmotor (10 m)	120
	Straßenlärm in einer Verkehrsstraße	60		

6.3.4 Lärm und Lärmabwehr

Unter Lärm versteht man jeden unerwünschten Schall, sei es, daß er zu laut oder unangenehm ist. Während man ihn früher hinnahm, hat man heute seine störenden und nervenschädigenden Wirkungen erkannt und sucht sie zu verhindern.

Das beste Mittel zur Lärmbeseitigung besteht darin, den Lärm gar nicht entstehen zu lassen. Man versieht z. B. Wagenräder mit einer Luftbereifung, man fertigt Zahnradgetriebe aus Kunststoff, man verhindert das geräuschvolle Austreten der Verbrennungsgase eines Motors durch einen Auspufftopf, oder man ersetzt bei der Werkstückbearbeitung das Hämmern durch Pressen oder Walzen. Eine solche vollkommene Lärmbeseitigung läßt sich aber nur in verhältnismäßig wenigen Fällen durchführen.

Wenn aber das Entstehen von Lärm unvermeidbar ist, so kann man seine störende Wirkung weitgehend vermeiden, wenn man seine Ausbreitung unterbindet. Zu diesem Zweck müssen die Auflagestellen der Lärmquelle, z. B. einer laufenden Maschine, gegen Körperschall isoliert werden, und die Lärmquelle selbst muß mit schalldämmenden Wänden umgeben werden, die die Ausbreitung des Luftschalls verhindern. Der ersten Aufgabe dienen z. B. eine Filzunterlage bei einer Schreibmaschine oder Kork- und Gummizwischenlage bei Maschinensockeln. Der Luftschalldämmung dienen vor allem schwere Wände; denn der Schall durchdringt Wände um so schlechter, je größer die Masse für 1 m^2 Wandfläche ist. Um auch im Raum der Lärmquelle selbst die Lautstärke des Lärms zu vermindern, kann man ihn mit schallschluckenden Stoffen (Nr. 6.3.5) auskleiden. Dadurch wird die auf die Wände fallende Schallenergie zum großen Teil absorbiert und nicht mehr reflektiert.

Am günstigsten sind eine porige Oberfläche auf der der Schallquelle zugewandten Seite und eine geschlossene Oberfläche auf der abgewandten Seite. Dann dringen die Schallwellen in die Öffnungen ein und verlieren durch vielfache Reflexion und Reibung ihre Energie. Günstig wirken sich auch mehrschichtige Wände aus, wobei abwechselnd auf feste, massive Schichten, poröse stark absorbierende Schichten folgen. Sehr nachteilig machen sich Spalten und Löcher bemerkbar, weil sie sich viel stärker auswirken, als es ihrer Fläche entspricht.

Zur Messung der **Schalldämmung** durch eine Trennwand zwischen zwei Räumen benutzt man als Maß den Unterschied der Schallpegel vor und hinter der Wand. Er ist vor allem bedingt durch das **Schalldämmaß** der Wand, daneben auch noch von der Schallabsorption im zweiten Raum. Läßt man den zweiten Anteil außer acht, so entspricht bei Tonfrequenzen um 1000 Hz die Schalldämmung etwa der Differenz der Lautstärken vor und hinter der Wand. So hört man z. B. ein Geräusch von 50 dBA bei Frequenzen um 1000 Hz hinter einer Wand mit dem Dämmaß 40 dB nur noch ganz schwach mit etwa 10 dBA.

Tabelle 1: Mittleres Dämmaß einiger Baustoffe in dB	Ziegelmauerwerk verputzt 25 cm	50	Strohmatte 5 cm	38
	Ziegelmauerwerk verputzt 12 cm	45	Doppeltür mit 12 cm Luft	bis 40
	Betonwand 20 cm	48	Einfache Holztür	20
	Betonwand 10 cm	42	Doppelfenster mit 12 cm Luft	bis 30
	Holzwollenmatte 8 cm	50	Einfachfenster	15

Tabelle 2: Erforderliches mittleres Dämmaß in dB	Krankenzimmerwände	50	Zwischenwände in Wohnungen	40
	Wohnungstrennwand	48	Zimmerdecken	52
	Außenmauern	48	Türen	30
	Zwischenwände in Schulen	42	Fenster	25

Aufgabe

Welchen Zweck hat der Gummiwulst an der Kante einer Autotür?

6.3.5 Nachhall und Raumakustik

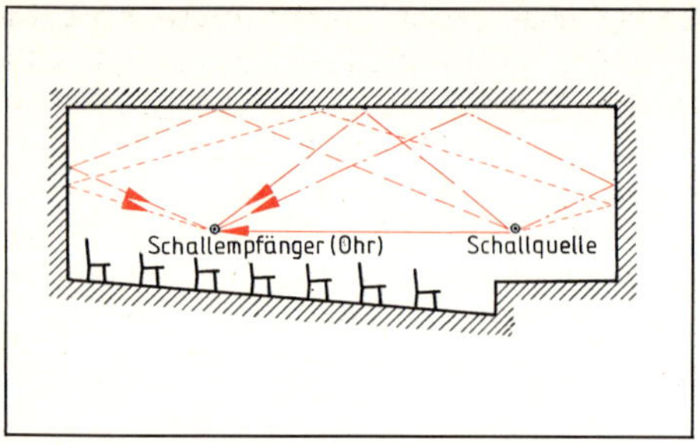

Abb. 1 Direkter Schallweg (Vollinie), einige indirekte Schallwege (unterbrochene Linien) in einem Vortragsraum

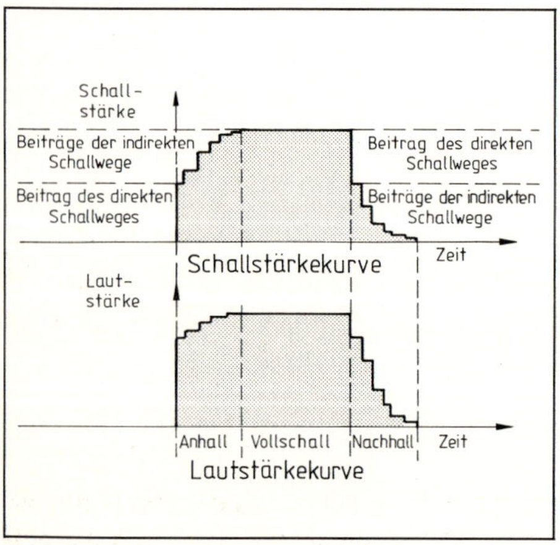

Abb. 2 Schall- und Lautstärkekurven bei An- und Nachhall

In Kirchen, Versammlungsräumen, Theatern und Kinos muß man Sorge tragen, daß das vorgetragene Wort gut verstanden oder die dargebotene Musik klangschön gehört werden kann. Entscheidend dafür ist die Nachhallzeit im betreffenden Raum.

Die erste Schallwahrnehmung des Ohres wird durch die auf dem direkten Weg zum Ohr gelangten Schallwellen hervorgerufen (Abb. 1). Danach kommen aber noch an den Wänden und Decken einfach und mehrfach zurückgeworfene Wellen und verstärken nacheinander den Schalleindruck, bis er zur vollen Stärke angewachsen ist. Man bezeichnet diesen Vorgang als **Anhall.** Nach dem Verstummen der Schallquelle hören auch in derselben Reihenfolge die auf den verschiedenen Wegen übermittelten Schallempfindungen auf. Dieses allmähliche Verlöschen bezeichnet man als **Nachhall.** Die Schallstärkekurve hat ungefähr den in Abb. 2 dargestellten Verlauf. Wegen der nicht genau der Schallstärke proportionalen Lautstärkeempfindlichkeit des Ohres wird jedoch beim Anhall das Anwachsen der Schallstärke kaum bemerkt; der Anhall wird fast genau wie der Vollschall aufgenommen. Der Nachhall wird aber aus dem gleichen Grund stärker empfunden, als es seiner Schallstärke entspricht. Dadurch wird die Zeit der Schallempfindung verlängert, was für die gute Akustik eines Raumes wesentlich ist.

Die Nachhalldauer ist stark davon abhängig, welchen Teil der auftreffenden Schallenergie die Wand reflektiert und welchen Teil sie verschluckt. Man bezeichnet das meist in % ausgedrückte Verhältnis der verschluckten zur auftreffenden Energie als **Schallschluckzahl.** Poröse Stoffe haben eine große, glatter Beton hat eine kleine Schluckzahl. Daher ist der Nachhall in Räumen mit unverkleideten Betonwänden sehr groß; man kann ihn aber auch fast ganz beseitigen, wenn man einen Raum im Innern mit stark schallschluckenden Stoffen auskleidet (z. B. in den „schalltoten“ Räumen beim Rundfunk).

Weil bei der Schallschluckung Resonanzvorgänge mitwirken, ist die Schluckzahl für verschiedene Frequenzen nicht gleich.

Tabelle 1: Schluckzahlen in %	Frequenz	128	256	512	1024	2048	4096
	Putz	1	3	4	5	8	10
	Schalldämmplatte	38	53	43	37	45	47
	Holzfußboden	3	4	6	12	16	17
	Teppich	4	4	15	29	52	59

Ohne die Hilfe der reflektierten Schallwellen würde der Ton wie im Freien rasch mit zunehmender Entfernung von der Schallquelle abnehmen. Dagegen würde ein zu starker und zu langer Nachhall die Sprache unverständlich machen. Die günstigste Nachhalldauer ist in großen Räumen und für Musik länger als in kleinen Räumen und für Sprache.

Wie die Entstehung des Nachhalls zeigt, wächst seine Dauer mit zunehmender Länge der Schallwege, also mit der Größe des Raumes. Er nimmt mit wachsender Schallschluckung der Wände ab; würden sie die ganze auftreffende Schallenergie verschlucken, so gäbe es keinen Nachhall. Da man die Schluckzahlen der Baustoffe und die Laufzeit des Schalls kennt, kann man durch Anbringen von geeigneten Verkleidungen an entsprechenden Stellen den Nachhall für jede Stelle eines Raumes auf die günstigste Stärke und Zeitdauer bringen, so daß eine gute Raumakustik entsteht.

Tabelle 2: Günstigste Nachhalldauer in s	Raumgröße in m^3	100	1000	10 000
	bei Rede	0,5	0,7	1,0
	bei Musik	1,0	1,3	1,6

6.3.6 Wohlklang und Schallwahrnehmung

Die Schallempfindung ist nicht nur durch die Lautstärke, sondern auch durch die Art des Schalls bestimmt. Bei gleicher Lautstärke empfindet das Ohr ein Geräusch als störend, einen Knall als unangenehm, den Klang eines Musikinstruments dagegen als angenehm.

Wenn ein Schall ungewollt beim Zusammenstoß oder Aneinanderreiben zweier Körper entsteht, wird die Luft in unregelmäßige Schwingungen mit sehr verschiedenen Frequenzen versetzt. Solche Gemische von Schallwellen unterschiedlicher Frequenzen empfinden wir als Geräusche oder, wenn sie stark und von kurzer Dauer sind, als Knall. Ein **reiner Ton** besteht dagegen nur aus der Schwingung einer Frequenz. Aus der Überlagerung weniger Töne entsteht ein **Klang.** Solange die Frequenz eines Tones im Hörbereich liegt, wird er vom Ohr angenehm empfunden. Mehrere Töne klingen aber nicht immer in angenehmer Weise zusammen: Es kann ein harmonischer oder ein disharmonischer Klang (Konsonanz, Dissonanz) entstehen. Für das Zusammenklingen mehrerer Töne hat man aus der Erfahrung folgende einfache Regel gefunden.

Zwei Töne klingen harmonisch zusammen, wenn ihre Frequenzen sich wie einfache ganze Zahlen verhalten.

Am besten klingen demnach Töne zusammen, deren Schwingungszahlen sich wie 1 : 2 verhalten. Das Verhältnis der Frequenzen zweier Töne bezeichnet man als ihr akustisches Intervall. Die Intervalle mit den einfachsten Zahlen erhielten besondere Namen. So nennt man das Verhältnis 1 : 2 die Oktave, 5 : 4 die Terz, 4 : 3 die Quart, 3 : 2 die Quint und 5 : 3 die Sext. Ausgehend von einem beliebigen Grundton kann man zu ihm eine Reihe von höheren Tönen erzeugen, die mit ihm einfache akustische Intervalle einschließen. Geht man von dem genormten Grundton mit der Frequenz 440 Hz aus, so erhält man die Tonleitern der Musik. Tabelle 1 enthält die Zahlen über die Durtonleiter.

Tabelle 1: Die Töne der Durtonleiter	Tonbezeichnung	c	d	e	f	g	a	h	c
	Frequenz	264	297	330	352	396	440	495	528
	relative Verhältniszahl	24	27	30	32	36	40	45	48
	Intervall zum Grundton	1 : 1	9 : 8	5 : 4	4 : 3	3 : 2	5 : 3	15 : 8	2 : 1
	Intervallbezeichnung	Grundton	Sekunde	Terz	Quart	Quint	Sext	Septime	Oktave

Das Sinnesorgan, das uns alle Schallwahrnehmungen vermittelt, ist das Ohr. Wie schon aus den Angaben des Abschnitts Nr. 6.3.3 hervorgeht, besitzt es eine außerordentliche Empfindlichkeit. Sein Bau muß daher auch so gestaltet sein, daß die geringen wahrnehmbaren Schallintensitäten schon eine Reizwirkung hervorrufen.

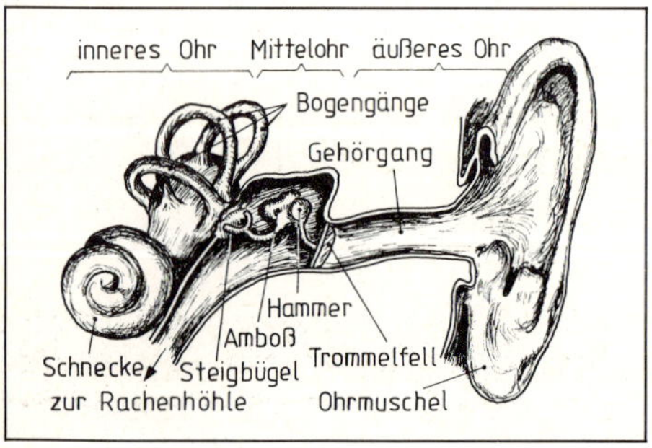

Abb. 1 Das Ohr

Abb. 1 zeigt den Bau des Ohres. Die Schallwellen werden von der Ohrmuschel aufgefangen und dringen durch den Gehörgang zum Trommelfell. Von ihm werden sie über die Gehörknöchelchen zum Innenohr übertragen, wo sie von dem eigentlichen Gehörorgan, der Schnecke, aufgenommen werden. Sie enthält zahlreiche Fasern, von denen bei jedem Ton eine in Resonanz mitschwingt. Klänge und zusammengesetzte Geräusche werden in ihre Frequenzen aufgelöst. Ein Ton, der die Fasern zum Mitschwingen bringt, löst einen Reiz aus, der von Nerven dem Gehirn zugeleitet und dort zum Bewußtsein gebracht wird.

7 Optik

7.1 Licht als Energiestrom

7.1.1 Licht und seine Ausbreitung

Bei Nacht oder in einem dunklen Zimmer können wir keine Gegenstände sehen. Dies ist erst möglich, wenn von der Sonne oder einer Lampe ausgehendes **Licht** die Gegenstände beleuchtet. Ein Teil des Lichtes wird zurückgeworfen, fällt in unser Auge und wird von ihm durch einen hervorgerufenen Reiz wahrgenommen.

Unter Licht versteht man die physikalische Erscheinung, die eine Reizwirkung auf unser Auge ausübt.

Meistens entsteht Licht beim Erhitzen eines Körpers auf hohe Temperaturen aus Wärme. Umgekehrt kann aber auch Licht Wärmewirkungen hervorrufen. Da jedoch Licht fast immer zusammen mit Wärmestrahlung (Nr. 5.5.3) auftritt, läßt sich die aus Licht entstehende Wärme nur schwer getrennt nachweisen. Entladungsröhren und Glühlampen zeigen, daß Licht auch direkt oder indirekt aus elektrischer Energie erzeugt werden kann. In den Lichtbatterien der Satelliten benutzt man den umgekehrten Vorgang und erzeugt aus Licht die elektrische Energie zum Betrieb der Sendeanlagen. Licht kann also aus anderen Energiearten entstehen oder in andere Energiearten umgewandelt werden. Nach Nr. 1.7.3 folgt daraus, daß das Licht eine Energieart ist.

Wie in Nr. 7.3.1 noch näher beschrieben wird, breitet sich das Licht von der Lichtquelle in Form einer Welle aus. Ihre Wellenlängen sind sehr klein. Die Fortpflanzungsgeschwindigkeit ist dagegen sehr groß. Sie beträgt im Vakuum und auch in Luft fast genau 300 000 km/s.

Das Licht ist eine Energieart, die sich als Welle mit einer Fortpflanzungsgeschwindigkeit von 300 000 km/s ausbreitet.

In anderen durchsichtigen Stoffen ist die Lichtgeschwindigkeit kleiner; z. B. in Wasser nur 225 000 km/s oder in Glas etwa 200 000 km/s. Von zwei Stoffen bezeichnet man den als den optisch dünneren, in dem das Licht die größere Geschwindigkeit besitzt, den anderen als den optisch dichteren.

Das Licht entsteht aus anderen Energieformen in den **Lichtquellen,** die zum Teil von sich aus Licht aussenden, wie die Sonne, oder die erst künstlich zum Leuchten gebracht werden müssen, wie die elektrische Glühlampe. Das Licht kann direkt in unser Auge gelangen; dann können wir die Lichtquelle sehen. Es kann aber auch zuerst andere Gegenstände treffen; dann können wir diese erkennen, weil ein Teil des auffallenden Lichtes nach allen Seiten zurückgeworfen wird und unser Auge erreicht.

Wir können nur Gegenstände sehen, wenn von ihnen ausgehende oder zurückgeworfene Lichtstrahlen in unser Auge gelangen.

Körper, die wie Glas beinahe alles auffallende Licht hindurchlassen, können wir deshalb nur schwer erkennen.

V1

(Abb. 1): Als Lichtquelle verwenden wir eine Experimentierleuchte für physikalische Versuche. Sie besteht aus einer Glühlampe in einem lichtdichten Gehäuse mit einer Öffnung, in die eine Glasscheibe, eine Linse oder eine Blende eingesetzt werden kann, um das austretende Licht zu beeinflussen oder zu begrenzen.

Wir setzen in die Öffnung eine enge Lochblende und machen das austretende Licht mit Kreidestaub oder Tabakrauch sichtbar. Es erfüllt eine mit zunehmender Entfernung von der Blendenöffnung breiter werdende, geradlinige Spur.

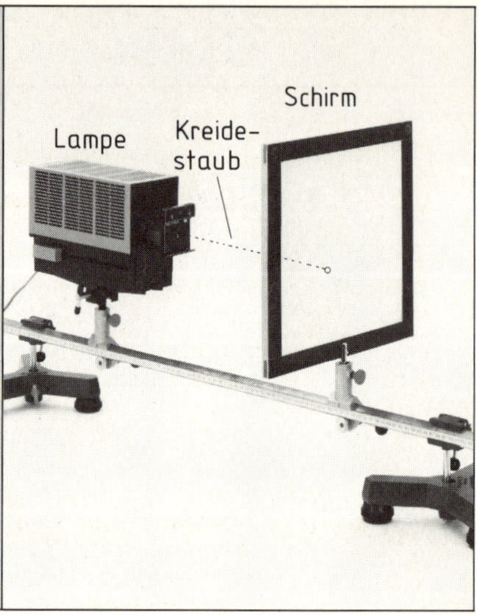

Abb. 1 Erzeugung eines „Lichtstrahls“

V2

(Abb. 2): Jetzt lassen wir das Licht durch eine enge waagerechte Schlitzblende austreten und dann streifend auf einen Schirm fallen. Es entsteht auf ihm eine Spur, die mit zunehmender Entfernung von der Leuchte breiter wird, sonst aber genau geradlinig verläuft.

Ergebnis
Das Licht breitet sich von der Lichtquelle in Luft geradlinig aus.

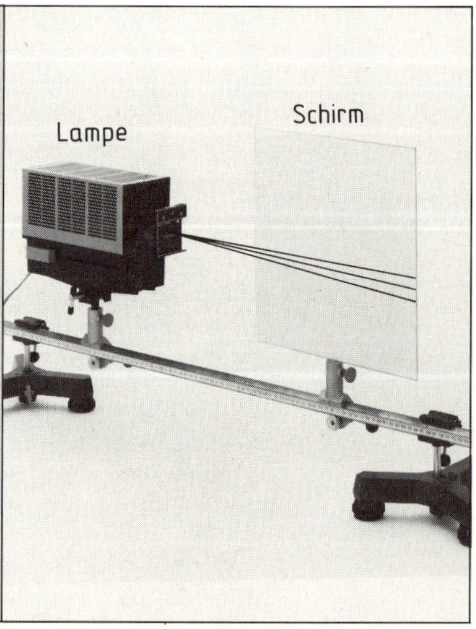

Abb. 2 Geradlinige Ausbreitung des Lichts

Abb. 3 Schattenwurf

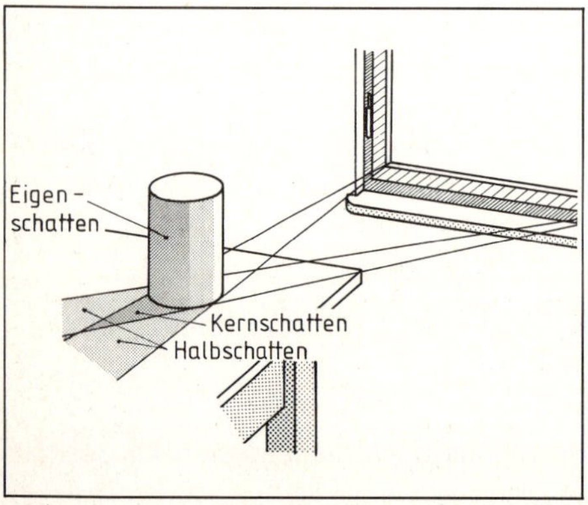

Besonders deutlich erkennt man auch ohne Versuch die geradlinige Ausbreitung des Lichts an der Schattenbildung. Stellt man dem Licht einen lichtundurchlässigen Körper in den Weg, so ist es hinter ihm dunkel. Der Schatten auf dem Körper heißt Eigenschatten, der Schatten, den er auf einen anderen Körper wirft, heißt Schlagschatten. Beide sind nur bei einer punktförmigen Lichtquelle scharf begrenzt. Bei einer ausgedehnten Lichtquelle, z. B. einem Fenster (Abb. 3), wird der Kernschatten, in den gar kein Licht gelangt, umsäumt vom Halbschatten, in den nur von einem Teil der Lichtquelle Strahlen gelangen können.

Daß die Lichtausbreitung auch im luftleeren Raum außerhalb unserer Atmosphäre geradlinig erfolgt, zeigt die Entstehung der Sonnen- und Mondfinsternisse und die Möglichkeit, ihr Eintreten aufgrund der geradlinigen Lichtausbreitung genau vorauszuberechnen.

Das Licht breitet sich im leeren Raum oder in homogenen, lichtdurchlässigen Stoffen geradlinig aus.

Fällt Licht auf einen Gegenstand, so wird ein Teil zurückgeworfen, der den Körper für uns sichtbar macht, wenn er in unser Auge gelangt. Der andere Teil dringt in den Körper ein und wird entweder vollständig verschluckt und dabei in Wärme umgewandelt, oder er durchdringt den Körper und tritt wieder aus, wenn dieser durchsichtig oder durchscheinend ist.

Aufgabe

Erklären Sie anhand einer Zeichnung das Zustandekommen einer Sonnen- und einer Mondfinsternis.

Warum kommen solche Finsternisse nicht regelmäßig bei jedem Umlauf des Mondes um die Erde vor?

7.1.2 Größen und Einheiten der Optik und Beleuchtungstechnik

Festsetzung:

Teilt man die von einer Lichtquelle ausgehende Lichtmenge durch die Zeit, in der sie ausgestrahlt wird, so erhält man den **Lichtstrom.** Man mißt ihn in **Lumen (lm).** Von dieser Einheit gewinnt man am besten eine Vorstellung aus der Angabe des Lichtstromes, der von den gebräuchlichen Glühlampen und Leuchtstofflampen erzeugt wird.

Tabelle 1: Mittlerer Lichtstrom von Glüh- und Leuchtstofflampen

Glühlampen					
Leistung in W	Lichtstrom bei 220 V in lm	Leistung in W	Lichtstrom bei 220 V in lm	Leistung in W	Lichtstrom bei 220 V in lm
15	120	75	960	300	5 000
25	230	100	1380	500	8 400
40	430	150	2220	1000	18 800
60	730	200	3150	2000	40 000

Leuchtstofflampen	Standardlampen 38 mm ∅		
Gesamtleistung (m. Drossel) in W	25	51	78
Lichtstrom (Tageslicht) in lm	850	2150	3300
Lichtstrom (Weiß) in lm	1250	3200	5100
Lichtstrom (Warmton) in lm	800	2000	3300

Leuchtstofflampen	Verbesserte Lampen 26 mm ∅		
Gesamtleistung (m. Drossel) in W	23	47	71
Lichtstrom (Tageslicht) in lm	1350	3200	5100
Lichtstrom (Weiß) in lm	1450	3450	5400
Lichtstrom (Warmton) in lm	1450	3450	5400

Das Licht wird von einer Lichtquelle aber nicht gleichmäßig nach allen Seiten ausgestrahlt. Ihre Form, ihre Fassung und Halterung, schließlich ihre Umkleidung mit Glasglocken, Schirmen und Strahlern bedingen stark wechselnde Ausstrahlstärken nach den verschiedenen Richtungen. Aus diesem Grunde benutzt die Beleuchtungstechnik für die in eine bestimmte Richtung ausgesandte Lichtstromdichte die Bezeichnung **Lichtstärke** I mit der Einheit **Candela (cd)**[1]. Da man sie nicht auf andere physikalische Größen zurückführen kann, ist die Lichtstärke nach der Länge, der Zeit, der Masse, der Temperatur eine weitere Basisgröße und die Candela eine Basiseinheit.

Abb. 1 Lichtverteilungskurve einer Glühlampe von 1000 lm

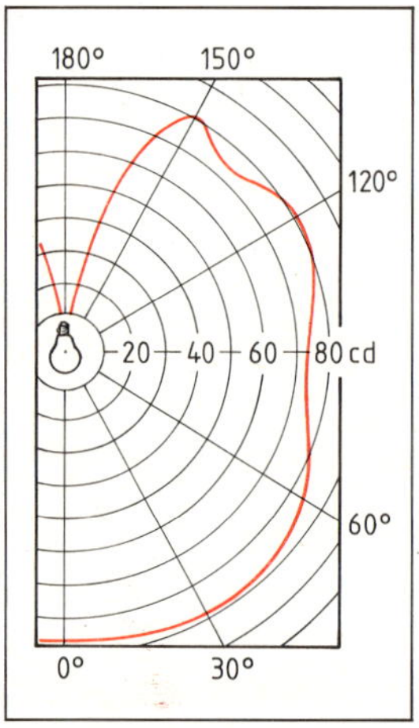

Trifft bei einer Lichtquelle in 1 m Entfernung der Lichtstrom 1 lm auf eine 1 m^2 große, auf ihm senkrecht stehende Fläche, so ist die in dieser Richtung vorhandene Lichtstärke 1 cd. Sie entspricht ungefähr der Lichtstärke, die eine mittlere Wachskerze in waagerechter Richtung aussendet. Schwächere Glühlampen strahlen nach unten ungefähr so viele cd, stärkere etwas mehr, als ihrer Wattzahl entspricht. Einen Überblick über die Verteilung der Lichtstärken einer Lampe auf die verschiedenen Richtungen erhält man aus ihrer Lichtverteilungskurve. Sie entsteht, wenn man nach allen Richtungen die zugehörigen Lichtstärken als Pfeile aufträgt und ihre Spitzen danach durch eine Kurve verbindet. Abb. 1 zeigt die Lichtverteilungskurve einer innenmattierten Glühlampe von 1000 lm. Schräg nach unten strahlt die Lampe eine Lichtstärke von 85 cd aus. Senkrecht nach unten nimmt die Lichtstärke etwas ab, weil die strahlende Fläche wegen der länglichen Form der Birne etwas kleiner wird. Am kleinsten ist sie wegen des Sockels senkrecht nach oben.

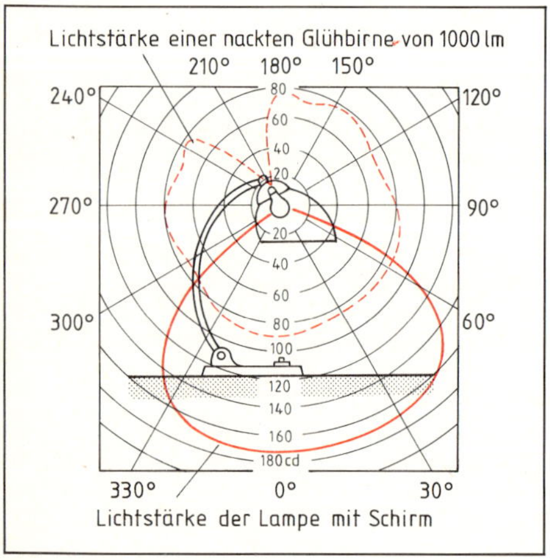

Abb. 2 Lichtverteilungskurve einer Lampe ohne und mit Schirm

Die Lichtstärke einer Leuchte kann man verändern, indem man durch zweckmäßige Schirme das Licht in die Richtung lenkt, wo es am wertvollsten ist. In dieser Richtung wächst dadurch die Lichtstärke, in anderen Richtungen aber, in denen der Schirm das Licht abfängt, nimmt sie ab (Abb. 2).

Ein Gegenstand ist um so besser zu erkennen, je größer der Anteil des Lichtstromes ist, der auf 1 m^2 seiner Oberfläche auftrifft. Man erhält ihn, indem man den gesamten auftreffenden Lichtstrom Φ durch den Inhalt A der getroffenen Fläche dividiert. Diesen Quotienten bezeichnet man als **Beleuchtungsstärke.**

$$\text{Beleuchtungsstärke} = \frac{\text{auffallender Lichtstrom}}{\text{beleuchtete Fläche}} \qquad E = \frac{\Phi}{A}$$

Als Einheit dient das **Lux (lx).** 1 lx ist die Beleuchtungsstärke, die der Lichtstrom 1 lm beim Auftreffen auf 1 m^2 erzeugt: 1 lx = 1 lm/m^2.

1 Die genaue Festlegung der Candela kann hier nicht verwendet werden, weil dafür nicht alle Voraussetzungen behandelt werden. Sie wird deshalb nur angegeben: 1 Candela ist die Lichtstärke einer Strahlungsquelle, die monochromatisches Licht der Wellenlänge $\lambda = 555$ nm von der Strahlstärke 1/683 W/sr ausstrahlt.

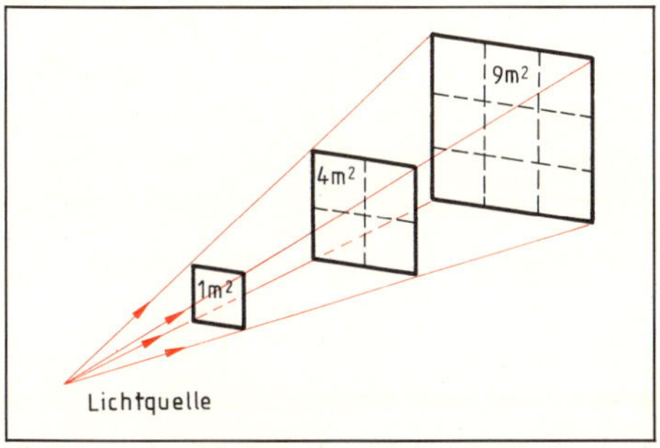

Abb. 3 Abnahme der Beleuchtungsstärke mit der Entfernung

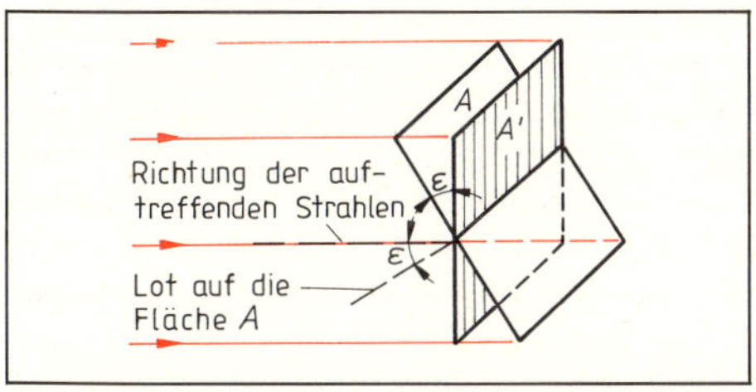

Abb. 4 Abnahme der Beleuchtungsstärke bei schrägem Auftreffen der Lichtstrahlen

Der Lichtstrom, der in einer bestimmten Entfernung auf eine Fläche von 1 m² auftifft (Abb. 3), fällt in der doppelten Entfernung schon auf 4 m², in der dreifachen Entfernung auf 9 m² usw. Der Lichtstrom, der auf 1 m² fällt, ist daher in der doppelten Entfernung nur der vierte, in der dreifachen Entfernung nur der neunte Teil des in der einfachen Entfernung auftreffenden Lichtstromes; dementsprechend nimmt die Beleuchtungsstärke in gleicher Weise ab. Auch wenn die Fläche nicht senkrecht vom Lichtstrom getroffen wird, nimmt die Beleuchtungsstärke ab, weil dann die Fläche A (Abb. 4) nur so viel Licht erhält wie die kleinere Fläche A' bei senkrechtem Einfall.

Die Abhängigkeit der Beleuchtungsstärke von der Entfernung r und dem Auftreffwinkel ε kann man durch eine Formel ausdrücken:

$$\text{Beleuchtungsstärke} = \frac{\text{Lichtstärke} \cdot \cos\varepsilon}{\text{Entfernung}^2}$$

$$E = \frac{I \cdot \cos\varepsilon}{r^2} \qquad \text{lx} = \frac{\text{lm}}{\text{m}^2}$$

Diese zweite Formel für die Beleuchtungsstärke verwendet man bei bekannter Lichtstärke I.

Beispiel Welche Beleuchtungsstärke erzeugt eine 60-Watt-Lampe auf der Mitte und am Rand eines darunter befindlichen Tisches (Maße siehe Abb. 5)?

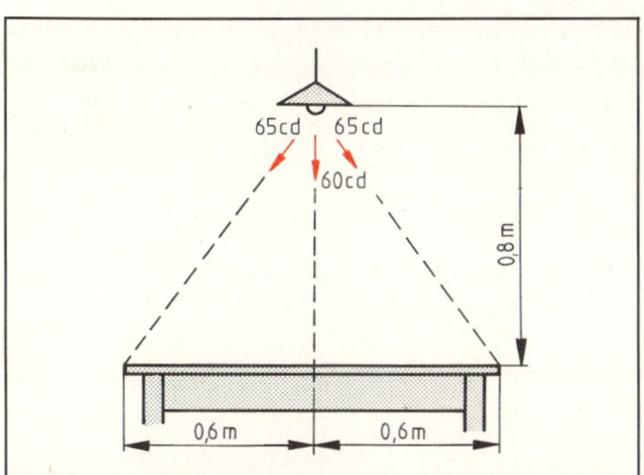

Abb. 5 Zu Beispiel 1

Beleuchtungsstärke in der Mitte des Tisches:

$$I = 60\,\text{cd}$$
$$\varepsilon = 0°$$
$$\cos\varepsilon = 1$$
$$r = 0{,}8\,\text{m}$$
$$E_A = \frac{60\,\text{cd}}{(0{,}8\,\text{m})^2} = \underline{94\,\text{lx}}$$

Beleuchtungsstärke am Rand des Tisches:

$$I = 65\,\text{cd}$$
$$r = \sqrt{(0{,}6\,\text{m})^2 + (0{,}8\,\text{m})^2} = 1\,\text{m}$$
$$\cos\varepsilon = \frac{0{,}8\,\text{m}}{1{,}0\,\text{m}} = 0{,}8$$
$$E_B = \frac{65\,\text{cd} \cdot 0{,}8}{(1\,\text{m})^2} = \underline{52\,\text{lx}}$$

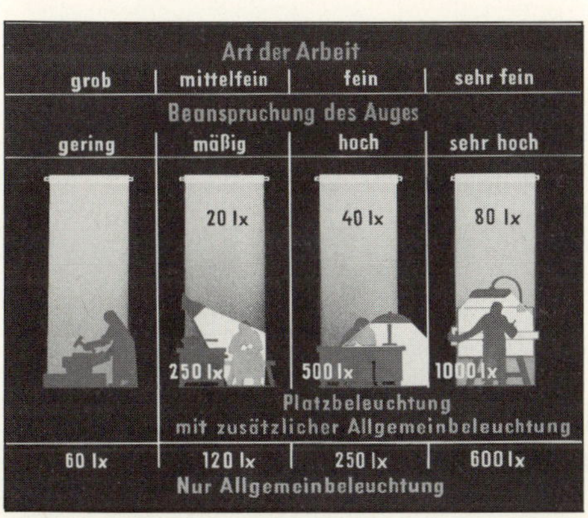

Abb. 6 Erforderliche Beleuchtungsstärken

Schon bei einer Beleuchtungsstärke von wenigen Lux kann das Auge etwas erkennen, aber zum Arbeiten sind je nach der Art der Arbeit viel höhere Beleuchtungsstärken erforderlich. Früher wurden oft aus falscher Sparsamkeit zu kleine Beleuchtungsstärken angewendet, was eine Schädigung oder mindestens eine vorzeitige Ermüdung des Auges zur Folge hatte. Für feinere Arbeiten wäre auch die Beleuchtungsstärke der 60-Watt-Lampe im obigen Beispiel zu gering. Entweder wäre eine stärkere Lampe erforderlich, oder die Entfernung zwischen Lampe und Tisch müßte vermindert werden, um mindestens 250 lx zu erzielen. Abb. 6 u. Tab. 2 zeigen, welche Beleuchtungsstärken in verschiedenen Fällen nach den neuen Normen erforderlich sind.

Tabelle 2: Beleuchtungsstärken	Natürliche Beleuchtungsstärke in lx	Sonnenlicht: Juni 12^h Dezember 12^h		bis 100 000 bis 9 000
		Tageslicht bei bedecktem Himmel: Juni Dezember		4000 ... 20 000 900 ... 2 000
	Erforderliche Beleuchtungsstärken bei künstlicher Beleuchtung in lx	Hauptstraßen in Großstädten Sonstige Hauptstraßen, Lagerplätze Neben- und Siedlungsstraßen Treppenhäuser, Bahnsteige		7,5 ... 30 1 ... 7,5 0,5 ... 1,5 7,5 ... 15
	Innenbeleuchtung für:		bei Allgemeinbeleuchtung	bei Platzbeleuchtung
		Grobe Arbeit (Amboß, Gießerei, Kesselraum)	60 ... 120	–
		Mittelfeine Arbeit (Grobmontage, automatische Maschinen)	120 ... 250	250 ... 500
		Feine Arbeit (Feinmontage, Schreiben, Wohnräume)	250 ... 500	500 ... 1000
		Sehr feine Arbeit (Feinmechanik, Polieren, Zeichnen)	600 ... 1000	1000 ... 2000

Die zweite Formel zur Berechnung der Beleuchtungsstärke wird verwendet, wenn – wie im angeführten Beispiel – die durch direktes Licht erzeugte Beleuchtungsstärke in Rechnung steht. Die Formel berücksichtigt aber nicht das von der Decke und den Wänden **reflektierte** Licht, das auch noch zur Gesamtbeleuchtung beiträgt. Soll auch dieser Anteil in Rechnung gesetzt werden, so verwendet man die erste Formel. Käme der ganze Lichtstrom Φ der Lampen direkt oder nach einigen Reflexionen auch indirekt auf die Arbeitsfläche A, so wäre die Beleuchtungsstärke $E = \Phi / A$. Weil aber ein Teil des Lichtstromes vom Schirm der Leuchte und von den Wänden verschluckt wird, ist die Beleuchtungsstärke kleiner.

Man berücksichtigt diesen Umstand, indem man in die Formel den Beleuchtungswirkungsgrad η einführt, der Werte zwischen 0 % und 100 % annehmen kann:

$$E = \eta \cdot \frac{\Phi}{A} \quad \text{oder:} \quad \Phi = \frac{E \cdot A}{\eta}$$

η hängt dabei ab von den Eigenschaften der Leuchte, vom Reflexionsvermögen der Decken und Wände und von der Form des Raumes. In günstigen Fällen steigt η bis auf 60 %, bei indirekter Beleuchtung und dunklen Wänden sinkt η dagegen unter 10 %.

Eine gute Beleuchtung darf nicht blenden. Die **Blendung** entsteht, wenn von einer Fläche mit hoher Leuchtdichte zu viel Licht in unser Auge gelangt. Dies ist besonders dann der Fall, wenn Licht direkt von einer hellen Lichtquelle in unser Auge gelangt. Es gibt drei Möglichkeiten, dies zu verhindern. Entweder man bringt an der „nackten" Leuchte einen Schirm an, der den direkten Weg der Strahlen zum Auge unterbricht, oder man umkleidet die Leuchte mit einer durchscheinenden Hülle, so daß die Leuchtfläche vergrößert wird, bis ihre geringe Leuchtdichte nicht mehr blendet. Der dritte Weg ist der der indirekten Beleuchtung. Man strahlt eine hell getünchte Fläche an und benutzt ausschließlich das von ihr zurückgestrahlte Licht, während das direkte Licht von einem Schirm abgefangen wird. Dieses Verfahren vermeidet zwar die Blendung am besten; um jedoch eine ausreichende Beleuchtungsstärke zu erzielen, sind wesentlich stärkere Leuchten erforderlich als bei den beiden ersten Möglichkeiten zum Beheben der Blendung.

Das Licht einer Tageslichtlampe empfindet man bei einer Beleuchtungsstärke von 20 ... 50 lx als „blau“ oder „kalt“, während dieselbe Lampe bei 500 ... 1000 lx eine gute und angenehme Beleuchtung erzeugt. Dagegen empfindet man gelbes Licht bei niedriger Beleuchtungsstärke als angenehm „warm“, während es bei hoher Beleuchtungsstärke unangenehm farbig wirkt. Deshalb wählt man bei Beleuchtungsstärken bis zu 50 lx die Farbe des Lichtes rötlichgelb, zwischen 50 lx und 500 lx gelblich und über 500 lx weiß oder bläulich. Für manche Anwendungen (z. B. Farbprüfung), bei denen unbedingt auf vollkommene Farbtreue geachtet werden muß, wird unabhängig von der Beleuchtungsstärke ein dem Tageslicht möglichst entsprechendes Licht angestrebt.

Aufgaben

1. *Eine Kugelleuchte, die nach allen Seiten die gleiche Lichtstärke 90 cd besitzt, hängt 2,4 m über dem Boden eines Zimmers. Welche Beleuchtungsstärke entsteht (ohne Berücksichtigung des von Decke und Wänden reflektierten Lichtes)*
a) senkrecht unter der Lampe auf dem Boden,
b) senkrecht unter der Lampe auf einem 0,8 m hohen Tisch,
c) auf einem 3 m seitlich gelegenen Punkt des Bodens,
d) auf dem Tisch, wenn er 3 m zur Seite gerückt wird?

2. *Welche mittlere Beleuchtungsstärke erzeugt eine Leuchte mit einer 200-Watt-Glühlampe für 220 V (benutzen Sie Tab. 1), die in der Mitte der Decke eines Zimmers von 3,5 · 4,5 m² angebracht ist, bei einem Wirkungsgrad $\eta = 35\,\%$? Vergleichen Sie damit die größte direkte Beleuchtungsstärke auf der Arbeitsfläche, 1,7 m senkrecht unter der Lampe (Lichtstärke in dieser Richtung 280 cd) und die kleinste direkte Beleuchtungsstärke auf dem in der Zimmerecke gelegenen Punkt der Arbeitsfläche (Lichtstärke 265 cd).*

3. *Für eine Projektion wird eine Xenonlampe verwendet, bei der es durch die Fassung, den Reflektor und den Kondensator erreicht wird, daß 55 % des gesamten Lichtstromes das Dia gleichmäßig durchleuchten, wobei davon noch weitere 25 % absorbiert werden. Mit den übrig bleibenden 30 % des Lichtstroms soll das Bildformat von 3,6 · 2,4 m² auf der Projektionswand mindestens mit der Beleuchtungsstärke 250 lx ausgeleuchtet werden. Welchen Lichtstrom muß die Projektionslampe mindestens ausstrahlen?*

4. *Stellen Sie die wichtigsten Ursachen zusammen, die den Beleuchtungswirkungsgrad vermindern.*

7.2 Geometrische Optik

7.2.1 Reflexion des Lichtes

Beobachtung

Fällt Licht auf einen rauhen Gegenstand, so kann man ihn aus allen Richtungen sehen, weil ein Teil des auffallenden Lichtes nach allen Seiten zurückgeworfen (reflektiert) wird. Betrachtet man dagegen eine glatte polierte Fläche, so gibt es eine bestimmte Richtung, in der sie bei auffallendem Sonnenlicht besonders hell glänzt. Die auffallenden Sonnenstrahlen werden in diese Richtung zurückgeworfen.

Der folgende Versuch läßt den gesetzmäßigen Zusammenhang zwischen den Richtungen des einfallenden und des zurückgeworfenen Strahles erkennen.

V

(Abb. 1): Aus dem parallelen Lichtbündel, das man mittels einer Experimentierleuchte erzeugt, wird ein schmaler Lichtstrahl ausgeblendet. Er trifft auf einen Spiegel, der an einer drehbaren Winkelscheibe befestigt ist, und wird an ihm reflektiert. Man erkennt nur dann die Spuren beider Strahlen, wenn der ankommende Strahl flach streifend auf die Scheibe trifft. Dann liegen beide Strahlen nahezu in der Ebene der Scheibe, die auch das Lot zur Spiegelfläche enthält.

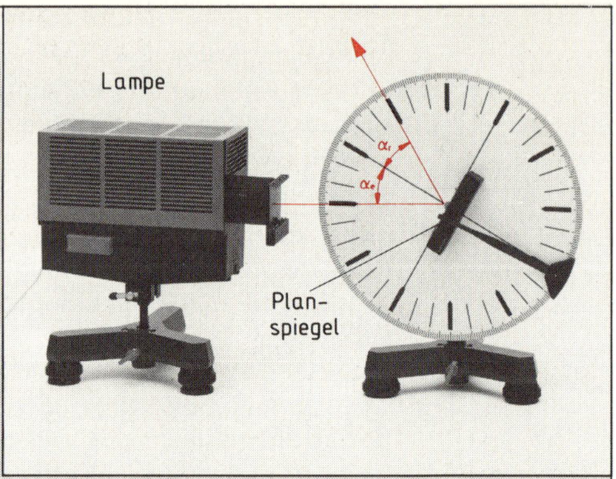

Abb. 1 Versuch zur Ableitung des Reflexionsgesetzes

1. Ergebnis

Der einfallende Strahl, der reflektierte Strahl und das Lot zur Spiegelfläche liegen in einer Ebene.

Man mißt bei verschiedenen Stellungen der Scheibe den Einfallswinkel α_e zwischen dem einfallenden Strahl und dem Lot und den Reflexionswinkel α_r zwischen dem Lot und dem reflektierten Strahl.

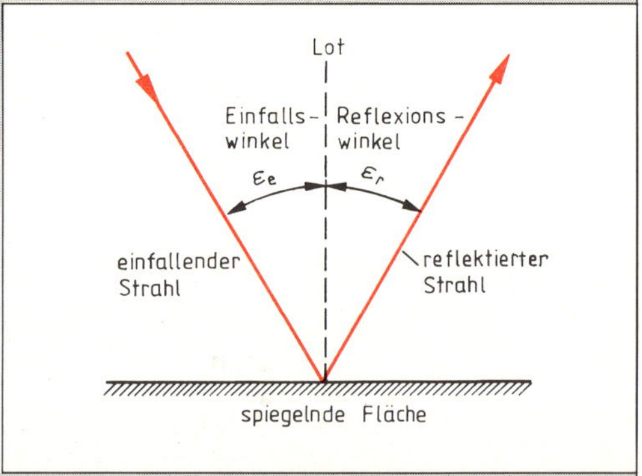

Abb. 2 Das Reflexionsgesetz

2. Ergebnis

Einfallswinkel und Reflexionswinkel sind gleich:

$$\alpha_e = \alpha_r$$

Dreht man den Spiegel bei festem Einfallsstrahl um einen Winkel δ, so vergrößern sich der Einfallswinkel und auch der Reflexionswinkel um δ, so daß sich der reflektierte Strahl um den Winkel 2δ dreht.

3. Ergebnis

Dreht sich bei festem Einfallsstrahl der Spiegel um einen Winkel δ, so dreht sich der reflektierte Strahl um 2δ.

Die ersten beiden Ergebnisse faßt man zusammen im **Reflexionsgesetz:**

Der einfallende und reflektierte Strahl liegen mit dem Lot zur Spiegelfläche so in einer Ebene, daß der Einfallswinkel und der Reflexionswinkel gleich sind.

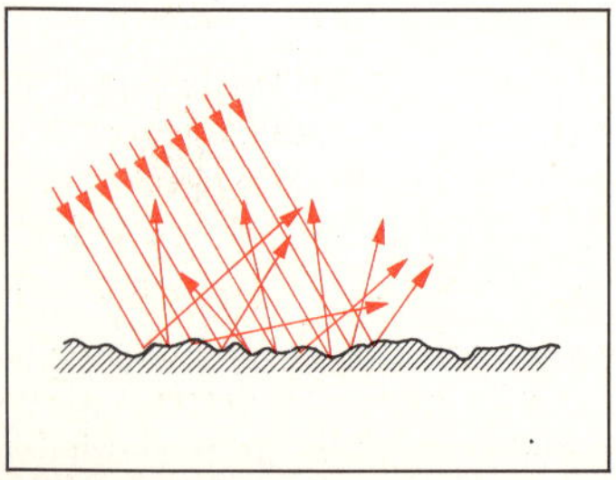

Abb. 3
Unregelmäßige Reflexion

Die unregelmäßige Reflexion an rauhen Flächen erklärt sich jetzt dadurch, daß sie sich aus zahlreichen kleinen glatten Flächenstückchen zusammensetzt, von denen jede das Licht nach einer anderen Seite zurückwirft (Abb. 3).

Nicht alle Flächen reflektieren in gleichem Maße. Selbst ein guter Spiegel wirft nur etwa 95 % des ankommenden Lichtes, eine weißgetünchte Wand 80 %, weißes Papier 70 %, eine farbige Tapete 15 ... 40 %, schwarzer Samt sogar nur 4 % zurück.

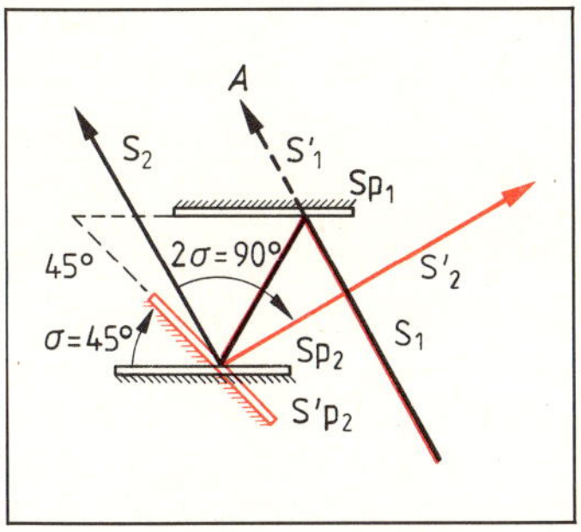

Das Gesetz über die Spiegelablenkung findet eine Anwendung beim **Winkelspiegel,** den man zum Abstecken von rechten Winkeln auf Baustellen und im Gelände benutzt: Sind die Spiegel Sp_1 und Sp_2 (Abb. 4) parallel, so ist auch der Strahl S_1 parallel zum Strahl S_2. Wird nun der Spiegel Sp_2 um $\sigma = 45°$ gedreht, so bildet die neue Strahlrichtung S_2' mit S_2 einen Winkel $2\sigma = 90°$. Während man über dem Spiegel Sp_1 einen Punkt in der Richtung S_1 erblickt, erscheint genau darunter im Spiegel ein Punkt aus der dazu senkrechten Richtung S_2.

Abb. 4 Winkelspiegel

7.2.2 Abbildung mit Spiegeln

Das Reflexionsgesetz macht nur eine Aussage über den Verlauf eines einzelnen Lichtstrahles. Die Hauptaufgabe der Optik ist aber die Untersuchung, wann optische Bilder entstehen und welche Eigenschaften sie besitzen.

Abbildung mit einem ebenen Spiegel

Die Lage des von einem ebenen Spiegel erzeugten Bildes findet man aus folgendem Versuch.

V1

(Abb. 1): Vor eine Glasscheibe wird eine brennende Kerze aufgestellt. Hinter der Scheibe verschiebt man jetzt eine zweite nicht brennende Kerze so lange, bis sich ihr Dochtende dort befindet, wo man das von der Glasscheibe erzeugte Spiegelbild der Kerzenflamme sieht. Nun scheint auch die hintere Kerze zu brennen. Die Verbindungslinie der Kerzen steht auf der Ebene der Glasscheibe senkrecht. Die Entfernung der hinteren Kerze und daher auch des Spiegelbildes der Kerzenflamme von der Glasscheibe ist ebenso groß wie die der vorderen Kerze.

Ergebnis
Das Spiegelbild der Kerzenflamme ist ebensogroß wie der Gegenstand und befindet sich ebensoweit hinter dem Spiegel, wie der Gegenstand sich davor befindet.

Abb. 1 Lage des Spiegelbildes (virtuelles Bild)

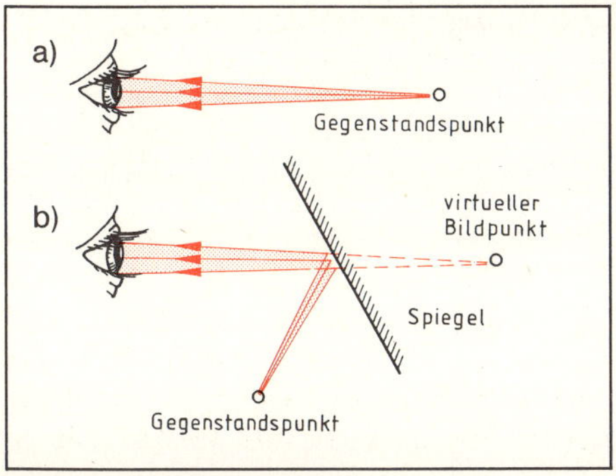

Abb. 2 Strahlenverlauf beim Sehen eines Gegenstandes und eines Spiegelbildes

Dieses Ergebnis folgt unmittelbar aus dem Reflexionsgesetz, wenn man sich klar macht, an welcher Stelle das Auge einen Gegenstand oder ein Bild wahrnimmt.

Beim unmittelbaren Betrachten eines Gegenstandes erkennt das Auge einen Gegenstandspunkt an der Stelle, von der die ins Auge kommenden Strahlen herkommen, also in deren Schnittpunkt (Abb. 2 a). Dasselbe gilt auch beim Betrachten eines Spiegelbildes: Das Auge vermutet den Gegenstand im Schnittpunkt der ankommenden Strahlen (Abb. 2 b). Da man diesen Punkt aber nur erhält, wenn man die Strahlen über den Spiegel hinaus nach rückwärts verlängert, ist das kein reeller Gegenstandspunkt wie beim unmittelbaren Betrachten, sondern ein virtueller Bildpunkt.

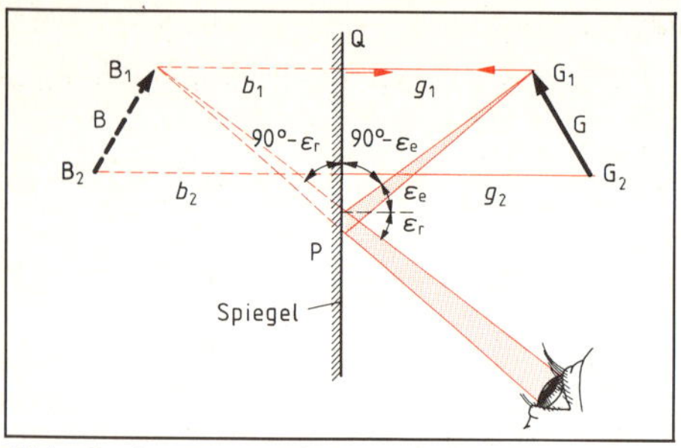

Abb. 3 Lage und Größe des Spiegelbildes

Die Lage und Größe des Spiegelbildes findet man aus Abb. 3. Wählt man aus den Strahlen, die von einem Punkt G_1 des Gegenstandes G auf einen Spiegel fallen, den senkrecht auftreffenden Strahl G_1Q und einen beliebigen Strahl G_1P aus und verlängert man die reflektierten Strahlen nach rückwärts, bis sie sich im Bildpunkt B_1 schneiden, so folgt aus dem Reflexionsgesetz die Kongruenz der Dreiecke G_1QP und B_1QP. Der Bildpunkt liegt also auf dem Lot ebenso weit hinter dem Spiegel wie der Gegenstand davor liegt. Die Gegenstandsweite g_1 und die Bildweite b_1 sind gleich groß. Die gleichen Überlegungen lassen erkennen, daß für den Bildpunkt B_2 des Gegenstandspunktes G_2 ebenfalls die Bildweite b_2 und die Gegenstandsweite g_2 gleich sind und daß auch die Bildgröße $B = B_1B_2$ mit der Gegenstandsgröße $G = G_1G_2$ übereinstimmt.

Bildweite = Gegenstandsweite	$b = g$
Bildgröße = Gegenstandsgröße	$B = G$

Ein ebener Spiegel erzeugt ein virtuelles Bild. Es liegt auf dem Lot von Gegenstand zum Spiegel ebenso weit hinter dem Spiegel, wie der Gegenstand davor liegt. Bild und Gegenstand sind gleich groß. Dabei sind rechts und links vertauscht.

Aufgaben

1. *Ein Spiegel soll gerade so groß sein, daß eine Person von 172 cm Größe und 160 cm Augenhöhe sich ganz in ihm sehen kann. Bestimmen Sie durch Zeichnung die Höhe des Spiegels und die Höhe des unteren und oberen Randes über dem Boden. Versuchen Sie die Frage auch rechnerisch (mit dem Satz über die Mittelparallele) zu lösen.*

2. *Ein Beobachter bringt sein Auge zwischen zwei parallel angeordnete ebene Spiegel. Wie ist es zu erklären, daß er sich in beiden Spiegeln ungezählte Male in immer größerer Entfernung sehen kann?*

3. *Bringt man das Gesicht vor eine Anordnung von zwei Spiegeln, die miteinander einen Winkel von 90° einschließen, so erkennt das Auge außer den beiden Spiegelbildern ein drittes Bild, bei dem rechte und linke Seite nicht wie bei den beiden Spiegelbildern vertauscht sind. Erklären Sie die Entstehung dieses dritten Bildes mit Hilfe der Abb. 4.*

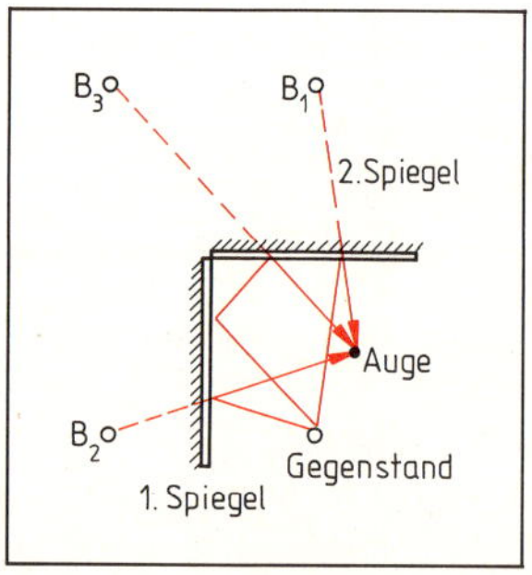

Abb. 4 Zu Aufgabe 3

Reflexion und Abbildung mit gekrümmten Spiegeln

Um die Gesetzmäßigkeiten der Reflexion an gekrümmten Spiegeln zu erkennen, machen wir den folgenden Versuch.

V2

(Abb. 5 u. 6): Wir blenden aus dem (mit einer Linse) parallel gerichteten Licht einer Experimentierleuchte mehrere (im Versuch: sieben) parallele Strahlen aus und lassen sie auf ein gebogenes, spiegelndes Metallband auftreffen. Bei der Reflexion an der hohlen Seite werden die Strahlen in einem Punkt vereinigt (Hohl- oder Sammelspiegel). Bei der Reflexion an der gewölbten Seite werden die Strahlen zerstreut und scheinen von einem Punkt hinter dem Spiegel herzukommen (Zerstreuungs- oder Konvexspiegel).

Ergebnis
Parallele Strahlen werden durch die Reflexion an einem hohlen Spiegelband in einem Punkt vereinigt, durch die Reflexion an einem gewölbten Band zerstreut.

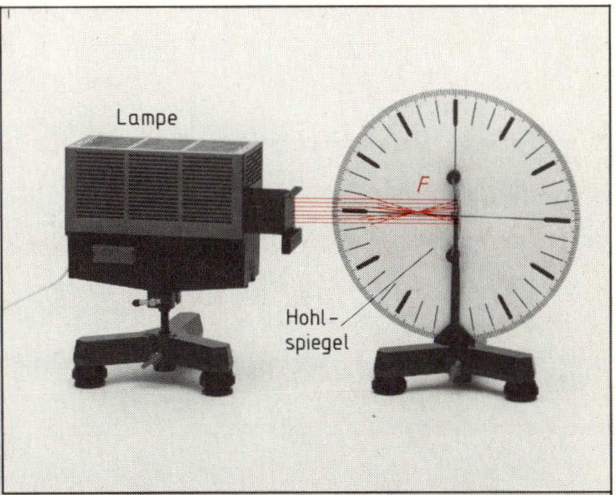

Abb. 5 Versuch zum Sammelspiegel (Konkavspiegel)

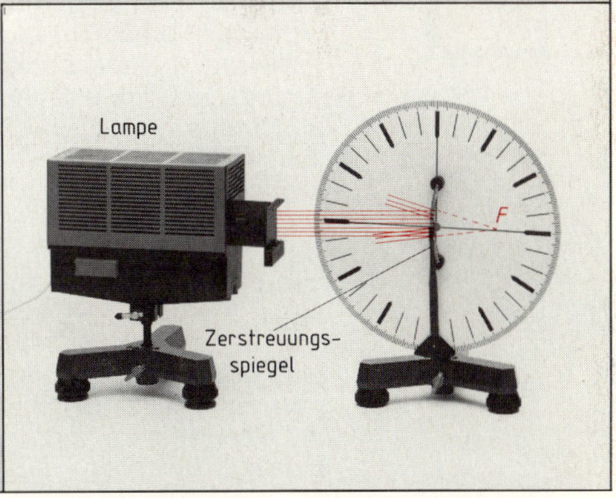

Abb. 6 Versuch zum Zerstreuungsspiegel (Konvexspiegel)

Ähnlich wie der Metallstreifen wirkt auch ein allseitig gekrümmter Ausschnitt aus einer Kugeloberfläche. Beim **Hohl-, Sammel- oder Konkavspiegel** ist die hohle Seite spiegelnd; beim **Zerstreuungs- oder Konvexspiegel** erfolgt die Reflexion an der erhabenen Seite (Abb. 7). Die Verbindungslinie des Kugelmittelpunktes M mit dem Scheitelpunkt S des Spiegels heißt optische Achse (Abb. 8).

Treffen Sonnenstrahlen parallel zur optischen Achse auf einen Sammelspiegel, so werden sie ebenso wie die Strahlen der Experimentierleuchte in einem kleinen Fleck vereinigt. Er ist das Bild, das der Spiegel von der Sonne entwirft. Die Wärmewirkung der gesammelten Sonnenstrahlen ist dort so groß, daß ein Stückchen Papier zu glimmen anfängt. Deshalb heißt der dort liegende Achsenpunkt **Brennpunkt** F und seine Entfernung vom Spiegelscheitel S **Brennweite** f.

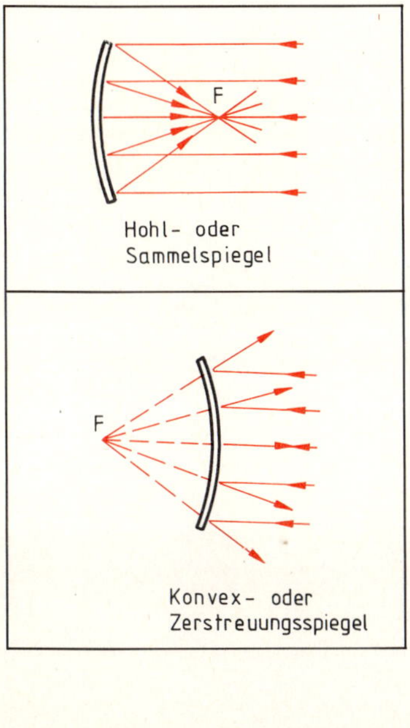

Abb. 7 Sammel- und Zerstreuungsspiegel

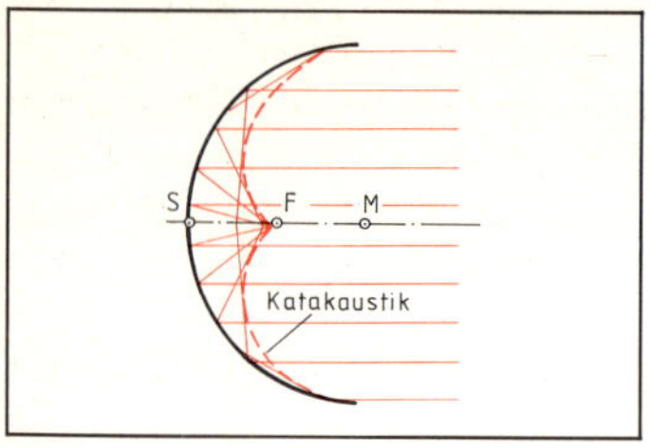

Abb. 8
Entstehung der Brennlinie

Die Vereinigung von achsenparallelen Strahlen im Brennpunkt gilt nur für den mittleren Teil des Kugelspiegels. Achsenparallele Randstrahlen treffen die Achse in einem Punkt zwischen S und F (Abb. 8). Wo sich die reflektierten Randstrahlen überdecken, entsteht eine helle Brennlinie, die K a t a k a u s t i k. Man erkennt sie z. B., wenn Sonnenstrahlen in ein reflektierendes Gefäß (Tasse) fallen. Eine vollkommene Vereinigung auch der achsenparallelen Randstrahlen besitzt ein Parabolspiegel (Abb. 9).

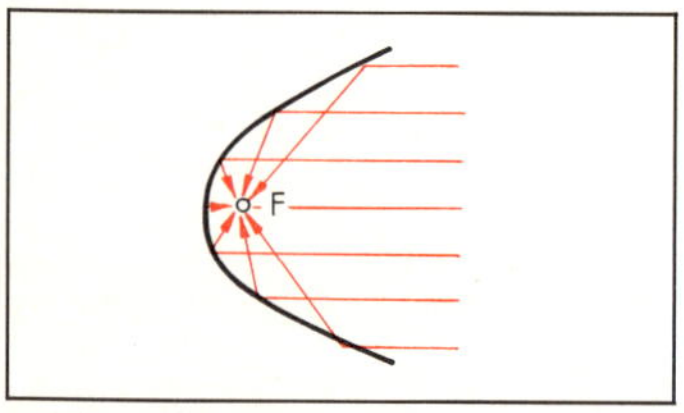

Abb. 9 Parabolspiegel

Rechnerische Bildermittlung

Um nicht nur die Reflexion einzelner Strahlen, sondern die Bilderzeugung mit einem Hohlspiegel zu untersuchen, führen wir den folgenden Versuch aus.

V3

(Abb. 10): Wir entfernen bei der Experimentierleuchte die Linse, die bei Versuch 2 die Strahlen parallel richtete, und ersetzen die Schlitzblende durch eine Pfeilblende. Dann verschieben wir einen Bildschirm so lange, bis auf ihm ein scharfes Bild des Pfeiles erscheint. Bei einem Spiegel mit $f = 15$ cm Brennweite mißt man mehrere zusammengehörige Gegenstandsweiten g (Entfernung von der Pfeilblende zum Spiegel), Bildweiten b (Entfernung des scharfen Pfeilbildes vom Spiegel) und Bildgrößen B (Länge des Pfeilbildes). Die Größe G der Pfeilblende ist immer $G = 34$ mm. Wir erhalten folgende Wertetabelle:

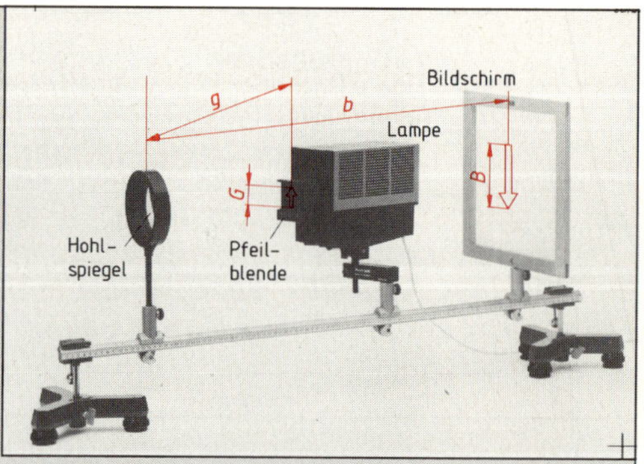

Abb. 10 Ableitung des Abbildungsgesetzes beim Hohlspiegel

g in m	b in m	f in m	$\frac{1}{g}$ in $\frac{1}{\text{m}}$	$\frac{1}{b}$ in $\frac{1}{\text{m}}$	$\frac{1}{g}+\frac{1}{b}$ in $\frac{1}{\text{m}}$	$\frac{1}{f}$ in $\frac{1}{\text{m}}$	G in mm	B in mm	$\frac{G}{B}$	$\frac{g}{b}$
1,0	0,18	0,15	1,00	5,56	6,56	6,67	34	6	5,67	5,56
0,6	0,20	0,15	1,67	5,00	6,67	6,67	34	11	3,09	3,00
0,4	0,24	0,15	2,50	4,17	6,67	6,67	34	20	1,70	1,67
0,3	0,31	0,15	3,33	3,22	6,55	6,67	34	34	1,00	0,97
0,2	0,58	0,15	5,00	1,72	6,72	6,67	34	100	0,34	0,34

Ergebnis
Aus dem Vergleich der Spalte $\frac{1}{g}+\frac{1}{b}$ mit der Spalte $\frac{1}{f}$ und aus dem Vergleich der beiden letzten Spalten folgen die beiden Formeln:

Abbildungsgleichung: $\frac{1}{g}+\frac{1}{b}=\frac{1}{f}$

Abbildungsmaßstab: $\frac{G}{B}=\frac{g}{b}$

Beide Formeln gelten auch für einen **Zerstreuungsspiegel.** Dabei muß man aber in der Abbildungsgleichung f **negativ** einsetzen. Ergibt sich für b ein negativer Wert, so liegt das Bild hinter dem Spiegel. Man bezeichnet es wie bei Versuch (1) als **virtuell.** Ein solches Bild kann man nicht auf einem Schirm auffangen, weil sich nur die Verlängerungen der Lichtstrahlen treffen. Zum Unterschied davon bezeichnet man die im Versuch auf einem Schirm aufgefangenen Bilder als **reell.** Bei ihnen schneiden sich die Strahlen wirklich.

Die Formel für den Abbildungsmaßstab zeigt, daß man immer dann vergrößerte Bilder erhält, wenn die Bildweite b größer als die Gegenstandsweite g ist.

Zeichnerische Bildermittlung

Auch bei gekrümmten Spiegeln kann man die Größe und Lage des Bildes durch geometrische Konstruktion ermitteln:

Nach dem Ergebnis des Versuchs 2 gehen Strahlen, die achsenparallel auf den Spiegel treffen, nach der Reflexion durch den Brennpunkt. Weil der Strahlenverlauf vom Durchlaufsinn unabhängig ist, gilt auch die Umkehrung für Brennstrahlen, die vom Brennpunkt kommen oder deren Verlängerungen durch den Brennpunkt gehen.

Achsenparallel ankommende Strahlen werden Brennstrahlen. Brennstrahlen werden achsenparallel.

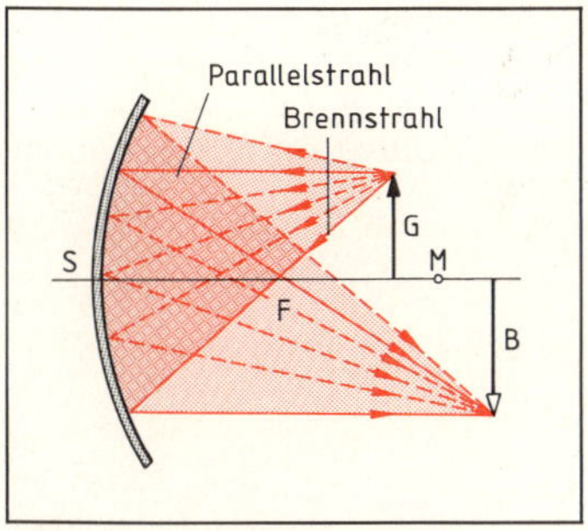

Abb. 11 Bildkonstruktion beim Hohlspiegel

Mit diesen Regeln kann man zu einem Gegenstand G die Lage und die Größe des Bildes B konstruieren. Unter den vielen Strahlen, die vom Gegenstand ausgehen, wählt man zur Konstruktion den achsenparallelen Strahl und den Brennpunktstrahl (Abb. 11). In der Abb. sind auch noch andere Strahlen punktiert eingezeichnet. (Die Konstruktion ist nicht sehr genau, da achsennahe Strahlen schlechte Schnittpunkte liefern, achsenferne Strahlen aber oft nicht genau durch den Bildpunkt gehen.)

Beispiel Jemand betrachtet sich in einem Rasierspiegel von $f = 15$ cm Brennweite. Wievielmal ist das Bild vergrößert, wenn die Entfernung vom Gesicht bis zum Spiegel 12 cm beträgt?

$$\frac{1}{g} + \frac{1}{b} = \frac{1}{f} \qquad \frac{1}{b} = \frac{1}{f} - \frac{1}{g} = \frac{g-f}{g \cdot f}$$

$$b = \frac{g \cdot f}{g - f} = \frac{12\,\text{cm} \cdot 15\,\text{cm}}{12\,\text{cm} - 15\,\text{cm}} = \frac{12 \cdot 15}{-3}\,\text{cm} = \underline{\underline{-60\,\text{cm}}}$$

Weil b negativ ist, entsteht ein virtuelles Bild 60 cm hinter dem Spiegel.

$$\frac{B}{G} = \frac{b}{g} = \frac{60\,\text{cm}}{12\,\text{cm}} = \underline{\underline{5}}$$

Das Bild ist 5fach vergrößert.

Aufgaben

4. Ein Autorückspiegel besitzt die Brennweite $f = -40$ cm. Wie groß ist das Bild eines Mannes (1,80 m), der hinter dem Auto in 6 m Entfernung vom Spiegel die Straße überschreitet?

5. Welche Brennweite hat ein Hohlspiegel, der eine 1 m entfernte Lampe auf eine Wand in 2,5 m Entfernung scharf abbildet? Wie groß ist das Bild der Lampe, wenn diese 20 cm hoch ist?

6. Bei einem Hohlspiegel ist die Brennweite die Hälfte des Krümmungsradius $f = \frac{r}{2}$. Wo muß die Lichtquelle bei einer Hohlhalbkugel angebracht werden, damit sie als Scheinwerfer ein (nahezu) paralleles Lichtbündel ausstrahlt? Warum ist hierzu ein Parabolspiegel besser geeignet?

7.2.3 Brechung des Lichtes (Refraktion)

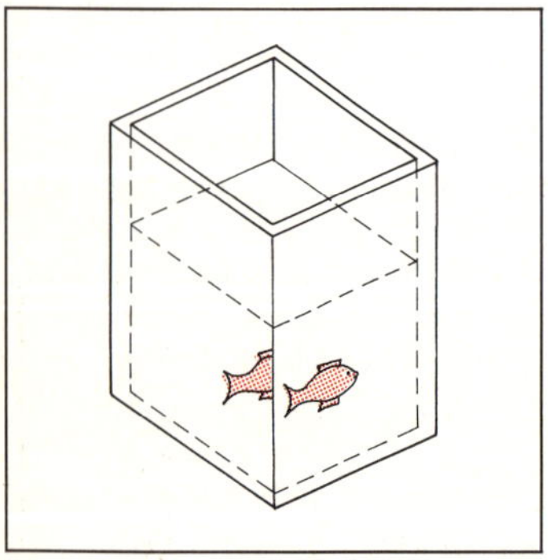

Beobachtungen

1. Wir halten einen geraden Stab schräg ins Wasser. Für das Auge des Beobachters scheint er an der Eintauchstelle einen Knick zu haben.

2. Nahe bei der Ecke eines Aquariums schwimmt ein Fisch. Ein Beobachter, dessen Auge sich außerhalb der Ecke befindet, erkennt den Fisch doppelt, einmal durch die vordere, einmal durch die seitliche Glaswand (Abb. 1). Man kann hier gleichsam um die Ecke schauen.

Abb. 1 Lichtbrechung bei einem Aquarium

Zur Erklärung dieser Beobachtungen machen wir genauere Versuche.

V1

(Abb. 2): Aus einer Experimentierleuchte mit einfacher Linse und Schlitzblende fällt ein Strahl schräg auf eine Wasseroberfläche. Auf einem Schirm, der von dem Strahl streifend getroffen wird, erkennt man einen an der Wasseroberfläche reflektierten und einen mit geänderter Richtung ins Wasser eindringenden Strahl. Bei senkrechtem Auftreffen auf die Wasseroberfläche entsteht jedoch kein Knick.

Ergebnis
Ein schräg auf eine Wasseroberfläche treffender Strahl wird in einen reflektierten und einen mit veränderter Richtung ins Wasser eindringenden **gebrochenen** Strahl aufgespalten. Bei senkrechtem Auftreffen verschwindet die Brechung.

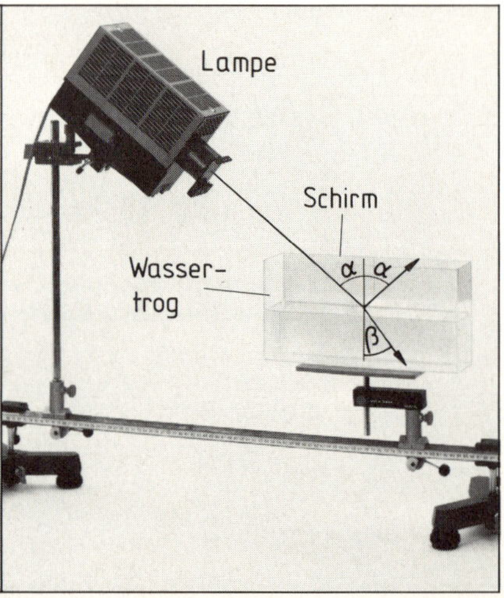

Abb. 2 Brechung und Reflexion an einer Wasseroberfläche

V2 (Abb. 3): Bei einem Versuchsaufbau wie zum Versuch 7.2.1 (1) wird der Spiegel durch einen Glaskörper mit halbkreisförmigem Querschnitt ersetzt, in dessen Mittelpunkt der Strahl auftrifft. Beim Eintritt ins Glas ändert der Strahl seine Richtung; er wird gebrochen. Beim Austritt entsteht dagegen keine neue Richtungsänderung, weil der Strahl den Glaskörper senkrecht zu seiner Grenzfläche verläßt. Der austretende Strahl ist nicht mehr weiß, sondern besitzt farbige Ränder (Nr. 7.3.2). Beim Drehen der Scheibe mit dem Glaskörper ändert sich der Einfallswinkel α_1 zwischen dem ankommenden Strahl und dem Lot zur Grenzfläche. Gleichzeitig ändert sich auch der Brechungswinkel α_2 zwischen dem gebrochenen Strahl und dem Lot. Schon ohne Messung erkennt man:

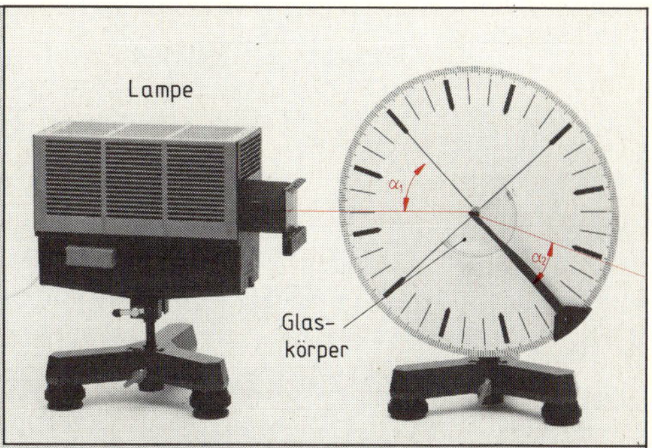

Abb. 3 Versuch zum Brechungsgesetz
α_1 = Einfallswinkel
α_2 = Brechungswinkel

Ergebnis
Ein Lichtstrahl ändert beim Übergang von einem durchsichtigen Stoff in einen anderen seine Richtung, so daß er im optisch dichteren Stoff zum Lot hin gebrochen wird. Der gebrochene Strahl zeigt Farberscheinungen.

Wertetabelle
Mißt man zu einigen Einfallswinkeln α_1 die zugehörigen Brechungswinkel α_2, so kann man folgende Tabelle anlegen:

α_1	α_2	$\sin\alpha_1$	$\sin\alpha_2$	$\frac{\sin\alpha_1}{\sin\alpha_2}$
20°	13°	0,342	0,225	1,52
40°	25°	0,643	0,423	1,52
60°	35°	0,866	0,573	1,51
80°	41°	0,985	0,656	1,50

Aus dem nahezu konstanten Wert der letzten Spalte erhält man das **Brechungsgesetz:**

Beim Übergang eines Strahles zwischen zwei bestimmten Stoffen ist der Quotient aus dem Sinus des Einfalls- und des Brechungswinkels konstant.

Um das Brechungsgesetz mit einer Formel ausdrücken zu können, führt man für alle lichtdurchlässigen Stoffe eine Materialkonstante, die **Brechzahl** n, ein. Sie hat für Luft den Wert $n_1 = 1$, für den im Versuch benutzten Glaskörper den konstanten Wert der letzten Spalte $n_2 = 1{,}51$. Dann lautet die Formel des Brechungsgesetzes:

$$\frac{\sin\alpha_1}{\sin\alpha_2} = \frac{n_2}{n_1}$$

Brechzahlen n einiger Stoffe				
	Luft	1	Wasser	1,33
	Kronglas	1,51 ... 1,62	Diamant	2,5
	Flintglas	1,61 ... 1,75		

In Nr. 7.1.1 wurde schon erwähnt, daß das Licht sich als Welle ausbreitet, bei der sich die Ausbreitungsgeschwindigkeit in verschiedenen Medien ändert, z. B. c_{Luft} = 300 000 km/s, c_{Wasser} = 225 000 km/s, c_{Glas} = 200 000 km/s. Daher muß auch beim Licht das in Nr. 6.2.4

gefundene Brechungsgesetz gelten, und man erhält übereinstimmend mit dem experimentell gefundenen Ergebnis:

$$\text{Brechungsgesetz: } \frac{\sin \alpha_1}{\sin \alpha_2} = \frac{c_1}{c_2} = \frac{n_2}{n_1}$$

Die Brechzahlen in zwei Medien verhalten sich also umgekehrt wie die Lichtgeschwindigkeiten. Beim Übergang von einem optisch dünneren zu einem dichteren Stoff wird ein Lichtstrahl zum Lot hin gebrochen. Beim Übergang vom dichteren zum dünneren Stoff wird der Winkel zwischen Strahl und Lot größer. Der Lichtstrahl wird also vom Lot weg gebrochen.

V3

Wir lassen einen einfachen Lichtstrahl schräg durch einen Glasquader hindurchgehen (Abb. 4).

Ergebnis
Die Richtungsänderung durch die Brechung an der Eintrittsstelle wird an der Austrittsstelle wieder rückgängig gemacht. Deshalb sind eintretender und austretender Strahl zueinander parallel und nur seitlich verschoben.

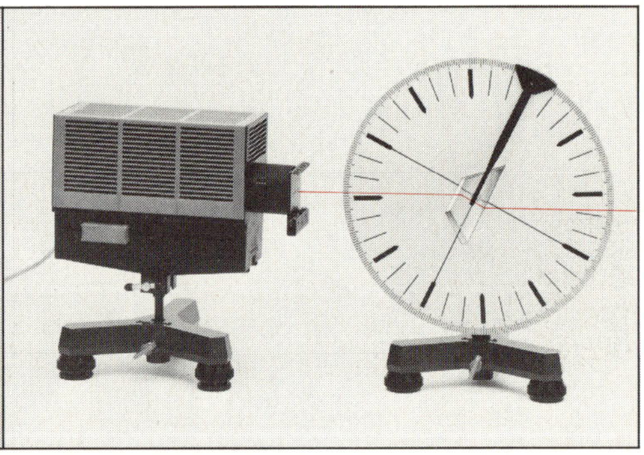

Abb. 4 Strahlenverlauf bei einer planparallelen Platte

V4

(Abb. 5): Nimmt man nun bei der gleichen Versuchsanordnung wie bei den Versuchen in Nr. 7.2.1 und 7.2.2 einen Glaskörper mit dreieckigem Querschnitt, so sind die beiden vom Strahl getroffenen Flächen nicht mehr parallel. Der Strahl wird an der Eintritts- und an der Austrittsfläche gebrochen, und die gesamte Richtungsänderung ist von der Schnittkante der beiden Flächen weggerichtet. Der austretende Strahl besteht noch mehr als bei der einfachen Brechung aus einzelnen Farben, die immer weiter auseinanderlaufen, je weiter hinaus man den Strahl verfolgt.

Abb. 5 Strahlenverlauf bei einem Prisma

Ein Prisma lenkt den Strahl in Richtung zur Basis ab und zerlegt ihn in Farben.

V5

Der Glaskörper mit halbkreisförmigem Querschnitt (Versuch 1) wird so angebracht, daß der Strahl senkrecht auf die gekrümmte Fläche auftrifft und aus der Mitte der ebenen Fläche wieder austritt. Dann erfolgt beim Eintritt ins Glas keine Brechung; beim Übergang in die Luft wird dagegen der Winkel zwischen Strahl und Lot in Luft größer als im Glas. Vergrößert man den Winkel im Glas, so wächst auch der Winkel in Luft, bis er auf 90° angestiegen ist. Wenn der Winkel in Glas die Größe α_{gr} erreicht hat, verläßt der Strahl den Glaskörper streifend. Alle Strahlen, deren Einfallswinkel diesen Grenzwinkel überschreiten, können nicht mehr aus dem Glaskörper austreten, sondern werden reflektiert. Den Grenzwinkel kann man berechnen.

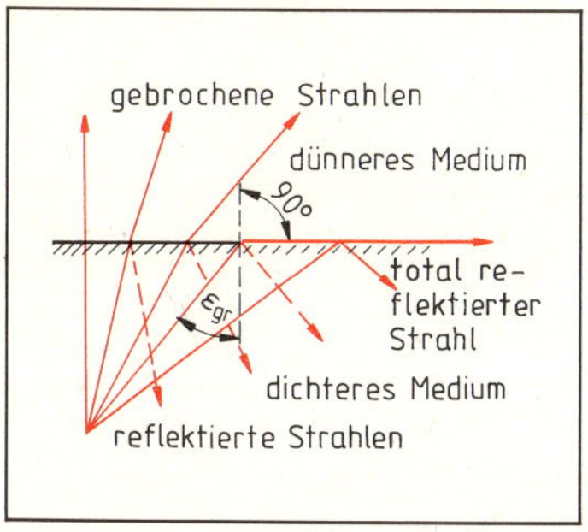

Abb. 6 Totalreflexion

Beispiel

Bestimmen Sie den Grenzwinkel für den Übergang von Wasser nach Luft mit $n = 1{,}33$.

Der Winkel in Luft ist hier $\alpha_1 = 90°$, der im Wasser $\alpha_2 = \alpha_{gr}$; daher folgt aus dem Brechungsgesetz:

$$\frac{\sin 90°}{\sin \alpha_{gr}} = \frac{n_2}{n_1}$$

$$\sin \alpha_{gr} = \frac{n_1}{n_2} \text{ (da } \sin 90° = 1\text{)}$$

$$\sin \alpha_{gr} = \frac{1}{1{,}33} = 0{,}752$$

nach Sinustabelle $\alpha_{gr} = \underline{48°\,46'} = 48{,}77°$

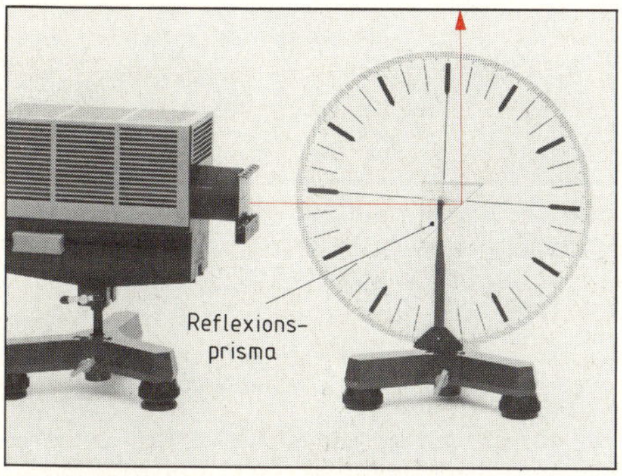

Abb. 7 und 8 Reflexionsprismen

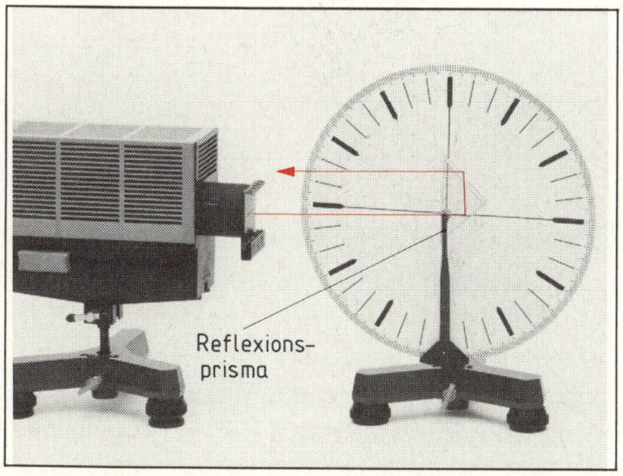

Die Erscheinung kann nur auftreten, wenn ein Lichtstrahl aus einem dichteren Medium in ein dünneres übergeht; denn nur bei einem solchen Übergang wird der Winkel zwischen dem Lichtstrahl und dem Lot größer. In Abb. 6 ist der Verlauf mehrerer unter verschiedenen Winkeln aus einem dichteren Medium kommender Strahlen gezeigt. Man bezeichnet diesen Vorgang als **Totalreflexion.** Während nämlich bei jeder anderen Reflexion ein Teil der Strahlen verschluckt wird, erfolgt hier die Reflexion ohne jeden Verlust. Auch bei Prismen kann man Totalreflexion erhalten. Besonders häufig werden Prismen mit gleichschenklig-rechtwinkligem Querschnitt verwendet (Abb. 7 und 8). Läßt man die Strahlen senkrecht auf eine Kathetenfläche einfallen, so werden sie nach einmaliger Totalreflexion um 90° abgelenkt. Läßt man sie senkrecht auf die Hypotenusenfläche einfallen, so beträgt die Ablenkung nach zweimaliger Totalreflexion 180°. Gleichzeitig kommt ein in der Abb. tiefer auf das Prisma treffender Strahl nach der zweimaligen Reflexion weiter nach oben und ein höher auftreffender weiter nach unten: Die Strahlenanordnung dreht sich um.

7.2.4 Abbildung durch brechende Flächen

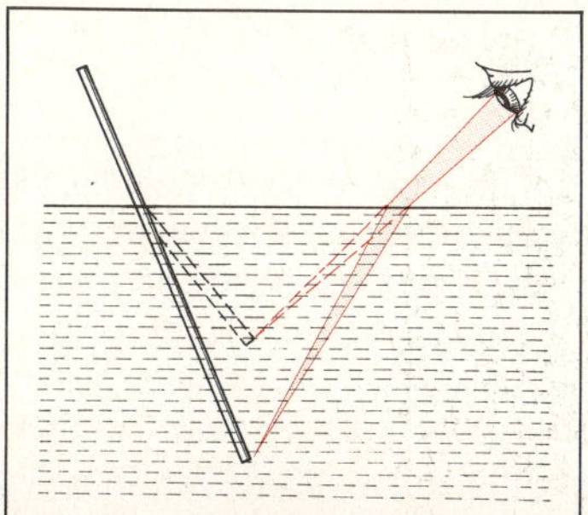
Abb. 1 Scheinbarer Knick eines Stabes an der Wasseroberfläche

Ebene Flächen

Auch brechende Flächen erzeugen Bilder. Wir können z. B. einen Fisch im Wasser erkennen oder bei einem See mit ruhigem, klarem Wasser bis auf den Grund sehen. Bei einer ebenen brechenden Fläche liegen die Bilder von Gegenständen, die sich im dichteren Stoff befinden, näher an der Grenzfläche als die Gegenstände selbst. So scheint uns bei einem Wasserbecken der Boden gehoben, und zwar um so mehr, je flacher man gegen die Oberfläche blickt. Ein ins Wasser gehaltener Stab scheint an der Wasseroberfläche abgeknickt und im Wasser flacher zu verlaufen. Der Strahlenverlauf (Abb. 1) erklärt diese Erscheinung.

Gekrümmte Flächen

Besonders wichtig ist die Bilderzeugung mit gekrümmten brechenden Flächen. Denn die wichtigsten Hilfsmittel, um in den optischen Instrumenten Bilder zu erzeugen, sind die Linsen. Das sind Glaskörper, die von zwei kugelförmig (sphärisch) gekrümmten Flächen begrenzt sind.

V1

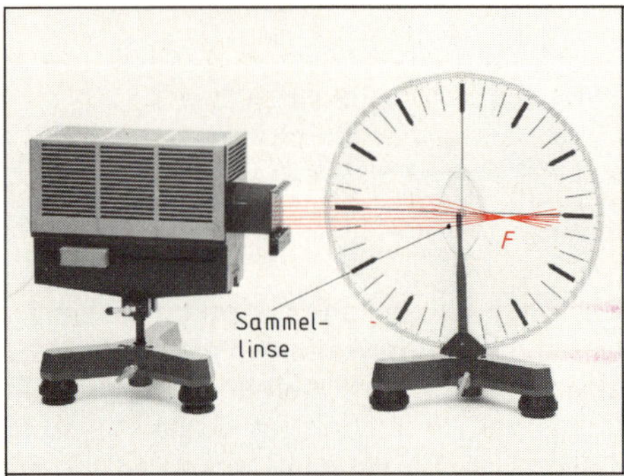

Abb. 2 Sammellinse

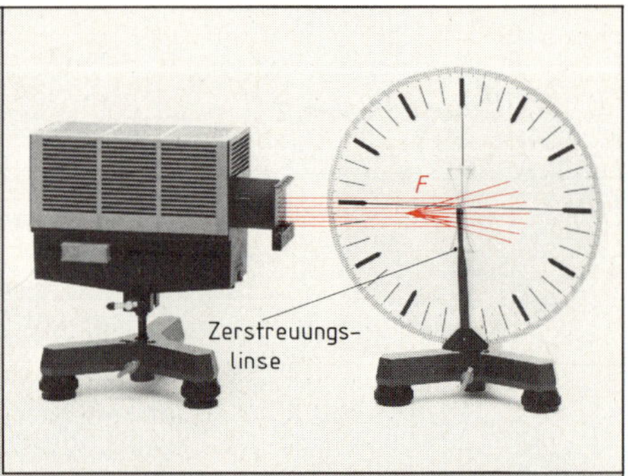

Abb. 3 Zerstreuungslinse

Ähnlich wie in Versuch Nr. 7.2.2 (3) läßt man aus einer Reuterlampe durch eine Blende mit mehreren Spalten parallele Strahlen auf einen durch zwei kreisförmig gekrümmte Flächen begrenzten Glaskörper fallen, der in der Mitte am dicksten ist (Abb. 2).

Ergebnis
Die ankommenden Strahlen werden nach dem Durchgang durch den Glaskörper wieder in einem Punkt vereinigt.

Man ersetzt den Glaskörper durch einen anderen, der in der Mitte am dünnsten ist.

Ergebnis
Die Strahlen werden jetzt zerstreut und scheinen von einem Punkt herzukommen, der in Abb. 3 links vom Glaskörper liegt.

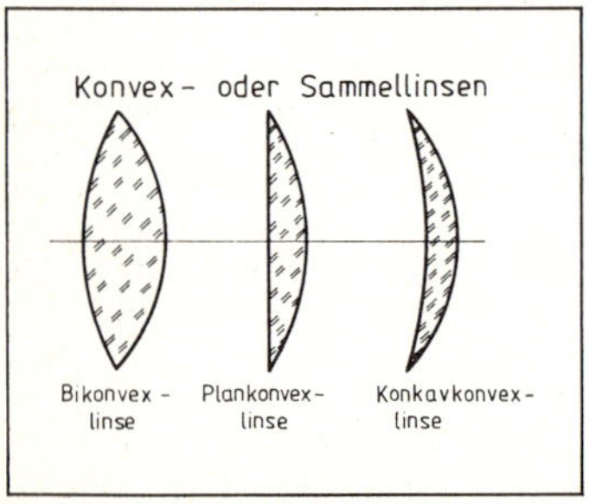

Abb. 4 Arten der Sammellinsen

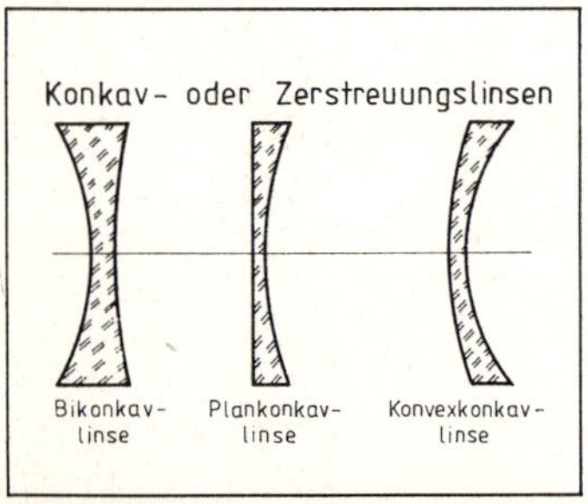

Abb. 5
Arten der Zerstreuungslinsen

Die gleiche Wirkung wie die im Versuch verwendeten Glaskörper haben Linsen, deren Achsenschnitte mit denen der Glaskörper übereinstimmen.

Linsen, die in der Mitte am dicksten sind, sammeln die Lichtstrahlen. Man nennt sie **Sammel-** oder **Konvexlinsen.** Je nach der Art der Krümmung der beiden Begrenzungsflächen unterscheidet man Bikonvex-, Plankonvex- und Konkavkonvexlinsen (Abb. 4).

Linsen, die in der Mitte am dünnsten sind, zerstreuen die Lichtstrahlen. Man nennt sie **Zerstreuungs-** oder **Konkavlinsen.** Hier unterscheidet man Bikonkav-, Plankonkav- und Konvexkonkavlinsen (Abb. 5).

Wie beim Hohlspiegel nennt man auch bei der Sammellinse den Punkt, in dem sich achsenparallele Strahlen vereinigen, ihren Brennpunkt. Eine **Linse** besitzt **zwei Brennpunkte,** einen, in dem sich die von rechts und einen, in dem sich die von links achsenparallel ankommenden Strahlen vereinigen. Bei einer Zerstreuungslinse sind die beiden Brennpunkte die Stellen, von denen achsenparallel auftreffende Strahlen nach dem Durchgang durch die Linse herzukommen scheinen. Die Entfernungen der Brennpunkte von einem Punkt, den man bei dünnen Linsen genähert in deren Mitte annehmen darf, die **Brennweiten,** sind auf beiden Seiten **gleich groß.**

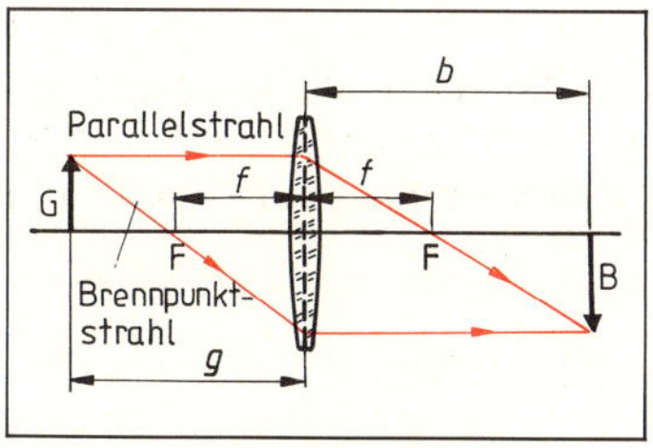

Abb. 6 Bildkonstruktion bei einer Sammellinse

Wie bei den gekrümmten Spiegeln gelten auch bei den Linsen die folgenden Sätze über den Strahlenverlauf:

Achsenparallele Strahlen werden Brennstrahlen.
Brennstrahlen werden achsenparallel.

Mit diesen beiden Strahlen kann man zu einem gegebenen Gegenstand die Lage und Größe des Bildes konstruieren (Abb. 6). Da die Konstruktion aber leicht ungenau wird, ist die Rechnung zur Bestimmung der Lage und der Größe eines Bildes vorzuziehen.

Zum Auffinden der Formeln dient der Versuch 2.

V2

(Abb. 7): Wie in Versuch Nr. 7.2.2 (3) dient eine Pfeilblende, die von einer Experimentierleuchte beleuchtet wird, als Gegenstand. Die Pfeilblende, die Linse und der Bildschirm lassen sich auf einer Schiene beliebig verschieben. Bei zwei Linsen mit $f = 30$ cm bzw. $f = 15$ cm mißt man mehrere zusammengehörige Gegenstandsweiten g und Bildweiten b sowie die entsprechenden Gegenstandsgrößen G und Bildgrößen B:

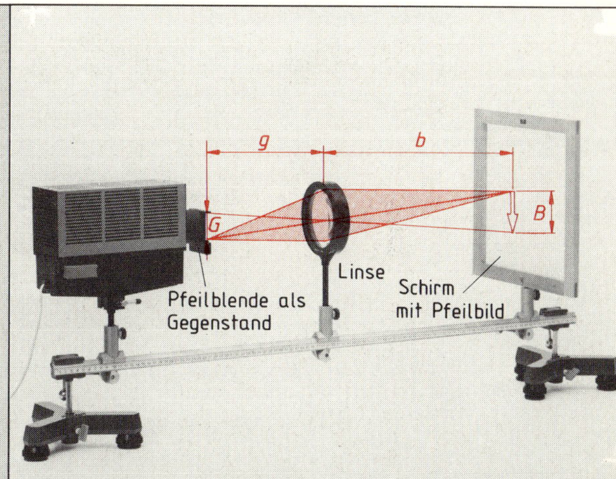

Abb. 7 Versuch zur Ableitung der Abbildungsgleichung bei Linsen

g in mm	b in m	f in m	$\frac{1}{b}$ in $\frac{1}{m}$	$\frac{1}{g}$ in $\frac{1}{m}$	$\frac{1}{g}+\frac{1}{b}$ in $\frac{1}{m}$	$\frac{1}{f}$ in $\frac{1}{m}$	G in mm	B in mm	$\frac{G}{B}$	$\frac{g}{b}$
1,00	0,43	0,30	1,00	2,33	3,33	3,33	34	15	2,27	2,33
0,60	0,60	0,30	1,67	1,67	3,34	3,33	34	34	1,00	1,00
0,40	1,20	0,30	2,50	0,83	3,33	3,33	34	100	0,34	0,33
1,00	0,18	0,15	1,00	5,56	6,56	6,67	34	6	5,67	5,56
0,60	0,20	0,15	1,67	5,00	6,67	6,67	34	11	3,09	3,33
0,40	0,24	0,15	2,50	4,17	6,67	6,67	34	20	1,70	1,67
0,30	0,30	0,15	3,33	3,33	6,66	6,67	34	34	1,00	1,00
0,20	0,61	0,15	5,00	1,64	6,64	6,67	34	100	0,34	0,33

Ein Vergleich der Spalte $\frac{1}{g} + \frac{1}{b}$ *mit der Spalte* $\frac{1}{f}$ *und der beiden letzten Spalten führt zu dem Ergebnis, daß für Linsen genau die gleichen Formeln gelten wie für gekrümmte Spiegel.*

Ergebnis

Abbildungsgleichung: $\frac{1}{g} + \frac{1}{b} = \frac{1}{f}$

Abbildungsmaßstab: $\frac{G}{B} = \frac{g}{b}$

Bei **Sammellinsen** ist f **positiv,** bei **Zerstreuungslinsen negativ.** Die Abbildungsgleichung gilt auch für virtuelle Bilder, wenn b negativ eingesetzt wird.

Aus der folgenden Tab.1 ist ersichtlich, welche gegenseitigen Beziehungen zwischen g, b, f und den Eigenschaften des Bildes bestehen.

Tabelle 1: Tabelle zur Abbildung mit Linsen

Zeile	g	b	Eigenschaften des Bildes	Anwendung
	Sammellinsen (f positiv)			
1	∞	f	umgekehrt, reell, verkleinert	Fernrohrobjektiv, Fotoapparat
2	∞ bis $2f$	f bis $2f$	umgekehrt, reell, verkleinert	Fernrohrobjektiv, Fotoapparat
3	$2f$	$2f$	umgekehrt, reell, gleich	Umkehrlinse beim Erdfernrohr
4	$2f$ bis f	$2f$ bis ∞	umgekehrt, reell, vergrößert	Mikroskopobjektiv, Projektion
5	f	∞	umgekehrt, reell, vergrößert	Lupe, Okular
6	f bis 0	∞ bis 0	aufrecht, virtuell, vergrößert	Lupe, Okular
	Zerstreuungslinsen (f negativ)			
7	∞ bis 0	f bis 0	aufrecht, virtuell, verkleinert	–

Der Optiker gibt den reziproken Wert der Brennweite als Brechwert der Linsen in Dioptrien (dpt) an:

$$\text{Brechwert} = \frac{1}{f} \qquad \text{Einheit: } 1\,\text{dpt} = \frac{1}{1\,\text{m}}$$

Eine Sammellinse von +40 cm Brennweite hat z.B. den Brechwert: $\frac{1}{40\,\text{cm}} = \frac{1}{0{,}4\,\text{m}} = 2{,}5\,\text{dpt}$,

oder eine Linse von 2 m Brennweite besitzt den Brechwert: $\frac{1}{2\,\text{m}} = \frac{1}{2}\,\text{dpt}$.

Bei Zerstreuungslinsen gibt man dem Brechwert ebenso wie der Brennweite ein negatives Vorzeichen. Eine Zerstreuungslinse mit –12,5 cm Brennweite hat daher den Brechwert

$$\frac{1}{-12{,}5\,\text{cm}} = -\frac{1}{0{,}125\,\text{m}} = -8\,\text{dpt}.$$

Einzelne Linsen erzeugen nie ganz scharfe Bilder. Es treten Farbenränder und besonders am Rand des Bildes Unschärfen auf. Man kann sie nur beseitigen, wenn man mehrere Linsen, deren Krümmungen genau berechnet sein müssen, zu einem Linsensystem zusammensetzt. Deshalb befinden sich in allen besseren optischen Instrumenten aus mehreren Einzellinsen vereinigte Linsensysteme.

Beispiele

1. Wie sieht ein Taucher seine Umgebung im und über dem Wasser? (Beantworten Sie diese Frage unter Berücksichtigung der Totalreflexion und der Brechung.)

Die umgebenden Wassergebiete sieht der Taucher genau so wie wir die umgebenden Luftgebiete. Blickt er aber nach oben, so sieht er über sich in einem kreisförmigen Ausschnitt den Himmel und die Landschaft über der Wasseroberfläche, rings um diesen Kreis aber das Spiegelbild der darunter befindlichen Wassergebiete.

2. In welcher Bildweite und -größe wird eine 1,75 m große Person abgebildet, die 6,5 m von einer Linse mit der Brennweite $f = 25$ cm entfernt ist?

Abbildungsgleichung: $\frac{1}{g} + \frac{1}{b} = \frac{1}{f}$

$$\frac{1}{b} = \frac{1}{f} - \frac{1}{g} = \frac{g-f}{g \cdot f}$$

Bildweite: $b = \frac{g \cdot f}{g - f} = \frac{650\,\text{cm} \cdot 25\,\text{cm}}{650\,\text{cm} - 25\,\text{cm}} = \frac{16250}{625}\,\text{cm} = \underline{26\,\text{cm}}$

Bildgröße: $\frac{B}{G} = \frac{b}{g}$

$$B = G \cdot \frac{b}{g} = 175\,\text{cm} \cdot \frac{26\,\text{cm}}{650\,\text{cm}} = \underline{\underline{7\,\text{cm}}}$$

Aufgaben

1. Berechnen Sie Entfernung und Größe eines Gegenstandes, der von einer Linse mit 18 cm Brennweite in einer Bildweite $b = 24$ cm mit der Größe $B = 10$ cm abgebildet wird.

2. Welche Brennweite muß eine Linse besitzen, damit sie von einem $g = 3{,}12$ m entfernten, $G = 1{,}2$ m großen Gegenstand ein $B = 10$ cm großes Bild erzeugt?

3. Ein Gegenstand soll von einer Linse mit 7,5 cm Brennweite dreifach vergrößert werden. Berechnen Sie Gegenstands- und Bildweite.

4. Die Entfernung von einem 6 cm großen Gegenstand bis zu einem Bildschirm beträgt 80 cm. Wo ist eine Linse von 15 cm Brennweite aufzustellen, damit sie von dem Gegenstand auf dem Schirm ein scharfes (vergrößertes bzw. verkleinertes) Bild erzeugt? Wie groß sind in beiden Fällen die Bilder?

7.2.5 Optische Instrumente

Die Linsen, zum Teil auch die Spiegel und Prismen, setzen uns in den Stand, an zweckmäßiger Stelle von Gegenständen Bilder mit gewünschten Eigenschaften zu erzeugen. Die Natur macht davon im Auge Gebrauch: Der Mensch baut aus Linsen und Spiegeln die optischen Instrumente, die den Sehwinkel von kleinen oder fernen Gegenständen vergrößern oder die Bilder festhalten bzw. gleichzeitig einer großen Zahl von Beschauern zugänglich machen.

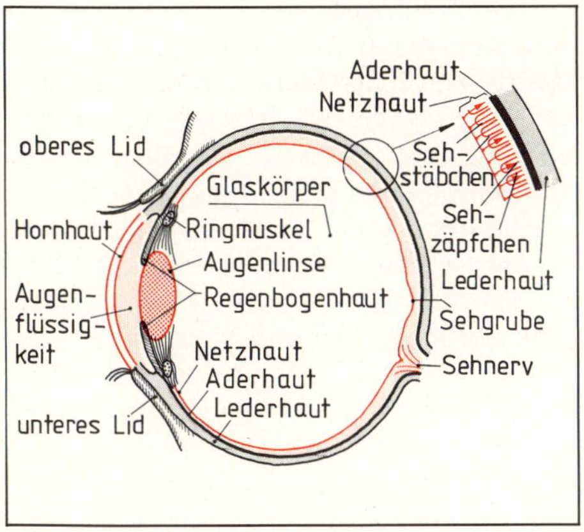

Abb. 1 Das Auge

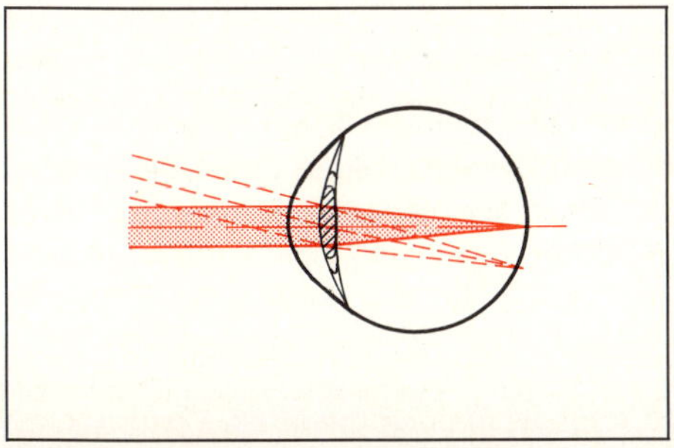

Abb. 2 Netzhautbild beim normalsichtigen Auge

Das Auge (Abb. 1). Eine feste Hülle, die Lederhaut, umschließt das eigentliche Auge. Auf ihrer Innenseite liegt die Aderhaut, die zur Ernährung des Auges dient. Die innerste Haut ist die Netzhaut; in ihr liegen zahlreiche Verzweigungen des Sehnervs, die an lichtempfindlichen Körperchen, den Sehstäbchen und Sehzäpfchen, enden. Die Stäbchen haben eine hohe Lichtempfindlichkeit und ermöglichen dadurch das Sehen bei Dämmerung und in der Nacht, sie besitzen jedoch keine Farbempfindlichkeit. Das Farbsehen wird durch die Zäpfchen ermöglicht, deren allgemeine Lichtempfindlichkeit jedoch viel geringer ist. An ihrer Vorderseite geht die Lederhaut in die durchsichtige Hornhaut über. Dahinter liegt nach einem Zwischenraum die Regenbogenhaut (Iris). Sie hat eine Öffnung, die Pupille, die sich bei starkem Lichteinfall verengt und in der Dämmerung erweitert. Unmittelbar hinter der Pupille liegt die Augenlinse, die jedoch nicht starr wie eine Glaslinse, sondern elastisch ist. Daher können ihre Wölbung und damit auch ihre Brennweite durch einen die Linse ringförmig umgebenden Muskel verändert werden. Der Hohlraum zwischen Hornhaut und Linse ist mit einer Flüssigkeit, dem Kammerwasser, der Innenraum des Auges mit einer gallertartigen Masse ausgefüllt.

Im Ruhestand ist der Ringmuskel entspannt und die Linse flach. Sie erzeugt dann von sehr weit entfernten Gegenständen scharfe Bilder auf der Netzhaut (Abb. 2). Die Lichtreize werden von den Stäbchen und Zäpfchen aufgenommen und vom Sehnerv dem Gehirn zugeleitet, wo sie uns zum Bewußtsein kommen. Wollen wir nähere Gegenstände sehen, so müssen wir die Brennweite der Augenlinse durch Anspannen des Ringmuskels verkürzen. Diese Anpassung der Brechkraft des Auges an die Sehentfernung bezeichnet man als Akkomodation. Auf diese Weise kann in der Jugend ein rechtsichtiges Auge noch Gegenstände in etwa 10 cm Entfernung scharf sehen. Bis zum mittleren Lebensalter kann sich ein Auge auf eine Entfernung von etwa 25 cm längere Zeit anpassen, ohne zu ermüden. In größerer Entfernung sieht man weniger Einzelheiten; in kleinerer Entfernung beansprucht man das Auge zu sehr. Deshalb bezeichnet man die Entfernung 25 cm als Bezugssehweite. Bei zunehmendem Alter ist allerdings auch schon für ein scharfes Sehen in 25 cm Entfernung eine Sehhilfe erforderlich, weil die Akkomodationsfähigkeit der Augenlinse abnimmt.

Das Auge kann sich auf Veränderung der Lichteindrücke nicht sofort umstellen; sie wirken nach und verschwinden erst nach ungefähr $1/20$ Sekunde. Folgen die Reize schneller als je nach $1/20$ Sekunden, so gehen die Bilder ineinander über, wir können sie nicht mehr als Einzelbilder unterscheiden, man erhält ein bewegtes Bild wie im Kino. Die Fähigkeit des Auges, sich verschiedenen Helligkeiten anzupassen, nennt man Adaption. Sie erfolgt durch Verändern des Pupillendurchmessers und durch den Übergang vom Zäpfchen- zum Stäbchensehen, sie umfaßt Beleuchtungsstärken von 0,001 bis 100 000 lx. Die Umstellung erfolgt nicht plötzlich; ein auf „hell" eingestelltes Auge kann bis zu einer halben Stunde benötigen, um sich völlig an schwache Beleuchtung anzupassen. Bei plötzlichem Lichteinfall wird das Auge geblendet, bei plötzlicher Abnahme der Beleuchtungsstärke kann man zunächst nichts erkennen.

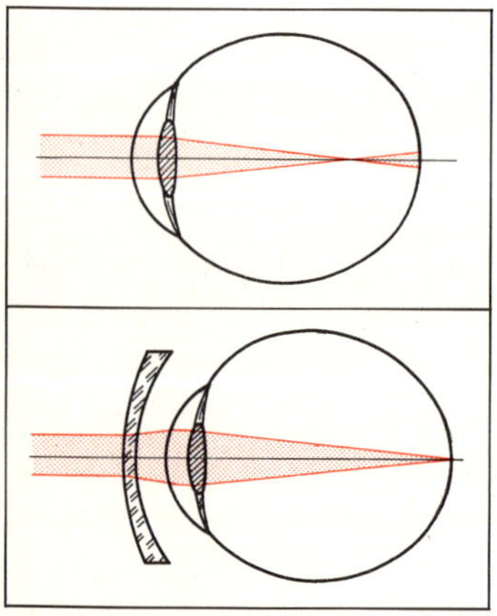

Abb. 3 Korrektur des kurzsichtigen Auges

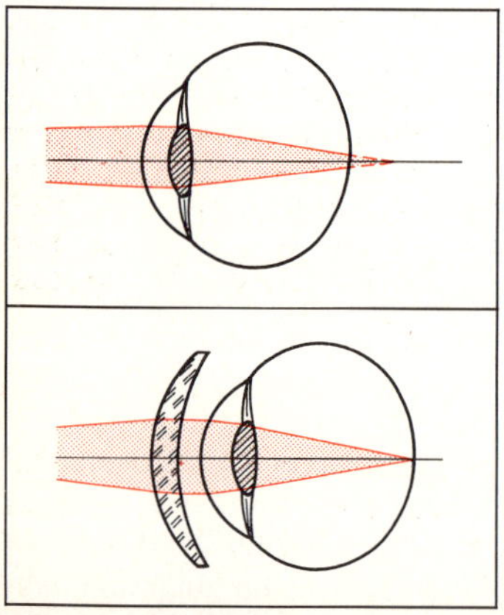

Abb. 4 Korrektur des weitsichtigen Auges

Das kurzsichtige Auge ist entweder in Richtung seiner Achse zu lang, oder die Brechkraft von Hornhaut und Linse ist zu groß. Nahe Gegenstände können noch scharf auf der Netzhaut abgebildet werden. Dagegen liegen die Bilder von fernen Gegenständen nicht mehr auf der Netzhaut, sondern im Innern des Auges. Bei Kurzsichtigkeit benötigt man daher eine Brille mit einer Zerstreuungslinse. Zusammen mit der Brille besitzt das Auge dann einen kleineren Gesamtbrechwert, so daß die Bilder weiter nach hinten auf die Netzhaut fallen (Abb. 3).

Beim übersichtigen (weitsichtigen) Auge ist die Länge der Augenachse zu kurz oder die Brechkraft von Hornhaut und Augenlinse zu klein. Weit entfernte Gegenstände werden daher bei nicht akkommodiertem Auge nicht auf, sondern hinter der Netzhaut abgebildet. Auf der Netzhaut entstehen unscharfe Bilder. Durch entsprechende Akkommodation kann bei geringer Übersichtigkeit die Brechkraft des Auges so weit erhöht werden, daß ferne Gegenstände noch scharf auf der Netzhaut erscheinen, aber für nahe Gegenstände reicht die Akkommodationsfähigkeit nicht mehr aus. Deshalb benötigt ein Übersichtiger eine Brille mit einer Sammellinse, so daß der Gesamtbrechwert des nicht akkommodierten Auges mit der Brille gerade ausreicht, um scharfe Bilder von fernen Gegenständen auf der Netzhaut zu erzeugen. Durch entsprechende Akkommodation kann man dann auch nahe Gegenstände scharf sehen.

Mit zunehmendem Alter nimmt die Elastizität der Augenlinse ab, so daß sie sich nicht mehr genügend wölben kann. Wegen des Auftretens im Alter bezeichnet man das Nachlassen der Elastizität der Augenlinse als Alterssichtigkeit. Das Auge kann dann den Brechwert der Augenlinse nicht mehr so weit erhöhen, wie es für das Nahsehen erforderlich wäre.

Daher kann ein alterssichtiges Auge wohl noch gut in die Ferne sehen; für die Nähe braucht es aber zur Unterstützung seiner Brechkraft eine Brille mit einer Sammellinse (Abb. 4).

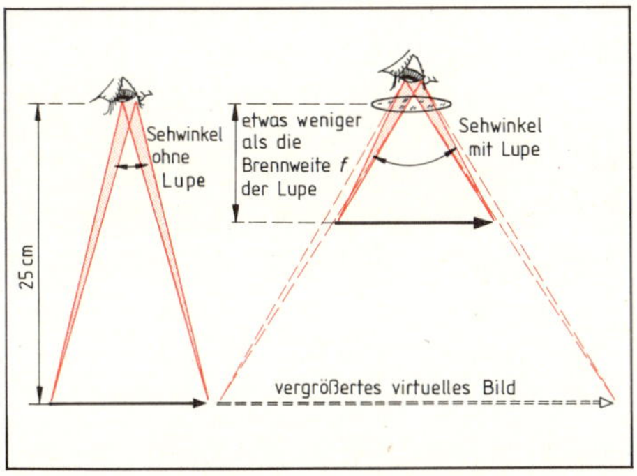

Abb. 5 Vergrößerung einer Lupe

Die **Lupe.** Um einen kleinen Gegenstand genau betrachten zu können, bringt man ihn nahe ans Auge heran, weil dadurch der Sehwinkel größer wird. Wegen der begrenzten Anpassungsfähigkeit der Augenlinse und zur Schonung des Auges sollte man nicht unter die Bezugssehweite 25 cm herangehen.

Will man aber mehr Einzelheiten erkennen, als man mit bloßem Auge in 25 cm Entfernung wahrnehmen kann, so muß man den Brechwert der Augenlinse erhöhen, um näher an den Gegenstand herangehen zu können. Dazu verwendet man eine Sammellinse von kurzer Brennweite, die man nah vors Auge hält. Auf diese Weise kann man mit dem Auge an den Gegenstand bis auf eine Entfernung herangehen, die etwas kürzer ist als die Brennweite der Linse, und erkennt alle Einzelheiten unter einem entsprechend größeren Sehwinkel (Abb. 5). Eine solche Sammellinse mit einer Brennweite zwischen 2,5 cm und 10 cm nennt man eine Lupe. Bringt man Gegenstand und Lupe in eine gegenseitige Entfernung, die ein wenig kleiner als f ist (Zeile 6 in Tab. Nr. 7.2.4 (1), so entsteht ein stark vergrößertes Bild in großer Entfernung. Der Sehwinkel ist nach Abb. 5 im selben Maß angewachsen, wie f kleiner ist als 25 cm.

$$\text{Normvergrößerung einer Lupe} = \frac{\text{Bezugssehweite 25 cm}}{\text{Brennweite der Lupe}}$$

Eine Lupe mit 5 cm Brennweite vergrößert also ungefähr 5fach. Diese Vergrößerung wird nur erzielt, wenn das Auge nah an die Lupe gebracht wird. Entfernt man das Auge von der Lupe, so vermindert sich die Vergrößerung.

Als Lesegläser bezeichnet man Lupen mit geringerer Vergrößerung, aber größerem Gesichtsfeld. Ihre Brennweite liegt etwa zwischen 5 cm und 15 cm.

Aufgaben

1. *Eine Lupe zum Ablesen einer Skala befindet sich 2 cm vor den Meßmarken. Die Bildweite beträgt 25 cm (hinter der Linse). Berechnen Sie die Brennweite. Welche Lupenvergrößerung ergibt sich nach der Formel? Zeigen Sie, daß die Vergrößerung zwischen Bild und Gegenstand in diesem Falle um 1 größer als die Sehwinkelvergrößerung ist.*

2. *Eine weitsichtige Person, die erst Gegenstände, die mehr als 1 m entfernt sind, scharf sehen kann, verwendet eine Lupe mit 4facher Normvergrößerung. In welche Entfernung vom Objekt muß die Lupe gebracht werden?*

3. *Ein Leseglas hat eine Brennweite $f = 10$ cm. Unter welchem Abbildungsmaßstab B/G erscheint ein Gegenstand, der sich 9 cm unter dem Leseglas befindet? Warum ist die Winkelvergrößerung wesentlich kleiner als der Abbildungsmaßstab?*

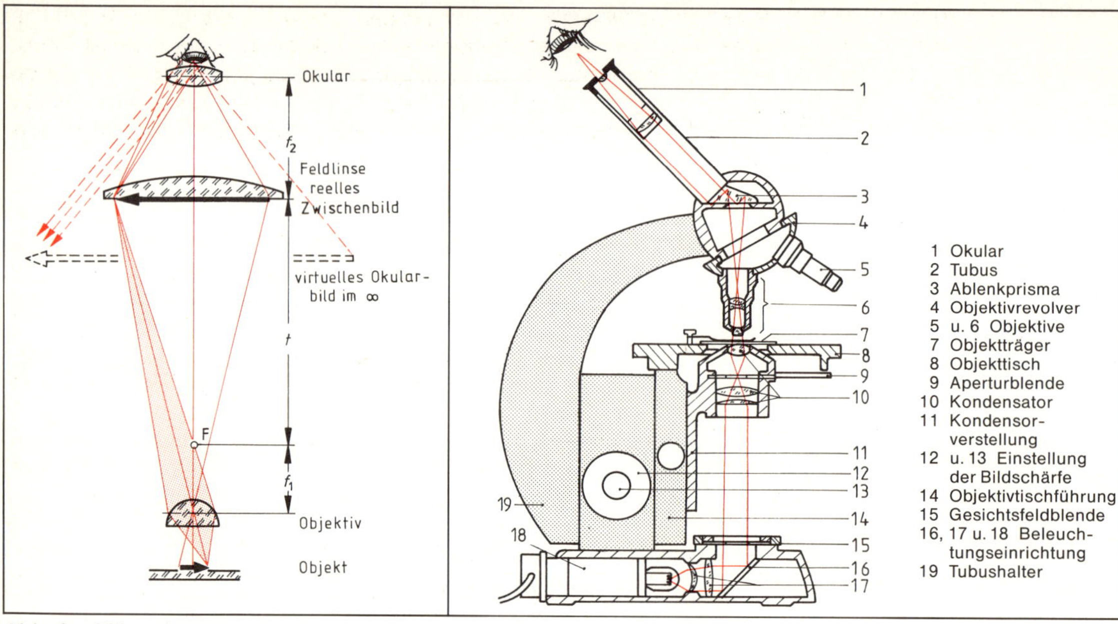

Abb. 6 Mikroskop

Das Mikroskop (Abb. 6). Wenn eine Lupe nicht ausreicht, so kann man mit einem Mikroskop ein noch stärker vergrößertes Bild erzeugen. Die dazu dienenden Teile des Mikroskops sind das Objektiv und das Okular. Beide wirken wie einfache Sammellinsen, bestehen aber zur Verbesserung der Abbildung aus zwei oder mehreren Einzellinsen. Das Objektiv erzeugt im Rohr des Mikroskops, im sog. Tubus, ein umgekehrtes, reelles, vergrößertes Zwischenbild (Zeile 4 in Tab. Nr. 7.2.4 [1]). Die Vergrößerung ist um so stärker, je kürzer die Brennweite des Objektivs ist. Das Zwischenbild betrachtet man noch einmal vergrößert mit dem wie eine Lupe wirkenden Okular. (Wie in der Abb. 6 befindet sich an der Stelle des Zwischenbildes bei den meisten Okularen zur Vergrößerung des Gesichtsfeldes die sog. Feldlinse.) Die Gesamtvergrößerung V erhält man als Produkt der Objektivvergrößerung V_{obj} und der Okularvergrößerung V_{ok}, die meist auf den Objektiven und Okularen eingraviert sind.

$$V = V_{obj} \cdot V_{ok}$$

Findet man z. B. auf dem Objektiv $V_{obj} = 40$, auf dem Okular $V_{ok} = 12$, so ist die Gesamtvergrößerung $V = 40 \cdot 12 = 480$. Bei jedem Mikroskop kann man durch Auswechseln von mehreren Objektiven und Okularen verschiedene Vergrößerungen erzielen.

Zur leichteren und genaueren Scharfeinstellung ist der Tubus an einem Tubusträger befestigt, der durch Triebknöpfe grob und fein verstellbar ist. Unter dem Objekttisch befindet sich ein Linsensystem, der Kondensor, um das Objekt hell beleuchten zu können. Die als Lichtquelle dienende Glühlampe ist oft im Fuß des Mikroskops eingebaut.

Aufgaben

4. *Weshalb müssen die Brennweiten des Objektivs und des Okulars eines Mikroskops sehr klein sein?*

5. *Ein Beobachter möchte 12 µm große Einzelheiten eines Mikroskoppräparats ebenso gut sehen wie die Buchstaben (Größe 3 mm) einer Zeitung. Er verwendet dazu ein Mikroskop mit 25-facher Okularvergrößerung. Welche Objektivvergrößerung muß er wählen?*

6. *Welche Gesamtvergrößerung erzielt ein Mikroskop, dessen Objektiv eine 16fache und dessen Okular eine 12fache Vergrößerung besitzen? Welche Brennweite müßte eine Lupe haben, die diese Normvergrößerung hat; warum ist der Bau einer solchen Lupe nicht möglich?*

Das Fernrohr. Nimmt man als Objektiv eine Sammellinse langer Brennweite, z. B. mit f = 1 m, so erzeugt diese von fernen Gegenständen ein umgekehrtes, reelles, verkleinertes Bild in der Brennebene (Zeile 1 in Tab. Nr. 7.2.4 [1]). Bringt man das Auge etwa 20...30 cm vor diese Stelle, so kann man erkennen, daß dieses Bild trotz der Verkleinerung unter einem größeren Sehwinkel erscheint als der ferne Gegenstand mit dem bloßen Auge. Der

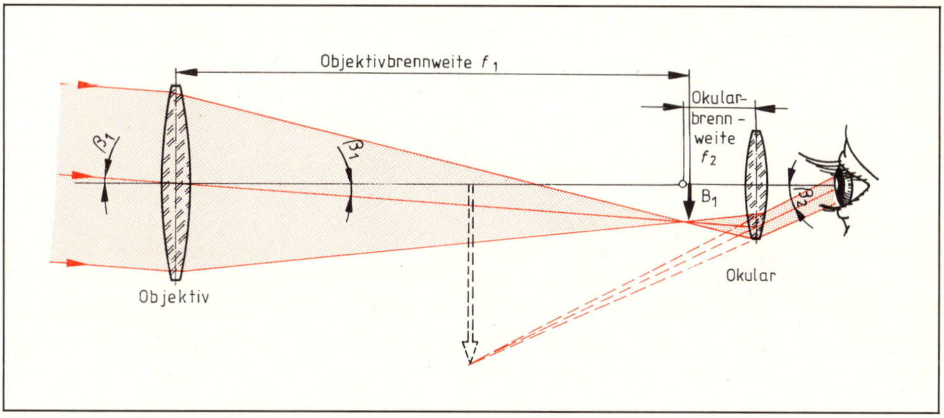

Abb. 7 Strahlengang eines astronomischen Fernrohres

Sehwinkel wird um so größer, je näher man mit dem Auge an das Brennpunktsbild herangeht. Verwendet man zum Betrachten dieses Bildes eine Lupe als Okularlinse, so stellen beide Linsen zusammen ein Keplersches[1] oder astronomisches Fernrohr dar (Abb. 7). Das Verhältnis der langen Objektivbrennweite zu der kurzen Okularbrennweite ergibt sich als Vergrößerungszahl bei allen Arten von Fernrohren:

$$\text{Vergrößerung des Sehwinkels durch ein Fernrohr} = \frac{\text{Objektivbrennweite}}{\text{Okularbrennweite}} \qquad V = \frac{f_{obj}}{f_{ok}}$$

Statt der einfachen Okularlinse benutzt man zur Verbesserung der Abbildung und zur Vergrößerung des Gesichtsfeldes meist mehrlinsige Okulare. Da ein solches Fernrohr umgekehrte Bilder liefert, eignet sich diese Bauart nur als astronomisches Fernrohr für Himmelsbeobachtung oder zum Anvisieren von Punkten bei der Landesvermessung.

Um bei Erdbeobachtungen aufrechte Bilder beobachten zu können, kann man statt der Sammellinse eine Zerstreuungslinse als Okular verwenden, die aber zwischen Objektiv und Brennpunktsbild angeordnet werden muß (Abb. 8). Solche Fernrohre finden als Opern- oder Theatergläser Verwendung. Sie besitzen aber einen kleinen Gesichtsfeldwinkel und lassen nur geringe Vergrößerungen (2- bis 6fach) zu.

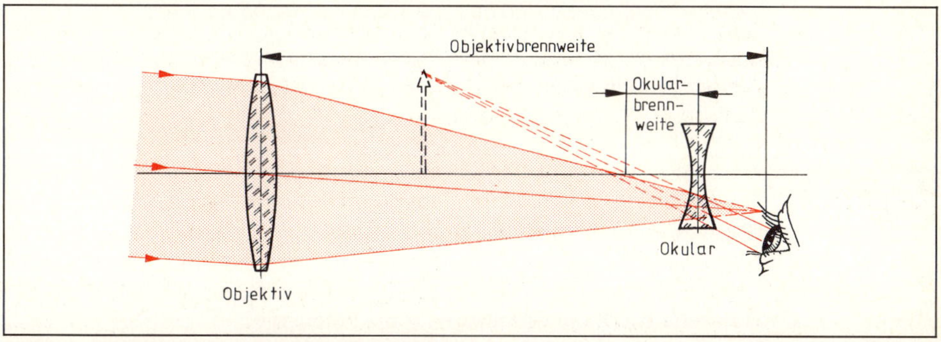

Abb. 8 Strahlengang eines Theaterglases

1 Johannes Kepler, 1571 bis 1630, Astronom in Prag (s. S. 359).

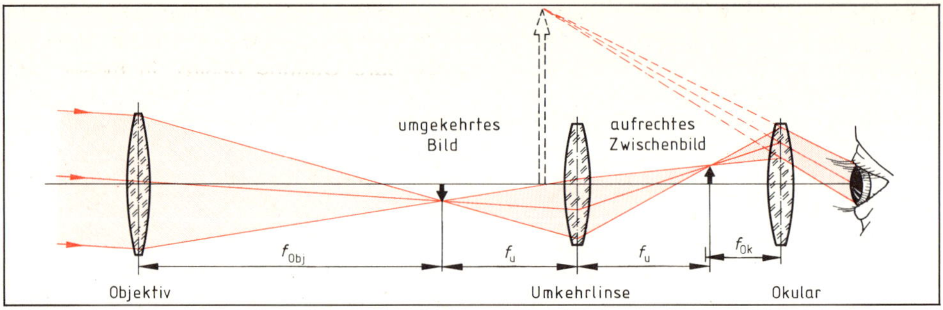

Abb. 9 Strahlengang eines Erdfernrohres

Eine andere Möglichkeit zur Bildaufrichtung wird im terrestrischen Fernrohr oder Erdfernrohr angewendet (Abb. 9). Das Objektiv erzeugt ein umgekehrtes Zwischenbild. Von diesem entwirft die Umkehrlinse ein zweites ebenso großes aufrechtes Zwischenbild (Zeile 3 in Tab. Nr. 7.2.4 (1), das dann mit der als Lupe wirkenden Okularlinse beobachtet wird. Diese Art der Bildaufrichtung findet außer beim Erdfernrohr auch meist bei Zielfernrohren und bei neueren Nivellierfernrohren Anwendung.

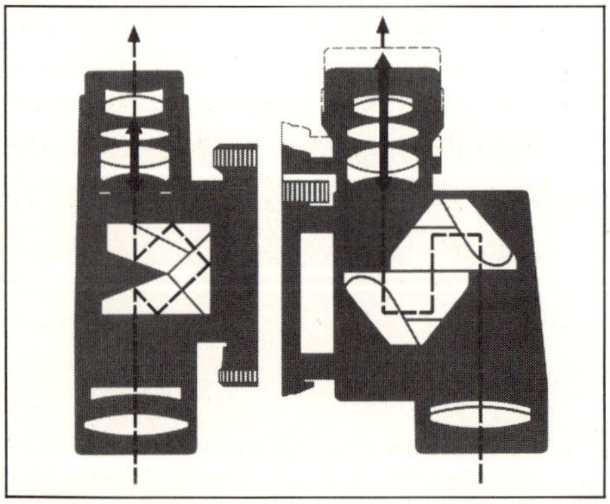

Abb. 10 Prismenglas

Viel häufiger aber wird die Bildaufrichtung mit zwei total reflektierenden Prismen (Abb. 7.2.3,8) angewendet. Dabei bleiben die guten Eigenschaften des astronomischen Fernrohrs (großes Gesichtsfeld bei starker Vergrößerung) erhalten, und das Fernrohr wird dazu noch infolge des geknickten Strahlenganges kürzer und handlicher. Diese Bauart des Fernrohres heißt **Prismenglas** (Abb. 10). Die darauf verzeichneten Zahlen bedeuten die Vergrößerung und den in mm angegebenen Durchmesser des Objektives, von dem die Bildhelligkeit abhängt. So bedeutet die Beschriftung 8 × 30: Die Vergrößerung ist 8fach, und der Objektivdurchmesser beträgt 30 mm. Zur Beobachtung mit beiden Augen werden gleichartige Prismenfernrohre miteinander durch eine Knickbrücke verbunden.

Aufgaben

7. *Warum muß ein Fernrohrobjektiv eine lange Brennweite haben?*

8. *Unter welchem Winkel erscheint die Länge (180 m) eines Schiffes einem Beobachter, der es aus 12 km Entfernung mit einem Fernrohr betrachtet, das mit einem Objektiv von $f_{obj} =$ 48 cm und einem Okular f_{ok} = 25 mm ausgestattet ist?*

9. *Ein astronomisches Fernrohr mit einer Objektivbrennweite von 1,5 m soll den Mars so vergrößern, daß er mit dem Fernrohr unter dem gleichen Sehwinkel erscheint wie der Mond mit bloßem Auge (Sehwinkel des Mars 25″, des Mondes 31′). Welche Vergrößerung ist erforderlich, und welche Okularbrennweite ist zu wählen?*

Der Fotoapparat. Es gibt chemische Stoffe, z. B. Silberbromid, die bei auffallendem Licht eine Veränderung erfahren, so daß man mit ihnen durch nachfolgende chemische Behandlung einen auftreffenden Lichteindruck oder ein Bild dauernd festhalten kann. Diese Tatsache bildet die Grundlage für die Fotografie.

Ein Fotoapparat hat daher die Aufgabe, auf der lichtempfindlichen Schicht ein Bild des aufzunehmenden Gegenstandes zu entwerfen, alles andere Licht aber fernzuhalten. Des-

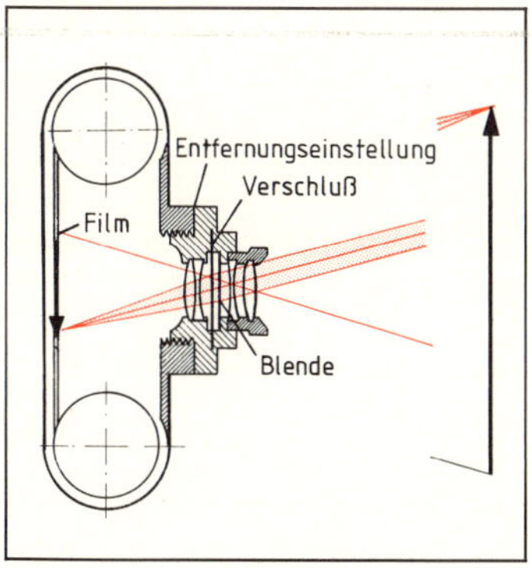

Abb. 11 Fotoapparat

halb besteht er aus einem lichtdichten Gehäuse (Abb. 11), in dem sich hinten eine fotografische Platte oder ein Film befindet und das vorne eine verschließbare Öffnung besitzt. In dieser Öffnung befindet sich eine Linse oder, um schärfere Bilder zu erhalten, ein Linsensystem (das Objektiv). Damit auf dem Film ein scharfes Bild entsteht, muß bei fernen Gegenständen der Abstand zwischen Linse und Bild gleich der Brennweite sein (Zeile 1 in Tab. Nr. 7.2.4, 1). Bei näheren Gegenständen muß die Linse etwas weiter von der Filmebene entfernt sein (Zeile 2 in Tab. Nr. 7.2.4, 1). Deshalb kann man bei allen guten Fotoapparaten das Objektiv in einer Gewindefassung verstellen. Die Einstellung wird stets mit der Entfernung beschriftet, die eben scharf abgebildet wird. Einfache Apparate (Boxkameras) haben keine Entfernungseinstellung; sie können nur bis zu einer Mindestentfernung (z. B. 3 m) scharfe Bilder geben.

Damit genau die richtige Lichtmenge einfällt, so daß die chemische Umsetzung in der lichtempfindlichen Schicht nicht zu stark und nicht zu schwach wird, ist beim Objektiv ein Verschluß eingebaut, den man auf verschiedene Zeiten, z. B. 1 s, $\frac{1}{2}$ s ... $\frac{1}{1000}$ s, einstellen kann.

Ein Objektiv von großem Durchmesser kann mehr Licht sammeln als ein kleines. Die Zahl, durch die man die Brennweite teilen muß, um den Objektivdurchmesser zu erhalten, steht meist neben der Brennweite auf der Objektivfassung. So bedeutet z. B. die Aufschrift „1:2,8, $f = 5$ cm“: Die Brennweite beträgt 5 cm, der Objektivdurchmesser $d = \frac{5\,\text{cm}}{2{,}8} = 1{,}8$ cm. Ein Objektiv 1 : 2,8 sammelt infolgedessen viel mehr Licht als eines 1 : 5,6, das bei gleicher Brennweite nur 0,9 cm Durchmesser besitzt. Manchmal ist es aber zweckmäßig, die Öffnung des Objektivs absichtlich zu verkleinern. Seinen wirksamen Durchmesser erhält man

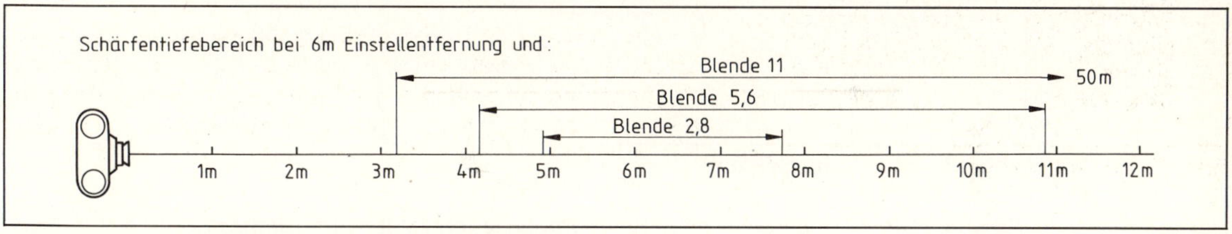

Abb. 12 Schärfentiefe bei verschiedener Blende

dann, wenn man die Brennweite durch eine größere Zahl, als auf dem Objektiv steht, und zwar durch die eingestellte Blende, teilt. Durch Abblenden kann man nämlich den Bereich aller Gegenstände, die scharf abgebildet werden, vergrößern. Ist eine Entfernung, z. B. 6 m, mit einem Objektiv von 5 cm Brennweite eingestellt, so erscheinen nicht nur Gegenstände dieser Entfernung scharf, sondern auch näher gelegene und weiter entfernte. Diese sog. Schärfentiefe erstreckt sich bei Blende 2,8 von 4,90 m bis 7,73 m, bei Blende 5,6 von 4,14 m bis 10,87 m und bei Blende 11 sogar von 3,19 m bis 50 m (Abb. 12). Der Lichtverlust bei starkem Abblenden muß allerdings durch längere Belichtungszeit ausgeglichen werden.

Aufgaben

10. *Zur Entfernungseinstellung kann das Objektiv ($f = 50$ mm) eines Fotoapparates in einer Gewindefassung mit der Ganghöhe 2 mm um eine ganze Drehung verstellt werden. Welches ist die geringste einstellbare Aufnahmeentfernung?*

11. *Eine Zeichnung vom Format DIN A 4 ($210 \times 297\,\text{mm}^2$) soll mit einen Fotoapparat ($f = 50$ mm, $24 \times 36\,\text{mm}^2$) aufgenommen werden, so daß die kurze Seite auf 20 mm verkleinert wird. Berechnen Sie die andere Seite im Negativ und die Aufnahmeentfernung.*

12. *Wie breit darf ein Gegenstand höchstens sein, damit er aus 5 m Entfernung noch vollständig mit einer Kamera vom Format 24 × 36 mm aufgenommen werden kann, wenn sie a) ein Objektiv mit 50 mm, b) ein Weitwinkelobjektiv mit 35 mm Brennweite besitzt?*

13. *Wie weit muß das Objektiv einer Kamera mit f = 45 mm von einem 5 m großen Aufnahmeobjekt entfernt sein, damit dieses auf dem Film 20 mm groß abgebildet wird? Wie groß ist dann die Entfernung vom Objektiv zum Film?*

14. *Vergleichen Sie die Brennweiten eines Teleobjektivs, das von weit entfernten Gegenständen große Bilder auf dem Film erzeugt, und eines Weitwinkelobjektivs, das ein großes Gesichtsfeld auf dem Bildformat der Kamera unterbringt, mit der Brennweite eines Normalobjektivs.*

Der Projektionsapparat ist die Umkehrung einer Fotokamera. Ein kleines Bild wird von einem Objektiv vergrößert auf einem Schirm abgebildet. Damit genügend vom Bild ausgehende Strahlen vorhanden sind, muß es hell beleuchtet werden. Fremde Strahlen werden durch Verdunkelung des Raumes ferngehalten.

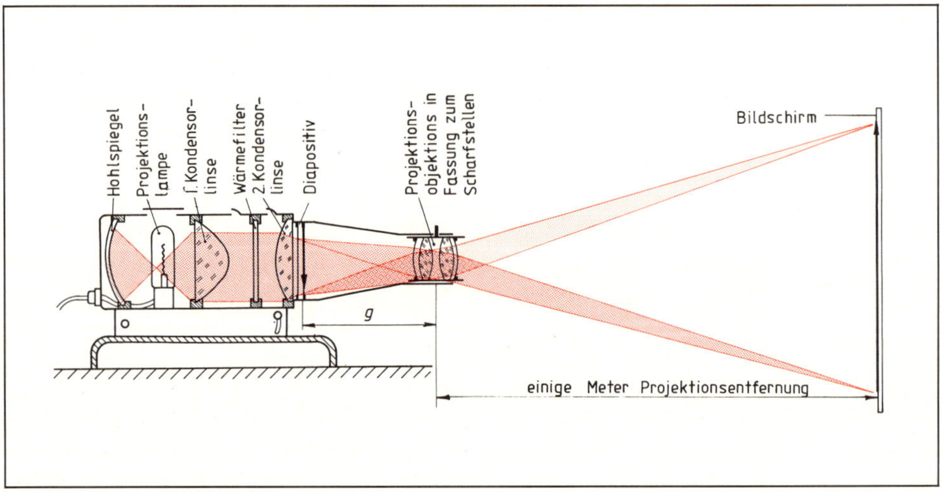

Abb. 13 Diaskopprojektion

Obwohl man bei ausreichender Beleuchtung auch Bilder aus Büchern oder Fotos projizieren kann, werden wegen der wesentlich besseren Lichtstärke und gleichmäßigeren Ausleuchtung fast nur noch durchsichtige Glas- oder Filmbilder (Dias) projiziert. Die dazu dienende Projektionsgeräte sind die **Diaskope** (Abb. 13). Das Dia befindet sich ein wenig hinter der Brennebene des Projektionsobjektivs (Zeile 4 in Tab. Nr. 7.2.4,1), so daß auf einem einige Meter entfernten Schirm ein umgekehrtes, reelles, vergrößertes Bild entsteht.

Ohne ausreichende Verdunkelung des Raumes und eine Vorrichtung zur Beleuchtung der Dias ist auf dem Schirm kein Bild zu erkennen. Deshalb ist hinter dem Dia im Projektionsapparat eine starke Lampe von 100 ... 500 W eingebaut. Um einen möglichst großen Teil vom Licht dieser Lampe zur Projektion verwenden zu können, befindet sich hinter der Lampe ein Kugelhohlspiegel, dessen Krümmungsmittelpunkt in der Lampe liegt. Alle von der Lampe auf den Spiegel fallenden Strahlen werden dadurch zur Lampe zurückgeworfen und verstärken den Lichtstrom in der anderen Richtung. Dort befindet sich ein Kondensator aus einer oder zwei Linsen. Die erste Linse macht den Strahlenkegel parallel. Die zweite Linse übernimmt den Lichtstrom und macht ihn konvergent, so daß alle Strahlen, die von der Lampe auf die erste Kondensorlinse fallen, schließlich in die Projektionslinse kommen. Zwischen den beiden Kondensorlinsen befindet sich bei manchen Projektionsgeräten eine durchsichtige Scheibe, die Wärmestrahlen absorbiert und von einem Ventilator gekühlt wird. Das Dia kommt unmittelbar vor die zweite Kondensorlinse, weil dort der Strahlenkegel noch einen großen Querschnitt besitzt und das Dia in seiner ganzen Fläche gleichmäßig durchstrahlt wird.

Die Vergrößerung eines Projektionsapparates findet man, indem man die Abbildungsgleichung mit b multipliziert und dann den sich ergebenden Ausdruck b/g in die Gleichung für die Vergrößerung einsetzt.

$$\frac{b}{g} + 1 = \frac{b}{f} \qquad V = \frac{B}{G} = \frac{b}{g} = \frac{b}{f} - 1$$

Oft kann man die Zahl 1 neben dem Bruch b/f vernachlässigen; dann gilt $V \approx b/f$.

Aufgaben

15. *Welche Vergrößerung kann man mit einem Projektionsgerät ($f = 85$ mm) in einem Raum erzielen, wenn die Entfernung zwischen dem Objektiv und dem Bildschirm bis zu 3,4 m vergrößert werden kann? Auf welches Format wird dann ein Dia (24 × 36 mm) vergrößert?*

16. *Das Objektiv eines Projektionsgerätes besitzt 85 mm Brennweite. Welche Entfernung zwischen Objektiv und Projektionswand ist zu wählen, wenn ein Diapositiv vom Format 24 × 36 mm auf der Wand in einer Größe von 1,8 × 2,7 m erscheinen soll?*

Auch zum Vorführen von Filmen wird ein Projektor benutzt. Er besitzt aber noch eine Vorrichtung, um in rascher Folge (etwa 24mal in der Sekunde) die aufeinanderfolgenden Bilder zu wechseln. Dabei muß jedes Bild während der Projektion einen Augenblick stehenbleiben. Für diese ruckweise Bewegung des Filmes sorgt eine besondere Vorrichtung, das Malteserkreuz, während beim Bildwechsel ein Flügelrad kurz die Lichtquelle abdeckt.

7.3 Licht als Wellenerscheinung

7.3.1 Wesen des Lichts

Schon Chr. Huygens[1] (1629 bis 1695) vertrat die Ansicht, daß das Licht eine sich ausbreitende Welle mit sehr großer Ausbreitungsgeschwindigkeit und sehr kleiner Wellenlänge ist. Da er keine experimentellen Beweise bringen konnte, setzte sich seine Ansicht aber nicht gegen die von Newton (1642 bis 1727) vertretene Korpuskulartheorie durch, nach der das Licht aus kleinen Partikelchen bestehen sollte. Erst als Young und Fresnel 100 Jahre später die Wellennatur des Lichts experimentell nachweisen konnten, fand die Wellentheorie allgemeine Anerkennung. Bei Wechselwirkung mit kleinen Teilchen (Atomen, Elektronen) zeigt das Licht aber auch Eigenschaften, die auf eine Teilchenstruktur des Lichts schließen lassen.

Die **Ausbreitungsgeschwindigkeit** des Lichts beträgt fast genau 300 000 km/s. Sie ist die größte Geschwindigkeit, die in der Physik auftritt. Bei allen irdischen Messungen ist die Zeit zwischen dem Abgang und dem Auftreffen eines Lichtstrahles so klein, daß man sie immer vernachlässigen darf. Im Weltall sind aber die Entfernungen so groß, daß merkliche Lichtzeiten auftreten: Der Lichtstrahl braucht von der Sonne zur Erde 8⅓ Minuten; von den Fixsternen erhalten wir das ausgesandte Licht erst nach Jahren, von fernen Spiralnebeln erst nach Millionen von Jahren. Die **Wellenlänge** des sichtbaren Lichts beträgt 380 nm bis 780 nm. Je nach der Größe der Wellenlänge erscheint uns das Licht in verschiedenen Farben.

Es gibt auch Strahlen, deren Wellenlänge länger als 780 nm oder kürzer als 380 nm sind; das menschliche Auge kann sie aber nicht mehr als Licht empfinden. Das längerwellige Licht bezeichnet man als **Infra-** oder **Ultrarot**, das kürzerwellige als **Ultraviolett.** Infrarotstrahlen erzeugen besonders Wärmewirkungen (Nr. 5.5.3), Ultraviolettstrahlen sind vor allem chemisch (fotografisch) wirksam.

1 Christian Huygens, 1629 bis 1695, holl. Mathematiker und Physiker.

7.3.2 Farben

Beim Strahlengang durch ein Prisma (Nr. 7.2.3) konnten wir die Aufspaltung eines weißen Lichtstrahles in Farben beobachten. Besser erkennt man die von einem Prisma erzeugten Farberscheinungen, wenn man die Versuchsanordnung etwas abändert.

V1

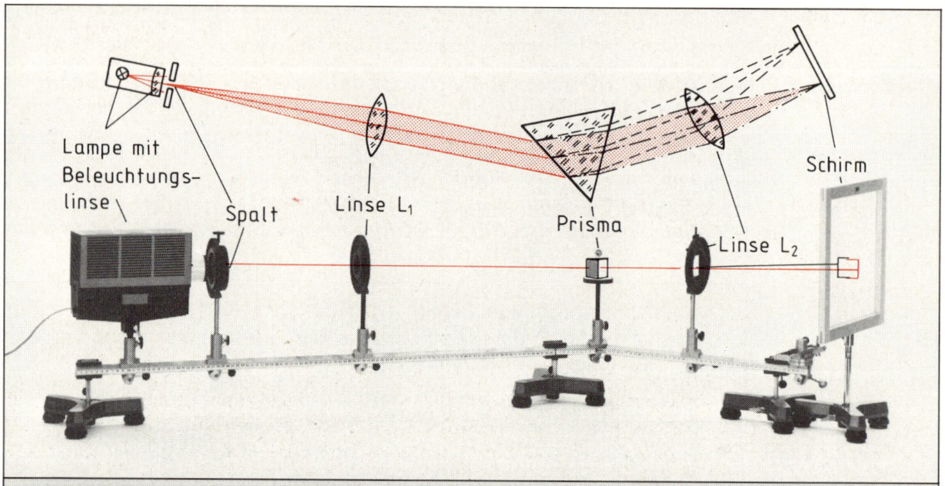

Abb. 1 Zerlegung des weißen Lichtes in die Spektralfarben

(Abb. 1): Im dunklen Zimmer läßt man das Licht einer Experimentierleuchte durch einen vertikalen Spalt austreten. Er befindet sich in der Brennebene einer Sammellinse L_1, so daß die vom Spalt ausgegangenen Strahlen nach dem Durchgang durch die Linse parallel verlaufen. In ihren Weg bringt man ein Prisma und eine zweite Sammellinse L_2. Auf einem Schirm in ihrer Brennebene erhält man statt eines scharfen Spaltbildes ein farbiges Band.

Ergebnis
Das weiße Licht wird in farbige Strahlen zerlegt.

V2

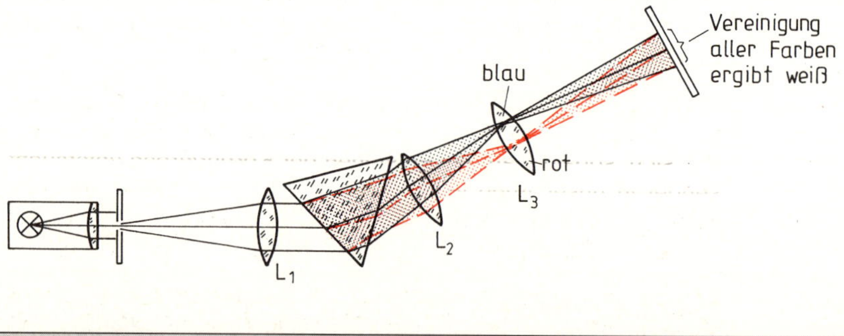

Abb. 2 Vereinigung der Spektralfarben

(Abb. 2): In den Strahlengang des Versuches 1 bringt man an die Stelle des Schirmes noch eine weitere Sammellinse L_3. Der Schirm wird nach hinten verschoben. Bei richtiger Einstellung (so, daß die Eintrittsstelle der Strahlen ins Prisma auf dem Schirm abgebildet wird) wird auf ihm das farbige Band wieder zu einem weißen Fleck vereinigt.

Ergebnis
Weißes Licht ist eine Mischung aus Licht von verschiedenen Farben. Ein Prisma zerlegt es in die einzelnen Farben.

Wie schon in Nr. 7.3.1 vermerkt wurde, unterscheiden sich die einzelnen Farben durch ihre Wellenlängen. Man nennt das Farbband ein **Spektrum** und die einzelnen Farben **Spektralfarben** (Farbtafel 1).

V3

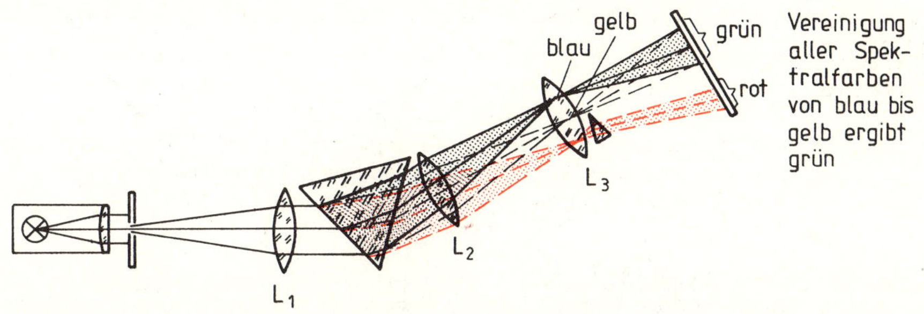

Abb. 3 Erzeugung der Komplementärfarben

(Abb. 3): Hinter die Linse L_3 im Versuch 2 bringen wir ein kleines Ablenkprisma. Mit ihm kann man an beliebiger Stelle aus dem Spektrum einen kleinen Farbenbereich herauslenken. Auf dem Schirm erscheinen dann nebeneinander die herausgelenkte Farbe und die Vereinigung aller übrigen Farben des Spektrums. Man erhält so z. B. folgende Farbpaare:

Abgelenkte Farbe	Rot	Orange	Gelb	Gelbgrün	Grün	Blaugrün	Blau	Violett
Farbe des vereinigten Restspektrums	Grün	Blaugrün	Blau	Violett	Rot	Orange	Gelb	Gelbgrün

Zwei gleichzeitig erscheinende Farbtöne bilden zusammen das ganze Spektrum. Aus ihrer Vereinigung erhält man nach dem Ergebnis des Versuches 3 Weiß. Man bezeichnet zwei solche sich zu Weiß ergänzenden Farbtöne als **Komplementärfarben.** Strahlt man also zwei Komplementärfarben, z. B. Blau und Gelb, gleichzeitig auf einen weißen Schirm, so bleibt er weiß. Bringt man mit einem Farbkreisel eine zur Hälfte gelb und zur Hälfte blau gefärbte Scheibe in rasche Drehung, so daß das Auge die beiden Farben nicht mehr trennen kann, so erscheint die Scheibe fast weiß.

Die Erfahrung des täglichen Lebens scheint dieser Tatsache zu widersprechen; denn beim Mischen einer gelben und einer blauen Malerfarbe entsteht Grün. Der Widerspruch löst sich, sobald man das Entstehen der Körperfarben untersucht. Ein gelber Gegenstand sendet in unser Auge vor allem gelbe Strahlen. Daher muß er von dem ankommenden weißen Licht die zu Gelb komplementäre Farbe, also vor allem Blau, verschlucken (absorbieren). Für die Entstehung einer Körperfarbe gilt daher:

Ein farbiger Gegenstand verschluckt einen Teil des auffallenden weißen Lichts, vor allem die Komplementärfarbe zu der ihm eigenen Körperfarbe.

Ein weißer Körper verschluckt vom ankommenden Licht nur wenige, ein schwarzer fast alle Strahlen.

Bringt man nun auf eine Fläche gleichzeitig gelbe und blaue Malerfarbe, so verschluckt von dem auffallenden weißen Licht die gelbe Farbe vornehmlich Blau und daneben noch Grünblau und Violett, die blaue Farbe vornehmlich Gelb und daneben noch Orange und Gelbgrün. Etwa vorhandene rote und blaugrüne Töne kompensieren sich zu Weiß, so daß nur noch Grün übrigbleibt.

Gleichzeitiges Aufstrahlen zweier Farben heißt a d d i t i v e F a r b m i s c h u n g. Beispiel: Gelb + Blau = Weiß. Absorption der Komplementärfarben heißt s u b t r a k t i v e F a r b m i s c h u n g. Beispiel: Weiß – Gelb – Blau = Grün (Farbtafel 2 und 3).

Die vielen Farben, die in der Natur vorkommen, aber im Spektrum fehlen, wie z. B. Rosa, Hellblau, Ocker, Braun, Oliv usw. entstehen durch sog. V e r h ü l l u n g e n. Kommt z. B. von einem Körper neben roten Strahlen noch weißes Licht in unser Auge, so erscheint es uns rosa. Man nennt dies eine W e i ß v e r h ü l l u n g; dabei erscheint Gelb kremefarben, Grün blaßgrün, Blau hellblau und Violett lila. Man spricht dagegen von einer S c h w a r z v e r h ü l l u n g, wenn ein Körper in eine Umgebung gebracht wird, die mehr Licht zurückstrahlt als seine Oberfläche. Je nach der Stärke des Helligkeitsunterschiedes erscheint seine Oberfläche immer dunkler. Dabei entsteht aus Rot Rotbraun und Dunkelbraun, aus Gelb Ocker und Gelbbraun, aus Grün Oliv, aus Blau Schieferblau (Farbtafel 4).

Alle Farben und die Eigenschaften der Komplementärfarben, der Weißverhüllung und der Farbmischungen lassen sich übersichtlich aus dem Farbdreieck (Farbtafel 5) ablesen. Auf der Randkurve der Farbfläche sind rechts, oben und links die Spektralfarben eingetragen; Unten ist sie durch eine Gerade mit Purpurfarbtönen abgeschlossen. In der Mitte liegt der Weißpunkt. Geht man von einer Spektralfarbe am Rand zum Weißpunkt, so durchläuft man alle zu dieser Farbe gehörigen Weißverhüllungen. Eine Gerade durch den Weißpunkt trifft den Rand des Farbdreiecks in zwei zusammengehörigen Komplementärfarben. Alle Farben, die durch additive Mischung aus zwei Farben entstehen, füllen je nach dem Mischungsverhältnis die Punkte der geradlinigen Verbindung ihrer Farbpunkte. Die mathematischen Grundlagen und noch weitere Eigenschaften des Farbdreiecks darzustellen, würde hier zu weit führen.

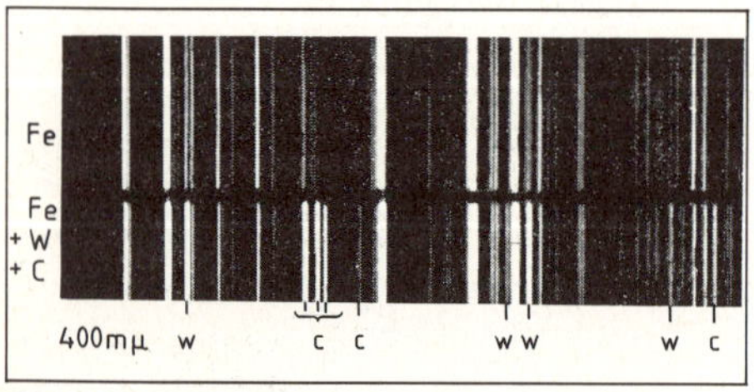

Abb. 4 Ausschnitt aus dem Spektrum von reinem Eisen und Wolframstahl

Glühende Gase oder verdampfte Stoffe senden nicht alle Farben des Spektrums, sondern nur das Licht von einigen besonderen, für jeden Stoff charakteristischen Spektrallinien aus (Farbtafel 6 bis 10). Daher kann man aus der spektralen Zerlegung des ausgesandten Lichtes die Natur eines Gases oder die Zusammensetzung einer im elektrischen Funken verdampften Metallegierung erkennen. Diese Methode der **Spektralanalyse** findet in der Chemie und Metallindustrie vielfache Anwendung. Abb. 4 zeigt einen Ausschnitt aus dem Spektrum von reinem Eisen und Wolframstahl. Man erkennt deutlich, daß im Stahlspektrum neben den Eisenlinien noch Kohlenstoff- (C) und Wolframlinien (W) auftreten. Zur fotografischen Aufnahme solcher Spektren verwendet man Spektrographen (Abb. 5).

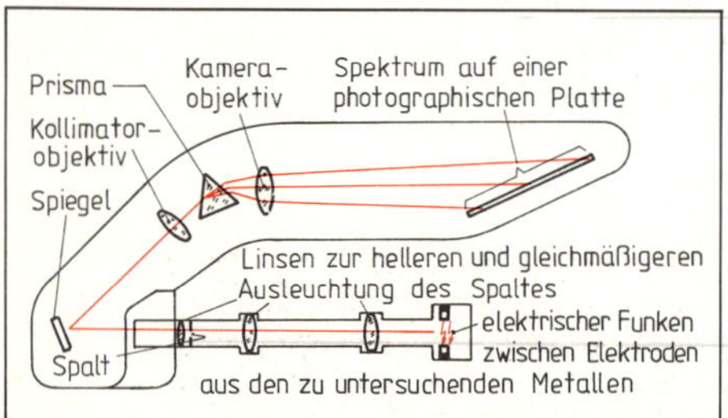

◀ Strahlengang zu Abb. 5

Abb. 5 Metallspektrograph

(1) Kontinuierliches Spektrum eines glühenden festen Körpers

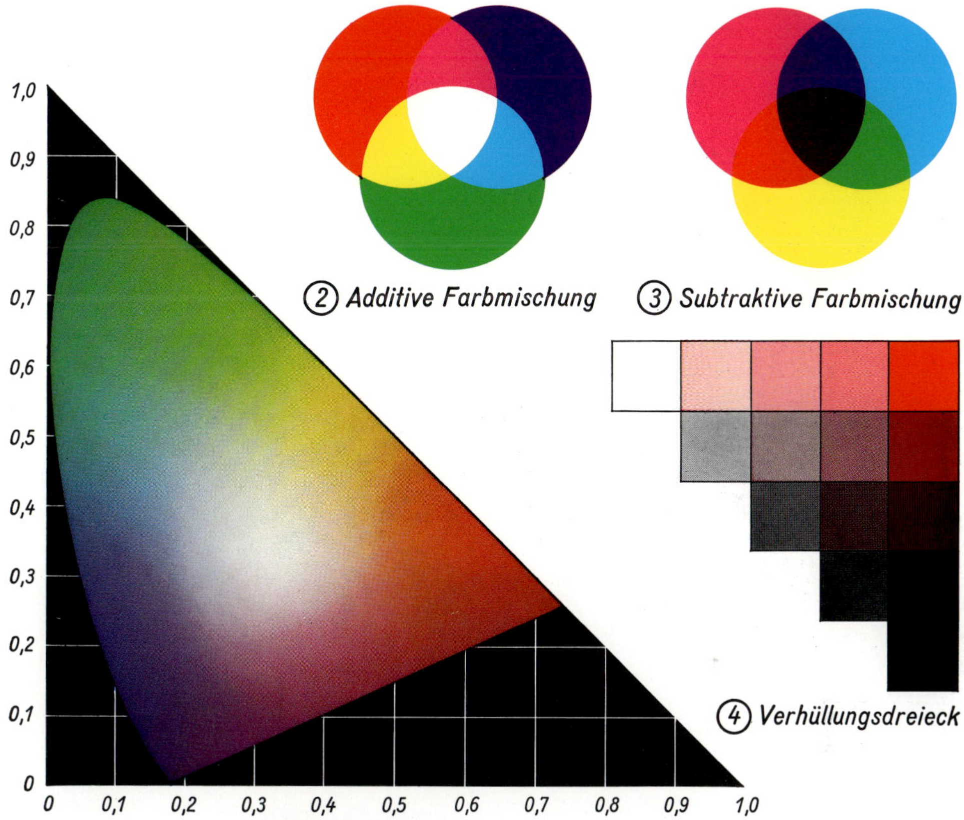

(2) Additive Farbmischung

(3) Subtraktive Farbmischung

(4) Verhüllungsdreieck

(5) Farbdreieck

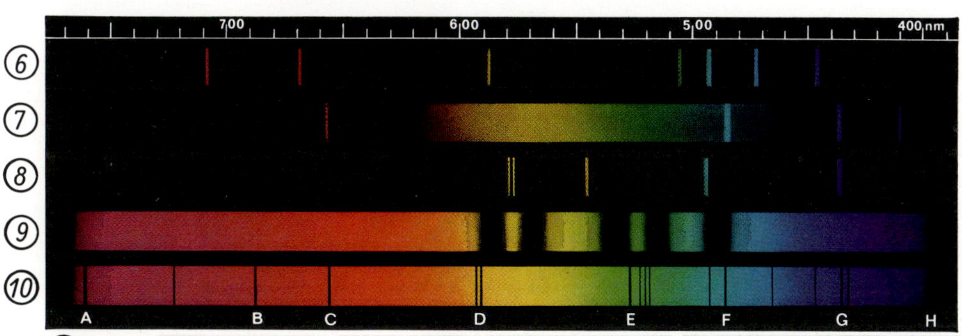

(6) Spektrum von Helium

(7) Spektrum von Wasserstoff

(8) Spektrum von Quecksilber

(9) Absorptionsspektrum von Kaliumpermanganat

(10) Sonnenspektrum mit Fraunhoferschen Linien

8 Elektrizitätslehre

8.1 Grunderscheinungen der Elektrizität

8.1.1 Grunderscheinungen des elektrischen Stromes

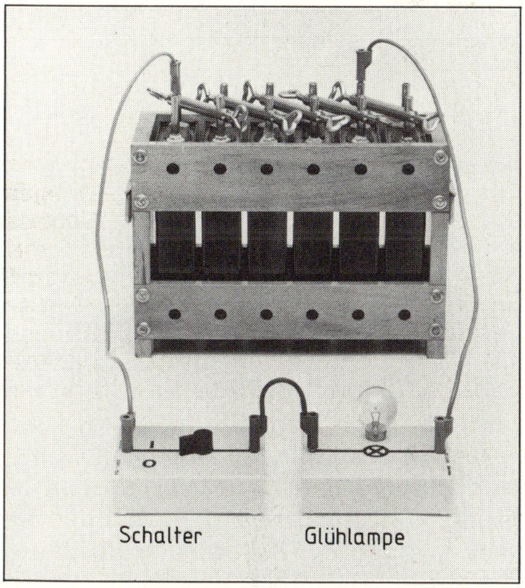

Abb. 1 Voraussetzungen für das Fließen eines elektrischen Stromes

Die Elektrizität ist ein unentbehrlicher Helfer der Menschheit geworden, seit man sie in der Form des elektrischen Stromes überall hinleiten kann, wo man sie braucht, um mit ihm Licht, Wärme und mechanische Energie zu erzeugen. Der folgende Versuch zeigt die Voraussetzungen für das Fließen eines elektrischen Stromes (Abb. 1).

Versuch 1

Die beiden Klemmen eines Sammlers (Akkumulators) sind durch Drähte mit einer Glühlampe verbunden. Sie leuchtet auf, sobald ein in der Leitung angeordneter Schalter geschlossen wird.

Alle Teile der Versuchsanordnung sind untereinander durch einen in sich geschlossenen Drahtweg verbunden. Deshalb bezeichnet man den Aufbau als einen **Stromkreis.** In ihm muß sich eine Spannungsquelle, wie z. B. hier der Sammler, mit zwei Anschlußstellen, befinden. Das Gerät, in dem die Energie des elektrischen Stromes die gewünschte Nutzwirkung hervorruft, ist der **Verbraucher,** z. B. eine Glühlampe. Zum willkürlichen Schließen oder Unterbrechen des Stromes dient ein in den Stromkreis eingebauter **Schalter.**

Nicht alle Stoffe sind wie die Drähte zur Herstellung von Leitungen geeignet. Man prüft sie in einem Stromkreis.

V2

(Abb. 2) Als Spannungsquelle dient ein Sammler, als Stromanzeiger eine Glühlampe. Im Stromkreis kann man die Verbindung zwischen den beiden Klemmen A und B durch verschiedene Stoffe herstellen.

a) Wir verbinden die Klemmen mit Drähten aus verschiedenen Metallen (Kupfer, Aluminium, Eisen, Messing); das Lämpchen leuchtet immer hell.

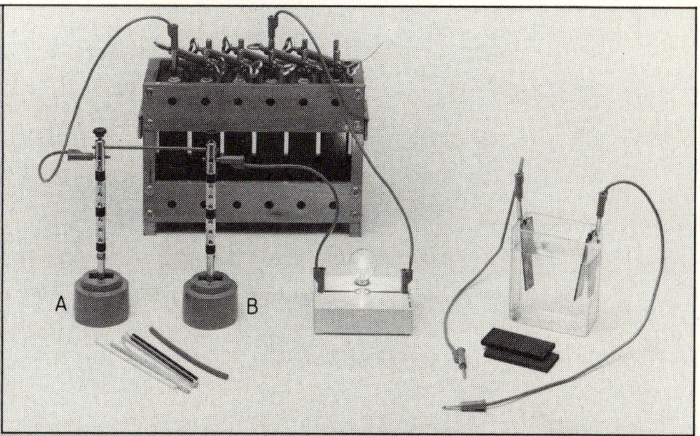

Abb. 2 Untersuchung der Leitfähigkeit einiger Stoffe

b) Auch wenn wir einen Kohlestab zwischen die Klemmen legen, kommt das Lämpchen zum Leuchten.

c) Bei Stäben aus Holz, Glas, Hartgummi, Porzellan bleibt das Lämpchen dunkel; ebenso bei einem Lederstreifen, einem Stoffband oder bei einer Schnur.

d) Um auch Flüssigkeiten untersuchen zu können, verbinden wir jede Klemme mit einem Blech und hängen dieses in ein Glasgefäß. Füllt man destilliertes Wasser ein, so leuchtet das Lämpchen nicht. Es strahlt aber sofort auf, wenn man in das Wasser einige Tropfen einer Säure (z. B. Salzsäure), einer Lauge (Natronlauge) oder einige Körnchen eines Salzes (Kochsalz) hineinbringt.

e) Ohne eine Verbindung, wenn sich also Luft zwischen den Klemmen befindet, bleibt das Lämpchen dunkel.

Ergebnis
Nicht alle Stoffe eignen sich zur Herstellung einer Leitung. Deshalb teilt man sie ein in **Leiter** und **Nichtleiter.**

Leiter: Alle Metalle, Kohle, wässerige Lösungen von Säuren, Basen und Salzen, Leitungswasser.

Nichtleiter oder Isolatoren: Glas, Porzellan, Gummi, Kunststoffe, Holz, Papier, Leder, Öl, destilliertes Wasser, alle Gase (bei normalem Druck und geringen Spannungen).

Eine strenge Einteilung in Leiter und Nichtleiter ist nicht möglich. Der Übergang ist fließend. So gibt es Halbleiter; das sind nichtmetallische Stoffe, deren Leitfähigkeit zwischen der der Leiter und Nichtleiter liegt. Sie kann sich stark verändern und ist von der Zusammensetzung, der Temperatur, vom Lichteinfall und von der anliegenden Spannung abhängig (siehe 8.4.5).

Das Fließen des Stromes kann man nicht unmittelbar, sondern nur aus seinen Wirkungen erkennen. In den bisher betrachteten Versuchen zeigte das Aufleuchten einer Glühlampe das Fließen des Stromes an. Der Strom kann also einen Leiter erwärmen und, wenn dieser sehr dünn ist, wie z. B. der Draht einer Glühlampe, sogar zur Lichtaussendung anregen. Wärme- und Lichterzeugung sind aber wenig empfindlich und werden daher zur Stromanzeige nur selten verwendet.

Es gibt auch magnetische Wirkungen des Stromes (8.5), die der folgende Versuch zeigt:

V3

(Abb. 3) Zwischen den Polen eines Hufeisenmagneten befindet sich eine drehbar gelagerte Spule. Wenn sie von Strom durchflossen wird, dreht sie sich, bis ihre Ebene quer zur Verbindung der beiden Magnetpole steht.

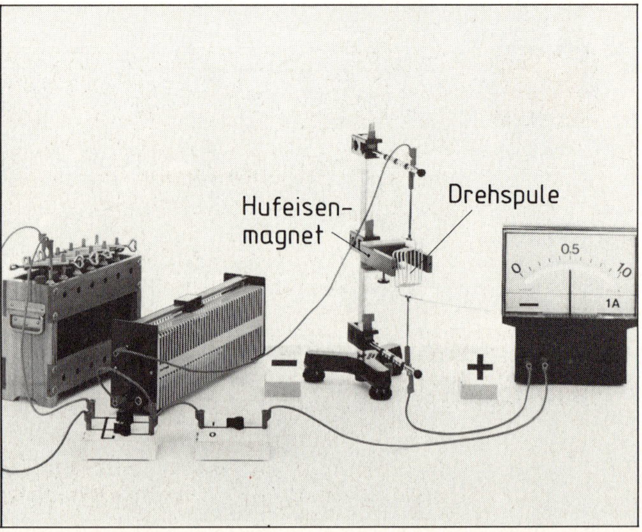

Abb. 3 Ablenkung einer Spule zwischen den Polen eines Hufeisenmagneten

Diese Wirkung bildet die Grundlage für die am meisten benutzten elektrischen Meßwerke, die **Drehspulmeßwerke.** Eine Spule mit vielen Windungen aus Kupferdraht ist zwischen den Polen eines Hufeisenmagneten drehbar gelagert (Abb. 4). Sie wird von zwei Spiralfedern in ihrer Ruhelage gehalten und dreht sich um so mehr, je stärker der Strom ist, der durch sie fließt. Die Drehung der Spule kann mit einem Zeiger an einer geeichten Skala abgelesen werden.
Eine chemische Wirkung hat der Strom in leitenden Flüssigkeiten. Diese werden dabei zersetzt (Abschnitt 8.4.1). Fließt der Strom durch den menschlichen Körper, so können schwere Verbrennungen oder Muskelkrämpfe auftreten. Fließt der Strom über das Herz, so kann Herzkammerflimmern und damit eine Unterbrechung des Blutkreislaufs und Aussetzung der Atmung mit Todesfolge eintreten. Beim Umgang mit der Elektrizität muß man daher die Sicherheits- und Schutzmaßnahmen beachten.

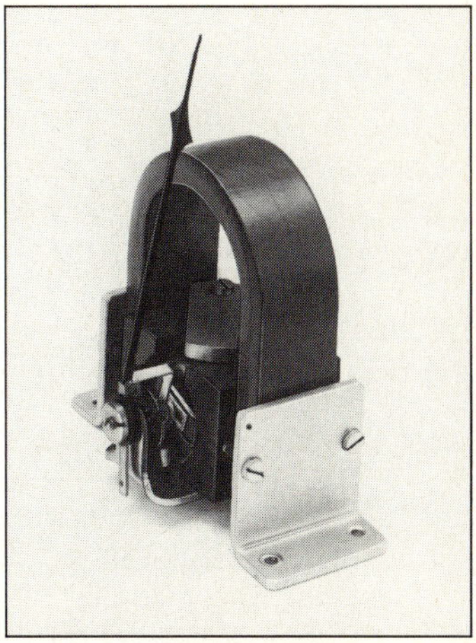
Abb. 4 Drehspulmeßwerk

8.1.2 Elektrische Ladung

Beobachtung

Beim Ausziehen eines aus Kunstfasern angefertigten Pullovers kann man ein leises Knistern wahrnehmen. – Wenn saubere und trockene Haare durchgekämmt werden, sträuben sie sich auseinander und folgen dem Kamm, als ob sie von ihm angezogen würden. – Kleine Papierschnitzel haften an Kunststoffolien so fest, als ob sie angeheftet wären.

Alle diese Erscheinungen lassen sich als Wirkung einer **elektrischen Aufladung** erklären, die durch die folgenden Versuche noch genauer untersucht werden soll.

V1

(Abb. 1): Ein Hartgummistab wird mit Wolle gerieben und drehbar aufgestellt. Ihm wird ein zweiter ebenfalls mit Wolle geriebener Hartgummistab genähert.

Ergebnis
Die beiden Stäbe stoßen sich ab.

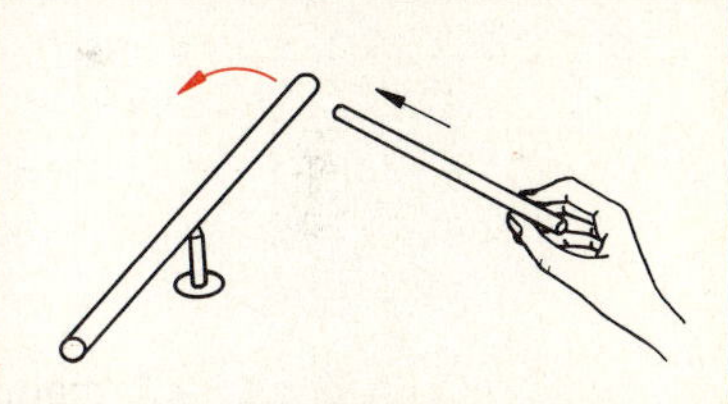
Abb. 1 Gegenseitige Wirkung geriebener Stäbe

V2

Dem vorher mit Wolle geriebenen Hartgummistab wird nun ein mit Seidenlappen geriebener Glasstab genähert.

Ergebnis
Beide Stäbe ziehen sich an.

Die abstoßende bzw. anziehende Wirkung kann noch deutlicher mit Hilfe eines Hochspannungsgerätes für Gleichstrom gezeigt werden.

V3

(Abb. 2): Neben einem Metallstab, der mit einer Glasröhre umgeben ist, hängt ein langer, dünner Aluminiumstreifen. Von den beiden Polen eines Hochspannungsgerätes für Gleichstrom ist der eine geerdet, der andere mit dem Aluminiumstreifen verbunden.

a) Verbindet man den Stab mit dem geerdeten Pol und nähert man ihn dann dem Aluminiumstreifen, so wird dieser angezogen.

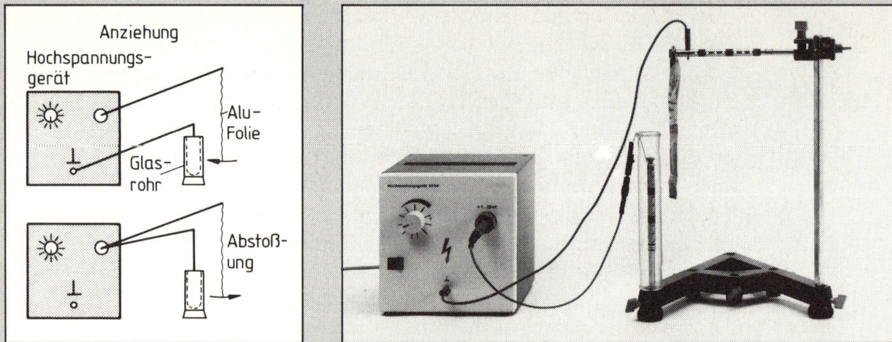

Abb. 2 Anziehung und Abstoßung von elektrischen Ladungen

b) Verbindet man dagegen den Stab und den Aluminiumstreifen mit dem gleichen Pol und nähert nun den Stab, so wird der Streifen abgestoßen.

Ergebnis
Durch die Verbindung mit einem Pol des Hochspannungsgerätes wird der Stab elektrisch geladen. Die beiden Pole führen aber verschiedenartige elektrische Ladung. Man unterscheidet beide Arten als positiv und negativ. Aus den Kraftwirkungen folgt:

Gleichartige Ladungen stoßen sich ab, ungleichartige ziehen sich an.

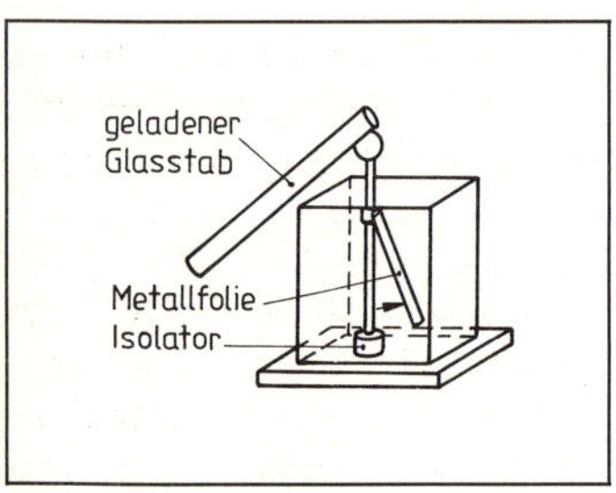

Abb. 3 Nachweis der Ladung mit einem Elektroskop

Auf dieser Wirkung der elektrischen Ladung beruht die Möglichkeit, den Ladungszustand eines Körpers mit einem Elektroskop (Abb. 3) zu untersuchen. Ein Modell dieses Gerätes besteht aus einer leichten Metallfolie, die als Pendel an einem Metallstab befestigt ist. Wenn man mit einem geladenen Körper den Kopf des Elektroskops berührt, tritt ein Teil der Ladung auf den Metallstab und die Folie über. Wegen der Abstoßung zwischen den gleichnamigen Ladungen spreizt sich die Folie um so weiter vom Stab ab, je größer ihre Ladung ist.

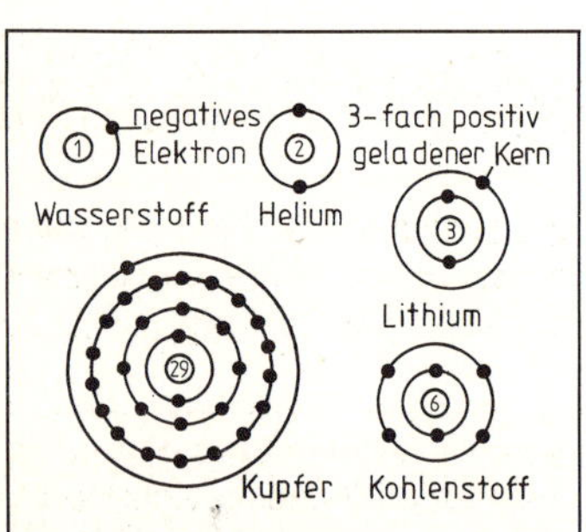

Abb. 1 Bau einiger Atome (stark schematisch)

8.1.3 Wesen der Elektrizität

Zum richtigen Verständnis der Elektrizitätslehre müssen einige Erkenntnisse aus der Atomphysik vorweggenommen werden. Jedes Atom besteht aus einem **Atomkern,** der von mehreren Teilchen, den **Elektronen,** umgeben ist. Der Durchmesser des ganzen Atoms ist mit etwa 10^{-8} cm schon unvorstellbar klein. Er ist aber noch groß gegenüber den Abmessungen des Kerns oder der Elektronen von je etwa 10^{-13} cm, die nur den 100 000. Teil des Atomdurchmessers ausmachen. Der Kern enthält fast die ganze Masse des Atoms, da die Masse eines Elektrons nur den 1838. Teil der Masse eines Wasserstoffatoms beträgt.

Alle Elektronen haben eine gleiche negative Ladung. Da noch keine kleineren Ladungen festgestellt wurden, bezeichnet man sie als **Elementarladung.** Die negative Elementarladung tritt immer in Verbindung mit einem Elektron auf.

Die Elektronen sind die kleinsten Bestandteile der negativen elektrischen Ladung.

Obwohl die Hülle der Atome Elektronen enthält, sind die Atome doch neutral. Deshalb muß der Atomkern ebenso viele positive Elementarladungen enthalten, wie sich Elektronen in der Hülle befinden. Die Zahl der positiven Elementarladungen im Kern oder die Zahl der Elektronen in der Hülle kennzeichnet die verschiedenen Elemente. Sie beträgt z. B. bei Wasserstoff 1, bei Helium 2, bei Lithium 3, beim Kohlenstoff 6, beim Kupfer 29 (Abb.1). Die Elektronen gruppieren sich in verschiedenen Entfernungen um den Kern. Während die inneren Elektronen infolge der Anziehungskraft zwischen ihrer negativen Ladung und dem positiven Kern sehr fest gebunden sind, lassen sich bei den Metallen die äußeren Elektronen leicht abtrennen. Die positive Ladung bleibt dagegen immer mit dem Kern verbunden.

In einem elektrisch neutralen Gegenstand ist die positive Gesamtladung aller Atomkerne ebenso groß wie die Ladung aller Elektronen, so daß sich die Wirkung der Ladungen nach außen aufhebt. Werden aber einem Körper Elektronen entzogen, so kommen die positiven Ladungen ins Übergewicht, und der Körper wird positiv geladen. Befinden sich dagegen auf einem Körper mehr Elektronen, als zum Ausgleich der Kernladungen erforderlich sind, so ist dieser negativ geladen. Die überschüssigen Ladungen befinden sich stets an der Oberfläche eines Leiters; denn bei positiv geladenen Körpern werden die Elektronen von den positiven Ladungen ins Innere gezogen, so daß nur die äußersten Ladungen nicht mehr neutralisiert werden können, bei negativ geladenen Körpern stoßen sich die überzähligen Elektronen gegenseitig nach außen zur Oberfläche ab.

Elektronenmangel ergibt eine positive, Elektronenüberschuß eine negative Ladung.

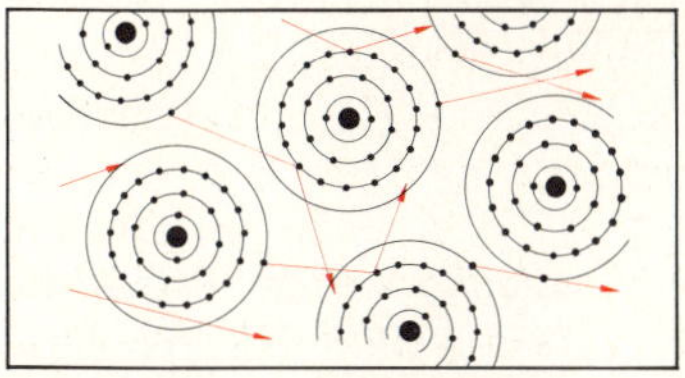
Abb. 2 Elektrizitätsleitung in Metallen (Bewegung von Elektronen zwischen Kupferatomen)

Hat man einen positiv und einen negativ geladenen Gegenstand, so sucht die Abstoßung der gleichartigen und die Anziehung der ungleichartigen Ladungen den Unterschied in der Ladungsverteilung auszugleichen. Das geht aber nur, wenn beide Gegenstände durch einen Leiter verbunden sind, in dem die Elektronen dem Zug der elektrischen Kraft folgen können. In einem Kupferdraht z. B. wandern freie Elektronen am einen Ende vom negativ geladenen Körper in den Draht und am anderen Ende heraus auf den positiv geladenen Körper. Im Innern des Drahtes bewegen sich die freien Elektronen zwischen den Kupferatomen, werden von ihnen eingefangen, reißen sich wieder los oder werden bei einem Zusammenstoß reflektiert (Abb. 2). Die bewegten Elektronen bilden einen elektrischen Strom, der bis zum Ausgleich der Ladungen fließt.

Die gerichtete Bewegung elektrischer Ladungen stellt einen Strom dar.

In leitenden Flüssigkeiten bewegen sich nicht die Elektronen, sondern elektrisch geladene Atome oder Atomverbände. Man nennt sie **Ionen** (griech.: ion = wandernd), und zwar positive Ionen, wenn das Atom ein oder mehrere Elektronen abgegeben hat, negative Ionen, wenn es zu viele Elektronen besitzt.

Leiter sind Stoffe, in denen sich Ladungen (Elektronen oder Ionen) bewegen können.

Die natürliche Maßeinheit für die elektrische Ladung wäre die Elementarladung e. Da diese jedoch für praktische Zwecke zu klein ist, wurde eine in das SI passende Einheit eingeführt.

Man bezeichnet $6{,}241 \cdot 10^{18}$ Elementarladungen $= 6{,}241 \cdot 10^{18}\,e$ als 1 **Coulomb** (C)[1]:

$1\,\text{C} = 6{,}241 \cdot 10^{18}\,e$, negative Ladung eines Elektrons $e = -1{,}602 \cdot 10^{-19}\,\text{C}$

Die Stärke eines fließenden Stromes kennzeichnet man durch die **Stromstärke** I. Man erhält sie als Quotient aus der Ladung Q, die einen Leiterquerschnitt durchfließt, und der Zeit t, die sie dazu benötigt:

$$I = \frac{Q}{t} \qquad Q = I \cdot t$$

Die Einheit der Stromstärke ist das Ampere (A)[2]. Man erhält sie nach dieser Gleichung, wenn in 1 s die Ladung 1 C durch einen Leiter fließt.

$$1\,\text{A} = \frac{1\,\text{C}}{1\,\text{s}} \qquad 1\,\text{C} = 1\,\text{A} \cdot 1\,\text{s} = 1\,\text{As}$$

Im SI wird die Stromstärkeneinheit 1 A unmittelbar durch die Anziehung zweier paralleler Ströme festgelegt (die in diesem Buch nicht behandelt wird)[3]; dadurch wird die **Stromstärke** eine **Basisgröße** und das **Ampere** eine **Basiseinheit.**

Um eine Vorstellung von der Größe des Ampere zu gewinnen, sind in der folgenden Tabelle die Größen einiger Ströme angegeben, die in unserer Umwelt häufig vorkommen (zu den angegebenen Spannungen vgl. Nr. 8.2.3).

Tabelle 1: Beispiele von Stromstärken				
	Glühlampen (220 V)	0,1 ... 1 A	Elektromotor 10 kW (220 V)	45 A
	Radioapparate (220 V)	0,3 ... 1 A	Straßenbahn (500 V)	etwa 100 A
	Elektr. Heizgeräte (220 V)	1 ... 10 A	Elektr. Vollbahn (1500 V)	etwa 1000 A

Aufgabe

Eine Plastikfolie haftet auf einer isolierten Aluminiumplatte. Nach dem plötzlichen Abziehen stellt man auf der Aluminiumplatte eine positive Ladung und eine negative Ladung auf der Plastikfolie fest. Begründen Sie diese Erscheinung.

8.2 Ruhende Ladungen und elektrisches Feld

8.2.1 Wirkungen ruhender Ladungen

Wie schon der Versuch in Nr. 8.1.2 zeigte, entstehen in der Umgebung eines geladenen Körpers eine Anziehungskraft auf eine ungleichnamige und eine abstoßende Kraft auf eine gleichnamige Ladung. Diese Kraft beeinflußt auch die Ladungsverteilung auf dem Leiter selbst.

---

1 Charles-Augustin Coulomb, 1736–1806, franz. Physiker und Ingenieur, bestimmte als erster die Kräfte zwischen Ladungen und im Magnetfeld.

2 André Marie Ampère, 1775–1836, untersuchte die Wirkungen elektrischer Ströme aufeinander.

3 Auf die genaue Definition des Ampere sei nur verwiesen: 1 A ist die Stärke eines Stromes, der, durch zwei parallele Leiter im Abstand von 1 m fließend, je Meter Leiterlänge eine Kraft von 0,2 μN hervorruft.

V1

(Abb. 1) Lädt man eine Hohlkugel auf und prüft mit einem Elektroskop den Ladungszustand auf der Innen- und Außenseite, so erkennt man, daß nur die Außenseite einen Ausschlag hervorruft.

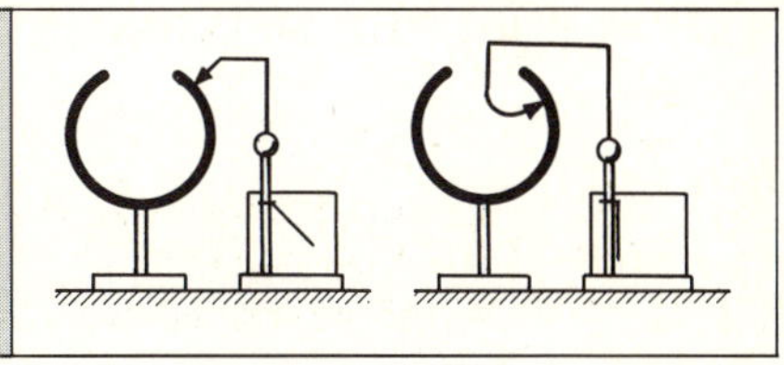

Abb. 1 Sitz der Ladung

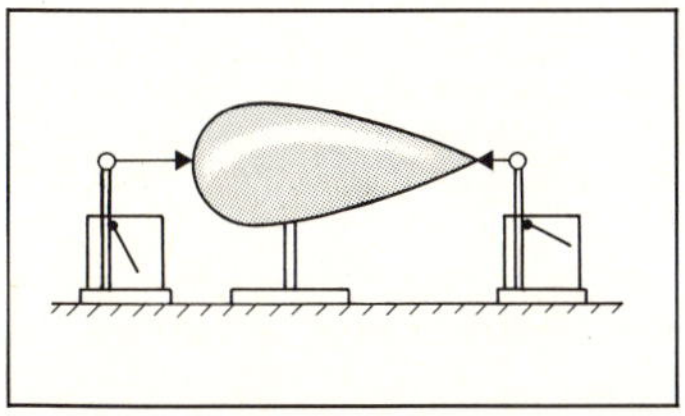

Abb. 2 Spitzenwirkung

Da ein Leiter nur gleichartige Ladungen tragen kann, besteht zwischen ihnen eine abstoßende Kraft, die radial nach außen gerichtet ist. Von ihr werden alle Ladungen aus dem Innern des Leiters an dessen Oberfläche geführt. Dann befindet sich die gesamte Ladung auf der Außenseite, während im Innern keine elektrische Kraft mehr festgestellt werden kann.

Bei einem Leiter mit verschiedener Oberflächenkrümmung erweist sich die Ladungsdichte um so größer, je stärker die Krümmung an der betreffenden Stelle ist (Abb. 2).

An scharfen Kanten oder Spitzen kann die Ladungsdichte und daher die abstoßende Kraft so groß werden, daß dort eine Entladung auf die umgebenden Luftmoleküle eintritt. Diese Erscheinung heißt **Spitzenwirkung.**

Eine weitere Wirkung einer Ladung auf einen benachbarten Leiter zeigt der folgende Versuch (Abb. 3).

V2

Zwischen zwei großen entgegengesetzt geladenen Platten werden zwei ungeladene Aluminiumplatten eingeführt, die sich gegenseitig berühren. Trennt man sie, während sie sich im Raum zwischen den geladenen Platten befinden, und führt man sie dann heraus, so erweisen sie sich als entgegengesetzt aufgeladen.

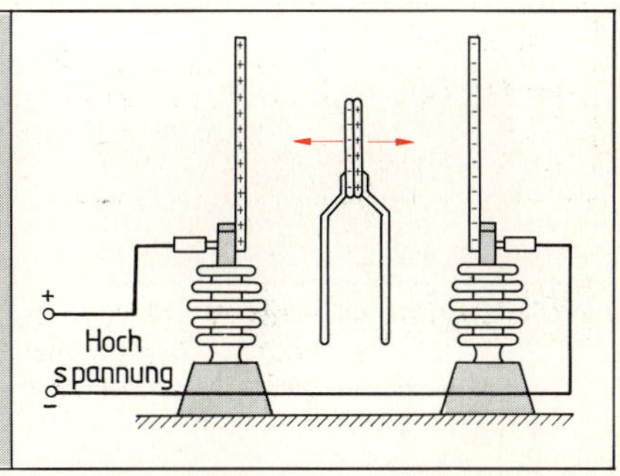

Abb. 3 Influenz

Die von den Ladungen der beiden äußeren Platten ausgehende Kraft drängt in den sich berührenden Aluminiumplatten die leicht beweglichen Elektronen in die Platte, die der äußeren positiven Platte benachbart ist. Dadurch werden die beiden Aluminiumplatten entgegengesetzt geladen. Wegen der Trennung der beiden Platten kann sich die Ladung nach dem Herausnehmen nicht mehr ausgleichen, so daß man die entgegengesetzte Aufladung nachweisen kann. Den Vorgang der Trennung entgegengesetzter Ladungen im Innern eines Leiters, während er sich in der Nähe einer anderen Ladung befindet, nenn man elektrische **Influenz.**

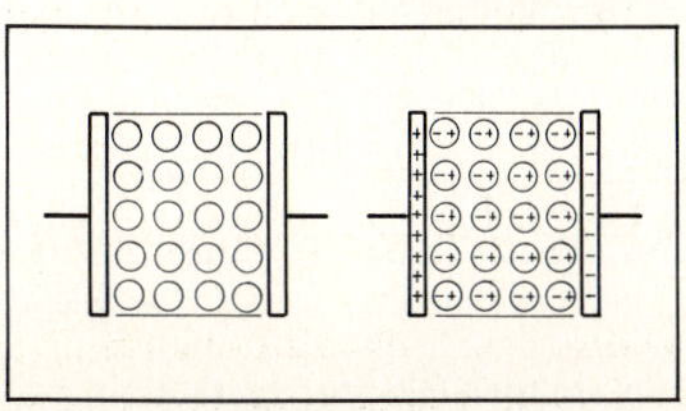

Abb. 4 Dielektrische Polarisation

Bei einem Isolator kann die Influenz nicht auftreten, weil sich die Ladungen nicht verschieben können. Trotzdem gibt es auch bei ihnen eine ähnliche Erscheinung, die **Polarisation,** durch die sich an den Enden eines Isolators eine freie Ladung bildet.

In Isolatoren lassen sich die Ladungen zwar nicht in den ganzen Stoffen, wohl aber im Innern der Moleküle verschieben. Bringt man einen solchen Körper zwischen zwei entgegengesetzt geladenen Platten, so verwandeln sich die Moleküle in parallel gerichtete Dipole (Abb. 4). Im Innern des Körpers heben sich benachbarte positive und negative Ladungen auf. Dagegen bilden sich an den beiden Enden des Isolators freie Ladungen.

Die Erzeugung von freien Ladungen, sowohl durch Influenz bei einem Leiter wie durch Polarisation bei einem Isolator, faßt man unter der Bezeichnung **elektrische Verschiebung** zusammen.

Aufgabe

Ein Pexiglasstab A wird drehbar aufgestellt.
a) Was geschieht, wenn an einem Ende des ungeladenen Stabes A ein zweiter Plexiglasstab B, der mit einem Wollappen gerieben wurde, genähert wird?
b) Der Stab A wird nun auch gerieben. Was geschieht, wenn nun der durch Reibung geladene Stab B genähert wird?

8.2.2 Elektrisches Feld

In der Nähe einer elektrischen Ladung wirkt auf eine andere Ladung eine Kraft; auf einem Leiter entstehen durch Influenz, auf einem Isolator durch Polarisation freie Ladungen. Ursprünglich erklärte man all diese Erscheinungen als Fernwirkungen der Ladung, ohne sich Gedanken darüber zu machen, wie eine solche Fernwirkung zustande kommt. Während alle Bewegungen von Körpern und jede Ausbreitung einer Energie nur mit endlicher Geschwindigkeit ablaufen, sollten durch die Fernübertragung Wirkungen einer Ladung sofort in beliebiger Entfernung feststellbar sein. Faraday[1] erkannte als erster diese Schwierigkeit und schuf zu ihrer Überwindung die Vorstellung des elektrischen Feldes, das sich von der Ladung mit endlicher Geschwindigkeit ausbreitet und dem Raum die beobachteten Eigenschaften verleiht. Alle genannten Erscheinungen sind dann Nahwirkungen des an dem betreffenden Punkt schon vorhandenen Feldes.

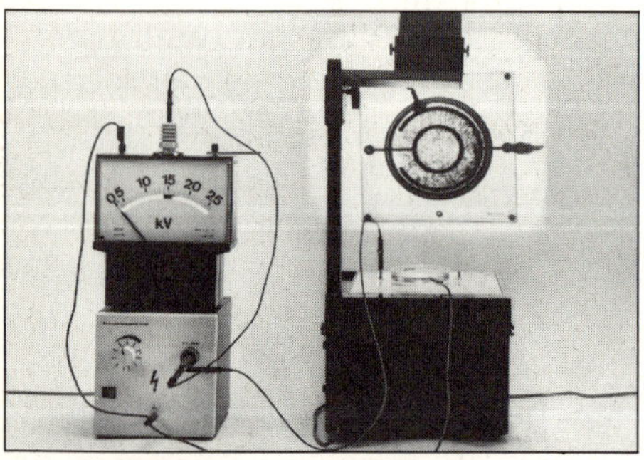

Abb. 1 Gerät zur Feldliniendarstellung

Ein elektrisches Feld läßt sich mit leicht polarisierbaren Grießkörnern sichtbar machen (Abb. 1).

V1

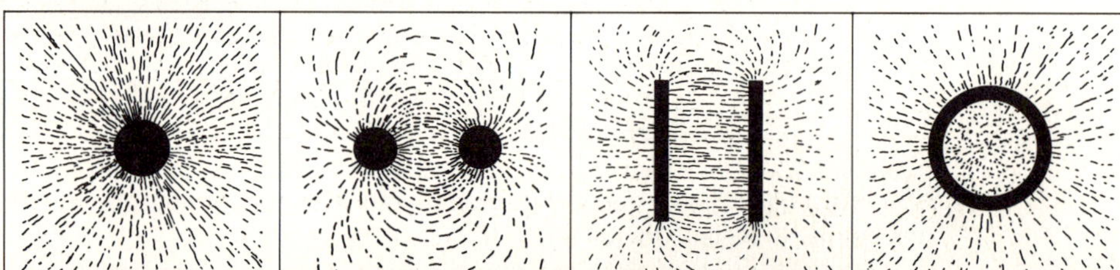
Abb. 2 Beispiele elektrischer Felder
a) eines geladenen Leiters b) zweier entgegengesetzt geladenen Leiter c) zweier entgegengesetzt geladenen Platten d) eines Hohlleiters

(Abb. 2) Auf die Fläche eines Tageslichtprojektors werden Plexiglasplatten mit verschieden geformten Stanniolplättchen gelegt. Darauf wird eine Glasschale gestellt, die 1–2 mm hoch mit Rizinusöl gefüllt ist. Darin schwimmen Grießkörner. Wird an die leitenden Stanniolplättchen eine Hochspannung gelegt, so richten sich die Grießkörner in Richtung der elektrischen Kraft aus. Sie bilden Ketten.

1 Michael Faraday, 1791–1861, zuerst Buchhändlerlehrling, wurde später einer der bedeutendsten Physiker Englands, Entdecker der Induktion und Schöpfer des Feldbegriffs.

Man kann also ein elektrisches Feld durch Feldlinien veranschaulichen.

Aus dem in Abb. 2 dargestellten Verlauf bei einigen Leiteranordnungen kann man folgende Gesetzmäßigkeiten ablesen:

1. Die elektrischen Feldlinien kennzeichnen die Richtung der in einem Punkt wirksamen Kraft.
2. Die Linien treffen stets senkrecht auf die Oberfläche eines Leiters. Bei einer Einzelladung erstrecken sie sich strahlenförmig in die Umgebung.
3. Anfang und Ende einer Feldlinie liegen bei entgegengesetzten Ladungen. Bei ruhenden Ladungen gibt es keine geschlossenen Feldlinien. Als Feldrichtung setzt man die von der positiven zur negativen Ladung fest.
4. Im Innern eines Leiters herrscht kein Feld.
5. Die Dichte der aus einem Oberflächenstück austretenden Feldlinien ist ein Maß für die dort herrschende Ladungsdichte.

Besonders wichtig ist das Feld zwischen zwei parallelen entgegengesetzt geladenen Platten, das im mittleren Teil parallele Feldlinien besitzt. Es ist **homogen.**

V2

(Abb. 3) Von zwei isoliert aufgestellten Metallplatten wird die eine von einem Hochspannungsgerät auf konstanter Spannung gehalten, die andere ist geerdet. In das dadurch erzeugte homogene elektrische Feld wird als Pendel eine kleine Metallplatte gebracht, die zuvor durch Berührung mit dem Pol des Hochspannungsgeräts aufgeladen wurde.

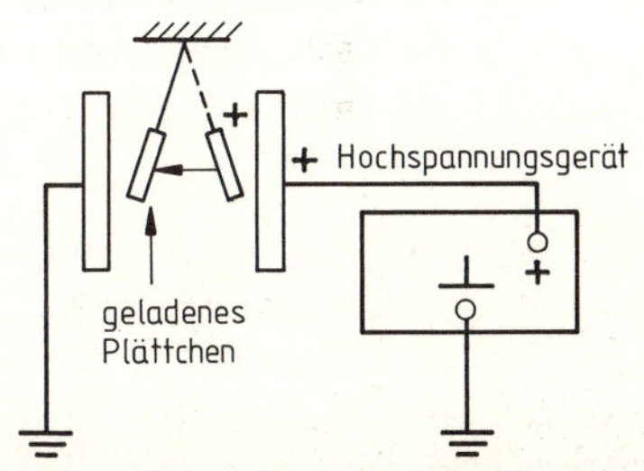

Abb. 3
Kraft im elektrischen Feld

Ergebnis
Die kleine Platte wird von der mit gleichem Vorzeichen geladenen großen Platte abgestoßen. Der entstehende Ausschlag ist nach den beim Pendel geltenden Gesetzen (Pendel) ein Maß für die abstoßende Kraft. Lädt man nun die kleine Platte bei verschiedenen Spannungen des Hochspannungsgeräts mit verschiedenen Ladungen Q^* (Kondensator) auf, so erweist sich der entstehende Ausschlag und daher auch die abstoßende Kraft F als proportional zur Ladung Q^*. Der Quotient F/Q^* ist daher von der Ladung Q^* unabhängig und nur durch das Feld bedingt.

Deshalb benützt man den Quotienten $\frac{F}{Q^*}$ zur Kennzeichnung des Feldes und bezeichnet ihn als **elektrische Feldstärke** E.
Da $\vec{F}$ ein Vektor ist, gilt das gleiche für $\vec{E} = \frac{\vec{F}}{Q^*}$.

$$\text{Elektrische Feldstärke} = \frac{\text{Kraft}}{\text{Ladung}}$$

$$\vec{E} = \frac{\vec{F}}{Q^*} \qquad [E] = \frac{\text{N}}{\text{C}} = \frac{\text{N}}{\text{A s}}$$

Die Richtung der Feldstärke ist die der Kraft; sie fällt also in die Richtung der Feldlinien. Die gefundene Einheit $[E] = \text{N/A s}$ wird meist mit der im folgenden Abschnitt einzuführenden Spannungseinheit umgeformt.

Auch die zweite Wirkung eines Feldes, nämlich die Erzeugung von freien Ladungen durch Verschiebung, läßt sich zur Beschreibung eines elektrischen Feldes verwenden. Ein Feld ist um so stärker, je größer die Ladung ist, die durch Verschiebung auf einem Flächenstück entsteht, das von elektrischen Feldlinien getroffen wird. Den Quotienten aus der entstehenden Verschiebeladung und dem Inhalt des Flächenstückes bezeichnet man als **elektrische Flußdichte,** obwohl hier nichts fließt, sondern nur gerichtete Feldlinien ähnlich wie die Strömungslinien einer Flüssigkeit die Fläche durchdringen. Da die allgemein gültige Definition nur mit Hilfe der höheren Mathematik möglich ist, beschränken wir uns auf die in einem homogenen Feld geltende Formel. Hier ist die Flußdichte auf den beiden äußeren Platten ebenso groß wie an jeder Stelle im Innern des Feldes; deshalb kann man sie berechnen als Quotienten der Ladung Q auf einer äußeren Platte und ihrer Fläche A:

$$\text{Elektrische Flußdichte} = \frac{\text{Ladung}}{\text{Fläche}}$$

$$D = \frac{Q}{A} \qquad [D] = \frac{\text{C}}{\text{m}^2} = \frac{\text{A s}}{\text{m}^2}$$

Während also die elektrische Feldstärke von den Kraftwirkungen ausgeht, die das Feld hervorruft, geht die elektrische Flußdichte von den Ladungen aus, die das Feld erzeugen.

Bestimmt man bei einem Kondensator (8.2.4) experimentell die elektrische Flußdichte bei verschiedenen Feldstärken, so ergibt sich, daß die beiden Vektoren $\vec{D}$ und $\vec{E}$ zueinander proportional sind. Die Proportionalitätskonstante wird im Vakuum (oder nahezu auch in Luft) als **elektrische Feldkonstante** ε_0 bezeichnet. Ihr Wert wird in 8.2.3 angegeben. Dann gilt die **Grundgleichung des elektrischen Feldes** in Vakuum:

$$\vec{D} = \varepsilon_0 \vec{E}$$

Wird ein Isolator ins Feld gebracht, so entstehen an seinen Oberflächen durch Polarisation zusätzliche Ladungen, an denen ein Teil der Feldlinien endet (Abb. 4). Die übrigen Feldlinien gehen durch den Isolator hindurch, deshalb nennt man ihn auch ein **Dielektrikum.**

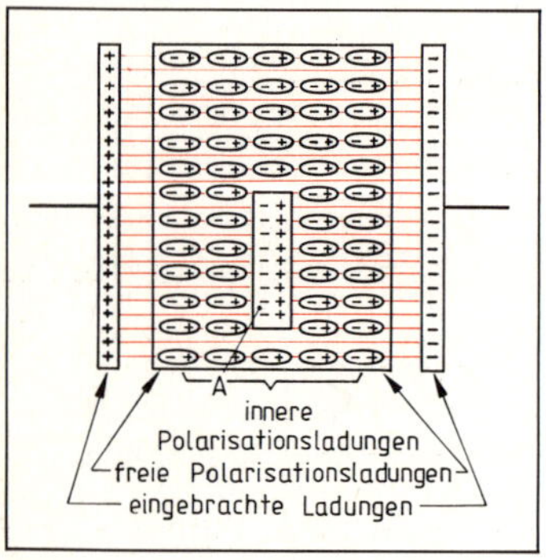

Abb. 4 Elektrische Feldstärke und Flußdichte im Dielektrikum

Die ursprüngliche Ladung wird durch die entgegengesetzten Polarisationsladungen an der Oberfläche des Dielektrikums stark vermindert. Ist z. B. die bei der Polarisation entstehende Ladung die Hälfte der ursprünglichen, so wird dadurch die wirksame Ladung auf die Hälfte vermindert. Die Feldstärke ist im Innern des Isolators nur noch die Hälfte der ursprünglichen. In einem Dielektrikum vermindert sich also die elektrische Feldstärke mit einem Faktor ε_r, den man als die **Dielektrizitätszahl** des Isolators bezeichnet. Die Flußdichte bleibt dagegen unverändert; denn nach Abb. 4 entstehen auf einer Fläche (z. B. auf A in Abb. 4) im Dielektrikum genau so viele Ladungen Q, wie im Vakuum entstanden wären, die auch die gleiche Flußdichte $D = Q/A$ erzeugten wie im Vakuum. Es gilt also:

im Vakuum $E = \dfrac{D}{\varepsilon_0}$ im Dielektrikum $E = \dfrac{D}{\varepsilon_0 \cdot \varepsilon_r}$

Durch Einführen eines Dielektrikums mit der Dielektrizitätszahl ε_r wird die Feldstärke auf den ε_r-ten Teil vermindert; die Flußdichte bleibt dagegen unverändert.

Alle im Vakuum gültigen Formeln bleiben im Dielektrikum gültig, wenn man ε_0 durch $\varepsilon = \varepsilon_0 \cdot \varepsilon_r$ ersetzt. Die Dielektrizitätszahlen der meisten Isolatoren liegen zwischen 2 und 10; Wasser besitzt dagegen eine Dielektrizitätszahl $\varepsilon_r = 80$, Rutil > 100, einige Sonderstoffe bis $\varepsilon_r > 100\,000$.

Aufgaben

1. *Zwischen zwei Platten besteht eine Feldstärke von $14{,}5 \cdot 10^3 \frac{N}{A\,s}$. In diesem Feld befindet sich ein Körper mit der Ladung $Q = 5 \cdot 10^{-8}$ A s. Welche Kraft wird auf den Körper ausgeübt?*

2. *Auf eine Probeladung $Q^* = 8 \cdot 10^{-9}$ A s wird in einem elektrischen Feld eine Kraft von 0,05 N ausgeübt. Wie groß ist die Feldstärke?*

8.2.3 Elektrische Spannung

Auf jede Ladung in einem elektrischen Feld wirkt eine Kraft $F = Q \cdot E$. Wird demnach eine positive Ladung Q von der negativen zur positiven Platte verschoben, so ist gegen die im Feld wirksame Kraft F auf dem Weg s zwischen den Platten die Arbeit

$$W = F \cdot s = Q \cdot E \cdot s$$

zu verrichten. Diese Arbeit ist aufzuwenden, um die positive von der negativen Ladung wegzuführen; sie wird also zur **Ladungstrennung** benötigt. Dadurch entsteht zwischen beiden Platten ein Ladungsunterschied und bei entgegengesetzten Ladungen das Bestreben, sich wieder zu vereinigen.

Weil bei der Trennung von positiver und negativer Ladung Arbeit verrichtet werden muß, erhält jede Ladung bei der Trennbewegung eine potentielle Energie. Dieser Vorgang ist vergleichbar mit dem Heben eines Körpers in der Mechanik, wobei die aufgewandte Hubarbeit von dem Körper als potentielle Energie gespeichert wird.

Die bei der Bewegung im elektrischen Feld aufgenommene oder notwendige Energie ist proportional zur Größe der bewegten Ladung. Bildet man aber den Quotienten aus dem Energiebetrag und der Ladung, so ist dieser von der Ladung unabhängig und nur bedingt durch das Feld. Deshalb wurde der Quotient aus der Arbeit, die nötig ist, um eine Ladung von einem Punkt, an dem kein Feld wirksam ist (z. B. einem sehr fernen oder einem geerdeten Punkt), an den zu untersuchenden Punkt des Feldes zu bringen, und der bewegten Ladung als **elektrisches Potential** φ an diesem Punkt eingeführt. An verschiedenen Punkten des Feldes herrscht im allgemeinen auch ein verschiedenes Potential. Die Differenz der Potentiale an zwei Punkten wird als **Spannung** U zwischen diesen beiden Punkten bezeichnet. Zwischen zwei Punkten mit unterschiedlichem Potential besteht also eine Spannung. Sie ist daher der Quotient aus der Arbeit W, die erforderlich ist, um eine Ladung von einem ersten zu einem zweiten Punkt zu verschieben, und der Ladung. Die Einheit des Potentials und der Spannung ist das **Volt** (V)[1].

$$\text{Spannung} = \frac{\text{Verschiebearbeit}}{\text{Ladung}}$$

$$\boxed{U = \frac{W}{Q}} \qquad \boxed{[U] = \frac{\text{J}}{\text{C}} = \text{V}}$$

Demnach ist die Arbeit, um eine Ladung Q in einem homogenen Feld von der einen zur anderen Platte zu bringen:

$$\boxed{W = Q \cdot U = I \cdot U \cdot t} \qquad \boxed{[W] = \text{J} = \text{C} \cdot \text{V} = \text{V} \cdot \text{As}}$$

Diese Arbeit läßt sich aber auch nach der Formel $W = F \cdot s$ berechnen, wobei $F = Q \cdot E$ und $s = d$ der Abstand der Platten ist.

$$Q \cdot U = Q \cdot E \cdot s = Q \cdot E \cdot d$$

Daraus findet man für die Feldstärke in einem homogenen Feld:

$$\boxed{E = \frac{U}{s} = \frac{U}{d}} \qquad \boxed{[E] = \frac{\text{V}}{\text{m}}}$$

Mit den Einheiten von D und E läßt sich nun auch die der elektrischen Feldkonstanten ε_0 angeben. Genaue Messungen von Verschiebeladungen und Feldstärken ergaben:

$$\varepsilon_0 = 8{,}854 \cdot 10^{-12} \frac{\text{As}}{\text{Vm}} \qquad \boxed{[\varepsilon_0] = \frac{[D]}{[E]} = \frac{\text{C/m}^2}{\text{V/m}} = \frac{\text{C}}{\text{Vm}} = \frac{\text{As}}{\text{Vm}}}$$

1 Alessandro Volta, 1745–1827, erfand Geräte zur Erzeugung von Reibungselektrizität, den Kondensator und die Voltasche Säule zur Herstellung von höheren Spannungen aus chemischer Wirkung.

Folgende Tabelle gibt einige im täglichen Leben und in der Technik auftretende Spannungen:

Tabelle 1: Spannungen in Volt	Taschenlampenbatterie	1,5 ... 4,5	Für den menschlichen Organismus ungefährlich	bis 20
	Autobatterie	6 oder 12	Nur unter ungünstigen Umständen gefährlich	bis 42
	Netzspannung	110, 220	Lebensgefährliche Spannungen	über 42
	Straßenbahnoberleitung	500		
	Fernleitungen der Stromversorgung	bis über 380 000		

Es gibt verschiedene Möglichkeiten zur Erzeugung von Spannungen. Die **Spannungserzeugung** durch **Reibung** (8.1.2, V 1) hat technisch keine Bedeutung. Wohl entstehen dabei hohe Spannungen bis über 100 000 V, die übertragbaren Ladungen sind dagegen so klein, daß diese am frühesten bekannte Methode technisch nicht gebraucht wird.

Am wichtigsten ist die Ladungstrennung durch **Bewegung** von Spulen in Magnetfeldern (8.5.3) oder auch bewegte Magnete in Spulen, angewendet im Generator (8.5.4).

Werden zwei verschiedene Metalle in eine leitende Flüssigkeit getaucht, so erfolgt die Ladungstrennung durch **chemische Wirkung** (8.4.1).

Weitere Möglichkeiten sind die Ladungstrennung durch **Licht** (Fotoelement), durch **Wärme** (Thermoelement), sowie durch eine **mechanische Spannung bzw. Druck** bei Kristallen (Piezoelement).

Beispiel

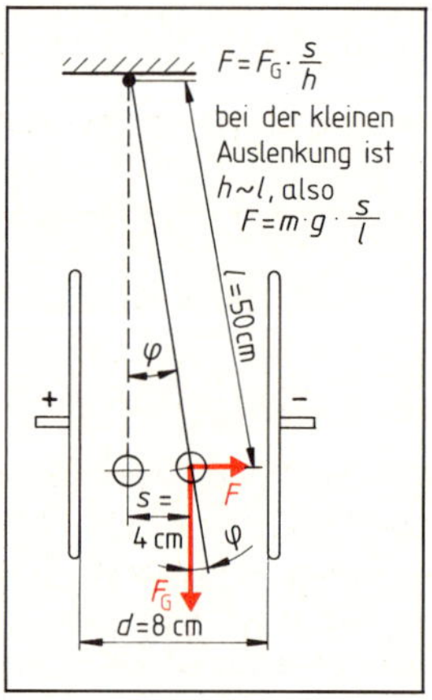

(Abb. 1) Ein Tischtennisball mit einer leitenden Oberfläche hat die Masse $m = 0{,}15$ g. Er wird an einem $l = 50$ cm langen Faden als Pendel in dem Feld zwischen zwei Platten aufgehängt. Die Platten haben einen Abstand von $d = 8$ cm. Erhält der Ball eine Ladung von $Q = 6 \cdot 10^{-9}$ A s, so wird er um $s = 4$ cm aus der Ruhelage ausgelenkt.

a) Wie groß ist die Feldstärke?
b) Wie groß ist die Spannung zwischen den Platten?

$$F = m \cdot g \cdot \frac{s}{l} = 150 \cdot 10^{-6}\,\mathrm{kg} \cdot 9{,}81\frac{\mathrm{m}}{\mathrm{s}^2} \cdot \frac{4\,\mathrm{cm}}{50\,\mathrm{cm}}$$

$$F = \underline{117{,}7 \cdot 10^{-6}\,\mathrm{N}}$$

$$E = \frac{F}{Q} = \frac{117{,}7 \cdot 10^{-6}\,\mathrm{N}}{6 \cdot 10^{-9}\,\mathrm{A\,s}} = \underline{1{,}96 \cdot 10^4 \frac{\mathrm{V}}{\mathrm{m}}}$$

$$U = E \cdot d = 1{,}96 \cdot 10^4 \frac{\mathrm{V}}{\mathrm{m}} \cdot 0{,}08\,\mathrm{m} = \underline{1569\,\mathrm{V}}$$

Aufgaben

1. *Eine Wolke, die 500 m über dem Erdboden schwebt, ist positiv geladen. Sie hat eine Spannung von 200 000 V gegenüber der Erde. Das Gebiet zwischen der Wolke und der Erde sei ein homogenes Feld. Welches Potential hat*
a) eine vom Erdboden isolierte Stelle auf einem Turm in 100 m Höhe,
b) die Spitze eines Blitzableiters auf einem Haus in 30 m Höhe?

2. *In einem Feld mit der Feldstärke $E = 6{,}25 \cdot 10^6 \frac{V}{m}$ wird eine Probeladung von $Q = 8 \cdot 10^{-9}$ A s um 4 cm gegen die Feldrichtung verschoben. Welche Arbeit ist zu verrichten, und welche Spannung durchläuft die Ladung?*

3. *Die Spannung zwischen zwei Platten ist 2,0 kV. Bei einem Abstand von 4 mm ziehen sie sich mit einer Kraft von $3{,}5 \cdot 10^{-2}$ N an. Wie groß ist die Ladung und die Feldstärke?*

8.2.4 Kondensatoren

Lädt man zwei benachbarte, durch eine Isolierschicht getrennte Platten entgegengesetzt auf, so bewirkt die gegenseitige Anziehung beider Ladungen, daß auf die Platten bei gleicher Spannung eine größere Ladungsmenge gebracht werden kann, als wenn die Platten weit voneinander entfernt wären. Man kann daher eine solche Anordnung verwenden, um relativ große Ladungen zu speichern, besonders wenn man den Zwischenraum der Platten mit einem Dielektrikum hoher Dielektrizitätszahl ausfüllt. Solche Bauelemente nennt man **Kondensatoren.** Verbindet man die Platten nach einer Aufladung mit einem guten Leiter, so gleichen sich die Ladungen sofort aus.

Im Innern eines Kondensators, dessen Platten einen hinreichend kleinen Abstand d haben, entsteht ein homogenes elektrisches Feld mit der Feldstärke $E = \frac{U}{d}$. Die Ladung Q erhält man aus der Flußdichte D nach der Gleichung $Q = A \cdot D$. Ersetzt man D durch $\varepsilon_0 \cdot \varepsilon_r \cdot E$, so erhält man:

$$Q = A \cdot \varepsilon_0 \cdot \varepsilon_r \cdot E = \varepsilon_0 \cdot \varepsilon_r \cdot \frac{A}{d} \cdot U$$

Die Ladung eines Kondensators ist also proportional zur angelegten Spannung. Der Quotient $\frac{Q}{U}$ ist bei unveränderter Plattenanordnung konstant und kennzeichnet die Speicherfähigkeit des Kondensators; man bezeichnet sie als **Kapazität** C des Kondensators.

$$C = \frac{Q}{U} = \varepsilon_0 \cdot \varepsilon_r \cdot \frac{A}{d} \quad ; \quad Q = C \cdot U$$

Die Kapazität eines Kondensators wächst also bei Vergrößerung der Plattenfläche, beim Verkleinern des Plattenabstandes und mit der Dielektrizitätszahl ε_r des Isolators.

Aus der letzten Gleichung erhält man die Einheit 1 **Farad** (F) der Kapazität:

$$[C] = \frac{[Q]}{[U]} = 1\frac{\text{C}}{\text{V}} = 1\frac{\text{As}}{\text{V}} = 1\,\text{F}$$

Da 1 F eine sehr große Einheit ist, werden meist die kleineren Einheiten 1 Mikrofarad, 1 Nanofarad und 1 Picofarad verwendet:

$$1\,\mu\text{F} = 10^{-6}\,\text{F} \qquad 1\,\text{nF} = 10^{-9}\,\text{F} \qquad 1\,\text{pF} = 10^{-12}\,\text{F}$$

Um einen Kondensator auf eine Spannung U aufzuladen, muß die dazu erforderliche Ladung $Q = C \cdot U$ auf seine Platten gebracht werden. Dazu ist eine Arbeit nötig, die man aus der Gleichung $W = U \cdot Q$ berechnen kann. Hierbei ist jedoch zu berücksichtigen, daß die Spannung zwischen den Kondensatorplatten während der Aufladung nicht konstant ist, sondern mit zunehmender Aufladung von Null aus ansteigt. Da Spannung und Ladung zueinander proportional sind, ist der Mittelwert der Spannung $U_m = U/2$, und man erhält:

$$W = \frac{U}{2} \cdot Q = \frac{U}{2} \cdot C \cdot U = \frac{1}{2} \cdot C \cdot U^2$$

Da diese Arbeit nicht verlorengehen kann, muß sie nach dem Aufladen des Kondensators als Energieinhalt im elektrischen Feld gespeichert sein.

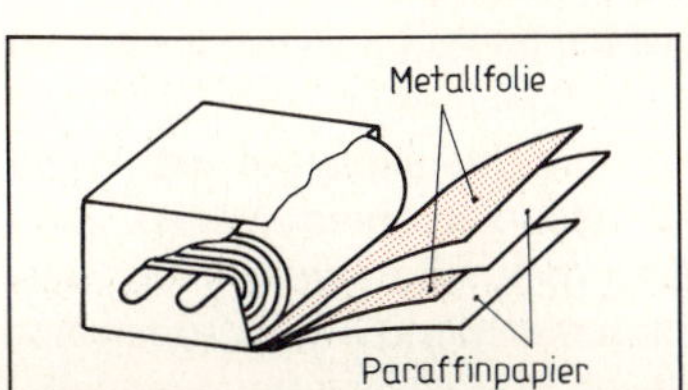

Abb. 1
Papierwickelkondensator

Um den vielseitigen Forderungen, die die Anwendungen an die Kondensatoren stellen, zu entsprechen, hat die Technik sehr verschiedenartige Kondensatoren entwickelt. Im einfachsten Fall erhält man einen Plattenkondensator, wenn man zwei Metallplatten verwendet, zwischen denen sich ein Luftspalt befindet, der auch mit einem Dielektrikum ausgefüllt werden kann. Die häufigste Form ist der Papier- oder Polystyrolwickelkondensator (Abb. 1). Er wird aus Metallfolien gewickelt, die durch Streifen aus dünnem isolierendem Material, z. B. Papier- oder Kunststofffolie (Polystyrol), getrennt sind.

Beispiel Welche Kapazität hat ein Kondensator aus zwei kreisförmigen Platten mit dem Durchmesser $d_1 = 30$ cm bei einem Luftabstand $d = 2{,}5$ mm? Welche Beschleunigung erfährt in ihm ein Tröpfchen von der Masse $m = 4 \cdot 10^{-9}$ g, das eine Elementarladung $e = 1{,}6 \cdot 10^{-19}$ As trägt, wenn der Kondensator auf $U = 220$ V aufgeladen wird und der Luftwiderstand bei der sehr langsamen Bewegung noch vernachlässigt werden kann? Auf welchen Wert erhöht sich die Kapazität, wenn der Luftraum durch eine Glasplatte mit der Dielektrizitätszahl $\varepsilon_r = 6{,}4$ ausgefüllt wird?

$$C_1 = \varepsilon_0 \cdot \varepsilon_r \frac{A}{d} = 8{,}854 \cdot 10^{-12} \frac{\mathrm{A\,s}}{\mathrm{V\,m}} \cdot 1 \cdot \frac{(0{,}3\ \mathrm{m})^2 \pi}{4 \cdot 0{,}0025\ \mathrm{m}} = \underline{250\ \mathrm{pF}}$$

$$a = \frac{F}{m} = \frac{e \cdot E}{m} = \frac{e \cdot U}{m \cdot d} = \frac{1{,}6 \cdot 10^{-19}\ \mathrm{A\,s} \cdot 220\ \mathrm{V}}{4 \cdot 10^{-12}\ \mathrm{kg} \cdot 0{,}0025\ \mathrm{m}} = 0{,}35 \cdot 10^{-2} \frac{\mathrm{V\,A\,s}}{\mathrm{kg\,m}}$$

Nun ist aber $1\ \mathrm{V\,A\,s} = 1\ \mathrm{W\,s} = 1\ \mathrm{J} = 1\ \mathrm{kg\,m^2 s^{-2}}$, so daß man erhält:

$$a = 0{,}35 \cdot 10^{-2} \frac{\mathrm{kg\,m^2 s^{-2}}}{\mathrm{kg\,m}} = 0{,}35 \cdot 10^{-2} \frac{\mathrm{m}}{\mathrm{s^2}} = \underline{0{,}35 \frac{\mathrm{cm}}{\mathrm{s^2}}}$$

$$C_2 = \varepsilon_r \cdot C_1 = 6{,}4 \cdot 250\ \mathrm{pF} = \underline{1600\ \mathrm{pF}}$$

Aufgaben

1. *Ein Wickelkondensator besteht aus zwei Streifen Aluminiumfolie von je 5 cm Breite und 50 m Länge. Zur Isolation dient imprägniertes Papier ($\varepsilon_r = 4{,}8$, $d = 0{,}05$ mm). Berechnen Sie die Kapazität. (Beachten Sie, daß jedes Band beim Wikkeln nach beiden Seiten als Kondensator wirkt.)*

2. *Welche Energie speichert ein Kondensator von der Kapazität 12 μF, wenn er auf 310 V aufgeladen wird?*

3. *In einer Versuchsreihe wurde die Ladung bei bestimmten Spannungen bestimmt (Abb. 2).*
a) Welcher Zusammenhang zwischen Q und U ergibt sich aus dem Diagramm?

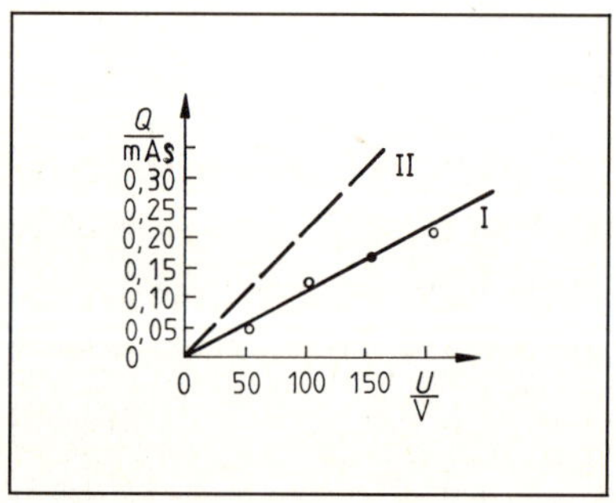

Abb. 2 Zusammenhang zwischen Ladung und Spannung

b) Welche Kapazität C_1 bzw. C_2 haben die Kondensatoren?
c) Welche Gerade gehört zum Kondensator mit der höheren Kapazität?

4. *Welche Ladung enthält ein Elektrolytkondensator von $C = 1{,}5$ μF, der an einer Spannungsquelle $U = 311$ V liegt?*

5. *Zwischen die beiden Platten eines Kondensators wird eine Isolierstoffplatte geschoben. Dabei bleibt der Kondensator an der Spannungsquelle angeschlossen. Ändert sich dadurch die Kapazität, die Ladung?*

8.2.5 Elektrischer Stromkreis

Wenn zwischen zwei Punkten P_1 und P_2 eines elektrischen Feldes eine Spannung besteht, so verrichtet eine Ladung beim Übergang von P_1 nach P_2 Arbeit. Im Raum zwischen P_1 und P_2 besteht eine elektrische Feldstärke, die die Ladung vom einen zum anderen Punkt hinzuführen sucht. Verbinden wir zwei ungleichnamig geladene Metallplatten mit einem Draht, so fließt demnach ein elektrischer Strom, bis der Ladungsunterschied ausgeglichen ist. Die Elektronen bewegen sich immer von Stellen mit Elektronenüberschuß nach Stellen mit geringerem Elektronenüberschuß oder gar Elektronenmangel. Die Elektronen bewegen sich also in einer Leitung vom negativen zum positiven Pol der Spannungsquelle. Im Innern der Spannungsquelle werden die zum positiven Pol kommenden Elektronen wieder zum negativen Pol zurückgebracht.

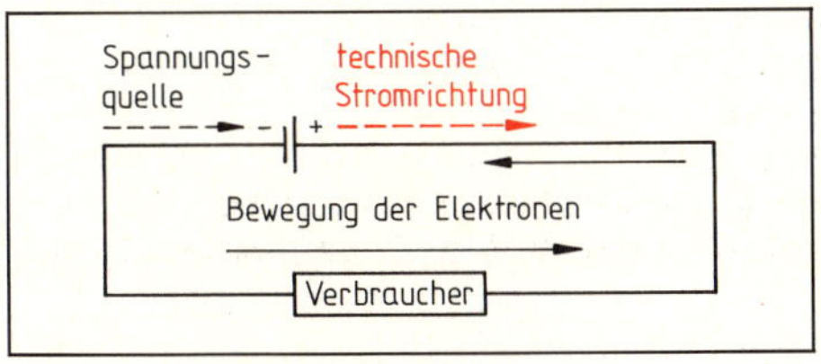

Abb. 1 Stromrichtung und Bewegungsrichtung der Elektronen

Bevor man die Elektronen kannte, war man der Meinung, daß sich im Strom positive Elektrizitätsteilchen vom positiven zum negativen Pol bewegen. Entsprechend setzte man die Stromrichtung fest (Abb. 1). Um nicht alle Regeln umstellen zu müssen, verwendet man auch heute noch diese Festsetzung als **technische Stromrichtung.** Man darf aber diese historisch begründete und nur der Verständigung dienende Stromrichtung nicht mit der Bewegungsrichtung der Elektronen verwechseln.

Die geschlossene Verbindung zwischen zwei Punkten unterschiedlicher Ladung ist der **elektrische Stromkreis.** Mit Hilfe von genormten Schaltzeichen kann er vereinfacht in einem Schaltplan dargestellt werden. Der **Stromlaufplan** kann entweder in zusammenhängender Darstellung oder in aufgelöster Darstellung erfolgen.

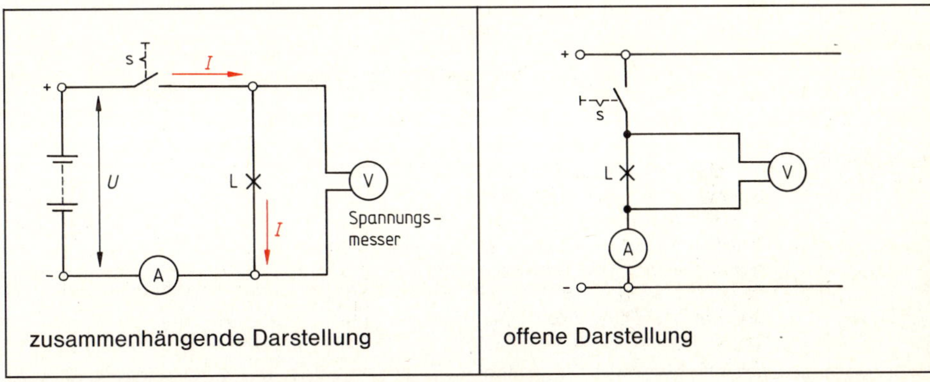

Abb. 2 Technische Darstellung eines Stromkreises

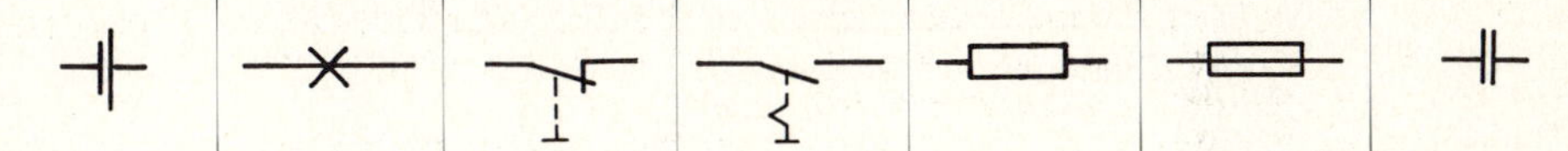

Beispiele von Schaltzeichen							
	Batterie	Glühlampe	Tastschalter	Stellschalter	Widerstand	Sicherung	Kondensator

Zum Messen der Stromstärke und der Spannung werden Meßgeräte verschiedener Bauart eingesetzt. Wir verwenden dazu Drehspulmeßwerke (Abb. 3). Durch kleine Veränderungen (Abb. 4), sowie Auswechseln der Skala kann man sie als Strommesser oder als Spannungsmesser verwenden, auch können die Meßbereiche verändert werden.

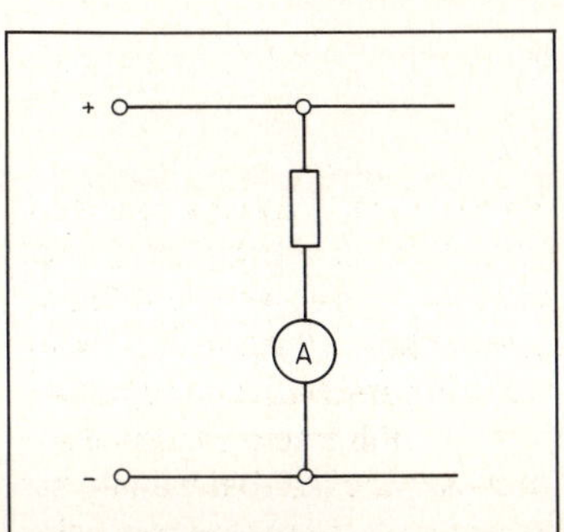

Abb. 3 Schaltung von Strommessern

Als **Strommesser** muß der zu messende Strom durch das Meßwerk fließen. Es ist also **in** den Stromkreis zu schalten.

Der **Spannungsmesser** soll die Spannung zwischen zwei Punkten messen, und zwar auch dann, wenn, z. B. bei geöffnetem Schalter, kein Strom fließt. Deshalb wird der Spannungsmesser **an** den Stromkreis geschaltet.

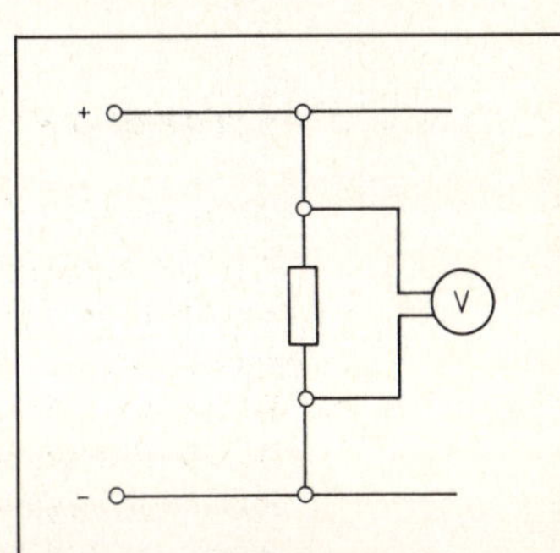

Abb. 4 Schaltung von Spannungsmessern

8.3 Elektrizitätsleitung in Metallen

8.3.1 Ohmsches Gesetz

Da ein Strom nur fließt, wenn zwischen den Anschlußpunkten eine Spannung besteht, darf man vermuten, daß die Stärke des entstehenden Stromes von der Größe der Spannung abhängt. Den gesetzmäßigen Zusammenhang zwischen beiden Größen soll der folgende Versuch aufzeigen.

V

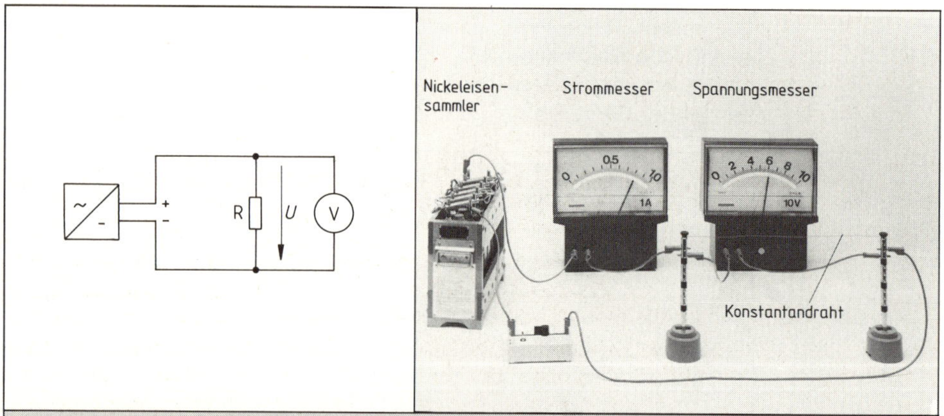

Abb. 1 Versuch zur Ableitung des Ohmschen Gesetzes

Als Spannungsquelle wird ein Netzgerät verwendet. Dieses wandelt die Ausgangsspannung von 220 V in eine niedrigere um.

Als Verbraucher wird ein Konstantendraht benutzt, der bifilar (zweifädig) auf einen Kunststoffkörper gewickelt ist.

Meßwerte

Spannung U in V	Stromstärke I in A	$\frac{U}{I}$
2	0,1	20,0
4	0,20	20,0
6	0,3	20,0
8	0,397	20,15
10	0,5	20,0

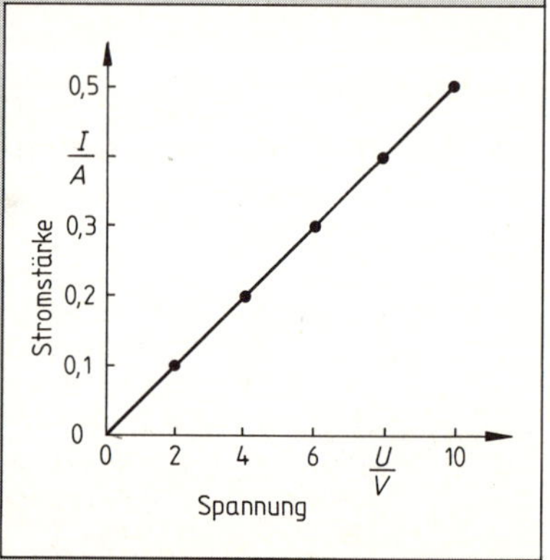

Abb. 2 Abhängigkeit der Stromstärke von der Spannung

Ergebnis

Nach der letzten Spalte ist der Quotient $\frac{U}{I}$ für den benutzten Konstantendraht bei allen Spannungen konstant.
Deshalb gilt: $I \sim U$

Die Stromstärke ist der Spannung proportional.

Der konstante Quotient der beiden Größen U und I wird aus Gründen, die im nächsten Abschnitt 8.3.2 dargelegt werden, als **Widerstand** R bezeichnet.

$$\text{Widerstand} = \frac{\text{Spannung}}{\text{Strom}}$$

$$R = \frac{U}{I}$$

$$[R] = \frac{[U]}{[I]} = \frac{\text{V}}{\text{A}} = \Omega$$

Statt des Quotienten aus den Einheiten Volt und Ampere wird also die neue Einheit Ohm = Ω eingeführt.

Wird die obige Gleichung umgestellt, so erhält man das **Ohmsche Gesetz:**

$$\text{Strom} = \frac{\text{Spannung}}{\text{Widerstand}}$$

$$I = \frac{U}{R}$$

Das Gesetz trägt den Namen seines Entdeckers Georg Simon Ohm[1], der es auf Grund zahlreicher Versuche fand. Es bildet die Grundlage für alle Berechnungen von Vorgängen im Stromkreis.

Nach dem Ohmschen Gesetz fließt bei gleicher Spannung ein um so größerer Strom, je kleiner der Widerstand ist. Kommen durch Mißgeschick oder infolge schadhafter Isolation die von den beiden Polen einer Spannungsquelle wegführenden Leitungen zur Berührung, so entsteht ein über die Berührungsstelle geschlossener Stromkreis, der nur die kleinen Widerstände der Zuleitungsdrähte enthält. Die Stromstärke kann dabei auf so hohe Werte anwachsen, daß durch die entstehende Wärme Brände verursacht werden können. Man bezeichnet einen solchen Vorgang als **Kurzschluß.** Um seine schädlichen Wirkungen zu vermeiden, sind in alle Leitungen Sicherungen (Nr. 8.3.4) einzubauen.

1. Beispiel Welcher Strom durchfließt eine Glühlampe für 220 V bei einem Widerstand von 810 Ω?

$$U = 220\,\text{V}$$
$$R = 810\,\Omega$$
$$I = \frac{U}{R} = \frac{220\,\text{V}}{810\,\Omega} = \underline{0{,}27\,\text{A}}$$

2. Beispiel Welchen Widerstand besitzt ein Tauchsieder, durch den bei 220 V ein Strom von 2,7 A fließt?

$$U = 220\,\text{V}$$
$$I = 2{,}7\,\text{A}$$
$$R = \frac{U}{I} = \frac{220\,\text{V}}{2{,}7\,\text{A}} = \underline{81{,}5\,\Omega}$$

Aufgaben

1. *Welche Spannung ist erforderlich, damit durch ein Gerät mit dem Widerstand 14 Ω ein Strom von 1,8 A fließt?*

2. *Bei einem Experiment zur Bestätigung des Ohmschen Gesetzes wurden folgende Meßwerte ermittelt:*

Messung	Spannung u in V	Stromstärke I in A	$\frac{U}{I}$ in $\frac{\text{V}}{\text{A}} = \Omega$
1	2,5	0,24	
2	4,3	0,413	
3	6,2	0,59	
4	8,0	0,76	
5	9,6	0,92	

a) Zeichnen Sie den Schaltplan.
b) Zeichnen Sie das Strom-Spannungs-Diagramm.
c) Bilden Sie jeweils den Quotienten aus Spannung und Stromstärke.
d) Formulieren Sie das Ergebnis.

1 Georg Simon Ohm, 1787 bis 1854, Prof. in Erlangen, Nürnberg und München, Entdecker des Ohmschen Gesetzes und Begründer einiger akustischer Theorien (s. S. 360).

3. *Durch einen Versuch soll die Abhängigkeit des Stromes I vom Widerstand R festgestellt werden. Darin werden nacheinander Widerstände von 10 Ω, 20 Ω, 30 Ω, 40 Ω an eine konstant gehaltene Spannung von 6,0 V angeschlossen.*

Es ergaben sich folgende Werte:

R in Ω	I in A
1. 10	0,6
2. 20	0,31
3. 30	0,195
4. 40	0,15

a) Welcher mathematische Zusammenhang zwischen I und R ergibt sich?
b) Stellen Sie den Zusammenhang $I = f(R)$ graphisch dar.

8.3.2 Elektrischer Widerstand

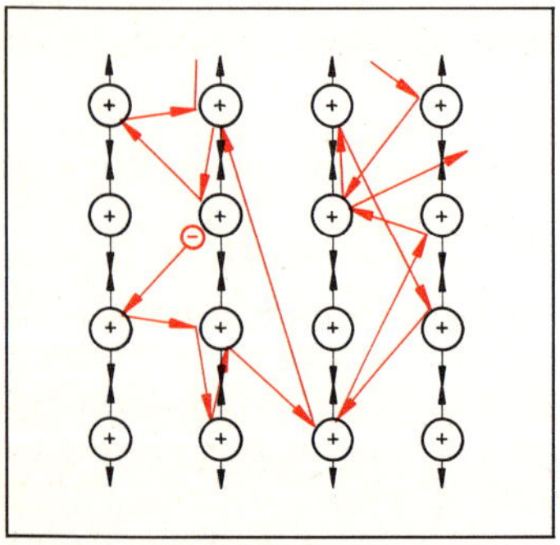

Abb. 1 Elektronenanstoß durch Gitterschwingungen

Der Aufbau aller Metalle ist dadurch gekennzeichnet, daß sie Kristallgitter (Abb. 1) aus Atomrümpfen bilden, in dem die Atome einen Teil der Elektronen der äußeren Schale abgegeben haben. Infolge ihres Wärmezustandes sind die Atomrümpfe in ständiger Bewegung um ihre Ruhelage (Nr. 5.4.3). Die zwischen ihnen befindlichen Elektronen erfahren dabei zahlreiche Stöße. Sie bewegen sich daher regellos im Gitter wie die Moleküle eines Gases. Diese Eigenbewegung der Elektronen infolge ihres Wärmezustandes erfolgt mit hohen Geschwindigkeiten von etwa 100 km/s. Da sie völlig ungeordnet abläuft, wird im Mittel keine Ladung befördert.

Wird an die Enden eines Metallstückes eine Spannung angelegt, so werden die Elektronen von der elektrischen Feldstärke zum Pluspol abgelenkt. Der ungeordneten Wärmebewegung wird eine von der äußeren Spannung verursachte **Driftbewegung** der Elektronen vom Minus- zum Pluspol überlagert. Wegen der gleichen Richtung stellt die Driftbewegung eine Beförderung negativer Ladungen in dieser Richtung, also einen Strom, dar.

Die Driftbewegung erfolgt nur mit sehr kleiner Driftgeschwindigkeit von weniger als 1 mm/s, weil die Elektronen immer wieder mit den Rümpfen der Metallatome zusammenstoßen und dabei ihre Geschwindigkeit weitgehend verlieren.

Diese Bremsung der gerichteten Elektronenbewegung im Leiter durch Zusammenstöße im Metallgitter stellt den elektrischen Widerstand dar.

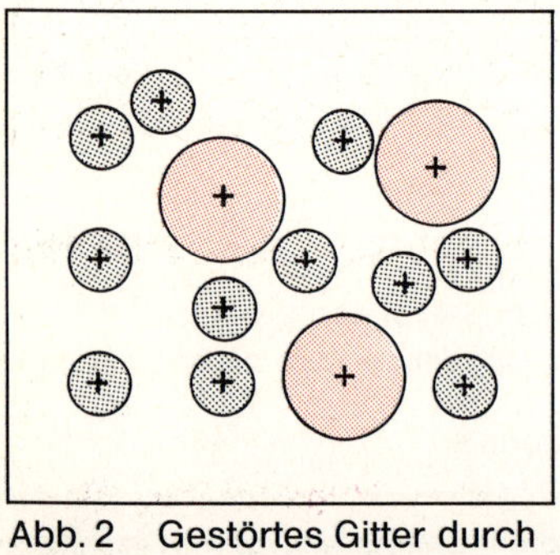

Abb. 2 Gestörtes Gitter durch Legierung, z. B. bei Messing

Die Driftgeschwindigkeit wächst mit der Feldstärke und mit der vom Material abhängigen Anzahl der frei beweglichen Elektronen. Sie ist wegen der Zusammenstöße stark von den Eigenschaften der Atomrümpfe und ihrem Gitteraufbau abhängig. Wenn sich die Schwingungen der Atomrümpfe mit wachsender Temperatur verstärken oder wenn bei einer Legierung (Abb. 2) der regelmäßige Gitteraufbau durch fremde Atomrümpfe gestört ist, wird die Driftbewegung stärker behindert, und der Widerstand des Metallstückes nimmt zu.

Durch Versuche sollen diese Überlegungen überprüft werden.

V1

(Abb. 3) Eine Metallleiste enthält Drähte von je 1000 mm Länge, aber unterschiedlichem Querschnitt und Material. Zunächst werden wir den Einfluß der Länge untersuchen.

Konstantendraht von 0,7 mm ⌀

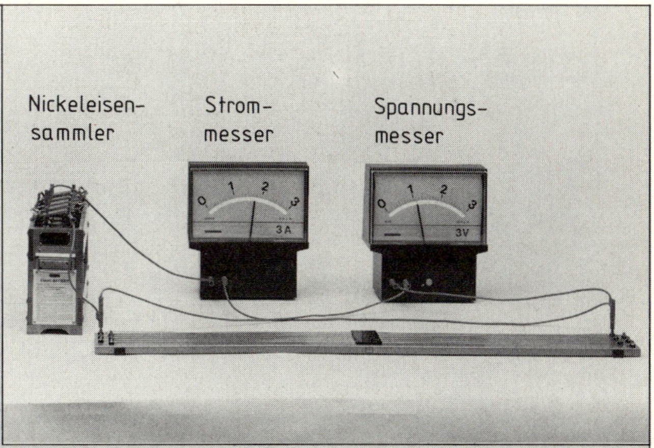

Abb. 3 Versuch zur Ableitung der Widerstandsformel

Meßwerte

Länge l in mm	U in Volt	I in A	$R = \frac{U}{I}$ in Ω
1000	1,25	0,96	1,302
2000	1,25	0,48	2,604

$R \sim l$

V2

Wir nehmen Konstantendraht mit verschiedenem Durchmesser aber gleicher Länge von 1000 mm.

Meßwerte

d in mm	Querschnitt A in mm^2	U in V	I in A	$R = \frac{U}{I}$ in Ω
1,0	0,785	1,25	1,95	0,641
0,7	0,385	1,25	0,96	1,302
0,5	0,196	1,25	0,49	2,551
0,35	0,096	1,25	0,24	5,208

$R \sim \frac{1}{A}$

Ergebnis

1. Mit doppelter Länge wächst der Widerstand R ebenfalls auf den doppelten Wert.

$$R \sim l$$

2. Wird der Durchmesser des Drahtes auf die Hälfte und damit der Querschnitt A auf ein Viertel verkleinert, dann steigt der Widerstand R auf den vierfachen Wert.

$$R \sim \frac{1}{A}$$

Der Widerstand $R = \frac{U}{I}$ ist also proportional zu l und zu $\frac{1}{A}$, so daß man zusammenfassend erhält:

$$R \sim \frac{l}{A}$$

oder mit Hilfe einer Konstanten $R = \varrho \cdot \frac{l}{A}$

Die Konstante ϱ berücksichtigt den Einfluß des Materials und wird als **spezifischer Widerstand** bezeichnet. Um die Bedeutung von ϱ zu erkennen, machen wir den folgenden Versuch.

V3

Wir nehmen zwei Drähte gleicher Länge (l = 1000 mm) und gleichen Querschnitts (d = 0,5 mm, A = 0,196 mm²), aber aus verschiedenem Material und legen jeweils eine Spannung U = 1,25 V an.

Meßwerte

Material	Länge l in mm	Querschnitt A in mm²	Spannung U in V	Stromstärke I in A	Widerstand R in Ω
Konstantan	1000	0,196	1,25	0,49	2,55
Messing	1000	0,196	1,25	0,33	3,79

Der Messingdraht hat also bei gleichen Abmessungen einen deutlich größeren Widerstand als der aus Konstantan.

In der Elektrotechnik bezieht man den Widerstand auf die Länge l = 1 m und den Querschnitt A = 1 mm² und erhält so den **spezifischen Widerstand** ϱ:

$$\varrho = R \cdot \frac{A}{l} \qquad [\varrho] = \frac{\Omega \cdot \mathrm{mm}^2}{\mathrm{m}}$$

Der spezifische Widerstand ist ein Maß für den Widerstand eines Leiterstückes von 1 m Länge und 1 mm² Querschnitt.

Wird ϱ aus einer Tabelle entnommen, so ergibt sich unter Berücksichtigung der obigen Versuchsergebnisse:

$$R = \frac{\varrho \cdot l}{A} \qquad [R] = \frac{\Omega\,\mathrm{mm}^2}{\mathrm{m}} \cdot \frac{\mathrm{m}}{\mathrm{mm}^2} = \Omega$$

Tabelle 1: Spezifischer Widerstand in Ω mm²/m bei 20 °C

Silber	0,016	Chromnickel	1,1
Kupfer	0,018	Megapyr	1,4
Aluminium	0,029	Kohle, rein	35,0
Zink	0,063	Kohle (Graphit, 0 °C)	8,0
Nickel	0,100	Kohlefaden (Glühlampe)	30
Eisen im Mittel	0,13	Salzsäure (20 %ig)	etwa $13 \cdot 10^3$
Konstantan	0,5	Schwefelsäure (20 %ig)	etwa $15 \cdot 10^3$
Manganin	0,43		

Bei Isolierstoffen wird der spezifische Widerstand auf einen Würfel mit der Kantenlänge 1 cm bezogen, also l = 1 cm, A = 1 cm², damit wird $[\varrho] = \Omega \cdot \mathrm{cm}$.

Tabelle 2: Spezifischer Widerstand einiger Isolierstoffe in Ω cm

Transformatorenöl	bis 10^{13}	Papier	bis 10^{15}
Vulkanfiber, mindestens	10^8	Hartgummi	10^{12}
Duroplaste	$10^9 \ldots 10^{11}$	Porzellan	10^{11}
Thermoplaste	$10^{13} \ldots 10^{16}$	Quarzglas	bis 10^{19}
Glimmer	$10^{14} \ldots 10^{17}$		

Aus den Betrachtungen über die Entstehung des Widerstandes ergab sich, daß der Widerstand eines Leiters von der Temperatur abhängen muß.

V1

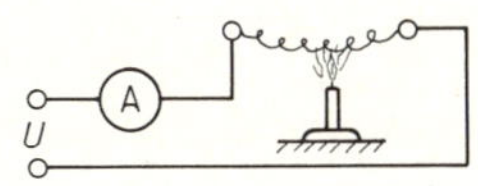

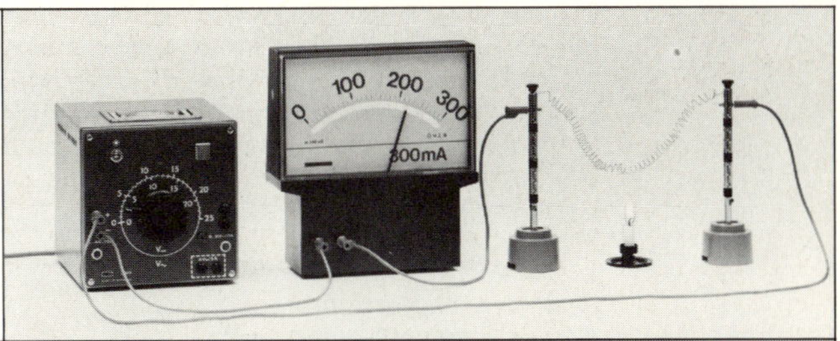

Schaltbild Abb. 1 Änderung des Widerstandes mit der Temperatur

(Abb. 1): Ein Eisendraht (Stärke 0,2 mm, Länge etwa 0,5 m) ist im mittleren Teil zu einer Spirale gedreht. Er wird an eine Spannung von 2 V angeschlossen und der fließende Strom mit einem Strommesser gemessen. Erwärmt man die Spirale mit der Flamme eines Bunsenbrenners, so geht die Stromstärke merklich zurück. Der Widerstand des Drahtes hat also mit steigender Temperatur stark zugenommen.

Der Widerstand vieler Leiter verändert sich mit seiner Temperatur. Bei Metallen nimmt er zu, bei Kohle und flüssigen Leitern nimmt er ab.

Da die Metalle im kalten Zustand besser leiten als im heißen, nennt man sie **Kaltleiter.** Die Stoffe, deren Widerstand sich bei höherer Temperatur verringert, wie z. B. Kohle, flüssige Leiter, Halbleiter, nennt man **Heißleiter.**

In der Technik ist der Begriff „Widerstand" doppeldeutig. Einmal wird „Widerstand" als Eigenschaft eines Materials gemeint, zum zweiten sind Widerstände Bauelemente. Sie dienen dann in Schaltungen zur Regulierung des Stromes. Entweder sind es Festwiderstände, die aus Draht gewickelt sind bzw. aus einer Widerstandsschicht bestehen, oder aber es sind veränderbare Widerstände.

Dazu gehören auch Widerstands-Bauelemente, die beim Anlegen einer Spannung, in einem Magnetfeld bei auffallendem Licht oder unter einem äußeren Druck ihren Widerstand ändern.

1. Beispiel Zur Bestimmung des Materials eines Drahtwiderstandes wurde sein Widerstand mit $R =$ 0,803 Ω gemessen. Die Länge des Drahtes betrug 2,24 m und der Querschnitt 1,2 mm². Aus welchem Material besteht der Widerstand?

$$R = 0{,}803\,\Omega$$
$$l = 2{,}24\,\text{m}$$
$$A = 1{,}2\,\text{mm}^2$$
$$\varrho = \frac{R \cdot A}{l} = \frac{0{,}803\,\Omega \cdot 1{,}2\,\text{mm}^2}{2{,}24\,\text{m}} = \underline{0{,}43\frac{\Omega \cdot \text{mm}^2}{\text{m}}}$$

Der Widerstand wurde aus Manganindraht hergestellt (Tab. 1).

2. Beispiel Welche Spannung geht in einem Fernkabel von 6 km Länge und 1,2 cm² Querschnitt aus Kupfer verloren, wenn ein Strom von 150 A hindurchfließt?

$$l = 6000\,\text{m}$$
$$A = 120\,\text{mm}^2$$
$$\varrho = 0{,}018\frac{\Omega\,\text{mm}^2}{\text{m}}$$
$$I = 150\,\text{A}$$
$$R = \frac{\varrho \cdot l}{A} = \frac{0{,}018\,\Omega \cdot \text{mm}^2/\text{m} \cdot 6000\,\text{m}}{120\,\text{mm}^2} = 0{,}9\,\Omega$$
$$U = I \cdot R = 150\,\text{A} \cdot 0{,}9\,\Omega = \underline{135\,\text{V}}$$

Um diesen Betrag ist die am Ende des Kabels zur Verfügung stehende Spannung kleiner als die Ausgangsspannung.

Aufgaben

1. *Welchen Widerstand hat die Hin- und Rückleitung für einen Staubsauger von 4 m Länge (gemessen von der Steckdose bis zum Staubsauger) aus Kupferdraht von 0,5 mm² Querschnitt?*

2. *Welchen Durchmesser muß der Kupferdraht (ϱ = 0,018 Ω mm²/m) einer Leitung von 2,15 m Länge mindestens haben, wenn ihr Widerstand nicht größer als 0,1 Ω sein soll?*

3. *Welchen Widerstand hat eine Leitung aus Kupfer von 20 m Länge und 0,5 mm² Querschnitt? Welchen Querschnitt müßte eine Aluminiumleitung haben bei gleicher Länge und gleichem Widerstand? Vergleiche die Massen beider Leitungen.*

4. *Wie groß ist der Kurzschlußstrom einer Taschenlampenbatterie von 4,5 V Spannung, deren innerer Widerstand 0,1 Ω beträgt, wenn ihre beiden Pole durch ein 6 cm langes Messingblech von 0,1 mm Stärke und 5 mm Breite (ϱ = 0,08 Ω mm²/m) kurzgeschlossen werden?*

5. *Wie lang ist der Draht einer Heizwicklung aus Nickelindraht (einer Ni-Cu-Legierung mit ϱ = 0,5 Ω mm²/m) von 0,5 mm² Querschnitt, durch die bei einer Spannung von 220 V ein Strom von 5,5 A fließt?*

6. *Welchen spezifischen Widerstand muß der 6 m lange Draht einer Heizwicklung haben, damit durch sie bei einer Spannung von 220 V ein Strom von 2,7 A fließt, wenn der Durchmesser aus Festigkeitsgründen nicht kleiner als 0,2 mm genommen werden darf? Erklären Sie anhand des Ergebnisses, warum sich Kupferdraht nicht für Heizwicklungen eignet.*

8.3.3 Reihen-, Parallel- und Gruppenschaltung von Verbrauchern

Für die vielseitigen Anwendungen des elektrischen Stromes im täglichen Leben und in der Technik sind oft recht komplizierte Schaltungen erforderlich. Sie lassen sich fast immer auf zwei besonders wichtige Grundschaltungen zurückführen, die man als Reihen- und Parallelschaltungen bezeichnet.

V1

Reihenschaltung (Abb. 1): Zwei Widerstände (Verbraucher) $R_1 = 5\ \Omega$ und $R_2 = 10\ \Omega$ werden so zu einem Stromkreis geschaltet, daß sie in einer Reihe liegen und der Strom nacheinander durch beide Widerstände fließt. Deshalb nennt man diese Schaltung eine Reihenschaltung. An den Meßinstrumenten liest man die Gesamtspannung U_g, die Gesamtstromstärke I_g, sowie die Spannungen U_1, U_2 und die Stromstärken I_1, I_2 ab.

Meßwerte

$U_g = 12$ V	$I_g = 0{,}8$ A
$U_1 = 4$ V	$I_1 = 0{,}8$ A
$U_2 = 8$ V	$I_2 = 0{,}8$ A

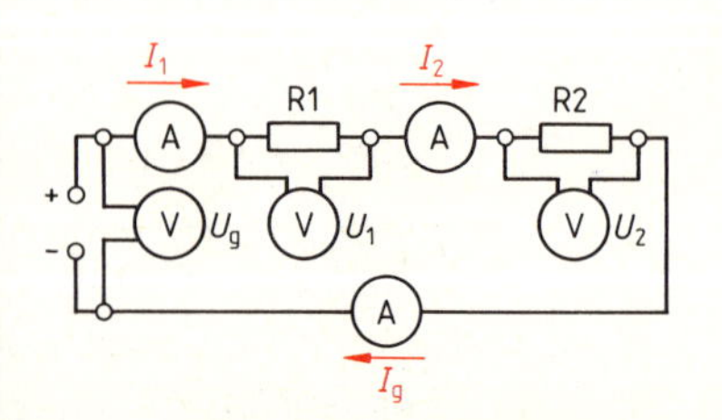

Abb. 1 Reihenschaltung von Verbrauchern

Aus diesen Zahlen findet man folgende **Gesetzmäßigkeiten der Reihenschaltung:**

1. **Der Strom in den Widerständen ist ebenso groß wie der Gesamtstrom:** $I_g = I_1 = I_2$
2. **Die Gesamtspannung ist gleich der Summe der Teilspannungen: (2. Kirchhoffsches Gesetz)** $U_g = U_1 + U_2$
3. Der Widerstand, der die beiden Teilwiderstände ersetzen könnte, errechnet sich aus der Gesamtspannung und dem Strom zu: $R_g = \frac{U_g}{I_g} = \frac{12\ \text{V}}{0{,}8\ \text{A}} = 15\ \Omega$

   Er ist die Summe der Teilwiderstände. Das gilt allgemein, wie folgende Ableitung zeigt:

$$R_g = \frac{U_g}{I_g} = \frac{U_1 + U_2}{I_g} = \frac{U_1}{I_g} + \frac{U_2}{I_g} = \frac{U_1}{I_1} + \frac{U_2}{I_2} = R_1 + R_2$$

Der Gesamtwiderstand ist die Summe der Teilwiderstände.

4. **Die Spannungen in den Teilen des Stromkreises verhalten sich wie die entsprechenden Widerstände:** $U_1 : U_2 = R_1 : R_2$

V2

Parallelschaltung (Abb. 2): Schaltet man die Widerstände $R_1 = 5\,\Omega$ und $R_2 = 10\,\Omega$ so, daß sich der Strom verzweigt, dann fließt der Teilstrom I_1 durch R_1 und der Teilstrom I_2 durch R_2.

Meßwerte

$U_g = 12\,V$	$I_g = 3{,}6\,A$
$U_1 = 12\,V$	$I_1 = 2{,}4\,A$
$U_2 = 12\,V$	$I_2 = 1{,}2\,A$

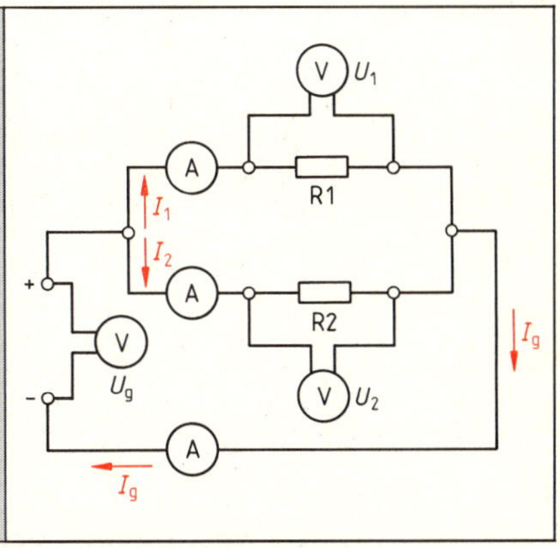

Abb. 2 Parallelschaltung von Verbrauchern

Daraus findet man für die **Parallelschaltung** folgende **Gesetzmäßigkeiten:**

1. **Der Gesamtstrom ist die Summe der Teilströme:** $I_g = I_1 + I_2$ **(1. Kirchhoffsches Gesetz).**
2. **Die Gesamtspannung ist ebenso groß wie die Spannung an den einzelnen Widerständen:** $U_g = U_1 = U_2$.
3. **Der Gesamtwiderstand** $R_g = \frac{U_g}{I_g} = \frac{12\,V}{3{,}6\,A} = 3{,}33\,\Omega$ **ist kleiner als der kleinste Teilwiderstand.**

Zur Berechnung findet man die Formel:

$$\frac{1}{R_g} = \frac{I_g}{U_g} = \frac{I_1 + I_2}{U_g} = \frac{I_1}{U_g} + \frac{I_2}{U_g} = \frac{I_1}{U_1} + \frac{I_2}{U_2}$$

$$\frac{1}{R_g} = \frac{1}{R_1} + \frac{1}{R_2}$$

Diese umgekehrten (reziproken) Werte der Widerstände werden auch als **Leitwerte** $G = \frac{1}{R}$ bezeichnet. Die Maßeinheit ist das Siemens $1\,S = \frac{1}{\Omega}$. Das obige Gesetz kann man dann auch schreiben:

Der Gesamtleitwert ist die Summe der Teilleitwerte: $G_g = G_1 + G_2$

4. **Die Teilströme verhalten sich umgekehrt wie ihre Widerstände:** $I_1 : I_2 = R_2 : R_1$

In vielen Schaltungen, vor allem in der Nachrichtentechnik, kommen Kombinationen aus Reihen- und Parallelschaltungen vor. Man nennt diese **Gruppenschaltung.** Ein wichtige Schaltung ist dabei der Spannungsteiler. Bei Verwendung von Stellwiderständen (Potentiometern) ist es möglich, veränderliche Spannungen zu erzeugen.

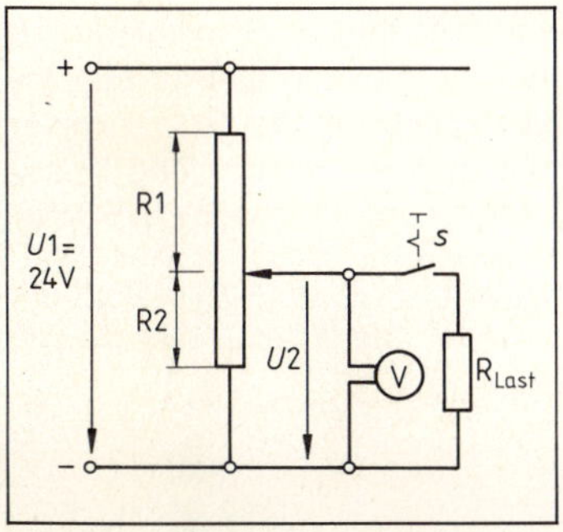

Abb. 3 Spannungsteiler

Beispiel

Der Spannungsteiler $R = R_1 + R_2 = 24\,\Omega$ (Abb. 3) liegt an $U_1 = 24\,V$. Diese Spannung teilt sich auf, so daß zwischen dem –Pol und dem Abgriff die Teilspannung U_2 liegt.

a) Ohne Belastung gilt:

$$\frac{U_1}{U_2} = \frac{R_{ges}}{R_2}$$

$$U_2 = U_1 \cdot \frac{R_2}{R_{ges}}$$

$$U_2 = 24\,V \cdot \frac{8\,\Omega}{24\,\Omega} = \underline{8\,V}$$

Diese Spannung kann abgegriffen werden.

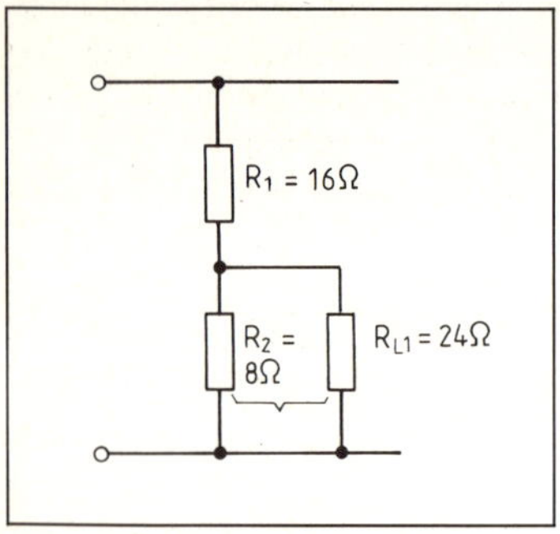

Abb. 4 Gruppenschaltung am Spannungsteiler

b) Bei Belastung mit $R_{L1} = 24\ \Omega$ erhält man dagegen:

$$\frac{1}{R_E} = \frac{1}{R_2} + \frac{1}{R_{L1}}$$

$$R_E = \frac{R_2 \cdot R_{L1}}{R_2 + R_{L1}} = \frac{8 \cdot 24}{32}\,\Omega = 6\,\Omega$$

$$R_{ges} = R_1 + R_E = 16\,\Omega + 6\,\Omega = 22\,\Omega$$

$$I_{ges} = \frac{U_1}{R_{ges}} = \frac{24\,\text{V}}{22\,\Omega} = 1{,}091\,\text{A}$$

Die Spannung an R_2 ist dann:

$$U_2 = I_{ges} \cdot R_E = 1{,}091\,\text{A} \cdot 6\,\Omega = 6{,}55\,\text{V}$$

Der Lastwiderstand R_L liegt parallel zu R_2. Der Ersatzwiderstand R_E ist nur noch 6 Ω und damit R_{ges} auch nur noch 22 Ω statt 24 Ω. Der höhere Strom verursacht an R_1 einen höheren Spannungsabfall, so daß die Spannung U_2 um 1,45 V absinkt.

Der Spannungsteiler ist wohl ein einfaches Mittel, um Spannungen verändern zu können. Wird aber verlangt, daß dabei die Spannung nur gering abfallen soll, dann muß der Lastwiderstand im Verhältnis zum Spannungsteiler hoch sein.

Aufgabe

1. *Berechnen Sie im obigen Beispiel den Gesamtstrom I_{ges} und die Spannung U_2, wenn ein Lastwiderstand $R_{L1} = 4\ \Omega$ angeschlossen wird.*

Anwendungen:

Jeder Verbraucher bildet mit seinen Zuleitungen eine Reihenschaltung. Daher ist das Verhältnis zwischen der in ihm verbrauchten Nutzspannung U_n zu der in den Zuleitungen verbrauchten Verlustspannung U_v das gleiche wie zwischen dem Widerstand des Verbrauchers R_n zum Widerstand der Zuleitungen R_{Ltg}

$$U_n : U_v = R_n : R_{Ltg} \qquad U_v = U_n \cdot \frac{R_{Ltg}}{R_n}$$

Um die Verlustspannung klein zu halten, muß man den Widerstand der Zuleitungen so klein wie möglich machen. Man erreicht das durch ausreichende Bemessung des Drahtquerschnittes und indem man für Leitungen nur die besten Leitermaterialien wie Silber, Kupfer oder Aluminium verwendet.

Bei allen elektrischen Geräten ist der Widerstand durch die Art und die Schaltung der eingebauten Leitungen bedingt und im allgemeinen nur wenig durch äußere Einflüsse veränderlich. Damit die Geräte ihre Aufgabe richtig erfüllen (z. B. damit ein Heizgerät die richtige Wärme erzeugt oder eine Glühlampe den richtigen Lichtstrom liefert), muß durch sie ein bestimmter Strom fließen. Bei zu geringer Stromstärke versehen sie ihren Dienst schlecht oder gar nicht; bei zu großer Stromstärke werden die Leitungen heiß, Isolierungen können durchbrennen, und das Gerät kann Schaden erleiden, ja es kann sogar Brandgefahr entstehen. Um bei dem gegebenen Widerstand die richtige Stromstärke zu erhalten, braucht man eine bestimmte Spannung. Man baut die meisten Geräte nun so, daß diese Spannung die überall zur Verfügung stehende Netzspannung, heute fast immer 220 V, ist. Auf jedem elektrischen Gerät muß die zu seinem Betrieb erforderliche Spannung vermerkt sein.

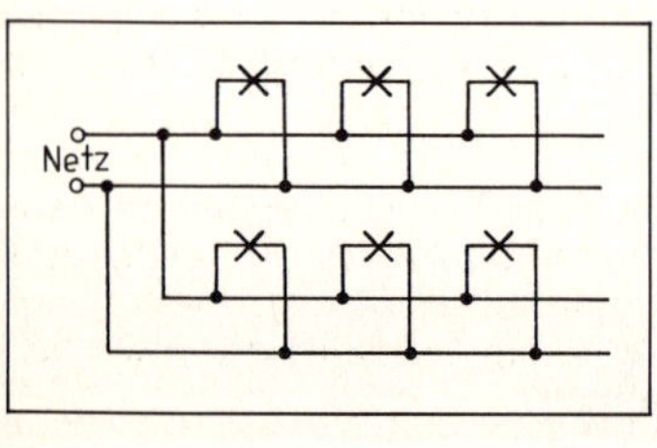

Alle Verbraucher werden parallel geschaltet (Abb. 5). Dann liegt an ihnen, z. B. an jeder Glühlampe oder an jeder Steckdose, die gleiche Spannung, nämlich die Netzspannung 220 V.

Abb. 5 Parallelschaltung mehrerer Verbraucher (z. B. Glühlampen) im Netz

Nach Nr. 8.2.5 muß ein Strommesser **in** den Stromkreis geschaltet werden. Damit durch das Meßgerät der im Stromkreis fließende Strom nicht wesentlich geändert wird, muß der Widerstand des Strommessers im Vergleich zu den anderen Widerständen des Kreises klein sein. Ein Spannungsmesser wird in einer Parallelschaltung **an** den Stromkreis angelegt. Damit durch sie nicht ein großer zusätzlicher Strom fließt, muß der Spannungsmesser einen sehr großen Widerstand haben.

Ein Strommesser muß einen kleinen, ein Spannungsmesser einen großen Innenwiderstand besitzen.

Im folgenden Beispiel wird gezeigt, wie bei Drehspulmeßwerken der Meßbereich durch Parallel- bzw. Reihenschaltung erweitert werden kann.

1. Beispiel **Meßbereichserweiterung bei Drehspulmeßwerken**

Die Ablenkspule eines solchen Gerätes hat den Widerstand $R_i = 50\,\Omega$. Ein hindurchfließender Strom von 5 mA ruft am Zeiger den vollen Ausschlag hervor. Diesen Ausschlag erhält man also, wenn man das Gerät als Strommesser in einen Stromkreis einschaltet, in dem die Stromstärke $I_M = 5$ mA fließt. Man erhält aber denselben Ausschlag, wenn man das Gerät als Spannungsmesser an zwei Punkte anschließt, zwischen denen die Spannung $U_M = 0{,}25$ V herrscht.

Denn nach dem Ohmschen Gesetz fließt dann durch das Gerät ein Strom $I_M = \frac{U_M}{R_i} = \frac{0{,}25\,\text{V}}{50\,\Omega}$ $= 0{,}005$ A, der den Zeiger voll zum Ausschlagen bringt.

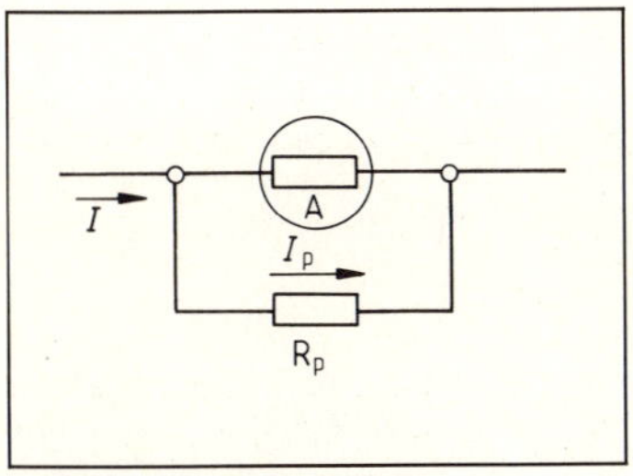

Abb. 6 Erweiterung des Meßbereichs eines Strommessers

Durch entsprechende Schaltungen kann man den Meßbereich desselben Instrumentes auf andere Stromstärken und Spannungen ausdehnen.

Soll z. B. das obige Instrument bis zu einer Stromstärke von 1 A verwendet werden, so muß der Überschuß $I_1 = 0{,}995$ A über die Stromstärke 0,005 A, die schon einen vollen Zeigerausschlag hervorruft, durch einen parallel geschalteten Widerstand R_p (Abb. 6) geleitet werden. Nach den Regeln der Parallelschaltung gilt nun:

$$R_p : R_i = I_0 : I_1$$

$$R_p = \frac{I_0 \cdot R_i}{I_1} = \frac{0{,}005\,\text{A} \cdot 50\,\Omega}{0{,}995\,\text{A}} = \underline{0{,}251\,\Omega}$$

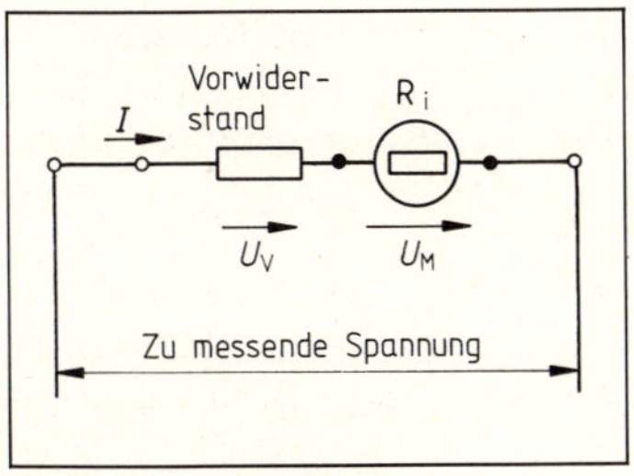

Abb. 7 Erweiterung des Meßbereichs eines Spannungsmessers

Soll das Meßinstrument für einen größeren Spannungsunterschied, z. B. für 50 V, verwendet werden, so muß der Gerätewiderstand R_i durch einen vorgeschalteten Widerstand R_v (Abb. 7) erhöht werden, so daß die Stromstärke trotz des höheren Spannungsunterschiedes nicht über 5 mA steigt:

$$U = I \cdot R = I_0(R_i + R_v)$$

$$R_v = \frac{U}{I_0} - R_i = \frac{50\,\text{V}}{0{,}005\,\text{A}} - 50\,\Omega = \underline{9950\,\Omega}$$

Ergebnisse

1. Bei einem Drehspulmeßwert kann der **Meßbereich eines Strommessers** durch einen **Parallelwiderstand (Shunt)** erweitert werden. Je größer der Meßbereich ist, desto niedriger muß der Parallelwiderstand sein.

2. Der **Meßbereich eines Spannungsmessers** kann durch einen **Vorwiderstand** erweitert werden. Je größer der Meßbereich ist, desto höher muß der Vorwiderstand sein.

Die Parallel- und Vorwiderstände werden bei Vielfachmeßgeräten eingebaut und sind leicht mit einem Schalter zu bedienen. Bei Demonstrationsinstrumenten sind oft die Ergänzungswiderstände mit einer Skala fest verbunden, so daß gleichzeitig Widerstand, Schaltung und Skala verändert werden.

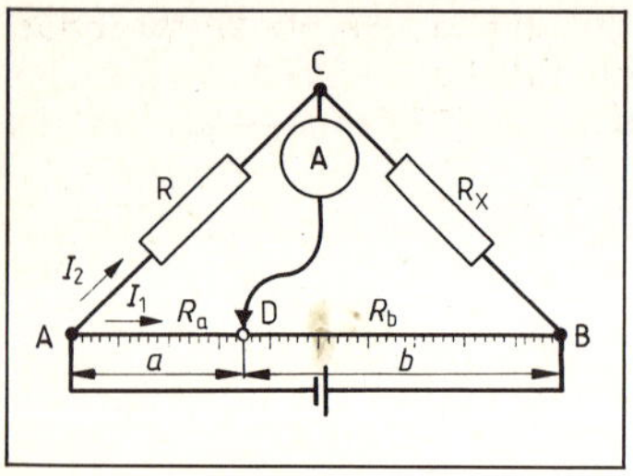

Abb. 8 Wheatstonesche Brückenschaltung

Zur Widerstandsmessung verwendet man oft die Brückenschaltung (Abb. 8). AB ist ein Meßdraht von hohem spezifischem Widerstand und überall gleichem Querschnitt. Der Schleifkontakt D wird so lange verschoben, bis das empfindliche Stromanzeigegerät in der Verbindung CD (der „Brücke“) keinen Ausschlag mehr zeigt. Dann besteht zwischen C und D kein Spannungsunterschied. Die Spannung zwischen A und B wird längs der Leitung ACB in C und längs der Leitung ADB in D im gleichen Verhältnis geteilt. Entsprechend stehen die Widerstände R und R_x im gleichen Verhältnis wie R_a und R_b. Weil R_a und R_b sich wie die Längen a und b verhalten, gilt dann:

$$R_x : R = R_b : R_a = b : a$$

Wenn R ein bekannter, geeichter Widerstand ist, kann man hieraus R_x berechnen:

$$R_x = R \cdot \frac{b}{a}$$

Um nicht ortsgebunden zu sein, gibt es tragbare Meßbrücken, die überall, wo Widerstände gemessen werden sollen, anwendbar sind. Störungen im Fernsprechnetz werden vor allem durch leitende Verbindungen zur Erde verursacht. Dadurch entstehen bei den Leitungen Widerstandsänderungen, zu deren Auffindung bei der Störungssuche Brückenschaltungen verwendet werden.

2. Beispiel Eine Bogenlampe benötigt zu ihrem Betrieb 5 A und 60 V. Welcher Widerstand muß mit ihr in Reihe geschaltet werden, damit man sie an 110 V anschließen kann?

$$I_g = I_1 = I_2 = 5\,\text{A}$$
$$U_g = 110\,\text{V}$$
$$U_1 = 60\,\text{V}$$
R_2 gesucht.
$$I_g = \frac{U_g}{R_g} = \frac{U_g}{R_1 + R_2}$$
$$R_2 = \frac{U_g}{I_g} - R_1 = \frac{U_g}{I_g} - \frac{U_1}{I_1}$$
$$R_2 = \frac{110\,\text{V}}{5\,\text{A}} - \frac{60\,\text{V}}{5\,\text{A}} = \underline{\underline{10\,\Omega}}$$

3. Beispiel Bei einer Autobeleuchtung benötigen die beiden Scheinwerfer je 5 A und das Rücklicht 1,6 A bei einer Spannung 12 V. Berechnen Sie die Einzelwiderstände, den Gesamtwiderstand, und zeigen Sie, daß die Gesamtstromstärke die Summe der Einzelstromstärken ist.

Spannungen $U_1 = 12\,\text{V}$
$U_2 = 12\,\text{V}$
$U_3 = 12\,\text{V}$

Stromstärken $I_1 = 5\,\text{A}$
$I_2 = 5\,\text{A}$
$I_3 = 1{,}6\,\text{A}$

Widerstände $R_1 = \frac{U_1}{I_1} = \frac{12\,\text{V}}{5\,\text{A}} = \underline{\underline{2{,}4\,\Omega}}$

$R_2 = R_1 = \underline{\underline{2{,}4\,\Omega}}$

$R_3 = \frac{12\,\text{V}}{1{,}6\,\text{A}} = \underline{\underline{7{,}5\,\Omega}}$

Gesamtwiderstand $\frac{1}{R_g} = \frac{1}{R_1} + \frac{1}{R_2} + \frac{1}{R_3} = \frac{1}{2{,}4\,\Omega} + \frac{1}{2{,}4\,\Omega} + \frac{1}{7{,}5\,\Omega}$

$= (0{,}417 + 0{,}417 + 0{,}13)\frac{1}{\Omega} = 0{,}9\bar{6}\frac{1}{\Omega}$

$R_g = \frac{1}{0{,}9\bar{6}}\Omega = \underline{\underline{1{,}034\,\Omega}}$

Gesamtstrom $I_g = \frac{U_g}{R_g} = \frac{12\,\text{V}}{1{,}034\,\Omega} = \underline{\underline{11{,}6\,\text{A}}}$

oder $I_g = I_1 + I_2 + I_3 = 5\,\text{A} + 5\,\text{A} + 1{,}6\,\text{A} = \underline{\underline{11{,}6\,\text{A}}}$

Aufgaben

2. *Ein Gerät mit dem Widerstand 30 Ω liegt an 220 V. Sein Strom soll stufenlos zwischen 2 A und 5 A regelbar sein. Zwischen welchen Grenzen muß ein in Reihe geschalteter Schiebewiderstand veränderlich sein?*

3. *In einem Haushalt (Netzspannung 220 V) ist ein Heizgerät mit 48,4 Ω in Betrieb. Wie viele Glühlampen von 807 Ω können noch eingeschaltet werden, ohne die 6 A-Sicherung zu überlasten?*

4. *Zwei Drahtwicklungen haben die Widerstände $R_1 = 5\ \Omega$ und $R_2 = 8\ \Omega$. Welcher Strom fließt, wenn R_1 und R_2 allein und wenn R_1 und R_2 in Parallel- und in Reihenschaltung an eine Spannung von 20 V angeschlossen werden?*

5. *Zu einem Widerstand $R_1 = 6\ \Omega$ soll ein zweiter Widerstand R_2 parallel geschaltet werden, so daß der Gesamtwiderstand 4,8 Ω beträgt. Wie groß muß R_2 sein?*

6. *Berechnen Sie den Gesamtwiderstand der nach Abb. 9 geschalteten fünf Widerstände und die Ströme, die durch die Widerstände fließen.*

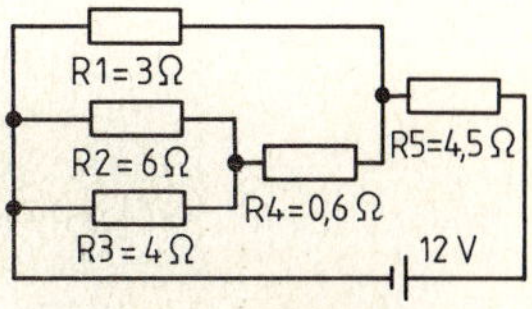

Abb. 9 Zu Aufgabe 6

7. *Die Widerstände $R_1 = 15\ \Omega$ bzw. $R_2 = 62\ \Omega$ sollen einzeln an eine veränderliche Spannung von 0 bis 220 V angeschlossen werden. Zeichnen Sie die Widerstandskennlinien, d. h. die graphische Darstellung für $I = f(U)$.*

8. *Bestimmen Sie mit Hilfe des Diagramms für den Widerstand R_2 die fehlenden Werte.*

	a	b	c	d	e	f	g	h
U in V	110	20	200	42	?	?	?	?
I in A	?	?	?	?	1,7	3,5	0,7	0,4

8.3.4 Arbeit und Leistung des elektrischen Stromes

In vielen elektrischen Geräten wird die Energie des elektrischen Stromes in andere Energiearten umgewandelt, z. B. in mechanische Arbeit in Elektromotoren, in Licht bei den Glühlampen, in Wärme in den elektrischen Heizgeräten. Nach der Definition der Spannung (Nr. 8.2.3) berechnet sich die Arbeit W_{el}, die bei der Bewegung der Ladung $Q = I \cdot t$ von einem Strom abgegeben wird, nach der Gleichung:

$$\boxed{W_{el} = U \cdot Q = U \cdot I \cdot t}$$

Durch Division mit der Zeit t erhält man daraus die Leistung P_{el}:

$$\boxed{P_{el} = \frac{W_{el}}{t} = U \cdot I}$$

Als Einheiten verwendet man die SI-Einheiten der Energie, das Joule oder die Wattsekunde: 1 J = 1 W s oder bei größeren Beträgen, vor allem bei längeren Zeiten die Kilowattstunde (kWh): 1 kWh = 3 600 000 W s. Als Leistungseinheit dient das Watt (W): 1 W = 1 V · 1 A oder bei größeren Leistungen 1 kW = 1000 W bzw. 1 MW = 1 000 000 W.

Mit Hilfe des Ohmschen Gesetzes kann man in der obigen Gleichung entweder die Stromstärke oder die Spannung eliminieren:

Aus $I = \dfrac{U}{R}$ erhält man: $P = \dfrac{U^2}{R}$ $\quad W = \dfrac{U^2}{R} \cdot t$

Aus $U = I \cdot R$ erhält man: $P = I^2 \cdot R$ $\quad W = I^2 \cdot R \cdot t$

Die obigen Gleichungen lassen sich unmittelbar prüfen, wenn man ein elektrisches Heizgerät verwendet. Denn in ihm wird die gesamte elektrische Energie in Wärme umgewandelt, die in einem Kalorimeter gemessen werden kann.

V1

(Abb. 1): Wir benutzen einen Tauchsieder, der in einem Kalorimeter eine Wassermenge erwärmt. Die von ihm aufgenommene Energie berechnet sich aus $W = I \cdot U \cdot t$. Die an das Wasser abgegebene Wärme ist $m \cdot c \cdot \Delta\vartheta$. Die vom Kalorimeter und vom Tauchsieder aufgenommene Wärme berücksichtigt man durch das Glied $C \cdot \Delta\vartheta$, wobei C die Wärmekapazität der Apparatur (Nr. 5.3.2) darstellt. Die gesamte erzeugte Wärme ist dann $Q = (m \cdot c + C) \cdot \Delta\vartheta$.

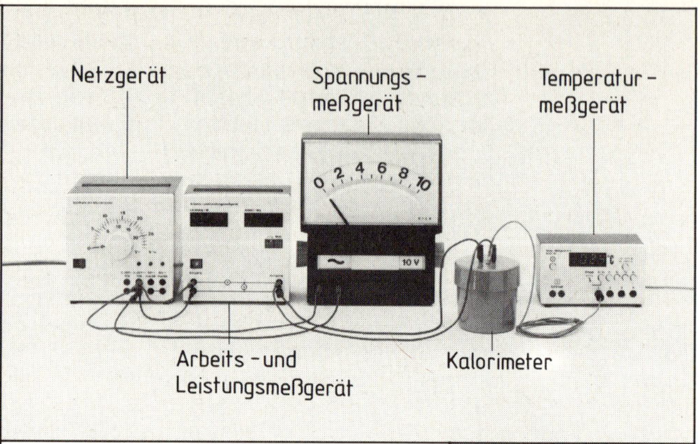

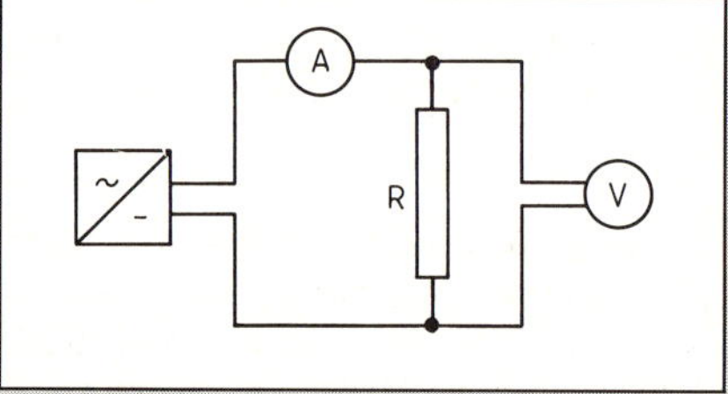

Schaltbild

Abb. 1
Arbeit des elektrischen Stromes

Meßwerte:

Spannung	$U = 10\,\text{V}$
Stromstärke	$I = 5{,}4\,\text{A}$
Wassermenge	$m = 200\,\text{g}$
spez. Wärme	$c = 4{,}19\,\text{J}/(\text{g} \cdot \text{K})$
Anfangstemperatur	$\vartheta_1 = 14{,}8\,°\text{C}$
Endtemperatur	$\vartheta_2 = 30\,°\text{C}$
Temperaturerhöhung	$\Delta\vartheta = 30\,°\text{C} - 14{,}8\,°\text{C} = 15{,}2\,\text{K}$
Zeit	$t = 4\,\text{min} = 240\,\text{s}$
abgegebene elektr. Energie	$W_{el} = U \cdot I \cdot t = 10\,\text{V} \cdot 5{,}4\,\text{A} \cdot 240\,\text{s} = 12\,960\,\text{Ws}$
aufgenommene Wärmemenge	$Q = m \cdot c \cdot \Delta\vartheta = 200\,\text{g} \cdot 4{,}19\,\text{J}/(\text{g} \cdot \text{K}) \cdot 15{,}2\,\text{K} = 12\,738\,\text{J}$

Ergebnis

Die vom Strom abgegebene Energie entspricht fast der vom Wasser aufgenommenen Wärmemenge. Die Differenz wurde an die umgebende Luft abgegeben.

Der kleine Unterschied zwischen der aus den Größen des Stromes berechneten Energie und der aufgenommenen Wärmemenge läßt sich durch die Wärmeverluste an die Umgebung erklären. Daher bestätigt der Versuch die oben angegebenen Gleichungen zur Berechnung der elektrischen Energie bzw. Leistung.

Die **Wärmeerzeugung** durch den elektrischen Strom läßt sich aus der Vorstellung von der Bewegung der Elektronen erklären. Die Elektronen suchen, dem Antrieb durch die Spannung folgend, sich durch den Draht zu bewegen. Dabei stoßen sie mit den Metallatomrümpfen zusammen und erhöhen beim Aufprall deren Schwingungsenergie. Die vermehrte Energie der einzelnen Atome macht sich aber nach Nr. 5.3.4 als Temperaturerhöhung bemerkbar. In dünnen Drähten oder bei hohen Stromstärken kann sie so stark werden, daß der Draht zu glühen anfängt oder durchbrennt. Dabei entsteht auch Licht aus der elektrischen Energie. Sowohl die mit dem elektrischen Strom erzeugte Wärme als auch das Licht finden allgemeine Anwendung.

Alle elektrischen H e i z g e r ä t e besitzen Drähte oder Drahtwicklungen, die vom durchfließenden Strom bis zur Rotglut erhitzt werden. Sie bestehen nicht aus Kupfer, sondern aus Heizleiterlegierungen wie Nickel-Chrom, Eisen-Nickel-Chrom und Eisen-Chrom-Aluminium-Legierungen. Um eine Brandgefahr zu vermeiden, sind sie an feuerfesten Unterlagen (Porzellan, Schamotte, Glimmer) befestigt. Damit die Zuleitungen nicht ebenso heiß werden, müssen sie aus besser leitendem Material (Kupfer) und mit größerem Querschnitt angefertigt sein.

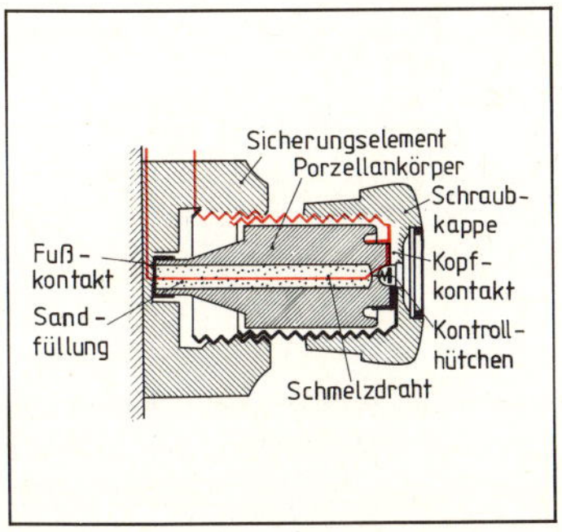

Abb. 2 Schmelzsicherung

In einen Stromkreis baut man **Sicherungen** ein. Dadurch vermeidet man, daß in einem Draht einer elektrischen Leitung ein zu hoher Strom fließt, der Brandgefahr verursachen oder die Betriebssicherheit gefährden könnte. Die Sicherungen unterbrechen selbsttätig den Strom, wenn er unzulässig hohe Werte annimmt.

Die **Schmelzsicherungen** (Abb. 2) enthalten einen dünnen Draht, der durchschmilzt, sobald der Strom einen bestimmten Wert, für den die Sicherung gebaut ist, übersteigt. Damit der durchbrennende Draht nichts entzünden kann, ist er in Sand in das Innere einer Porzellanfassung eingebettet.

Ein **Sicherungsautomat** stellt einen Schalter dar, der durch den Strom selbst betätigt wird. Ein starker Überstrom erregt einen Elektromagneten (Nr. 8.5.1) so kräftig, daß ein Kontakt unterbrochen wird. Bei schwachem Überstrom, der zur Betätigung des Elektromagneten nicht ausreicht, aber bei zu langem Fließen doch einen Brand verursachen könnte, wird ein Bimetallstreifen erwärmt, der nach einigen Sekunden den Kontakt ebenfalls unterbricht. Wenn die Störung, die den zu großen Strom verursachte, beseitigt ist, kann man durch einen Druckknopf den Stromschluß wieder herstellen.

Die Zuleitungen dürfen nicht wärmer werden als 60 ... 80 °C. Deshalb müssen für jeden Zweck ausreichende Querschnitte gewählt werden, die durch genaue Vorschriften für jede Stromstärke sowohl bei Kupfer als auch bei Aluminium festgelegt sind (Tab. 1).

Tabelle 1: Leiterquerschnitte und Sicherungsstromstärken für Installationsleitungen

Leiterquerschnitt in mm^2	Sicherungsstromstärke in A	
	bei Kupferleitungen	bei Aluminiumleitungen
1	10	–
1,5	15	–
2,5	20	15
4	25	20
6	35	25
10	50	35

Für Freileitungen, bei denen keine so große Brandgefahr besteht, sind etwas größere Stromstärken zulässig. Sind mehr als zwei Leitungen in einem Rohr vereinigt, so daß die Wärmeabfuhr schlechter ist, so werden nur geringere Stromstärken zugelassen.

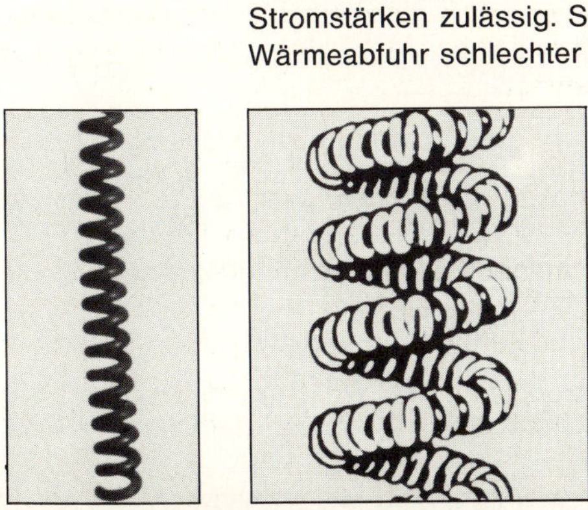
Abb. 3 Einfach- und Doppelwendel eines Glühdrahtes

Die Lichterzeugung durch den elektrischen Strom wird in den **Glühlampen** angewendet. In ihnen wird ein dünner Draht aus einer Legierung von Wolfram (Schmelzpunkt 3380 °C) mit Osmium (Schmelzpunkt 2500 °C) vom Strom zum Weißglühen gebracht. Damit der Draht nicht verbrennt, befindet er sich in einem Glaskolben, aus dem die Luft mit ihrem Sauerstoff entfernt wurde und der dafür mit Stickstoff, Argon oder Krypton gefüllt ist. Da die Lichtausbeute mit zunehmender Temperatur sehr rasch ansteigt, hat man den Draht zur Verminderung des Wärmeverlustes gewendelt (Abb. 3). Auch die Füllung mit den teuren Edelgasen dient demselben Zweck, da sie, besonders Krypton, eine sehr kleine Wärmeleitfähigkeit besitzen. Die Zuleitung des Stromes über das

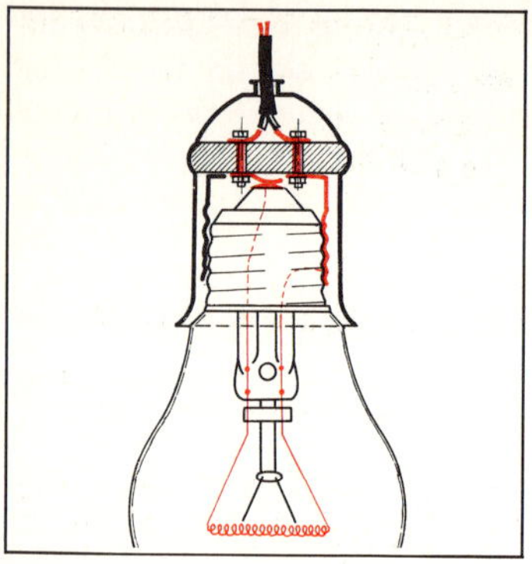

Abb. 4 Bau einer Glühlampe

„Edisongewinde" zur Glühwendel ist aus Abb. 4 ersichtlich. Damit der hell strahlende Glühdraht nicht blendet, ist die Innenseite des Glaskolbens meist mattiert.

Bei den Glühlampen wird der größte Teil der elektrischen Energie in Wärme umgesetzt, nur 1,5 ... 4 % verwandeln sich in sichtbares Licht. Der Wirkungsgrad beträgt in lichttechnischen Einheiten ausgedrückt zwischen 8 lm/W bei schwächeren und 20 lm/W bei stärkeren Lampen.

Ein weiterer Nachteil von Glühlampen ist, daß bei den hohen Temperaturen (~ 2800 °C) des Glühdrahtes Wolframatome verdampfen und so den Draht schwächen. Ein Teil dieser Atome setzt sich am Glaskolben ab, verringert den Lichtaustritt und damit den Wirkungsgrad. Um das zu verhindern, wird bei **Halogenglühlampen** im wesentlich kleineren Kolben dem Füllgas ein Halogen (Brom, Jod) zugesetzt. Die verdampften Wolframatome verbinden sich mit den Halogenatomen. Die entstandenen Moleküle setzen sich nicht mehr am Glaskolben ab, sondern zersetzen sich in der Nähe des heißen Glühdrahtes. Die freigewordenen Wolframatome schlagen sich wieder am Glühfaden nieder. Durch diese Regeneration haben die Lampen eine hohe Lebensdauer. In den Leuchten der Fototechnik werden überwiegend diese Lampen eingesetzt.

Noch wesentlich besser ist der Wirkungsgrad bei den Leuchtstofflampen. Bei ihnen wird die Innenseite einer zylindrischen Röhre mit einem kristallinen Leuchtstoff belegt, der die Energie der in der Gasfüllung der Röhre entstehenden unsichtbaren, ultravioletten Strahlung absorbiert und dafür sichtbares Licht ausstrahlt. Durch die Wahl von entsprechenden Leuchtstoffmischungen kann man dem Licht einen warmen rötlichen oder gelblichen Ton geben, oder man kann ein weißes, dem Tageslicht ähnliches Licht erzeugen. Neuderdings gelang es, das Leuchtstoffrohr sowie den notwendigen Starter und das Vorschaltgerät so zu verkleinern, daß alle Teile in einer kompakten Lampe mit Schraubsockel vereinigt werden konnten. Sie können also wie normale Glühlampen verwendet werden, sparen jedoch bei gleichem Lichtstrom 75 % der Leistung ein. Dies wird durch die Ausnutzung der zuerst unsichtbaren Strahlung erreicht. Die Leuchtstofflampen erreichen eine Lichtausbeute von 30 bis 75 lm/W und haben dazu noch eine etwa 5fache Lebensdauer.

Beispiele

1. Ein Gerät mit einem Widerstand von 150 Ω wird an 220 V (Gleichstrom) angeschlossen. Wie groß ist die in ihm verbrauchte elektrische Leistung? Wieviel elektrische Arbeit wird benötigt, um das Gerät 6 Stunden in Betrieb zu nehmen?

Berechnung der Stromstärke: $I = \frac{U}{R} = \frac{220\,\mathrm{V}}{150\,\Omega} = 1{,}47\,\mathrm{A}$

Leistung: $P = I \cdot U = 1{,}47\,\mathrm{A} \cdot 220\,\mathrm{V} = \underline{323\,\mathrm{W}}$

Verbrauchte elektrische Arbeit in 6 Stunden: $W = P \cdot t = 323\,\mathrm{W} \cdot 6\,\mathrm{h} = 1938\,\mathrm{Wh} = \underline{1{,}938\,\mathrm{kWh}}$

Statt dieser Rechnung hätte man auch unmittelbar die Formel für die Leistung mit dem Ohmschen Gesetz umformen können:

$$P = I \cdot U = \frac{U}{R} \cdot U = \frac{U^2}{R} = \frac{(220\,\mathrm{V})^2}{150\,\Omega} = \underline{323\,\mathrm{W}}$$

Meist braucht man die Leistung nicht zu berechnen, da sie auf jedem elektrischen Gerät vermerkt ist.

2. Wieviel Mehrkosten entstehen bei der Benutzung einer 100 W-Lampe statt einer 60 W-Lampe während eines Monats (30 Tage mit durchschnittlich 5 Stunden Betrieb) bei einem Strompreis von 0,15 DM/kWh?

Mehrverbrauch an Energie: $\Delta W = \Delta P \cdot t = (100\,\mathrm{W} - 60\,\mathrm{W}) \cdot 30 \cdot 5\,\mathrm{h} = 6000\,\mathrm{Wh} = 6\,\mathrm{kWh}$

Preis: $6\,\mathrm{kWh} \cdot 0{,}15\,\mathrm{DM/kWh} = \underline{0{,}90\,\mathrm{DM}}$

3. Welchen Widerstand besitzt ein Gerät von 1,5 kW Leistung, das an 220 V anzuschließen ist?

$$P = 1{,}5\ \text{kW} = 1500\ \text{W}$$
$$U = 220\ \text{V}$$

Stromstärke: $I = \frac{P}{U} = \frac{1500\ \text{W}}{220\ \text{V}} = 6{,}81\ \text{A}$ oder: $P = \frac{U^2}{R}$

Widerstand: $R = \frac{U}{I} = \frac{220\ \text{V}}{6{,}81\ \text{A}} = \underline{32{,}3\ \Omega}$ $R = \frac{U^2}{P} = \frac{(220\ \text{V})^2}{1500\ \text{VA}} = \underline{32{,}3\ \Omega}$

4. Welche elektrische Energie ist notwendig, um 1 l Wasser von 14 °C zum Sieden zu bringen? Wie lange braucht dazu ein Tauchsieder von 600 W? (Verluste bleiben unberücksichtigt.)

Erforderliche Wärmemenge (elektrische Energie):

$$Q = m \cdot c \cdot (\vartheta_2 - \vartheta_1) = 1\ \text{kg} \cdot 4{,}19 \frac{\text{kJ}}{\text{kg K}} \cdot (100 - 14)\ \text{K} = 360\ \text{kJ} = \underline{360\,000\ \text{Ws}}$$

Die Zeitdauer t folgt nun aus $P \cdot t = W = Q$

$$t = \frac{Q}{P} = \frac{360\,000\ \text{Ws}}{600\ \text{W}} = 600\ \text{s} = \underline{10\ \text{min}}$$

5. Vergleichen Sie den Preis für 100 kWh = 360 000 kJ, wenn sie mit Steinkohle, Heizöl, Stadtgas oder Elektrizität erzeugt werden.

Steinkohle:
Preis: 0,50 DM/kg
Heizwert: 30 000 kJ/kg
Notwendige Menge: $\frac{360\,000\ \text{kJ}}{30\,000\ \text{kJ/kg}} = 12\ \text{kg}$
Preis: $12 \cdot 0{,}50\ \text{DM} = \underline{6{,}00\ \text{DM}}$

Heizöl:
Preis: 0,90 DM/kg
Heizwert: 40 000 kJ/kg
Notwendige Menge: $\frac{360\,000\ \text{kJ}}{40\,000\ \text{kJ/kg}} = 9\ \text{kg}$
Preis: $9 \cdot 0{,}90\ \text{DM} = \underline{8{,}10\ \text{DM}}$

Gas:
Preis: $0{,}25\ \text{DM/m}^3$
Heizwert: $15\,000\ \text{kJ/m}^3$
Notwendige Menge: $\frac{360\,000\ \text{kJ}}{15\,000\ \text{kJ/m}^3} = 24\ \text{m}^3$
Preis: $24 \cdot 0{,}25\ \text{DM} = \underline{6{,}00\ \text{DM}}$

Elektrizität:
Preis: 0,17 DM/kWh
Notwendige Energie: 100 kWh
Preis: $100 \cdot 0{,}17\ \text{DM} = \underline{17{,}00\ \text{DM}}$

Dieser Vergleich berücksichtigt drei Umstände nicht:

1. Bei Kohle stellt der errechnete Betrag den vollen Preis dar, bei Gas und Elektrizität sind noch einige DM Grundgebühr aufzurechnen.
2. Der Wirkungsgrad ist bei Kohle am geringsten, bei Gas höher und bei Elektrizität am höchsten.
3. Gas und Elektrizität sind in der Anwendung bequemer und sauberer als Kohle.

Aber auch bei Berücksichtigung dieser Umstände bleibt die Feststellung, daß die Wärmeerzeugung aus Elektrizität teurer ist als die aus Gas, Kohle oder Öl.

Aufgaben

1. *Welche Leistung gibt ein Gleichstrommotor ab, durch den bei einer Spannung von 220 V ein Strom von 24 A fließt, wenn sein Wirkungsgrad 82 % beträgt?*

2. *Ein Gerät nimmt bei einer Spannung von 220 V die Leistung 100 W auf. Auf welchen Betrag sinkt die Leistung, wenn nur 210 V zur Verfügung stehen? (Die Widerstandsänderung wegen der niedrigeren Betriebstemperatur soll unberücksichtigt bleiben.)*

3. *Ein Eisendraht ($\varrho = 0{,}15\ \Omega\ mm^2/m$) von $0{,}05\ mm^2$ Querschnitt verbraucht beim Anschluß an 220 V eine Leistung von 180 W. Wie lang ist der Draht.*

4. *Berechnen Sie den spezifischen Widerstand der Wolframwendel einer 40 W-Glühlampe für 220 V bei der Betriebstemperatur (etwa 2500 °C), wenn die Drahtlänge (infolge der doppelten Wendelung, vgl. Abb. 8.3.4, 3) 58 cm und der Querschnitt $0{,}0004\ mm^2$ betragen. Vergleichen Sie das Ergebnis mit dem für 20 °C gültigen spezifischen Widerstand von Wolfram $\varrho = 0{,}055\ \Omega\ mm^2/m$.*

5. *Ein Tauchsieder von 600 W arbeitet mit einem Wirkungsgrad von 98 %. In welcher Zeit kann er 2 Liter Wasser von 12 °C auf 60 °C erwärmen?*

6. *Welche Leistung muß ein elektrisches Durchlaufheizgerät aufnehmen, wenn es bei einem Wirkungsgrad von 95 % je Minute 2 Liter Wasser von 10 °C auf 60 °C erwärmen soll?*

7. *Welchen Strom benötigt eine elektrisch beheizte Waschmaschine, die bei einem Wirkungsgrad von 90 % in 20 Minuten 20 Liter Wasser von 10 °C auf 95 °C erwärmen soll (Netzspannung 220 V)?*

8. *Der Elektromotor eines Kompressors hat eine Leistungsaufnahme von 4,4 kW. Er ist über ein 80 m langes Doppelkabel aus je einer Kupferader ($\varrho = 0{,}018\ \Omega\ mm^2/m$) mit $4\ mm^2$ Querschnitt an die Netzspannung 220 V angeschlossen. Wie viele % der Gesamtleistung gehen in der Zuleitung verloren?*

9. *Ein Transformator spannt eine elektrische Leistung von 12 kW mit einem Wirkungsgrad von 96 % um. Zur Aufnahme und Abfuhr der in Wärme umgewandelten Verlustenergie dient eine Füllung mit 2,4 kg Öl ($c = 2$ kJ/kg K). Wie lange dauert es, bis sich die Ölfüllung (ohne Wärmeabgabe an die Umgebung) von 15 °C auf 20 °C erwärmt hat?*

8.4 Stromdurchgang durch Flüssigkeiten, Gase und Halbleiter

8.4.1 Chemische Wirkungen beim Stromdurchgang durch Elektrolyte

Wie der Versuch in Nr. 8.1.1 zeigte, fließt ein Strom, wenn man zwischen zwei Platten, die in die Lösung einer Säure, einer Base oder eines Salzes eintauchen, eine Spannung legt. Der folgende Versuch zeigt Eigenschaften des Stromdurchgangs durch eine leitende Flüssigkeit.

V1

(Abb. 1): In einem Glastrog mit verdünnter Schwefelsäure befinden sich zwei Kohleplatten. Verbindet man sie mit einer Gleichspannungsquelle, so entstehen nach dem Einschalten des Stromes an der einen Platte einige, an der anderen sehr viele Gasbläschen.

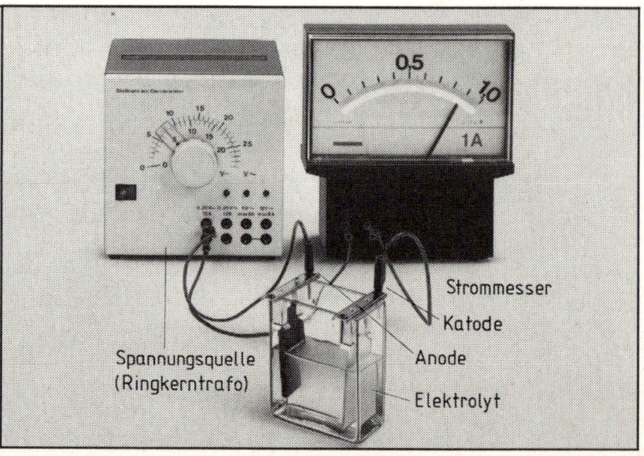

Abb. 1 Stromfluß durch einen Elektrolyten

Eine chemische Prüfung ergibt, daß die kleinere Gasmenge aus Sauerstoff, die größere aus Wasserstoff besteht. Der elektrische Strom bewirkt also beim Durchgang durch eine leitende Flüssigkeit eine chemische Zersetzung.

V2

Wir ersetzen die verdünnte Schwefelsäure durch eine Kupfersulfatlösung. Wenn der Strom längere Zeit fließt, überzieht sich die am Minuspol angeschlossene Kohleplatte mit einer Kupferschicht; der Niederschlag verschwindet wieder, wenn man die Stromrichtung umkehrt.

Die eingetauchten Platten, über die der Strom in die Lösung gebracht wird, bezeichnet man als Elektroden, und zwar die mit dem Pluspol verbundene als **Anode,** die mit dem Minuspol verbundene als **Katode.** Ein Strom kann nur fließen, wenn Ladungsträger vorhanden sind, die sich beim Anlegen einer Spannung in Richtung auf den entgegengesetzt geladenen Pol in Bewegung setzen. Die Ladungsträger können hier keine Elektronen sein, weil diese keine chemischen Reaktionen hervorrufen. Es müssen **Ionen,** nämlich geladene Atome und Atomgruppen, sein. Die Chemie lehrt, daß die Moleküle von Säuren, Basen und Salzen in wäßrigen Lösungen in zwei entgegengesetzt geladene Teile zerlegt werden: in die negativ geladenen zur Anode sich bewegenden **Anionen** und die positiv geladenen, zur Katode wandernden **Kationen.** Wasserstoff und alle Metalle bilden stets Kationen, die OH-Gruppe und Säurereste stets Anionen. Oft treten jedoch an den Elektroden noch weitere chemische Vorgänge auf, deren Betrachtung hier zu weit führen würde. Die Lösungen von Säuren, Basen und Salzen, durch die ein elektrischer Strom fließen kann, bezeichnet man als **Elektrolyte** und die chemischen Vorgänge als **Elektrolyse.**

Weil gleiche Ionen auch stets die gleiche Zahl positiver oder negativer Elementarladungen tragen, ist die abgeschiedene Stoffmenge proportional zur Elektrizitätsmenge, die durch die Lösung transportiert wurde. Zum Abscheiden großer Stoffmengen müssen große Ströme längere Zeit fließen.

Anwendungen:

Die Elektrolyse findet eine große Zahl von technischen Anwendungen. Mit ihrer Hilfe kann man Metalle gewinnen, z. B. Aluminium und Magnesium. Man schickt große Ströme durch Schmelzen ihrer Verbindungen, wobei sich das abgeschiedene Metall an der Katode sammelt. Da die in einer bestimmten Zeit gewonnene Menge des Metalls nur von der Stromstärke abhängt, werden bei dieser elektrolytischen Metallgewinnung sehr große Stromstärken (bis über 100 000 A) verwendet. Man kann auch Metalle, z. B. Kupfer, reinigen. Das Rohkupfer geht an der Anode in Lösung und wird fast chemisch rein an der Katode abgeschieden.

Die Elektrolyse wird zur Oberflächenbehandlung (Galvanostegie), zum Vergolden, Versilbern, Verchromen, unedler Metalle benutzt. Die zu behandelnden Gegenstände bilden dabei die Katode. Die Anode besteht aus dem Überzugsmetall (Gold, Silber, Chrom) und der Elektrolyt aus einem entsprechenden Metallsalz. Beim Stromdurchgang scheidet sich eine fest haftende Schicht des edlen Metalls ab. – Bei der Schallplattenherstellung werden zuerst die aufzunehmenden Schallschwingungen in eine Wachsplatte eingeschnitten. Diese macht man mit einer hauchdünnen Graphitschicht leitend und hängt sie an der Katode auf. Dann scheidet sich auf ihr eine Kupferschicht ab, die alle Feinheiten der Wachsplatte wiedergibt. Die Kupferplatte dient als Negativ für die Schallplattenpositive. – Werden Teile aus Aluminium als Anode in einem Bad aufgehängt, in dem beim Stromdurchgang Sauerstoff entsteht, so erzeugt er auf dem Aluminium eine harte, unempfindliche Oxidschicht (Eloxalverfahren, **el**ektrisch **ox**ydiertes **Al**uminium).

8.4.2 Galvanische Spannungsquellen

V1

Bringt man eine Kupfer- und eine Zinkplatte in ein Gefäß mit verdünnter Schwefelsäure (Abb. 1), so leuchtet ein in den Stromkreis geschaltetes Glühlämpchen auf. Das Gefäß mit den beiden Platten und der Säure stellt also eine Spannungsquelle dar. Aber schon nach kurzer Zeit wird das Leuchten schwächer und erlischt schließlich ganz.

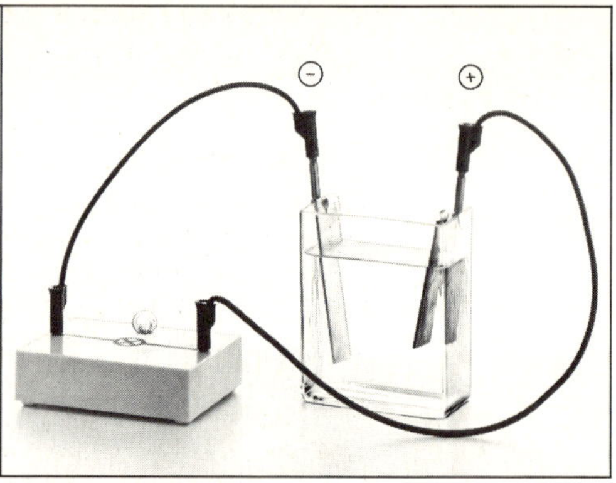

Abb. 1 Modell einer galvanischen Spannungsquelle

Wenn zwei verschiedene Metallplatten in einen Elektrolyten gebracht werden, löst sich das eine Metall auf. Seine Atome gehen als positive Ionen in die Lösung. Die Platte selbst wird von den zurückbleibenden Elektronen negativ geladen. Das in Zersetzung gehende Metall nennt man das unedlere, das andere das edlere. Diesem werden durch die Lösung Elektronen entzogen, es wird daher positiv. Werden die Platten leitend verbunden, so können sich die Ladungen ausgleichen. Es fließt ein Strom, der z. B. im Versuch die Lampe zum Glühen bringt.

Spannungsquellen, die aus einem Elektrolyten und zwei Elektroden aus verschiedenen Leitern bestehen, nennt man galvanische Elemente.

Edlere Metalle bilden in galvanischen Elementen stets den +Pol, unedlere den −Pol. Die entstehende Spannung ist unabhängig von der Größe und der Anordnung der Platten und nur bedingt durch ihre chemische Zusammensetzung. Ordnet man die Metalle so in einer Folge an, daß jedes folgende gegenüber dem vorhergehenden positiv wird, so erhält man die **elektrochemische Spannungsreihe** (Tab. 2).

Tabelle 2: Normalpotentiale in der Anordnung der elektrochemischen Spannungsreihe in V

Kalium	−2,92	Eisen	−0,54	Kupfer	+0,35
Calzium	−2,87	Kadmium	−0,40	Kohle	+0,74
Natrium	−2,71	Kobalt	−0,29	Silber	+0,80
Magnesium	−2,40	Nickel	−0,22	Quecksilber	+0,85
Aluminium	−1,70	Zinn	−0,14	Platin	+1,36
Zink	−0,76	Blei	−0,12	Gold	+1,50
Chrom	−0,56	Wasserstoff	0,00		

Sind zwei Metalle oder auch Metallegierungen miteinander verbunden, so bilden sie mit der Luftfeuchtigkeit kleine Elemente, und das unedlere Metall wird langsam zersetzt. Der Vorgang heißt **elektrolytische Korrosion.** Er tritt besonders bei Stahl- und Zinkblechen auf, die durch einen Elektrolyt mit einem edleren Metall, vor allem Kupfer, leitend verbunden sind (Rohrleitungen, Schiffswände).

In den galvanischen Elementen gehen stets positive Ionen des unedleren Metalls der Katode in den Elektrolyten. Die Metallionen gehen mit den Ionen des Elektrolyten Reaktionen ein, wobei meist positive Wasserstoffionen frei werden, die sich an der Katode abscheiden. Dadurch überzieht sich diese mit einer Wasserstoffhaut, und das galvanische Element bildet sich nicht mehr zwischen dem ursprünglichen Metall und der Anode, sondern mit Wasserstoff. Spannung und Stromabgabe des Elements nehmen durch diesen Vorgang der **Polarisation** stark ab. Das Erlöschen der Lampe im Versuch 1 ist eine Folge der Polarisation. Sie läßt sich nur vermeiden, wenn man den entstehenden Wasserstoff durch Oxydation unschädlich macht.

Anwendungen:

Nach den angestellten Überlegungen stellen zwei verschiedene, leitende Platten in der Lösung eines Elektrolyten ein Element dar. Die entstehende Spannung ist um so größer, je weiter die Metalle der beiden Elektroden in der Spannungsreihe auseinanderstehen. Die obenstehende Tabelle gibt die Spannungsreihe und zu jedem Metall das Normalpotential, das ist seine Spannung gegen Wasserstoff. Aus der Tabelle findet man die Spannung irgendeines Elements als Differenz der Normalpotentiale der Elektronen. Praktisch brauchbar sind nur solche Elemente, die eine Spannung von mindestens 1 V auch bei Entnahme von größeren Strömen längere Zeit liefern. Meist entstehen bei solchen Zusammenstellungen nur Spannungen von kleinen Bruchteilen eines Volts. Oft sinkt auch die Spannung infolge der Polarisation bald wieder ab.

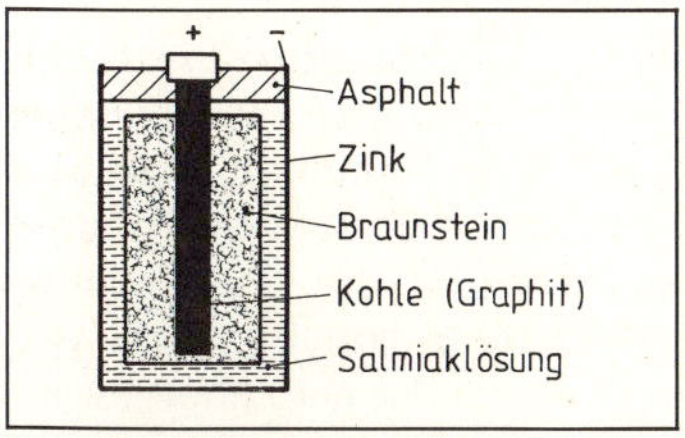

Abb. 2 Schnitt durch ein Zink-Kohle-Element (Braunsteinelement)

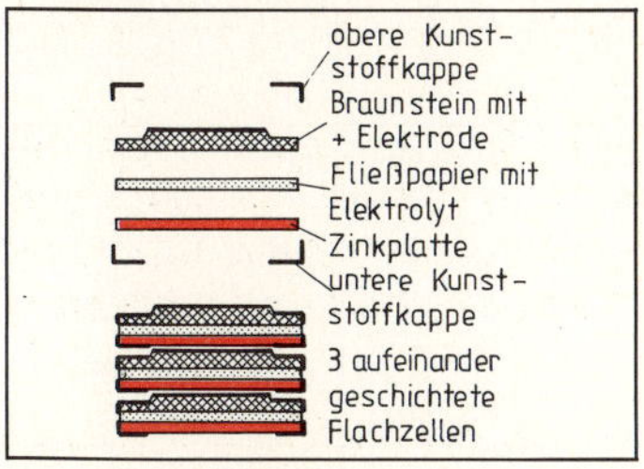

Abb. 3 Flachzelle

Wegen der meist sehr geringen Spannung der Elemente finden sie heute nur noch Anwendung, wenn ortsbewegliche Spannungsquellen benötigt werden. Am meisten wird bei Taschenlampen oder sonstigen beweglichen Apparaten das **Kohle-Zink-Element** (Abb. 2) benutzt. Sein negativer Pol ist ein Zinkbecher, sein positiver Pol ist ein Kohlestab. Als Elektrolyt dient eine Lösung aus Ammoniumchlorid (Salmiak). Wenn sie durch einen Zusatz z. B. von Mehl oder Stärke zu einer Paste eingedickt und das Element außen gut gedichtet wird (z. B. durch einen Asphaltabschluß), so nennt man es ein Trockenelement. Damit der während des Stromflusses entstehende Wasserstoff keine Polarisation hervorrufen kann, befindet sich im Innern des Elements noch Braunstein, der leicht Sauerstoff abgibt und damit den Wasserstoff zu Wasser oxidiert. Oft wird deshalb das Element als **Zink-Braunstein-Element** bezeichnet. Seine Spannung berechnet sich aus den Normalpotentialen zu 0,74 V + 0,76 V = 1,5 V. Wenn tragbare Geräte höhere Spannungen benötigen, benutzt man Spannungsquellen, bei denen mehrere Einzelzellen in Reihe geschaltet sind. Dazu eignen sich die Flachzellen. Alle Einzelteile, die Elektroden, der Elektrolyt, der Braunstein und die Isolation haben die Form von flachen Platten (Abb. 3). Flachzellen lassen sich stapeln und ohne Löten leitend verbinden.

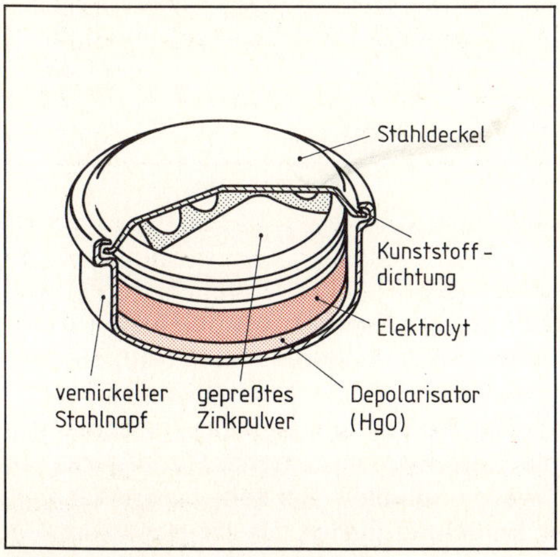

Abb. 4 Quecksilberoxidzelle

Quecksilberoxid- und **Silberoxid-Zellen,** auch **Alkalische Zellen** genannt, werden für kleine tragbare Geräte wie Rechner, Uhren, Fotoapparate und Filmkameras benutzt. Dabei dient gepreßtes Zinkpulver als Katode; als Anode und gleichzeitig als Depolarisator dient Quecksilberoxid (HgO) oder Silberoxid (Ag_2O). Kalilauge ist der Elektrolyt. Diese Zellen sind zwar erheblich teurer als andere Trockenzellen. Sie haben aber in ihrem kleinen Volumen einen relativ großen Energieinhalt, und die Entladespannung bleibt im weiten Bereich konstant. Ihre Leerlaufspannungen sind bei HgO = 1,35 V und bei Ag_2O = 1,85 V.

Verbrauchte Elemente sind wertlos, da man sie nicht wieder aufladen kann. Beim **Akkumulator** oder **Sammler** können dagegen die während des Entladens vor sich gehenden Veränderungen wieder rückgängig gemacht werden. Man nennt ihn auch **Sekundärelement.**

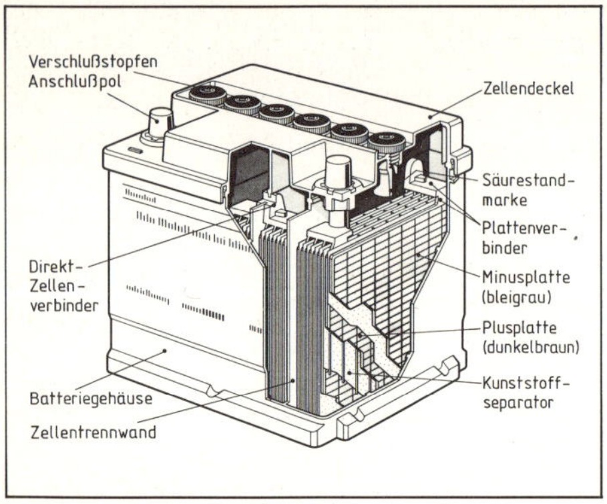

Abb. 5 Bleisammler

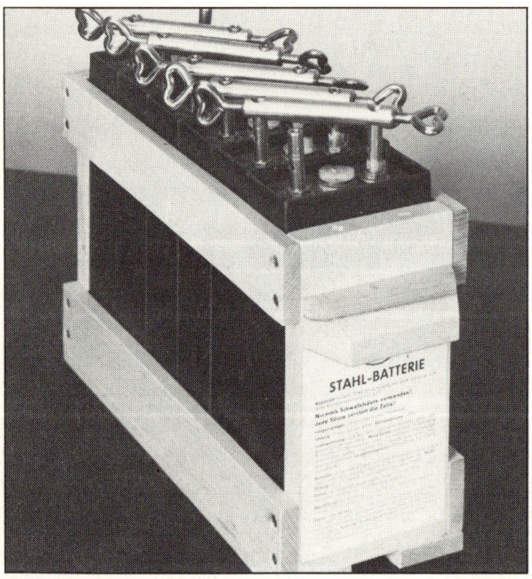

Abb. 6 Nickeleisensammler aus 6 Zellen

Im **Bleisammler** (Abb. 5) überziehen sich die Platten einer Zelle beim Entladen in der verdünnten Schwefelsäure mit Bleisulfat. Während des Aufladens wird die Katode durch den entstehenden Wasserstoff zu metallischem hellgrauem Blei reduziert, die Anode zu braunem Bleioxid oxidiert. Dabei wird Schwefelsäure erzeugt, so daß die Lösung eine höhere Konzentration erhält. Damit ändert sich auch ihre Dichte. Der Ladezustand kann daher mit einem Aräometer, einem sog. Säureprüfer, kontrolliert werden. Die Entladespannung beträgt je Zelle im Mittel 2 V.

Neben dem Bleisammler wird auch der **Nickeleisensammler** (Abb. 6) verwendet. Er ist gegen Überlastungen unempfindlicher als der Bleiakkumulator und bedarf auch keiner so sorgfältigen Wartung. Dagegen ist sein Wirkungsgrad kleiner als der des Bleisammlers. Die Spannung beträgt je Zelle etwa 1,2 V.

Der in Abb. 6 dargestellte Sammler besteht aus sechs einzelnen Zellen. Durch entsprechende Schaltung kann man entweder die Spannung oder die zulässige Stromentnahme erhöhen. Aus einer Zelle können bei einer Spannung von 1,2 V z. B. 2 A entnommen werden. Verbindet man alle negativen und alle positiven Pole miteinander durch eine **Parallelschaltung** (Abb. 7), so erhält man eine Spannungsquelle, die bei 1,2 V bis zu 12 A belastbar ist. Verbindet man aber jeweils den +Pol der einen Zelle mit dem −Pol der nächsten Zelle, so erhält man eine **Reihenschaltung** (Abb. 8), bei der sich die Spannung auf den sechsfachen Wert von 7,2 V erhöht. Die Belastbarkeit bleibt jedoch die einer einzelnen Zelle von etwa 2 A.

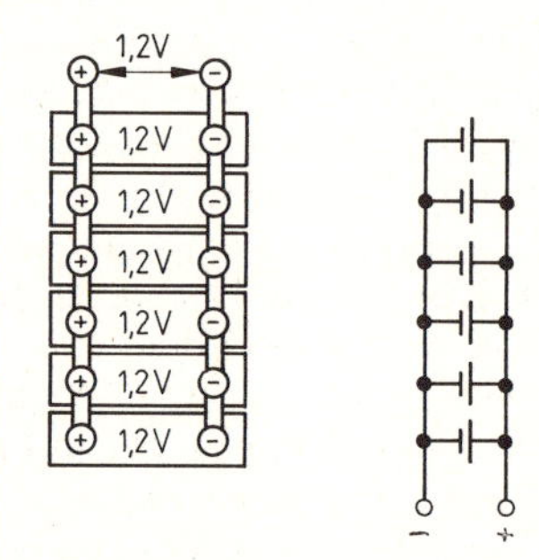

Abb. 7

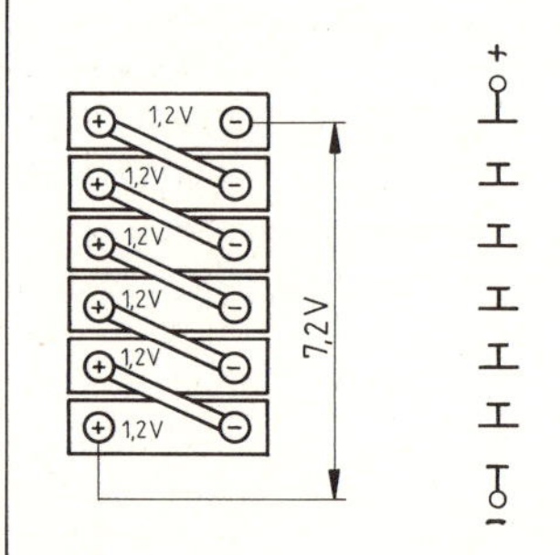

Abb. 8

Abb. 7 Parallelschaltung von Spannungsquellen

Abb. 8 Reihenschaltung von Spannungsquellen

Die gesamte in einem galvanischen Element oder in einem Sammler gespeicherte Elektrizitätsmenge bezeichnet man als **Kapazität** K und mißt sie in Amperestunden (Ah). Sie wird meist auf eine Entladezeit von 10 h bezogen. So bedeutet z. B. die Angabe einer Kapazität von $K_{10} = 80$ Ah, daß man 10 h lang einen Strom von 8 A entnehmen kann. Die Speicherfähigkeit ist vom Entladestrom abhängig. Geht die Entladung bei zu hoher Stromstärke vor sich, so kann die chemische Umsetzung nicht restlos ablaufen. Bei sehr langsamer Entladung ist die Kapazität höher, bei zu rascher Entladung kleiner als ihr Nennwert. Bei niedrigen Temperaturen sinkt die Kapazität ebenfalls ab.

Aufgaben

1. *Die Batterie eines Autos besitzt in vollgeladenem Zustand eine Kapazität von 66 Ah. Welche Ladungsmenge bleibt übrig, wenn aus einer auf 60 Ah aufgeladenen Batterie während einer 14stündigen Winternacht das Standlicht (Strombedarf 3,7 A) gespeist wird?*

2. *Acht Bleisammler ($U = 2{,}05$ V, höchste Stromentnahme 11 A) werden in zwei Reihen von je vier Sammlern zu einer Batterie vereinigt. Welche Gesamtspannung und welche Strombelastbarkeit besitzt sie?*

3. *Eine Autobatterie hat sechs in Reihe geschaltete Bleisammlerzellen (je Zelle $U_0 = 2$ V und $R_i = 5$ mΩ). Beim Starten nimmt der Anlasser einen Strom von 35 A auf.*

a) Auf welchen Wert sinkt die Klemmenspannung?

b) Welche Leistung nimmt der Anlasser auf?

c) Wieviel % der Gesamtleistung werden jeweils am Innen- und am Lastwiderstand umgesetzt?

4. *Bei Leerlauf ($I_1 = 0$ A) hat eine Autobatterie eine Spannung von 12,3 V. Bei eingeschaltetem Fernlicht fließt ein Strom von 9 A, und die Spannung geht auf 11,7 V zurück.*

Berechne

a) den Innenwiderstand,

b) den Kurzschlußstrom.

5. *Eine Stabbatterie mit 3 Volt liefert bei einer Prüfung unter einer Belastung mit 10 Ohm 1 Stunde und 20 Minuten lang elektrische Energie.*

a) Wie lange kann eine Glühlampe mit 100 mA Stromaufnahme betrieben werden?

b) Welche Arbeit kann die Batterie bei einer mittl. Entladespannung von 2,45 V abgeben?

c) Der Preis der Batterie beträgt 0,80 DM. Wieviel würde eine Kilowattstunde kosten?

8.4.3 Stromdurchgang durch Gase

Gase sind nach dem Versuch in Nr. 8.1.1 bei niedrigen Spannungen gute Isolatoren. Wird jedoch die Spannung, auf die ein isolierter Leiter aufgeladen ist, immer mehr gesteigert, so wächst auch die Feldstärke in seiner Umgebung, und die Abstoßung gleichnamig geladener oder die Anziehung entgegengesetzt geladener Ionen, die sich in seiner Umgebung befinden, erfolgt mit immer größerer Kraft, so daß sie immer höhere Geschwindigkeiten erreichen. Schließlich wird die kinetische Energie der bewegten Ionen so groß, daß sie bei einem Zusammenstoß andere Moleküle ionisieren können. Auch die neuen Teilchen können weitere Ionen erzeugen. So steigt die Zahl der Ladungsträger lawinenartig an. Die Luft zwischen dem Leiter und einem benachbarten geerdeten oder auf entgegengesetzte Spannung aufgeladenen Gegenstand wird leitend, so daß eine Entladung erfolgt. Sie kann so stark werden, daß sich in dem entstehenden Funken die gesamte Ladung mit einem Strom von vielen Ampere in weniger als 0,001 s ausgleicht. Die große Energieentwicklung bewirkt eine starke Erwärmung der Funkenbahn. Die Luft kommt zum Glühen; der starke Druckanstieg erzeugt eine als Knall hörbare Schallwelle. Ein bekanntes Beispiel solcher Funkenentladungen ist der Blitz.

Um bei normalem Druck in einem Gas eine Funkenentladung zu erzeugen, braucht man sehr hohe Spannungen, damit die Ladungsträger auf ihren kurzen Wegen zwischen zwei Zusammenstößen so viel kinetische Energie erlangen, um beim Zusammenstoß neue Ladungsträger zu erzeugen. Die zwischen zwei Stößen aufgenommene Energie wird aber größer, wenn man die freie Weglänge dadurch vergrößert, daß man den Druck des Gases vermindert.

Man kann die Entstehung einer Gasentladung aber noch weiter fördern, indem man Ladungsträger in den Bereich des verdünnten Gases bringt. Um dies zu zeigen, machen wir einen Versuch mit einer **Diode.** Das ist ein stark evakuierter Glaskolben mit zwei Elektroden. Die Anode umschließt als kleiner Metallzylinder die Katode, die aus einem Röhrchen besteht, in dessen Inneres ein Glühdraht eingeführt ist.

V

(Abb. 1): Legt man bei kalter Katode eine Spannung von 50 . . . 150 V zwischen Anode und Katode, so zeigt ein in den Anodenstromkreis geschalteter Strommesser keinen Ausschlag. Erst, wenn die Glühkatode geheizt wird, fließt ein Strom, der mit steigender Anodenspannung wächst. Er hört aber auch bei glühender Katode sofort wieder auf, wenn die Polung der Anodenspannung vertauscht wird.

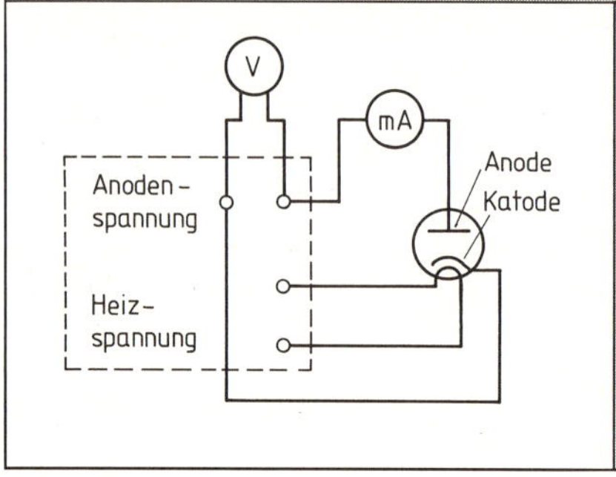

Schaltbild

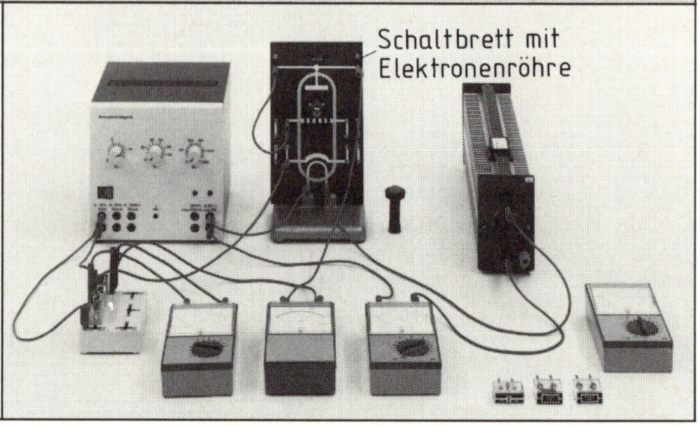

Abb. 1 Bedeutung der Glühkatode

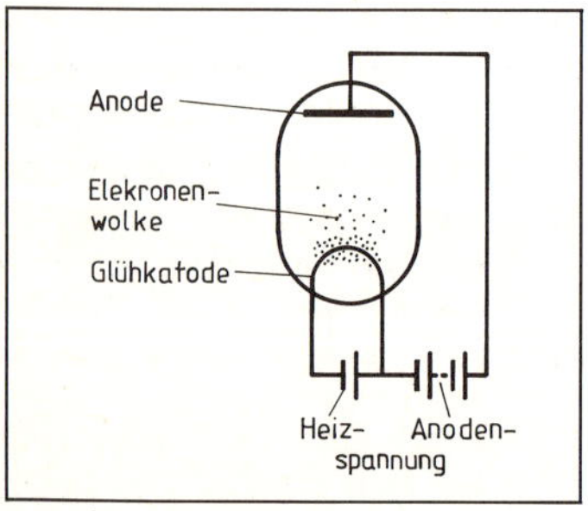

Abb. 2 Edisoneffekt

Aus einer kalten Elektrode können keine Ladungsträger austreten. Da auch unter den wenigen Restmolekülen in der evakuierten Röhre sich kaum Ladungsträger befinden, fließt bei kalter Elektrode kein Strom. Läßt man aber durch den Glühdraht einen Heizstrom fließen, und verwendet man die Elektrode als **Glühkatode,** so wird bei der hohen Temperatur die Wärmebewegung der Moleküle so stark, daß die Elektronen Stöße erhalten, die es ihnen ermöglichen, aus der Oberfläche auszutreten (Edisoneffekt, Abb. 2). Sie bilden rings um die Katode eine Elektronenwolke. Wird die andere Elektrode mit dem +Pol einer Spannungsquelle verbunden, so werden Elektronen aus der Wolke zu der Anode hingezogen, und es fließt durch die Röhre ein Strom.

Die Glühkatode dient in mehreren Vorrichtungen, vor allem in der Elektronenröhre und in der Braunschen Röhre (Nr. 8.4.4) dazu, einen Strom in einer hochevakuierten Röhre fließen zu lassen.

8.4.4 Elektronenstrahlen

Die von einer Glühkatode ausgehenden Elektronen, die bei gutem Vakuum ohne Zusammenstöße geradlinig zur Anode fliegen, nennt man **Elektronenstrahlen.** Man kann sie durch einen negativ geladenen Zylinder, den Wehneltzylinder, dessen Ladung die äußersten Elektronen wieder zur Mitte ablenkt, so bündeln, daß sie die Anode in einem engen Fleck treffen. Sie finden vor allem Anwendung in der Braunschen Röhre und zur Erzeugung von Röntgenstrahlen.

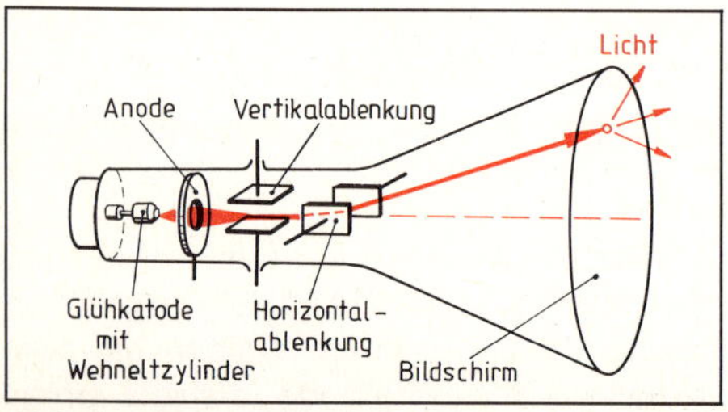

Abb. 1 Braunsche Röhre

Die **Braunsche Röhre** dient dazu, die Ablenkung eines Elektronenstrahls in einem elektrischen Feld sichtbar zu machen. Zu diesem Zweck befinden sich zwei Paare von Ablenkplatten hinter der Anode (Abb. 1). Legt man eine Spannung zwischen das eine Paar, so erhält man eine Ablenkung in der vertikalen, beim anderen Plattenpaar in der horizontalen Richtung. Eine Wechselspannung an den Ablenkplatten führt den Strahl abwechselnd nach rechts und links bzw. nach oben und unten, so daß der Leuchtpunkt auf einem Bildschirm hin- und herwandert. Die Auftreffstelle leuchtet eine gewisse

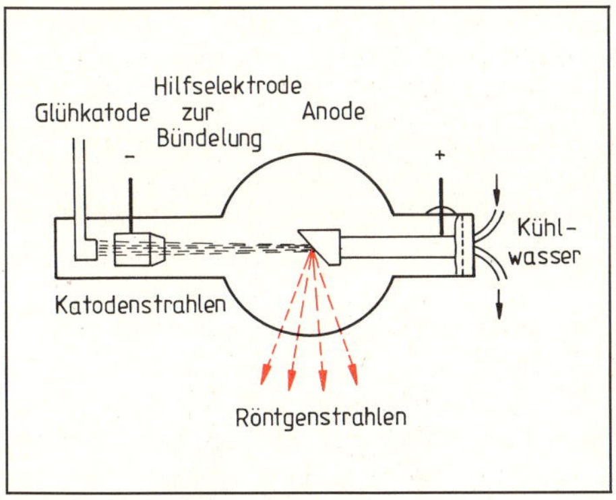

Abb. 2 Röntgenröhre

Zeit nach und ermöglicht es dem Auge, auch einen rasch bewegten Bildpunkt als leuchtende Spur zu verfolgen.

Die Braunsche Röhre bildet die Grundlage für die im Fernsehen verwendeten Bildröhren, bzw. für die Messung mit dem Oszilloskop.

Beschleunigt man einen gut gebündelten Elektronenstrahl mit einer hohen Spannung von 5 kV . . . 300 kV in einer evakuierten Röhre (Abb. 2), so prallen die Elektronen fast mit Lichtgeschwindigkeit auf die Anode. Dabei entsteht an der Aufprallstelle eine für das Auge unsichtbare Strahlung, die nach ihrem Entdecker[1] **Röntgenstrahlen** genannt wird. Da sich die Anode beim Aufprall stark erhitzt, fertigt man sie aus dem hitzebeständigen Metall Wolfram und kühlt sie mit Wasser.

Die Röntgenstrahlen besitzen ein großes Durchdringungsvermögen. Mit ihnen kann man Papier, Holz, dünne Metallschichten und auch den menschlichen Körper durchleuchten. Dadurch gestatten es die Röntgenstrahlen dem Techniker, den inneren Bau seiner Materialien zerstörungsfrei zu untersuchen, oder dem Arzt, Fremdkörper oder Vorgänge im menschlichen Körper zu erkennen. Die Röntgenstrahlen können bei zu langer und zu starker Einwirkung lebende Zellen töten. Diese Eigenschaft gibt die Möglichkeit, mit den Strahlen Geschwüre und vor allem Krebsherde abzutöten; sie fordert aber auch von jedem, der mit Röntgenstrahlen arbeitet, sich durch entsprechende Schirme zu schützen. Das Wesen der Röntgenstrahlen als einer elektromagnetischen Wellenstrahlung mit sehr kurzen Wellenlängen wurde erst 15 Jahre nach ihrer Entdeckung erkannt.

8.4.5 Halbleiter

Während die meisten Kristalle gar keine oder nur eine sehr geringe Leitfähigkeit besitzen, gibt es eine Gruppe von kristallinen Stoffen, die eine Leitfähigkeit aufweisen, die zwar wesentlich geringer ist als die der Metalle, die aber noch weit über der verschwindend geringeren Leitfähigkeit der Isolatoren liegt. Sie wächst im allgemeinen mit der Temperatur und läßt sich durch minimale Zugabe bestimmter Fremdstoffe wesentlich steigern. Man nennt diese Stoffe Halbleiter (Abb. 1). Da sie in ihrem kristallinen Aufbau verwandt sind, können wir ihre Eigenschaften am Beispiel ihrer wichtigsten Vertreter, des Siliziums oder Germaniums behandeln.

Abb. 1 Überblick über die Leitfähigkeit verschiedener Stoffe

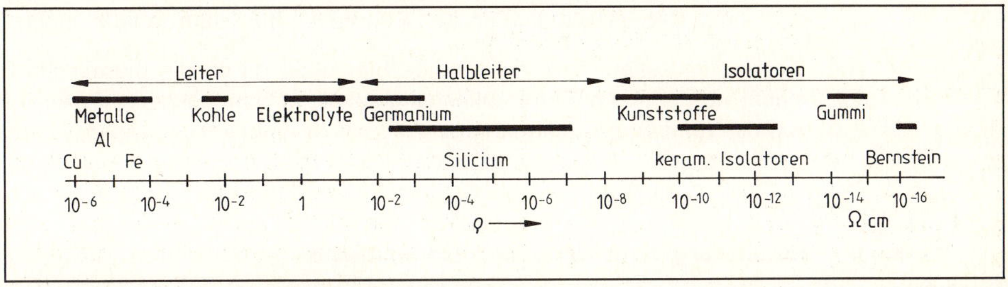

1 Wilhelm Conrad Röntgen, 1845 bis 1928, Prof. in Würzburg und München, entdeckte die nach ihm benannten Strahlen und erforschte ihre Eigenschaften.

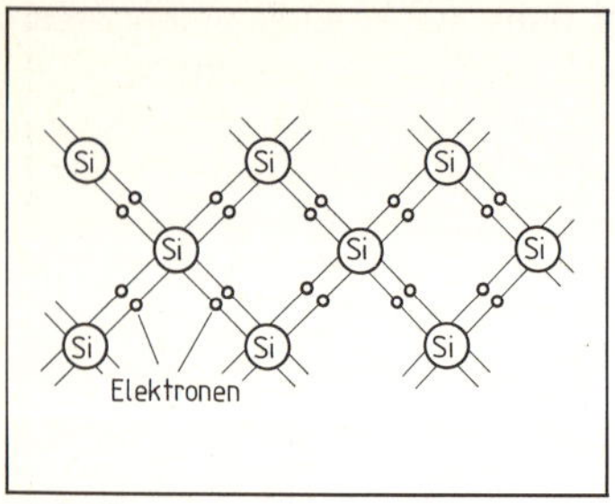

Abb. 2
Schematische Darstellung eines Germaniumkristalls

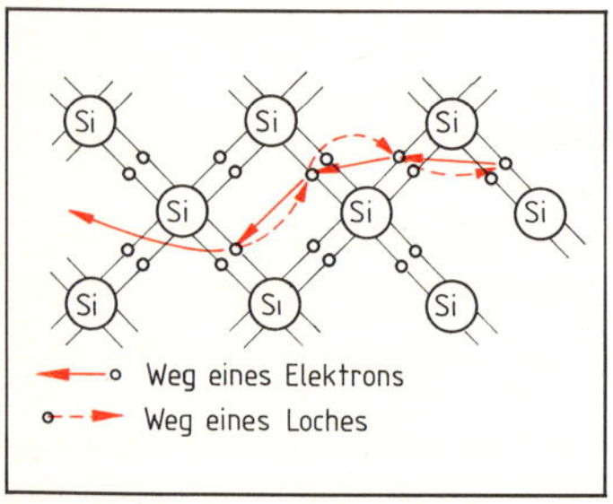

Abb. 3
Entstehung der Leitfähigkeit eines Halbleiters

Sowohl Silizium als auch Germanium sind Elemente, deren Atome vier Außenelektronen besitzen. Im Kristall gruppieren sie sich mit den Elektronen der Nachbaratome so, daß sich je ein Paar von ihnen im Zwischenraum zwischen zwei Atomrümpfen befindet (Abb. 2). Weil sich die positiv geladenen Atomrümpfe und die Elektronen in dieser Lage gegenseitig festhalten, zeigen solche Kristalle bei tieferen Temperaturen praktisch keine Leitfähigkeit. Bei zunehmender Temperatur wird die thermische Bewegung der Elektronen und Atomrümpfe stärker, und es kann vorkommen, daß sich Elektronen bei sehr starken Schwingungen aus ihren Bindungen lösen. Dann können sie sich so lange frei bewegen, bis sie wieder von anderen Atomrümpfen, bei denen ein Platz frei geworden ist, eingefangen werden. Solche Elektronen verursachen die Leitfähigkeit dieser Kristalle, die ihrer Entstehung nach mit der Temperatur ansteigt.

Der Leitungsvorgang geht bei ihnen auf zweierlei Weise vor sich:

1. Die frei gemachten Elektronen bewegen sich beim Anlegen einer Spannung in Richtung zum +Pol.

2. Bei den Atomen, bei denen ein Elektron herausgelöst wurde, entsteht ein „Loch“, das bald von einem anderen Elektron ausgefüllt wird, dadurch entsteht aber bei dem Atom, wo sich dieses Elektron befand, ein neues Loch. Auch dieses wird wieder gefüllt, und das Loch entsteht an einer dritten Stelle usw. Während sich die Elektronen in der Abb. 3 nach links gewegen, befindet sich jedes neu entstehende Loch weiter rechts als das eben gefüllte. Die Löcher bewegen sich also gleichsam in Richtung zum negativen Pol der Spannung; sie verhalten sich wie positive Ladungen.

Da die Ladungsträger hierbei von den Atomen des Halbleiters herrühren, nennt man die dadurch entstehende Leitfähigkeit die **Eigenleitfähigkeit.**

Die Leitfähigkeit der Halbleiter läßt sich wesentlich erhöhen, wenn dem Kristall Atome bestimmter fremder Elemente eingefügt werden. Man kann z. B. Atome eines Elements verwenden, das ein Außenelektron mehr hat als die Atome des Kristallgitters. Beim Einfügen des Fremdatoms in den Kristall entsteht eine „Störstelle“, bei der dieses Elektron überzählig wird. Es löst sich von seinem Atomrumpf und wird ein bewegliches Leitungselektron. Die zusätzlichen Elektronen erhöhen die Leitfähigkeit. Weil sie von den Störstellen im Kristallgitter stammen, bezeichnet man sie als **Störstellenleitfähigkeit.** Einen Halbleiterkristall dieser Art, bei dem die Leitfähigkeit auf bewegliche Elektronen, also auf **n**egativen Ladungsträgern beruht, nennt man einen **n-Halbleiter.**

Eine ähnliche Wirkung erzielt man, wenn man dem Gitter des Halbleiterkristalls Atome von Elementen einfügt, die ein Außenelektron weniger haben als die Halbleiteratome. Beim Einbau solcher Atome entstehen als Störstellen Elektronenlücken, die sich genau so verhalten wie die oben genannten Löcher, die beim Herauslösen eines Elektrons durch Wärme entstehen. Da ein Loch gleichsam einen positiven Ladungsträger darstellt, nennt man einen Kristall, bei dem an den Störstellen ein Elektron fehlt, einen **p-Halbleiter.**

Da die Elektronen, bzw. die Löcher, hier nicht durch die thermische Bewegung frei gemacht werden, ist die Störstellenleitfähigkeit im Gegensatz zur Eigenleitfähigkeit praktisch von der Temperatur unabhängig.

8.4.6 Halbleitergleichrichter und Transistoren

Fügt man zwei Schichten eines Halbleiters zusammen, von denen die eine p-leitend, die andere n-leitend ist, so erhält man einen pn-Übergang. Zur Untersuchung seiner Eigenschaften machen wir folgende Versuche.

V1

Wir schalten einen pn-Übergang nach Abb. 1, so daß der +Pol an der p-Schicht und der −Pol an der n-Schicht liegt. Der Widerstand R dient als Spannungsteiler, der Vorwiderstand R_v zur Begrenzung des Stromes. Da am Strommesser noch ein merklicher Spannungsabfall entsteht, muß der Spannungsmesser so geschaltet werden, daß er nur die Spannung am pn-Übergang mißt (Stromfehlerschaltung). Der Unterschied der Stromstärken im pn-Übergang und im Strommesser ist so klein, daß er vernachlässigt werden kann. Wir messen einige zusammengehörige Stromstärken und Spannungen.

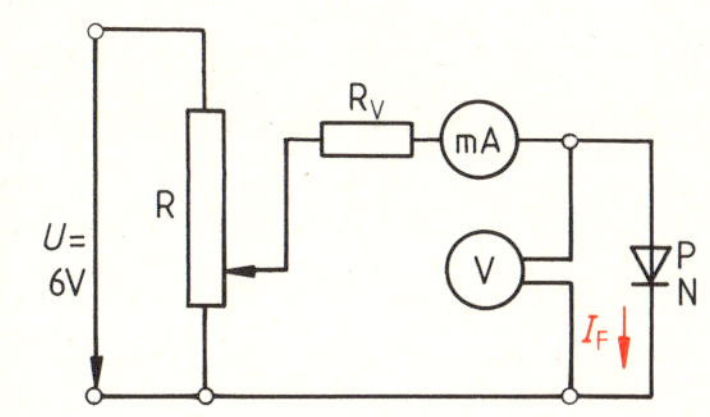

Abb. 1 pn-Übergang in Durchlaßrichtung

V2

Wir ändern die Schaltung nach Abb. 2, so daß der Pluspol an der n-Schicht, der Minuspol an der p-Schicht liegt. Hier ist der Strom durch den pn-Übergang so klein, daß wir einen Strommesser für μA verwenden und so schalten, daß der Strom des Spannungsmessers nicht mitgemessen wird (Spannungsfehlerschaltung). Auch der Vorwiderstand ist hier nicht mehr nötig. Wir messen wieder zusammengehörige Werte der Stromstärke und der Spannung.

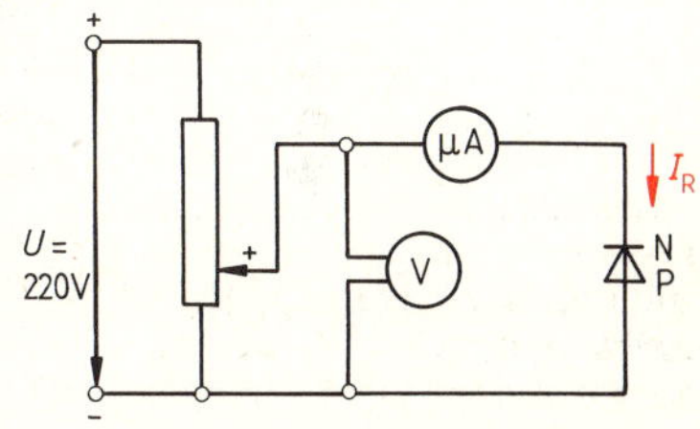

Abb. 2 Übergang in Sperrichtung

Beim 1. Versuch fließt ein Strom, der schon bei einer Spannung von wenigen V auf 100 mA ansteigt, während er im 2. Versuch selbst bei einer Spannung von 100 V nur wenige μA beträgt. Deshalb spricht man bei der Polung im ersten Versuch von der Fluß- oder Durchlaßrichtung, im zweiten Versuch von der Sperrichtung.

Ein pn-Übergang läßt in Richtung von p nach n einen Strom fließen, er sperrt ihn aber in Richtung von n nach p fast vollständig. Ein pn-Übergang ist also ein Gleichrichter.

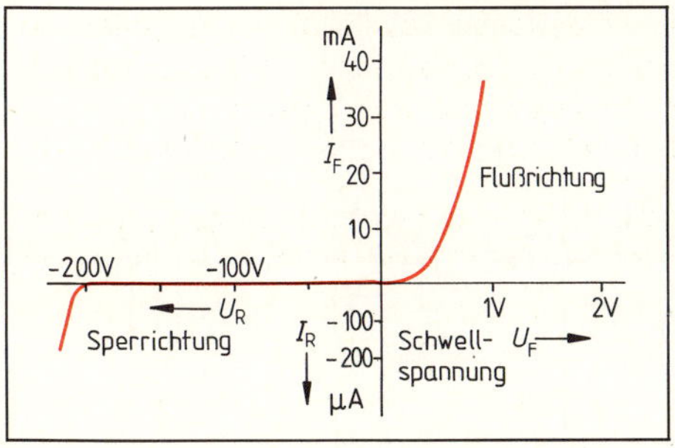

Sehr deutlich zeigt Abb. 3 diesen Zusammenhang zwischen Strom und Spannung. Dabei sind in Fluß- und in Sperrichtung verschiedene Maßstäbe auf den Achsen angetragen, um die Kennlinie deutlich sichtbar zu machen.

Abb. 3 Kennlinie eine pn-Überganges (Silizium-Diode)

Der Grund dieser unterschiedlichen Leitfähigkeit eines pn-Übergangs für die beiden Stromrichtungen liegt in der Veränderung der Zahl der Ladungsträger durch die angelegte Spannung. Schon allein durch die enge Berührung diffundieren Elektronen aus der Grenzschicht des n-Leiters in die des p-Leiters und füllen dort Löcher aus. Ebenso treten Löcher aus der Grenzschicht des p-Leiters in die des n-Leiters und werden dort von Elektronen besetzt. Die beiden Grenzschichten verlieren dadurch ihre Ladungsträger und werden nichtleitende Sperrschichten. Legt man nun aber an die Doppelschicht eine Spannung in Flußrichtung, so entzieht der Pluspol der p-Schicht Elektronen, so daß laufend neue Löcher entstehen, und vom Minuspol treten stets neue Elektronen in die n-Schicht. Dadurch wächst in beiden Schichten die Zahl der Ladungsträger, beim Überschreiten einer kleinen Schwellenspannung wird die Sperrschicht überwunden, und ein stetiger Strom von Ladungsträgern überschreitet die Grenzfläche zwischen beiden Schichten. Bei umgekehrter Polung werden dagegen der n-Schicht vom Pluspol Elektronen entzogen, und aus dem Minuspol treten Elektronen in die p-Schicht und füllen Löcher aus. Dadurch verarmen vor allem die Grenzzonen an Ladungsträgern, so daß die nichtleitenden Grenzschichten breiter werden. Die Elektronen des n-Leiters und die Löcher des p-Leiters entfernen sich von der Grenzfläche, so daß durch sie kein Strom mehr entstehen kann. Zu beiden Seiten der Grenzfläche sind nur noch die Ladungsträger vorhanden, die – wie bei der Eigenleitung – durch thermische Stöße frei gemacht werden. Von ihnen vermitteln die in der n-Schicht entstehenden Löcher und die in der p-Schicht frei werdenden Elektronen beim Übertritt in die andere Schicht den winzigen Sperrstrom.

Der Sperrstrom besteht nur aus den wenigen Ladungsträgern der Eigenleitung. In Flußrichtung kommen dazu noch zahlreiche Ladungsträger der Störstellen.

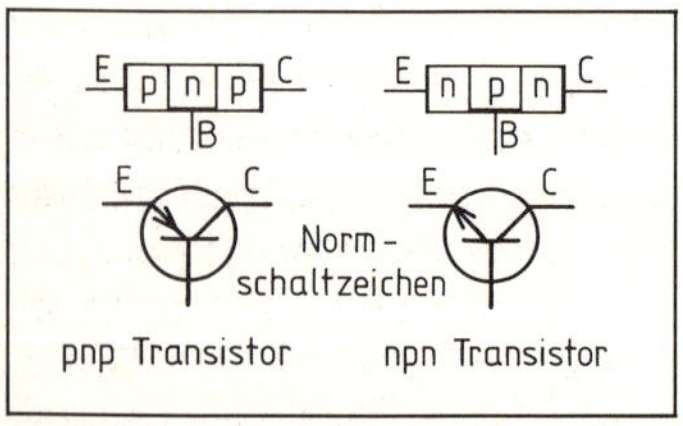

Abb. 4 Aufbau und Schaltzeichen eines pnp- und eines npn-Transistors

Fügt man drei Schichten eines Halbleiters zusammen, wobei die äußeren Schichten p-leitend, die innere n-leitend sind, so entsteht ein pnp-**Transistor;** entsprechend bildet eine p-Schicht zwischen zwei n-Schichten einen npn-Transistor (Abb. 4).

Wenn man zwischen die äußeren Schichten eines Transistors eine Spannung legt, kann man ihn als zwei aufeinander folgende pn-Übergänge auffassen, von denen der eine in Durchlaßrichtung, der andere in Sperrichtung gepolt ist. Die in Durchlaßrichtung angeschlossene Schicht nennt man **Emitter** E (lat.: emittere = aussenden), die in der Sperrichtung angeschlossene den **Kollektor** C (la.: colligere = sammeln). Der Anschluß der Zwischenschicht ist die **Basis** B. Wegen der größeren Bedeutung verwenden wir im folgenden einen npn-Transistor; die Überlegungen und Anwendungen bleiben auch für einen pnp-Transistor gültig, wenn alle Polungen und bei den Bewegungen der Ladungsträger Elektronen und Löcher vertauscht werden.

V3

(Abb. 5): Zwischen Kollektor C und Emitter E ist eine Spannung U_{CE} angelegt, die durch Verschieben des Abgriffes A_2 verändert werden kann. Auch die Spannung U_{BE} zwischen Basis und Emitter läßt sich mit dem Abgriff A_1 so verändern, daß der Basisstrom I_B auf 10 μA, 20 μA ... eingestellt werden kann. Für jeden dieser Basisströme mißt man zusammengehörige Werte der Spannung U_{CE} und des Kollektorstromes I_C. Abb. 6 zeigt die Ergebnisse in graphischer Darstellung.

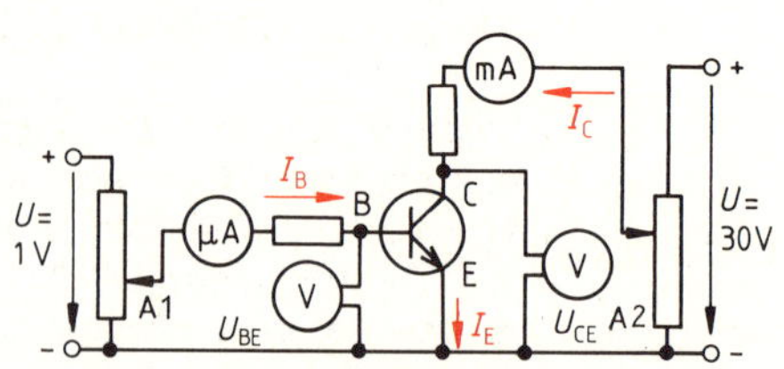

Abb. 5
Meßschaltung zur Aufnahme der Ausgangskennlinien

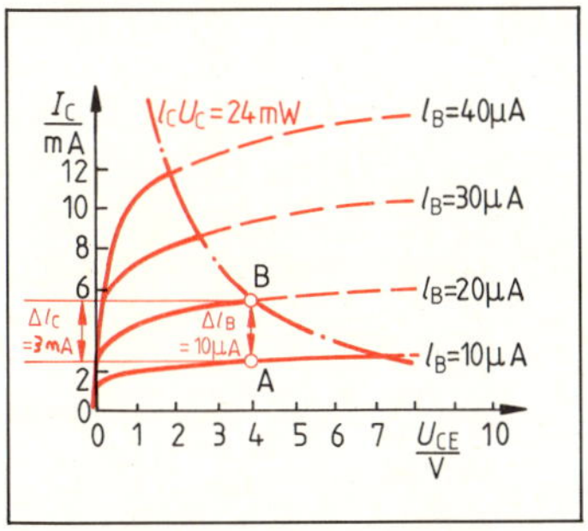

Abb. 6 Ausgangskennlinen eines Transistors

Man erkennt, daß der Kollektorstrom schon bei kleinen Werten von U_{CE}, d. h. bis etwa 0,5 V, der sogenannten Kniespannung, rasch ansteigt, danach sich aber nur noch wenig verändert. Besonders augenfällig ist die starke Zunahme des Kollektorstromes bei nur kleinen Änderungen des Basisstromes. Zwischen den in der Abb. eingetragenen Punkten A und B beträgt die Zunahme des Basisstromes $\Delta I_B = 10\ \mu$A, die des Kollektorstromes aber $\Delta I_C = 3$ mA $= 3000\ \mu$A. Man erhält beim Kollektorstrom daher eine Verstärkung der Stromstärkeänderung im Basisstrom von $\Delta I_C / \Delta I_B = 3000\ \mu\text{A}/10\ \mu\text{A} = 300$. Entsprechend vergrößert sind die Spannungsänderungen am Widerstand R_C, wenn der Basisstrom durch kleine Schwankungen der Spannung U_{CE} verändert wird. Wenn der Kollektorstrom zu sehr ansteigt, entsteht eine Erwärmung des Transistors auf Temperaturen, bei denen die Eigenleitung einsetzt, die den Strom weiter vergrößert, bis der Transistor zerstört wird. Um dies zu vermeiden, muß die Wärmeverlustleistung unter einer bestimmten Grenze gehalten werden. In Abb. 6 ist die Grenzkurve (Leistungshyperbel) für eine maximale Wärmeleistung von 24 mW eingetragen. Die gestrichelten Kurvenabschnitte dürfen nicht ausgesteuert werden.

Ihre Erklärung finden diese Eigenschaften eines Transistors durch folgende Betrachtungen. Die am Emitter liegende negative Spannung führt diesem so viele Elektronen zu, daß sie nicht nur entstandene Löcher ausfüllen, sondern sich zum größten Teil bis zur Grenzfläche des pn-Übergangs bewegen. Da die Basisschicht nur sehr dünn ist, können aber nur wenige der eingedrungenen Elektronen der zwischen E und B angelegten Spannung folgen, so daß nur ein sehr kleiner Basisstrom entsteht. Die meisten Elektronen bewegen sich nach dem Überschreiten des ersten pn-Übergangs sofort auch über den zweiten pn-Übergang und kommen in die Kollektorschicht. Für diese Übergänge spielt aber der Basisstrom trotz seiner Kleinheit eine entscheidende Rolle. Denn nur durch ihn entstehen in der Basisschicht die Löcher, die den Elektronen den Übertritt über den in Sperrrichtung gepolten zweiten pn-Übergang ermöglichen. Daher wächst die Zahl der Ladungsträger, die in die Kollektorschicht gelangen und den Kollektorstrom I_C bilden, mit der Zahl der Elektronen, die über die Basis abfließen und den Basisstrom I_B darstellen. Ohne Basisstrom könnte kein Kollektorstrom fließen. Da die Ladungen, die in den Emitter eintreten, sich entweder zur Basis oder zum Kollektor bewegen, ist der Emitterstrom I_E die Summe aus dem Basis- und Kollektorstrom: $I_E = I_B + I_C$. Weil aber der Basisstrom gegenüber dem Kollektorstrom sehr klein ist, sind Emitter- und Kollektorstrom praktisch gleich. Der Spannungsabfall der nahezu gleichen Ströme an dem in Durchlaßrichtung gepolten pn-Übergang ist daher auch wesentlich kleiner als an dem in Sperrichtung gepolten pn-Übergang zwischen B und C.

Bei einem Transistor verursachen kleine Änderungen des Basisstromes verstärkte Änderungen des Kollektorstromes. Deshalb kann man den Transistor als Verstärker benutzen.

Wegen dieser Verstärkereigenschaft hat der Transistor verbreitete Anwendungen gefunden und die Elektronenröhre weitgehend verdrängt. Gegenüber der Röhre besitzt er manche Vorteile: Der Transistor braucht keinen Heizstrom und ist daher sofort betriebsbereit. Weil der evakuierte Glaskolben überflüssig ist, sind seine Abmessungen wesentlich kleiner als die einer Röhre. Da kein Vakuum und kein Heizdraht erforderlich sind, ist die Stoßempfindlichkeit geringer und die Betriebsstundenzahl fast unbegrenzt. Dagegen ist die Verstärkung eines Transistors temperaturabhängig. Zur Verstärkung sehr hoher Frequenzen und zur Abgabe großer Leistungen ist er weniger geeignet als eine Röhre.

8.5 Magnetismus

8.5.1 Erscheinungsformen des Magnetismus

Schon im Altertum entdeckte man, daß in der Natur Erze vorkommen, welche die Fähigkeit haben, Eisen anzuziehen. Nach einem Ort Magnesia in Kleinasien, in dessen Nähe solche Erze gefunden wurden, nannte man sie **Magnete** und ihre Anziehungskraft **Magnetismus.**

V1

(Abb. 1): Legt man einen stabförmigen Magneten in einen Behälter mit Eisenfeilspänen, so haften sie beim Herausnehmen vor allem an den beiden Enden, während sich dazwischen ein Gebiet ohne Anziehungskraft befindet.

Ergebnis
Jeder Magnet hat zwei Stellen mit besonders starker Anziehungskraft, die man als seine **Pole** bezeichnet.

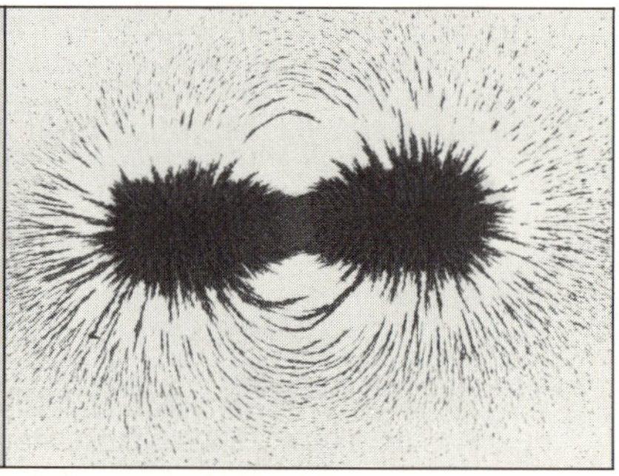

Abb. 1 Magnetpole

V2

Unterstützt man einen leichten, nadelförmigen Magneten so im Schwerpunkt, daß er sich leicht drehen kann, so wendet sich ein bestimmter Pol immer nach Norden, der andere immer nach Süden. Man bezeichnet deshalb die beiden Pole als **Nordpol** und **Südpol.** Nähert man dem Nordpol der Magnetnadel den Nordpol eines anderen Magneten, so wird der bewegliche Pol abgestoßen. Bei Annäherung eines Nordpols an den Südpol der Nadel findet eine Anziehung statt.

Ergebnis
Der Versuch zeigt, daß die ganze Erde sich wie ein Magnet verhält, dessen Pole im Norden und Süden der Erdkugel liegen. Die beiden Pole aller Magnete sind ebenso wie die der Erde verschieden. Für beide Arten der Pole gilt die Regel:

Gleichnamige Pole stoßen sich ab, ungleichnamige ziehen sich an.

V3

Teilt man eine magnetisierte Stricknadel mit einer Zange in zwei Teile, so erhält man zwei vollständige Magnete mit je einem Nordpol und einem Südpol. Auch bei weiterer Teilung beobachtet man das Gleiche. Es entstehen immer **Dipole.**

Es gibt keine magnetischen Einzelpole, sondern nur Dipole mit einem Nord- und einem Südpol.

Anfangs hielt man diese Anziehungs- bzw. Abstoßungskraft für eine Fernwirkung der Magnetpole. Ähnliche Gründe wie bei der Anziehung bzw. Abstoßung elektrischer Ladungen führten zur Annahme des **magnetischen Feldes** in der Umgebung eines Magneten, das die genannten Kräfte vermittelt. Ein Magnetfeld kann man sichtbar machen:

V4

Man kann ein Magnetfeld sichtbar machen, wenn man einen Magneten unter eine Glasplatte legt und dann auf diese Eisenfeilspäne streut. Wenn man durch schwaches Klopfen die Haftreibung zwischen den Feilspänen und der Glasplatte überwindet, drehen sie sich überall in eine bestimmte Richtung. Oft hängt sich der Nordpol eines Eisenteilchens an den Südpol des nächsten, so daß ganze Ketten entstehen (Abb. 2). Sie ordnen sich zu Linien, die das Feld kennzeichnen.

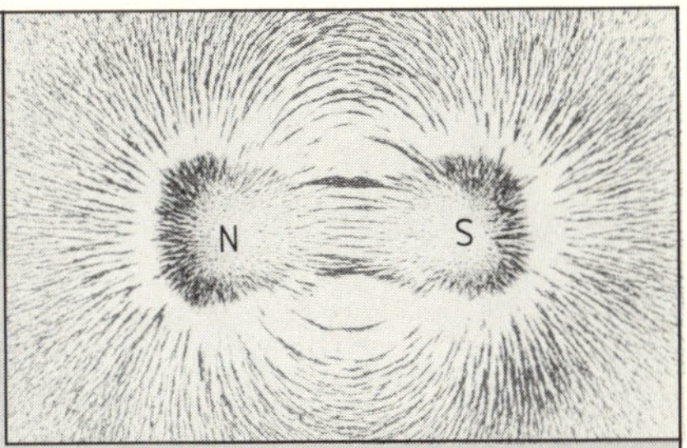

Abb. 2 Feld eines Stabmagneten

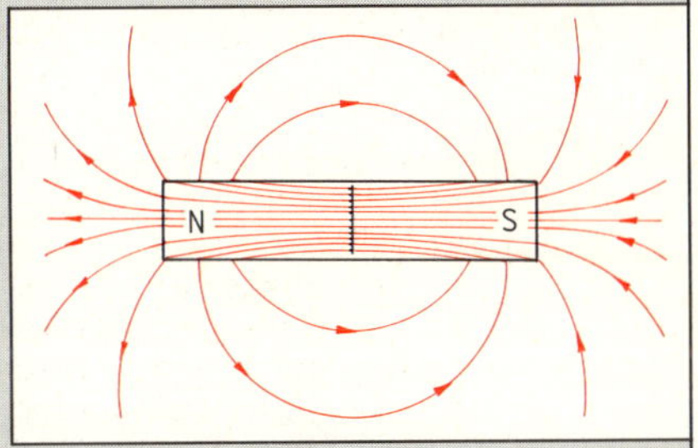

Abb. 3 Geschlossene magnetische Kraftlinien und ihre Richtung

Ergebnis

Die Eisenfeilspäne werden von der Kraft des magnetischen Feldes in die Kraftrichtung gedreht und ordnen sich zu Linien an, die man als **Feldlinien** bezeichnet und die den Verlauf des Feldes kennzeichnen. Zeichnet man die Feldlinien in ihrem vollen Verlauf, so erweist sich die Stärke des Feldes dort am größten, wo die Feldlinien am engsten zusammenlaufen.

Ihr Richtungssinn wurde außen vom Nord- zum Südpol, im Innern des Magneten vom Süd- zum Nordpol festgesetzt. Alle magnetischen Feldlinien sind in sich geschlossen (Abb. 3).

Erst im 19. Jahrhundert wurde ein Zusammenhang zwischen dem Magnetismus und dem elektrischen Strom gefunden.

V5

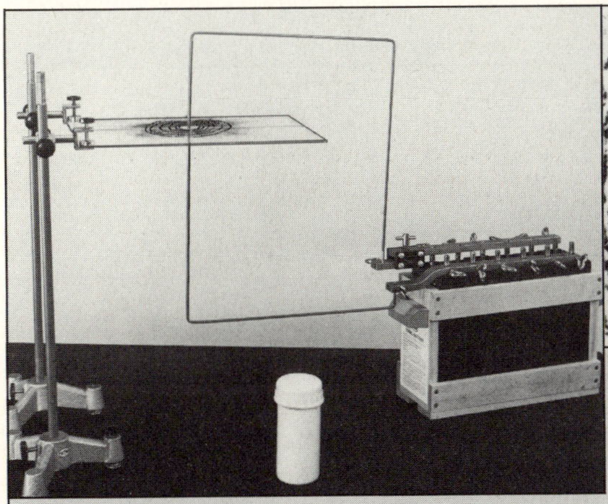

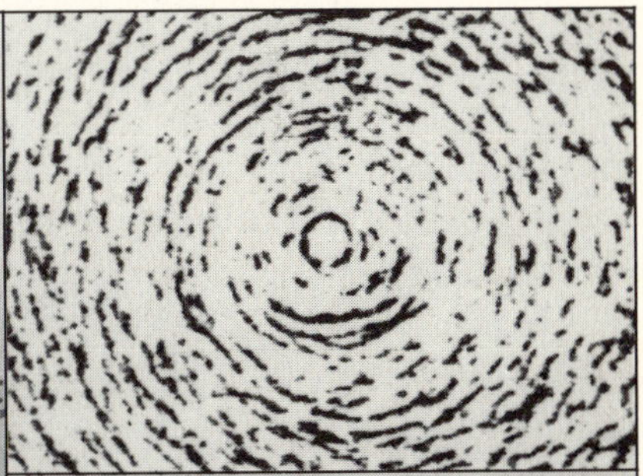

Abb. 5 Magnetfeld eines geradlinigen Leiters

Abb. 4 Demonstration des Magnetfeldes eines geradlinigen Leiters

(Abb. 4 und 5): Ein Draht wird durch die Bohrung einer Glasplatte geführt, die mit Eisenpfeilspänen bestreut wurde. Schließt man den Draht an die Klemmen eines parallel geschalteten, mehrzelligen Sammlers an, so fließt ein starker Strom. Die Eisenfeilspäne ordnen sich bei leichtem Klopfen der Glasplatte zu konzentrischen Kreisen an.

Ergebnis

In der Umgebung eines stromführenden Leiters entsteht ein Magnetfeld mit Feldlinien, die den Leiter kreisförmig umgeben.

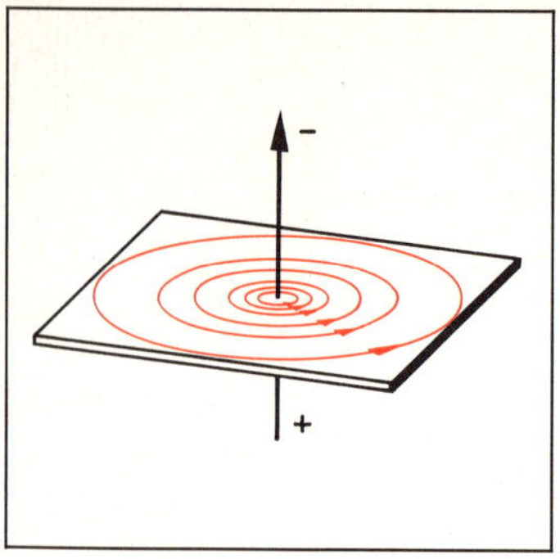

Aus der Richtung, in die der Nordpol einer Magnetnadel abgelenkt wird, ergibt sich der Umlaufsinn der Feldlinien (Abb. 6). Man kann ihn auch mit der **Korkenzieherregel** bestimmen:

Denkt man sich einen Korkenzieher (eine Rechtsschraube) in Richtung des fließenden Stromes (technische Stromrichtung) vorwärts schraubend, so gibt sein Drehsinn die Umlaufsrichtung der Feldlinien an.

Abb. 6 Umlaufsinn der magnetischen Feldlinien

V6

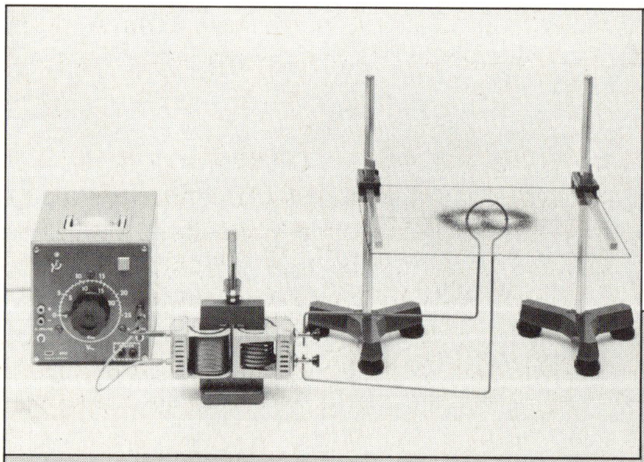

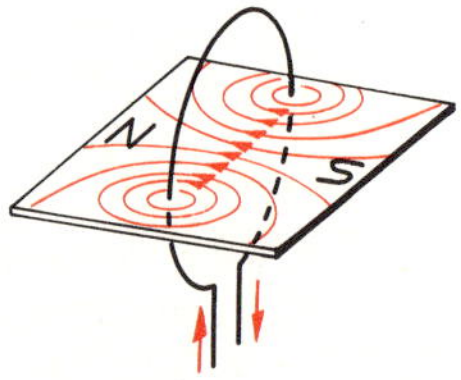

Abb. 7 Feld eines kreisförmigen Leiters

Abb. 8 Demonstration des Magnetfeldes eines kreisförmigen Leiters

Der einfache Draht von Versuch 1 wird durch einen kreisförmigen Stromleiter ersetzt. Es ergibt sich der Feldlinienverlauf der Abb. 7.

Ergebnis
Das Magnetfeld einer einfachen Drahtwindung sieht wie das eines kurzen Magnetstabes aus.

V7

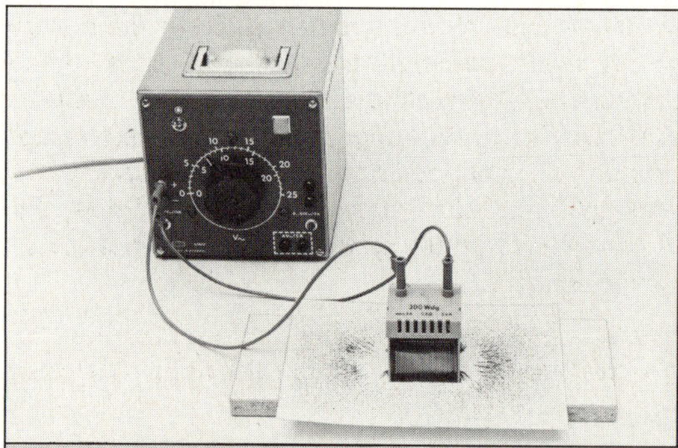

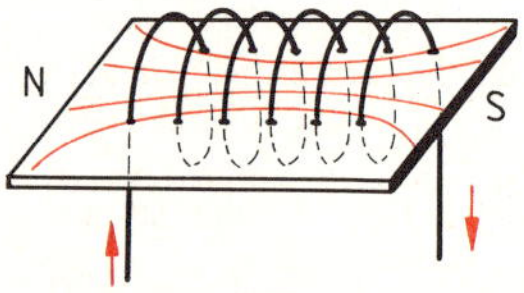

Abb. 9 Magnetfeld einer Spule

Reiht man mehrere Drahtwindungen zu einer Spule zusammen, so entsteht ein Feld, das genau dem eines Stabmagneten entspricht (Abb. 9). Die Dichte der Kraftlinien im Innern der Spule ist größer als bei einer einzelnen Stromschleife.

Ergebnis

Eine stromdurchflossene Spule verhält sich wie ein Magnet. Es bildet sich bei ihr ein magnetischer Nord- und Südpol.

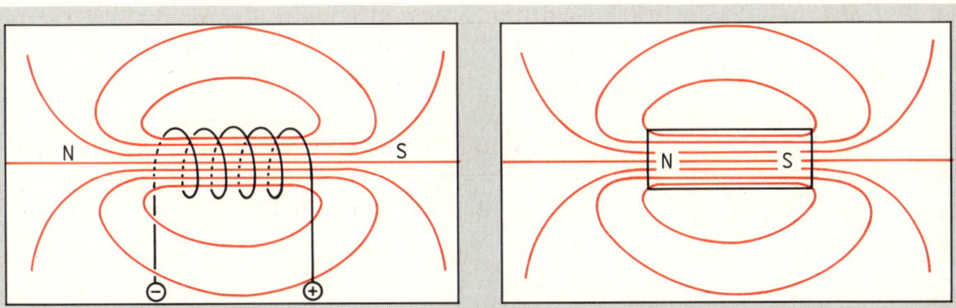

Abb. 10 Feldlinienbild einer Spule und eines Stabmagneten

Diese Versuche zeigen, daß in der Umgebung eines stromführenden Leiters ein Magnetfeld entsteht. Aber erst in den ersten Jahrzehnten dieses Jahrhunderts gelang der Nachweis, daß auch der Magnetismus von Stabmagneten auf bewegte Ladungen zurückzuführen ist.

Nach 8.1.3 bestehen alle Atome aus einem Atomkern, um den sich Elektronen in verschiedenen Entfernungen bewegen. Ein solches umlaufendes Elektron erzeugt dort genau wie in dem kreisförmigen Leiter ein schwaches Magnetfeld. Dieses kann jedoch wieder aufgehoben werden, wenn ein weiteres Elektron im entgegengesetzten Sinn umläuft. Daher erzeugen nur ungepaarte Elektronen einen schwachen Magnetismus. Die entstehenden Magnetfelder der verschiedenen Atome haben wegen der unregelmäßigen Wärmebewegung keine einheitlichen Richtungen, so daß sich ihre Magnetfelder praktisch gegenseitig aufheben und solche Stoffe keine wesentlichen magnetischen Eigenschaften besitzen.

Abb. 11 Innerer Aufbau eines Magneten

a) ungeordnet, keine Magnetwirkung nach außen

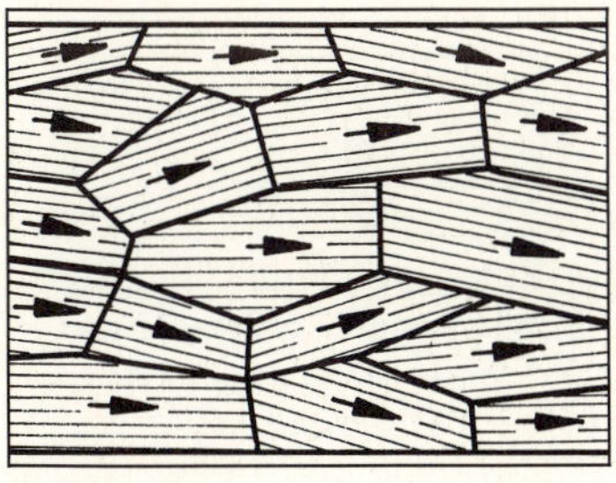

b) geordnet

Nur bei wenigen Elementen besitzen die Atome mehr als ein ungepaartes Elektron, z. B. bei Eisen, Nickel oder Kobalt. Ihre Magnetfelder haben dann schon die Kraft, den Magnetismus von Nachbaratomen parallel zu richten. Auf diese Weise stellen sich bei solchen Stoffen die Atommagnete in ganzen Bereichen, den **Weißschen**[1] **Bezirken,** mit bis zu 10^{12} Atomen parallel und bilden makroskopisch feststellbare Elementarmagnete. Ihre Entstehung und die Wärmebewegung verhindern oft die Parallelrichtung mehrerer Weißschen Bezirke (Abb. 11 a). Erst wenn sie beim Magnetisieren durch einen äußeren Magneten oder durch eine stromdurchflossene Spule parallel gerichtet sind (Abb. 11 b), geben sie dem ganzen Eisenstück die Eigenschaften eines Magneten. Während sich im Innern die Wirkung der zusammenstoßenden Nord- und Südpole aufhebt, ergibt das Zusammenwirken der freien Pole an den Enden die Gesamtpole. Beim Teilen werden neue Enden frei, die die neu entstehenden Pole hervorrufen. Stoffe, bei denen dies möglich ist, nennt man **ferromagnetisch.**

Magnetisieren bedeutet ein Parallelrichten der Elementarmagnete.

Die Wärmebewegung der Atome stört die Ordnung der Elementarmagnete. Daher verliert ein Magnet im Laufe der Zeit einen Teil seines Magnetismus. Bei Weicheisen ist schon bei Zimmertemperatur, bei Stahl erst bei höherer Temperatur die Wärmebewegung so stark, daß die Ordnung fast vollständig aufgehoben ist. Kleine Reste der Parallelrichtung bleiben jedoch immer bestehen und bilden den **Restmagnetismus** oder die **Remanenz.**

1 Pierre Weiß, 1865 bis 1940, französischer Physiker.

Beobachtung Bringt man ein unmagnetisches Eisenstück in die Nähe eines kräftigen Magneten, so nimmt es dort alle Eigenschaften eines Magneten an. Es kann Eisenfeilspäne anziehen und hat einen Nord- und einen Südpol, die ungleichnamige Pole anziehen und gleichnamige abstoßen. Entfernt man das Eisenstück aus der Umgebung des Magneten, so verliert es seine magnetischen Eigenschaften wieder.

Ergebnis
Ein Magnet hat also die Fähigkeit, in seiner Umgebung bei einem unmagnetischen Eisenstück die Elementarmagnete zu ordnen. Man nennt diese Einwirkung eines Magneten auf Eisenstücke der Umgebung **magnetische Influenz.** Ferromagnetische Werkstoffe, die schon bei Zimmertemperatur wieder in den nichtmagnetischen Zustand übergehen, wenn der ausrichtende Magnet verschwindet, nennt man **weichmagnetische Werkstoffe.** Überall, wo der Magnetismus nur zeitweise wirksam sein soll oder, wo das ausrichtende Magnetfeld laufend umgepolt wird, verwendet man Bauteile aus weichmagnetischen Werkstoffen, z. B. bei Transformatorblechen, bei Kernen und Ankern von Relais und Schützen.

Bei einer anderen Gruppe von Werkstoffen bleiben bis zu hohen Temperaturen die Elementarmagnete ausgerichtet, auch wenn der fremde Magnet verschwindet. Ein aus ihnen gefertigtes Bauteil ist ein **Dauermagnet** oder ein **Permanentmagnet.** Werkstoffe mit dieser Eigenschaft nennt man **hartmagnetische** Werkstoffe. Sie verlieren erst bei Rotglut mit Temperaturen über 700 °C ihren Magnetismus.

8.5.2 Größen des magnetischen Feldes

Bei den Versuchen des vorigen Abschnitts konnten wir bei Stabmagneten, Magnetnadeln oder stromdurchflossenen Spulen verschieden starke Kraftwirkungen feststellen. Das Maß für die Stärke eines Magneten ist der **magnetische Fluß** ϕ, der das gesamte umgebende Magnetfeld hervorruft und gleichsam entlang der Feldlinien vom Nordpol zum Südpol des Magneten „fließt". Er umfaßt gleichsam die Gesamtheit aller Feldlinien. Seine Einheit ist das Weber[1] (Wb), das aus später anzuführenden Gründen (Induktion) auch als Voltsekunde (Vs) bezeichnet werden kann.

Magnetischer Fluß ϕ	$[\phi] = \text{Wb} = \text{Vs}$

Die Wirkung eines Magnetfeldes ist aber nicht überall gleich groß, sondern an einer Stelle um so größer, je dichter dort die Feldlinien verlaufen. Ein Maß dafür ist der Anteil $\Delta\phi$ des magnetischen Flußes, der dort ein Flächenstück ΔA durchsetzt. Deshalb wird der Quotient dieser beiden Größen zur Messung der Stärke des magnetischen Feldes als **magnetische Flußdichte** B mit der Einheit Tesla[2] (T) verwendet.

$B = \dfrac{\Delta\phi}{\Delta A}$	$[B] = \text{T} = \dfrac{\text{Wb}}{\text{m}^2} = \dfrac{\text{Vs}}{\text{m}^2}$

Der folgende Versuch soll zeigen, wie das Magnetfeld einer Spule von deren Abmessungen, der Anzahl N ihrer Drahtwindungen und vom hindurchfließenden Strom abhängt. Dabei ist es zweckmäßig für den gesamten Strom, der das Innere einer geschlossenen magnetischen Feldlinie durchsetzt, die Bezeichnung elektrische **Durchflutung** Θ einzuführen. Bei einer Spule mit N Windungen ist sie durch das Produkt $\Theta = IN$ festgelegt (Abb. 1).

1 Weber, Wilhelm Eduard, 1804 bis 1891, wirkte als deutscher Physiker.
2 Tesla, Nicola, 1856 bis 1943, kroatischer Physiker.

V1

(Abb. 1): Der Strom durch die Spule wird zuerst so stark gewählt, daß ein leichtes Rohr aus weichmagnetischem Werkstoff in die Spule hineingezogen wird. Dann wird der Strom langsam vermindert und die Stromstärke gemessen, bei der das Rohr gerade wieder herausfällt.
Der Versuch wird mit verschiedenen Spulen wiederholt, die trotz verschiedener Windungszahlen die gleiche Länge l haben.

Anzahl N der Spulenwindungen	Stromstärke I	Durchflutung $\Theta = I \cdot N$
300	1,4 A	420 A
600	0,7 A	420 A
1200	0,35 A	420 A

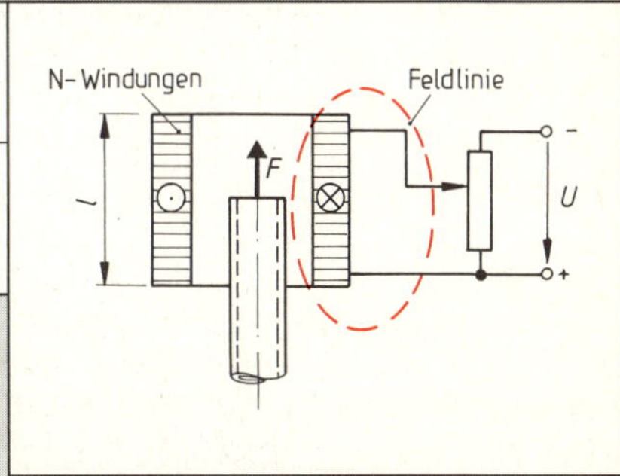

Abb. 1 Spule mit Rohr

Ergebnis
Bei gleicher Spulenlänge l ist die Stärke des Feldes nur von der Durchflutung abhängig.

V2

Der Versuch wird nun abgewandelt, indem zwei Spulen von je 600 Windungen in Reihe geschaltet werden. Man erhält so eine Spule von 1200 Windungen, aber mit doppelter Länge.

Ergebnis
Um das Rohr zu halten, ist jetzt die doppelte Stromstärke erforderlich. Die Stärke des Feldes im Innern der Spule nimmt daher mit zunehmender Spulenlänge l ab.

Weil nach dem zusammengefaßten Ergebnis beider Versuche die Stärke des Feldes durch den Quotienten $\frac{\Theta}{l}$ bedingt ist, wird dieser neben der Flußdichte B als zweite magnetische Feldgröße mit der Bezeichnung **magnetische Feldstärke** H verwendet.

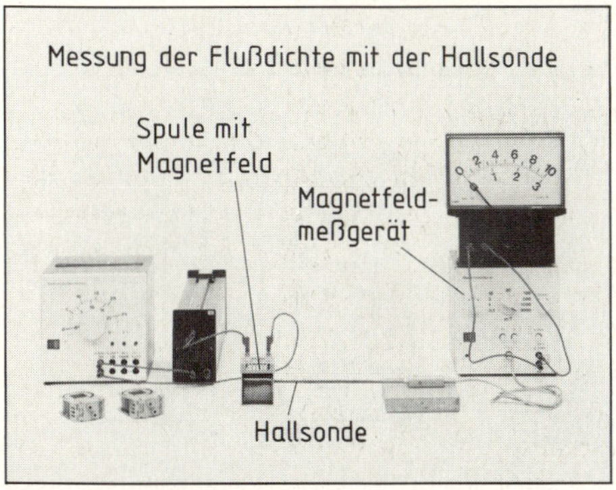

Abb. 2 Hallsonde

$$\text{magn. Feldstärke } H = \frac{\Theta}{l} = \frac{IN}{l}$$

$$[H] = \frac{\text{A}}{\text{m}}$$

Da sowohl B als auch H die Stärke des Feldes kennzeichnen, muß zwischen beiden Feldgrößen ein Zusammenhang bestehen. Mit Hilfe einer besonderen Meßvorrichtung, einer Hallsonde[1] (Abb. 2), deren Wirkungsweise hier nicht erklärt werden kann, läßt sich die Flußdichte B unmittelbar messen. Bestimmt man dann gleichzeitig die Feldstärke H aus der Durchflutung und der Länge l, so ergibt sich, daß beide Größen zueinander proportional sind und die Proportionalitätskonstante $\mu = \frac{B}{H}$ in Luft den Wert $\mu_0 = 1{,}257 \cdot 10^{-6} \frac{\text{Vs}}{\text{Am}}$ hat. μ heißt **Permeabilität;** der angegebene Wert gilt praktisch bei allen nicht ferromagnetischen Stoffen.

$$B = \mu H \qquad \text{in Luft} \quad B = \mu_0 H$$

$$\mu_0 = 1{,}257 \cdot 10^{-6} \frac{\text{Vs}}{\text{Am}}$$

1 Benannt nach Edwin Herbert Hall, 1855 bis 1938, amerikanischer Physiker.

Die Notwendigkeit zweier magnetischen Feldgrößen ergibt sich, wenn das Feld mit einem Stoff, z. B. mit Eisen, gefüllt wird, der magnetische Eigenschaft besitzt.

V3

Bringt man ins Innere der Spule einen Eisenkern, so braucht man zur Anziehung des Rohres nur eine wesentlich kleinere Stromstärke. Die Flußdichte, die für die Anziehung verantwortlich ist, hat daher denselben Wert wie bei Versuch 1, während die Feldstärke $H = \frac{I \cdot N}{l}$ wegen des kleinen Stromes stark abgenommen hat.

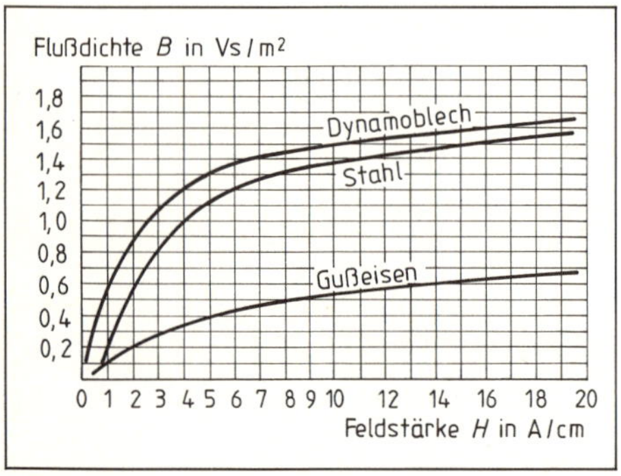

Abb. 3
Abhängigkeit der magnetischen Flußdichte von der magnetischen Feldstärke

Wenn sich Eisen im Magnetfeld befindet, hat also die Permeabilität $\mu = \frac{B}{H}$ wesentlich größere Werte als in Luft. Man schreibt dann $\mu = \mu_0 \, \mu_r$ und bezeichnet μ_r als relative **Permeabilität** oder **Permeabilitätszahl.** μ_r hat in Luft und in allen nicht ferromagnetischen Stoffen praktisch den Wert 1. Bei eisenerfüllten Feldern, z. B. bei Spulen mit Eisenkern, ist B nicht mehr proportional zu H und muß für die verschiedenen Stahl- bzw. Eisensorten einem Diagramm (Abb. 3) entnommen werden.

Wird die Flußdichte B für eine bestimmte Feldstärke H aus den Magnetisierungslinien abgelesen, dann kann die jeweilige Permeabilitätszahl μ_r berechnet werden:

$$\text{Permeabilitätszahl } \mu_r = \frac{B}{\mu_0 \cdot H}$$

$$[\mu_r] = \frac{\frac{\text{Vs}}{\text{m}^2}}{\frac{\text{Vs}}{\text{Am}} \cdot \frac{\text{A}}{\text{m}}} = 1$$

Elektromagneten aus einer Spule mit Eisenkern verwendet man in der Technik als Tragmagneten (z. B. bei Kranen), vor allem aber in Motoren und Generatoren. Sehr wichtig ist ihre Anwendung in Schützen und Relais. Schütze dienen in der Starkstromtechnik zur Steuerung und Regelung von Motoren, während Relais in der Nachrichten- und Fernmeldetechnik zur Betätigung von Kontakten verwendet werden.

V4

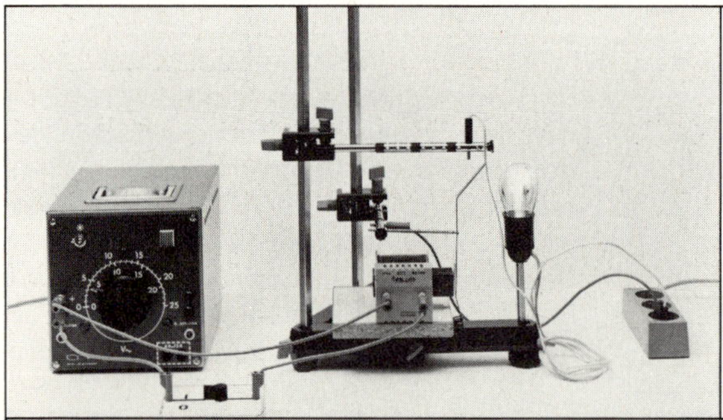

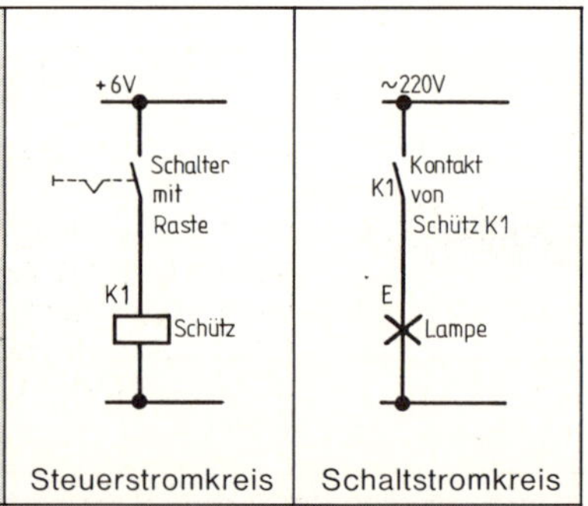

Abb. 4 Schütz

Abb. 5 Stromlaufplan

(Abb. 4): Der Versuchsaufbau besteht aus einem Stromkreis für Schwachstrom (6 V), dem **Steuerstromkreis,** und einem für Starkstrom (220 V), dem **Schaltstromkreis.** Wenn man mit dem Schalter den Steuerstromkreis schließt, wird die Spule mit dem Eisenkern magnetisch und zieht den als Anker dienenden Eisenstreifen an. Dabei wird an einem Kontakt der Schaltstromkreis geschlossen, und die Lampe leuchtet auf.

Ein Schütz oder ein Relais ist also ein Schalter, der mit Schwachstrom – wenn nötig, aus größerer Entfernung – betätigt werden kann und der einen zweiten Stromkreis schließt oder öffnet. Bei der elektrischen Klingel liegt ein Unterbrecherkontakt (Wagnerscher Hammer) mit der Spule in Reihe. Bei jedem Anzug des Ankers wird der Stromkreis unterbrochen (Wecker mit Selbstunterbrechung).

Beispiel

Auf einen Kern mit Luftspalt aus Stahl sind 1000 Windungen gewickelt. Die mittlere Feldlinienlänge im Eisen ist 40 cm, im Luftspalt 3 mm. Der Kern hat einen Querschnitt von 20 cm². Im Luftspalt soll ein magnetischer Fluß von $1{,}6 \cdot 10^{-3}$ Vs entstehen. Berechnen Sie die Flußdichte B, die notwendige Durchflutung im Eisen und im Luftspalt, sowie den Strom durch die Windungen.

1. Kern

$$B = \frac{\Phi}{A} = \frac{0{,}0016\ \mathrm{Vs}}{20\ \mathrm{cm}^2} = \frac{16 \cdot 10^{-4}\ \mathrm{Vs}}{2 \cdot 10^{-3}\ \mathrm{m}^2} = \underline{0{,}8\ \frac{\mathrm{Vs}}{\mathrm{m}^2}} = \underline{0{,}8\ \mathrm{T}}$$

$H_{\mathrm{Fe}} = \underline{3\ \frac{\mathrm{A}}{\mathrm{cm}}}$ (nach Abb. 3)

$$\Theta_{\mathrm{Fe}} = H_{\mathrm{Fe}} \cdot l_{\mathrm{Fe}} = 3\ \frac{\mathrm{A}}{\mathrm{cm}} \cdot 40\ \mathrm{cm} = \underline{120\ \mathrm{A}}$$

2. Luftspalt

$$H_{\mathrm{L}} = \frac{B}{\mu_0} = \frac{0{,}8\ \frac{\mathrm{Vs}}{\mathrm{m}^2}}{1{,}257 \cdot 10^{-6}\ \frac{\mathrm{Vs}}{\mathrm{Am}}} = \underline{0{,}636 \cdot 10^6\ \frac{\mathrm{A}}{\mathrm{m}}}$$

$$\Theta_{\mathrm{L}} = H_{\mathrm{L}} \cdot l_{\mathrm{L}} = 0{,}636 \cdot 10^6\ \frac{\mathrm{A}}{\mathrm{m}} \cdot 0{,}003\ \mathrm{m} = \underline{1\,908\ \mathrm{A}}$$

3. Gesamtdurchflutung

$$\Theta_{\mathrm{ges}} = \Theta_{\mathrm{Fe}} + \Theta_{\mathrm{L}} = (120 + 1\,908)\ \mathrm{A} = \underline{2028\ \mathrm{A}}$$

$$I = \frac{\Theta_{\mathrm{ges}}}{N} = \frac{2028\ \mathrm{A}}{1\,000} = \underline{2{,}028\ \mathrm{A}}$$

Der magnetische Widerstand R_{m} eines magnetischen Kreises kann aus seinen Abmessungen ermittelt werden:

$$\text{magnetischer Widerstand } R_{\mathrm{m}} = \frac{l}{\mu \cdot A}$$

$$[R_{\mathrm{m}}] = \frac{\mathrm{m}}{\frac{\mathrm{Vs}}{\mathrm{Am}} \cdot \mathrm{m}^2} = \frac{\mathrm{A}}{\mathrm{Vs}}$$

Darin ist l die mittlere Feldlinienlänge, und μ ergibt sich aus dem Produkt $\mu = \mu_0 \cdot \mu_{\mathrm{r}}$.

Aufgaben

1. *Bei einer Windungszahl von $N = 2000$ beträgt die elektrische Durchflutung $\Theta = 18$ A. Von welcher Stromstärke wird die Spule durchflossen?*

2. *Bei einem Fernmelderelais ist der Luftspalt zwischen Kern und Anker $s = 1{,}2$ mm. Die Erregerwicklung wird bei einer Windungszahl $N = 800$ von einem Strom $I = 540$ mA durchflossen. Wie groß sind die magnetische Feldstärke H und die magnetische Flußdichte B im Luftspalt?*

3. *Auf einem geschlossenen Eisenkern aus Dynamoblech mit 2 cm² Querschnitt ist eine Spule von 1000 Windungen. Die mittlere Feldlinienlänge im Kern ist 40 cm. Es fließt ein Strom von 200 mA. Zu berechnen sind:*

a) die magnetische Durchflutung Θ,

b) die Feldstärke H,

c) die Flußdichte B (beachte Abb. 3),

d) den magn. Fluß Φ,

e) die relative Permeabilität μ_{r}.

4. *Bestimmen Sie den magnetischen Widerstand eines Luftspalts bei einer Luftspaltlänge $l_{\mathrm{L}} = 1{,}4$ mm und einem Querschnitt $A = 6{,}5$ cm².*

V1

Bewegt man einen Leiter, dessen Enden durch Drähte mit einem empfindlichen Meßinstrument verbunden sind (Abb. 1), zwischen den Polen eines starken Hufeisenmagneten, so zeigt das Meßinstrument einen Ausschlag, solange der Leiter magnetische Feldlinien schneidet. Nach Beendigung der Bewegung geht der Ausschlag wieder auf Null zurück. Ändert man die Bewegungsrichtung, so ändert sich auch die Richtung des Ausschlages. Auch ein Vertauschen der beiden Magnetpole, also eine Umkehrung des Richtungssinnes der magnetischen Feldlinien, wechselt die Richtung des Ausschlages am Meßinstrument.

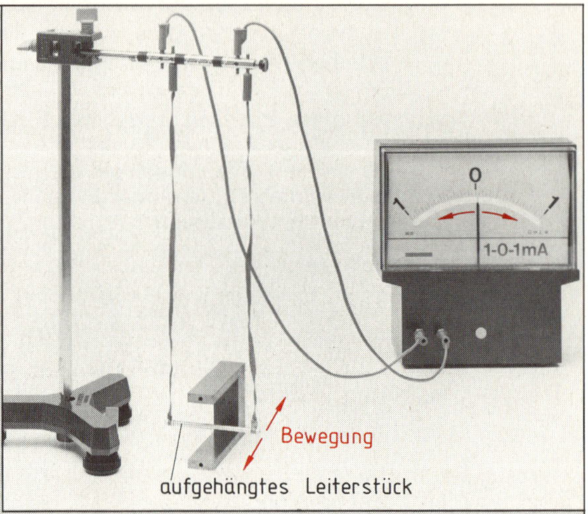

Abb. 1 Erzeugung einer Induktionsspannung

V2

(Abb. 2): Man kann auch den Leiter in Ruhe lassen und den Magneten bewegen. Führt man ihn z. B. nach rechts, so entsteht am Meßgerät ein Ausschlag; bewegt man ihn wieder nach links, so erfolgt der Ausschlag nach der entgegengesetzten Richtung. Die Ausschläge werden wesentlich größer, wenn wir den einfachen Leiter durch eine Spule ersetzen und in ihr Inneres den Pol eines Magneten hineinführen oder ihn wieder herausziehen. Es ist auch gleichgültig, ob es sich um einen Dauermagneten oder um einen Elektromagneten handelt. In diesem Fall braucht man die Magnetspule gar nicht zu entfernen, denn das Magnetfeld verschwindet auch, wenn der durch die Spule fließende Strom abgeschaltet wird. Jede Änderung der Stromstärke in der Magnetspule erzeugt am Meßinstrument einen Ausschlag.

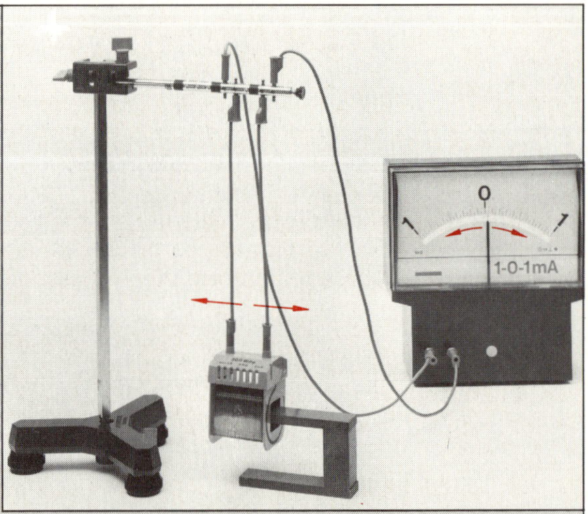

Abb. 2 Induktionsspannung in einer Spule

Es entsteht also immer eine Spannung, wenn sich ein Leiter in einem sich ändernden Magnetfeld befindet, gleichgültig, ob dies durch eine Bewegung des Leiters oder durch eine Änderung der Flußdichte verursacht wird. Die entstehende Spannung heißt **Induktionsspannung** und der von ihr erzeugte Strom Induktionsstrom.

Jede Änderung des magnetischen Flusses im Innern eines Leiterkreises erzeugt in diesem eine Induktionsspannung.

Wie die Induktionsspannung vom Leiter und seiner Bewegung abhängt, zeigt der folgende Versuch:

V3

(Abb. 3): Eine Spule mit 300 und eine mit 600 Windungen sind in Reihe geschaltet und mit einem Strommesser (Bereich 2 mA) verbunden. Weil während des Versuches an dieser Schaltung nichts verändert wird, bleibt der Widerstand des Stromkreises gleich. Der Ausschlag des Strommessers ist daher proportional zur erzeugten Induktionsspannung. Führt man einen Stabmagneten in die Spule mit 300 Windungen und dann in die mit 600 Windungen, so erhält man einen doppelt so großen Ausschlag. Da die zweite Spule einen doppelt so langen Draht enthält, folgt: Die Induktionsspannung ist proportional zur Leiterlänge: $U_{\text{ind}} \sim l$

Wir lassen den Stabmagneten mit verschiedenen Geschwindigkeiten in die Spule hineingleiten. Die Induktionsspannung ist um so größer, je rascher die Bewegung erfolgt: $U_{\text{ind}} \sim v$

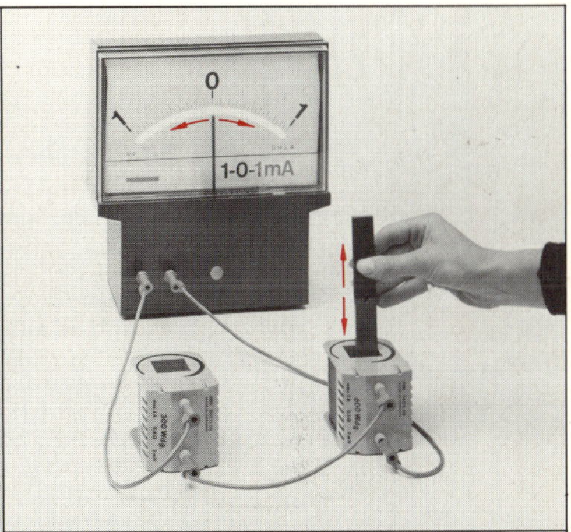

Abb. 3 Abhängigkeit der Induktionsspannung von der Länge des Leiters und der Geschwindigkeit der Bewegung

Der nächste Versuch soll prüfen, wie die Induktionsspannung vom Magnetfeld abhängt, in dem sich der Leiter bewegt. Zu diesem Zweck ersetzen wir den Stabmagneten durch eine stromdurchflossene Spule.

V4

(Abb. 4): Auf eine mit einem Strommesser für 30 mA verbundene Spule mit 600 Windungen wird eine zweite Spule mit 600 Windungen gelegt, die an eine Gleichspannungsquelle (Ringkerntrafo mit eingebautem Gleichrichter) von 6 V angeschlossen ist. Statt diese Spule wegzunehmen und wieder hinzuführen, schalten wir den Strom ein oder aus. Der Zeiger des Strommessers macht dabei eine kaum sichtbare Bewegung. Führt man aber in die Spulen einen langen Eisenkern, so erhält man beim Ein- und Ausschalten merkliche Ausschläge. Beim Verstärken des Stromes (Spannung auf 12 V erhöhen) wächst auch der Ausschlag noch weiter.

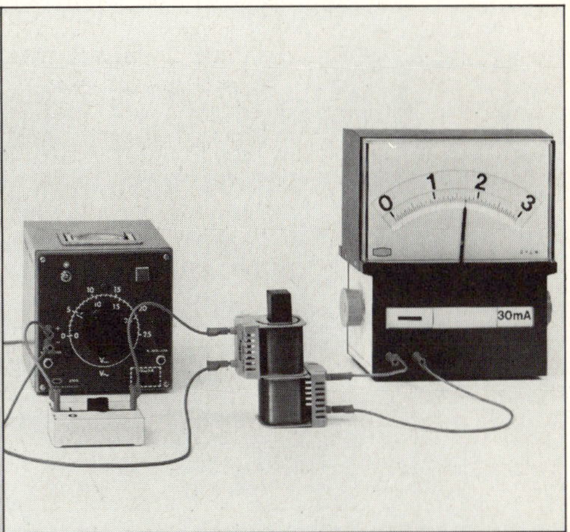

Abb. 4 Abhängigkeit der Induktionsspannung von der Flußdichte (Induktion)

Beim Einführen des Eisenkerns bleibt die magnetische Feldstärke H der Spule unverändert; es erhöht sich aber die Flußdichte B. Weil dabei die induzierte Spannung stark anwächst, ist für ihre Entstehung nicht die Feldstärke H, sondern die Flußdichte B maßgebend. Mit B wächst auch die Induktionsspannung im gleichen Maß: $U_{ind} \sim B$. Alle Ergebnisse der Versuche (3) und (4) lassen sich durch die Beziehung zusammenfassen: $U_{ind} \sim B \cdot l \cdot v$. Die Maßeinheit von B ist so festgesetzt, daß das ~Zeichen in ein =Zeichen geändert werden darf. Dann erhält man das Induktionsgesetz

$$U_{ind} = B \cdot l \cdot v \qquad [U] = \frac{Vs}{m^2} \cdot m \cdot \frac{m}{s} = V$$

8.5.4 Generatoren für Gleichstrom und Einphasenwechselstrom

Zur technischen Spannungserzeugung muß vor allem die Hin- und Herbewegung durch eine stetige Drehbewegung ersetzt werden.

V1

(Abb. 1): Wir drehen eine Spule im Feld eines Dauermagneten langsam und möglichst gleichmäßig mit Hilfe einer Kurbel. Die Enden der Spule sind über Schleifringe mit einem Strommesser für 100 mA (Nullstellung des Zeigers in der Mitte) verbunden. Der Zeiger des Instrumentes schlägt abwechselnd nach beiden Seiten der Skala aus.

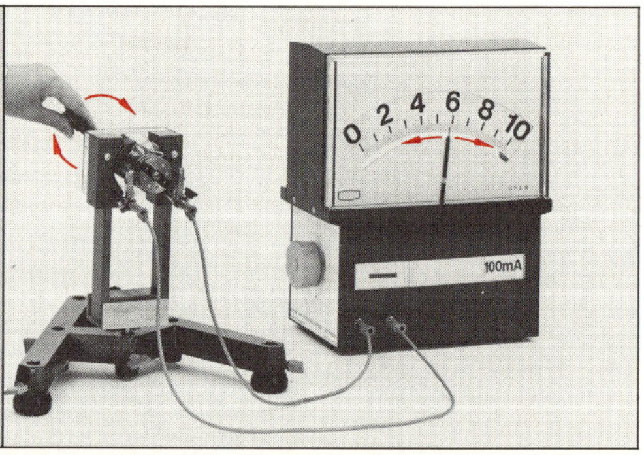

Abb. 1 Modell eines Generators mit einem Dauermagneten

Zur Verstärkung der Induktionsspannung kann man nach der Gleichung $U = B \cdot l \cdot v$

1. l durch eine Spule mit vielen Windungen vergrößern,
2. v durch den Übergang zu einer raschen Drehbewegung erhöhen,
3. B durch Ausfüllen des Magnetfeldes mit Eisen (Polschuhe, Eisenkern der Spule) erhöhen.

Noch eine vierte entscheidende Verbesserung wurde von Werner von Siemens[1] gefunden.

V2

(Abb. 2): Statt des Dauermagneten verwenden wir einen Elektromagneten, zwischen dessen Polschuhen sich die Spule dreht. Als Stromanzeiger dient eine Glühlampe. Bei langsamem Drehen leuchtet die Lampe während jeder vollen Drehung zweimal kurz auf. Bei schnellerem Drehen geht das Aufleuchten in ein Flimmern und schließlich in ein Dauerleuchten über.

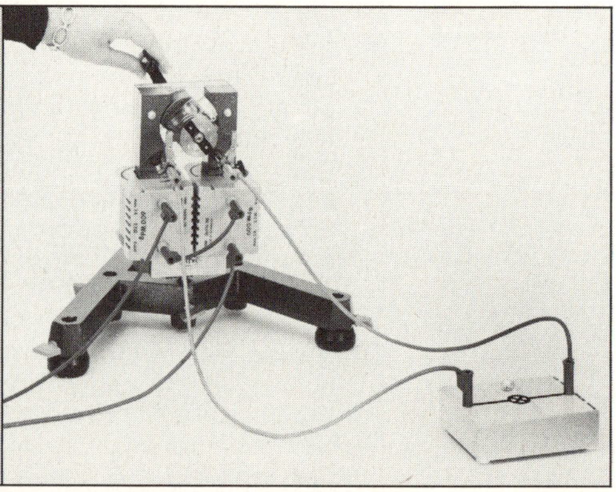

Abb. 2 Modell eines Generators mit einem Elektromagneten

1 Werner v. Siemens, 1816 bis 1892, Elektrotechniker in Berlin (s. S. 352).

Bei diesem Versuch wurde ein Elektromagnet verwendet. Zu dessen Erregung braucht man Strom. Dieser wurde im Versuch einer Gleichspannungsquelle entnommen. Beim Bau eines wirklichen Generators steht er aber nicht zur Verfügung, weil er erst mit Hilfe des Magneten erzeugt werden soll. Da aber ein Elektromagnet auch nach dem Abschalten des Stromes noch einen schwachen Restmagnetismus (Remanenz Nr. 8.5.1) behält, entsteht beim Bewegen der Spule ein schwacher Induktionsstrom. Diesen Strom leitet man durch die Spule des Elektromagneten, die sog. Feldspule, und verstärkt ihn dadurch. Jetzt wird auch ein stärkerer Induktionsstrom erzeugt, und so verstärken sich Magnet und Strom gegenseitig immer weiter, bis der Kern des Magneten gesättigt ist.

Zur Spannungserzeugung kann man entweder bei ruhendem Magneten die Induktionsspulen rotieren lassen oder bei umlaufenden Magneten fest angebrachte Induktionswindungen verwenden. In beiden Fällen wird aber die Induktionsspannung abwechselnd von den vor einem Nord- und einem Südpol verlaufenden Feldlinien erzeugt. Daher wechselt der erzeugte Strom in der Spule dauernd seine Richtung. Die Spannung nennt man eine **Wechselspannung** und den von ihr erzeugten Strom **Wechselstrom.** Bei umlaufenden Induktionsspulen benötigt man zur Stromabnahme zwei Schleifringe, die mit den Enden der Spule verbunden sind. Von ihnen wird der Strom über Kohleschleifbürsten (Abb. 4) in das Stromnetz übertragen.

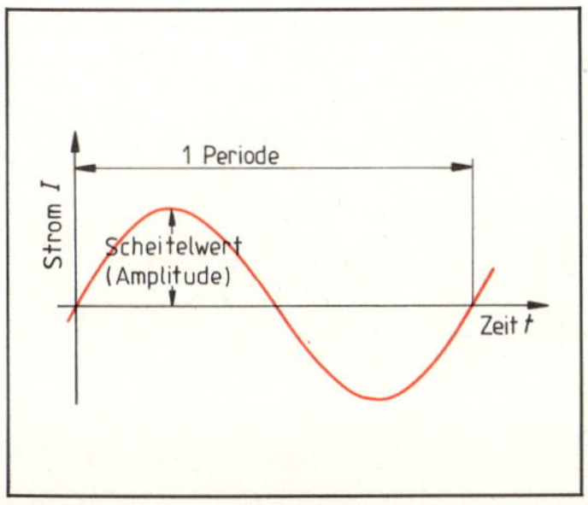

Abb. 3 Sinuskurve des Wechselstromes

Trägt man seine Stromstärke i oder seine Spannung u (die Elektrotechnik verwendet für zeitlich veränderliche Ströme bzw. Spannungen die Formelzeichen i bzw. u) in Abhängigkeit von der Zeit auf, so erhält man – abgesehen von kleinen Unregelmäßigkeiten – die in Abb. 3 dargestellte Sinuskurve. Die Stromstärke steigt an, erreicht ihren höchsten Wert, den **Scheitelwert** $\hat{\imath}$, nimmt bis auf Null ab, ändert die Richtung, steigt bis zum Scheitelwert in der anderen Richtung und geht wieder auf Null zurück. Dieser ganze Vorgang, die **Periode,** wiederholt sich immer wieder. Beim Wechselstrom der allgemeinen Elektrizitätsversorgung dauert eine Periode 0,02 s. Der Strom erreicht daher in jeder Sekunde 50mal seinen Scheitelwert in der einen und 50mal in der anderen Richtung. Die Anzahl der Perioden in 1 s bezeichnet man als Frequenz mit der Einheit Hertz (Hz): Die Frequenz, gemessen in Hz, ist die Anzahl der Perioden in 1 s. Der technische Wechselstrom besitzt also die Frequenz 50 Hz.

Die Wechsel erfolgen bei dieser Frequenz so rasch, daß eine Glühlampe (wie z. B. die Lampe in Versuch 2 bei schnellem Drehen) in der Zwischenzeit zwischen zwei hohen Stromwerten sich nicht merklich abkühlen kann und daher bei Wechselstrom ebenso leuchtet wie bei Gleichstrom.

Alle auf der Stromwärme beruhenden elektrischen Geräte lassen sich mit Wechselstrom ebenso betreiben wie mit Gleichstrom.

Nur für chemische Wirkungen, die immer gleiche Stromrichtung erfordern, z. B. zum Laden eines Akkus, läßt sich Wechselstrom nicht verwenden.

Wechselstrommeßinstrumente sind so geeicht, daß sie nicht die Scheitelwerte $\hat{\imath}$ bzw. $\hat{u}$, sondern die **Effektivwerte** I bzw. U des Stromes oder der Spannungen anzeigen. Das sind die Werte von Strom und Spannung, die ein Gleichstrom aufweisen müßte, um die gleichen Wirkungen (z. B. die gleiche Wärmemenge) zu erzeugen wie der Wechselstrom. Bei sinusförmiger Strom- oder Spannungskurve gilt:

$$\text{Effektivwert} = \tfrac{1}{2}\sqrt{2} \cdot \text{Scheitelwert}$$
$$U = \tfrac{1}{2}\sqrt{2} \cdot \hat{u} = 0{,}707\,\hat{u}$$
$$I = \tfrac{1}{2}\sqrt{2} \cdot \hat{\imath} = 0{,}707\,\hat{\imath}$$

$$\text{Scheitelwert} = \sqrt{2} \cdot \text{Effektivwert}$$
$$\hat{u} = \sqrt{2} \cdot U = 1{,}41\,U$$
$$\hat{\imath} = \sqrt{2} \cdot I = 1{,}41\,I$$

Bei **Gleichstromgeneratoren** sind die Magnete meistens fest. Dazwischen wird in der einfachsten Bauart eine Spule gedreht. Die Wirkungsweise zeigt ein Versuch:

V3

(Abb. 4): In der Anordnung des Versuches 1 werden die beiden zur Stromabnahme dienenden Schleifringe durch einen unterteilten Schleifring ausgewechselt. Jedesmal, wenn sich in der Spule durch Bewegung von einem Magnetpol zum anderen die Stromrichtung ändert, werden durch die Halbringe die Anschlüsse nach außen umgepolt. Man bezeichnet sie daher als Stromwender oder Kommutator. Der Zeiger schlägt nur nach einer Seite, aber mit wechselnder Stärke aus. Der entstehende Strom ist ein sog. **pulsierender Gleichstrom**.

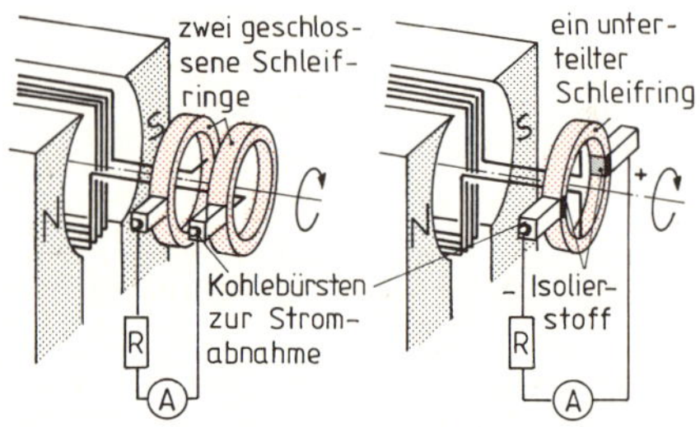

Abb. 4
Geschlossene und unterteilte Schleifringe

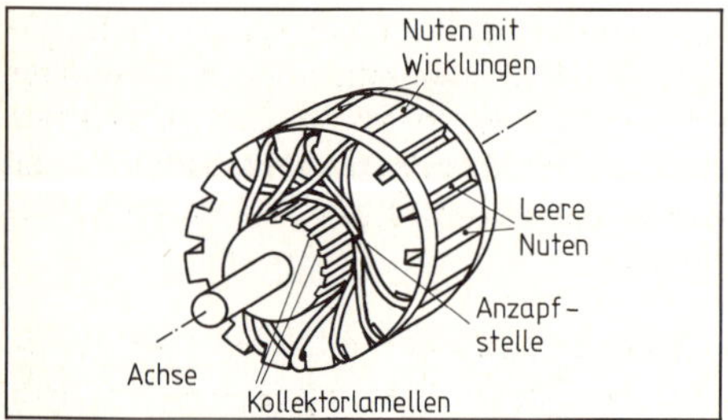

Abb. 5 Trommelanker
mit teilweise entfernten Windungen

Um ausgeglicheneren Gleichstrom zu erhalten, verwendet man die in sich geschlossenen Windungen eines **Trommelankers** (Abb. 5). Rings um einen zylindrischen Kern befinden sich Nuten zur Aufnahme der Induktionswindungen. Zwischen je zwei Windungen befindet sich ein Anschluß zur Stromabnahme. Bei der Drehung des Ankers werden immer einige Windungen von den magnetischen Feldlinien der Magnetpole geschnitten, so daß in ihnen Induktionsspannungen entstehen. An den Enden des Zylinders sind die Windungen so verbunden, daß eine in sich geschlossene Wicklung entsteht. Zur Stromabnahme dient ein vielfach unterteilter Schleifring (Kollektor). Die Anzapfstellen zwischen je zwei Induktionswindungen sind an einer Kollektorlamelle angeschlossen. Durch Einstellen einer Bürstenbrücke kann die Stromabnahme immer an dem Lamellenpaar erfolgen, auf dem sich die Teilströme sammeln.

Der abgenommene Strom zeigt bei großer Nutenzahl fast keine Schwankung seiner Stärke. Der Strom zur Erregung der Magneten kann dem erzeugten Gleichstrom entnommen werden.

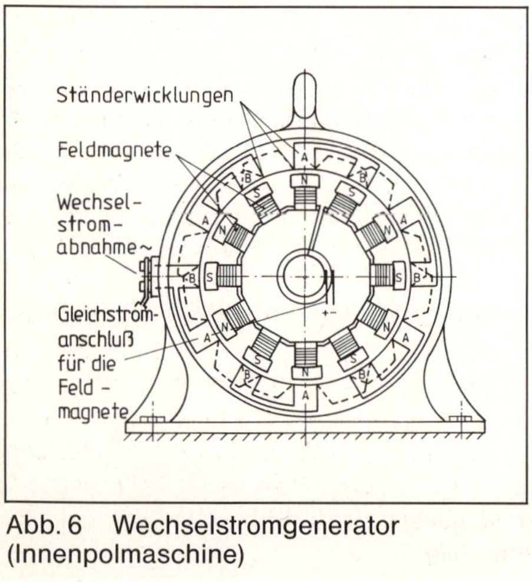

Abb. 6 Wechselstromgenerator
(Innenpolmaschine)

Zur Veranschaulichung der Wirkungsweise der **Wechselstromgeneratoren** dient die schematische Darstellung der Abb. 6. Sie besitzen fast immer am umlaufenden Teil, dem **Läufer**, befestigte Magnetpole, und Induktionswindungen im festen Teil, dem **Ständer** (Abb. 7). Die Wicklungen gehen bei A von vorne nach hinten und kommen bei B wieder von hinten nach vorne usw. Wenn in A ein Nordpol

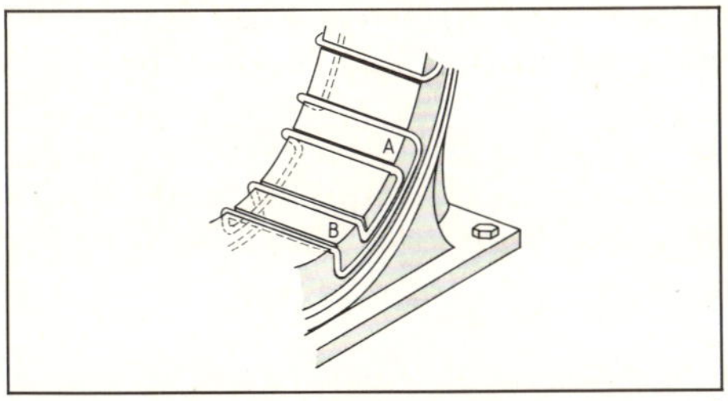

Abb. 7 Einige Wicklungsstränge vom Ständer eines Wechselstromgenerators (Ausschnitt rechts unten in Abb. 6)

vorbeiläuft, bewegt sich gleichzeitig vor B ein Südpol. Die induzierte Spannung geht dann z. B. bei A nach hinten, bei B nach vorne, so daß sie sich im Draht addieren. Die Stromabnahme erfolgt über feste Klemmen am Ständer. Der für die Erregung der Magneten erforderliche Gleichstrom wird entweder aus dem erzeugten Wechselstrom bei anschließender Gleichrichtung entnommen, oder man setzt auf die Achse des Wechselstromgenerators noch einen kleinen Gleichstromgenerator, der den Strom für die Feldmagnete liefert. Der Strom wird über Schleifringe den Feldspulen zugeleitet, die je nach dem Umlaufsinn des Stromes die Pole zum Teil in Nord-, zum Teil in Südpole verwandeln.

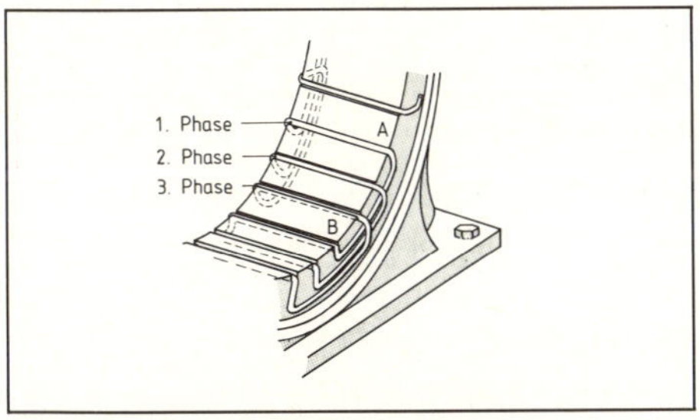

Abb. 1 Einige Wicklungsstränge vom Ständer eines Drehstromgenerators

8.5.5 Drehstromgeneratoren

Bei den meisten Generatoren unterteilt man die Zwischenräume zwischen den Induktionswindungen, z. B. den Abstand zwischen A und B in Abb. 1, in drei gleiche Teile und fügt dem ersten System von Induktionswindungen noch zwei weitere hinzu. Auf diese Weise erzeugt man mit e i n e m Generator gleichzeitig d r e i Wechselspannungen, die gegenseitig je um ⅓ Periode versetzt sind (Abb. 2). Man bezeichnet diese Stromart als **Dreiphasenwechselstrom** oder **Drehstrom.**

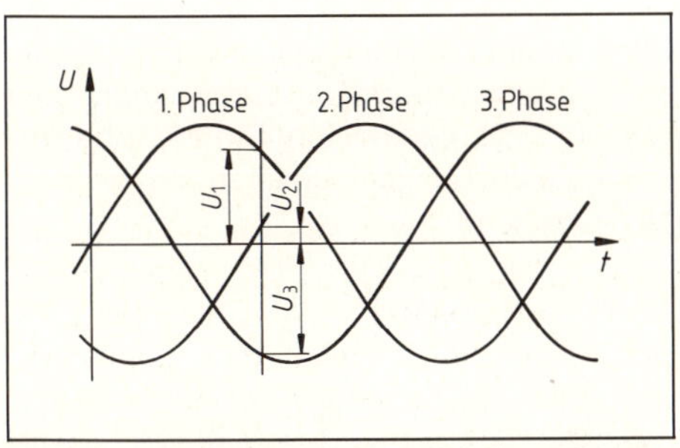

Abb. 2 Zeitlicher Verlauf der drei Phasen eines Drehstromes

Jedes Drehstromgerät hat drei gleiche Arbeitswiderstände oder -wicklungen (Eingangsklemmen U_1, V_1, W_1, Ausgangsklemmen U_2, V_2, W_2). Die an einer solchen Wicklung liegende Spannung bezeichnet man als **Strangspannung** U_{st} und den in ihr fließenden Strom als **Strangstrom** I_{st}. Von diesen Stranggrößen sind die auf die Außenleiter R, S, T bezogenen Leitergrößen zu unterscheiden. Die Spannung zwischen zwei Außenleitern nennt man **Leiterspannung** U und den Strom im Außenleiter **Leiterstrom** I.

Da jede Phase des Drehstromes einen gewöhnlichen Wechselstrom darstellt, könnte man meinen, ein Drehstromgerät benötige drei Hin- und drei Rückleitungen, also insgesamt sechs Zuleitungen. Die Spannungen bzw. die Ströme der drei Phasen haben jedoch nie gleiches Vorzeichen: Immer ist entweder eine Phase positiv und die beiden anderen negativ, oder zwei sind positiv, und die dritte ist negativ. Man kann nun mit mathematischen Hilfsmitteln zeigen, aber auch aus der Abb. 2 mit dem Augenmaß abschätzen, daß in jedem Augenblick die Summe der positiven Spannungen ebenso groß ist wie die der negativen. Diese Eigenschaft des Drehstromes ermöglicht Schaltungen, bei denen nur drei Leitungen vom Generator zum Verbraucher erforderlich sind.

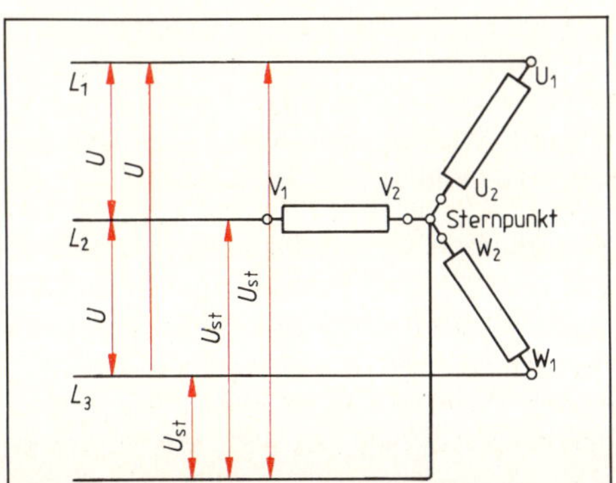

Abb. 3 Sternschaltung

Abb. 3 zeigt ein in **Sternschaltung** angeschlossenes Drehstromgerät. Die Zuleitungen L_1, L_2, L_3 der drei Phasen sind mit den Anfängen der drei Spulen oder Widerstände des Verbrauchers verbunden, deren Enden unter sich im Sternpunkt zusammengeschaltet sind. Wenn die drei Windungen gleich sind, so erzeugen die drei Spannungen Ströme, die sich in diesem Punkt gegenseitig aufheben. In diesem Fall ist keine Rückleitung nötig.

Weil aber die Verbraucher in den drei Strängen oft nicht ganz gleich sind, verbindet man in dem allgemein verbreiteten Vierleitersystem den Sternpunkt durch eine vierte Leitung, den **Mittelleiter** N, mit der Erde. Über ihn kann der kleine Differenzstrom abgeleitet werden. Da die Spannung zwischen jedem der drei Außenleiter und der Erde eine gewöhnliche Wechselspannung darstellt, führt man in Haushaltungen, in denen für Licht, Wärme und kleine Haushaltmotoren nur Einphasenwechselstrom benötigt wird, nur einen der drei Außenleiter und den Mittelleiter N.

Bei Sternschaltung ist die Strangspannung die eines Außenleiters gegen Erde. Die Leiterspannung dagegen ergibt sich aus der Verkettung zweier Strangspannungen. Da diese jedoch Wechselspannungen sind, die gegenseitig um ⅓ Periode verschoben sind, ergibt ihre Verkettung nicht den doppelten Wert einer einzelnen Strangspannung. Wie sich aus einer mathematischen Ableitung folgern läßt, erhält man aus der Verkettung der beiden Strangspannungen eine Wechselspannung, deren Scheitelwert nur das $\sqrt{3}$fache des Scheitelwertes einer einzelnen Strangspannung ist. Der Leiterstrom setzt sich unverändert in den Strangstrom fort.

Sternschaltung: $U = U_{st}\sqrt{3} = U_{st} \cdot 1{,}73 \qquad I = I_{st}$

oder: $U_{st} = \frac{U}{\sqrt{3}} = 0{,}577\,U \qquad I_{st} = I$

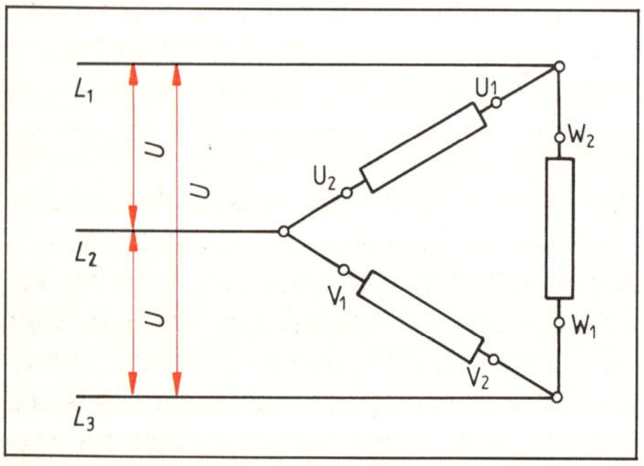

Abb. 4 Dreieckschaltung

Statt in der Sternschaltung kann man Drehstromgeräte auch in der in Abb. 4 dargestellten **Dreieckschaltung** verwenden. Dabei werden die Enden der Spulen oder Widerstände in den Strängen des Verbrauchers zwischen je zwei Außenleiter geschaltet. Ein Mittelleiter ist nicht vorhanden.

An jedem Strang liegt nun die Leiterspannung. Dagegen verketten sich an jeder Ecke des Dreiecks je zwei Strangströme zu einem Leiterstrom. Da die verketteten Ströme phasenverschoben sind, ergibt sich hier ein Leiterstrom mit dem $\sqrt{3}$fachen Wert eines Strangstromes.

Dreieckschaltung: $U = U_{st} \qquad I = I_{st} \cdot \sqrt{3} = I_{st} \cdot 1{,}73$

oder: $U_{st} = U \qquad I_{st} = \frac{I}{\sqrt{3}} = 0{,}577\,I$

Bei Dreieckschaltung liegt also an jedem Strang eines Verbrauchers eine $\sqrt{3}$mal höhere Spannung als bei Sternschaltung.

So hat man also in einem Drehstromnetz mit Mittelleiter stets zwei verschiedene Spannungen zur Verfügung, z. B. in einem Drehstromnetz mit 220/380 V die Leiterspannung 380 V und die Spannung 220 V eines Leiters gegen Erde. In Dreieckschaltung liegt an jedem Strang die Spannung 380 V, in Sternschaltung nur 220 V. Mit einem Stern-Dreieckschalter kann man z. B. bei einem Elektromotor an die Wicklungsstränge zuerst in Sternschaltung die kleinere Spannung und danach die volle Leiterspannung anlegen.

So kann man in einem Drehstromnetz mit drei Leitungen (der Mittelleiter ist praktisch immer geerdet) eine elektrische Energie befördern, zu der sonst sechs Leitungen erforderlich wären. Man hat zugleich Einphasenwechselstrom. Außerdem hat man gleichzeitig zwei Spannungen zur Verfügung. Schließlich sind, wie in Nr. 8.6.2 gezeigt wird, die Drehstrommotoren einfacher und billiger als Gleich- und Wechselstrommotoren. Diesen Vorteilen ist es zu verdanken, daß der Drehstrom die verbreitetste Stromart geworden ist.

Aufgabe

Welche Bedeutung haben die Angaben 127/220 V bzw. 220/380 V auf dem Schild eines Drehstrommotors?

8.5.6 Transformatoren

Transformatoren gestatten das Umspannen einer Wechselspannung auf eine andere Spannung.

V

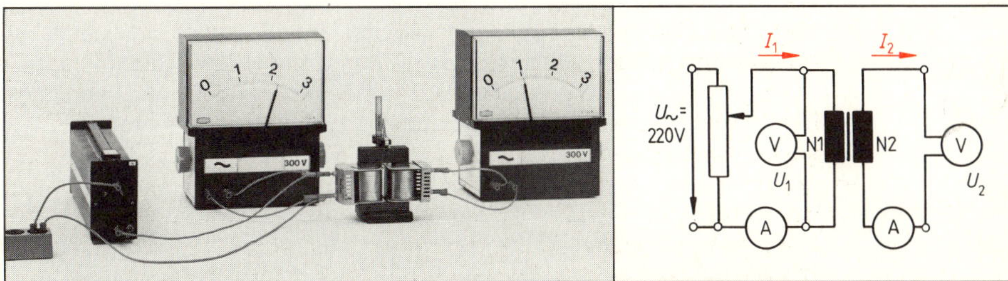

Abb. 1 Transformator   Stromlaufplan

Auf einem in sich geschlossenen viereckigen Eisenkern befinden sich zwei Spulen (Abb. 1). Die eine, die sog. Primärspule, wird an Wechselstrom angeschlossen. Er erzeugt in dem Eisenkern ein wechselndes Magnetfeld. Dadurch entsteht auch in der zweiten Spule, der Sekundärspule, eine Spannung. Primärspannung und Sekundärspannung kann man an zwei angeschlossenen Spannungsmessern ablesen und miteinander vergleichen. Die Sekundärspule wird nicht belastet, in ihr fließt also (abgesehen von dem sehr kleinen Strom für den Spannungsmesser) kein Strom. Die Spulen werden durch andere mit größeren oder kleineren Windungszahlen ausgewechselt. Dabei ergibt sich, daß sich die Spannungen wie die Windungszahlen verhalten.

Am einfachsten sind die Verhältnisse beim unbelasteten Transformator, dessen Sekundärkreis offen ist. Dann ist $I_2 = 0$, und der magnetische Fluß im Eisenkern des Transformators wird vom Primärstrom erzeugt. Dieser magnetische Fluß wird von jeder Windung beider Spulen umschlossen. Damit er sich ändert und nach dem Induktionsgesetz in beiden Spulen Induktionsspannungen hervorrufen kann, muß der Strom ein Wechselstrom sein. Daher kann man mit einem Transformator nur Wechselspannungen umspannen. In jeder Windung entsteht die gleiche Induktionsspannung. Deshalb ist die in beiden Spulen entstehende Gesamtspannung proportional zu ihrer Windungszahl N:

$$\frac{\text{Primärspannung}}{\text{Sekundärspannung}} = \frac{\text{Windungszahl der Primärspule}}{\text{Windungszahl der Sekundärspule}} \qquad \frac{U_1}{U_2} = \frac{N_1}{N_2}$$

Beim belasteten Transformator sind die Verhältnisse schwieriger, weil der magnetische Fluß vom Sekundärstrom abhängt. Auch dann kann man aber den gefundenen Zusammenhang zwischen Spannung und Windungszahl als Näherung verwenden. Das Verhältnis $N_1 : N_2$ ist das Übersetzungsverhältnis des Transformators.

Der Sekundärkreis erhält seine Energie aus dem Primärkreis. Wenn die auftretenden Verluste vernachlässigt werden, wird die vom ersten Kreis aufgenommene Leistung ganz an den zweiten Kreis weitergegeben:

$$P_1 = P_2 \qquad \text{oder} \qquad I_1 \cdot U_1 = I_2 \cdot U_2$$

$$\frac{I_1}{I_2} = \frac{U_2}{U_1}$$

oder durch Vergleich mit der oben stehenden Gleichung

$$\frac{I_1}{I_2} = \frac{N_2}{N_1}$$

Bei Vernachlässigung von Verlusten verhalten sich die Stromstärken im Primär- und im Sekundärkreis eines Transformators umgekehrt wie die Spannungen bzw. die Windungszahlen.

Da bei Gleichstrom ein gleichbleibendes Magnetfeld entsteht, ändert sich der magnetische Fluß nicht, und es entsteht in der Sekundärspule keine Induktionsspannung. Deshalb kann man mit Gleichstrom, abgesehen vom Augenblick des Ein- und Ausschaltens, keine Induktionsspannung erzeugen; Gleichstrom läßt sich also nicht transformieren.

Bei Wechselstrom dagegen gibt uns der Transformator die Möglichkeit, aus der Netzspannung fast ohne Verluste jede gewünschte andere Spannung zu erzeugen. Welche Bedeutung eine Transformation auf hohe Spannung für das Fortleiten der elektrischen Energie hat, zeigt das folgende Beispiel:

Beispiel

Von einem Elektrizitätswerk wird zur Versorgung eines $l = 2{,}5$ km entfernten Gehöftes die Leistung 10 kW abgegeben. Die Leitung besteht aus einem Kupferkabel von 20 mm² Querschnitt. Wie groß ist der Leistungsverlust beim Anschluß an einphasigen Wechselstrom von a) 220 V, b) von 10 000 V Spannung?

Leitungswiderstand: $R = \frac{\varrho \cdot 2 \cdot l}{A} = \frac{0{,}018\,\Omega\,\text{mm}^2/\text{m} \cdot 5000\,\text{m}}{20\,\text{mm}^2} = 4{,}5\,\Omega$

a) Stromstärke: $I_1 = \frac{P}{U_1} = \frac{10\,000\,\text{W}}{220\,\text{V}} = 45{,}5\,\text{A}$

Verlustspannung: $U_{1\text{V}} = R \cdot I_1 = 205\,\text{V}$

Verlustleistung: $P_{1\text{V}} = U_{1\text{V}} \cdot I = 9340\,\text{W}$

Gesamtleistung: $10\,000\,\text{W}$; Verlust: $9340\,\text{W} \mathrel{\hat{=}} \underline{93{,}4\,\%}$

b) Stromstärke: $I_2 = \frac{P}{U_2} = \frac{10\,000\,\text{W}}{10\,000\,\text{V}} = 1\,\text{A}$

Verlustspannung: $U_{2\text{V}} = R \cdot I_2 = 4{,}5\,\Omega \cdot 1\,\text{A} = 4{,}5\,\text{V}$

Verlustleistung: $P_{2\text{V}} = U_{2\text{V}} \cdot I_2 = 4{,}5\,\text{W}$

Gesamtleistung: $10\,000\,\text{W}$; Verlust: $4{,}5\,\text{W} \mathrel{\hat{=}} \underline{0{,}045\,\%}$

Bei der niedrigen Spannung würde fast die ganze Leistung zur Überwindung des Leistungswiderstandes verbraucht, während der Verlust bei der Hochspannung sehr gering ist. Eine wirtschaftliche Fortleitung von elektrischer Energie über große Entfernungen ist daher nur bei hohen Spannungen möglich. Man transformiert die vom Generator erzeugte Spannung in großen Umspannanlagen (Abb. 2 und 3) auf Hochspannung (bei Ortsverteilungsleitungen auf 2000 V ... 10 000 V, bei Fernleitungen bis auf 380 000 V und mehr). Am Verbrauchsort transformiert man wieder auf die normale Leiterspannung 380 V des Drehstromnetzes herunter.

Abb. 2 Freiluftumspannanlage

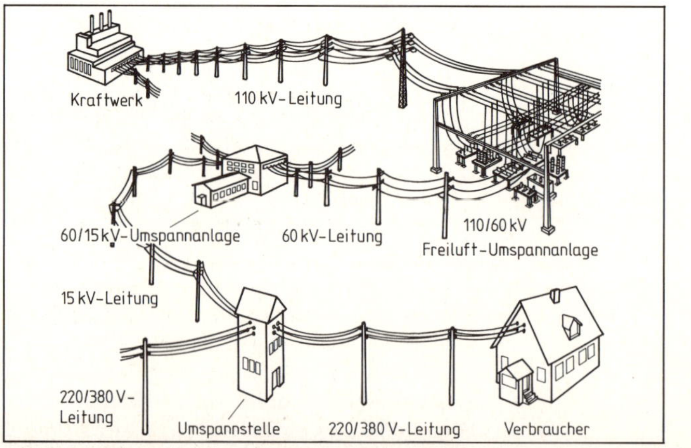

Abb. 3 Stromversorgung über weite Gebiete

Zum Betrieb kleinerer Geräte benötigt man oft eine Transformation auf niedrigere Spannungen, z. B. bei einer Hausklingel auf 6 V, bei elektrischem Spielzeug auf höchstens 20 V. In der Funktechnik braucht man manchmal in einem Gerät mehrere Spannungen, die man einem einzigen Transformator entnehmen kann, bei dem die Sekundärspule durch mehrere Abgriffe unterteilt ist.

Aufgaben

1. *Ein Klingeltransformator soll die Netzspannung von 220 V auf 6 V heruntertransformieren. Wie viele Windungen muß die Sekundärspule besitzen, wenn die Primärspule aus 1000 Windungen besteht? Welcher Strom wird dem Netz entnommen, wenn der zum Betrieb der Klingel erforderliche Strom 0,5 A beträgt?*

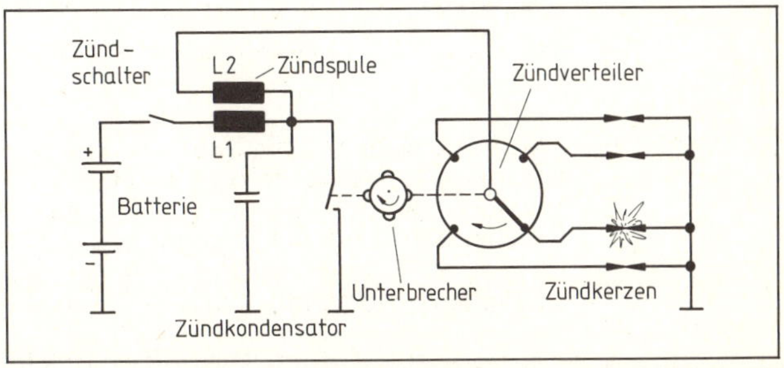

Abb. 4 Schaltung der Zündmaschine eines Kraftfahrzeugs

2. *Erläutern Sie die Erzeugung des Zündkerzenfunkens in der Zündmaschine eines Automotors anhand der Abb. 4.*

8.6 Gewinnung mechanischer Arbeit aus elektrischer Energie

8.6.1 Kraftwirkung auf einen stromdurchflossenen Leiter im Magnetfeld

V1

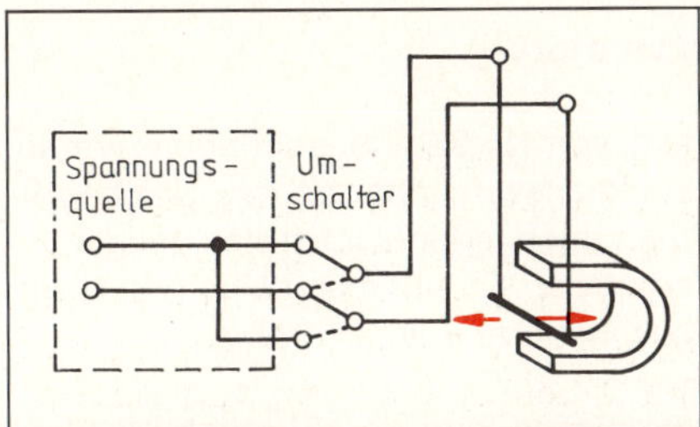

Schaltbild

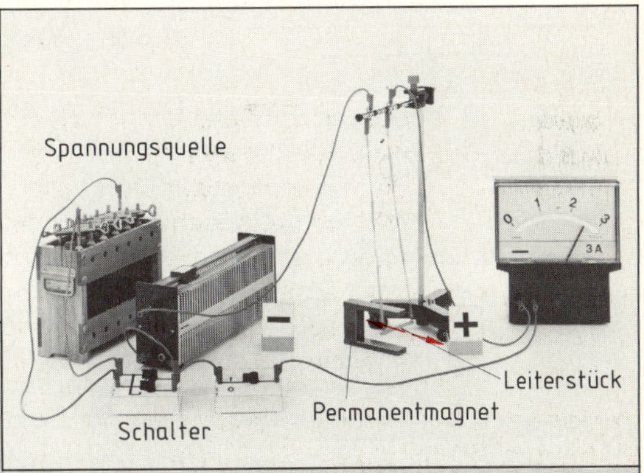

Abb. 1 Kraftwirkung auf einen stromdurchflossenen Leiter im Magnetfeld

Setzt man bei dem Versuch zum Nachweis der Induktion (Abb. 8.5.3,1) an die Stelle des Meßgerätes eine Spannungsquelle (Abb. 1), so fließt beim kurzzeitigen Schließen des Stromkreises ein Strom durch den Draht. Gleichzeitig bemerkt man eine Bewegung des Leiterstückes, das sich zwischen den Polen des Hufeisenmagneten befindet. Die Richtung der Bewegung kehrt sich um, wenn man die Anschlüsse der Spannungsquelle, aber auch, wenn man die Pole des Magneten, vertauscht.

In diesem Versuch und im Induktionsversuch sind Ursache und Wirkung gegenseitig vertauscht: Beim Induktionsversuch entsteht durch Bewegung des Leiters ein Strom, hier ruft der Strom die Bewegung des Leiters hervor.

Ein stromdurchflossener Leiter erfährt in einem Magnetfeld eine Kraftwirkung.

Auf dieser Tatsache beruht die Wirkungsweise der **Elektromotoren,** die elektrische Energie in mechanische Arbeit umwandeln. Zum Verständnis der häufigsten Bauart, des Kurzschlußläufermotors, dient der folgende Versuch:

V2

Man hängt eine Spule aus 10 . . . 50 Windungen nach Abb. 2 leicht beweglich auf und verbindet ihren Anfang und ihr Ende leitend, ohne daß in den so entstandenen geschlossenen Stromkreis eine Spannungsquelle eingeschaltet wird. Führt man nun einen Pol eines kräftigen Stab- oder Hufeisenmagneten ins Innere der Spule, so wird sie vom bewegten Magnetfeld gleichsam ein Stück mitgenommen. Die Bewegungsrichtung der Spule ist immer die gleiche wie die des Magneten und unabhängig davon, ob ein Nord- oder ein Südpol vorbeibewegt wird. Zunächst erzeugen nämlich die schneidenden Kraftlinien des Magnetfeldes in dem geschlossenen Stromkreis einen Induktionsstrom, und die dadurch stromführend gewordenen Windungen suchen sich im Magnetfeld zu bewegen. Daß dabei der erzeugte Induktionsstrom eine entscheidende Bedeutung hat, ersieht man bei dem Versuch daran, daß keine Mitbewegung der Spule entsteht, wenn ihre Enden nicht leitend verbunden sind, so daß kein Strom fließen kann.

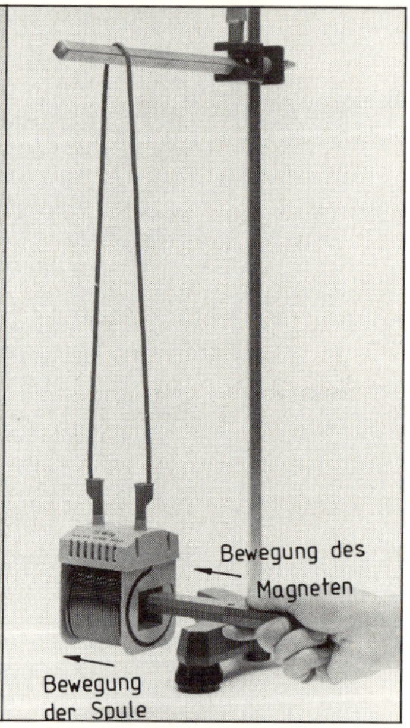

Abb. 2 Bewegung einer Kurzschlußspule im Magnetfeld

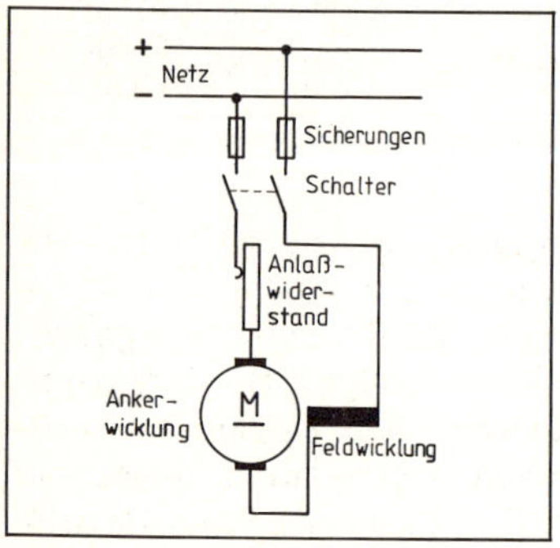

Abb. 1 Schaltung eines Reihenschlußmotors

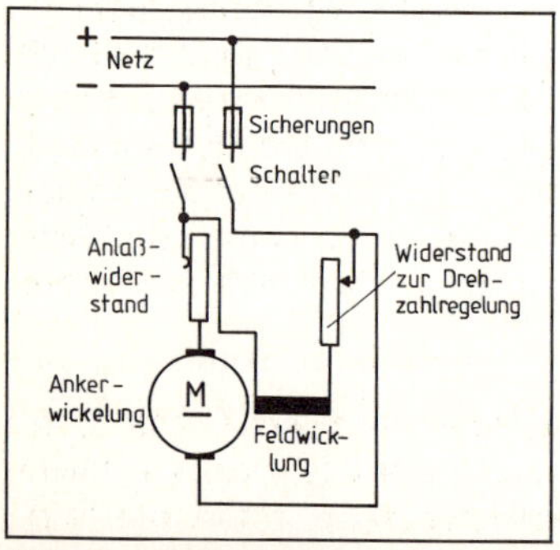

Abb. 2 Schaltung eines Nebenschlußmotors

8.6.2 Elektromotoren

Da der zu Anfang von Nr. 8.6.1 beschriebene Versuch genau die Umkehrung des Induktionsversuchs mit der gleichen Versuchsanordnung darstellt, kann man auch jeden zur Stromerzeugung dienenden Generator als Motor verwenden, indem man seinen Klemmen genau den Strom zuführt, den er als Generator liefern würde.

Bei **Gleichstrommotoren** wird der Gleichstrom den feststehenden Magnetspulen direkt und den beweglichen Ankerspulen über den Kollektor zugeführt. Die Kraftwirkung der stromführenden Spulenwindungen im Feld der Elektromagneten setzt den Anker in Drehung. Man unterscheidet Reihenschluß-, Nebenschluß- und Verbundmotoren.

Beim **Haupt-** oder **Reihenschlußmotor** (Abb. 1) sind Feld- und Ankerspule in Reihe geschaltet, so daß derselbe Strom durch beide Spulen fließt. Er besitzt ein besonders starkes Anzugsmoment und findet bei elektrischen Bahnen, Straßenbahnen und Kranen Verwendung. Die Drehfrequenz nimmt mit zunehmender Belastung ab.

Beim **Nebenschlußmotor** (Abb. 2) sind Feld- und Ankerwicklung parallel geschaltet. Da sich seine Drehfrequenz mit der Belastung nur wenig ändert und durch einen parallel zur Feldwicklung geschalteten Widerstand geregelt werden kann, dient der Nebenschlußmotor zum Antrieb von Werkzeugmaschinen, deren Drehfrequenz stufenlos regelbar sein muß.

Beim **Verbund-** oder **Doppelschlußmotor** besitzt der Feldmagnet zwei Spulen, von denen die eine im Hauptstromkreis, die andere in einem Nebenstromkreis liegt. Je nach Wicklungssinn und Windungszahl beider Spulen lassen sich die Eigenschaften eines solchen Motors den verschiedensten Anforderungen anpassen.

Unter gewissen Voraussetzungen kann man den Gleichstrommotor auch als Wechselstrommotor verwenden. Dann wird sowohl dem Feld als auch dem Anker Wechselstrom zugeführt. Die gleichzeitige Umkehr der Stromrichtung in Feld- und Ankerspule erzeugt eine gleichbleibende Drehrichtung.

Viel häufiger als die genannten Motoren sind wegen ihrer einfachen Bauart die **Drehstrommotoren.** Ihre Wirkungsweise erkennt man am besten aus dem folgenden Modellversuch:

V1

(Abb. 3): Drei gleiche Spulen werden mit ihrem Anfang an die Außenleiter eines Drehstromes angeschlossen, die Enden werden in Sternschaltung miteinander verbunden. Eine Magnetnadel, die in den Zwischenraum zwischen den in einem Dreieck aufgestellten Spulen gebracht wird, bleibt in rascher Drehung, wenn sie einmal angestoßen wird.

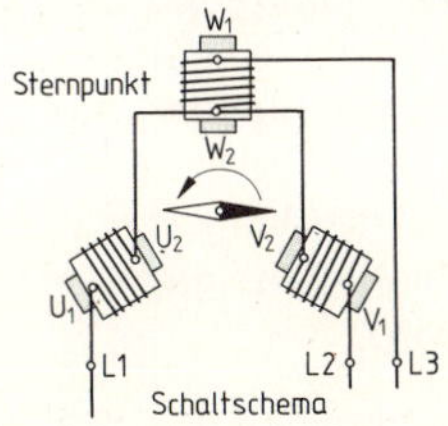

Schaltschema

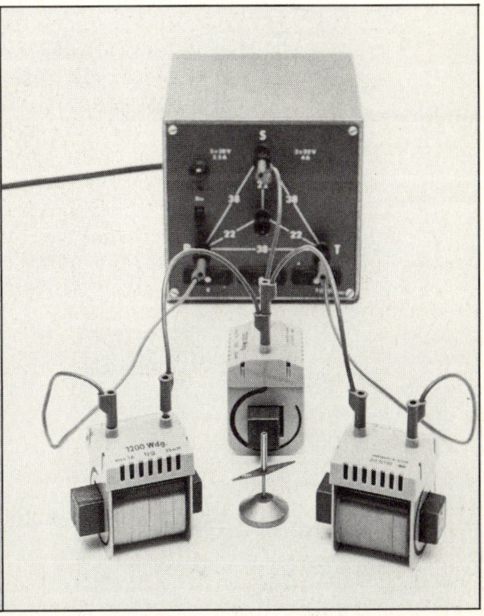

Abb. 3 Erzeugung eines Drehfeldes

Bei diesem Versuch werden die Spulen der drei Elektromagnete von den drei Teilströmen eines Drehstromes durchflossen. Jeder einzelne Magnet erreicht dann seine größte Stärke, wenn der betreffende Strom seinen höchsten Betrag annimmt. Da die Teilströme gegenseitig um 1/3 Periode versetzt sind, erreichen auch die von ihnen erregten Magnete nacheinander ihre höchste Feldstärke. Wenn also eben der linke Magnet bei U_2 (Abb. 3, Schaltschema) einen starken Südpol besitzt, so dauert es 1/3 Periode, bis der zweite Magnet bei V_2, und eine weitere 1/3 Periode, bis am dritten Magneten in W_2 ein starker Südpol entsteht. Nach der nächsten 1/3 Periode ist eine ganze Periode vergangen, und der erste Magnet hat wieder bei U_2 einen starken Südpol. Der weitere Wechsel der Magnetpole wiederholt sich in gleicher Weise. Entsprechend der wechselnden Stärke der einzelnen Magnete verläuft die Richtung des zwischen ihnen liegenden Feldes. Zuerst sind die Feldlinien nach U_2, dann nach V_2, nach W_2 und schließlich wieder nach U_2 gerichtet. Die Feldrichtung dreht sich also im Sinne $U_2 - V_2 - W_2 - U_2$ usw., und mit ihr dreht sich die Magnetnadel, wenn sie eine ausreichende Geschwindigkeit besitzt, um dem raschen Umlauf des Feldes (bei technischem Drehstrom in 0,02 s je Umlauf) folgen zu können. Das Feld dreht sich während einer Periode um 360°. Man bezeichnet es deshalb als Drehfeld, und daher rührt auch der Name Drehstrom.

Nach Versuch 1 kann man einen Dauer- oder Elektromagneten in einem Drehfeld als Motor benutzen. Ein solcher *Synchronmotor* läuft aber nicht allein an und bleibt bei starker Belastung leicht stehen. Um im Drehfeld einen Motor zu betreiben, der nicht angestoßen werden muß, sondern von selbst anläuft, verwendet man als Läufer einen Käfiganker.

V2

(Abb. 4): Wir ersetzen die Magnetnadel durch einen Käfiganker. Er setzt sich nach dem Einschalten des Drehstromes von selbst in Drehung.

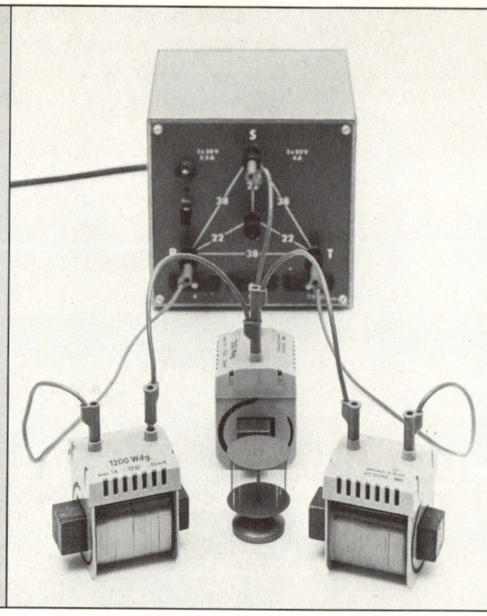

Abb. 4
Modell eines Käfigläufermotors

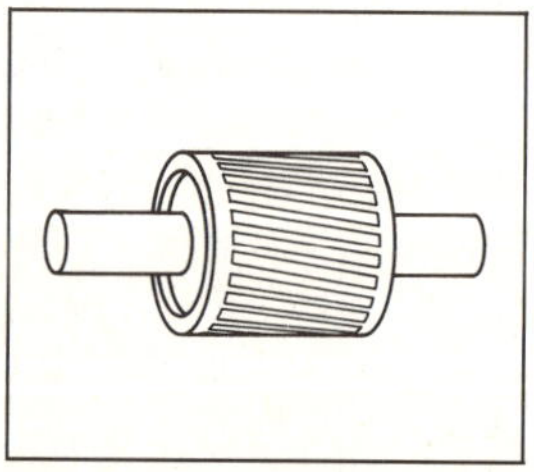

Abb. 5 Kurzschlußläufer

Der Käfiganker stellt einige in sich kurz geschlossene Drahtwindungen dar. Nach dem Ergebnis des Versuches Nr. 8.6.1 (2) wird eine Kurzschlußspule von einem bewegten Magnetfeld mitgenommen. Daher muß auch der Käfig von dem Drehfeld in Drehung versetzt werden. Man nennt ihn auch **Kurzschlußläufer.** Bei technischen Ausführungen wird sein Inneres zur Verstärkung des Magnetfeldes mit einem Eisenkern ausgefüllt (Abb. 5), der zur Vermeidung von Wirbelströmen aus vielen aufeinander geschichteten, gegenseitig isolierten Dynamoblechen gefertigt wird.

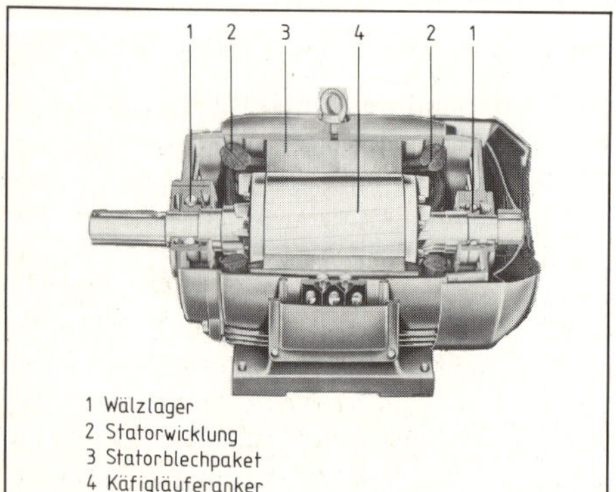

Abb. 6 Einzelteile eines Käfigläufermotors

Wird die Drehzahl des Läufers gleich der des Feldes, so schneiden die Feldlinien die Kupferleiter nicht mehr, und es entsteht keine Induktionsspannung und auch kein Drehmoment. Deshalb bleibt die Drehzahl des Läufers je nach der Arbeit, die der Motor verrichten muß, etwa (0 ... 20 %) hinter der Drehzahl des Feldes zurück. Ein Drehstrommotor hat drei mit U, V, W bezeichnete Anschlüsse für die Zuleitung der drei Phasen. Man kann die Drehrichtung des Motors umkehren, indem man zwei Phasenanschlüsse, z. B. U und V, gegenseitig vertauscht. Abbildung 6 zeigt die Einzelteile eines Motors mit Kurzschlußläufer (Käfiganker).

Da oft nur eine Phase des Drehstromes zur Verfügung steht, hat man auch Motoren entwickelt, die mit einphasigem Wechselstrom betrieben werden können. Um auch mit ihm ein magnetisches Drehfeld herzustellen, verwendet man den Netzwechselstrom als Erregerstrom für einen ersten Elektromagneten. Die Wicklung eines zweiten Elektromagneten legt man an eine in der Phase um eine Viertelperiode verschobene Spannung, die durch eine besondere Schaltung (Drosselspule oder Kondensator) aus der Netzspannung gewonnen wird. Die beiden Magnetpole sind um 90° versetzt und erzeugen ebenfalls ein Drehfeld, in dem ein Kurzschlußläufer ebenso von selbst anläuft und ein Drehmoment entwickelt wie in einem Dreiphasen-Drehfeld.

Nach diesem Prinzip arbeitende Einphasenmotoren werden fast nur mit kleinen Leistungen zum Antrieb für Haushaltsgeräte und transportable Werkzeugmaschinen gebaut.

Aufgabe

Zum Anlassen des Motors eines Kraftwagens dient ein Gleichstrommotor, der von der 12 V-Batterie des Autos gespeist wird. Welcher Strom wird der Batterie entnommen, wenn der Motor bei einem Wirkungsgrad von 90 % beim Starten eine mechanische Leistung von 1,5 kW abgibt? Suchen Sie durch graphische Fortsetzung der Tab. 8.3.4.1 abzuschätzen, welchen Leitungsquerschnitt das aus Kupferdraht hergestellte Zuleitungskabel besitzen muß.

8.7 Wechselstromlehre

8.7.1 Selbstinduktion in einer Spule

V1

(Abb. 1): Eine Spule mit 1200 Windungen und Eisenkern liegt in Reihe mit einer Glühlampe. Parallel dazu befindet sich eine zweite Glühlampe, die mit einem Widerstand $R = 10\,\Omega$ in Reihe geschaltet ist.

Ergebnis
Beim Schließen des Schalters S leuchtet die Lampe L_1 sofort auf, während die Lampe L_2 erst später aufleuchtet.

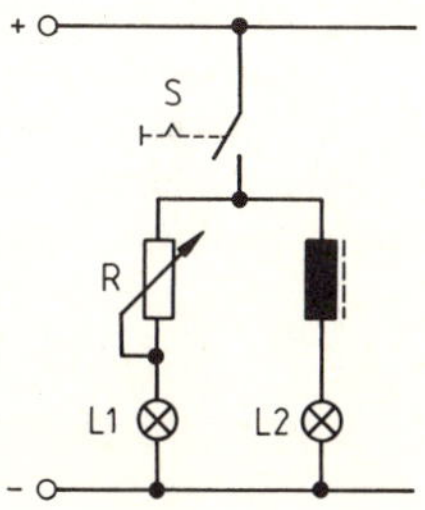

Abb. 1

V2

(Abb. 2): Parallel zu der Spule mit Eisenkern wird nun eine Glimmlampe für 220 V gelegt, die zum Zünden eine Mindestspannung von 150 V benötigt.

Ergebnis
Beim Einschalten ist an der Glimmlampe nichts zu erkennen. Beim Ausschalten leuchtet sie dagegen für einen Augenblick hell auf. Wiederholt man den Versuch ohne Eisenkern, so ist das Aufleuchten nur schwach.

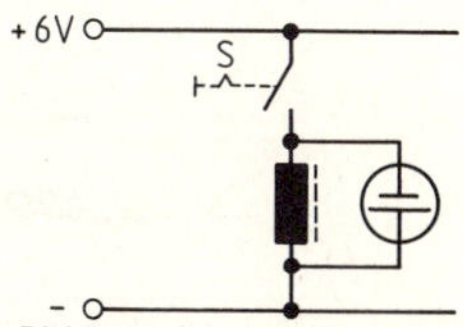

Abb. 2 Richtung der Selbstinduktionsspannung

Der Grund zu dem verschiedenen Verhalten von Widerstand und Spule liegt in dem Magnetfeld, das der Strom beim Schließen des Schalters in der Spule erzeugt. Der entstehende magnetische Fluß ruft in der Spule eine Induktionsspannung hervor. In der Schaltung nach Abb. 1 ist zu erkennen, daß diese Induktionsspannung beim Einschalten den Stromanstieg verlangsamt. Sie muß der äußeren Spannung entgegengesetzt gerichtet sein. Beim Öffnen des Schalters bricht das Magnetfeld in kurzer Zeit zusammen. Dabei ändert sich der magnetische Fluß so rasch, daß für eine kurze Zeit eine sehr hohe Spannung entsteht. Sie übersteigt sogar die Zündspannung von mehr als 150 V der Glimmlampe. Um auch die Richtung der Induktionsspannung beim Abbau des Magnetfeldes besser zu erkennen, machen wir den dritten Versuch:

V3

(Abb. 3): Zwei Spulen von 1200 Windungen befinden sich auf einem U-förmigen Eisenkern. Wir legen eine solche Gleichspannung an, daß der Strommesser einen mittleren Ausschlag anzeigt. Verstärkt man nun das Magnetfeld, indem man den U-Kern durch Auflegen eines Joches schließt, so vermindert sich der Ausschlag am Strommesser. Danach stellt er sich wieder auf den Ausgangswert ein. Nimmt man nun das Joch wieder weg, so erhöht sich für eine kurze Zeit der Ausschlag.

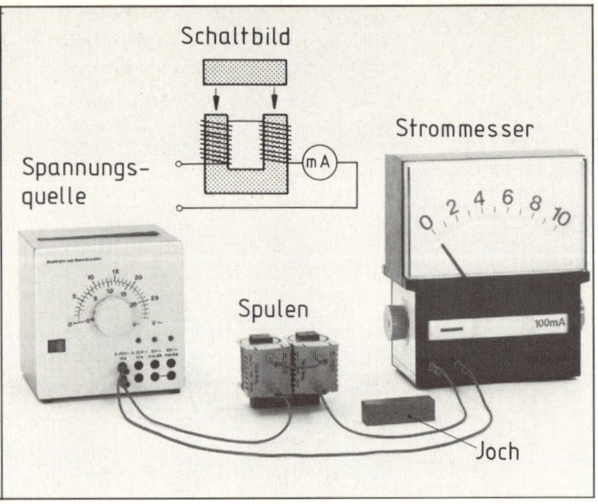

Abb. 3 Richtung der Selbstinduktionsspannung

Beim Verstärken des Magnetfeldes wird der Spulenstrom kleiner, beim Schwächen größer. Auch diese Stromänderungen sind eine Folge der Induktionsspannung, die bei der Änderung des Magnetfeldes in der Spule entsteht. Da sich diese Induktionsspannung im gleichen Stromkreis der ursprünglichen Spannung überlagert und damit auch auf den Spulenstrom zurückwirft, der das Magnetfeld erzeugt, bezeichnet man den Vorgang als **Selbstinduktion** und die Eigenschaft der Spule, die diesen Vorgang hervorruft, als ihre **Induktivität** L. Aus den Versuchen ergibt sich die Richtung der Selbstinduktionsspannung.

Bei jeder Verstärkung des Magnetfeldes ist die Selbstinduktionsspannung entgegengesetzt zu der von außen an die Spule gelegten Spannung, bei jeder Schwächung ist sie gleichgerichtet.

Wenn der Strom ansteigt, sucht die entgegengesetzte Induktionsspannung den Stromanstieg zu hemmen. Nimmt der Strom ab, so sucht die gleichgerichtete Induktionsspannung den Strom aufrecht zu erhalten. Wenn man diesen Zusammenhang zwischen der Ursache (Stromänderung) und ihrer Wirkung (Induktionsspannung) verallgemeinert, erhält man eine Gesetzmäßigkeit, die als **Lenzsche Regel** bezeichnet wird.

Die Wirkung eines Vorganges ist stets so gerichtet, daß sie seiner Ursache entgegenwirkt.

Die Lenzsche Regel gestattet oft, ohne Rechnung oder Experiment aus einer Ursache auf die Richtung der sich ergebenden Wirkung zu schließen.

Die Maßeinheit der Induktivität ist das Henry (H). Eine Spule hat die Induktivität 1 H, wenn in ihr eine Stromänderung von 1 A in 1 s eine Spannung von 1 V induziert.

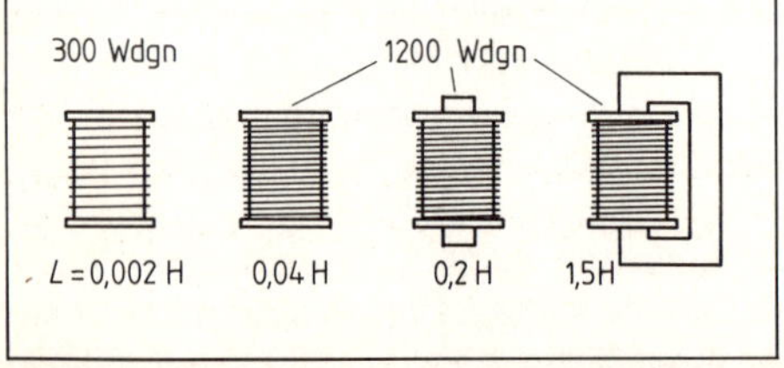

Abb. 4 Beispiele für die Induktivitäten einiger Spulen

Die Festlegung der Einheit 1 H läßt ihren Zusammenhang mit anderen Einheiten erkennen:

$$1\,\text{H} = \frac{1\,\text{V}}{1\,\text{A/s}} = \frac{1\,\text{Vs}}{\text{A}} = 1\,\Omega\,\text{s}$$

Die Induktivität ist eine Eigenschaft einer Spule oder eines Leiters, deren Größe von der Bauart abhängig ist. Besonders stark wächst die Induktivität einer Spule mit der Windungszahl N. Auch die Einführung eines Eisenkerns erhöht die Induktivität, besonders, wenn er zu einem geschlossenen Kreis ergänzt wird (Abb. 4).

Aufgaben

1. *In einer Spule entsteht eine Induktionsspannung von 1,2 V, wenn durch sie ein Strom geschickt wird, der in 0,1 s von 0 auf 2 A ansteigt. Welche Induktivität besitzt die Spule?*

2. *Erklären Sie, warum der Strom in einer Spule beim Einschalten eines Gleichstroms nur langsam ansteigen kann.*

8.7.2 Induktiver Widerstand

V1

(Abb. 1): Zwei Spulen mit $N_1 = 300$ und $N_2 = 1200$ werden nacheinander ohne Eisenkern, mit U-Kern und mit geschlossenem Kern zuerst an Gleichspannung und dann an eine gleich große Wechselspannung von $U = 6$ V gelegt.

Aus der Spannung und der gemessenen Stromstärke wird nach dem Ohmschen Gesetz der Spulenwiderstand berechnet.

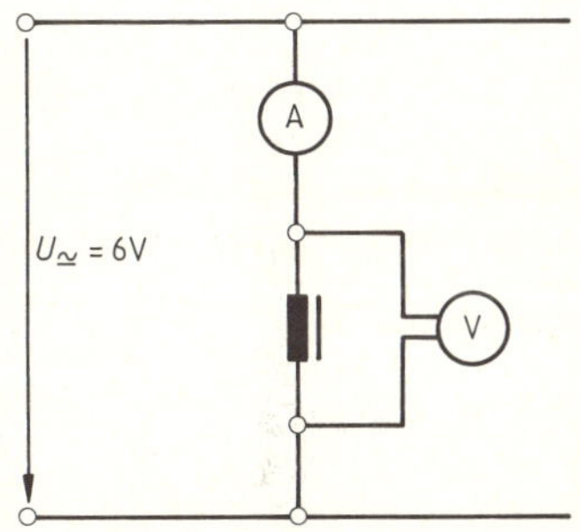

Abb. 1
Spule im Wechselstromkreis

Meßwerte

bei $U = 6$ V	Spule mit $N_1 = 300$				Spule mit $N_2 = 1200$			
	Gleichstrom		Wechselstrom		Gleichstrom		Wechselstrom	
	Strom	Widerst.	Strom	Widerst.	Strom	Widerst.	Strom	Widerst.
ohne Kern	7,5 A	0,8 Ω	6 A	1 Ω	0,48 A	12,5 Ω	0,35 A	17 Ω
⊔-Kern	7,5 A	0,8 Ω	1 A	6 Ω	0,48 A	12,5 Ω	0,07 A	85 Ω
geschl. Kern	7,5 A	0,8 Ω	0,1 A	60 Ω	0,48 A	12,5 Ω	–	960 Ω

Bei einer Wechselspannung von $U = 6$ V wird die Stromstärke in der Spule mit $N_2 = 1200$ zu klein. Bei 100 V Wechselspannung fließt ein Strom von 0,106 A. Daraus ergibt sich ein Widerstand von 960 Ω.

Ergebnis
Der Widerstand bei Gleichstrom ist praktisch gleich dem in 8.3.2 behandelten Widerstand der Drahtwindungen. Er wird in der Wechselstromlehre als **Ohmscher Widerstand** oder **Wirkwiderstand** R bezeichnet. – Beim Anlegen einer Wechselspannung erhöht sich der gemessene Widerstand beträchtlich auf einen Wert, der als **Scheinwiderstand** Z bezeichnet wird, vor allem, wenn die Spule einen Kern aus weichmagnetischem Material enthält und besonders, wenn dieser Kern in sich geschlossen ist.

Der Scheinwiderstand $Z = \frac{U}{I}$ einer Spule hängt demnach vom Wirkwiderstand R (Ohmscher Widerstand der Wicklung) und dem nur bei Wechselstrom auftretenden **Blindwiderstand** X_L ab, der ebenso wie die Induktivität L stark mit der Windungszahl und dem Einbau eines Eisenkerns ansteigt.

Der induktive Widerstand X_L einer Spule wächst mit der Induktivität; $X_L \sim L$

V2

(Abb. 2): Eine Spule mit der Induktivität $L = 2{,}2$ mH wird über einen Frequenzgenerator an eine Spannung $U = 4$ V, aber mit verschiedenen Frequenzen, gelegt.

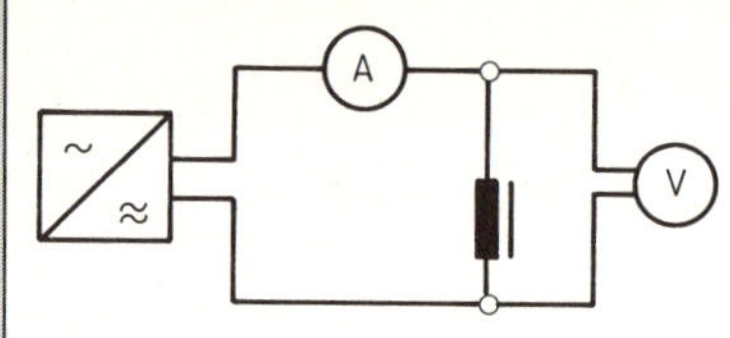

Abb. 2
Induktiver Widerstand

Meßwerte

Frequenz f in Hz	Spannung U in V	Strom I in mA	induktiver Widerstand X_L in Ω
750	4	385	10,4
1 500	4	189	21,2
3 000	4	95	42,2

Ergebnis
Der induktive Widerstand X_L ist auch zur Frequenz proportional $X_L \sim f$.

Zusammenfassend folgt daher aus beiden Aussagen: $X_L \sim f \cdot L$.
Auf theoretischem Weg folgt für den Proportionalitätsfaktor $2 \cdot \pi$, so daß man erhält:

Induktiver Widerstand $X_L = 2 \cdot \pi \cdot f \cdot L = \omega \cdot L$

$$[X_L] = \frac{1}{s} \cdot \frac{V \cdot s}{A} = \frac{V}{A} = \Omega$$

Das Produkt $\omega = 2 \cdot \pi \cdot f$ bezeichnet man als **Kreisfrequenz.** Sie entspricht der Winkelgeschwindigkeit eines mit der Frequenz f umlaufenden Punktes.

In einer Spule erreicht der Strom nach Versuch 8.7.1,1 erst später seine volle Stärke als die angelegte Spannung. Auch beim Anlegen einer Wechselspannung steigt der Strom erst später als die Spannung auf den höchsten Wert (Abb. 3). Zwischen Spannung und Strom entsteht eine Phasenverschiebung.

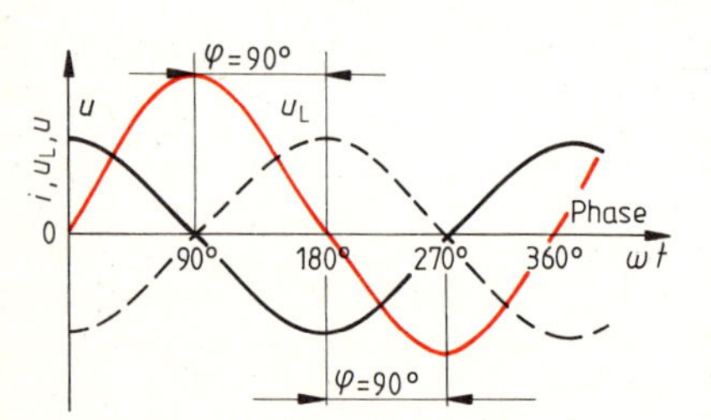

Abb. 3 Phasenverschiebung ein einer Spule mit rein induktivem Widerstand

Die Entstehung der Phasenverschiebung erkennt man am einfachsten bei dem Sonderfall, bei dem der Ohmsche Widerstand des Stromkreises so klein ist, daß man ihn neben dem induktiven Widerstand vernachlässigen darf. Dann wird zur Überwindung des Ohmschen Widerstandes keine Spannung verbraucht, und die angelegte Spannung u ist in jedem Augenblick der in der Spule entstehenden Selbstinduktionsspannung u_L entgegengesetzt $u = -u_L$. In Abb. 3 ist der zeitliche Verlauf des Stromes i aufgetragen. Da u_L durch die Änderung von i entsteht, kann man aus der Kurve für i die Kurve für u_L ermitteln: Zwischen 0° und 90° steigt i an, deshalb ist u_L negativ. Bei 90° wird $u_L = 0$, weil der Strom am Scheitelwert sich für eine kurze Zeit kaum ändert. Danach wird u_L wegen der Abnahme von i zwischen 90° und 270° positiv. Schließlich wird u_L zwischen 270° und 360° bei ansteigendem i wieder negativ. Die Kurve für u erhält man aus $u = -u_L$, indem man die u_L-Kurve an der waagerechten Achse spiegelt. Gegenüber der U-Kurve zeigt die Kurve des Stromes eine zeitliche Verschiebung um eine Viertelperiode (entsprechend 90°), denn die i-Kurve erreicht ihre Scheitelwerte und ihre Schnittpunkte mit der Zeitachse jeweils um 90° später als die u-Kurve.

Bei Stromkreisen, in denen der Ohmsche Widerstand nicht vernachlässigt werden darf, ergibt sich eine Phasenverschiebung, die kleiner als 90° ist.

Eine Spule besitzt im Wechselstromkreis einen zusätzlichen induktiven Widerstand. Sie erzeugt eine Phasenverschiebung des Stromes gegenüber der Spannung. Der Strom eilt der Spannung nach.

Wegen der Phasenverschiebung erhält man den Scheinwiderstand $Z = \frac{U}{I}$ aus dem Ohmschen Widerstand R und dem induktiven Widerstand X_L nicht durch einfache Addition, sondern nach der Gleichung: $Z = \sqrt{R^2 + X^2_L} = \sqrt{R^2 + (\omega \cdot L)^2}$. Den Winkel φ der Phasenverschiebung findet man aus der Beziehung: $\tan\varphi = \frac{X_L}{R} = \frac{\omega \cdot L}{R}$.

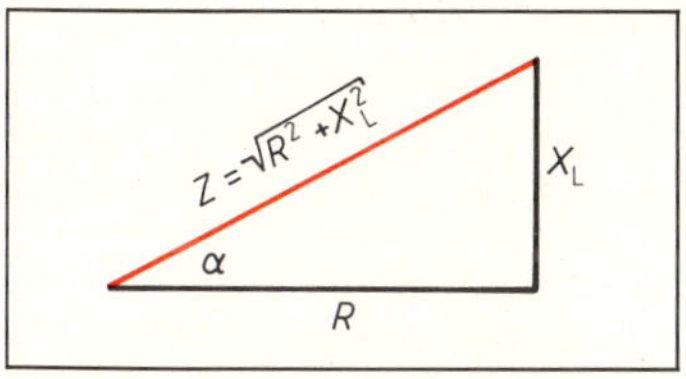

Abb. 4 Widerstandsdreieck bei induktivem Widerstand

Diese beiden Formeln lassen eine übersichtliche geometrische Deutung zu. Abb. 4 zeigt ein rechtwinkliges Dreieck mit den Katheten R und X_L. Die Hypotenuse hat dann die Länge $\sqrt{R^2 + X_L^2}$; sie stellt also den Scheinwiderstand Z dar. Für den Tangens des Winkels zwischen R und Z erhält man $\tan\varphi = \frac{X}{R}$; daher ist dies der oben eingeführte Winkel φ der Phasenverschiebung zwischen Spannung und Strom.

Beispiel Eine Spule mit $L = 127$ mH und $R = 30\,\Omega$ liegt an einer Wechselspannung von $U = 100$ V bei $f = 50$ Hz. Wie groß sind der Strom I und die Phasenverschiebung φ?

$$X_L = \omega \cdot L = 2\pi \cdot 50\frac{1}{s} \cdot 0{,}127\ \text{H} = \underline{39{,}9\ \Omega}$$

$$Z = \sqrt{R^2 + X_L^2} = \sqrt{30^2 + 39{,}9^2}\ \Omega = \sqrt{2490}\ \Omega = \underline{50\ \Omega}$$

$$I = \frac{100\ \text{V}}{50\ \Omega} = \underline{2\ \text{A}}$$

$$\cos\varphi = \frac{R}{Z} = \frac{30\ \Omega}{50\ \Omega} = \underline{0{,}6}$$

$$\varphi = \underline{53{,}1°}$$

Aufgaben

1. *Die Induktivität einer Spule soll bestimmt werden. Dazu wird sie an eine Gleichspannung von 20 V angeschlossen. Dabei beträgt die Stromstärke 0,5 A. An einer Wechselspannung 220 V/50 Hz ist die Stromstärke $I = 3$ A.*

2. *Eine Spule mit $R = 210\,\Omega$ und $L = 0{,}1$ H wird an eine Wechselspannung von 7,3 V eines Frequenzgenerators geschaltet. Bei welcher Frequenz ergibt sich ein Phasenverschiebungswinkel $\varphi = 45°$? Wie groß sind bei dieser Frequenz der Scheinwiderstand und der Strom? Ermitteln Sie zeichnerisch die Wirkspannung und die induktive Spannung.*

3. *Liegt eine Spule mit $R = 60\,\Omega$ und $L = 16$ mH an einer Wechselspannung mit der Frequenz 800 Hz, so fließt ein Strom von 100 mA. Wie groß sind der Blind- und der Scheinwiderstand? Welche zeitliche Verschiebung ergibt sich zwischen Spannung und Strom?*

8.7.3 Kapazitiver Widerstand

Ein Kondensator stellt eine Unterbrechung des Stromkreises dar. Beim Anlegen einer Gleichspannung fließt nur ein sehr kurzer Ladestrom. Der folgende Versuch soll das Verhalten des Stromes in einem Stromkreis mit einem Kondensator beim Anlegen einer Wechselspannung zeigen.

V1

An einen Frequenzgenerator werden Kondensatoren verschiedener Kapazität C angeschlossen. Aus der gemessenen Spannung und dem Strom findet man den Scheinwiderstand $Z = \frac{U}{I}$ bei verschiedenen Kapazitäten. Da sich im Stromkreis praktisch kein Wirkwiderstand befindet, entspricht der Scheinwiderstand hier dem **kapazitiven Widerstand** X_C des Kondensators.

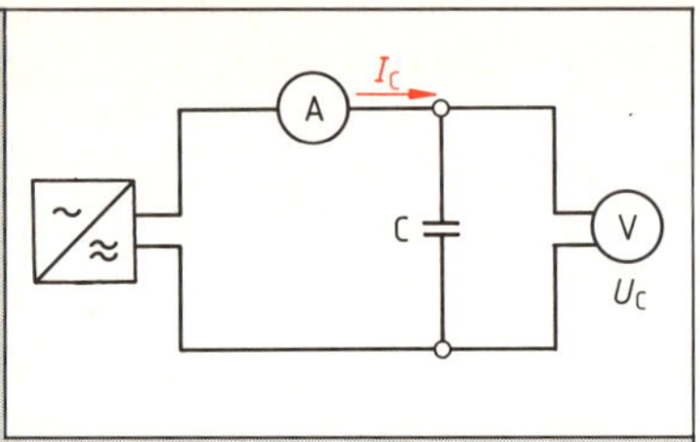

Abb. 1 Kapazitiver Widerstand

V2

Meßwerte

C wird verändert

1. $f = 50\,Hz$; $U_C = 5\,V$		
C in μF	$I = I_C$ in mA	$X_C = \frac{U_C}{I_C}$ in Ω
2	3,14	1590
4	6,3	794
6	9,4	532
8	12,4	403
10	15,7	318

f wird verändert

2. $C = 2\,\mu F$; $U_C = 5\,V$		
f in Hz	$I = I_C$ in mA	$X_C = \frac{U_C}{I_C}$ in Ω
50	3,14	1590
100	6,3	794
200	12,4	403
400	25,0	200
600	38,0	132

Aus Versuch 1 folgt: $X_C \sim \frac{1}{C}$

Aus Versuch 2 folgt: $X_C \sim \frac{1}{f}$

also $X_C \sim \frac{1}{f \cdot C}$ $\quad X_C = \frac{k}{f \cdot C}$

Als Proportionalitätskonstante k ergibt sich der Wert $k = \frac{1}{2 \cdot \pi}$

$$\text{kapazitiver Widerstand } X_C = \frac{1}{2\pi f \cdot C} = \frac{1}{\omega \cdot C}$$

$$[X_C] = \frac{1}{\frac{1}{s} \cdot \frac{As}{V}} = \frac{Vs}{As} = \Omega$$

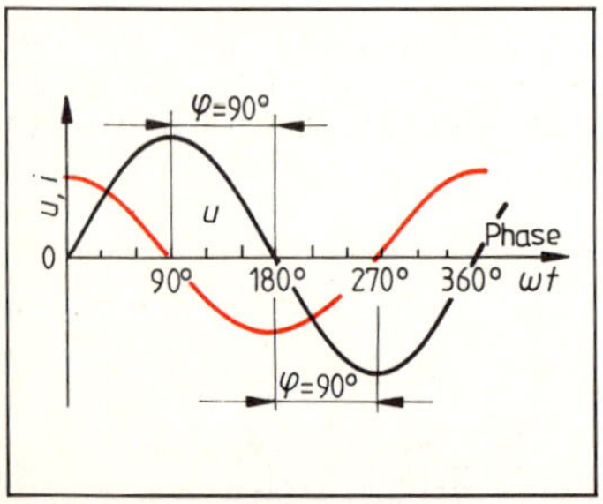

Abb. 2 Phasenverschiebung bei einem Kondensator

Der zeitliche Verlauf der angelegten Spannung und des Stromes in den Zuleitungen des Kondensators sind in Abb. 2 graphisch aufgetragen. Solange die äußere Spannung ansteigt, erhöht sich die Ladung im Kondensator. Es fließt ein Ladestrom. Wenn der Spannungsanstieg in der Nähe des Scheitelpunktes langsamer wird, muß auch der Ladestrom des Kondensators schwächer werden. Er sinkt ganz auf Null, wenn sich im Scheitelpunkt die Spannung einen Augenblick gar nicht ändert. Wenn danach die Spannung wieder abnimmt, entlädt sich der Kondensator, und es fließt ein Strom in der entgegengesetzten Richtung. Die in Abb. 2 nach diesen Überlegungen gezeichnete Strom- und Spannungskurve zeigt, daß der Strom der Spannung um nahezu eine Viertelperiode ≈ 90° voreilt.

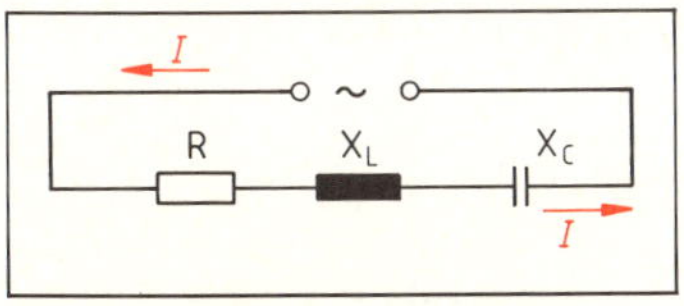

Abb. 3 Reihenschaltung von Widerstand, Spule und Kondensator

In den Zuleitungen eines Kondensators fließt beim Anliegen einer Wechselspannung ein Strom, der mit der Kapazität und der Frequenz zunimmt und gegenüber der Spannung um eine Viertelperiode voreilt.

Sind in einem Wechselstromkreis (Abb. 3) ein Wirkwiderstand R, eine Spule mit dem induktiven Widerstand X_L und ein Kondensator mit dem kapazitiven Widerstand X_C in Reihe geschaltet, so fließt durch alle drei Schaltelemente der gleiche Strom I. Es ergeben sich dann die Teilspannungen $U_W = I \cdot R$;

$$U_L = I \cdot X_L = I \cdot \omega \cdot L;$$
$$U_C = I \cdot X_C = I/(\omega \cdot C).$$

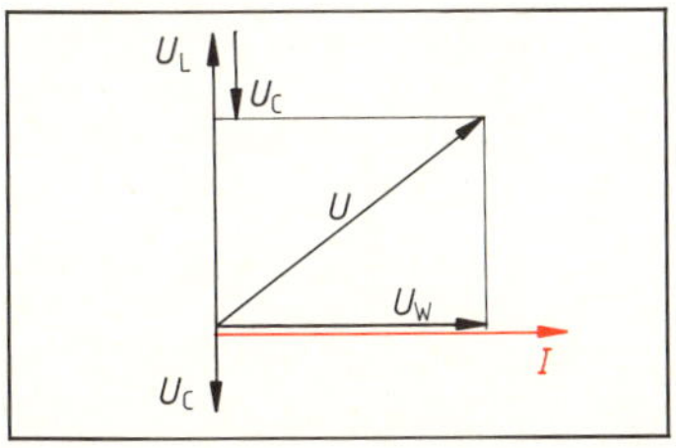

Abb. 4 Parallelogramm der Spannungen

Trotz der Reihenschaltung darf man diese Teilspannungen wegen der Phasenverschiebung nicht einfach addieren, um die Gesamtspannung U zu erhalten. Während in früheren Abschnitten immer die Phase des Stromes mit der angelegten Spannung verglichen wurde, muß hier die Phase der Spannungen mit der des überall gleichen Stromes verglichen werden. U_W befindet sich mit dem Strom I in Phase; U_L läuft dagegen um 90° vor und U_C um 90° nach. Daher besitzen U_L und U_C einen Phasenunterschied von 180° und sind deshalb stets zueinander entgegengesetzt. Diese Richtungen der Spannungen werden im **Zeigerdiagramm** berücksichtigt (Abb. 4 und 5).

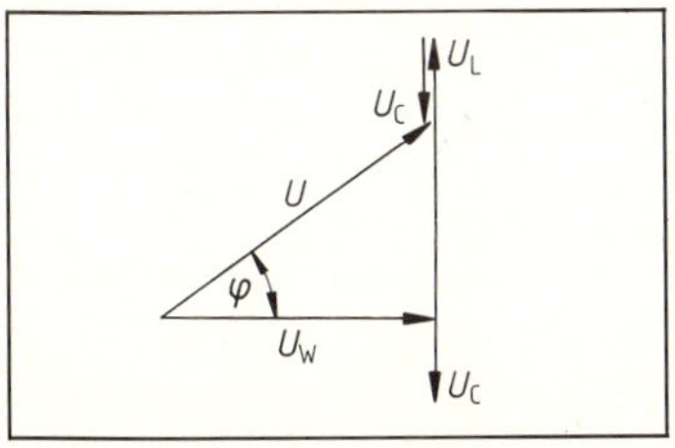

Abb. 5 Zeigerdiagramm der Spannungen

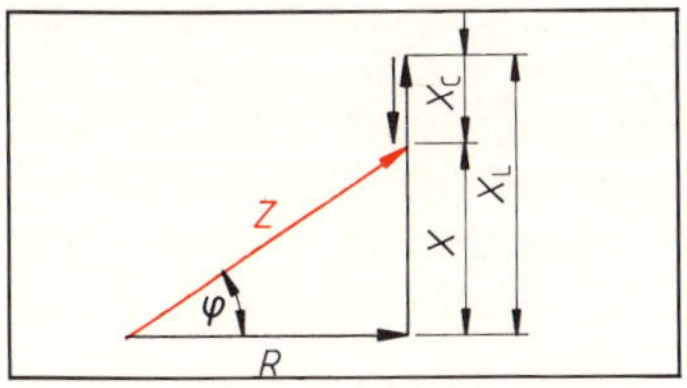

Abb. 6 Widerstandsdreieck

Werden alle Spannungen durch den bei Reihenschaltung überall gleichen Strom dividiert, so erhält man die Widerstände. Auch sie kann man in einem Diagramm, dem Widerstandsdreieck (Abb. 6), veranschaulichen. Man entnimmt aus ihm für den Scheinwiderstand Z und den Phasenwinkel φ die folgenden Beziehungen:

$$X = X_L - X_C = \omega \cdot L - \frac{1}{\omega \cdot C}$$

$$Z = \sqrt{R^2 + X^2} = \sqrt{R^2 + \left(\omega \cdot L - \frac{1}{\omega \cdot C}\right)^2}$$

$$\tan\varphi = \frac{X}{R} = \frac{\omega \cdot L - \frac{1}{\omega \cdot C}}{R}$$

$$\sin\varphi = \frac{X}{Z}$$

$$\cos\varphi = \frac{R}{Z}$$

Beispiel

An eine Reihenschaltung aus einer Spule mit der Induktivität 2 H, einem Kondensator mit der Kapazität 6 μF und einem Widerstand von 320 Ω wird eine Wechselspannung von 220 V mit der Frequenz 50 Hz angelegt. Berechnen Sie den Strom und seine Phasenverschiebung gegenüber der Spannung.

$$R = 320\,\Omega$$
$$X_L = \omega \cdot L = 314 \cdot 2\,\Omega = 628\,\Omega$$
$$X_C = \frac{1}{\omega \cdot C} = \frac{10^6}{314 \cdot 6}\,\Omega = 530\,\Omega$$
$$Z = \sqrt{320^2 + (628 - 530)^2}\,\Omega = 335\,\Omega$$
$$I = \frac{U}{Z} = \frac{220\,\text{V}}{335\,\Omega} = \underline{0{,}657\,\text{A}}$$

$$\tan\varphi = \frac{X_L - X_C}{R} = \frac{98\,\Omega}{320\,\Omega}$$
$$\varphi = \underline{17°}$$

Aufgaben

1. *Welche Kapazität muß ein Kondensator haben, der in Reihe zu einer Spule mit der Induktivität $L = 2{,}5$ H geschaltet wird, damit bei einem Wechselstrom von 50 Hz keine Phasenverschiebung zwischen Spannung und Strom entsteht?*

2. *In den Versuchen Seite 326 wurden die Abhängigkeiten des kapazitiven Widerstandes abgeleitet. Entnehmen Sie die Meßwerte, und stellen Sie graphisch dar a) X_C als Funktion der Frequenz f und b) X_C als Funktion der Kapazität C.*

3. *An einem Kondensator wird bei einer Spannung von 30 V und einer Frequenz $f = 50$ Hz eine Stromstärke von 30 mA gemessen. Wie groß sind der kapazitive Widerstand und die Kapazität?*

4. *An eine Wechselspannung von 220 V und der Frequenz $f = 50$ Hz sind ein Wirkwiderstand $R = 500\ \Omega$, ein Kondensator ($C = 4\ \mu$F) und eine Spule ($L = 5$ H) in Reihe geschaltet. Zu berechnen sind Scheinwiderstand, Strom und Teilspannungen.*

8.7.4 Leistung des Wechselstromes

Die Phasenverschiebung in einem Wechselstromkreis hat zur Folge, daß Spannung und Strom während eines Teils der Periode verschiedene Vorzeichen annehmen (Abb. 1). Berechnet man nach der Gleichung $P = i \cdot u$ in einem Wechselstromkreis für jeden Moment die Leistung, so ergibt sich bei verschiedenen Vorzeichen von i und u ein negativer Wert. Da ein positives Produkt $u \cdot i$ eine Leistungsabgabe der Spannungsquelle an den Verbraucherstromkreis bedeutet, weist ein negatives Produkt $i \cdot u$ darauf hin, daß vom Verbraucherstromkreis eine Leistung an die Spannungsquelle zurückgegeben wird. Dies ist auch wirklich der Fall. In einer stromdurchflossenen Spule entsteht ein Magnetfeld, in dem eine gewisse Energie gespeichert ist. Ähnlich entsteht zwischen den Belegungen eines Kondensators beim Aufladen ein elektrisches Feld, das ebenfalls Energie in sich enthält. Wenn nun ein solches magnetisches Feld beim Abnehmen des Stromes in der Spule oder ein elektrisches Feld bei der Entladung des Kondensators schwächer wird, so wird die gespeicherte Energie frei und kann zur Spannungsquelle zurückkehren. Der Quotient aus dieser zurückfließenden Energie und der Zeit ist die oben gefundene negative Stromleistung.

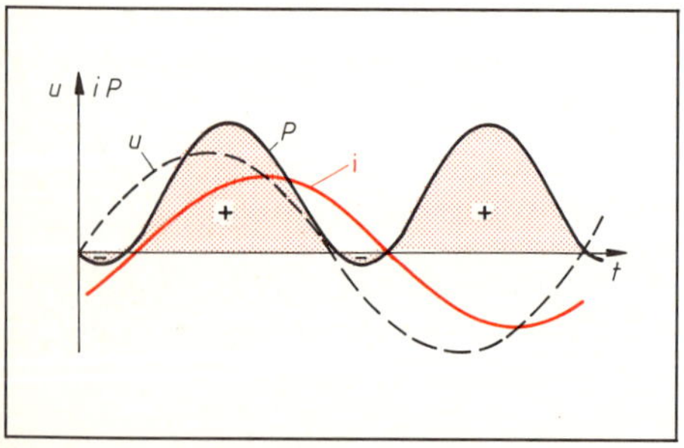

Abb. 1 Leistung bei phasenverschobenem Wechselstrom

Durch die zurückfließende Leistung wird die nach außen abgegebene Nutzleistung **(Wirkleistung)** des Wechselstromes vermindert. Das Produkt aus den gemessenen Werten von Strom und Spannung gibt die **Scheinleistung,** die größer als die Wirkleistung ist. Aber nur die Wirkleistung kann in Wärme-, Licht- oder mechanische Leistung umgewandelt werden. Den Teil der Leistung, der nur zwischen der Spannungsquelle und einem magnetischen bzw. elektrischen Feld hin- und herpendelt, kann man nicht zu solchen Wirkungen verwenden; er ist für die Nutzung des Stromes „blind"; deshalb nennt man ihn **Blindleistung.** Da die Blindleistung im induktiven bzw. kapazitiven Widerstand entsteht, bezeichnet man diese beiden Widerstände und ihre Zusammenfassung als Blindwiderstand.

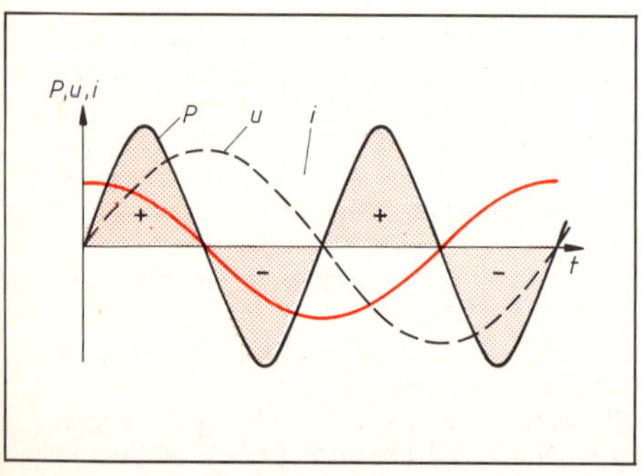

Wenn Strom und Spannung in Phase sind, wenn also die Phasenverschiebung den Wert Null hat, so entsteht keine negative Leistung. Deshalb ist in diesem Falle die ganze Scheinleistung zugleich Wirkleistung. Bei der Phasenverschiebung 90° ist der positive Teil der Leistung ebenso groß wie der negative (Abb. 2). Es pendelt also nur Energie zwischen der Spannungsquelle und den Feldern. Die Leistung besteht nur aus Blindleistung.

Abb. 2 Leistung bei einer Phasenverschiebung von 90°

Bei jeder anderen Phasenverschiebung entstehen gleichzeitig eine Wirk- und eine Blindleistung. Wir berechnen alle Leistungen nach der Formel $P = I^2 \cdot R$, wobei hier für R immer die entsprechenden Widerstände einzusetzen sind:

Scheinwiderstand	$Z = \frac{U}{I}$
Scheinleistung	$S = I^2 \cdot Z = I \cdot U$
Wirkwiderstand	$R = Z \cdot \cos\varphi$
Wirkleistung	$P = I^2 \cdot R = I^2 \cdot Z \cdot \cos\varphi = I \cdot U \cdot \cos\varphi$
Blindwiderstand	$X = Z \cdot \sin\varphi$
Blindleistung	$Q = I^2 \cdot X = I^2 \cdot Z \cdot \sin\varphi = I \cdot U \cdot \sin\varphi$

Setzt man die Scheinleistung $S = I \cdot U$ in die Endformel für die Wirk- und die Blindleistungen ein, so erhält man:

$$P = S \cdot \cos\varphi \quad \text{und} \quad Q = S \cdot \sin\varphi$$

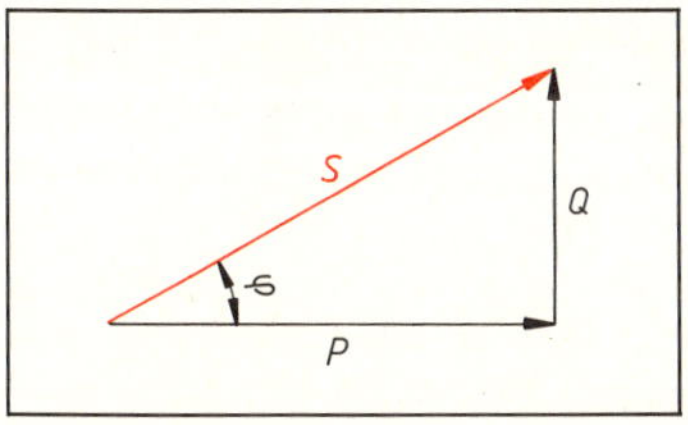

Man kann also ein Leistungsdreieck zeichnen und aus ihm die gesuchten Werte entnehmen (Abb. 3). Weil man die Wirkleistung aus der Scheinleistung durch Multiplikation mit $\cos\varphi$ erhält, heißt $\cos\varphi$ auch der Leistungsfaktor.

(Statt der Maßeinheit W schreibt man in der Elektrotechnik bei Scheinleistungen VA und bei Blindleistungen var [Voltampere reaktiv]).

Abb. 3 Leistungsdreieck

Beispiel Ein Stromkreis enthält eine Spule mit $R = 40\,\Omega$ und $L = 1{,}8$ H. Berechnen Sie die Schein-, Wirk- und Blindleistung für eine Wechselspannung von 220 V und 50 Hz. Wie groß ist der Leistungsfaktor?

$$X_L = \omega \cdot L = 314 \cdot 1{,}8\,\Omega = 566\,\Omega$$
$$Z = \sqrt{R^2 + (\omega \cdot L)^2} = 567\,\Omega$$
$$\tan\varphi = \frac{566}{40}$$
$$\varphi = 86°$$
$$I = \frac{U}{Z} = \frac{220\text{ V}}{567\,\Omega} = 0{,}388\text{ A}$$
$$S = I \cdot U = 0{,}388\text{ A} \cdot 220\text{ V} = \underline{85{,}5\text{ VA}}$$
$$P = S \cdot \cos\varphi = 85{,}5\text{ VA} \cdot \cos 86° = \underline{5{,}96\text{ W}}$$
$$Q = S \cdot \sin\varphi = 85{,}5\text{ VA} \cdot \sin 86° = \underline{85{,}3\text{ var}}$$
$$\cos\varphi = \underline{0{,}07}$$

Aufgaben

1. *Ein Stromkreis besteht aus der Reihenschaltung eines Widerstandes $R = 260\,\Omega$, einer Spule mit $L = 1{,}5$ H und eines Kondensators mit $C = 5\,\mu$F. Wie groß sind der Scheinwiderstand und die Phasenverschiebung zwischen Strom und Spannung bei einer Wechselspannung von 220 V mit der Frequenz 50 Hz. Berechnen Sie außerdem die Schein-, Wirk- und Blindleistung.*

2. *Der Antriebsmotor einer Tischbohrmaschine nimmt an 220 V ~ 50 Hz eine Wirkleistung von 530 W auf. Der Leistungsfaktor beträgt $\cos\varphi = 0{,}81$.*
a) Berechnen sie die Scheinleistung.
b) Ermitteln sie die Scheinleistung zeichnerisch.

3. *Eine Schützspule nimmt bei Anschluß an 220 V ~ 50 Hz eine Wirkleistung von 4 W auf. Es fließt eine Stromstärke von 42 mA. Berechnen Sie den $\cos\varphi$ und die Blindleistung.*

4. *Eine Glühlampe von 60 W/110 V wird mit einer Induktivität von 1,3 H in Reihe an eine Wechselspannung von 220 V und 50 Hz angeschlossen. Zu berechnen sind*
a) Scheinwiderstand der Schaltung,
b) Spannungsabfall an der Glühlampe,
c) Leistung der Glühlampe,
d) Leistungsfaktor $\cos\varphi$.

8.8 Elektromagnetische Schwingungen und Wellen

8.8.1 Elektromagnetische Schwingungen

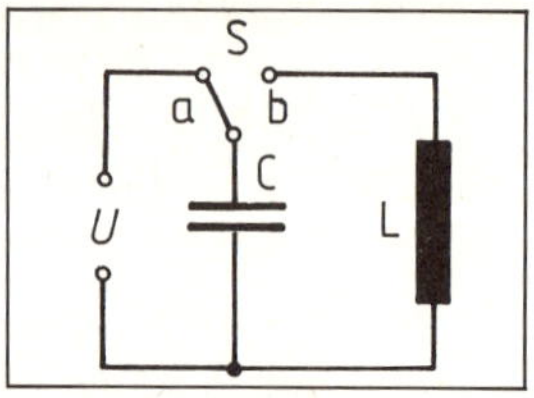

Abb. 1 Entladung eines Kondensators über eine Spule

Die Eigenschaften von Kapazitäten und Induktivitäten ermöglichen es, in einem Stromkreis, der aus einem Kondensator und einer Spule besteht, einen periodisch wechselnden Strom zu erzeugen. Lädt man in der Schaltung nach Abb. 1 mit der angelegten Spannung U den Kondensator C auf, so entsteht zwischen seinen Platten ein elektrisches Feld (Abb. 2 a), in dem die Energie $W = \frac{1}{2} C \cdot U^2$ (8.2.4) gespeichert ist. Nach dem Umlegen des Schalters S sucht der Kondensator sich über die Spule L zu entladen. Das Anwachsen des Entlade-

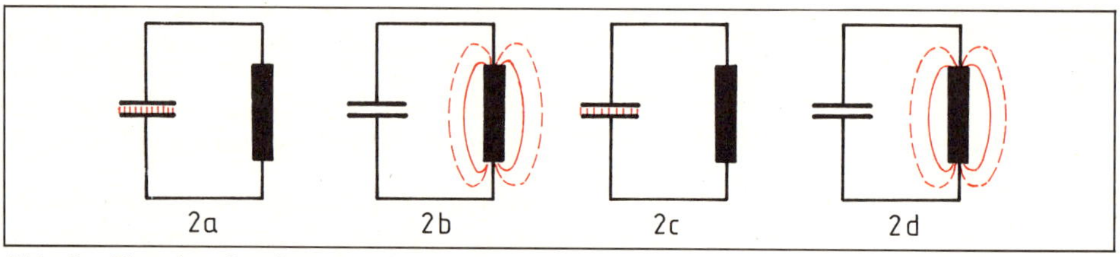

Abb. 2 Einzelne Stadien des Schwingungsvorgangs

stromes wird durch die Induktivität der Spule gehemmt, und gleichzeitig entsteht in ihrer Umgebung ein Magnetfeld (Abb. 2 b). Die anfangs im elektrischen Feld gespeicherte Energie wird während des Entladevorgangs kleiner und in das mit dem Ansteigen des Stromes sich aufbauende Magnetfeld der Spule übertragen. Wenn der Kondensator entladen ist, könnte der Strom aufhören zu fließen. Eine Abnahme des Stromes schwächt aber das Magnetfeld der Spule, wobei eine Induktionsspannung entsteht, die den Strom in seiner bisherigen Richtung weiterfließen läßt. Dadurch wird der Kondensator mit entgegengesetztem Vorzeichen wieder aufgeladen und die Energie wieder zurück ins elektrische Feld übertragen (Abb. 2 c). Da im Stromkreis, abgesehen von den kleinen Verlusten in der Leitung, keine Energie verbraucht wird, ist der Kondensator schließlich nahezu auf die ursprüngliche Spannung (jedoch mit dem entgegengesetzten Vorzeichen) aufgeladen, wenn das Magnetfeld verschwunden ist. Danach beginnt der Entladevorgang von neuem und wiederholt sich periodisch, bis die Energie allmählich durch die Leitungsverluste in Wärme verwandelt ist. Da die Energie zwischen einem elektrischen und einem magnetischen Feld hin und her schwingt, bezeichnet man den Vorgang als eine **elektromagnetische Schwingung** und die Schaltung als einen **Schwingkreis.**

Man kann leicht vermuten, daß die Periodendauer des Schwingungsvorganges wächst, wenn die Kapazität des Kondensators oder die Induktivität der Spule erhöht wird. Im ersten Fall wächst die Ladung, die sich von einer Kondensatorplatte zur anderen bewegt, im anderen Fall wird der Entladevorgang durch die größere Induktion verlangsamt. Die gesetzmäßige Abhängigkeit der Periodendauer von der Kapazität und der Induktivität des Schwingkreises erhält man aus folgender Überlegung: Da der Schwingkreis in sich geschlossen ist, werden Spule und Kondensator stets vom gleichen Strom durchflossen: $i_L = i_C$, und da er keine Spannungsquelle enthält, müssen die Spannungen an Spule und Kondensator stets entgegengesetzt gleich sein: $u_L = -u_C$. Aus beiden Ergebnissen folgt aber, daß, abgesehen vom Vorzeichen, auch die Quotienten aus Spannung und Strom, nämlich die Scheinwiderstände beider Bauelemente des Schwingkreises gleich sind. Da der Ohmsche Widerstand meist klein ist, kann er neben dem Wechselstromwiderstand vernachlässigt werden und es gilt: $X_L = X_C$. Mit $X_L = \omega \cdot L$, $X_C = \frac{1}{\omega \cdot C}$ und $\omega = \frac{2\pi}{T}$ erhält man:

$$\omega \cdot L = \frac{1}{\omega \cdot C} \qquad \omega = \frac{1}{\sqrt{L \cdot C}} \qquad T = \frac{2\pi}{\omega} = 2\pi\sqrt{L \cdot C}$$

In einem Schwingkreis können elektromagnetische Schwingungen mit der Periodendauer $T = 2\pi\sqrt{L \cdot C}$ angeregt werden.

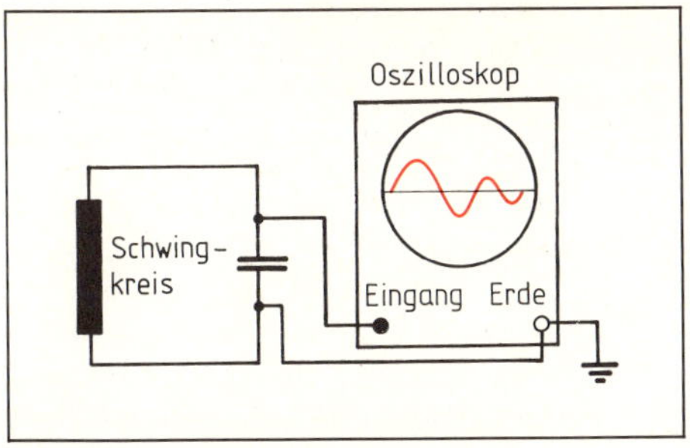

Abb. 3 Sichtbarmachung einer elektromagnetischen Schwingung mit einem Oszilloskop

Verbindet man die beiden Anschlüsse des Kondensators (bzw. der Spule) mit dem Eingang eines Oszilloskopes (8.4.4) und der Erde, so daß die hineingeführte Spannung die Vertikalablenkung des Elektronenstrahls hervorruft, so erhält man auf dem Bildschirm eine Sinuskurve (Abb. 3).

Die zeitliche Abhängigkeit der Spannung oder auch des Stromes bei einer elektromagnetischen Schwingung ist also genau die gleiche wie bei einer mechanischen Schwingung. Eine ähnliche Verwandtschaft zeigen die Energieumwandlungen. Nach 6.1.1 stellt eine mechanische Schwingung einen periodischen Wechsel zwischen potentieller und kinetischer Energie dar. Die obigen Untersuchungen zeigen, daß eine elektromagnetische Schwingung in ganz entsprechender Weise einen Wechsel zwischen den Energien eines elektrischen und eines magnetischen Feldes darstellen.

Die Vorgänge würden sich unverändert periodisch wiederholen, wenn nicht der nie ganz vermeidbare Ohmsche Widerstand des Schwingkreises einen Energieverlust und dadurch eine Dämpfung der Schwingungen verursachen würden. Um ungedämpfte Schwingungen zu erhalten, müssen in jeder Periode die Energieverluste durch einen entsprechenden Antriebsimpuls ausgeglichen werden. Wenn man mit einem Generator eine Wechselspannung erzeugen kann, die mit der Frequenz des Schwingkreises übereinstimmt, so läßt sich die Schwingung entdämpfen, indem man diese Spannung an die Verzweigungspunkte des Schwingkreises anlegt. Bei höheren Frequenzen, die sich nicht mit Generatoren erzeugen lassen, benötigt man besondere Schaltungen, um die Impulse zu steuern, daß sie die Schwingung wirklich entdämpfen. Diese müssen genau mit der Frequenz des Schwingkreises und bei einer richtigen Schwingungsphase zugeführt werden, weil sonst die Schwingung nicht entdämpft, sondern gehemmt werden kann, was man leicht am mechanischen Beispiel eines Pendels erkennen kann. Es wird zu ungedämpften Schwingungen angeregt, wenn es nach jeder vollen Schwingung, also bei jedem zweiten Durchgang durch die Ruhelage, einen Impuls in seiner Bewegungsrichtung erhält. Würden die Impulse eine halbe Schwingungsdauer später gegen die Bewegungsrichtung erteilt, so würde die Schwingung gehemmt werden.

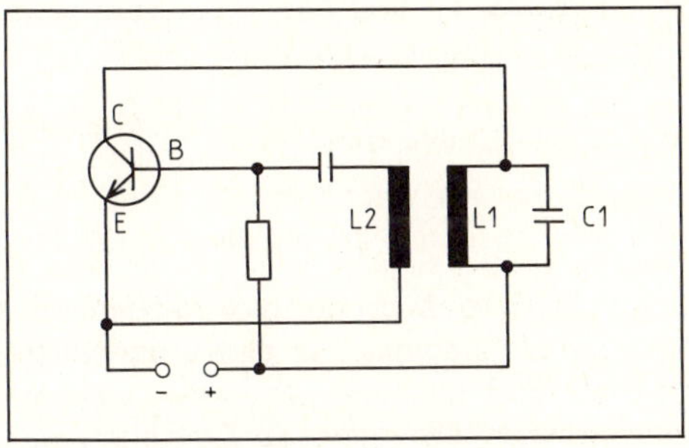

Abb. 4 Rückkopplungsschaltung mit Transistor

Die erste Schaltung, mit der man ungedämpfte elektrische Schwingungen erzeugen konnte, ist die von A. Meißner 1912 angegebene **Rückkopplungsschaltung,** die eine Elektronenröhre benötigt. Heute werden fast alle Schaltungen zur Erzeugung von Schwingungen mit Transistoren aufgebaut (Abb. 4). Die Schaltung enthält einen Schwingkreis $L_1\,C_1$, in dem unmittelbar durch den Einschaltvorgang Schwingungen angeregt werden. Sie rufen durch Induktion in der Spule L_2 einen Wechselstrom hervor, der dem Basisstrom des Transistors überlagert wird. Die Stromänderungen werden verstärkt zum Kollektorstrom und mit diesem wieder zum Schwingkreis übertragen. Da die Frequenz aller in der Schaltung auftretenden Wechselströme zugleich die Eigenfrequenz des Schwingkreises ist, erfolgen die mit dem Kollektorstrom in den Schwingkreis übertragenen Impulse mit der richtigen Frequenz.

Die in den Basisstromkreis übertragene Energie ist sehr klein; die Energie, die vom Kollektorstrom auf den Schwingkreis übertragen wird, ist dagegen infolge der Verstärkung durch den Transistor wesentlich größer, so daß nicht nur die abgegebene Energie ersetzt wird, sondern auch alle Energieverluste an den Widerständen des Schwingkreises ausgeglichen werden. Der Vorgang, daß zuerst Energie entnommen und dann verstärkt zurückgeführt wird, hat den Schaltungen den Namen „Rückkopplungsschaltungen" gegeben.

Zur Erzeugung ungedämpfter elektrischer Schwingungen benötigt man einen Schwingkreis mit einer Rückkopplungsschaltung.

Benützt man im Schwingkreis einen Kondensator mit veränderlicher Kapazität, so läßt sich die Frequenz der erzeugten Schwingung nach der Gleichung $f = \frac{1}{2\pi\sqrt{L \cdot C}}$ in weiten Grenzen verändern. Schwingungen mit Frequenzen bis zu 20 kHz, die den Frequenzen des Schalls entsprechen, bezeichnet man als **Niederfrequenz.** Mit kleinen Kapazitäten und Induktivitäten kann man aber noch wesentlich höhere Frequenzen erzielen; man bezeichnet sie als elektrische **Hochfrequenz.**

8.8.2 Entstehung und Ausbreitung elektromagnetischer Wellen

Bei den Schwingungen in einem Schwingkreis treten abwechselnd ein elektrisches und ein magnetisches Feld als Träger der Schwingungsenergie auf. Die Felder sind räumlich getrennt und erfüllen nur einen kleinen Rauminhalt im Innern des Kondensators bzw. der Spule. Vergrößert man den Plattenabstand, so erfüllt das elektrische Feld einen größeren Raum (Abb. 1). Man kann die Platten immer weiter voneinander entfernen und erhält schließlich einen **offenen Schwingkreis,** bei dem sich die Kondensatorplatten an den Enden eines geraden Leiters befinden, in dessen Mitte die Spule angeordnet ist. Das elektrische Feld erstreckt sich jetzt von der einen zur anderen Platte und erfüllt die ganze Umgebung der Schaltung.

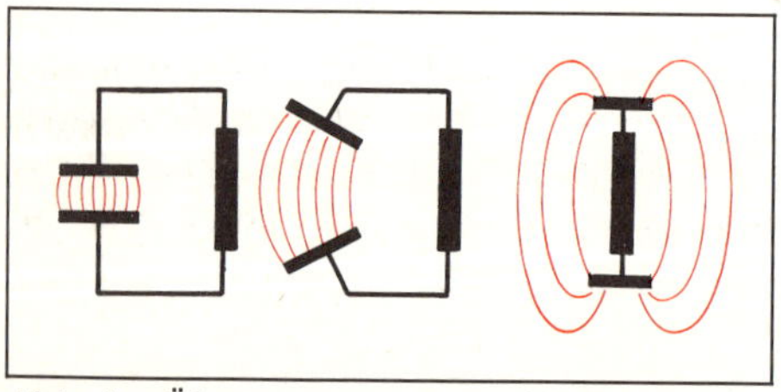

Abb. 1 Übergang vom geschlossenen zum offenen Schwingkreis

Bei einem solchen offenen Schwingkreis kann man statt der unteren Kondensatorplatte die Erde verwenden und die obere Platte durch einen ausgestreckten Draht, durch eine Antenne, ersetzen (Abb. 2). Für besonders hohe Frequenzen muß man die Kapazität und die Induktivität verkleinern. Geht man dabei immer weiter, so erhält man einen Dipol, nämlich einen gestreckten Leiter, der in der Mitte eine Möglichkeit zur Anregung bzw. zum Nachweis der Schwingungen besitzt (Abb. 3). Bei ihm ist der Ort der Kapazität und der Induktivität nicht mehr getrennt, sondern über den ganzen Dipol verteilt.

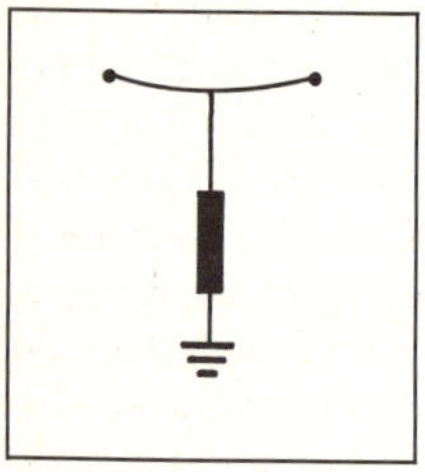

Abb. 2 Antenne

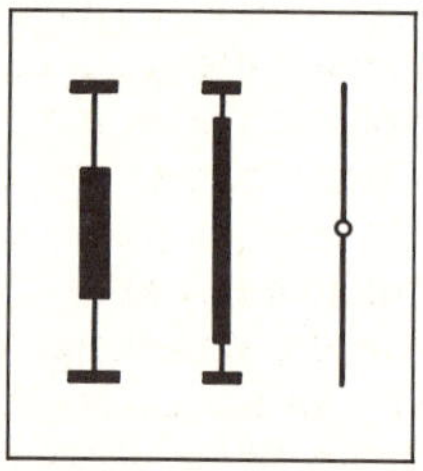

Abb. 3 Entstehung eines Dipols

Da in einem angeregten offenen Schwingkreis bzw. in einem angeregten Dipol wechselnde Aufladungen auftreten, entstehen in seiner Umgebung ein wechselndes elektrisches und ein wechselndes magnetisches Feld mit ihren Feldlinien.

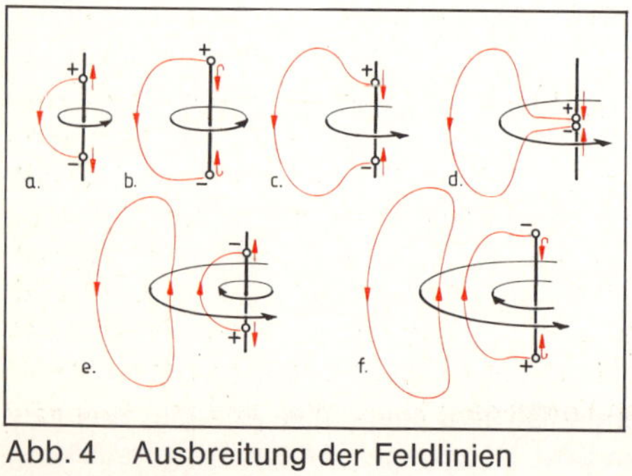

Abb. 4 Ausbreitung der Feldlinien

In Abb. 4 verfolgen wir die Entstehung der elektrischen bzw. magnetischen Feldlinien. Wir beginnen in dem Augenblick, in dem sich Elektronen, also negative Ladungen, von der Mitte eines Dipols nach unten bewegen (Abb. 4 a); oben entsteht dann ein Elektronenmangel, also eine positive Ladung, so daß wir zur Vereinfachung annehmen dürfen, daß sich positive Ladungen nach oben bewegen. Die bewegten Ladungen bilden einen Strom; daher umgibt sich der Dipol mit magnetischen Feldlinien. Während sich die Ladungen zu den Spitzen des Dipols bewegen, breiten sich elektrische Feldlinien zwischen den Ladungen in den Raum aus (wovon in den Abb. 4 a, b, c zur besseren Übersicht nur eine einge-

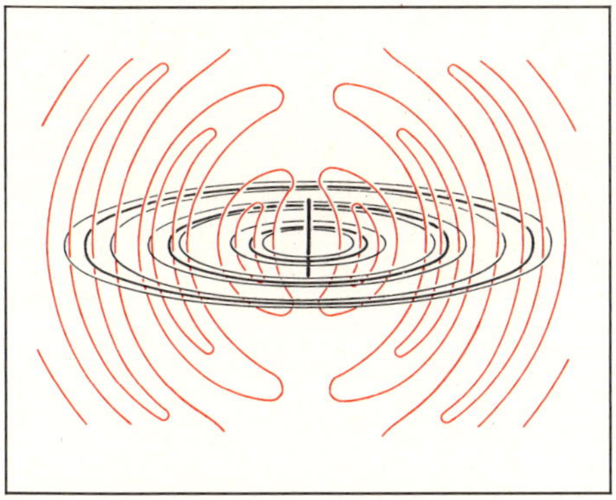

Abb. 5 Dipolfeld (Nahbereich) einer elektromagnetischen Welle

zeichnet ist). Die Feldlinien spannen sich immer weiter in die Umgebung, während sich die Ladungen bis zur Spitze des Dipols bewegen. Gleichzeitig breiten sich auch die magnetischen Feldlinien um den mittleren Teil des Dipols aus, von denen ebenfalls nur eine eingezeichnet ist. Diese Ausbreitung setzt sich aber auch noch fort, wenn sich die Ladungen wieder gegen die Dipolmitte zurückbewegen (Abb. 4 c, d). Wenn die Ladungen sich beim Zusammentreffen in der Mitte neutralisieren, verbinden sich auch Anfang und Ende der Feldlinie, und diese wird als in sich geschlossene Feldlinie vom Dipol abgeschnürt. Wenn sich die Ladungen weiter bewegen (negativ nach oben, positiv nach unten), entstehen neue magnetische und elektrische Feldlinien, die sich in gleicher Weise ausbreiten. Schließlich entsteht im Nahfeld um den Dipol eine Überlagerung von elektrischem und magnetischem Feld mit Feldlinien nach Abb. 5, wobei die elektrischen Feldlinien nur für eine vertikale, die magnetischen nur für eine horizontale Ebene eingezeichnet sind. Nach oben und unten verlaufen in weiteren Horizontalebenen schwächere magnetische Feldlinien; und weitere elektrische Feldlinien erhält man, wenn man die Vertikalebene um die Dipolachse dreht.

Sowohl eine mathematische Ableitung wie auch experimentelle Messungen führen zu dem Ergebnis, daß sich die Feldlinien mit der Geschwindigkeit der Lichtwellen, mit $c =$ 300 000 km/s, ausbreiten. Betrachtet man die Ausbreitung eines Feldes an einem festen Punkt, so stellt man eine periodisch wechselnde elektrische und magnetische Feldstärke fest. Das elektromagnetische Feld breitet sich also mit allen Eigenschaften einer Welle aus. Deshalb bezeichnet man den ganzen Vorgang als eine **elektromagnetische Welle.**

8.8.3 Nachweis und Eigenschaften elektromagnetischer Wellen

Um elektromagnetische Wellen nachzuweisen, bringt man in ihren Ausbreitungsbereich einen ausgespannten Draht als Empfangsantenne. Wenn sie von Wellen getroffen wird, entstehen in ihr durch Induktion Wechselspannungen, die allerdings in großer Entfernung von der Sendeantenne sehr schwach sind und zum Nachweis der Verstärkung bedürfen. Deshalb überträgt man die schwachen Induktionsspannungen, die von der Antenne aufgenommen werden, auf eine Transistorverstärkungsschaltung (8.4.6). Die Verstärkung wird besonders groß, wenn man nach Abb. 1 in die Kollektorzuleitung einen Schwingkreis einfügt, dessen Frequenz auf die zu empfangende Frequenz abgestimmt ist. Ein solches Gerät empfängt dann diese Frequenz mit sehr hoher Verstärkung, während andere Frequenzen unverstärkt zur Erde abgeleitet werden.

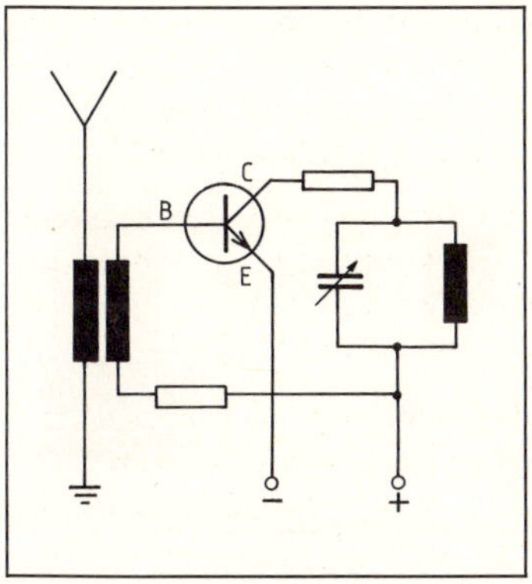

Abb. 1 Abstimmbare Verstärkung zum Nachweis von elektromagnetischen Wellen

Um weitere Eigenschaften der elektromagnetischen Wellen ohne allzuweit ausgedehnte Apparaturen untersuchen zu können, brauchen wir besonders kurze Wellenlängen. Wir erhalten sie von einem Mikrowellensender, der mit Hilfe von besonderen Schaltungen und Röhren Wellen mit einer Frequenz von mehreren Tausend MHz erzeugen kann. Nach der Gleichung $f \cdot \lambda = c$ ergibt sich daraus eine Wellenlänge von einigen cm. Zum Senden und Empfangen dienen zwei gleiche Dipole, von denen der eine mit dem Sender, der andere mit einem Verstärker und einem Meßgerät verbunden wird (Abb. 2). Um mit dem Empfangsdipol die vom Sendedipol ausgehenden Wellen empfangen zu können, müssen beide Dipole parallel gerichtet sein, da sonst nach dem in Abb. 8.8.2(5) dargestellten Feldverlauf keine elektrischen Feldlinien geschnitten werden.

V1

(Abb. 2): Zuerst bringen wir zwischen Sender- und Empfangsdipol eine Platte aus einem Dielektrikum, z. B. aus Glas, Plexiglas oder aus Kunststoff. Der Ausschlag des Meßgerätes am Empfänger wird dadurch praktisch nicht verändert. Verwenden wir dagegen eine Aluminiumplatte, so geht der Ausschlag des Meßgerätes auf Null zurück.

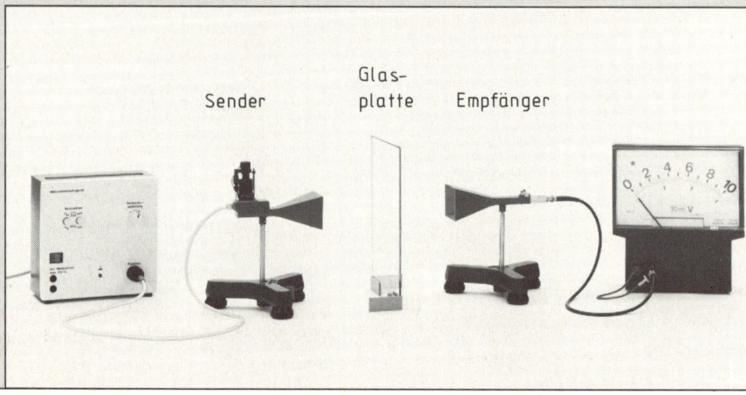

Abb. 2 Durchgang elektromagnetischer Wellen durch eine Glasplatte

Elektromagnetische Wellen gehen durch ein Dielektrikum hindurch. Eine Metallplatte dagegen verhindert ihre Ausbreitung.

V2

(Abb. 3): Wir richten den Sender und den Empfänger gegen ein hinten aufgestelltes Aluminiumblech. Dadurch erhalten wir wieder einen Ausschlag; er ist am größten, wenn der Winkel, den die auftreffenden Wellen mit dem Lot auf die Aluminiumplatte bilden, ebenso groß ist wie der Winkel zwischen dem Lot und der Verbindungslinie zum Empfangsdipol. Diese Bedingung ist genau die des Reflexionsgesetzes in der allgemeinen Wellenlehre und der Optik.

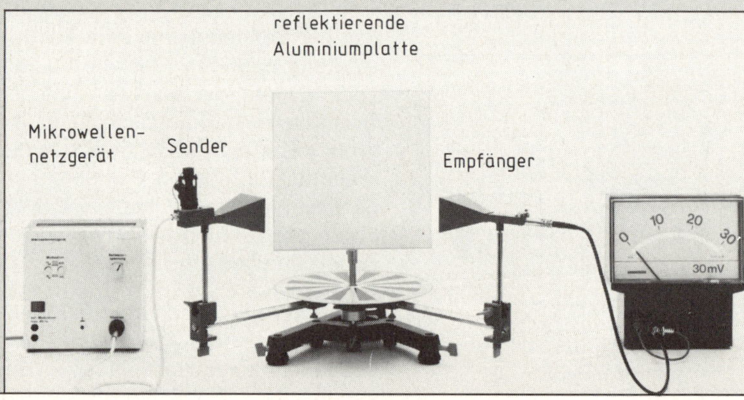

Abb. 3 Reflexion elektromagnetischer Wellen an einer Metallplatte

Elektromagnetische Wellen werden von metallischen Platten oder Gittern nach dem Reflexionsgesetz reflektiert.

Die reflektierende Wirkung leitender Flächen ist auch bei der Versuchsapparatur verwendet, indem Sende- und Empfangsdipol von je einem Trichter umschlossen sind, der die Ausstrahlung bzw. den Empfang auf eine bestimmte Richtung beschränkt.

V3 (Abb. 4): In die Ausbreitungsrichtung der durch den Reflektortrichter gebündelten Welle des Sendedipols bringen wir ein Paraffinprisma. Hinter ihm untersuchen wir die hindurchgegangene Welle. Wir finden sie aber nicht in der Verlängerung der Richtung der ankommenden Welle, sondern in einer abgelenkten Richtung.

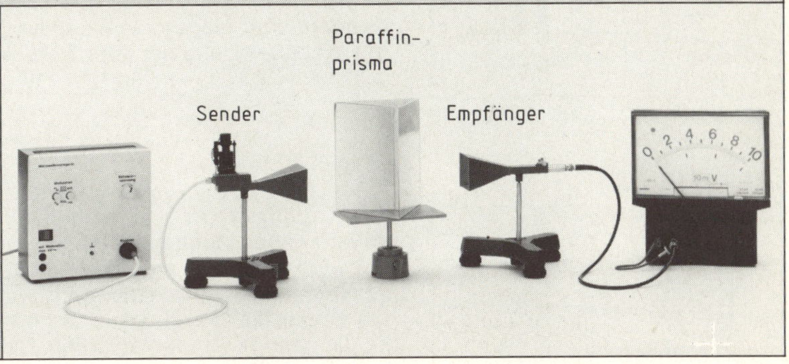

Abb. 4 Brechung elektromagnetischer Wellen

Eine elektromagnetische Welle erfährt bei einem schrägen Übertritt in ein Dielektrikum eine Brechung.

Diese Versuche zeigen, daß die elektromagnetischen Wellen nicht nur hinsichtlich ihrer Fortpflanzungsgeschwindigkeit mit dem Licht verwandt sind, sondern daß ihre ganze Ausbreitung nach den gleichen Gesetzen erfolgt wie beim Licht. Diese Verwandtschaft wird uns in Nr. 8.8.6 noch weiter beschäftigen.

8.8.4 Umwandlung von Schallschwingungen in elektromagnetische Schwingungen

Die elektromagnetischen Wellen geben die Möglichkeit, Nachrichten mit Lichtgeschwindigkeit nach allen Richtungen auszusenden, ohne daß dazu eine Drahtleitung benötigt wird. Zu diesem Zweck müssen aber zuerst die Schallwellen der Nachricht in entsprechende elektrische Schwingungen übertragen werden, die dann von einem Sender ausgestrahlt werden können. Im folgenden werden die wichtigsten Geräte, die dieser Umwandlung dienen, beschrieben, auch wenn sie nicht nur bei der Nachrichtenübermittlung mit elektromagnetischen Wellen verwendet werden. Zur Umwandlung von Schallschwingungen in Schwankungen eines elektrischen Stromes dienen die Mikrofone, zur Rückverwandlung von niederfrequenten elektrischen Wechselströmen in Schallwellen verwendet man Kopfhörer und Lautsprecher; beide Umwandlungen vereint finden beim Telefon Anwendung.

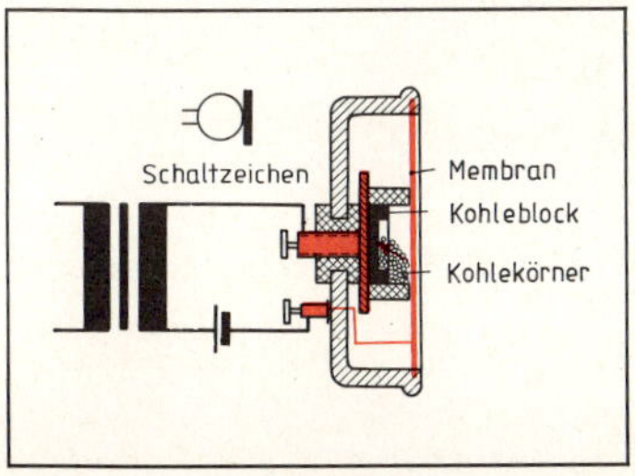

Abb. 1 Kohlekörnermikrofon

Das älteste, aber heute noch verwendete **Mikrofon** ist das **Kohlekörnermikrofon** (Abb. 1). Eine Spannungsquelle ist über die Primärspule eines Trafos mit einem Kohleblock und direkt mit einer Kohlemembran verbunden, die sich in einem Gehäuse befinden. Der Zwischenraum zwischen beiden Kohleelektroden ist mit Kohlekörnern ausgefüllt. Wenn Schallwellen auf die Membran treffen, schwingt sie mit und drückt die Kohlekörner abwechselnd mehr oder weniger zusammen. Dabei ändert sich ihr Übergangswiderstand, so daß der im Stromkreis fließende Strom im Rhythmus der Schallschwingungen verstärkt und geschwächt wird. Diese Stromschwankungen werden vom Trafo auf die Leitung übertragen, die sie zur weiteren Verstärkung oder zur Empfangsstelle führt. Weil der von einem Kohlekörnermikrofon übertragene Frequenzbereich sehr klein ist, genügt es nur für geringe Ansprüche.

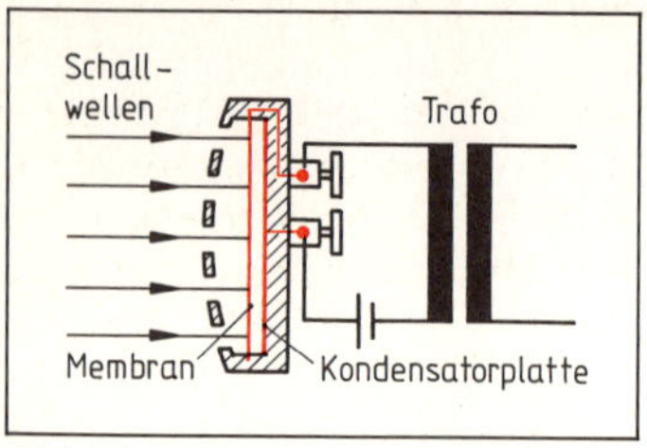

Abb. 2 Kondensatormikrofon

Einen weit größeren Frequenzbereich überträgt das **Kondensatormikrofon** (Abb. 2). Es besteht aus einem Kondensator, dessen eine Platte am Boden eines Gehäuses angebracht, während die andere als elastische Membran darübergespannt ist. Wird sie von Schallwellen zum Mitschwingen gebracht, so ändert sich mit dem wechselnden Plattenabstand die Kapazität. In den Zuleitungen zwischen der Spannungsquelle und den Kondensatorbelegungen fließt ein genau den Schallwellen entsprechender Wechselstrom, der vom Trafo weiter übertragen wird.

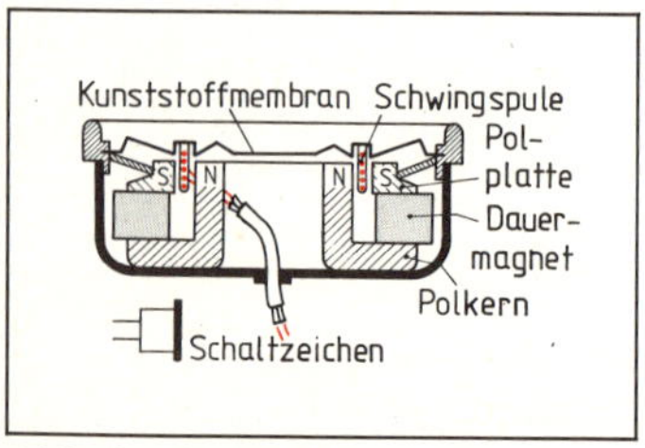

Abb. 3 Kopfhörer

Ein **Kopfhörer** (Abb. 3) enthält einen ringförmigen Magneten. In dem kreisförmigen Luftspalt zwischen seinen Polen befindet sich eine Schwingspule, die an einer Kunststoffmembran befestigt ist. Wenn der im Rhythmus der Schallschwingungen wechselnde Sprechstrom durch die Spule fließt, erzeugt er Schwingungen der Spule im Luftspalt, die im gleichen Rhythmus ablaufen. Die mit der Spule verbundene Membran schwingt mit und überträgt die Schwingungen auf die Luft, so daß sie wieder als Schall gehört werden können.

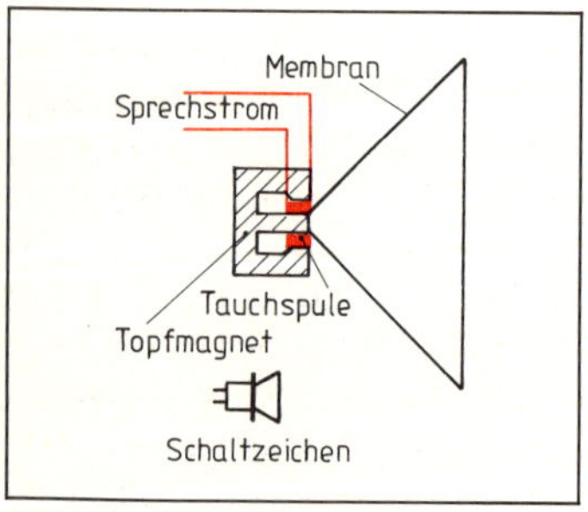

Abb. 4 Lautsprecher

Um den Schall gleichzeitig mehreren Hörern zugänglich zu machen, verwendet man **Lautsprecher.** Am meisten benützt man wegen seiner guten Schallwiedergabe und seines geringen Energiebedarfs den dynamischen Lautsprecher (Abb. 4). Eine Kegelmembran trägt an einem zylinderförmigen Ansatz eine Spule. Diese befindet sich im Ringspalt eines permanenten Topfmagneten. Wenn Sprechströme durch die Spule geleitet werden, bewegt sie sich mit der Membran je nach der Stromrichtung im Spalt nach innen oder außen (Tauchspule). Die Schwingungen der Membran übertragen sich als Schall auf die Luft. Die zum Betrieb erforderliche Leistung liegt bei Zimmerlautsprechern bei wenigen Watt und kann bei Kino- oder Freiluftlautsprechern bis zu mehreren 100 Watt gesteigert werden. Für große Leistungen benützt man einen mit einer Spule fremderregten Elektromagneten. Nur ein kleiner Bruchteil der aufgenommenen Leistung wird in Schall umgewandelt.

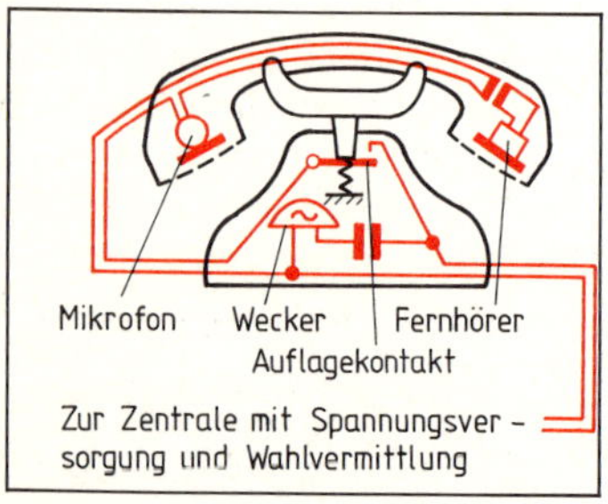

Abb. 5 Telefon (vereinfacht)

Beim **Telefon** wird an jeder Anschlußstelle die Verbindung eines Mikrofons und eines Hörers verwendet. Die Spannungsversorgung erfolgt von einer Zentrale aus nach der Schaltung in Abb. 5. Die Zentrale enthält auch die Wähleinrichtung, die mit Hilfe der in der Abb. weggelassenen Nummernwählscheibe bedient wird, so daß alle Sprechstellen über die Zentrale beliebig miteinander verbunden werden können.

8.8.5 Nachrichtenübertragung mit Hilfe von elektromagnetischen Wellen

Das einfachste Verfahren zur drahtlosen Übermittlung von Schall mit elektromagnetischen Wellen besteht darin, daß man Schallschwingungen mit einem Mikrofon in niederfrequente elektrische Schwingungen überträgt und diese dann über eine Sendeantenne ausstrahlt (Abb. 1). Von einer Empfangsstation werden diese Schwingungen wieder aufgenommen und über einen Niederfrequenztransformator einem Kopfhörer zugeführt, der sie wieder in Schall umwandelt.

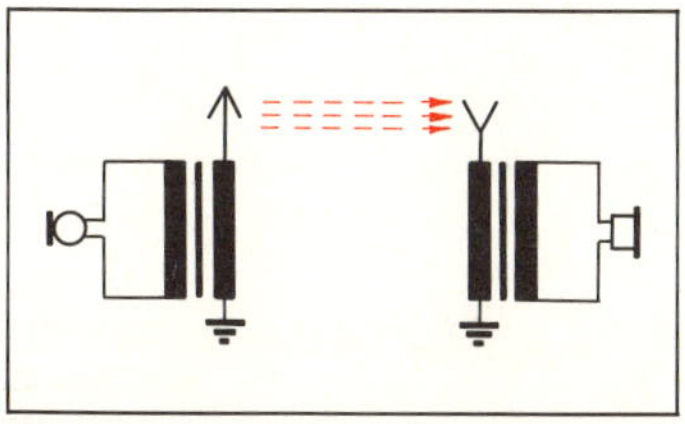
Abb. 1 Drahtlose Übertragung mit Niederfrequenz

Dieses Verfahren ist praktisch undurchführbar, denn es enthält zwei Nachteile: 1. Niederfrequente Wellen werden nur mit geringer Energie ausgestrahlt und haben deshalb nur geringe Reichweite. 2. Bei dem genannten Verfahren könnte man die Sendungen verschiedener Sender nicht voneinander trennen. Soweit ihre Ausstrahlenergie überhaupt zu einem Empfang ausreicht, wären alle Sender gleichzeitig zu hören. Man dürfte innerhalb der Reichweite eines Senders keinen zweiten in Betrieb nehmen.

Um diese Nachteile zu vermeiden, verwendet man hochfrequente elektrische Schwingungen, denen man die niederfrequenten Schwingungen der Mikrofonströme überlagert. Die Reichweite der hochfrequenten Wellen kann bei genügender Ausstrahlenergie so weit gesteigert werden, daß selbst von der Erde zu den Satelliten im Weltenraum oder von ihnen zur Erde zurück Signale übermittelt werden konnten. Wenn man außerdem noch jedem Sender eine andere Frequenz vorschreibt und zum Empfang abstimmbare Verstärkerschaltungen (8.8.3) verwendet, ist auch die Möglichkeit gegeben, beim Empfang verschiedene Sender zu trennen, ohne daß ein anderer Sender, der vielleicht in geringer Entfernung Wellen ausstrahlt, eine Störung bewirkt. Aus der empfangenen Hochfrequenz muß dann die überlagerte Niederfrequenz abgetrennt und in hörbare Schallschwingungen umgewandelt werden. Die Überlagerung von Niederfrequenz auf die erzeugte Hochfrequenz im Sender bezeichnet man als **Modulation,** die Trennung der Niederfrequenz von der Hochfrequenz im Empfänger als **Demodulation.** Um große Reichweiten und gute Wahrnehmbarkeit zu erzielen, enthalten sowohl Sender wie Empfänger eine oder mehrere Verstärkerschaltungen. Beide Geräte bestehen daher aus mehreren Arbeitsstufen, deren Aufgaben und Zusammenwirken in der folgenden Übersicht zusammengestellt und in den Abbildungen 2 und 3 schematisch gezeichnet ist.

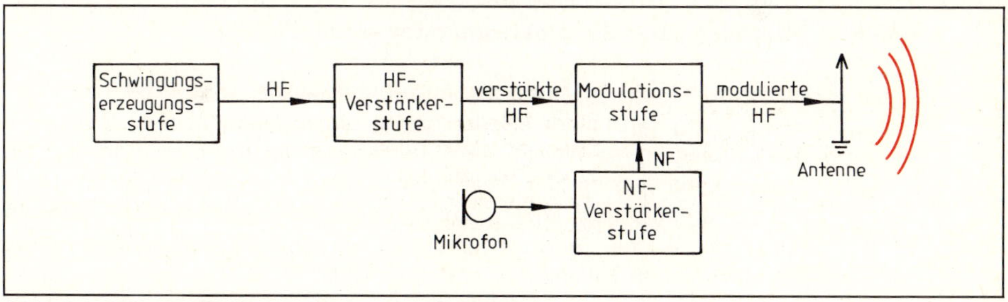

Abb. 2 Schematischer Aufbau eines Senders

Aufgaben des Senders:

1. Erzeugung einer ungedämpften, hochfrequenten Schwingung.
2. Verstärkung der erzeugten Hochfrequenz.
3. Umwandlung des Schalles in Niederfrequenzschwingungen mit einem Mikrofon und ausreichende Verstärkung dieser Niederfrequenz.
4. Modulation der verstärkten Hochfrequenz mit der Niederfrequenz.
5. Ausstrahlung der modulierten Hochfrequenz über eine Sendeantenne.

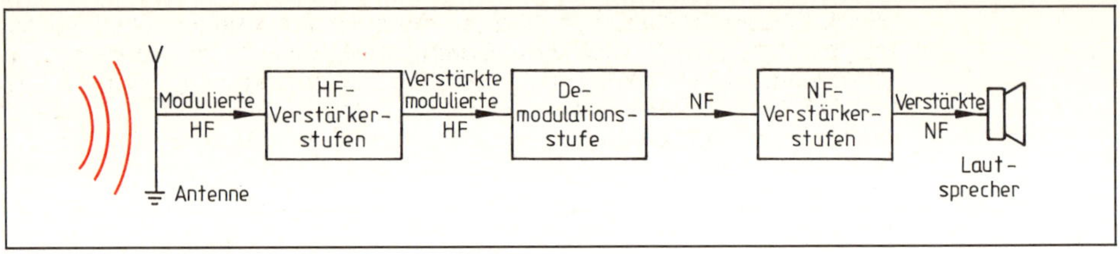

Abb. 3 Schematischer Aufbau eines Empfängers

Aufgaben des Empfängers:

1. Aufnahme der ankommenden modulierten Hochfrequenz mit einer Empfangsantenne.
2. Auswahl und Verstärkung der gewünschten Hochfrequenz in einer oder mehreren abstimmbaren Verstärkerstufen.
3. Trennung der Niederfrequenz von der modulierten Hochfrequenz in einer Demodulationsstufe.
4. Verstärkung der Niederfrequenz in einer Niederfrequenzverstärkerstufe.
5. Übertragung der verstärkten Niederfrequenz in Schall mit einem Lautsprecher.

Noch schwieriger ist die drahtlose Übertragung eines Bildes, weil es zunächst in einzelne Punkte zerlegt werden muß, die einzeln abgetastet, in Stromschwankungen umgewandelt und ausgestrahlt werden müssen. Für ein bewegtes Bild muß der Vorgang in jeder Sekunde 25mal wiederholt werden. Dazu benötigt man besonders hochfrequente Wellen mit Wellenlängen von wenigen Metern. Im Empfänger müssen die einzelnen übertragenen Punkte wieder zu Zeilen und diese dann zu dem ursprünglichen Bild zusammengesetzt werden. Dazu sind Schaltungen erforderlich, deren Behandlung den Rahmen dieses Buches überschreiten würden.

8.8.6 Überblick über die elektromagnetischen Wellen

Die Entwicklung der Hochfrequenztechnik führte wegen der besseren Ausstrahlung zur Verwendung von immer kurzwelligeren elektromagnetischen Wellen. Technische Anwendung finden schon Wellen mit Wellenlängen bis herab zu 1 cm. Mit besonderen Einrichtungen kann man schon Wellenlängen bis zu 0,1 mm erzeugen. Die Eigenschaften der elektromagnetischen Wellen entsprechen mit abnehmender Wellenlänge immer mehr denen der Wärme- und Lichtstrahlen. Bei gleicher Wellenlänge unterscheidet sich eine mit elektrischen Hilfsmitteln erzeugte Welle nicht von der Welle einer Wärmestrahlung. Daraus darf man den Schluß ziehen, daß die Wärmestrahlen und das Licht mit den elektrischen Wellen wesensgleich sind und auch noch kurzwelligere Strahlungen zu den elektromagnetischen Wellen gehören. Die unterschiedlichen Eigenschaften sind nur eine Folge der verschiedenen Wellenlängen.

An das violette Ende des sichtbaren Lichtes schließen sich die **ultravioletten Strahlen** an.

Wie die infraroten Strahlen sind sie für das Auge unsichtbar. Das Sonnenlicht enthält viele ultraviolette Strahlen, die aber zum größten Teil von der Erdatmosphäre absorbiert werden. Das wichtigste Hilfsmittel, um sie künstlich zu erzeugen, ist die Quecksilberdampflampe. Sie besitzen stärkere chemische Wirkungen als das sichtbare Licht. So bräunen sie z. B. die Haut sehr stark, können die Bindehaut des Auges entzünden und schwärzen die fotografische Platte.

Noch kürzere Wellenlängen weisen die in Nr. 8.4.4 behandelten **Röntgenstrahlen** und die in der Atomphysik wichtigen **Gammastrahlen** auf. Die kürzesten Wellenlängen haben elektromagnetische Wellen, die bei Wechselwirkungen der kosmischen Strahlung (Höhenstrahlen) mit Luftmolekülen entstehen. Einen Überblick über alle elektromagnetischen Wellen, ihre Wellenlängen, Bezeichnungen und Anwendungen gibt die untenstehende Tabelle.

Tabelle 1: Übersicht über die elektromagnetischen Wellen

Frequenz		Wellenlänge	Bezeichnung und Anwendung		
Hz	unter 50 Hz	über 6000 km	Elektrisch erzeugte Wellen – Niederfrequenz	Wellen in der Umgebung von Leitungen mit technischen Wechselströmen	
100	50 Hz–	6000 km–			
1000					
10^4				Wellen in der Umgebung von Leitungen mit Mikrofon- oder Lautsprecherströmen	
10^5	–20 kHz	–15 km			
10^6	20 kHz– –300 kHz	15 km– –1 km	Elektrisch erzeugte Wellen – Hochfrequenz	Langwellen	Radio 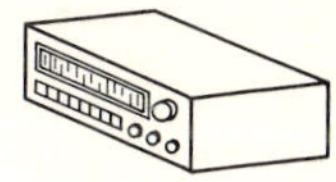
10^7	300 kHz– –3 MHz	1000 m– –100 m		Mittelwellen	
10^8	3 MHz– –30 MHz	100 m– –10 m		Kurzwellen	
10^9	30 MHz– –300 MHz	10 m– –1 m		Ultrakurzwellen	Fernsehen 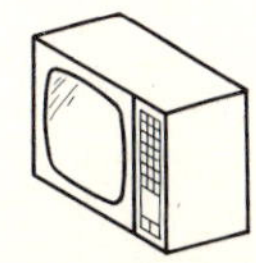
10^{10}	$3 \cdot 10^8$ Hz– $-3 \cdot 10^9$ HZ	1 m– –1 dm			
10^{11}	$3 \cdot 10^9$ Hz– $-3 \cdot 10^{10}$ HZ	1 dm– –1 cm			Radar
10^{12}	$3 \cdot 10^{10}$ HZ–	1 cm–		Kürzeste auf elektrischem Weg erzeugte Wellen	Technisch noch nicht ausgenutzt
10^{13}	$-3 \cdot 10^{12}$ HZ	–0,1 mm			
10^{14}		0,1 mm– –0,8 μm	Optisch erzeugte Wellen	Infrarotstrahlen	Wärmestrahlen 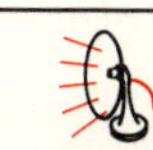
10^{15}		0,8 μm– 0,4 μm		Sichtbares Licht	Beleuchtung Fotografie 
10^{16}		400 nm–		Ultraviolett-strahlen	Quecksilber-dampflampe 
10^{17}		–10 nm			
10^{18}		10 nm–		Röntgenstrahlen	Röntgendiagnose und -therapie Werkstoffprüfung 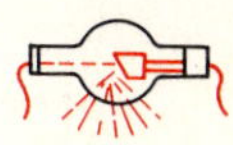
10^{19}		–10 pm			
10^{20}		10 pm–		γ-Strahlen	Atomphysik 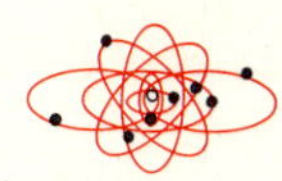
10^{21}		–0,1 pm			
10^{22} Hz		unter 0,1 pm		Wellenkomponente der Höhenstrahlen	

9 Atom- und Kernphysik

9.1 Atomphysik

9.1.1 Masse und Größe der Atome

Aus vielen Ergebnissen der Chemie und auch der Physik folgt die schon in Nr. 1.11.1 angeführte Tatsache, daß alle Materie aus Molekülen aufgebaut ist und daß die Moleküle sich aus einem oder mehreren Atomen der chemischen Elemente zusammensetzen. Die Atome der verschiedenen chemischen Elemente haben nicht die gleichen Massen. Diese verhalten sich wie die von der Chemie eingeführten relativen Atommassen A_r. Für Kohlenstoff (genauer für das Kohlenstoffisotop C 12) wurde sie auf genau 12 festgesetzt. Dann ergibt sich bei Wasserstoff die relative Atommasse 1,008, bei Helium 4,003, bei Sauerstoff 16,000 und beim schwersten Element Uran 238. Eine Menge von so vielen g, wie die relative Atommasse A_r angibt, also z. B. 1,008 g Wasserstoff, 4,003 g Helium, 16,000 g Sauerstoff usw., enthält daher immer die gleiche Anzahl von Atomen.

Die Anzahl der Atome spielt besonders bei chemischen Reaktionen eine große Rolle. In einer Menge Kohlenmonoxid CO sind z. B. die Anzahl der Sauerstoff- und die der Kohlenstoffatome gleich groß, in einer Menge Kohlendioxid CO_2 ist die Anzahl der Sauerstoffatome genau doppelt so groß wie die der Kohlenstoffatome. Allgemein stehen die Anzahl der Atome der beteiligten Elemente bei einer chemischen Verbindung immer in einem einfachen Zahlenverhältnis. Deshalb wurde die Anzahl der Atome, oder allgemein, die Anzahl der Teilchen einer Menge unter der Bezeichnung **„Stoffmenge"** n als physikalische Größe eingeführt. Da sie nicht auf andere Größen zurückgeführt werden kann, ist die Stoffmenge nach der Länge, der Zeit, der Masse, der Temperatur, der Lichtstärke und dem elektrischen Strom die siebte Basisgröße der Physik. Ihre Einheit ist das Mol (mol)

$$[n] = \text{mol}$$

Eine Menge von Teilchen enthält die Stoffmenge 1 mol, wenn sie aus ebenso vielen Teilchen besteht wie 12 g Kohlenstoff C 12 aus Kohlenstoffatomen. Die Anzahl der in einem Mol enthaltenen Teilchen wurde zuerst von dem Wiener Physiker Loschmidt bestimmt. Man bezeichnet sie daher als **Loschmidtsche** (oder **Avogadrosche**) Zahl N_L. Ihr Wert ist:

$$N_L = 6{,}022 \cdot 10^{23}$$

Mit ihr kann man die Masse eines einzelnen Atoms bestimmen. Man erhält z. B. für 1 mol Wasserstoff mit der Masse $m = 1{,}008$ g, da in ihm N_L Atome enthalten sind:

$$m_H = \frac{m}{N_L} = \frac{1{,}008\,\text{g}}{6{,}022 \cdot 10^{23}} = 1{,}67 \cdot 10^{-24}\,\text{g}$$

Schwieriger ist es, die Abmessungen eines Atoms genau zu bestimmen. Einen Näherungswert kann man aus der folgenden Betrachtung finden, die am Beispiel von 1 mol Eisen ($A_r = 55{,}85$) durchgerechnet wird. Da es die Masse $m = 55{,}85$ g und die Dichte $\varrho = 7{,}8\,\text{g/cm}^3$ besitzt, erhält man für das Volumen:

$$V = \frac{m}{\varrho} = \frac{55{,}85\,\text{g}}{7{,}8\,\text{g/cm}} = 7{,}16\,\text{cm}^3$$

Weil darin $6{,}022 \cdot 10^{23}$ Atome enthalten sind, erhält man für den Raum, der einem einzelnen Atom zur Verfügung steht:

$$V_{\text{Atom}} = \frac{7{,}16\,\text{cm}^3}{6{,}022 \cdot 10^{23}} = 11{,}9 \cdot 10^{-24}\,\text{cm}^3$$

Dieses Volumen entspricht einem Würfel von $2{,}28 \cdot 10^{-8}$ cm = 0,000 000 0228 cm Kantenlänge. Der Durchmesser eines Eisenatoms kann daher diese Strecke nicht wesentlich überschreiten. Von der gleichen Größenordnung sind die Werte, die man für die Durchmesser der Atome anderer Elemente erhält. Genauere Werte über den Atomdurchmesser waren zu der Zeit, als man die ersten Erkenntnisse über die Atome erlangte, noch nicht bekannt.

Aufgaben

1. *Wie viele Moleküle befinden sich in 1 mm³ eines Hochvakuums von 10^{-6} mbar bei 0 °C, wenn bei Normbedingungen (1013 mbar und 0 °C) ein Mol das Volumen 22,41 dm³ einnimmt?*

2. *Die Moleküle eines Eßlöffels Wasser (3 g $\triangleq \frac{1}{6}$ mol) denke man sich gleichmäßig auf alle Weltmeere ($V \approx 10^9$ km³) verteilt. Wie viele dieser Moleküle sind dann im Mittel in einem Becher (50 cm³) Meerwasser enthalten?*

9.1.2 Atomkern und Elektronenhülle

Jede negative elektrische Ladung besteht aus Elektronen, die sich auf dem geladenen Körper befinden (Nr. 8.1.3). Eine positive Ladung dagegen entsteht, wenn Elektronen von einem Körper weggenommen werden. Daher müssen die positiven Ladungen sich schon bei jedem Atom befinden. Neutrale Atome besitzen außer der positiven Ladung zum Ausgleich noch eine gewisse Zahl Elektronen.

Alle Atome enthalten positive und negative Ladungen.

Die Ladungen in den Atomen sind immer positive oder negative Vielfache der Elementarladung, die ein Elektron trägt (Nr. 8.1.3) und die experimentell bestimmt werden kann:

Elektrische Elementarladung: $e = 1{,}602 \cdot 10^{-19}\ \mathrm{As}$

Der englische Physiker Rutherford[1] machte Versuche mit α-Strahlen, die aus positiv geladenen Heliumionen bestehen, welche von radioaktiven Stoffen mit hoher Geschwindigkeit ausgeschleudert werden (Nr. 9.2.1). Dabei stellte er fest, daß die meisten α-Teilchen die Folie ungestört durchdringen. Die in einem Atom enthaltene Masse kann daher nicht das gesamte vom Atom eingenommene Volumen ausfüllen. Einige α-Teilchen erfahren aber beim Durchgang durch die Folie starke Ablenkungen. Da aber die Masse der α-Teilchen etwa 8000mal größer ist als die der Elektronen, erleiden sie beim Zusammenstoß mit einem Elektron keine merkliche Ablenkung. Die beobachteten starken Ablenkungen von einigen α-Teilchen mit ihren positiven Ladungen können also nur von anderen positiven Ladungen hervorgerufen werden, die mit einer großen Masse verbunden sind. Die positive Ladung und die Masse der Atome müssen also in einem kleinen **Kern** vereinigt sein, dessen Durchmesser von Rutherford zu $10^{-12} \ldots 10^{-13}$ cm, also etwa dem 10^4ten Teil des gesamten Atomdurchmessers, bestimmt wurde. Bei einer billionenfachen Vergrößerung würde das ganze Atom einen Durchmesser von etwa 100 m, der Kern aber nur die Größe eines Kirschkerns erhalten. Im übrigen Raum des Atomvolumens befinden sich nur die Elektronen, deren Gesamtheit die **Elektronenhülle** bildet.

1 Rutherford, 1871 bis 1937, Prof. in Cambridge, bedeutender englischer Atomforscher (s. S. 360).

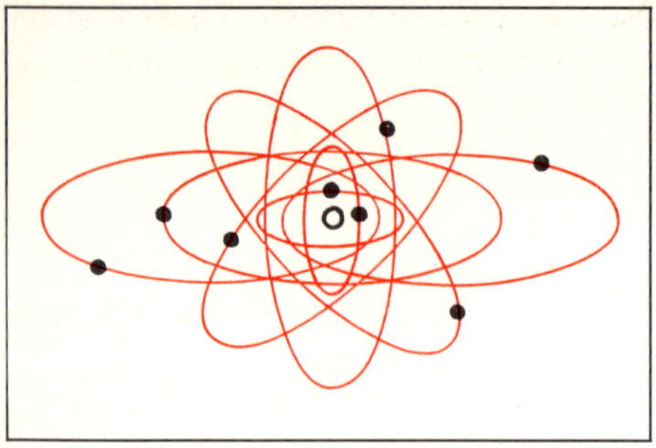

Abb. 1 Modell eines Sauerstoffatoms mit 8 Elektronen

Die Zahl der Elektronen in der Hülle ist ebenso groß wie die der positiven Elementarladungen im Kern. Dadurch sind die positive und die negative Gesamtladung entgegengesetzt gleich, und das Atom ist als Ganzes elektrisch neutral. Die Zahl der Elektronen bzw. der positiven Kernladungen heißt Ordnungszahl. Sie beträgt z. B. für Wasserstoff 1, für Helium 2, für Kohlenstoff 6 (Abb. 1), für Sauerstoff 8 und steigt bis zum Uran auf 92.

9.1.3 Bau der Elektronenhülle

Einzelheiten darüber, wie die Elektronen in der Umgebung des Kerns angeordnet sind, können wir nicht unmittelbar erkennen, da auch die stärksten Vergrößerungen der Mikroskope nicht ausreichen, um Atome oder Elektronen sichtbar zu machen. Die Physiker können sich lediglich ein **Modell** ausdenken, aus dem sich nach bekannten physikalischen Gesetzen Ergebnisse ableiten lassen, welche die beobachteten Erscheinungen beschreiben. Ein solches Modell kann eine gute Hilfe für unsere Vorstellung sein und uns beim Aufsuchen und beim Verständnis anderer Eigenschaften des Atoms unterstützen. Weil aber ein Modell nie alle Eigenschaften des wirklichen Atoms erfassen kann, können mit ihm auch nie alle Vorgänge im Innern des Atoms erklärt werden. Deshalb muß man sich bei jeder Modellvorstellung bewußt bleiben, daß sie nur eine Vorstellungs- und Denkhilfe darstellt, der stets bestimmte Grenzen gezogen sind.

Die bisher gefundenen Ergebnisse lassen sich nicht einfach mit einem Modell erklären. Die Elektronen können sich z. B. nicht ruhig an einem Punkt in der Umgebung des Kerns aufhalten, weil sie sonst von der elektrischen Anziehung zwischen den entgegengesetzten Ladungen sofort in den Kern gezogen würden. Eine bessere Annahme ist schon die, daß die Elektronen Bahnen um den Kern mit bestimmten Geschwindigkeiten durchlaufen, wobei die Fliehkraft der elektrischen Anziehung das Gleichgewicht hält. Aber auch Elektronen auf diesen Bahnen könnten nicht stabil sein, weil nach einem Gesetz der Elektrodynamik jede umlaufende Ladung eine elektromagnetische Welle aussenden müßte, deren Energie der kinetischen Energie der Umlaufbewegung entzogen werden müßte, so daß die Elektronen sich auch bei dieser Annahme bald mit dem Kern vereinigen müßten.

Ein Modell aufzustellen, in dem Elektronen in einem Raum rings um den Kern stabil existieren können, gelang erst dem dänischen Forscher Niels **Bohr**[1], indem er die kurz zuvor von Max **Planck**[2] gefundene **Quantentheorie** auf den Bau der Atome anwandte.

Nach der Quantentheorie kann bei Schwingungen oder Umlaufbewegungen Energie nicht in beliebigen Beträgen, sondern nur in Form von sog. **Energiequanten** aufgenommen oder abgegeben werden. Die Quanten sind sehr klein, wachsen aber mit zunehmender Frequenz f der Schwingung nach der Formel $W = h \cdot f$ an. Dabei ist h eine Konstante, die den Namen Wirkungsquantum erhielt, mit dem Wert:

$$h = 6{,}62 \cdot 10^{-34}\,\mathrm{Ws^2}$$

Wegen dieses winzigen Betrags des Wirkungsquantums spielt das Quantengesetz bei der Energieübertragung in technischen Maschinen und Geräten keine Rolle, bei **atomaren** Vorgängen muß es dagegen berücksichtigt werden.

1 Niels Bohr, 1885 bis 1962, Prof. in Kopenhagen.
2 Max Planck, 1858 bis 1947, Prof. in Berlin.

Bohr machte die Annahme, daß die Elektronen nur auf solchen Bahnen den Kern stabil umkreisen können, auf denen das Produkt aus ihrem Impuls $m \cdot v$ und dem Bahnumfang $2r \cdot \pi$ ein ganzzahliges Vielfaches des Wirkungsquantums h ist:

$$\text{Bohrsche Quantenbedingung } m \cdot v \cdot 2r\pi = n \cdot h$$
$$n = 1, 2, 3 \ldots$$

Beim Wasserstoff ergibt sich aus dieser Bedingung als Radius der innersten Bahn mit $n = 1 : r_1 = 0{,}53 \cdot 10^{-8}\,\text{cm}$. Die folgenden Bahnen haben vom Kern den 4-, 9-, 16-, ...fachen Abstand: $r_2 = 4r_1,\ r_3 = 9r_1 \ldots r_n = n^2 \cdot r_1$. Weil die Bahndurchmesser für große n rasch anwachsen, werden die Elektronen mit großem n leicht von außen gestört, deshalb treten meist nur Bahnen mit kleinen Werten von n auf.

Diese Vorstellung vom Bau eines Atoms mit dem Atomkern in der Mitte, um den auf wenigen stabilen Bahnen ein oder mehrere Elektronen umlaufen, ist das **Bohrsche Atommodell.** Es fand eine gute Bestätigung, weil mit ihm die Vorgänge bei der Lichtaussendung und die Entstehung der Spektrallinien erklärt werden konnten: Durch einen Stoß von außen kann ein Elektron von seiner normalen Bahn auf eine weiter außen verlaufende gehoben werden. Wegen der elektrischen Anziehung zum Kern fällt es sofort wieder auf die tiefere Bahn zurück und sendet dabei die beim Stoß aufgenommene Differenz der Energien beider Bahnen als Licht aus. Nach der Quantentheorie und der Gleichung $\lambda \cdot f = c$ (Nr. 6.2.1) muß das ausgesandte Lichtquant eine ganz bestimmte Frequenz bzw. Wellenlänge besitzen, die man aus den Gleichungen erhält:

$$f = \frac{\Delta W}{h}$$

$$\lambda = \frac{c}{f} \quad (c = \text{Lichtgeschwindigkeit})$$

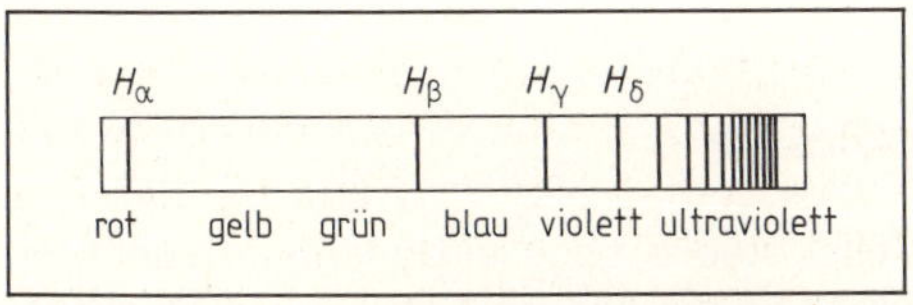

Abb. 1 Das sichtbare Wasserstoffspektrum

Dabei ist ΔW die Energie, die beim Übergang des Elektrons von der äußeren zur inneren Bahn frei wird. Die so berechneten Wellenlängen des Wasserstoffs (Abb. 1 und Farbtafel Abb. 7 in Nr. 7.3.2) stimmen mit der Beobachtung aufs genaueste überein.

Wellenlängen des Wasserstoffspektrums in nm	Spektrallinien	Hα	Hβ	Hγ	Hδ
	Berechnet	656,28	486,13	434,04	410,17
	Beobachtet	656,28	486,13	434,05	410,17

Alle anderen Atome besitzen mehr als ein Elektron. Das Bohrsche Atommodell reicht hier nicht mehr aus, um die Elektronenanordnung zu erklären. Erst ein anderes Modell, das **wellenmechanische Modell** von Schrödinger und Heisenberg beseitigte schon beim Wasserstoff manche willkürliche Annahme und brachte die Möglichkeit, auch bei Atomen mit mehreren Elektronen Aussagen über den Zustand der Elektronen zu machen. Bei diesem Modell befinden sich die Elektronen nicht mehr in genau definierten Bahnen; es lassen sich lediglich rings um den Kern Räume angeben, in denen sich die einzelnen Elektronen mit hoher Wahrscheinlichkeit aufhalten. Eine Aussage über den Bewegungszustand der Elektronen ist nicht mehr möglich. Die wahrscheinlichste Entfernung vom Kern ist für Elektronen mit gleicher Gesamtenergie nicht sehr verschieden; deshalb kann man die Aufenthaltsräume dieser Elektronen zu Schalen zusammenfassen. Jede von ihnen kann nur eine beschränkte Zahl von Elektronen aufnehmen; so ist z. B. die innerste Schale der energieärmsten Elektronen schon mit 2 Elektronen voll besetzt. Die nächste Schale faßt $2 \cdot 2^2 = 8$, die dritte $2 \cdot 3^2 = 18$, die vierte $2 \cdot 4^2 = 32$ Elektronen. Bei jedem Atom werden je nach der Zahl der Elektronen, die es besitzt, die Schalen im wesentlichen von innen heraus besetzt.

Beim Wasserstoff befindet sich das eine Elektron, beim Helium die beiden Elektronen in der innersten Schale. Das Helium ist ein Edelgas, das mit keinem anderen chemischen Element eine Verbindung eingeht; die Elektronen, die diese Verbindungen vermitteln, müssen dort eine sehr stabile Anordnung haben, die keine Verbindung zuläßt. Diese Stabilität ist eine kennzeichnende Eigenschaft einer abgeschlossenen Schale. Bei den folgenden Elementen werden nacheinander Zustände in der zweiten Schale besetzt, bis diese beim Neon mit acht Elektronen voll besetzt ist. Mit dieser stabilen Elektronenanordnung ist auch das Neon ein Edelgas. In ähnlicher Weise besitzen alle anderen Edelgase acht Elektronen in ihrer äußersten Schale und zeigen dadurch, daß acht Außenelektronen eine sehr stabile Anordnung darstellen, auch wenn dadurch die dritte oder die weiteren Schalen noch nicht abgeschlossen sind.

Acht Elektronen in der äußersten Schale stellen eine stabile Elektronenanordnung (Edelgaskonfiguration) dar.

Wenn ein Element ein oder nur wenige Elektronen mehr besitzt als ein Edelgas, so befinden sich diese in Zuständen, die vom Kern weiter entfernt sind als die Elektronen der Edelgasanordnung. Diese äußersten Elektronen können durch Stöße oder elektrische Kräfte leicht abgetrennt werden, so daß die Atome als positiv geladene Atomrümpfe zurückbleiben. Nach Nr. 8.3.2 kennzeichnet gerade dieser Vorgang die **Metalle.** Die abgetrennten Elektronen können sich leicht zwischen den Atomrümpfen bewegen und bedingen die Elektronenleitfähigkeit der Metalle.

Atome, die ein Elektron weniger besitzen als ein Edelgas, bezeichnet man als **Halogene** (Fluor, Chlor, Brom, Jod). Sie nehmen das eine zum Aufbau einer Edelgashülle erforderliche Elektron gern von außen auf.

9.1.4 Bindung der Atome zu Molekülen und Festkörpern

Wie in der Mechanik jeder Körper eine möglichst stabile Lage einzunehmen sucht, so besteht auch bei den Elektronen in der Hülle eines Atoms das Bestreben, eine möglichst stabile Anordnung aufzubauen. Nach den Ausführungen des letzten Abschnitts sind das die Elektronenhüllen mit acht Außenelektronen. Das Bestreben, zusammen mit den Elektronen anderer Atome Achterschalen aufzubauen, führt zur Entstehung von chemischen Bindungen.

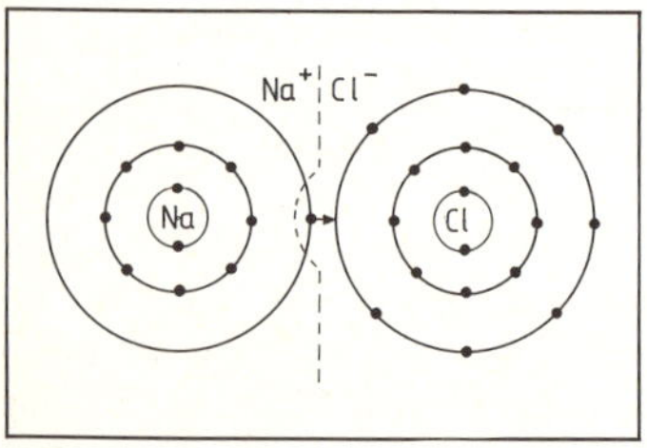

Abb. 1 Bindung eines NaCl-Moleküls

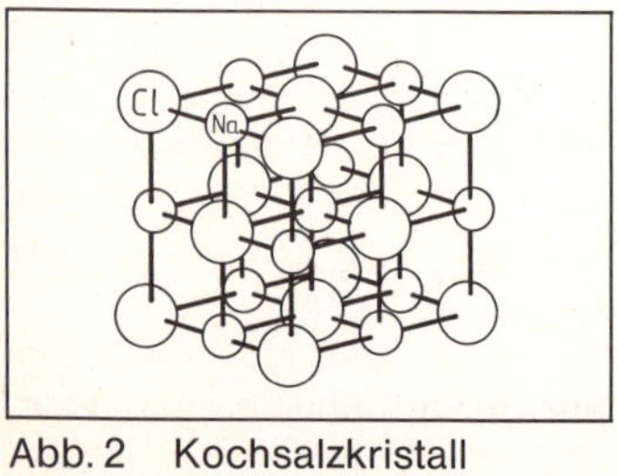

Abb. 2 Kochsalzkristall

Wenn z. B. ein Natrium- und ein Chloratom benachbart sind, so gibt das Na-Atom leicht das eine Außenelektron der dritten Schale ab, so daß ein edelgasähnlicher Atomrumpf zurückbleibt, der eine positive Ladung trägt. Das abgegebene Elektron wird vom Chlor aufgenommen, das dadurch ebenfalls eine Achterschale vollfüllt, sich dabei aber in ein negativ geladenes Ion umwandelt (Abb. 1). Die entgegengesetzt geladenen Ionen ziehen sich an. Wenn sich die gleiche Bindung bei zahlreichen Na- und Cl-Atomen wiederholt, entsteht nach Abb. 2 ein Kochsalzkristall. Ähnliche chemische Bindungen entstehen immer, wenn Atome zusammentreffen, von denen der eine Teil leicht Elektronen abgibt, der andere Teil Elektronen aufnimmt.

Wenn dagegen zwei Atome zusammentreffen, die beide zur Erreichung einer Achterschale Elektronen benötigen und zusammen mehr als acht Außenelektroden besitzen, so entsteht eine andere Art der Bindung. Die Ladungen der beiden Kerne haben zur Folge, daß sich die wahrscheinlichsten Aufenthaltsräume gegenüber denen bei einem einzelnen Atom verändern. Sie liegen dann zum Teil nicht mehr rings um den einen oder anderen Kern, sondern für mehrere Elektronen zwischen den beiden Kernen. Die dort befindlichen Elektronen gehören dann gleichsam zu beiden Kernen und halten mit ihren negativen Ladungen die Kerne mit ihren positiven Ladungen zusammen.

Wie schon in Nr. 8.4.5 beschrieben wurde, verbindet sich in ähnlicher Weise beim Kohlenstoff, Silicium und Germanium ein Atom mit vier Nachbaratomen, wobei sich zwischen je zwei Kernen ein Elektronenpaar befindet. Dadurch haben alle an einem solchen Gitter beteiligten Atome eine gefüllte Achterschale und bilden miteinander einen regelmäßig angeordneten Kristall (Diamant, Silicium- oder Germaniumkristall).

Eine dritte Art der Bindung entsteht zwischen Metallatomen, die alle nur wenige Elektronen in den Außenschalen haben, so daß sie daraus keine Achterschalen bilden können. Die Atome geben diese Elektronen ab, so daß positiv geladene Atomrümpfe zurückbleiben. Zwischen diesen bilden die abgetrennten Elektronen gleichsam eine negativ geladene Wolke, die die positiv geladenen Atomrümpfe zusammenhält. Es bildet sich ein metallischer Festkörper.

Diese wenigen Angaben über die Entstehung der chemischen Bindung können nur einen Hinweis auf die Gültigkeit des Satzes geben:

Die chemischen Eigenschaften der Elemente sind durch die Anzahl und die Anordnung der Außenelektronen bestimmt.

9.2 Kernphysik

9.2.1 Radioaktivität

Im Jahre 1896 fand der französische Physiker Becquerel, daß von der Pechblende, einem uranhaltigen Mineral, ununterbrochen eine Strahlung ausgeht, ohne daß Energie zugeführt werden muß und ohne daß sich an dem Mineral eine Veränderung erkennen läßt. Zwei Jahre später entdeckte das Ehepaar Curie[1] das Element Radium, das neben dem Uran auch in der Pechblende enthalten ist. Es sendet eine noch viel intensivere Strahlung aus als das Uran. Nur wegen seiner außerordentlich geringen Konzentration war es zunächst nicht bemerkt worden. Auch bei einigen wenigen anderen in der Natur vorkommenden Elementen tritt eine ähnliche Strahlung auf; sie erhielt den Namen **Radioaktivität.**

V1

(Abb. 1): Ein Elektroskop wird durch Anlegen einer Spannung geladen. Das Blättchen spreizt sich weit vom Bügel ab und verbleibt in dieser Stellung, weil es sich in trockener Luft nicht entladen kann. Bringt man ein radioaktives Präparat in die Nähe, so fällt das Blättchen nach kurzer Zeit herunter.

Ergebnis
Von einem radioaktiven Präparat gehen Strahlen aus, die die Luft leitend machen. Sie erzeugen also in ihr bewegliche Ladungsträger (Ionen oder Elektronen.

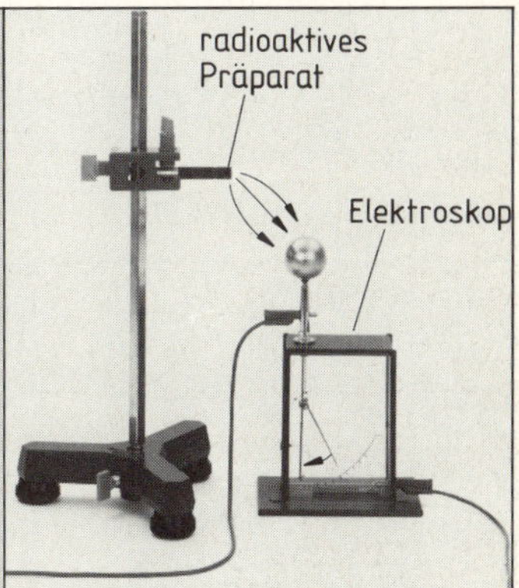

Abb. 1 Zu Versuch 1

1 Pierre und Marie Curie entdeckten in Paris das Radium und Polonium. Marie Curie, 1867 bis 1934, geb. in Warschau.

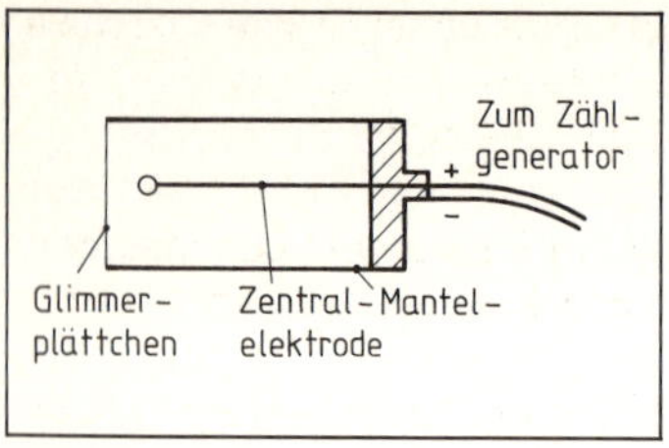

Abb. 2
Geiger-Müller Zählrohr

Um weitere Eigenschaften der radioaktiven Strahlung zu erkennen, ist ein Elektroskop zu wenig empfindlich. Ein besseres Nachweisgerät für diese Strahlen ist das **Geiger-Müller Zählrohr** (Abb. 2).

Es besteht aus einem Metallzylinder, der auf der einen Seite durch eine dünne Glimmerfolie abgeschlossen ist, die von radioaktiven Strahlen durchdrungen werden kann. Am anderen Ende befindet sich eine isolierende Platte, durch die eine zentrale Elektrode geführt ist. Zwischen diese und den Zylindermantel wird eine Spannung zwischen 400 V und 1500 V gelegt. Der Innenraum ist mit einem Füllgas von vermindertem Druck (~ 400 mbar) gefüllt. Erzeugt ein eindringender radioaktiver Strahl im Zylinder Ladungsträger (Elektronen und Ionen), so werden diese in dem elektrischen Feld so stark beschleunigt, daß sie beim Zusammenstoß mit einem Molekül des Füllgases neue Ladungsträger erzeugen. Auch diese können bald weitere Ladungsträger erzeugen, so daß der Vorgang lawinenartig ansteigt. Die Ladungsträger machen das Füllgas leitend, so daß eine Entladung die Spannung zwischen den beiden Elektroden für kurze Zeit (~ 0,0001 s) zusammenbrechen läßt. Die Entladung stellt einen Strom dar, der ausreicht, um nach einer weiteren Verstärkung in einem Zählgerät ein Zählwerk in Tätigkeit zu setzen. Mit einem Geiger-Müller Zählrohr kann man daher alle radioaktiven Strahlen zählen, die in ihm mindestens ein Paar von Ladungsträgern erzeugt haben.

Mit einem solchen Zählrohr führen wir weitere Versuche aus:

V2

Wir bringen das GM-Zählrohr in die Nähe eines Poloniumpräparates. Es zählt in kurzer Zeit Tausende von radioaktiven Strahlen. Wird die Entfernung zwischen Zählrohr und Präparat vergrößert (> 10 cm), so hört das Zählen plötzlich fast ganz auf. Auch ein Blatt Papier, das zwischen das Zählrohr und das Präparat gehalten wird, schirmt die Strahlung ab.

Dann ersetzen wir das Polonium durch ein Präparat mit radioaktivem Thallium. Auch bei ihm kann man eine starke Strahlung feststellen. Sie nimmt mit zunehmender Entfernung zwischen Präparat und Zählrohr allmählich ab, hat aber größere Reichweite als die Strahlung von Polonium. Zur Abschirmung braucht man einen dicken Karton.

Schließlich verwenden wir ein Cobalt-Präparat. Das Zählrohr zeigt eine geringere Anzahl von Ionisierungen, die mit zunehmender Entfernung noch weiter abnimmt. Erst bei dicken Platten (z. B. aus Blei) ist eine Schwächung feststellbar.

Ergebnis

Von verschiedenen radioaktiven Präparaten gehen sehr verschiedene Strahlen aus. Man bezeichnet die des Poloniums als **α-Strahlen,** die des Thalliums als **β-Strahlen** und die des Cobalts als **γ-Strahlen.**

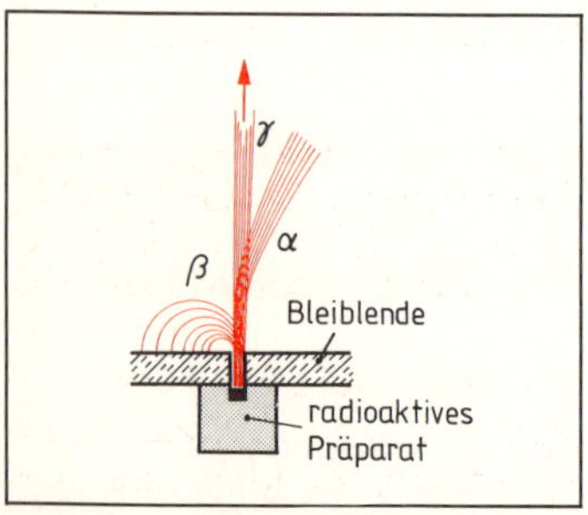

Abb. 3 α-, β- und γ-Strahlen in einem Magnetfeld

Schickt man die Strahlung eines gemischten Präparats durch eine dicke Blende (Abb. 3) und danach in ein starkes Magnetfeld, so werden die α-Strahlen geringfügig wie positiv geladene Teilchen, β-Strahlen stark wie negativ geladene Teilchen, γ-Strahlen aber überhaupt nicht abgelenkt.

Noch weitere Untersuchungen führten zu dem Ergebnis:

Die radioaktive Strahlung ist nicht einheitlich. In einem elektrischen oder magnetischen Feld wird sie in drei Anteile aufgespalten, die man als α-, β- und γ-Strahlen bezeichnet.

Die α-**Strahlen** bestehen aus zweifach positiv geladenen Heliumionen. In Luft besitzen sie bei jedem radioaktiven Element eine charakteristische Reichweite von einigen cm. Von festen Stoffen werden sie schon in sehr dünnen Schichten ganz verschluckt.

Die β-**Strahlen** sind Elektronen, die nahezu mit Lichtgeschwindigkeit ausgeschleudert werden. Zur Absorption sind Materialschichten von einigen mm Dicke erforderlich.

Die γ-**Strahlen** sind eine elektromagnetische Strahlung, ähnlich wie die Röntgenstrahlen. Im elektrischen oder magnetischen Feld werden sie nicht abgelenkt. Ihr Durchdringungsvermögen ist größer als das der Röntgenstrahlen. Erst dicke Schichten, z. B. mehrere cm Blei, können sie merklich schwächen.

Alle Strahlen kommen aus den Atomkernen, die bei der Aussendung eine Veränderung erfahren. So entsteht aus dem Uran nach einigen Zwischenstufen das Radium und aus ihm schließlich stabiles Blei. Dabei zerfällt in gleichen Zeiten stets der gleiche Bruchteil der Ausgangsmenge.

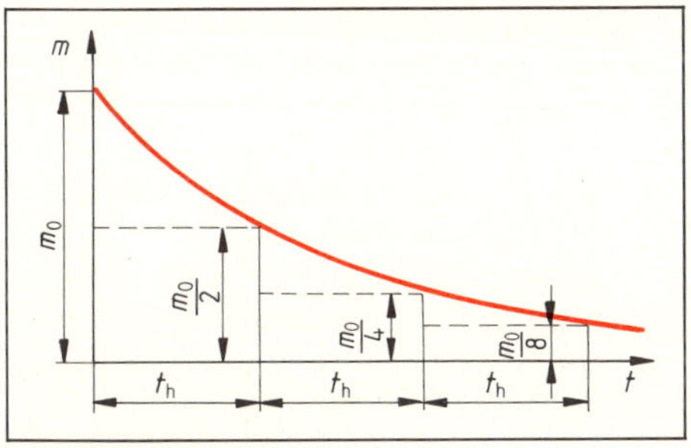

Abb. 4 Zerfallskurve eines radioaktiven Stoffes

Die Zeit, in der sie auf die Hälfte abnimmt, nennt man die Halbwertszeit t_h (Abb. 4). Sie ist bei Uran (4,5 Milliarden Jahre) und beim Radium (1620 Jahre) so groß, daß man die Stoffabnahme selbst nach Jahren kaum feststellen kann. Es gibt aber auch Stoffe mit kürzeren Halbwertszeiten von wenigen Jahren, Tagen, Stunden oder sogar nur Sekunden.

Da die gesamte Energie der Strahlung aus dem Atomkern stammt, kann man aus dem radioaktiven Zerfall die folgenden beiden Tatsachen erkennen:

Die Atomkerne sind nicht unveränderlich, und sie enthalten große Energiebeträge.

9.2.2 Bau der Atomkerne

Die relativen Atommassen vieler Elemente sind nahezu ganze Zahlen, z. B. bei Wasserstoff mit $A_r = 1{,}008$, Kohlenstoff mit $A_r = 12{,}00$, Sauerstoff mit $A_r = 16{,}00$, Phosphor mit $A_r = 30{,}97$. Elemente, bei denen dies nicht zutrifft, erwiesen sich als Mischungen verschiedener Atomarten, von denen jede für sich eine fast ganzzahlige relative Atommasse hat. Das Element Chlor mit $A_r = 35{,}45$ z. B. ist eine Mischung zweier Chlorarten mit $A_r = 34{,}97$ und $A_r = 36{,}97$. Solche Atomarten, die das gleiche chemische Element darstellen, sich aber in der relativen Atommasse unterscheiden, heißen **Isotope.** Da die chemischen Eigenschaften eines Atoms durch die Elektronenhülle bedingt sind, haben Isotope des gleichen Elements auch gleichen Aufbau ihrer Elektronenhülle. Weil aber die Zahl und die Anordnung der Elektronen in der Hülle nur von der Kernladungszahl abhängt, haben Isotope die gleiche Kernladungszahl.

Isotope eines chemischen Elements haben gleiche Kernladungszahl, aber verschiedene relative Atommassen.

Ein bekanntes Isotop zum gewöhnlichen Wasserstoff ist der schwere Wasserstoff mit $A_r = 2{,}014$, auch die beiden Uranisotope mit $A_r = 235$ und $A_r = 238$ werden im folgenden noch eine Rolle spielen. Trennt man alle Mischelemente in ihre Isotopen, so erhält man nur Atomarten mit nahezu ganzzahligen relativen Atommassen. Rundet man diese auf die nächstliegende ganze Zahl auf oder ab, so erhält man die Nukleonenzahl A. Von den oben genannten Elementen sind z. B. die Nukleonenzahlen für Wasserstoff $A = 1$, für Kohlenstoff $A = 12$ und Phosphor $A = 31$, für die beiden Chlorisotope $A = 35$ und $A = 37$.

Die Ganzzahligkeit der relativen Atommassen erklärt sich am einfachsten, wenn man annimmt, daß sich alle Kerne aus so vielen **Protonen,** nämlich Kernen des Wasserstoffs mit der Massenzahl 1, zusammensetzen, wie ihre Massenzahl angibt. Weil aber jedes Proton eine positive Elementarladung trägt, müßte dann bei allen Atomen Nukleonenzahl und Kernladungszahl übereinstimmen. Da dies außer beim Wasserstoff für kein Element zutrifft, kann diese Annahme nicht der Wirklichkeit entsprechen.

Dadurch blieb die Frage nach dem Kernaufbau offen, bis im Jahr 1930 der englische Physiker Chadwik ein Teilchen entdeckte, dessen Masse der des Protons entspricht, das aber elektrisch neutral ist und deshalb den Namen **Neutron** erhielt. Dieses Teilchen ist der zweite Kernbaustein. Alle Kerne enthalten so viele Protonen, wie die Kernladungszahl Z angibt; dazu kommen noch so viele Neutronen, bis die Nukleonenzahl A erreicht wird.

Ein Kern mit der Kernladungszahl Z und der Nukleonenzahl A besteht aus Z Protonen und $A - Z$ Neutronen.

So hat z. B. Kohlenstoff mit $Z = 6$ und $A = 12$ im Kern 6 Protonen und 6 Neutronen und Uran mit $Z = 92$ und $A = 238$ in seinem Kern $Z = 92$ Protonen und $A - Z = 146$ Neutronen; das andere Uranisotop mit $A = 235$ enthält zwar ebenfalls 92 Protonen, aber nur 143 Neutronen.

9.2.3 Kernreaktionen

Wenn schnelle Protonen oder die in der radioaktiven Strahlung auftretenden α-Teilchen, die einen Kern aus zwei Protonen und zwei Neutronen darstellen, auf andere Kerne auftreffen, kann es vorkommen, daß zwischen dem auftreffenden Teilchen und den getroffenen Kernen eine **Kernreaktion** eintritt.

Abb. 1 Kernumwandlung beim Auftreffen eines α-Teilchens auf ein Stickstoffatom

Eine solche wurde zum ersten Mal im Jahre 1919 von dem englischen Physiker Rutherford beobachtet; sie ist in Abb. 1 durch eine Nebelkammeraufnahme dargestellt. Die hellen von unten kommenden Streifen sind die Nebelspuren von α-Teilchen. Ein solches Teilchen trifft den Kern eines Stickstoffmoleküls der umgebenden Luft. Dieser wandelt sich um in den Kern eines Sauerstoffisotops O 17 (kurze Spur nach links oben), während zugleich ein Proton (lange Spur nach rechts) ausgeschleudert wird.

Seit dieser ersten beobachteten Kernumwandlung wurden von den Physikern noch zahlreiche andere Kernreaktionen künstlich hervorgerufen, beobachtet und vermessen. Bei Protonen oder α-Teilchen ist jedoch die Treffwahrscheinlichkeit außerordentlich klein, weil diese Teilchen eine positive Ladung tragen und sie deshalb von den positiven Ladungen der Kerne abgestoßen werden. Mit Neutronen dagegen, die wegen des Fehlens einer elektrischen Ladung durch keine elektrischen Kräfte beeinflußt werden, lassen sich leichter Kernreaktionen hervorrufen. Dies gilt besonders, wenn die Neutronen langsam auftreffen und leichter im Kern stecken bleiben.

Zwischen den positiven Ladungen der in einem Kern vereinigten Protonen herrschen sehr starke abstoßende Kräfte. Sie können nur deshalb mit den sich zwischen ihnen befindlichen Neutronen stabile Kerne bilden, weil zwischen den einzelnen Bausteinen des Kerns auch noch Kernbindungskräfte auftreten, die im Bereich des eigentlichen Kerns stärker als die elektrische Abstoßung sind. Die Kernkräfte nehmen mit zunehmender Entfernung viel rascher ab als die elektrischen Kräfte, so daß sie im Abstand der Elektronenhülle unwirksam geworden sind und dort nur noch die elektrische Anziehung zwischen dem positiv geladenen Kern und den negativen Elektronen der Hülle herrscht. Könnte man zwei Protonen und zwei Neutronen so nahe zusammenbringen, daß die Kernkräfte wirksam werden, so würden sie sich zu einem α-Teilchen (Heliumkern) vereinigen, und dabei würde eine große Energie frei. Bis heute ist es jedoch noch nicht gelungen, eine solche Kernverschmelzung (Fusion) steuerbar zu verwirklichen.

Lockert man den Kern eines Elements mit sehr vielen Protonen so weit, daß die Kernbindungskräfte in ihrer Wirkung abnehmen, so kann die Abstoßung der positiven Ladungen die Oberhand gewinnen. Dann spaltet sich der Kern in zwei Teile, die mit großer Energie auseinanderfliegen.

9.2.4 Atomkernenergie

Wenn einer der zuletzt genannten Vorgänge der Kernverschmelzung oder der Kernspaltung bei irgend einem Element steuerbar in größerem Maßstab zum Ablauf gebracht wird, können solche Vorgänge sehr große Energiequellen darstellen.

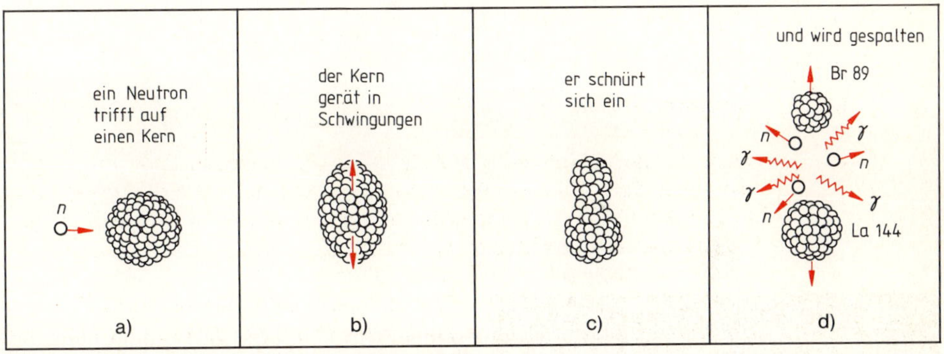

Abb. 1 Spaltung eines Kerns aus Uran 235

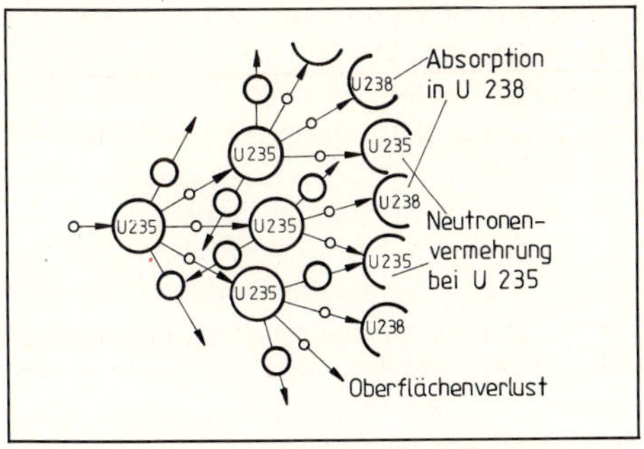

Abb. 2 Spaltung als Kettenreaktion

Der erste Kernprozeß, der zur Nutzbarmachung der Atomenergie geeignet zu sein schien, war die von Otto Hahn[1] 1939 entdeckte **Uranspaltung.** Natürliches Uran besteht aus zwei Isotopen: zu 99,3 % aus U 238 und zu 0,7 % aus U 235. Wird ein Kern von U 235 von einem Neutron getroffen (Abb. 1), so entsteht ein Spaltvorgang, wie er am Ende von Nr. 9.2.3 beschrieben wurde. Der Kern spaltet sich in zwei Teile, die mit großer Energie auseinanderfliegen. Gleichzeitig entstehen eine γ-Strahlung und noch einige (durchschnittlich zwei oder drei) freie Neutronen. Diese können wieder einen Kern von U 235 treffen und eine neue Spaltung hervorrufen. Wenn in der Nähe genügend spaltbare Uranatome und nicht zu viele neutronenabsorbierende Stoffe vorhanden sind, kann sich daher die Spaltung in kurzer Zeit bei immer mehr Atomen als Kettenreaktion wiederholen (Abb. 2) und eine große Energie liefern. Sie beträgt bei der Spaltung von 1 kg Uran 235 etwa 24 Millionen kW h (zum Vergleich: 1 kg Kohle liefert beim Verbrennen 32 000 kJ ≈ 9 kW h!).

1 Otto Hahn, 1879 bis 1968, Prof. für Chemie in Berlin (s. S. 359).

Bei einer ausreichenden Menge von reinem Uran 235 breitet sich die Spaltung so rasch aus, daß die Energie in einem winzigen Bruchteil einer Sekunde frei wird und eine Explosion entsteht, wie sie durch keinen chemischen Sprengstoff hervorgerufen werden kann. Wenn man den Vorgang in reinem U 235 ohne Vorrichtung zur Regelung ablaufen läßt, so erhält man die Sprengwirkung der **Atombombe,** aber keine nutzbare Anwendung der Atomenergie.

Zu diesem Zweck muß der Spaltprozeß langsam und steuerbar ablaufen. Dies gelingt, indem man kein reines Uran 235, sondern natürliches oder nur bis zu einem gewissen Grad mit U 235 angereichertes Uran verwendet. Um den Spaltprozeß aufrecht zu erhalten, muß von den entstehenden Neutronen im Durchschnitt wieder eines eine neue Spaltung auslösen. Nun absorbiert aber das im natürlichen Uran viel häufigere Isotop U 238 so viele von den bei der Spaltung frei werdenden schnellen Neutronen, daß ihre Zahl nicht mehr

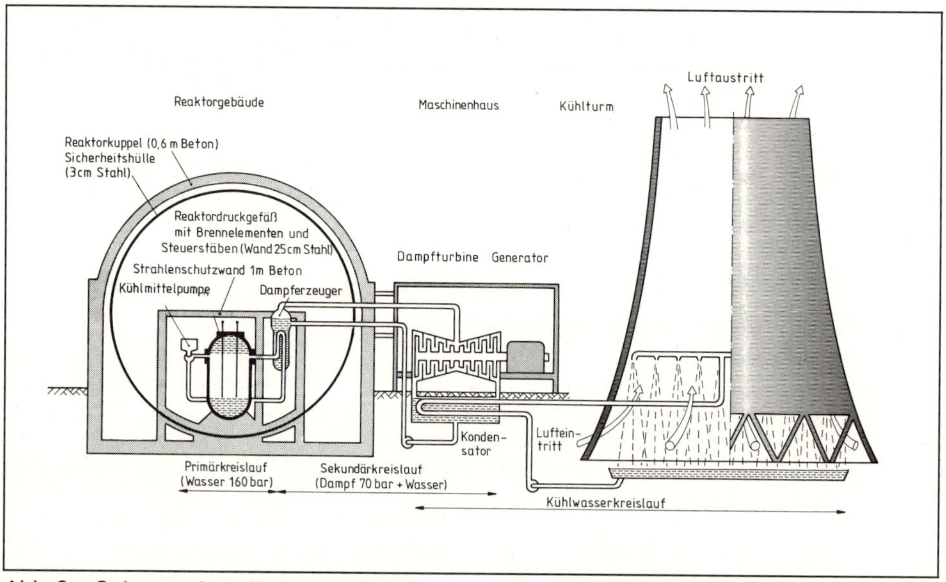

Abb. 3 Schema eines Kernreaktors

zur Fortsetzung der Spaltung ausreicht. Um diese Absorption weitgehend auszuschalten, müssen die Neutronen möglichst sofort nach ihrer Entstehung verlangsamt werden; denn langsame Neutronen werden von Uran 238 fast nicht mehr absorbiert, während sie von Kernen des U 235 leichter eingefangen werden als schnelle Neutronen und die Spaltung auslösen. Deshalb bettet man in den **Kernreaktoren** (Abb. 3) einzelne Uranstäbe in einen Neutronenbremsstoff (Moderator). Bei natürlichem Uran verwendet man dazu schweres Wasser oder Graphit. Gewöhnliches Wasser kann man nur bei angereichertem Uran verwenden, da es noch eine gewisse Neutronenabsorption besitzt. Durch mehrfache Zusammenstöße werden in diesen Stoffen die Neutronen verlangsamt, ohne von ihnen absorbiert zu werden.

Die Steuerung der Reaktoren erfolgt mit Regelstäben aus einem Material (Cadmium oder Borstahl), das sehr viele Neutronen absorbiert und dadurch die Vermehrung der Spaltneutronen verhindern kann. Der Reaktor ist außer Betrieb, wenn sich die Regelstäbe ganz in seinem Innern befinden. Zum Betrieb werden sie so weit herausgezogen, bis im Reaktor die Spaltung mit gleichbleibendem Neutronenfluß abläuft und eine gleichmäßige Energieerzeugung entsteht.

In dem am häufigsten gebauten Typ eines Reaktors, dem Druckwasserreaktor, erwärmt die Spaltenenergie Wasser, das unter so hohem Druck steht, daß es dabei nicht verdampft. Von der bei der Spaltung entstehenden sehr starken radioaktiven Strahlung wird auch das Wasser radioaktiv. Deshalb läßt man dieses Wasser im Verdampfer das Wasser eines zweiten Kreislaufs bei niedrigerem Druck bis zum Verdampfen erhitzen und betreibt mit dem gewonnenen Dampf Turbinen, die wiederum Generatoren antreiben, in denen die aufgenommene Energie in elektrische Energie umgewandelt, also letzten Endes die bei der Spaltung frei gewordene Kernenergie in wirtschaftlich nutzbare Energie umgewandelt wird. Ein Reaktor kann also in gleicher Weise als Kraftwerk dienen wie andere Anlagen, die mit Kohle, Öl, Erdgas oder mit Wasserkraft betrieben werden.

Gegenüber z. B. einem Kohlekraftwerk besitzt ein Reaktor den großen Vorteil, daß er keine Oxide von Kohle, Schwefel oder Phosphor an die Umwelt abgibt und daher bei regulärem Betrieb umweltfreundlicher ist als dieses. Während des Betriebs eines Reaktors entstehen in ihm eine große Menge stark radioaktiver Spaltprodukte, deren Radioaktivität die einer Atombombe weit übersteigt. Es muß daher durch zahlreiche Sicherheitsmaßnahmen verhindert werden, daß radioaktive Stoffe aus dem Reaktor in die Umwelt entweichen. Wenn dies durch einen Unglücksfall geschieht, kann eine ungleich größere Katastrophe entstehen als bei einem Unglück in herkömmlichen Kraftwerken. Die endgültige Beseitigung der radioaktiven Spaltprodukte, die sog. „Entsorgung", ist ein bis heute noch ungelöstes Problem.

Aufgabe

Ein kg Uran 235 liefert bei vollständiger Spaltung 20 Mill. kW h. Wieviel U 235 sind zum Dauerbetrieb eines 1200 MW-Reaktors während eines Jahres erforderlich?

9.2.5 Radioaktive Isotope und Strahlungsgefahren

Bei einer Bestrahlung mit Protonen, α-Teilchen oder Neutronen werden viele Stoffe selbst radioaktiv. Die entstehenden radioaktiven Isotope nennt man **Radionuklide.** Wie die natürlichen radioaktiven Stoffe senden sie stets eine Strahlung aus, die seit ihrer Entdeckung in zunehmendem Maße in den verschiedensten Gebieten der Wissenschaft und Technik Anwendung gefunden hat.

Zum Teil beruht die Anwendung darauf, daß die Strahlung beim Durchgang durch Materie geschwächt wird. Die Absorption der Strahlung in einem Blech, in einer Folie oder einer Platte ist um so stärker, je größer ihre Dicke ist. Deshalb kann man bei bekanntem Material aus der Absorption einen Rückschluß auf die Dicke ziehen. Abb. 1 zeigt eine Dicken-

Abb. 1 Dickenmeßanlage

meßanlage bei einer Kartonmaschine. Das strahlende Radionuklid befindet sich (in der Abb. vom Kartonband verdeckt) unter dem Karton. Über ihm ist eine Meßanlage, die den Rest der Strahlung empfängt, verstärkt und mißt. Aus der Absorption ergibt sich die Dicke, die unmittelbar an einer Skala (im Hintergrund der Abb.) abgelesen werden kann.

Ein anderes Beispiel ist die Werkstoffuntersuchung mit Hilfe von γ-Strahlen. Man bringt das zu untersuchende Werkstück zwischen ein möglichst punktförmiges Präparat eines γ-Strahlen aussendenden Radionuklids und eine für γ-Strahlen empfindliche Filmfolie. Auf ihr entsteht eine γ-Graphie des Werkstücks, auf der man eventuell vorhandene Fehler erkennen kann.

Ebenso lassen sich γ-Strahlen zu medizinischen Zwecken verwenden. γ-Strahler besitzen gegenüber einer Röntgenstrahlenapparatur den Vorteil, daß sie durchdringender, billiger und handlicher sind.

Weitere Anwendungen beruhen darauf, daß man Radionuklide infolge ihrer Strahlung noch in so kleinen Mengen nachweisen kann, bei denen dies auf chemischem Wege nicht mehr möglich wäre. Ein Beispiel dafür ist die Abriebmessung mit Radionukliden. Früher benötigte man sehr viel Zeit, weil man warten mußte, bis der Abrieb so groß war, daß er aus der Gewichtsabnahme des benutzten Gegenstandes oder durch den Nachweis des abgeriebenen Materials gemessen werden konnte. Versetzt man das Material aber mit einer Spur eines Radionuklids, so läßt sich der Abrieb schon nach kürzester Zeit mit Hilfe der Strahlung der abgeriebenen Teilchen des Radionuklids nachweisen.

Beim Markierungsverfahren werden einem Stoff geringe Mengen eines Radionuklids beigegeben. Da radioaktive und nichtaktive Atome des gleichen Elements sich chemisch nicht unterscheiden, nehmen beide Atomarten an allen Reaktionen des Stoffes in gleicher Weise teil. Infolge der Strahlung des aktivierten Anteils kann man aber ihren Ort und ihre Menge feststellen, was bei dem nicht markierten Stoff unmöglich wäre. Wegen der hohen Nachweisempfindlichkeit kann man selbst winzige Spuren der Nuklide auf ihrem Weg verfolgen.

Weil alle radioaktiven Strahlen den Organismus der Lebewesen, insbesondere des Menschen, schädigen können, sind bei allen Arbeiten mit radioaktiven Stoffen, insbesondere der Radionuklide, Vorsichtsmaßnahmen zu beachten. Wo es möglich ist, bringt man zwischen den Strahler und den Menschen eine ausreichend bemessene, absorbierende Schicht. Wenn das unmöglich ist, halte man vom Strahler einen möglichst großen Abstand, weil die Intensität der Strahlung mit $1/r^2$ abnimmt. Da die Gefährlichkeit einer Strahlung sich vermindert, wenn sie nur kurze Zeit auf einen Organismus einwirken kann, mache man es sich zum Gesetz, nie länger in einem strahlungsgefährdeten Bereich zu verweilen, als es unbedingt erforderlich ist.

Verwendete Formelzeichen und Einheiten

Physikalische Größe	Formelzeichen	SI-Einheit	andere wichtige Einheiten
Mechanik			
Strecke (allg.) Weg	s	m	
Länge, Hebelarm	l	m	
Breite	b	m	
Höhe	h	m	
Radius	r	m	
Durchmesser, Abstand	d	m	
Fläche, Querschnitt	A, S	m^2	
Rauminhalt, Volumen	V	m^3	
Masse	m	kg	t
Gewichtskraft	F_G	N	
Dichte	ϱ	kg/m^3	kg/dm^3
Zeit	t	s	min, h
Geschwindigkeit	v	m/s	km/h
Beschleunigung	a	m/s^2	
Fallbeschleunigung	g	m/s^2	
Drehfrequenz	n	1/s	
Winkelgeschwindigkeit	ω	1/s	
Kraft	F	N	
Federkonstante	D	N/m	N/cm
Reibungskraft	F_R	N	
Reibungszahl	μ	—	
Normalkraft	F_n	N	
Hangabtrieb	F_H	N	
Drehmoment	M	N m	
Arbeit, Energie	W	J, W s	kWh
potentielle Energie	W_{pot}	J, W s	
kinetische Energie	W_{kin}	J, W s	
Leistung	P	W	
Wirkungsgrad	η	—	
Zentripetalkraft	F_p	N	
Zentrifugalkraft	F_f	N	
Gravitationskonstante	f	$m^3/(kgs^2)$	
Druck	p	$Pa = N/m^2$	bar
mech. Spannung	σ	$Pa = N/m^2$	N/m^2
Dehnung	ε	—	
Elastizitätsmodul	E	N/m^2	N/mm^2
Bodendruckkraft	F_B	N	
Seitendruckkraft	F_S	N	
Aufdruckkraft	F_D	N	
Auftrieb	F_A	N	
Volumenstrom	$\dot{V}$	m^3/s	dm^3/s
Atmosphärendruck	p_{amb}	$Pa = N/m^2$	mbar
Wärme			
Temperatur	ϑ	°C	
Temperaturdifferenz	$\Delta\vartheta$	K	
thermodynamische Temperatur	T	K	
Längenausdehnungskoeffizient	α	1/K	
Volumenausdehnungskoeffizient	β	1/K	
Wärmemenge	Q	J	
Wärmekapazität	C	J/K	
spez. Wärmekapazität	c	J/(kg K)	kJ/kg K
spez. Schmelzwärme	q	J/kg	
spez. Verdampfungswärme	r	J/kg	kJ/kg
Brennwert, Heizwert	H	J/kg	kJ/kg
Wärmeleitkoeffizient	λ	W/m K	
Schwingungs- und Wellenlehre			
Elongation	s	m	
Amplitude	$\hat{s}$	m	
Schwingungsdauer	T	s	
Frequenz	f	s^{-1}	
Richtgröße	D	N/m	
rücktreibende Kraft	F_r	N	
Fortpflanzungsgeschwindigkeit	c	m/s	
Wellenlänge	λ	m	
Optik			
Lichtstrom	Φ	lm	
Lichtstärke	I	cd	
Beleuchtungsstärke	E	lx	
Einfallswinkel	α_e α_1	—	
Reflexionswinkel	α_r	—	
Brechungswinkel	α_2	—	
Brechzahl	n	—	
Gegenstandsweite	g	m	
Bildweite	b	m	
Brennweite	f	m	
Gegenstandsgröße	G	m	cm
Bildgröße	B	m	cm
Vergrößerung	V	—	
Elektrik			
elektr. Ladung	Q	C = A s	
Stromstärke	$I\ (i)$	A	
elektr. Feldstärke	E	V/m	
elektr. Flußdichte	D	$A\,s/m^2$	
elektr. Feldkonstante	ε_0	A s/Vm	
Dielektrizitätszahl	ε_r	—	
Dielektrizitätskonstante	ε	A s/Vm	
Spannung	$U\ (u)$	V	
Kapazität	C	$F = \frac{As}{V}$	

Physikalische Größe	Formelzeichen	SI-Einheit	andere wichtige Einheiten
Widerstand	R	Ω	
spez. Widerstand	ϱ	Ω m	Ω mm²/m
magnet. Feldstärke	H	A/m	
magnet. Flußdichte	B	V s/m²	
magnet. Feldkonstante	μ_0	V s/(Am)	
Permeabilitätszahl	μ_r	–	
Permeabilität	μ	V s/(Am)	
magn. Fluß	Φ	V s	
Induktivität	L	V s/A	
indukt., kapazitiver Widerstand	X_L, X_C	Ω	
Scheinwiderstand	Z	Ω	
Scheinleistung	S	W	V A
Blindleistung	Q	W	var

Physikalische Größe	Formelzeichen	SI-Einheit	andere wichtige Einheiten
Atom- und Kernphysik			
Stoffmenge	n	mol	
Avogadrokonstante	N_A	1/mol	
relative Atommasse	A_r	–	
relative Molekülmasse	M_r	–	
Plancksches Wirkungsquantum	h	W s²	
Frequenz einer Welle	ν	1/s	
Halbwertszeit	t_h		
Nukleonenzahl	A	–	

Griechisches Alphabet

A	α	alpha	Z	ζ	zeta	Λ	λ	lambda	Π	π	pi	Φ	φ	phi
B	β	beta	H	η	eta	M	μ	mü	P	ϱ	rho	X	χ	chi
Γ	γ	gamma	Θ	ϑ	theta	N	ν	nü	Σ	σ	sigma	Ψ	ψ	psi
Δ	δ	delta	I	ι	iota	Ξ	ξ	xi	T	τ	tau	Ω	ω	omega
E	ε	epsilon	K	$\varkappa$	kapa	θ	ϕ	omikron	Y	υ	ypsilon			

Lösungen der Aufgaben

Mechanik

1.3.1 (1) 85,5 cm
1.3.2 (1) (0,83 ± 0,01) s
1.3.4 (1) 9216 kg
(2) 39 cm
(3) 198 kg
(4) 0,81 kg/dm³
1.4.1 (1) 58,8 km/h = = 16,34 m/s
(2) 2262 sm = 4189 km
(3) 48 km/h
(4) ω = 14,40 km/h
(5) 9,88 km, 12,12 km, 12,12 min
1.4.3 (1) 22,2 m/s, 624 1/min
(2) ω = 440 1/s, v = 26,4 m/s
(3) 5,11 m/s, 110 : 66 = 1,67
(4) 56 1/min
(5) 254,6 mm
(6) 150,8 m/min = 2,51 m/s
1.4.4 (3) 1,587 m/s², 155,5 m
(4) 50 s, 625 m
(5) 11 m/s = 39,6 km/h, 57 m
(6) s = 30,6 m, a = 0,61 m/s²
1.4.5 (4) 2,6 m/s², 4,8 s
(5) s = 0,00625 mm, γ = 0,0025 s
(6) v_a = 34,31 m/s = = 123,5 km/h, s = 90,8 m,
(7) t = 1,76 s, a = 6,61 m/s²
1.4.6 (1) 44,1 m/s, 99,3 m
(2) t = 1,81 s, v = 17,72 m/s
(3) h = 1,03 m
(4) Fallzeit 5,07 s, Schallzeit 0,37 s, Gesamtzeit 5,44 s
1.4.8 (1) 423,5 km/h, 7,3°
1.4.9 (1) s_{st} = 1,63 s, h_{st} = 13 m, t = 3,38 s
(2) Δv = 8,06 m/s
(3) v = 14 m/s
1.5.4 (1) 144 650 000 N = = 144,65 MN
(2) 9850 N
(3) F = 1018,5 N
(4) F = 3562 N
1.5.6 (1) 600 N, 11 100 N
(2) 900 N
(3) 160 kN, 41 Wagen
(5) 71,9 N
1.5.8 (1) 2790 N, 55° gegen $\overline{AB}$
(2) 102 N
(3) waagerechte Komponenten heben sich auf. Senkrechte Komponenten ΣF_y = 39 kN
1.5.9 (2) 189 N, 544 N
(4) 625 N
1.5.11 (1) 375 N/mm, F = 37,5 kN
(2) 12,4 cm, 6,2 cm, 24,8 cm
(3) a) $D_{ges} = D_1 + D_2 + D_3$
b) $\frac{1}{D_{ges}} = \frac{1}{D_1} + \frac{1}{D_2} + \frac{1}{D_3}$
1.6.6 (1) 160 N
(2) 66 Nm
(3) 25 N
(4) 80 N
1.6.8 (1) F_A = 92 N, F_B = 68 N
(2) F_A = 7,15 kN, F_B = 5,05 kN
(3) F_A = 46 kN, F_B = 25 kN
1.6.9 (1) x_0 = 58 mm, y_0 = 18 mm
(2) x_0 = 22,1 mm
(3) 1371 mm von der Vorderachse, 1029 mm von der Hinterachse,
(4) x_0 = 340 mm, y_0 = 82,5 mm
1.6.11 (1) M_k = 33 kN m, M_{st} = 83 kN m, v = 2,5
1.7.1 (1) 240 kJ, a) 40 %, b) 72,7 %
(2) 1400 kJ, 3500 kJ
1.7.3 (1) 7,5 J
(2) 5,6 m/s, 18,8 kg
1.7.4 (1) 66 W, 330 W
(2) 300 kJ, 12 kW
(3) 36 km/h
1.8.2 (1) 1,2 kN, 2,150 kN
(2) F_H = 19,2 kN, F_n = 44 kN, F_{z1} = 21,84 kN, F_{z2} = 16,56 kN
(3) 1820 N, 20 s, 6,7 s
(4) 113,2 N, 0,755 m/s², 17,8 s, 13,46 m/s = = 48,5 km/h
(5) a = 0,514 m/s², t = 6,24 s, v = 3,21 m/s
1.8.3 (1) 7,2 N, 31,2 N
1.8.4 (1) 15,08 kN
1.8.7 (1) 30 cm
(2) 2 1/s = 120 1/min
1.8.8 (1) 600 N, 19,2 kJ, 775 N
(2) 250 N, 607 N, 12,14 kJ, 0,135 kW
(3) $\hat{i}$ = 72
1.9.2 (1) 0,6 m/s, 80 %
(2) 0,224 m/s, 1,024 m/s
1.9.3 (1) 1333 N, 35,7 km/h
(2) 10 920 1/min
(3) 37,75 m
1.11.3 (1) S = 19,4 cm², d = 49,7 mm ≈ 50 mm, Δl = 3,3 mm
1.11.4 (1) 0,314 bar
(2) 0,206 bar
(3) 6,15 kN

Hydrostatik

2.1.1 (1) 147 N, 17,66 kJ, 120 m, 4,9 bar
2.1.2 (1) 198 kPa, 1,98 bar
(2) 38,4 m
(3) 2500 Pa = 0,025 bar = 25 mbar
(4) 65,3 cm
(5) 0,447 bar
(6) 1100 bar
2.1.3 (1) 800 N
(2) 5850 N
(3) 909 kN
(4) 1472 N
(5) 427 MN
(6) 3,79 cm
2.1.4 (1) 0,88 kg/dm³
(3) 1059 kPa = 10,59 bar
2.2.1 (1) 34,8 N, 45,2 N
(2) 0,933 N
(4) 0,194 N
2.2.2 15 cm³, 8,8 g/cm³
2.2.3 (1) 0,625 kg/cm³
(2) 1,37 m
(3) 0,252, 12,6 %
(4) 16,75 dm³

Aerostatik

3.2.1 (2) 6400 m
(3) 7986 m ≈ 8 km
3.2.4 (1) 3,58 bar
(2) 51,5 %
(3) 712 N
3.2.5 (1) 1016 bar P_e = 5,9 mbar = 590 Pa
(2) 370 kN
3.3 (1) 8,47 kg, 6,21 m³
(2) 10,5 mm
(3) 3,67 cm
(4) 1,16 bar, 1,67 m
(5) 5,08 m³, 5,1 · 10⁻³ g/l, 0,102 g
3.4 (2) 0,909 N
(3) 0,202 %

Flüssigkeiten, Gase

4.1.2 27,33 m/s
4.1.3 23,04 kN
4.3.1 1,05 cm²
4.4 4,92 m

Wärme

5.1.1 a) 32 °F, 167 °F, 14 °F
b) −17,8 °C, 37,8°C, 60 °C
5.2.1 (1) bis 42,2 °C
(2) auf 89,5 °C

(3) $\Delta l = 0{,}24$ cm, 6,93 cm
(4) $\Delta l = 15{,}7$ cm
(5) $l_{Fe} = 2\, l_{Al}$
(7) $\Delta l = 0{,}0036$ mm, $\sigma = 126$ N/mm², $F = 25{,}2$ kN
(8) $\Delta\vartheta = 50{,}7$ K

5.2.2 (1) $\Delta V = 10{,}37$ dm³
(2) 0,74 mm

5.2.3 (1) 21,37 dm³
(3) 150 kg, 5,57 m³ ≙ 6,66 kg
(4) 423 °C

5.2.4 (1) 2769 m
(2) a) 103,4 dm³, b) 2,64 bar
(3) 1,088 kg/m³
(4) 3,99 mm

5.3.1 (1) 0,96 K
(2) 35 %
(3) 408 kg
(4) $Q_{Wasser} = 838$ J, $Q_{Hg} = 340$ J
(6) 4,3 K
(7) 3,98 K
(8) 0,0163 K
(9) kin. Energie 6,641 kJ (13,27 %), Wärme 10,8 kJ (21,59 %), Reibungsarbeit 32,59 kJ (65,14 %)

5.3.2 (1) 39 K
(2) 16 °C
(3) 0,582 kJ
(4) 0,747 kJ

5.3.3 (1) 17,24 kg
(2) 19 kg
(3) 51,1 %

5.4.1 (1) 10,96 °C
(2) 15,8 °C
(3) 165 g

5.4.2 (1) 2287 kJ/kg
(2) 156 g
(3) 39 °C

5.4.5 (1) 768 g, 65 %
(2) 28 400 t, 3,55 mm

5.6 (1) 24,8 %
(2) 37 %

Schwingungen, Wellen

6.1.1 (1) 0,993 s ≈ 1 s
(2) 98,7 N/m, 4,93 N

6.1.2 (1) 24,85 cm
(2) 28,37 s
(3) $T_1 = 1{,}005\, T_2$
(4) $T_2 = 1{,}0003\, T_1$

6.3.2 (1) 0,193 m
(2) 0,17 m

Optik

7.1.2 (1) a) 15,6 lx, b) 35,2 lx, c) 3,81 lx, d) 3,66 lx
(2) 70 lx, 96,9 lx, 12,3 lx
(3) 7200 lm

7.2.2 (1) Höhe des Spiegels 86 cm, oberer Rand 166 cm, unterer Rand 80 cm über dem Boden
(4) $b = 37{,}5$ cm, $B = 11{,}25$ cm
(5) $f = 71{,}4$ cm, $B = 50$ cm
(6) $g = r/2$

7.2.4 (1) $g = 72$ cm, $G = 30$ cm
(2) $f = 24$ cm
(3) $g = 10$ cm, $b = 30$ cm
(4) $g_1 = 20$ cm, $b_1 = 60$ cm, $B_1 = 18$ cm, $g_2 = 60$ cm, $b_2 = 20$ cm, $B_2 = 2$ cm

7.2.5 (1) $f = 2{,}17$ cm, $V = 11{,}5$, $V_{Nenn} = 12{,}5$
(2) $f = 6{,}25$ cm, $g = 5{,}88$ cm
(3) $B/G = 10$
(5) $V_{ges} = 250$, $V_{Obj} = 10$
(6) $V_{ges} = 192$, $f = 1{,}3$ mm
(8) $\alpha = 16{,}5°$
(9) $V = 74{,}4$, $f_{ok} =$ 20,2 mm ≈ 20 mm
(10) 1,3 m
(11) 28,3 mm, $g = 57{,}5$ cm
(12) bei $f = 50$ mm: $B_1 = 3{,}56$ m bei $f = 35$ mm: $B_2 = 5{,}11$ m
(13) $g = 11{,}3$ m, $b = 45{,}18$ mm
(15) $V = 39$, 93,6 · 140,4 cm²
(16) $b = 6{,}46$ m

Elektrizität

8.2.2 (1) $72{,}5 \cdot 10^{-5}$ N = 0,725 mN
(2) $6{,}25 \cdot 10^{6}$ N/As = 62 500 V/cm

8.2.3 (1) a) 40 kV, b) 12 kV
(2) 2 mJ, 250 kV
(3) $500 \cdot 10^{3}$ V/m, $7 \cdot 10^{-8}$ As

8.2.4 (1) 4,25 µF
(2) 0,577 J
(3) 1,1 µF, 2,1 µF Kondensator II
(4) 0,467 mC

8.3.1 (1) 25,2 V

8.3.2 (1) 0,288 Ω
(2) 0,7 mm
(3) 0,72 Ω, $m_{Cu} : m_{Al} = 2 : 1$
(4) 41,1 A
(5) 40 m
(6) 0,427 Ω mm²/m

8.3.3 (1) 1,285 A, 3,43 V
(2) 14 Ω bis 80 Ω
(3) 5 Lampen
(4) 6,5 A, 4 A, 2,5 A, 1,54 A
(5) 24 Ω
(6) $R_{ges} = 6\,\Omega$, $I_{ges} = I_5 = 2$ A, $U_5 = 9$ V, $I_1 = 1$ A, $I_2 = 0{,}4$ A, $I_3 = 0{,}6$ A, $I_4 = 1$ A
(8) 1,8 A, 0,3 A, 3,2 A, 6,8 A, 105 V, 217 V, 43 V, 25 V

8.3.4 (1) 4,33 kW
(2) 91,1 W
(3) 89,6 m
(4) 0,834 Ω mm²/m
(5) 684 s = 11,4 min
(6) 7,35 kW
(7) 30 A
(8) 0,72 Ω, 254 W, 6,14 %
(9) 50 s

8.4.2 (1) 8,2 Ah
(2) 8,2 V, 22 A
(3) 10,95 V, 383 W, 8,75 %, 91,25 %
(4) a) 0,067 Ω, b) 184,5 A
(5) a) 4 h, b) 0,98 Wh, c) 816 DM

8.5.2 (1) 0,009 A = 9 mA
(2) 0,453 Vs/m² = 0,453 T, 360 000 A/m
(3) a) 200 A, b) 500 A/m, c) 1,3 T, d) 0,26 mWb, e) 2 068
(4) $1{,}71 \cdot 10^{6}$ A/Vs

8.5.6 27 Wdgn, 0,0136 A

8.6.2 (1) 138,9 A

8.7.1 (1) 0,06 H

8.7.2 (1) 0,196 H
(2) 334 Hz, 297 Ω, 24,6 mA
(3) 80,4 Ω, 100,3 Ω, 0,185 ms

8.7.3 (1) 4,05 µF
(3) 1000 Ω, 3,185 µF
(4) 922 Ω, 0,239 A $U_W = 119{,}4$ V, $U_L = 375$ V, $U_C = 190$ V

8.7.4 (1) 308 Ω, $\varphi = 32{,}4°$, 157 VA, 132,6 W, 84,7 var
(2) a) 654 VA
(3) $\cos\varphi = 0{,}433$, 8,33 var
(4) a) 455,3 Ω, b) 97,4 V, c) 47,1 W, d) 0,443

Atomphysik

9.1.1 (1) $26{,}4 \cdot 10^{6}$ Moleküle
(2) 5 Moleküle

9.2.4 525,6 kg

Sachwortverzeichnis

Bildquellenverzeichnis

Bildmaterial wurde freundlicherweise zur Verfügung gestellt von:
Phywe AG, Göttingen S. 13, 23, 30, 31, 45, 59, 61, 70, 72, 82, 89, 90, 92, 98, 101, 117, 119, 120, 122, 123, 124, 126, 131, 135, 136, 137, 142, 148, 156, 158, 159, 160, 161, 165, 166, 174, 201, 207, 211, 217, 226, 232, 233, 235, 236, 238, 239, 240, 241, 242, 243, 254, 257, 258, 259, 260, 264, 272, 275, 277, 288, 290, 292, 294, 300, 301, 302, 306, 308, 309, 310, 315, 317, 318, 319, 320, 322, 334, 335, 345
Leybold-Heraeus GmbH + Co. KG., Köln S. 150, 151
MAN, Nürnberg S. 194
Institut für Film und Bild in Wissenschaft und Unterricht, Berlin S. 229
Ernst Leitz Wetzlar GmbH, Wetzlar S. 250
Fueß, Berlin S. 256
Osram GmbH, München S. 285
AEG, Oldenburg S. 320
Springer-Verlag, Berlin: Finkelnburg, Einführung in die Atomphysik S. 348
Frieseke u. Höpfner, Erlangen S. 351

Bedeutende Physiker

Ampère, André Marie, 1775 bis 1836, Prof. der Physik in Marseille. Er untersuchte besonders elektrische Naturvorgänge.

Archimedes, gest. 212 v. Chr. in Syrakus, berechnete den Kreisumfang und -inhalt, fand viele mathematische und physikalische Gesetze. Während der Belagerung von Syrakus durch die Römer erfand er physikalische Verteidigungsmaschinen. Er wurde bei der Einnahme von einem römischen Soldaten getötet.

Bernoulli, Daniel, 1700 bis 1782, Schweizer Physiker, schrieb ein grundlegendes Werk über Hydrodynamik.

Bohr, Niels, 1885 bis 1962, Prof. in Kopenhagen, Begründer des Atommodells.

Boyle, Robert, 1627 bis 1691, Physiker und Chemiker in London.

Coulomb, Charles Augustin, 1736 bis 1806 in Paris, bestimmte als erster die Kraft zwischen elektrischen Ladungen.

Curie, Pierre und Marie, entdeckten in Paris das Radium und Polonium. Marie Curie, 1867 bis 1934, geboren in Warschau.

Edison, Thomas Alva, 1847 bis 1931 in New York, bedeutendster Erfinder seiner Zeit. Er erfand unter anderem (nach Göbel) die Glühlampe, das Grammophon, den Kinematographen. Seine Erfindungen waren bahnbrechend für eine verbreitete Anwendung der Elektrizität.

Faraday, Michael, 1791 bis 1861, zuerst Buchhändlerlehrling, wurde einer der bedeutendsten Physiker Englands, Entdecker der Induktion und Schöpfer des Feldbegriffs.

Galilei, Galileo, 1564 bis 1642, Prof. in Pisa und Padua. Er entdeckte die Fallgesetze, konstruierte das nach ihm benannte Fernrohr und entdeckte mit diesem Jupitermonde und Saturnringe. Er fand seine Erkenntnisse nicht aus spekulativen Überlegungen, sondern aufgrund von Naturbeobachtungen und Experimenten.

Lussac, Gay, 1778 bis 1850 in Paris, erforschte als Physiker und Chemiker vor allem die Gasgesetze.

Guericke, Otto von, 1602 bis 1686, Bürgermeister von Magdeburg, erfand die Luftpumpe und beschäftigte sich mit Reibungselektrizität.

Hahn, Otto, 1879 bis 1968, Prof. für Chemie in Berlin, entdeckte die Uranspaltung.

Helmholtz, Hermann von, 1821 bis 1894 in Berlin, bedeutender Physiker. Er machte Untersuchungen über Schall- und Farbempfindungen und formulierte den 1. Hauptsatz physikalisch exakt.

Hooke, Robert, 1635 bis 1703, Prof. in London, fand das Gesetz der elastischen Dehnung.

Huygens, Christian, 1629 bis 1695, holl. Mathematiker und Physiker. Er begründete die Wellentheorie des Lichtes und fand Gesetze der Wellenausbreitung.

Joule, James, 1818 bis 1889, Bierbrauer und Amateurphysiker in London, bestimmte genaue Werte des mechanischen und elektrischen Wärmeäquivalents.

Kelvin, Lord, vor seiner Erhebung in den Adelsstand William Thomson, bedeutender englischer Physiker in Glasgow, 1824 bis 1907, fand wichtige Gesetze der Wärmelehre und führte die absolute Temperatur ein.

Kepler, Johannes, 1571 bis 1630, Astronom in Prag, entdeckte die Gesetze der Planetenbewegung und beschrieb den Bau des astr. Fernrohrs.

Mariotte, Edme, 1627 bis 1684, Physiker in Paris. Das Boyle-Mariottesche Gesetz wurde zuerst von Boyle und unabhängig einige Jahre später von Mariotte entdeckt.

Mayer, Robert, 1814 bis 1878, Arzt in Heilbronn, fand die Gesetzmäßigkeit der Umwandlung von mechanischer Arbeit in Wärme.

Newton, Isaak, 1643 bis 1727, bedeutendster englischer Naturforscher. Er fand unter anderem die Infinitesimalrechnung, die mechanischen Grundgesetze und Gesetzmäßigkeiten über die Ausbreitung des Lichts.

Ohm, Georg Simon, 1787 bis 1854, Prof. in Erlangen, Nürnberg und München, Entdecker des Ohmschen Gesetzes und Begründer einiger akustischer Theorien.

Planck, Max, 1858 bis 1947, Prof. in Berlin, fand im Quantengesetz die Grundlage für die theoretische Behandlung der Atomphysik.

Röntgen, Wilhelm Konrad, 1845 bis 1923, Prof. in Würzburg und München, entdeckte die nach ihm benannten Strahlen und erforschte ihre Eigenschaften.

Siemens, Werner von, 1816 bis 1892, Elektrotechniker in Berlin. Er fand das dynamoelektrische Prinzip, war bahnbrechend auf dem Gebiet der Anwendung der Elektrotechnik und gründete die elektrotechnische Weltfirma.

Torricelli, Evangelista, 1608 bis 1647, Prof. in Florenz, bestimmte die Größe des Luftdruckes und erfand das Barometer.

Watt, James, 1736 bis 1819, englischer Ingenieur. Er erfand und verbesserte danach die Dampfmaschine.